Biophysik der Ernährung

Springer Nature More Media App

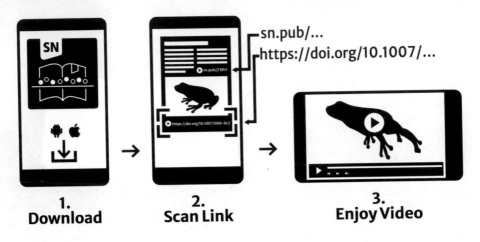

sn.pub/...
https://doi.org/10.1007/...

1.
Download

2.
Scan Link

3.
Enjoy Video

Support: customerservice@springernature.com

Thomas A. Vilgis

Biophysik der Ernährung

Eine Einführung für Studierende,
Fachkräfte und Quereinsteiger

2. Auflage

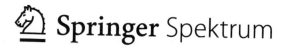 Springer Spektrum

Autor
Thomas A. Vilgis
Max-Planck-Institut für Polymerforschung
Mainz, Rheinland-Pfalz, Deutschland

Geleitwort von
Hans Konrad Biesalski
Fg. Ernährungswissenschaft
Universität Hohenheim
Stuttgart, Baden-Württemberg, Deutschland

Die Online-Version des Buches enthält digitales Zusatzmaterial, das durch ein Play-Symbol gekennzeichnet ist. Die Dateien können von Lesern des gedruckten Buches mittels der kostenlosen Springer Nature „More Media" App angesehen werden. Die App ist in den relevanten App-Stores erhältlich und ermöglicht es, das entsprechend gekennzeichnete Zusatzmaterial mit einem mobilen Endgerät zu öffnen.

In der zuerst verfügbaren Fassung dieses Buchs fehlten leider in einigen Abbildungslegenden Verweise auf verfügbare Videos. Dies wurde nachträglich korrigiert. Der Verlag entschuldigt sich bei den Lesern.

ISBN 978-3-662-65107-0   ISBN 978-3-662-65108-7   (eBook)
https://doi.org/10.1007/978-3-662-65108-7

Die Deutsche Nationalbibliothek verzeichnet diese Publikation in der Deutschen Nationalbibliografie; detaillierte bibliografische Daten sind im Internet über http://dnb.d-nb.de abrufbar.

Planung/Lektorat: Ken Kissinger
Springer Spektrum ist ein Imprint der eingetragenen Gesellschaft Springer-Verlag GmbH, DE und ist ein Teil von Springer Nature.
Die Anschrift der Gesellschaft ist: Heidelberger Platz 3, 14197 Berlin, Germany

Geleitwort

Biophysik der Ernährung – was muss ich mir darunter vorstellen? Das Internet gibt zu diesen beiden Begriffen wenig her, lediglich eine Arbeit aus dem Jahre 1990 von A. Grünert, einem Kliniker, der sich vor allem mit Fragen der parenteralen Ernährung auseinandergesetzt hat. Grünert hat einen Artikel mit dem Titel „Biophysikalische Grundlagen der Nährstoffzufuhr" in der *Zeitschrift für klinische Anästhesiologie und Intensivtherapie* veröffentlicht. Er weist darauf hin, dass Kenntnisse der Biophysik der Ernährung besonders in klinischen Situationen von besonderer Bedeutung sind, wenn es um die Beurteilung der Ernährung der Betroffenen geht. Das war es aber bereits, was die Suche nach Biophysik und Ernährung ergeben hat. Stellen sich die Fragen: Ist das Gebiet als solches einfach wenig interessant oder besteht kein Bedarf oder erkennen wir die Bedeutung der Biophysik der Ernährung nicht, weil wir zu wenig dazu wissen? Thomas Vilgis bedient mit seinem Buch genau diese Aspekte: Er zeigt, wie spannend dieses Gebiet ist, wie sehr wir diese Kenntnisse für Forschung, aber auch Alltag brauchen, und wir staunen, wie wenig wir bisher davon wussten

Biophysik, so das Lexikon der Biologie,„auch als biologische Physik bezeichnet, ist ein relativ junges Wissenschaftsgebiet an der Grenze zwischen Physik, Chemie und Biologie. Der Forschungsgegenstand sind physikalische und physiko-chemische Erscheinungen in biologischen Systemen (Leben). Das Ziel ist die Aufklärung fundamentaler Prozesse, welche die Grundlagen des Lebens bilden, mit physikalischen Methoden und im Rahmen physikalischer Vorstellungen."

Dazu bedarf es naheliegenderweise zunächst eines tiefen Verständnisses der Physik, aber auch eines differenzierten Blicks auf Nahrung und Ernährung. Beides zusammen kombiniert Thomas Vilgis in hervorragender Weise. Als Physiker am Max-Planck-Institut für Polymerforschung in Mainz befasst er sich mit grundlegenden Fragen der Physik und Chemie der weichen Materie. Damit ist er zunehmend in die Nähe der Lebensmittelproduktion und ihre biophysikalische Interaktion gekommen und hat auf diese Weise dann begonnen, Lebensmittel in einfacher wie komplexer Form auf ihre biophysikalischen Eigenschaften hin zu untersuchen. Das Ergebnis dieser Untersuchung ist in einer Vielzahl von populärwissenschaftlichen Büchern bzw. Sachbüchern niedergelegt und es gibt nahezu keinen Bereich, den er nicht durch das physikalisch-chemische Auge betrachtet und dem Leser in verständlicher Form wiedergegeben hat. Das reicht von der

Physik und Chemie des feinen Geschmacks über ein Kochbuch der Molekular-
küche, Experimente für Nachwuchsköche bis hin zu Gartechniken, zum Würzen
und Fermentieren, um nur einige der Schwerpunkte zu nennen. Nun also eine
Biophysik der Ernährung als Grundlage und auch als sinnvolle Erweiterung zum
Verständnis biophysikalischer Prozesse, die nicht nur unsere Nahrung, sondern
ganz besonders auch die Verwertung dieser Nahrung im Organismus betreffen.
Warum kann eine *Biophysik der Ernährung* zum besseren Verständnis beitragen?
Beispielsweise besteht ein großes Problem vorwiegend armer Länder darin, dass
der wesentliche Anteil in ihrer Ernährung Getreide ist, welches zwar wichtige
Mikronährstoffe wie Eisen und Zink enthält, die aber aus Getreide nur sehr
schwer aufgenommen werden können. Die Kenntnis biophysikalischer Prozesse,
durch die diese Aufnahme verbessert werden kann, könnte wesentlich dazu beitragen, den weltweiten Eisen- und Zinkmangel zu verringern. Die Tatsache,
dass wir den gelben Farbstoff Beta-Carotin aus der rohen Karotte so gut wie gar
nicht aufnehmen können, liegt daran, dass es in Cellulose verpackt ist, die wir
nicht verdauen können. Erst Entsaften oder Erhitzen befreit das Beta-Carotin aus
der Cellulose und ermöglicht so die Aufnahme. Nichts anderes als ein biophysikalischer Prozess. Ähnlich sieht es mit fettlöslichen Verbindungen aus, zu denen
neben Beta-Carotin auch fettlösliche Vitamine gehören, wenn wir diese gleichzeitig mit hohen Anteilen an Ballaststoffen aufnehmen. Diese adsorbieren, ebenfalls ein biophysikalischer Prozess, die fettlöslichen Verbindungen, die dann in
geringerer Menge aufgenommen und im Wesentlichen ausgeschieden werden.
Zusammenhänge wie diese haben dazu beigetragen, dass die Entwicklung von
Methoden zur Nahrungszubereitung wie Kochen, Fermentieren oder Braten für
die Entwicklung des Menschen in der Evolution eine wichtige Rolle spielten, da
so gesichert war, dass die lebensnotwendigen Mikronährstoffe in ausreichender
Menge aufgenommen wurden. Vilgis erörtert dies an verschiedenen Beispielen
und macht so auch deutlich, welch große Bedeutung die Bearbeitung von Lebensmitteln schon lange vor der industriellen Herstellung für den Menschen hatte.
Dabei ist die *Biophysik der Ernährung* keinesfalls ein Grundlagenbuch der
Lebensmittelherstellung, sondern vielmehr ein Buch, welches unser Verständnis für die komplexen Interaktionen von Lebensmitteln und die damit verbundene
Verfügbarkeit von Makro- und Mikronährstoffen um einen bisher viel zu wenig
beachteten Bereich erweitert. Dabei belässt der Autor es nicht nur bei einer
trockenen Beschreibung, sondern, und das ist eine seiner wesentlichen Qualitäten, er erzählt komplexe Inhalte ebenso anregend, wie er Ernährungsmythen
kritisch analytisch und mit Humor seziert. Auch hier immer wieder mit biophysi-
kalischem Ansatz, besonders auch da, wo er sich mit der Entwicklung alternativer
Ernährungsformen und der in diesem Zusammenhang neu auftretenden Lebensmittel, ihrem Nutzen und ihren Risiken befasst. Es dürfte kein Buch von Thomas
Vilgis sein, wenn nicht auch die Frage des Genusses angesprochen würde. Folgt
man den vielen Einträgen von Vilgis im Internet, kommt man immer wieder auf
Rezepte, die im Zentrum den eigentlichen Aspekt einer gesunden Ernährung
haben, den Genuss. Hier wird nicht nur das Lebensmittel als Grundlage des
Genusses betrachtet, sondern auch „genussfeindliche" Empfehlungen bis hin zur

Zukunft unserer Ernährung mit dem abschließenden Kapitel von der Lust, Last und Verantwortung des Genießens.

Vilgis legt mit der *Biophysik der Ernährung* ein Buch vor, welches eine bisher in dieser Breite nicht wahrgenommene Lücke schließt. Es richtet sich an Ernährungswissenschaftler, Technologen, Lebensmittelchemiker und Anwender von der Gourmetküche bis hin zur Gemeinschaftsverpflegung. Es richtet sich aber auch an den Konsumenten, der einfach etwas mehr wissen möchte, wie es um seine Lebensmittel bestellt ist und was er beachten sollte, wenn es um die Sicherstellung einer ausgewogenen gesunden Ernährung geht.

Dem Buch möchte ich die ihm zustehende Weiterverbreitung wünschen, in der Hoffnung, dass die Biophysik der Ernährung, die bisher in den Ernährungswissenschaften nur am Rande erwähnt wurde, zunehmend Einzug in diesen Ausbildungsgang erhält und damit Bestandteil unseres Ernährungswissens wird.

April 2020

Prof. (em.) Dr. H. K. Biesalski

Vorwort

Warum schreibt ein Physiker, der zugegebenermaßen gerne isst und ebenso gerne kocht, ein Buch, in dem es sich vorwiegend um das Thema Ernährung dreht? Gibt es nicht schon zu viele Bücher zu diesem Thema? Schon, aber ein Buch wie dieses gibt es bisher nicht. Ein Buch, das sich dem Thema auf eine ganz andere Weise nähert, das sich aus Sicht der Grundlagenfächer Physik, Chemie und Biologie dem Thema widmet. Die Frage, ob diese Fächer überhaupt für das Ernährungsthema relevant sind, ist berechtigt, wenn man die vielen und oft unverständlichen Diskussionen zu Ernährungsfragen betrachtet. Beim genaueren Hinsehen erkennt man rasch, auf welch schwachem Fundament so manche Ernährungsregel oder Empfehlung steht.

Die Grunderkenntnis, dass jedes Lebensmittel nichts weiter als eine komplexe Ansammlung von strukturierten großen und kleinen Molekülen ist, macht den Einstieg schon leichter. Wenn dann noch erkannt wird, dass diese Lebensmittelmoleküle auf biologische Systeme im Menschen treffen, sich ebenfalls den elementaren Gesetzen und Wechselwirkungen der Physik, Chemie und Biologie unterwerfen müssen, ergibt sich eine biophysikalisch-biochemische Herangehensweise an das Ernährungsthema praktisch wie von selbst. Dies ist auch gut so, denn leider werden viele Diskussionen ideologisch geführt, und der Ernährungsstil scheint immer mehr als Ersatzreligion zu taugen. In dem Dickicht vieler Ernährungsversprechen, im Dschungel der Meinungen ist es durchaus angebracht, etwas mehr Bodenhaftung zu erlangen.

Tatsächlich ist die Entwicklungsgeschichte des Lebens und des Menschen der beste Pfad der Erkenntnis. Die Menschen vor 100, 1000, 10.000, 100.000 oder gar Millionen von Jahren wussten nichts über Cholesterol (Cholesterin), Gluten, gesättigte oder gar essenzielle Omega-3-Fettsäuren. Sie lernten aber, was sie essen konnten und mussten, um überhaupt zu überleben. Dieses einfache Prinzip funktionierte bis nach dem Zweiten Weltkrieg bestens. Selbst die grenzenlosen Völlereien in verschiedenen Kulturen und Perioden des Mittelalters überstand die Spezies Mensch bestens. Ebenso wie große Hungersnöte, und der Verzehr von roher, vergorener und stark, über dem Feuer gerösteter Nahrung. Der *Homo sapiens* entwickelte sich prächtig unter den Regeln der Evolution und der damit verbundenen Selektion. Die Gedanken waren frei von Acrylamid oder Dioxin, obwohl es das Seveso-Gift schon seit ewigen Zeiten auf der Erde gab. Dafür wird heute „frei von Gluten", „frei von Ei", „frei von Tier", „frei von Lactose" als gesund und vorbeugend proklamiert, selbst wenn die Begründungen dafür obskur sind und sich logischen Schlüssen entziehen.

Wohin führt dieses Buch? Im Grunde zeigt es Wege zum relativ unbeschwerten Genuss. Des Weiteren ist es ein Versuch, nüchtern und sachlich, aber auch deutlich manche Meinungen zu entkräften oder einzuordnen. Das ist manchmal sehr leicht möglich, manchmal etwas schwieriger. Für die meisten Phänomene müssen wir an die Wurzel zurückkehren. Wie bei falsch geknöpften Hemden. Dieser grundlegende Fehler lässt sich nicht durch einfaches „Umknöpfen" zweier Knöpfe beheben, das ganze Hemd muss erst auf- und dann – hoffentlich richtig – wieder zugeknöpft werden.

Immer wenn man nicht weiterweiß, ist es ratsam, auf die molekulare Skala zu blicken. Gründe dafür gibt es genug: Die jahrelange Ernährungserziehung über Medien und Ratgeber lässt uns heute von schlechtem LDL- und gutem HDL-Cholesterol reden, ohne zu hinterfragen, was sich hinter „High/Low Density Lipoprotein" wirklich verbirgt. Ebenso bei dem Wert der freien Triglyceride bzw. Triacylglycerole, der auf jedem Laborbericht beim Routinecheck beim Hausarzt erscheint. Viele reden von Gluten, ohne zu wissen, was es wirklich ist oder gar mit welchen Aufgaben es in der Natur betraut ist. Viele wundern sich gleichzeitig, warum glutenfreies Backen schwierig ist und eine gewisse Herausforderung darstellt. Ein Blick auf die Glutenmoleküle löst beide Fragen auf, gleichzeitig bekommt man eine Idee, was genau den Nährwert des Moleküls anbelangt. Die molekulare, biophysikalische Sicht löst damit eine ganze Reihe von Fragen mit einem Streich.

Für ein fundamentales Verständnis ist ein rigoroses „Downscaling" notwendig. Das Herunterskalieren eines Lebensmittels auf immer kleinere Skalen, bis wir dessen Mikrostruktur, dessen Proteine, Fette, Kohlenhydrate „sehen", die Phenole und Polyphenole, das Gluten und die gesättigten Fettsäuren, von denen die Rede ist. Ist dies geschafft, müssen wir uns bemühen, deren Strukturen und biologische Funktion zu erkennen. Blickt man konzentriert auf die Molekularstruktur, eröffnet sich plötzlich eine Sichtweise, die objektivierbarer wird, die sich mit den Grundgesetzen harter Wissenschaften – Physik, Chemie und Biologie – beschreiben lässt. Lebensmittel, Kochen, Essen und selbst Verdauen werden plötzlich verständlich, es stellen sich „universelle Zusammenhänge" dar, die in erster Linie vorwiegend mit Physik, Chemie und Biologie (und zwar in dieser Reihenfolge, die uns seit der Entstehung dieses Universum mit dem Urknall schon immer begleiten) der weichen Materie zu tun haben und gar nichts mehr mit Meinung. Erst nach der Molekularbiologie kommt die Wissenschaft der Physiologie der Ernährung zum Tragen. Die Erkenntnisse, die über die molekulare Sichtweise erlangt werden, sind beruhigend. Daher öffnet dieses Buch eine Idee der „Ernährungsphysik", oder neudeutsch „Nutrition Physics".

Dieses Buch richtet sich an neugierige Leserinnen und Leser, die sich nicht mehr verwirren lassen wollen, wenn es ums Essen geht. Und auch an solche Leserinnen und Leser, die bereit sind, auf eine oft hügelige, naturwissenschaftlich getriebene Reise in die molekulare Welt der Lebensmittel zu gehen. Wer das aber geschafft hat, wird sich nie mehr ein X für ein U vormachen lassen müssen, sondern kann selbst entscheiden, was er wissen will. Oder was er glauben kann.

Es richtet sich aber auch an Studierende der Ernährungswissenschaften und Ökotrophologie, wie auch an Ernährungsmediziner, die naturwissenschaftliche wie ernährungsrelevante Grundzüge verstehen möchten. Auch genussaffinen Studierenden von Physik, Chemie und Biologie kann es ein Leitfaden sein, über den Tellerrand des eigenen Studienfachs hinauszublicken. Daher ist das Buch auch an vielen Stellen transdisziplinär: Immer wenn es angebracht ist, werden Verbindungen zu anderen Wissenschaftsdisziplinen hergestellt. Nicht nur innerhalb der Ingenieurwissenschaften, etwa zur Lebensmitteltechnologie, sondern auch zu Kulturwissenschaft, Soziologie und Psychologie. Derartige fächerübergreifende Exkurse sind nur beim Thema Essen und Ernährung überhaupt möglich.

Das Fazit des Buchs ist im Grunde sehr einfach und eindeutig: Wenn über längere Zeit die Ernährung auf der molekularen Skala außer Kontrolle gerät, läuft es irgendwann beim ganzen Menschen schief.

Herrn Professor Hans Konrad Biesalski danke ich für viele Diskussionen zu Fragen rund um die Ernährungsproblematik. Seine unvoreingenommene Art hat viele meiner Sichtweisen geprägt. Seine Bereitschaft, diesem Buch ein Geleitwort zu geben, ehrt mich auf ganz besondere Weise. Herrn Professor Nicolai Worm danke ich für seinen unersetzlichen, hilfreichen Informationsdienst und seine klare Sicht auf so manchen Ernährungsirrtum. Dem Springer-Verlag danke ich für das Vertrauen und den Mut, dieses Buch überhaupt zu drucken, ganz besonders Frau Stephanie Preuss. Frau Carola Lerch sei für die Hilfe und Betreuung während des Redigierens gedankt. Dem Produktionsteam um Frau Roopashree Polepalli gebührt großer Dank für die hervorragende Umsetzung im finalen Satz.

Für die zweite, überarbeitete Auflage danke ich Dr. Meike Barth und Ken Kissinger herzlich für ihre Unterstützung, ihre steten Ermunterungen und vor allem für ihre Geduld. Last but not least sei Herrn Dr. Christian Schneider für seine wertvolle Arbeit bei den Videos gedankt, wofür er viele Stunden seiner Freizeit opferte.

März, 2022

Thomas A. Vilgis

Inhaltsverzeichnis

Biologische Grundlagen unserer Ernährung

1

Zusammenfassung

In diesem einführenden Kapitel werden die Grundlagen für das molekulare Verständnis der Lebensmittel gelegt. Es wird gezeigt, wie chemische Strukturen und molekulare Wechselwirkungen bereits elementare Zusammenhänge erkennen lassen, um Missverständnisse in Ernährungsfragen erst gar nicht aufkommen zu lassen. Es geht um Eigenschaften und Funktion von Makro- und Mikronährstoffen, deren Wirkung, aber auch um elementare Aspekte des Geschmacks von Lebensmitteln. Der Geschmack darf bei Ernährungsfragen nie außer Acht gelassen werden, denn er hatte fundamentale Funktion in der Evolution des Menschen.

1.1 Warum wir essen

Früher war alles besser. Zumindest beim Essen, so scheint es, wenn es nach vielen Aussagen in der Presse, in Büchern und Fernsehbeiträgen geht. Das mag subjektiv so anmuten, bewiesen oder gar sachlich sind diese Aussagen nicht. Noch nie waren Lebensmittel so sicher, so stark überwacht, so leicht zu konsumieren. Noch nie in der Geschichte der (westlichen) Welt waren so viele Lebensmittel ganzjährig und in solcher Vielfalt und Breite erhältlich. Wir können, wenn wir über die Märkte oder durch Markthallen gehen, jedes heimische Stück Obst, jedes Gemüse vom Acker, jede Rohwurst, jeden Käse, jeden Fisch, jede Meeresfrucht

Ergänzende Information Die elektronische Version dieses Kapitels enthält Zusatzmaterial, auf das über folgenden Link zugegriffen werden kann https://doi.org/10.1007/978-3-662-65108-7_1. Die Videos lassen sich durch Anklicken des DOI Links in der Legende einer entsprechenden Abbildung abspielen, oder indem Sie diesen Link mit der SN More Media App scannen.

und sogar jedes Stück rohes Fleisch bedenkenlos in den Mund schieben, es kauen und schlucken, ohne dass wir eine Lebensmittelvergiftung befürchten müssen. Das war nicht immer so. Essen war und ist lebensnotwendig. Nur wenn wir essen, können wir leben. Für lange Zeit in der Menschheitsgeschichte war verfügbares Essen allein eine notwendige Voraussetzung, um zu überleben. Das ist nicht mehr so, denn die Überlebensfrage ist nicht mehr an die Verfügbarkeit der Nahrung geknüpft. Menschen essen heute aus allen möglichen Gründen. Vor allem deswegen, weil Essen gerade einfach überall vorhanden ist, ohne es jagen, herstellen oder kochen zu müssen. Tatsächlich ist unsere heutige Nahrung vollkommen kontrolliert und nicht giftig, sonst wäre es gar nicht auf dem Markt und verfügbar. Dennoch machen Powerriegel mit hohem Zuckergehalt, Suppen und Terrinen mit Geschmacksverstärkern, Pizzen mit hohem Salz- und Fettanteil und Getränke, hoch angereichert mit Zucker und Zitronensäure, große Angst. Auch die darin vorhandenen „künstlichen" Aromen bereiten Sorgen. Dabei wäre es sehr einfach, diese Lebensmittel durch Weglassen zu meiden, sie sind nicht lebensnotwendig. Stattdessen werden allein Zucker, Salz, Säuren, Geschmacksverstärker und Fette als Schuldige ausgemacht, obwohl sie die Menschheit lange als Geschmacksgeber begleiteten, wie es heute immer noch ist, sofern das Essen selbst in der eigenen Küche zubereitet wird.

Wer aber leidenschaftlich von diesen Geschmacksgebern als Gifte in Lebensmitteln spricht, betreibt ein Spiel mit der Angst und vergisst dabei die wahren Gefahren der Lebensmittelgifte, die Menschen Tausende Jahre in Krankheit und Tod begleiteten und bis heute ihren Schrecken nicht verloren haben. Dies sind zum Beispiel *E.-coli*-Bakterien oder hoch gefährliche mikrobiologische Keime wie *Campylobacter* oder gar antibiotikaresistente Keime die in den meisten Fällen zu schweren Erkrankungen bis zum Tod führen. Im Vergleich dazu weniger schlimm sind sogar die nachgewiesenen Mengen an Pestizide, Nitrat oder gar Dioxin. Wer Gift in Lebensmitteln verteufelt, dürfte weder Bier noch Wein, geschweige denn einen Digestif zu sich nehmen, zu Recht werden Zigarren, Pfeifen oder Zigaretten gebrandmarkt. Daran sterben nachweislich jährlich viele Menschen. An den knapp an der Nachweisgrenze liegenden Mengen von Dioxin oder Fipronil in Bioeiern stirbt niemand. Erst recht nicht an gegrilltem Fleisch, verbranntem Gemüse und dunkler Brotrinde oder dunkelbraun getoastetem Brot, obwohl sich darin Acrylamid nachweisen lässt. Trotz vieler Warnungen von Politik [1], Verbraucherorganisationen [2] und der Ernährungswissenschaft [3] wäre es in der Tat ein kleines Wunder, würde ein direkter und kausaler Zusammenhang zwischen Tod und Acrylamid bei einer Obduktion nachgewiesen. Den Stoff Acrylamid nehmen wir und nahmen unsere Vor- und Vorvor- und Vorvorvorvor... vorfahren schon so lange zu sich, wie Lebensmittel über Feuer gehalten und Temperaturen über 140 °C ausgesetzt werden. Nur hat ihn bis vor wenigen Jahrzehnten niemand nachweisen können [4]. Nahrung wegzuwerfen, selbst wenn sie dunkel gegrillt, gebraten oder verkohlt war, konnte sich der Mensch in seiner langen Geschichte und erfolgreichen Entwicklung nicht leisten. Dazu war die Nahrung viel zu kostbar. Wer vor Acrylamid Angst hat, muss mit den Konsequenzen leben: nur Gekochtes, nur Rohes, aber nichts Gebratenes, weder Brot noch Kakao noch Kaffee, auch keinen Getreidekaffee zu sich zu nehmen. Allein das klingt aromatisch langweilig, geschmacklich fade, ist aber der Preis für das acrylamidfreie Leben. Dabei starren wir beim Erhitzen nur auf das Acrylamid. Die anderen Giftstoffe etwa heterozyklischen aromatischen Amine (HAA) und polycyklische aromatische Kohlenwasserstoffe (PAK), sind nicht einmal genannt. Allerdings entsteht beim Rösten nicht nur Acrylamid, sondern es entstehen auch „gute Moleküle", solche, die Krebs vorbeugen oder ein hohes Antioxidationspotenzial mitbringen, wie in späteren Kapiteln gezeigt wird.

Es darf auch nicht vergessen werden, unter welch widrigen Umständen die Menschheit trotz langer Phasen von Kriegen und Naturkatastrophen erzwungener schlechter Ernährung überlebte. Selbst die Menschen der Kriegsgenerationen werden heute noch alt, knapp 100 Jahre und manchmal darüber, obwohl sie Jahre ihres Lebens mangelernährt waren und bei Weitem nicht die Konzentrationen von Makro- und Mikronährstoffen der Empfehlungen der Ernährungsgesellschaften erreichten. Die gegenwärtigen Ängste vor dem Essen sind offenbar kritisch zu hinterfragen. Es lohnt sich daher, eine neue Sicht auf viele Probleme zu werfen, sie einem anderen Blickwinkel zu unterwerfen, um ganz neue Zusammenhänge zu erkennen, die sich oft in den Medien und sozialen Netzwerken unreflektiert verbreiten.

Kehren wir zur Veranschaulichung in einem Gedankenspiel zum Nervengift Alkohol zurück. Gäbe es das Molekül Ethanol bis heute nicht und irgendjemand würde es in einem Lebensmittellabor erfinden, um Lebensmittel damit anzureichern, Getränke haltbar zu machen und keimfrei zu gestalten (wie bereits vor Tausenden von Jahren), gäbe es zunächst Hunderte von Tests und klinischen Erhebungen, um die Hürden der Zulassung zu überspringen. Man würde rasch feststellen, dass es sich um ein Nervengift handelt und dass Tiere und Menschen daran sterben können. Keine behördliche Einrichtung würde dafür eine Zulassung erteilen. Das wirklich gefährliche Nervengift Alkohol gilt allerdings als unantastbares Kulturgut, egal ob in Bier, Wein oder Edelbränden. Würde die Politik ein Verbot aller alkoholhaltigen Getränke erlassen, wäre das Unverständnis groß, und es würde kaum funktionieren, wie es die Gesetze zur Prohibition zeigen. Um die Ernährung des Menschen besser zu verstehen, ist ein Blick in die Geschichte der Evolution unerlässlich, denn er öffnet die Augen für elementare Zusammenhänge unserer Esskultur, unserer Geschmacksvorlieben, der fundamentalen Zubereitungstechniken. Gleichzeitig zeigt sich die fundamentale Basis der Humanernährung, die sich bis heute nicht änderte.

Heute scheint man vergessen zu haben, welche Rolle Lebensmittel in unserem Körper wirklich spielen, und wir haben kaum eine Vorstellung davon, wie unser Verdauungssystem funktioniert. Beispiele gibt es genug. Eine gängige Regel bei fast bei jedem Arztbesuch ist etwa: Gesättigte Fettsäuren sind ungesund und erhöhen das „böse" LDL-Cholesterol. Dies sei verantwortlich für Herz-Kreislauf-

Erkrankungen. Weitere Empfehlungen betreffen Fleisch, vor allem rotes, denn es verursache Krebs. Völlig unklar bleiben Behauptungen wie Gluten mache krank, Glutamat rufe Alzheimer hervor und Zucker sei Gift und mache süchtig.

Darf man diese Aussagen einfach glauben, ohne deren Kernaussagen zu hinterfragen? Ein klares „Nein" auf diese Frage wäre schon ein guter Anfang. Es beginnt oft schon mit dem Unwissen, was Cholesterol wirklich ist und welche Funktionen dieses für Biophysik, Biochemie und Physiologie lebenswichtige Molekül überhaupt hat. Ebenso sind die biophysikalischen fundamentalen Unterschiede von dem „bösen" Low Density Lipoprotein (LDL) und dem „guten" High Density Lipoprotein (HDL) kaum jemandem bekannt. Der genauere Blick in die Biophysik zeigt im Grunde zwei verschieden strukturierte Nanopartikel natürlichen Ursprungs mit wohldefinierten physiologischen Aufgaben, etwa Fette, Cholesterol und Phospholipide sicher zu den Zellen zu transportieren und wieder zurück. Allein diese Tatsache legt sowohl die Größe als auch die jeweiligen molekularen Verpackungsmechanismen fest. Bis hierher ist LDL weder gut noch böse, sondern erfüllt die dem Nanopartikel zugewiesenen Aufgaben basierend auf rein physikalisch-chemischen Gesetzmäßigkeiten. Aus Sicht der Biophysik relativiert sich dieser Unterschied stark, wie in Kap. 3 deutlich wird, wenn auf die physikalischen zwingenden Notwendigkeiten der *low density* und *high density* eingegangen wird.

In diesem Buch gehen wir auf eine physikalisch-chemische Entdeckungsreise, die in die Welt der Lebensmittel, ihrer Zubereitung, ihrer Wertschätzung und ihrer physikalisch-chemischen Eigenschaften auf molekularer Ebene führt. Erst diese molekulare Sichtweise zeigt uns, was bestimmte Moleküle ausrichten. Erst der genauere Blick in die Lebensmittel hinein, in die Struktur und Funktion der vorhandenen Moleküle eröffnet das Erkennen von naturwissenschaftlichen Zusammenhängen und die Erweiterung des Wissens. Dann können wir selbst entscheiden, was wir wissen müssen und was wir nicht glauben dürfen.

1.2   Öl und Wasser: Mehr als nur essenziell

Die großen Gegensätze in Physik, Chemie und Biologie sind Wasser und Öl, sprich flüssiges Fett. Aus dem Alltag ist bekannt, beide mischen sich nicht. Sie sind thermodynamisch vollkommen unverträglich. Werden sie zusammengeschüttet, gerührt und selbst mit hohen Kräften geschüttelt, entmischen sie sich nach kurzer Zeit wieder [5]. Öl schwimmt oben, Wasser bleibt unten. Was zunächst banal klingt, wird für biologische Systeme, für Lebensmittel, aber auch für die Wirkung von Lebensmitteln während der Magen-Darm-Passage zu einem fundamentalen Prinzip.

Aber warum ist das so? Dies hat ausschließlich molekulare Ursachen: Wasser ist ein polares Molekül, ein Dipol. Wasser, H_2O, ist an seinem Sauerstoff leicht negativ geladen, an den beiden Wasserstoffen positiv. Fette und Öle, präziser Triacylglycerole, sind allesamt unpolar.

Der winzige Unterschied in der Polarität auf molekularer Ebene erweist sich als so stark, dass beide Moleküle nicht zusammenkommen und sich daher nicht mischen können. Das spezifische Gewicht, die Dichte des Fetts, ist mit etwa 0,8 g/ml darüber hinaus geringer ist als das von Wasser, dessen Dichte bei 1 g/ml liegt. Daher „schwimmt Öl auf Wasser". In Abb. 1.1 sind ein Wassermolekül und typisches Fettmolekül, (Triacylglycerol), schematisch dargestellt. Die Unterschiede sind offensichtlich.

Wichtig ist aber auch die banale Frage, warum das spezifische Gewicht des Fetts geringer als das von Wasser ist. Dies kann nur an den Molekülen und deren Platzbedarf liegen. Schon die vollkommen unterschiedliche Größe und Struktur der Fettmoleküle im Vergleich zu den Wassermolekülen zeigen, dass Wassermoleküle sich viel dichter packen können als die langen, sperrigen und dreischwänzigen Triacylglycerole. Wassermoleküle können sich hingegen leicht anziehen, wenn sie sich nahekommen. Die positive Seite der Wasserstoffe ist dem negativ geladenen Sauerstoff stärker zugeneigt. Wasser kann damit wegen seiner einfachen Molekülform und der Dipolwechselwirkung deutlich enger zusammenpacken. Auch die Tatsache, dass Öl bei allen Temperaturen eine geringere Dichte hat als Wasser, lässt sich somit auf molekulare Eigenschaften zurückführen, denn Wassermoleküle können sich innerhalb von Pico- und Femtosekunden immer so arrangieren, dass sie sich über die negativen und positiv geladenen Seiten anziehen und so dichter packen, selbst wenn sie sich rasch bewegen. Die großen, sperrigen Triacylglycerole sind hingegen viel langsamer.

Was lernen wir aus diesen einfachen Schulweisheiten? Die molekularen Eigenschaften, die sich im nanoskaligen Bereich von wenigen Nanometern (1 nm = 0,000000001 m) zeigen, bestimmen alles, was wir im makroskopischen Bereich sehen und erfahren können. Daher ist es ratsam, zuerst die Moleküle, deren Eigenschaften und Wechselwirkungen objektiv zu betrachten.

Die Berücksichtigung elementarer physikalische Gesetze erlaubt keine Fehlinterpretation, zum Beispiel, aus der Polarität des Wassers statische Netzwerkstrukturen und damit ein Gedächtnis des Wassers abzuleiten. Folglich sind belebende oder energestisierende Wasserstrukturen, die über entsprechende Geräte

Abb. 1.1 Wasser, H_2O, (links) mit Sauerstoff (rot) und den beiden Wasserstoffatomen (grau) ist polar und hat eine positiv und eine negativ geladene Seite. Fett (rechts) hier mit drei gleichlangen Fettsäuren aus 18 Kohlenstoffatomen (schwarz), die am Glycerin (Zentrum des Moleküls) verestert sind, ist unpolar

erzielt werden sollen, physikalisch unmöglich. Ebenso bleiben homöopathische Medikamente, denen nach hohen Verdünnungen eine "Erinnerung" an zuvor beigefügte Stoffe, vollkommen wirkungslos. Die Geschwindigkeit der Moleküle ist viel zu schnell, um Langzeitstrukturen auszubilden. Ein Beispiel zu Hypothesen und die Vermischung von Fakten und Fehlinterpretation findet sich in den Diskussionen um das Exclusion Water [6]. Immer wieder werden Wassermoleküle an besonderen Oberflächen, die zum Beispiel elektrisch geladen sind, gefunden. Natürlich müssen sich Wassermoleküle gemäß den vorgegebenen Ladungen der Oberfläche aufgrund der Dipoleigenschaft ordnen, natürlich sind diese Strukturen langlebiger, was aber nicht heißt, dass dieses Wasser besonders „energetisiert" ist oder gar heilende Kräfte entwickeln kann.

1.3   Fettsäuren – ein Blick in die Fettmoleküle

Lebensmittelfette sind komplexer aufgebaut: Anders als beim Wasser gibt es hier nicht ein einziges Fettmolekül. Fette und Öle haben unterschiedliche Zusammensetzungen und bestehen aus einer Mischung aus verschiedenen Molekülen. Zwar ist ihr chemischer Aufbau immer gleich – an einem Glycerolmolekül sind drei Fettsäuren verestert–, aber sie können gesättigt, ungesättigt, mehrfach ungesättigt, langkettig, mittelkettig oder kurzkettig sein. Diese Begriffe sind uns bekannt, und seit geraumer Zeit werden gesättigte Fettsäuren als „krankmachend" und ungesättigte als „gesund" bezeichnet, ohne dass der Ursprung dieser Klassifizierung ohne Weiteres chemischen und strukturellen Eigenschaften zugewiesen werden kann. Die vielfach ungesättigten, langkettigen tierischen Fettsäuren gelten sogar als „sehr gesund", da essenziell, aber warum haben sie sogar einen noch höheren Stellenwert als die pflanzlichen essenziellen Fettsäuren? Klar und verständlich wird dies oftmals nicht, dennoch hat sich der Gedanke, dass gesättigte und tierische Fettsäuren krankmachen sollen, seit Jahrzehnten ohne tieferen molekularen Grund verselbstständigt. Wie zweifelhaft diese Annahmen sind, wurde bereits 2001 von Taubes im Detail vorgelegt [7]. Daher müssen diese Fragen in den folgenden Kapiteln genauer betrachtet werden, und zwar unter Berücksichtigung der physikalisch-chemischen sowie der strukturbildenden Eigenschaften der Moleküle. Erst dann können validere Aussagen getroffen werden. Es wird sich dabei herausstellen, dass die gesättigten Fettsäuren nicht *per se* schädlich sind, wie oft angenommen wird.

Zunächst jedoch zu den Definitionen. Gesättigte Fettsäuren sind auf den ersten Blick relativ einfache, unspektakuläre Moleküle, aber ein paar Besonderheiten gibt es doch. In Nahrungsmittelfetten ist bis auf wenige Ausnahmen die Gesamtzahl der Kohlenstoffatome in der Fettsäure mathematisch eine gerade Zahl, die sich also durch 2 teilen lässt. Die Stearinsäure besteht aus 18 Kohlenstoffatomen und ist chemisch eine all-*trans*-Kette mit allen Doppelbindungen in *trans*-Stellung.

Chemisch ist das Kohlenstoffatom vierwertig, das bedeutet, alle Kohlenstoffbindungen sind in der Molekülkette gesättigt, d. h., jeder Strich in der Formel in Abb. 1.2 steht für eine $-CH_2-CH_2-$Sequenz. Die Stearinsäure ist durch C 18:0 gekennzeichnet, wobei 18 für die Anzahl der Kohlenstoffatome steht und die Null

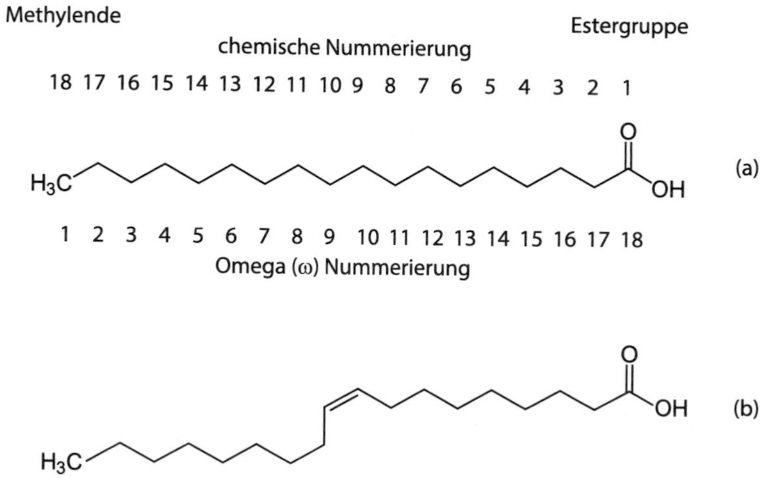

Methylende

chemische Nummerierung   Estergruppe

18 17 16 15 14 13 12 11 10 9 8 7 6 5 4 3 2 1

(a)

1 2 3 4 5 6 7 8 9 10 11 12 13 14 15 16 17 18

Omega (ω) Nummerierung

(b)

Abb. 1.2 Die Stearinsäure (**a**) besteht aus 18 Kohlenstoffatomen und ist eine sogenannte all-*trans*-Kette, deren Struktur sich durch eine lineare Anordnung beschreiben lässt. Die Ölsäure (**b**) besteht ebenfalls aus 18 Kohlenstoffatomen, sie hat aber an der 9. Position eine *cis*-Doppelbindung, die einen „Knick" erzeugt, und ist damit ungesättigt

für die volle Sättigung, weil das Molekül keine Doppelbindung trägt. Wichtig ist in diesem Zusammenhang auch, dass jede Kohlenstoff-Kohlenstoff-Einfachbindung frei um ihre C-C-Achse drehbar ist, sofern die Temperatur hoch genug ist. Eine einfach ungesättigte Fettsäure könnte zum Beispiel eine ungesättigte Kohlenstoff-Kohlenstoff-Verbindung eingehen und würde dann beispielsweise als C 18:1 bezeichnet (Abb. 1.2). Die Ölsäure, so deren Trivialname, kommt zum Beispiel im Olivenöl vor, ist aber auch in vielen anderen Fetten und Ölen stark vertreten. Die *cis*-Doppelbindung sorgt für den Knick in der Struktur, das Molekül ist nicht mehr linear, sondern hat deutlich mehr Raumbedarf. Des Weiteren sind Doppelbindungen nicht mehr frei um die C=C-Achse drehbar. Genau dies beeinflusst die Struktur und damit die biophysikalischen Eigenschaften.

Für das Verständnis der Struktur der aus gesundheitlicher Sicht favorisierten Omega-3-Fettsäuren muss man in Gedanken die Kohlenstoffatome der Molekülketten durchnummerieren. Dazu gibt es zwei Möglichkeiten: Chemiker zählen gerne von der Estergruppe (COOH) aus, in der Ernährungsmedizin wird gerne von der Seite der Methylgruppe (CH3) her gezählt, also genau entgegengesetzt. Eine Omega-3-Fettsäure hat dann die erste Doppelbindung an dem dritten Kohlenstoffatom nach der Methylgruppe. Ein Beispiel für eine Omega-3-Fettsäure ist die α-Linolensäure, eine dreifach ungesättigte Fettsäure, deren erste Doppelbindung (in Omega-Zählweise) am dritten Kohlenstoffatom erscheint (Abb. 1.3 und 1.4).

Omega-3-Fettsäuren gelten als essenziell, sie müssen mit der Nahrung aufgenommen werden, da sie nicht vom Körper synthetisiert werden können. Verschiedene Fette bieten daher ein breites Spektrum von Fettsäuren, wie in Tab. 1.1 dargestellt ist (siehe z. B. [8]).

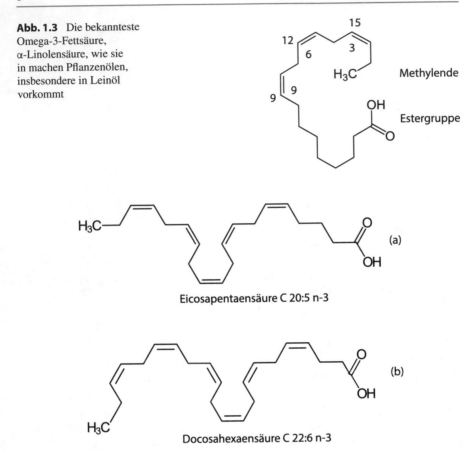

Abb. 1.3 Die bekannteste Omega-3-Fettsäure, α-Linolensäure, wie sie in machen Pflanzenölen, insbesondere in Leinöl vorkommt

Eicosapentaensäure C 20:5 n-3

Docosahexaensäure C 22:6 n-3

Abb. 1.4 Vielfach ungesättigte Fettsäuren aus Fischölen, Eicosapentaensäure (**a**) und Docosahexaensäure (**b**)

1.3.1   Physik und Chemie bestimmen die Physiologie

Diese verschiedenen Fette und Öle haben gemäß ihrer Fettsäurezusammensetzung unterschiedliche Schmelzpunkte. Gesättigte Fette lassen sich viel leichter ordnen und regelmäßig in Kristallen anordnen als ungesättigte. Der Knick und die nicht-freie Drehbarkeit der Doppelbindung sind dafür verantwortlich, denn diese stehen einer hohen Ordnung im Wege. Fette mit höherem Anteil an gesättigten und längeren Fettsäuren haben deswegen hohe Schmelzpunkte, Fette mit kurzen und ungesättigten Fettsäuren hingegen niedrige. Aber auch die Länge der Fettsäuren spielt eine große Rolle. Kurzkettige Fettsäuren haben im Vergleich zu langkettigen deutlich niedrigere Schmelzpunkte, ein Grund, warum Kokosfett schon bei Raumtemperatur flüssig wird, obwohl es zum Großteil aus gesättigten Fettsäuren besteht.

Tab. 1.1 Typische Fettsäurezusammensetzung in verschiedenen Nahrungsfetten Die dominierende Fettsäure ist jeweils fett gedruckt. Die 0 steht jeweils für Werte kleiner als 1 %, kürzere Fette als C 10 sind nicht aufgeführt. Daher summieren sich die Zahlen in den Zeilen nicht zu 100 %

Fett/Öl	C 10:0	C 12:0	C 14:0	C 16:0	C 18:0	C 18:1	C 18:2	C 18:3
Fette tierischen Ursprungs								
Butterfett	3	3	11	27	12	**29**	2	1
Rindertalg	0	0	3	24	19	**43**	3	1
Schweineschmalz	0	0	2	26	14	**44**	10	0
Gänseschmalz	0	0	0	3	8	**55**	10	0
Fette pflanzlichen Ursprungs								
Erdnussöl	0	0	0	11	2	**48**	32	0
Kakaobutter	0	0	0	26	34	**35**	5	0
Kokosöl	12	**48**	16	9	3	6	2	0
Leinöl	0	0	0	3	7	21	16	**53**
Palmöl	0	0	1	45	4	**40**	10	0
Palmkernöl	4	**48**	16	8	3	15	2	0
Olivenöl	0	0	0	13	3	**71**	10	1
Rapsöl	0	0	0	4	2	**62**	22	10
Sonnenblumenöl	0	0	0	7	5	19	**68**	5
Sojaöl	0	0	0	11	4	24	**54**	7
Walnussöl	0	0	0	11	5	28	**51**	5

So bleibt Rindertalg bis zu 40 °C fest, er enthält einen hohen Anteil an den langkettigen, gesättigten Fettsäuren C 16:0 und C 18:0. Nichtsdestotrotz ist der als „ungesund" eingestufte Rindertalg relativ reich an der auch im „gesunden" Olivenöl vorkommenden Fettsäure C 18:1, einer einfach ungesättigten Fettsäure. Schweinschmalz hat deutlich weniger Fettsäuren vom Typ C 18:0 und schmilzt daher bei niedrigeren Temperaturen. Gänseschmalz beginnt bereits bei Zimmertemperatur zu schmelzen. Fischöl ist reich an Eicosapentaensäure C 20:5 n-3 (EPA) und Docosahexaensäure C 22:6 n-3 (DHA), die in Abb. 1.3 dargestellt sind. Bei diesen Omega-3-Fettsäuren kommt eine weitere Strukturbezeichnung (n-3) hinzu. Sie besagt, dass die erste Doppelbindung am dritten Kohlenstoffatom nach der Methylgruppe erscheint, wie in Abb. 1.3 bereits angedeutet ist. Die beiden essenziellen Fettsäuren DHA und EPA kommen ausschließlich in tierischen Fetten oder Mikroalgen vor.

Diese vielfach ungesättigten Fettsäuren lassen sich allerdings kaum noch ordnen, sprich in einen Kristallverband stecken [8]. Fischöle sind daher selbst noch bei Minusgraden flüssig. Warum ist das so? Die Antwort darauf hat mit den Lebensumständen und den klimatischen Bedingungen der Tiere und Pflanzen zu tun, denn deren Physiologie muss unter diesen Gegebenheiten funktionieren. Die Lebensumstände aller Lebewesen und Organismen definieren die Zusammensetzung des Fetts. Folglich sind die Lebensbedingungen entscheidend: Welche Körpertemperatur hat das Tier, ist es Warmblüter oder Kaltblüter, lebt es auf dem Land oder im Wasser? So erschließt sich schnell, warum Fischöle eine sehr hohe Zahl ungesättigter Bindungen haben müssen. Die Tiere leben mitunter bei sehr kalten Temperaturen im Wasser und teilweise unter hohem Druck in den Tiefen des Meeres. Es wäre fatal, würden die Fette unter diesen Bedingungen kristallisieren würden. Des Weiteren helfen vielfach ungesättigte Fettsäuren, die Viskosität des Öls zu senken. Für die Fische im kalten Meer ist dies lebensnotwendig. Also hat sich die Natur im Laufe der Evolution mit einem chemischen Trick geholfen, nämlich genau die exakte Konzentration der vielfach ungesättigten Fettsäuren einzusetzen, bei der alle erforderlichen physiologischen Funktionen über physikalisch-chemische Eigenschaften sicher gestellt werden. Funktionen gewährleistet sind.

Bei Landtieren ist diese Variabilität nicht notwendig. Sie gleichen wie wir Menschen die Temperatur aus (wir haben immer eine Temperatur von ca. 37 °C in unseren Organen), insofern wäre eine hohe Konzentration an vielfach ungesättigten Fetten kontraproduktiv. Das Fett wäre bei unserer Körpertemperatur zu hochviskos, und unsere Zellmembranen (darauf kommen wir noch im Detail zurück) wären viel zu flexibel und wenig belastbar. Daher haben alle Lebewesen – alle Insekten, alle Meerestiere und alle Pflanzen – eine wohlweislich austarierte, ihren Lebensumständen angepasste Fettzusammensetzung. Deshalb sind Gänse- und Entenschmalz mit einem etwas niedrigeren Schmelzpunkt (im Mittel) weit flüssiger als Schweineschmalz. Die Wasservögel leben auch auf dem Wasser, die dicke Schicht des Unterhautfetts auf den Brüsten muss also bei Wassertemperaturen knapp oberhalb von 0 °C noch geschmeidig bleiben. Wobei nicht gesagt werden soll, dass es bei Schweinen bezüglich der Fettzusammensetzung keine Unterschiede gibt (man denke nur an Schwäbisch-Hällische, Mangaliza- oder Pietrain-Schweine).

Daraus erschließt sich sofort: Für die Bewertung des Nutzens für die menschliche Ernährung müssen mehrere Faktoren berücksichtigt werden [9], denn abgesehen vom Schmelzpunkt und der Viskosität sind die chemisch ungesättigten Doppelbindungen weit instabiler und reaktionsfreudiger als die gesättigten. Sie können leicht oxidieren, d. h., sie brechen spontan auf. Dabei werden Elektronen frei, diese sind hochreaktiv, wie in Abb. 1.5 schematisch dargestellt. Das freie Elektron will sich binden und reißt alles an sich, was ihm in die Quere kommt. Die mehrfach ungesättigten Fettsäuren oder PUFAs (*polyunsaturated fatty acids*) bilden viele freie Radikale, vor allem bei hoher Temperatur, etwa bei unserer Körpertemperatur von 37 °C. Die Doppelbindungen oxidieren und setzen hochreaktive Elektronen frei.

Ist also ein Überangebot an Omega-3-Fettsäuren vorhanden, haben diese eher negative Auswirkungen als positive. In hohen pharmakologischen Konzentrationen, wie sie in manchen Nahrungsergänzungsmitteln (Fischölkapseln) bei hoher Dosierung vorkommen können, sind sie unter Umständen kontraproduktiv. Kein Wunder, in unserem menschlichen Körper sind sie in Überdosis und auf Dauer allein aus physikalisch-chemischen Gründen fehl am Platz.

Daher wird auch ein wesentlicher Vorteil der einfach ungesättigten Ölsäure ersichtlich, die in in vielen pflanzlichen Ölen und tierischen Fetten immer ein Hauptvertreter ist: Sie kann genau einmal mit einer geringen Wahrscheinlichkeit oxidieren und damit immer ihr eigenes Radikal abfangen. Dies ist nur ein Grund, warum sich Olivenöl und Gänse-/Entenfett in vielerlei Hinsicht küchentechnisch als unschlagbar erweisen. Wie wir in Kap. 2 sehen werden, hat allerdings auch die Ölsäure (Linolsäure) durchaus Nachteile, wenn zu viel davon konsumiert wird.

1.3.2   Die Pflanzen machen es vor

Die Zusammensetzung der Fettsäuren der Pflanzenfette von Früchten (Oliven, Kakaobohnen) und von Saaten wie Erdnüssen, Haselnüssen, Kokosnüssen usw. ist eben-

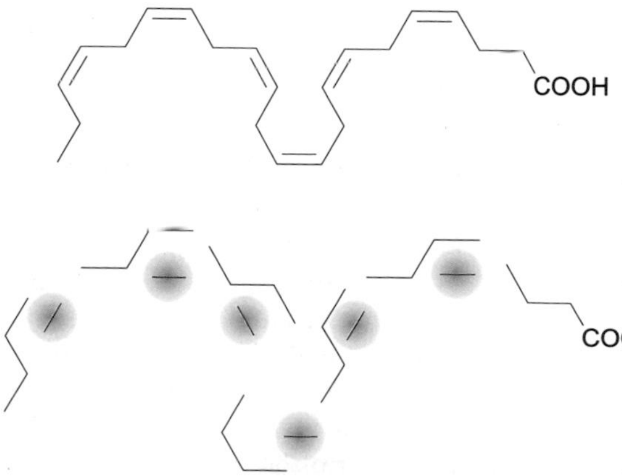

Abb. 1.5 Die vielfach ungesättigte essenzielle Fettsäure C 22:6 (n-3) hat ebenso eine Schattenseite. Das Potenzial der Radikalbildung bei Peroxidation ist sehr hoch. Die frei werdenden Elektronen (rot) aus der Doppelbildung und Bruchstücke der Fettsäuren werden zu freien Radikalen

falls den klimatischen Bedingungen angepasst. Dabei spielen die Viskosität und der Sättigungsgrad der Fettsäuren die größte Rolle für die Fettsäurezusammensetzung. Olivenöl dient als Paradebeispiel. Die mediterrane Ölfrucht Olive muss Temperaturen von im Mittel zwischen 0 °C und 40–50 °C standhalten, ist dabei der Sonne und dem Mistral wie auch mitunter starken Temperaturschwankungen während der Jahreszeiten ausgeliefert. Die Dominanz der Ölsäure mit dem zugehörigen Schmelzpunkt um −5 °C ist somit die perfekte Voraussetzung. Auch ist die lediglich einfach ungesättigte Ölsäure kaum Oxidationsprozessen ausgesetzt. Ganz anders das Kokosöl. Kokospalmen wachsen in tropischen Regionen. Das ständig feuchtheiße Klima setzt selbst einfach ungesättigten Fettsäuren wie der Ölsäure zu. So besteht das Fett zum Großteil aus gesättigten Fettsäuren, die selbst unter den dortigen Temperaturen nicht oxidieren können. Die Geschmeidigkeit des Öls und der für die Zellfunktion erforderliche niedrige Schmelzpunkt werden daher über die Länge der Fettsäuren anstatt des Sättigungsgrads geregelt. Kein Wunder also, dass mäßig lange, mittel- und kurzkettige Fettsäuren im Kokosöl dominieren (siehe Tab. 1.1). Warum diese wiederum so besonders gesund sind [10], erklärt sich nicht allein aus den Strukturüberlegungen, sondern muss im Lichte der Fettverdauung in späteren Kapiteln genauer betrachtet werden. Klar aus Sicht der Genießer hingegen ist, dass sich mit nativem Kokosöl wunderbare Aromen, zum Beispiel cremig-sahnig duftende Lactone, erzielen lassen. Die Küche und Esskultur im südindischen Kerala oder in verschiedenen Regionen in Thailand machen es vor. Die als Lactone bezeichneten Geruchsstoffe bilden sich ausschließlich aus mittelkettigen Fettsäuren des Kokosöls, wie sie auch im Milchfett vorkommen. Es verwundert also nicht, wenn bei Kaffeesahne kokosähnliche Gerüche beim Riechen deutlich zu erkennen sind.

Am eindrucksvollsten erkennt man die klimatische Anpassung der Fettzusammensetzung bei Kakaobutter. Je näher die Bohnen am Äquator wachsen, desto weniger Ölsäure und ungesättigte Fettsäuren werden eingebaut, die sonst oxidieren würden. Je weiter vom Äquator entfernt, desto mehr finden sich darin. Der Schmelzpunkt verschiedener Kakaobutterarten zeigt sich auch in der Herkunft der Schokolade. Ein Segen für die Patisserie und Chocolaterie, denn damit können Schmelzpunkte für kulinarische Anwendungen auf das Grad genau eingestellt werden. Schon diese wenigen Beispiele zeigen, dass es sich lohnt, die biologischen Grundfunktionen der Lebensmittelmoleküle anzusehen und daraus zu lernen.

1.3.3 Auf die biologische Funktion kommt es an

Diese ersten einfachen Überlegungen und Tatsachen zeigen bisher ein fundamentales Prinzip: Alle Nährstoffe – seien es Mikro- oder Makronährstoffe wie auch alle Sekundärstoffe – sind schlichte Moleküle mit ganz bestimmten Funktionen und Eigenschaften, nicht primär für den Menschen gemacht, sondern in erster Linie für den eigenen Stoffwechsel der Pflanzen oder Tiere. Je besser diese Funktion zur menschlichen Physiologie passt, desto verfügbarer sind sie für unsere Ernährung. Nicht, weil wir das Protein, das Fett oder die

Polyphenole direkt verwenden können, das wäre viel zu einfach gedacht, sondern, weil die darin enthaltenen essenziellen Nährstoffe – seien es Fettsäuren, Aminosäuren oder sekundäre Nährstoffe – in den notwendigen und physiologisch sinnvollen Konzentrationen in den Nahrungsmitteln vorkommen. So haben zum Beispiel Sojaproteine vor allem die Aufgabe, als Energiespeicher und Aminosäurelieferant die Bohne bei der Keimung zu unterstützen. Sojaprotein wird während der Keimung weitgehend gespalten und als Aminosäurelieferant für pflanzenrelevante Proteine und Enzyme verwendet, Muskelproteine eines Tiers übernimmt ähnliche Aufgaben wie beim Menschen, nämlich Bewegung zu ermöglichen, und wird daher ständig erneuert. Ergo sind die Aminosäurezusammensetzung, die Gestalt und Funktion von pflanzlichen und tierischen Proteinen zwangsläufig unterschiedlich und ihrer biologischen Funktion angepasst. Diese auch für die Humanernährung wichtigen Punkte werden in den folgenden Kapiteln noch detaillierter angesprochen. „Gesund" oder Genuss?

Dies gilt aber nicht nur für Proteine, sondern auch für Fette, wie bereits angesprochen wurde. Die in Pflanzen und Tiere vorkommenden Fette bzw. deren Strukturen und Fettsäurenzusammensetzung sind der jeweilig relevanten Physiologie exakt angepasst.

Daher sind auch Versuche, das Fett von Tieren im Sinne der Gesundheit zu verändern, zum Scheitern verurteilt, etwa, indem man Schafen und Lämmern neben Gras vorwiegend Leinsamen, Fischöl und Algenöl zu fressen gab [11]. Die Hoffnung, pflanzliche Omega-3-Fettsäuren, also α-Linolensäure aus Leinöl, das Fett aus Makroalgen, Eicosapentaensäure und Docosahexaensäure aus Fischöl, ins Lammfett einzubringen, erfüllte sich nicht, und zwar in zweifacher Hinsicht: Das Fleisch der geschlachteten Lämmer roch ranzig, denn aus den Bruchstücken der oxidierenden Omega-3-Fettsäuren im intramuskulären Fett bildeten sich ranzig riechende Aromaverbindungen, wie in Abb. 1.5 veranschaulicht. Des Weiteren war das Fett von weicher und wachsiger Konsistenz. Die Gründe sind klar: Das physiologisch zu den Lebensumständen des Lamms passende Lammfett hat eine durch die Physiologie der Lämmer vorgegebene Zusammensetzung. Das Fett ist wie allen Wiederkäuern ein wenig talgig, und daher sehr stabil. Zwar lassen sich Fischöle durch die Fütterung zuführen, doch das Resultat für die Sensorik ist mäßig.

Dennoch sind die positiven Eigenschaften der langkettigen vielfach ungesättigten Fettsäuren in vielfacher Hinsicht dienlich, sofern sie über Fischmahlzeiten in physiologisch angemessenen Dosen eingenommen und nicht im Übermaß supplementiert werden, wie an diesem Tierexperiment zu erkennen ist. [12].

1.3.4   Tierisch oder pflanzlich?

Die pauschale Auffassung, tierische Fettsäuren seien generell schädlich, während Fettsäuren aus Pflanzenfetten vorteilhaft seien, ist allerdings missverständlich. Praktisch alle Fettsäuren C n: s, wobei n für die Anzahl der Kohlenstoffatome steht und s für deren Sättigung für n ≤ 18 und s ≤ 3 kommen in Pflanzen und Tieren gleichwohl vor. Selbst Triacylglycerole, wie sie im Olivenöl, Rapsöl oder der Kakaobutter vorkommen, befinden sich in identischer Komposition im Schweine- und Gänseschmalz und sogar im Rindertalg, wenngleich im Letzteren mit geringerer Häufigkeit. In Abb. 1.6 ist dies visualisiert.

Dass auf molekularer Ebene pflanzliche und tierische Fette nicht grundsätzlich unterscheidbar sind, hat triviale Gründe. Die Natur ist nicht so üppig ausgestattet, dass sie für Pflanzen und Tiere unterschiedliche Fette und Fettsäuren ausbildet. An den einzelnen Molekülen gibt es daher keine Marker für tierisch oder pflanzlich. Für die menschliche Physiologie ist es daher vollkommen gleichgültig, woher die einzelnen Fettsäuren stammen. Ob eine Fettsäure C 18:1 aus Olivenöl oder Gänseschmalz in eine Membran eingebaut wird, ist für die Funktion und den Einbau in die Zellmembranen unerheblich. Erst wenn die Verteilung der Fettsäuren in den Fetten betrachtet wird, lassen sich anhand der Häufigkeiten Unterschiede erkennen.

Schon diese Tatsachen sind ein Hinweis für mehr Gelassenheit und mehr Genuss. Kein Koch, keine Köchin im Südwesten Frankreichs, wo Gänse und Enten traditionell einen großen Anteil in der Ernährung haben, käme auf die Idee, Entenschenkel in Olivenöl statt im ohnehin anfallenden Entenfett zu konfieren, nur weil dies pflanzlich wäre. Dennoch hat die die dortige Bevölkerung eine der höchsten Lebenserwartungen in der westlichen Welt. Trotz des traditionell hohen Konsums an Enten- und Gänseschmalz, Stopfleber und Wein. Ein Teil einer Erklärung für das „*French paradoxon*" [13] könnte tatsächlich die biologische Irrelevanz der Herkunft der Fettsäuren sein.

Fette und Öle haben auch zu Unrecht einen schlechten Ruf, weil sie viele Kalorien eintragen. Fett weist die höchste Energiedichte der Makronährstoffe auf und bringt es auf stolze 9 kcal/g. Aber genau das ist ein Vorteil des Fetts. Mit 200 g Olivenöl lassen sich daher stattliche 1800 kcal rasch einverleiben, was der Energie einer durchschnittlichen Mahlzeit bereits sehr nahe kommt.

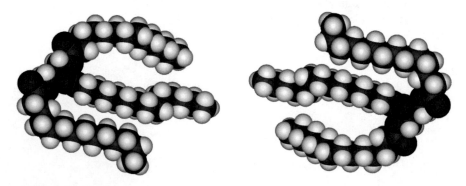

Abb. 1.6 Zwei verschiedene Fette? Nein, identische Fette! Das Molekül ist lediglich gespiegelt. Die beiden Moleküle sind deckungsgleich

1.4 Makronährstoffe – Funktion und Struktur

Makronährstoffe sind – vereinfacht gesprochen – „Nährstoffe mit Kalorien". Sie tragen damit unmittelbar zur Energieversorgung bei, und ohne Makronährstoffe können wir nicht überleben. Der physikalische Energiegehalt eines Lebensmittels wird in Kilokalorien (kcal) oder Kilojoule (kJ) gemessen. Nicht immer entspricht dieser physikalische Wert aber der Energie, die der Körper daraus ziehen kann. Der tatsächliche Energiegehalt wird deshalb als physiologischer Brennwert bezeichnet. Bei Kohlenhydraten und Eiweißen beträgt er 4,1 kcal/g oder 17 kJ/g, bei Fetten hingegen mehr als das Doppelte: 9,3 kcal/g oder 39 kJ/g.

Abgesehen von Fetten, die in den vorangegangenen Abschnitten bereits ausführlich behandelt wurden, gehören Kohlenhydrate und Proteine zu den Makronährstoffen.

1.4.1 Kohlenhydrate

Kohlenhydrate bestehen im Wesentlichen aus Zucker, meist Glucose oder vielfältigen Derivaten in unterschiedlichen molekularen Formen. Der bekannteste Vertreter ist Haushaltszucker, ein Disaccharid aus Glucose und Fructose. Nur reine Glucose kann ohne weitere Verstoffwechselung Energie liefern, daher werden komplexe Kohlenhydrate wie Amylose oder das hochverzweigte Makromolekül Amylopektin mittels Enzymen Amylasen nach und nach in einzelne Glucosemoleküle zerlegt. Kohlenhydrate, zum Beispiel Stärke, kommen in Hülsenfrüchten, in den Samen von Getreiden, Pseudocerealien und Leguminosen sowie in Wurzelgemüse wie Kartoffeln, Süßkartoffeln und Taro vor. Das hat natürlich seinen biologischen Zweck, denn Samen sollen wieder keimen und wachsen. Das geschieht unter der Erde, daher muss genügend Treibstoff (Energie) in die Samen eingelagert werden, damit dieser Wachstumsprozess überhaupt vonstattengehen kann. Wir wissen, dass Glucose der Treibstoff Nummer eins in der Zelle und somit auch im Samen für das Keimen und das Wachstum notwendig ist. Würde aber reine Glucose eingelagert werden, würde das den unmittelbaren Tod des Samens bedeuten, denn bei Befeuchtung würden osmotische Kräfte den Samen sofort sprengen, ein Keimen wäre unmöglich. Daher polymerisiert die Pflanze während seiner Bildung viele Glucosemoleküle zu langen Ketten, der Amylose, und zu verzweigten Polymeren, dem Amylopektin. Je größer und länger die Moleküle sind, desto schwächer ist die osmotische Wirkung. Bei den hochmolekularen Stärkemolekülen in den Stärkekörnern ist diese praktisch gleich null. Die Stärke in Samen und Saaten hat damit nur ein natürliches Ziel, möglichst viel Glucose ohne osmotische Wirkung auf engsten Raum zu packen. Dies funktioniert nur, wenn ganz bestimmte Hierarchieprinzipien eingehalten werden, wie in Abb. 1.7 gezeigt ist.

Der genauere Blick bis auf kleinste molekulare Skalen offenbart die vollständige Hierarchie der Stärke. Alle Stärken bestehen aus hochverzweigtem Amylopektin und linearer Amylose, wie in Abb. 1.8 angedeutet. Die linearen

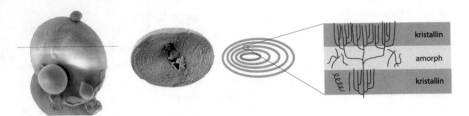

Abb. 1.7 In einem hierarchisch in Schichten aufgebauten Stärkekorn ist polymerisierte Glucose in Form von hochverzweigtem Amylopektin und linearer Amylose dicht gepackt, wie der Schnitt (gestrichelte Linie) eines Korns zeigt

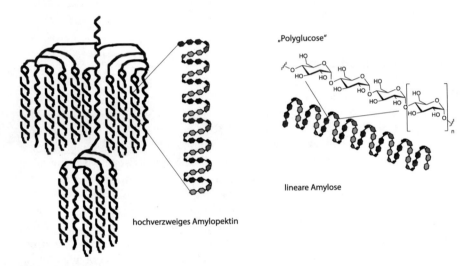

Abb. 1.8 Stärke – insbesondere das darin enthaltene hyperverzweigte Amylopektin – ist eine der dichteste Packungen von Glucose, welche die Natur hervorbringt

Bestandteile des Amylopektins wie auch die Amylose bestehen aus polymerisierter Glucose, die zu Helices geformt ist.

Stärke ist damit nichts anderes als „Polyzucker". Kein Wunder also, dass ein Stück Brot allein von seinem Glucosegehalt mehreren Stücken Würfelzucker entspricht. Brot, Kartoffeln, Mais und andere stärkehaltige Getreide sind daher Zuckerbomben, auch wenn der molekulare Aufbau den Begriff „komplexe Kohlenhydrate" vorschlägt. Für den Energieeintrag ist dies in vielen Fällen aber gleichgültig. Die Unterscheidung zwischen einfachen und komplexen Kohlenhydraten ist aus physikalischer Sicht eine zu starke Vereinfachung, was die Energieaufnahme betrifft. Daher ist zunächst unklar, ob komplexe Kohlenhydrate „gesünder" sind oder nicht. Diese hier *ad hoc* getroffenen Zweifel werden in Kap. 5 vertieft.

Was wir an diesem Beispiel aber bereits erkennen können, ist der eigentliche Sinn des Makronährstoffs Kohlenhydrate: Er dient Pflanzen, Samen, Wurzeln als Energiespeicher, der bei der Keimung je nach Bedarf enzymatisch gespalten wird. Wenn wir Kohlenhydrate essen, bekommen wir diese rasch verfügbare Energie in Form von Kalorien. Verwerten wir diese in Ausdauerleistung, wie körperliche Arbeit oder Sport, ist das kein Problem, für „Couch-Potatos" aber schon. Überschüssige, nicht zur unmittelbaren Energiegewinnung benötigte Glucose wird als Glykogen, ebenfalls eine verzweigte Stärke, in die Muskeln gepackt, um dort als Reserve zur Verfügung zu stehen. Bei Bewegungsarmut kann der Stoffwechsel sie nicht ohne Weiteres abbauen. Sind die Glykogenspeicher überfüllt, wird aus Glucose Fett gebildet [14] und im Depot gespeichert (siehe Kap. 4). Dies führt unweigerlich anfangs zu Pölsterchen, später zu Adipositas.

Es stimmt natürlich, dass die hochgradig verzweigten Kohlenhydrate ihre Glucose langsamer abgeben, die Riesenmoleküle müssen von Enzymen, den Amylasen des Speichels und der Bauchspeicheldrüse, nach und nach gespalten werden. Aber pro Amylosemolekül werden je nach dessen Länge zwischen 100 und 1500 Glucosemoleküle abgegeben. Pro Amylopektin nicht weniger. Stärke ist damit purer Zucker und schlägt sich beim Verzehr von Chips, Brötchen und stärkereichen Knabberwaren in der Energiebilanz nieder, sofern man sich nicht entsprechend bewegt.

1.4.2   Proteine

Proteine tragen ebenfalls zum Energieeintrag bei. Proteine bestehen aus Aminosäuren und sind somit ebenfalls wesentliche Komponenten Ernährung. Von diesen proteinogenen Aminosäuren gibt es 20 verschiedene, die im Wesentlichen für Form und Funktion der Proteine verantwortlich sind. Sie sind in Abb. 1.9 dargestellt. Neben den proteinogenen Aminosäuren gibt es in der Natur noch weit mehr Aminosäuren, die aber nicht zum Aufbau von natürlichen Proteinen verwendet werden. Form und Funktion sind tatsächlich die zentralen Begriffe, denn die Natur stellt die Proteine in Pflanzen und Tieren gemäß dem Bauplan des Organismus her. Jeder Proteintyp hat ganz bestimmte Aufgaben auf molekularer Ebene zu erledigen, die über die Zusammensetzung und die spezifische Form des gefalteten Proteins definiert werden. Daher ist jeder Organismus gezwungen, eine Vielzahl von Proteinen herzustellen. Wie beim Menschen haben Proteine auch dort entsprechende Funktionen. 20 verschiedene Aminosäuren reihen sich in ganz bestimmten Abfolgen in längere Ketten. In diesen Proteinketten befinden sich, je nach Funktion, zwischen etwa 50 und mehreren 1000 Aminosäuren. Dabei wird klar, dass sich auf diese Weise unzählige Möglichkeiten ergeben, die Aminosäuren in verschiedenen Sequenzen anzuordnen, was sofort erklärt, warum es so viele unterschiedliche Proteine mit unterschiedlichen Eigenschaften gibt: Muskelproteine im Fleisch, Bindegewebsproteine, globuläre Muskelfarbstoffproteine,

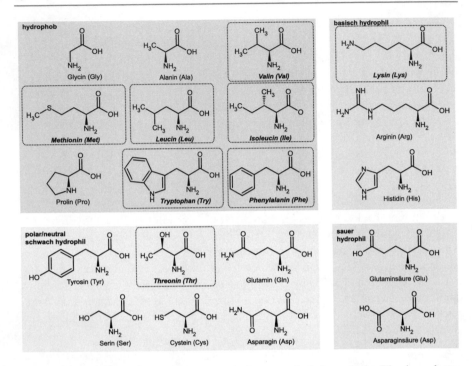

Abb. 1.9 Darstellung der 20 proteinogenen Aminosäuren in Lebensmitteln. Die eingerahmten und kursiv gesetzten Aminosäuren sind für den Menschen essenziell

kugelige Eiklarproteine, gummiartig elastische Proteine aus dem Weizenkorn etc. Auch alle menschlichen Proteine, seien es Muskelproteine, Herzmuskeln, Nieren- oder Lebergewebe, sogar die harten, widerstandsfähigen Knochen bestehen aus diesen Aminosäuren.

Die physikalisch-chemischen Eigenschaften der Aminosäuren spielen für die Funktion des Proteins die wichtigste Rolle. In Abb. 1.9 sind die chemischen Strukturen der Aminosäuren dargestellt. Sie lassen sich grob in drei Gruppen ein- teilen, die in der Abbildung farblich unterlegt sind. Manche Aminosäuren sind regelrecht wasserscheu, hydrophob (in Abb. 1.9 rot unterlegt), während manche schwach wasserlöslich (hydrophil) sind (in Abb. 1.9 gelb unterlegt). Des Weiteren gibt es noch vier hoch wasserlösliche, geladene Aminosäuren, diese sind stark hydrophil (in Abb. 1.9 blau unterlegt). Mit diesen Aminosäuren lassen sich (fast) alle lebenswichtigen Proteine in Flora und Fauna darstellen. Da sie sich in (fast) beliebiger Reihenfolge zu Ketten unterschiedlicher Länge aneinanderreihen lassen, gibt es theoretisch eine riesige Anzahl von Proteinen, von denen nur die mit biologischer Funktion in den Organismen relevant sind. Die Gestalt, und damit auch die Funktion, der Proteine wird über die detaillierte Abfolge der Amino- säuren festgelegt (Abb. 1.10).

Wir müssen Proteine nicht wegen der Proteine essen, sondern wegen deren Aminosäuren. Manche Aminosäuren können physiologisch nicht vom Körper

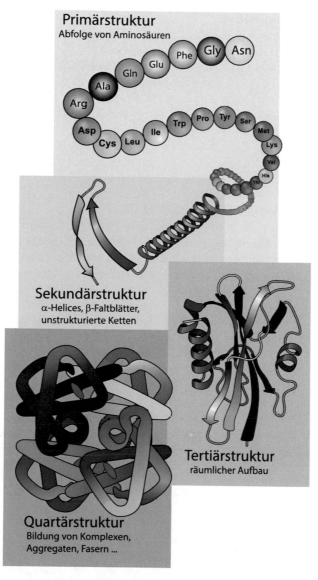

Abb. 1.10 Aufbau und Hierarchie in der Proteinstruktur. Proteine sind aus 20 verschiedenen Aminosäuren aufgebaut. Die Gestalt in der Sekundär-, Tertiär- und Quartärstruktur definiert die Funktion der Proteine

selbst synthetisiert werden und müssen über die Nahrung aufgenommen werden. Diese bezeichnet man ebenfalls als „essenziell". In Abb. 1.9 sind die essenziellen Aminosäuren eingerahmt und fett-kursiv gedruckt. Bei näherem Hinsehen fällt auf, dass Aminosäuren bis auf zwei Ausnahmen „wasserscheu", also hydrophob sind. Diese rein physikalische Eigenschaft wird an mehreren Punkten wichtig.

1.4.2.1 Der Protein-Hebel

Wie bereits angesprochen, bestehen auch wir Menschen und alle Tiere neben Wasser zum Großteil aus Proteinen. Kein Wunder also, dass wir Proteine essen müssen, um Gehirnmasse, Organe, Muskelmasse usw. aufzubauen und während unseres gesamten Lebens in Stand zu halten. Proteinreiche Nahrung ist für die Funktion unserer Physiologie entscheidend. Fakt ist, dass tierisches Protein am leichtesten biologisch verfügbar ist, wie in Kap. 5 ausführlich gezeigt wird. Ebenso ist Fakt, dass die Proteinzusammensetzung der Tiere derjenigen der menschlichen Proteine am nächsten kommt. Auch die Aminosäuremuster der tierischen Proteine sind daher sehr nahe an jenen des Menschen. So wundert es nicht, wie verträglich und biologisch wertvoll tierische Eiweiße für die Ernährung des Menschen sind. Die Muskeln von Tieren entsprechen in Funktion und Aufbau den menschlichen Muskeln und liefern daher genau den richtigen Mix aus Aminosäuren. Anders als die Makronährstoffe Fett und Kohlenhydrate können bei Proteinen die Aminosäuren direkt, vereinfacht gesprochen ohne größere chemische Umwege, zum Aufbau der Muskelmasse verwendet werden.

Proteine sättigen schneller und anhaltender, wie bei einem Vergleich von Energiezufuhr und Sättigung festgestellt wurde [15]. Dabei wurden in einer vergleichenden Studie die Diät- und Ernährungsdaten verglichen und mit dem Proteinanteil und der aufgenommenen Energie (Megakalorien) umgerechnet. Wie Abb. 1.11 veranschaulicht, nimmt die gesamte Kalorienaufnahme mit zunehmendem Proteinanteil im Essen deutlich ab. Die Autoren des Artikels [15] hatten dazu Daten aus der Literatur systematisch ausgewertet. Dabei ergibt sich ein kritischer Proteinanteil um etwa 20 %, ab dem die Kalorienaufnahme fast um die Hälfte gesenkt wird. Für diese Studie wurden viele Daten aus der Fachliteratur zusammengetragen, und sie zeigt deutlich die statistisch höhere Bedeutung der Proteine für die Ernährung im Vergleich zu Kohlenhydraten, da sie bei ähnlichem Energieeintrag mehr und länger sättigen.

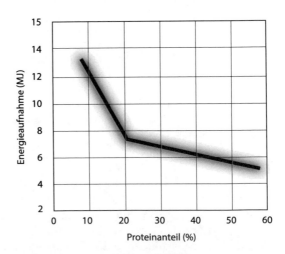

Abb. 1.11 Der Protein-Hebel zeigt, dass bei höherem Proteinanteil im Essen die Energieaufnahme sinkt

1.5 Mikronährstoffe – kleine Atome und Moleküle, große Wirkung

1.5.1 Mineralien und Spurenelemente

Mikronährstoffe tragen keine Energie und dienen nicht der Kalorienzufuhr, ermöglichen aber biologische und biofunktionale Prozesse im Körper. Zu ihnen zählen Vitamine, Mineralstoffe, Spurenelemente und streng genommen auch Wasser, die grundlegende Verbindung, die Leben erst ermöglicht. Mineralstoffe wie Natrium, Kalium, Calcium, Magnesium, Phosphor, Iod sowie Chlor, Fluor und Schwefel liegen in ionischer Form vor. Sie tragen dabei elektrische Ladungen und werden als molekulare elektrische Schalter benutzt, wie an vielen Stellen im Folgenden noch genauer zu erkennen ist. Daher sind elektrisch unterschiedlich geladene Ionen (+1: Natrium, Kalium; −1: Iod, Chlorid, Fluor; +2: Calcium, Magnesium; −2: Schwefel; +3: Aluminium; −3: Phosphat) notwendig, um die Zellfunktion aufrechtzuerhalten. Diese Ionen sind in der Lage, auf unterschiedliche Art und Weise direkt und exklusiv mit den einfach negativ und einfach positiv geladenen Aminosäuren zu wechselwirken. Proteine können damit sehr lokal in ihrer Struktur beeinflusst werden, ohne die Gesamtfunktion zu stören.

Mineralien kommen in allen Lebensmitten und Salzen vor und müssen regelmäßig zugeführt werden.

Spurenelemente wie Chrom (Cr), Cobalt (Co), Eisen (Fe), Kupfer (Cu), Mangan (Mn), Molybdän (Mo), Selen (Se), Zink (Zn) oder Silicium (Si) treten aufgrund ihrer sehr geringen Konzentration bei der Strukturbildung von metallbindenden Proteinen in Erscheinung. In Enzymen wirken sie als Cofaktoren und helfen so mit, dass Enzyme ihre Wirkung entfalten und optimal wirken können. Eine ausreichende Zufuhr von Mikronährstoffen ist daher von großer Bedeutung, denn viele molekulare Prozesse sind an diese Atome, Ionen oder Moleküle gekoppelt und spielten bei der Entwicklung der Menschheit seit dem Entstehen der ersten Zellen, in der Evolution und bis heute eine herausragende Rolle [16]. Ohne diese Ionen und Metalle ist kein zelluläres Funktionieren möglich.

An dieser Stelle fällt die im Grunde unklare Einordnung des Eisens auf. In vielen Fällen übernimmt Eisen ähnliche Aufgaben wie Magnesium, das für das Funktionieren des Pigments Chlorophyll als zweifach positiv geladenes Ion sorgt, wie auch das zweifach positiv geladene Eisenion im Zentrum des Pigments Häm für die Funktion wichtig ist. So könnte aus dieser funktionellen Sicht Eisen auch in der Gruppe der Mineralien stehen.

1.5.2 Mikronährstoffe: Vitamine

Zu den Mikronährstoffen zählen auch alle Vitamine; sie lassen sich in wasser- und fettlösliche Vitamine unterteilen.

1.5.2.1 Fettlösliche Vitamine

Vitamin A, Retinol, ist ein wichtiges Vitamin für die Sehkraft, es kommt reichlich in Innereien und fetten Fischen vor. Das Provitamin A (β-Carotin) besteht aus zwei chemisch verbundenen Retinolmolekülen und kommt in farbigen Gemüsesorten vor. Am bekanntesten ist es in der Karotte und definiert deren gelbe Farbe. Gerade bei vorwiegend pflanzlicher Ernährung muss die unterschiedliche Bioverfügbarkeit des Provitamins A beachtet werden. Aus Früchten (Tomaten) oder Blattgemüse (Spinat) ist es rascher verfügbar als aus Wurzelgemüse (Karotten). Daher schaden langes Kochen oder Dünsten in Fett sowie anschließendes Pürieren farbstarkem Wurzelgemüse nicht. Dies wird in den Kap. 5 und 6 im Detail angesprochen.

Vitamin D, Cholecalciferol, gewann in den letzten Jahren stark an Bedeutung. Gerade im fortgeschrittenen Lebensalter ist eine ausreichende Versorgung mit Vitamin D wichtig. Erst durch dieses kann Calcium in Knochen eingebaut und damit die Knochendichte reguliert werden. Das Vitamin ist damit zur Vorbeugung (und Behandlung) von Osteoporose einer der möglichen molekularen Schlüssel. Vitamin D in ausreichender Konzentration ist kaum über die Nahrung zu bekommen. Es kommt zwar in fetten Seefischen (etwa Makrelen) vor. Die Hauptversorgung bei Menschen geschieht allerdings erst unter Sonnenlicht und der Einwirkung von ultravioletter Strahlung auf der Haut. Vitamin D kann wird daher in verschiedenen Formen supplementiert, etwa durch 25-OH-Vitamin D3. Diese Moleküle werden im Gegensatz zu Vitamin D gespeichert und dann zu Cholecalciferol umgewandelt. Auf dessen Ursprung, Funktion und molekulare Einordnung werden wir noch ausführlich zu sprechen kommen. Inwieweit die eine Supplementierung wirklich hilfreich ist, wird in Beobachtungs- und Metastudien kontrovers diskutiert [17]. Auch bei dieser Thematik wird eine genauere Betrachtung der molekularen Prozesse hilfreich sein, wie in Kap. 5 angesprochen.

Vitamin E, Tocopherol, ist ein wichtiges antioxidativ wirkendes Vitamin. Es wird nur von Pflanzen und Cyanobakterien gebildet [18]. Das fettlösliche Vitamin ist ein fester Bestandteil in der Lipidphase von Membranen tierischer Zellen. Es kann mit der Nahrung aufgenommen werden und ist reichlich in Milch, Eiern, aber auch in vielen Nüssen, Samen und Getreiden vorhanden. Daher befindet sich Vitamin E auch in Nussölen, Pflanzen- und Keimölen.

Vitamin K_1, Phyllochinon, ist am Knochenstoffwechsel sowie an der Blutgerinnung beteiligt. Wie der chemische Name andeutet, kommt dieses Molekül in grünem Gemüse, zum Beispiel Grünkohl, Rosenkohl, Spinat oder den Knollen und Blättern von Kohlrabi und Kräutern wie Schnittlauch, reichlich vor. Es befindet sich im Fotosyntheseapparat von Blättern und Früchten, etwa Erdbeeren, aber auch in stark pigmentierten tierischen Produkten wie Leber oder Eiern.

Vitamin K_2, Menachinon, ist dem Phyllochinon sehr ähnlich, liegt aber als Stoffgemisch vor, was durch die unterschiedliche Länge der Kohlenstoffkette bedingt ist. Diese Moleküle werden allerdings auch vom Körper selbst synthetisiert. Das Vorkommen von Vitamin K_2 ist ähnlich wie bei K_1.

Aus Sicht ihrer molekularen Struktur erinnern viele fettlösliche Vitamine stark an Fettsäuren . Ihre Molekülstruktur besteht stets aus kombinierten Fettsäure- und Farbstoffderivaten. Die Regel „bunt essen" ist daher nicht verkehrt. Fettlösliche Vitamine sind relativ hitzestabil. Im Vergleich zu den wasserlöslichen Vitaminen oxidieren sie während des Kochens und der Lebensmittelverarbeitung wesentlich weniger.

1.5.2.2 Wasserlösliche Vitamine

Vitamin B_1, Thiamin, ist für den Kohlenhydratstoffwechsel unerlässlich, ebenso für das zentrale Nervensystem. Da Vitamin B_1 lediglich eine Speicherkapazität von ca. 14 Tagen hat, muss es ständig zugeführt werden. Thiamin kommt zum Beispiel in Weizenkeimen vor, aber auch in Sojabohnen und deren Keimen. Es liegt jedoch auch in höheren Konzentrationen in Schweinefleisch vor, das allerdings nicht allen ethnischen Gruppen zugänglich ist. Weitere gute Quellen sind Sonnenblumenkerne, Macadamianüsse und Sesamsaat. Frische Hefe ist ebenfalls reich an Thiamin. Da Thiamin beim Erhitzen relativ schnell oxidiert, sind kurze Garzeiten unerlässlich.

Vitamin B_2, Riboflavin, ist in vielen Lebensmitteln vorhanden, sodass eine Supplementierung nur in Ausnahmefällen notwendig ist. Das Molekül besitzt einen heterozyklischen Teil und einen Zuckeralkoholrest (keine alkoholische Wirkung), was es hitzestabiler macht. Riboflavin findet sich ebenfalls in grünen Kohl- und Blattgemüsen sowie in Getreiden und Milchprodukten. Es wird zum Beispiel auch versuchsweise zur Vorbeugung von migräneartigen Kopfschmerzen eingesetzt.

Vitamin B_3, Niacin, ist ein Heteroaromat und wird in der Leber gespeichert. Das Vitamin ist ein Baustein für Coenzyme im gesamten Stoffwechsel. Es findet sich sowohl in allen tierischen als auch vielen pflanzlichen Lebensmitteln, besonders in Pilzen (Zuchtchampignons), Nüssen, Datteln und Aprikosen. Auch in Hülsenfrüchten aller Art ist Vitamin B_3 reichlich enthalten. Niacinmangel ist kaum bekannt. Das Molekül kann aus der essenziellen aromatischen Aminosäure Tryptophan vom Körper selbst hergestellt werden.

Vitamin B_5, Pantothensäure, ist ebenfalls am gesamten Stoffwechsel beteiligt. Es kommt vor allem in Innereien und Eiern vor; ebenso in Milch- sowie Vollkornprodukten, aber auch in Obst und vielen Gemüsen und Nüssen, insbesondere Pinienkernen. Hervorzuheben sind auch Avocados. Gerade in der Verpflegung von Senioren und bei Mangelzuständen kann dieses Gemüse eine besondere Rolle einnehmen. Es ist hochkalorisch und liefert eine ganze Reihe essenzieller Fettsäuren. Des Weiteren sind reife Avocados durch ihre weiche, faserfreie Konsistenz bei manchen Formen von Schluckbeschwerden ein willkommenes Lebensmittel.

Vitamin B_6, Pyridoxin, ist ein Sammelbegriff für drei heterozyklische Aromaten, die am Stoffwechsel beteiligt sind. Vom Körper selbst kann der Cofaktor Pyridoxalphosphat nicht hergestellt werden, allerdings ist eine Vielzahl von Lebensmitteln mit Pyridoxin ausgestattet, sodass Mangelzustände bei einer vielseitigen Ernährung kaum möglich sind.

Vitamin B_7, auch Vitamin H oder Biotin genannt, ist ein wichtiger Cofaktor beim Stoffwechsel. Ein Mangel an Vitamin B_7 hat häufig auch bestimmte Formen von Appetitlosigkeit zur Folge, sodass Rückkopplungseffekte vorliegen können und sich eine bereits vorhandene Appetitlosigkeit noch verstärkt. Allerdings kann Biotin vom Körper selbst hergestellt werden. Als primäre externe Quelle stehen wieder Hefe und Leber im Vordergrund. Aber auch Bananen und Walnüsse sind neben Vollkornprodukten reich an Biotin.

Vitamin B_{11}, Folsäure, spielt in einer ausgewogenen Ernährung ebenfalls eine Rolle. Es hat eine gewisse vorbeugende Wirkung vor Arteriosklerose (Atherosklerose), vor allem aber scheint es in Kombination mit Vitamin B_{12}, den Cobalaminen, eine potenzierende Wirkung zu haben. Ein Mangel an Folsäure und Vitamin B_{12} kann den Verlauf von Demenzerkrankungen (Alzheimer) beschleunigen. Folsäure kommt in vielen Blattgemüsen vor.

Vitamin B_{12}, Cobalamine, ist ein Sammelbegriff für eine ganze Reihe ähnlich strukturierter Coenzyme, die im Stoffwechsel von entscheidender Bedeutung sind, insbesondere für die Zellteilung und Blutbildung. Wegen der Wirkung auf das zentrale Nervensystem ist ein Mangel an Vitamin B_{12} zu vermeiden. Vitamin B_{12} wird ausschließlich von Mikroorganismen im Darmtrakt über komplizierte Mechanismen hergestellt. Normalerweise reicht die Menge an über die Nahrung aufgenommenen Cobalaminen aus, sofern Fleisch und Innereien gegessen werden. Allerdings sind Cobalamine in Proteinkomplexe eingelagert [19], die erst denaturiert werden müssen – und zwar vor dem Eintritt in den Dünndarm, damit proteinspaltende Enzyme die Proteine verdauen und die Cobalamine erst freigelegt und biologisch verfügbar werden. Dieser Prozess ist ein typisches Beispiel für die Relevanz der biophysikalisch-chemischen Prozesse, die während der Magen-Darm-Passage stattfinden. Vitamin B_{12} steht nur dann physiologisch zur Verfügung, wenn zuvor der Proteinkomplex, der das Vitamin einlagert, denaturiert wird (Abb. 1.12). Diese Denaturierung erfolgt aber nicht thermisch, etwa beim Kochen, sondern nur über die Wirkung von Säure. Dadurch werden die Bindungen des Komplexes gelockert, das Cobalamin wird freigeben und an den intrinsischen Faktor weitergereicht, der dann eine Bindung an entsprechende Rezeptorproteine ermöglicht. Nur über das Ileum (einen Teil des Dünndarms) können Cobalamine überhaupt absorbiert werden, andernfalls werden sie ausgeschieden. Normalerweise geschieht eine partielle Denaturierung der Proteine im sauren Magen [20]. Werden wegen anderer Erkrankungen aber Säureblocker (Protonenpumpeninhibitoren) eingenommen, kann aufgrund mangelnder Säure keine ausreichende Denaturierung erfolgen. Die Cobalamine stehen dann nicht zur Verfügung und werden ausgeschieden. Die Folge ist ein Vitamin-B_{12}-Mangel, und eine Supplementierung ist erforderlich.

Vitamin C, Ascorbinsäure, ist das bekannteste Vitamin. Es ist leicht über Obst und Säfte aufzunehmen. Ein Mangel kann sehr leicht ausgeglichen werden. Sanddorn, Sauerkraut und frisches Obst und Gemüse gehören dazu in allen Formen auf den Speiseplan eines jeden Menschen.

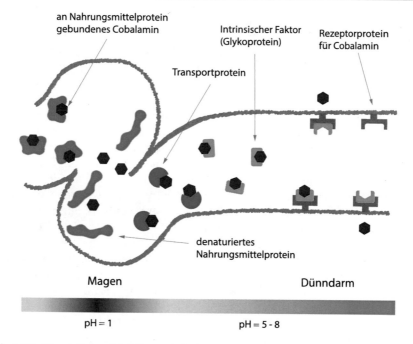

an Nahrungsmittelprotein
gebundenes Cobalamin

Intrinsischer Faktor
(Glykoprotein)

Rezeptorprotein
für Cobalamin

Transportprotein

denaturiertes
Nahrungsmittelprotein

Magen

Dünndarm

pH = 1

pH = 5 - 8

Abb. 1.12 Ein einfaches Modell zur Aufnahme von Vitamin B_{12}. Es zeigt ein einzigartiges Wechselspiel zwischen Proteinphysik und Cobalamin. Zunächst (links) ist das Cobalamin an das Nahrungsmittelprotein gebunden. In der Magensäure wird über eine Veränderung der internen Proteinwechselwirkung (isoelektrischer Punkt) das gebundene Cobalamin gelöst, und kann danach im weniger sauren Milieu von einem Transportprotein gebunden werden. Erst über die weitere Bindung an den intrinsischen Faktor (ebenfalls ein Protein mit passenden Bindungsstellen) kann es zu den Rezeptorzentren geleitet werden

Unter besonderem Fokus steht häufig die Hitzestabilität der Vitamine während der Lebensmittelzubereitung. Dieser Punkt wird in Kap. 5 beim Thema „Rohkost" angesprochen.

1.6 Fett und Wasser – Lösungsmittel für Aromen und Geschmack

Doch zurück zur Nichtmischbarkeit von Fett und Wasser. Diese ist auch wichtig in für die Sinne und damit für die Wahrnehmung von Nahrung. Am Fett und Wasser scheiden sich Geschmack und Geruch. Alle Stoffe, die wir auf der Zunge schmecken – süß, sauer, salzig, bitter und umami –, ist wasserlöslich: Zucker, Säure (Essig), Salz und Phenole im bitteren Tee oder Kaffee und natürlich auch das Glutamat und dessen natürliche Form, die Glutaminsäure, das vorwiegend für den Geschmack umami (eine Wortschöpfung aus „umai" (うまい), japanisch für „köstlich", und „mi" (味) für

„Geschmack") verantwortlich ist. Das zu Unrecht als Gift bezeichnete Glutamat löst also den fünften Basisgeschmack aus.

Alles, was wir riechen – Düfte, Aromen –, ist hingegen weitgehend fett-, öl- und gegebenenfalls ethanollöslich [21]. Natürlich auch in organischen Lösungsmitteln wie Hexan usw., aber wir beschränken uns hier auf lebensmitteltaugliche Lösungsmittel. Was zunächst lediglich als ein physikalisch-chemischer Fakt klingt, hat Konsequenzen für unsere Sensorik beim Essen und Trinken. Diese thermodynamische Trennlinie zwischen Geschmacks- und Geruchsstoffen führt dazu, dass wir unseren Genuss so erleben, wie wir ihn gewohnt sind. Beim Kauen jedes Lebensmittels nehmen wir unmittelbar den Geschmack auf der Zunge wahr. Erst das retronasale Riechen über die freigesetzten Aromastoffe aus dem Lebensmittel rundet den Geschmack ab. Wie scharf die Trennung zwischen Geruch und Geschmack ist, zeigt immer noch das Kindergartenexperiment am besten. Wird Vanillezucker mit zugehaltener Nase verkostet, wird nur der süße Geschmack des Zuckers wahrgenommen. Zucker löst sich im Speichel auf der Zunge und schmeckt dabei süß. Der Aromastoff Vanillin löst sich jedoch kaum im Speichel, weil er nicht wasserlöslich ist, er verflüchtigt sich rasch und ein paar Moleküle davon schwirren im Nasen-Rachen-Raum umher. Die zugehaltene Nase blockiert weitgehend den Zugang zum Riechkolben, sodass das Vanillearoma nicht wahrgenommen wird. Nach dem Öffnen der Nase und dem Atmen kann Vanillin an die Geruchsrezeptoren gelangen. Das Vanillearoma wird gerochen und erst damit wird der Zucker als Vanillezucker wahrgenommen.

Führt man dieses Experiment mit Zimt und parallel mit Tonkabohnen statt Vanille durch, dann lässt sich beim aufmerksamen Schmecken beim Zimt etwas abseits vom Geschmack auf der Zunge eine leichte Temperaturirritation feststellen, die sich verstärkt, je mehr Zimt genommen wird. Bei der Tonkabohne weniger. Diese unterschiedlichen Reize des Nervus trigeminus kommen also hinzu und runden die Sensorik weiter ab. Vanillin ist ein reiner Geruchsstoff, ohne jegliche trigeminalen Reize lässt sich daher Vanillezucker nicht erkennen. Das Zimtaldehyd, der Hauptaromastoff des Zimts, zeigt konzentrationsabhängige, deutliche Kälteschmerzreize und kann auch ohne Geruchssinn erkannt werden, das Coumarin der Tonkabohne hingegen weniger bis gar nicht. Sensorik ist damit sehr vielschichtig und geht über den Geschmackssinn weit hinaus, Nahrungsmittel „auszukosten", sie zu riechen, zu schmecken und bewusst zu genießen.

Trotz der komplizierten Sensorik lassen diese einfachen Überlegungen vermuten, dass es zwischen der Kulturen gemeinsame Präferenzen aller *Homo sapiens* gibt: süß, umami und Fett. Die Vermutung eines universellen, kulturübergreifenden Essverhaltens liegt daher nahe. Das wäre kein Wunder, denn wir Menschen haben alle ähnliche Vorfahren, die frühen Hominiden.

1.7 Geschmack als Triebfeder der Evolution

Blicken wir daher zurück in die Geschichte der Menschheit und beschränken uns dabei auf das wichtigste aller Bedürfnisse, die Nahrung. Ohne Nahrung ist kein Überleben möglich. Dies war die Triebfeder des Daseins. Nahrungsmangel, fern abseits der heutigen Begriffe von Hunger und Diät, prägte die frühen Hominiden mehr als alles andere. Nahrung musste gesucht werden, und alles wurde verzehrt, was auch nur annähernd essbar war und dem Sattwerden diente. Der Supermarkt der frühen Menschen war ihr Umfeld, ihre Nische. Beeren, Obst, Kräuter, Wurzeln, Aas, Reste von gerissenen Tieren, Eier, Insekten, kleine Tiere, erreichbare Fische in Flüssen und Seen, am Meer. Alles wurde roh verzehrt, denn das Feuer war noch nicht beherrschbar. Die Physiognomie der Hominiden zeigte dies: muskulöse Kiefer, langer Darm mit allerlei Enzymen und Bakterien, damit auch der letzte Makro- und Mikronährstoff aus dem kargem Mahl gelöst und der Physiologie zugeführt werden konnte [22]. Das Handeln war eher instinktiv, aber dennoch zielgerichtet und vorausschauend. Die Gehirne waren kleiner als heute, aber bereits groß genug und so entwickelt, dass die ersten Werkzeuge genutzt wurden, die zum Großteil der Nahrungsbeschaffung und damit dem Überleben dienten. Nahrung wurde geteilt, dem Nachwuchs weitergereicht, wie es bei den heutigen Affen noch üblich ist. Die frühen Hominiden mussten sich also der Essbarkeit der weitergegebenen Nahrung, zum Beispiel an den Nachwuchs, die Kinder, sicher sein. Eine Lebensmittelkontrolle, eine Sicherheitsprüfung, erfolgte zwangsläufig, aber das einzige chemische Prüflabor der frühen Menschen waren der Mund, die Nase und die Augen, sprich: die Sinne. Wie roch es, wie schmeckte es? Nur damit ließ sich umgehend entscheiden, ob das oft Unbekannte als Nahrung taugte.

Die Funktion des Geschmacks- und Geruchssinns wird damit klar. Diese chemischen Sinne dienten zur Lebensmittelprüfung. So zeigten sich rasch wichtige grundsätzliche Eigenschaften und Beziehungen zwischen Geschmack und Funktion der Lebensmittel. Süß schmeckende, natürliche Lebensmittel sind in der Regel nicht giftig, bitter schmeckende hingegen öfter, also ist bei bitterem Geschmack Vorsicht angesagt. Selbst leichte Säure zeigt, dass das Lebensmittel eher sicher und nicht giftig ist. Bei einem pH-Wert unter pH 5 nimmt die Wachstumsrate für pathogene Keime rasant ab. Außerdem lässt Säure den Speichel fließen, was unerlässlich für das Schlucken ist.

Aber das kann nicht alles sein, denn es nützte den Urmenschen wenig, wenn der Magen voll war, der Inhalt aber keine Nährstoffe bot. Auch „salzig" lässt den Speichel fließen und dort, wo Salz ist, sind meist auch andere Mineralien enthalten. Mineralien, also Ionen, elektrisch geladene Atome (oder Moleküle) unterschiedlicher Valenz (Ladungsstärke), sind, wie bereits angesprochen, die besten biochemischen und molekularbiologischen Schalter. Sie sind klein, hochdynamisch und steuern damit viele zellulare Prozesse. Außerdem härten zum Beispiel Calcium-Phosphat-Komplexe die Knochen [23, 24], und was sich die Hominiden bei der täglichen Nahrungsbeschaffung am wenigsten leisten konnten, waren muskuläre Schwächen und orthopädische Probleme, um es salopp auszudrücken.

Wie essenziell die Geschmacksprüfung war, lässt sich daran erkennen, dass keines der rohen Nahrungsmittel je keimfrei war. Feuer konnte in diesen Zeiten noch nicht genutzt werden. Die Hominiden mussten sich daher auf das verlassen, was sie schmeckten, rochen und sahen. Natürlich war dies mit einem hohen gesundheitlichen Risiko verbunden, sodass der Geschmackssinn stark ausgeprägt, sein musste um wirklich alle verfügbaren Nahrungsmittel essen zu können. Die Evolution half dabei manchmal mit – und machte leicht Alkoholisches, etwa vergorene Früchte, für manche Spezies essbar.

1.8   Alkoholdehydrogenasen – der Schritt zu mehr Nahrung in der Evolution des frühen Menschen

Bei Früchten, Beeren und anderen zuckerreichen Lebensmitteln kommt es zu einem Vergärungsprozess (alkoholische Gärung), sobald Hefen einwirken können. Wilde Hefen sind überall in der Natur vorhanden und für diese Gärprozesse verantwortlich, sobald die Mikroorganismen die Früchte befallen. Oral aufgenommener Alkohol konnte allerdings von den Hominiden nicht abgebaut werden. Gepaart mit dem typischen Fermentationsgeschmack und Geruch war er den vielen Spezies zuwider. Spontan vergorene Lebensmittel hielten der Geschmacks- und Geruchsprüfung nicht stand. Für den Alkoholabbau sind sogenannte Alkoholdehydrogenasen verantwortlich. Dies sind spezielle Enzyme, die aus Ethanol Zwischenprodukte herstellen (die bei Missbrauch den Kater auslösen), welche dann physiologisch weiterverarbeitet werden können. Heute ist bekannt, dass viele Affen und Vorstufen der Menschen durchaus Anlagen hatten, chemische Alkohole, die bei Verdauungsprozessen im Darm entstehen, durch sogenannte ADH4-Varianten abzubauen, die aber bei oral eingenommenem Ethanol unwirksam sind. Im Laufe der Zeit mutierten bestimmte Schimpansenarten und entwickelten weitere Alkoholdehydrogenasen, die es erlaubten, oral aufgenommenen Alkohol zu verdauen, wie in Abb. 1.13 dargestellt [25, 26]. Vergorene Früchte und Pflanzen konnten mit ihren Alkoholgehalten zwischen zwei und vier Volumenprozenten als Nahrung genutzt werden. Dies hört sich heutzutage irrelevant an, war aber in der Evolution für diese Schimpansenarten entscheidend, wenn man sich die Energiebilanz in Erinnerung ruft: Kohlenhydrate (Zucker) und Protein 4 kcal/g, Ethanol 7 kcal/g. Der Gewinn auf der Energiebilanzseite ist erheblich. Die schwach alkoholisierten Früchte waren damit für die Energiebilanz eine willkommene Ergänzung. Natürlich sind die Alkoholmengen in den Früchten deutlich geringer als bei den heutigen alkoholischen Getränken, dennoch ist der Vorteil, derartige Früchte essen zu können, erheblich, wenn das verfügbare Nahrungsangebot in der Zeit vor der Kontrolle des Feuers berücksichtigt wird. Darüber hinaus verdaut der Gärprozess die Früchte vor und beseitigt antinutritive Bestandteile, etwa Fructose, Oligosaccharide und andere unverdauliche Bestandteile, die für Irritationen sorgen (vgl FODMAPs,

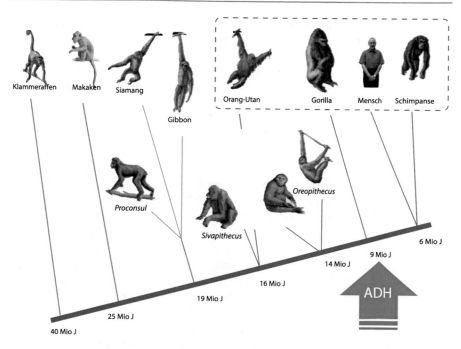

Abb. 1.13 Alkoholdehydrogenasen wurden erst spät im Laufe der Evolution gebildet. Sie betreffen vor allem Schimpansen und den *Homo sapiens* vor 9 Mio. Jahren und damit vor der Nutzung des Feuers. Die eingerahmten Spezies zählen zu den Hominiden

Kapitel 3.4 Abb.3.33). Des Weiteren wird die biologische Verfügbarkeit der Lebensmittelinhaltsstoffe wird erhöht.

Was aber in diesem Zusammenhang wenig diskutiert wird, ist die detaillierte Veränderung des Geschmacks während dieser „wilden" Fermentation. Es bildete sich über Milchsäurebakterien und die überall vorkommenden wilden Hefen eine Säure, der pH-Wert sank. Neben Rezeptoren für süß und bitter gehörten auch Säurerezeptoren schon zur Grundausstattung des Menschen zur Geschmacksprüfung. Das ist allerdings noch nicht alles. Die vergorenen Früchte und anderen Pflanzen mussten gut schmecken, um den Vorteil des höheren Nährwerts schätzen zu können. Dies ist das erste Zeichen des herzhaften Geschmacks „umami", denn bei praktisch jedem Gärprozess von Nahrungsmitteln ist umami vorhanden, zumindest als Beigeschmack, denn jedes Lebensmittel besitzt Proteine, Früchte zum Beispiel in den Zellmembranen. Und dieser Beigeschmack durfte nicht als störend wahrgenommen werden, sondern musste der Geschmacksprüfung standhalten.

Die Fähigkeit, schwach vergorene Lebensmittel zu essen, zu verwerten und vor allem für gut zu befinden, ist daher als erste Revolution zur „Menschwerdung" einzuordnen.

1.9   Die Kontrolle des Feuers – der Beginn der besseren Ernährung des modernen Menschen

Der zweite Durchbruch bei der Ernährung der frühen Menschen war die Kontrolle über das Feuer und damit der Beginn der Lebensmitteltechnologie. Lebensmittel wurden gekocht, gebraten und erhitzt, was für den Menschen gleich mehrere Vorteile hatte. Der wichtigste war die Verbesserung der Lebensmittelsicherheit. Essen wurde beim Garen pasteurisiert, sterilisiert, die Gartemperaturen waren dafür hoch genug. Der zweite Vorteil waren die Denaturierung der Proteine bei tierischen Produkten und die Erweichung der Zellstruktur bei hartem Gemüse oder Wurzeln. Die darin enthaltenen Nährstoffe wurden auf diese Weise weit besser biologisch verfügbar. Die Versorgung der Menschen mit Makro- und Mikronährstoffen verbesserte sich deutlich [27]. So banal das klingt, so wichtig war dieser Schritt des Kochens und Erhitzens für die Entwicklung des Menschen. Zeitgleich mit der Kultivierung des Garens als Vorstufe unseres Kochens entwickelte sich der Körper des Menschen weiter. Die Nahrung musste nicht mehr so stark gekaut werden, die Kiefermuskulatur und die Unterkiefer bildeten sich zurück und passten sich wie auch der Verdauungstrakt der Nahrung an. Gleichzeitig nahm das Gehirnvolumen zu, die handwerkliche Feinmotorik verbesserte sich. Werkzeuge konnten besser entwickelt und konstruiert werden. *Homo habilis* und *Homo erectus* entwickelten sich stetig in Richtung moderner Mensch, zum Neandertaler und *Homo sapiens*, wie in Abb. 1.14 angedeutet.

So weit wird diese Argumentation akzeptiert und entspricht der gegenwärtigen Lehrmeinung [28–30]. Daraus lässt sich aber noch mehr folgern. Das Kochen und das Zubereiten von tierischen Lebensmitteln mithilfe des Feuers waren den Urmenschen so wichtig, dass sie dafür sehr große Risiken eingingen. Große Tiere wurden unter Lebensgefahr gejagt und deren Fleisch und Fett als gewinnbringende Energie und Nahrungsquelle erkannt. Dazu musste es aber hohe Motivationen geben, denn um der Gefahr zu entgehen, selbst Opfer von Tieren wie Mammuts zu werden, hätte es gereicht, zur ursprünglichen Nahrung zurückzukehren, Wurzeln, Gräser, Urgemüse usw. zu essen und zu kochen. Das Feuer war ja nutzbar. Offenbar wurde in Fleisch und tierischem Protein aber ein großer Vorteil erkannt, hinzu kamen qualitativ messbare Fortschritte in den menschlichen Fähigkeiten durch den Genuss von Fleisch, die das Risiko aufwogen. Kein Wunder, denn tierisches Protein in Fleisch ist im Gegensatz zu den weit weniger vorhandenen Proteinen in Pflanzen biologisch rasch verfügbar und half bei der Muskelbildung, vor allem über das große Angebot der Aminosäure Leucin aus tierischen Lebensmitteln. Das größere Angebot der essenziellen langkettigen und nicht-pflanzlichen Fettsäuren EPA und DHA trug zur stetigen Entwicklung und Leistungssteigerung des Gehirns bei.

Darüber hinaus gibt es eindeutige Hinweise darauf, dass die deutliche Zunahme des Gehirnvolumens direkt mit der sich verbessernden Ernährung korreliert und nicht mit den sich wegen des Feuers bildenden sozialen Strukturen [31] und dem intellektuellen Lerndruck, der mit diesen Strukturen unmittelbar verbunden

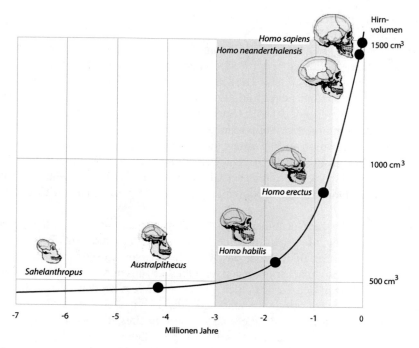

Abb. 1.14 Die Entwicklung des Gehirns im Laufe der Jahrmillionen. Neandertaler und *Homo sapiens* paarten sich, die Gene der Neandertaler sind noch heute in unserem Erbgut nachweisbar. Die Kopfform und das Gehirnvolumen haben sich bis heute nur wenig verändert. Die Entwicklungsstufen im grau hinterlegten Bereich werden als Hominiden, sprich Vorläufer der heutigen Menschen, bezeichnet

ist. Damit erklärt die „Social Brain Hypothesis" [32] nicht allein die Entwicklung des Gehirns des Menschen. Gründe für die Zunahme des Gehirnvolumens sind schlicht und ergreifend die Bereitstellung der Nährstoffe über die damals neuen Gartechniken und die Verbreiterung des Nahrungsangebots über proteinreiche, tierische Nährstoffe. Das ist logisch, denn die Gehirnmasse muss aus essenziellen Makronährstoffen erst aufgebaut werden und diese müssen über eine verbesserte Ernährung zugeführt werden. Das neurologisch funktionierende Gehirn ist das Organ mit dem höchsten Energieverbrauch im Körper und kann sich nicht über soziale Strukturen „physikalisch-chemisch-biologisch-physiologisch" ernähren. Dazu ist echte, molekulare Materie in messbaren Quantitäten notwendig. Geistige Nahrung ist zwar ein wunderbares, aber bleibt dennoch philosophisches Bild auf der Metaebene. Um geistige Nahrung zu verdauen, Erkenntnisse zu gewinnen, umzusetzen und die nächsten Schritte systematisch zu planen, werden erst die Masse, die Kapazität und die Energie dazu benötigt. Kognitive Fähigkeiten können erst auf der molekularbiologisch geschaffenen Grundlage, der raschen und dauerhaften Vernetzung der Neuronen, wachsen. Vereinfacht gesprochen bedeutet dies: Erst wenn sich Neuronen in hoher Zahl vernetzt haben und ein lernfähiges neuronales Netzwerk bilden, lassen sich bislang unbekannte Zusammenhänge erkennen, deuten und bewerten.

Die Vermutung liegt nahe, dass beim Kochen und Zubereiten von Fleisch und tierischen Produkten ein wohlschmeckender Geschmack entstand, der unbewusst all die Risiken, die Hürden der Lebensmittelzubereitung, das lange Kochen, das Braten über Feuer mit all den dafür erforderlichen Werkzeugen, aufwog. Offenbar war (und ist) der Umamigeschmack – der Geschmack, den ein von Glutamat dominiertes Aminosäuregemisch auslöst – eine wichtige Triebfeder für die Motivation, zu jagen und zu kochen. Hätte es nicht gut geschmeckt, wäre diese Ernährungsmethode nicht weiterentwickelt worden, bis heute nicht. Der Umamigeschmack und damit der Glutamatgeschmack ist ein zentraler Punkt in der Entwicklungsgeschichte des Menschen und der langen Entwicklung des Kochens.

Damit sind die fünf grundlegenden Geschmacksqualitäten süß, sauer salzig, bitter und umami (Tab. 1.2) und deren Funktion für die Entwicklung des Menschen von großer Bedeutung. Das Zusammenwirken dieser fünf voneinander unabhängigen Geschmacksrichtungen erlaubte es unseren Vorfahren, Lebensmittel einzuschätzen und zu beurteilen – in erster Linie nach der Essbarkeit. Aber auch der Geschmack musste stimmig sein, denn erst, wenn er als hinreichend gut empfunden wurde, wurde die Nahrung ein zweites, drittes Mal zubereitet. Wenn die Erfahrungen und der Geschmack gut blieben, vielleicht sogar noch besser wurden als bei den ersten Ess- und Kochversuchen, wurden das Nahrungs-

Tab. 1.2 Was in erster Linie zählt, sind der Geschmack, der kulinarische und physiologische Zweck der Basisgeschmacksrichtungen in der Evolution

Geschmacksqualität	Zellfunktion	Evolutionäre Funktion	Auslöser
Süß	Glucose, Energie	Ungiftig	Glucose, Fructose, Glykoside
Sauer	pH-Wert-Regulation, Informationsübertragung	Speichelfluss, sichere Lebensmittel ($3 < $pH < 5); Warnung vor unreifen Früchten (pH < 3)	Protonen
Salzig	Schaltfunktion mit multivalenten Ionen	Physiologischer Mineralienhaushalt	Natrium, Calcium, Magnesium
Bitter	In niedrigen Dosen antioxidative Wirkung; Zellschädigung über Antinährstoffe und toxische Wirkung von Bitterstoffen	Warnung vor Gift	Phenole, Polyphenole, Bitterstoffe
Umami	Bausteine für Muskelzellen	Gezielte Proteinaufnahme	Glutaminsäure, Asparaginsäure, Nucleotide

mittel und die Zubereitungsweise in den Ernährungsplan aufgenommen. Ein systematischer paläolithischer Kochkanon entwickelte sich. Dagegen haben Ideen und Vorschläge einer Paleo-Ernährung, die in der heutigen Zeit verbreitet werden [33], keinen Bestand. Die Ernährungsformen sind nicht objektiv vergleichbar. Populäre Empfehlungen, die sogar noch darüber hinaus gehen [34, 35], halten keiner harten wissenschaftlichen Prüfung stand.

Am Bittergeschmack ist zu erkennen, wie nahe das „gute" und das „schlechte" Lebensmittel einander kommen. Viele bitter schmeckende Substanzen haben in niedrigen Dosen förderliche Wirkung, wie in den Kap. 5 und 6 gezeigt wird. Manche Bitterstoffe (etwa Strychnin) sind allerdings hochtoxisch und führen zu schweren Schädigungen der Zellen und oft zum Tod. Das systematische Erlernen und die Interpretation des Bittergeschmacks waren daher in der Evolution besonders wichtige Schritte. Bis heute zeigt sich dies, denn bitter wird bei Kindern erst im späteren Alter toleriert und als Genuss empfunden.

1.10   Glutamatgeschmack – Feuer und Proteinhydrolyse

Wie bereits an zwei Punkten erkennbar wurde, wird es Zeit, sich detaillierter dem herzhaften Geschmack zu widmen: Umami, der Geschmack nach Glutamat bzw. der Geschmack, der hauptsächlich über die Glutaminsäure, eine proteinogene Säure, gepaart mit anderen molekularen Geschmacksverstärkern ausgelöst wird. Diese Begriffe lösen oft Skepsis aus, denn Hautjucken, Halskratzen und andere Beeinträchtigungen werden damit verbunden. Glutamat – der Inbegriff für das China-Restaurant-Syndrom [36], steht nach wie vor für das Übel der industrialisierten Nahrungsproduktion [37] und das Schädliche des Essens an sich [38]. Nichts davon ist allerdings wissenschaftlich haltbar [39], allein die vielfältige biologische Funktion der Glutaminsäure in den unterschiedlichsten Tier- und Pflanzensystemen spricht dagegen. Würde Glutaminsäure tatsächlich derartige krankhafte Syndrome auslösen, wäre dies höchstwahrscheinlich das Ende der „kochenden Affen" gewesen, zumindest das Ende der Rolle des Garens über Feuer in der Evolution. Ganz andere Ernährungsformen hätten sich zwangsläufig ausgebildet. Nicht nur das, denn ohne Glutaminsäure als proteinogenen Baustein hätte sich unser Leben, basierend auf der jeweiligen Genetik und der daraus folgenden Proteine und deren biologischer Funktion, egal ob Fauna oder Flora, erst gar nicht entwickeln können. Tatsächlich ist eine Gehirnfunktion ohne den Neurotransmitter Glutaminsäure nicht möglich. Daher ist die physiologisch notwendige Konzentration im Gehirn um Größenordnungen höher, als sie es in der Nahrung je sein kann [40]. Selbst in Pflanzen fungiert die Glutaminsäure als Signaltransmitter für die Kommunikation und die Abwehr von Fressfeinden bei Verletzungen an den Blättern [41]. Viel wahrscheinlicher ist, dass die Glutaminsäure die entscheidende Triebkraft der Evolution war. Sie ließ die Spezies, die wild Vergorenes und Gekochtes verzehrten, den wundersamen Geschmack erkennen, der erst durch diese Prozesse zustande kam.

Dabei war das Garen am offenen Feuer, wie das Grillen, nur eine Form der Lebensmittelzubereitung. Aber scheinbar ganz nebenbei wurden Garmethoden entwickelt, die ein sanftes und schonendes Garen zuließen, Erdöfen zum Beispiel. Oder Gargruben, die mit Leder aus den Häuten der gejagten Tiere ausgelegt und mit Wasser gefüllt wurden, das mit heißen Steinen vom Rand des Feuers erhitzt wurde. Die „kochenden Affen" [28] folgten ihrem Verstand und Geschmack, indem sie dem Umamigeschmack nachgaben, der sich bei Vergorenem und Erhitztem am deutlichsten zeigt. Beide Prozesse haben eine gemeinsame Wurzel: die Zerlegung der Proteine in Bruchstücke und ihre Bausteine, die Aminosäuren, wie in Abb. 1.15 dargestellt. Dieser Prozess wird Hydrolyse genannt.

Diese geschmacksrelevanten Hydrolysen, wie in Abb. 1.15 dargestellt, treten lediglich beim Prozessieren auf, also beim Kochen und Fermentieren. Alle Aminosäuren haben einen Geschmack – manche schmecken bitter, manche süß, manche leicht sauer. Damit Aminosäuren oder kurze Peptide überhaupt auf der Zunge schmeckbar werden, müssen sie frei sein, also zuerst aus dem langen Protein herausgelöst werden. Nur dann sind sie klein genug, um an den Geschmacksrezeptoren auf der Zunge Platz zu finden. Erst die weitgehende Hydrolyse der Proteine ermöglicht ein umfassendes, tiefes Geschmackserlebnis als Belohnung für das lange Kochen und Fermentieren.

Offenbar griffen mehrere positive Effekte beim Garen ineinander: Die Nahrung wurde besser, tierisches Protein war physiologisch weit besser verfügbar als pflanzliches, wie in Kap. 5 noch im Detail zu erkennen sein wird, und die Zusammensetzung des tierischen Proteins, die Mischung der essenziellen Aminosäuren, kommt dem Bedarf des *Homo sapiens* und seiner Vorstufen am nächsten. Das Volumen des Gehirns nahm zu, kognitive Fähigkeiten wurden besser, so auch die Fähigkeit, komplexe Zusammenhänge zu erfassen, zu analysieren und in die

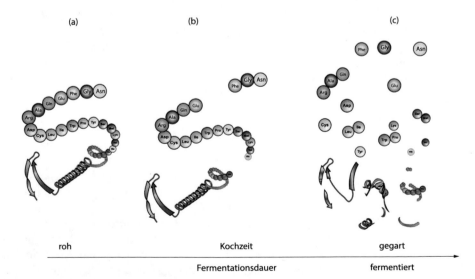

Abb. 1.15 Bei Hitze und unter enzymatischer Katalyse hydrolisieren Proteine (**a**) in Bruchstücke (Peptide; **b**) und einzelne Aminosäuren (**c**). Weil nur freie Aminosäuren und kurze Peptide eine chemosensorische (und bioaktive) Wirkung haben, wird nur hierdurch Geschmack erzeugt

Abb. 1.16 Der kochende Affe (R. Wrangham) [26]. Die Triebkraft der Evolution des Kochens und der Lebensmittelzubereitung mit all den damit verbundenen Risiken und Herausforderungen war der Umamigeschmack, ausgelöst durch das Molekül Glutaminsäure, das sich in der Kochmütze andeutet. Der Homo sapiens ist nicht nur „ein Wissender", sondern auch ein „Schmeckender", wie der Wortstamm „sapio" (lat. ich schmecke, ich verstehe) richtig andeutet (► https://doi.org/10.1007/000-7rn)

Lebensumstände einzuordnen. Es gibt eine ganze Reihe von guten, physikalisch-chemischen Gründen, warum die Glutaminsäure den Umamigeschmack bestimmt. Alle Geschmacksauslöser müssen wasserlöslich sein, weil sie unmittelbar durch den Speichel gelöst werden müssen. Damit fallen schon einmal alle rot unterlegten fettlöslichen Aminosäuren in Abb. 1.19 weg, ebenso die meisten essenziellen Aminosäuren.

Die geschmacksauslösenden Aminosäuren können daher nicht essenziell sein. Tatsächlich wäre es fatal, würden nur die Hydrolyseprodukte solcher Proteine geschmeckt, die essenzielle Aminosäuren tragen. Eine Proteinunterversorgung wäre die Folge, schließlich sind diese nicht in allen Proteinen gleichermaßen vorhanden und wären damit ein schlechter Indikator. Auch schmecken die hydrophoben und damit auch die essenziellen Aminosäuren bitter. Dieser Geschmack muss erst erlernt und akzeptiert werden.

Allein aus biophysikalischen Gründen ist die nicht-essenzielle Glutaminsäure als wichtiger Baustein in jedem Protein vorhanden. Dies ist allein aus physikalischen Gründen notwendig, denn die Glutaminsäure ist negativ geladen und damit neben der Asparaginsäure die einzige, die eine negative Ladung in die Proteine einbringt. Sie sorgt damit für entsprechende Strukturelemente bei der Faltung der Proteine und ist in hohem Maße für deren Wasserlöslichkeit verantwortlich. Hypothetische Proteine ohne den Baustein Glutaminsäure würden andere, nicht-funktionelle Strukturen haben.

Glutaminsäure kann physiologisch (enzymatisch) zu einer anderen Aminosäure – Glutamin – umgebaut werden. Diese polare Aminosäure ist deutlich schwächer wasserlöslich und übernimmt daher andere biologische Aufgaben. Über Enzyme können Glutaminsäure und Glutamin direkt vor Ort ineinander überführt werden, d. h., aus Glutaminsäure entsteht Glutamin und umgekehrt, je nach biologischen Anforderungen.

Glutaminsäure reagiert nicht zu toxischen Substanzen. Sie ist nahezu hitzestabil, und sie bildet keine toxischen Maillard-Produkte, wie etwa die Aminosäure Histidin, die während der Fermentation oder des Bratens zu Histamin reagiert, das in hohen Dosen toxisch ist und für eine ganze Reihe allergischer Reaktionen verantwortlich sein kann, auch für die Erscheinungen des China-Restaurant-Syndroms. Auf diesen Punkt wird in Kap. 4 gesondert eingegangen. Allgemein bekannt ist aber auch das in jeder Maillard-Reaktion gebildete Acrylamid, das bei thermischer Einwirkung aus Asparaginsäure und Glucose entsteht, wie in Kap. 5 ausführlich besprochen wird.

Es gab also sehr gute faktische Gründe in der Evolution, die Glutaminsäure als Indikator für den Proteingeschmack zu wählen. Allein das zeigt, dass aus heutiger Sicht natürliche und gleichzeitig glutamatfreie Proteinpulver nicht möglich sind [42]. Ein häufiger Einwand lautet, Glutamat sei künstlich, Glutaminsäure hingegen natürlich. Dies stimmt so nicht. Weil die chemische Struktur des dissoziierten Glutamats und der Glutaminsäure identisch in Form, Symmetrie und Gestalt sind, wie in Kap. 4 in Abb. 4.16 ausführlich im Rahmen der Chemie des Umamigeschmacks gezeigt wird.

1.11   Was in Pflanzen wirklich steckt – das grundsätzliche Problem der Rohkost

Die bereits erwähnte Entwicklung des Menschen, die Ausbildung der Gehirnmasse und die damit verbundene Steigerung der Kreativität, der kognitiven Leistungen sowie der feinmotorischen Fähigkeiten waren klar mit der Verbesserung und der Veränderung der Nahrung korreliert. Das Garen mit dem Feuer war einer der wesentlichen Gründe dafür. Die pflanzliche Ernährung und die Rohkost lieferten zwar die Makronährstoffe Zucker und Kohlenhydrate sowie Mikronährstoffe wie Mineralien, Spurenelemente und Vitamine sowie sekundäre Pflanzenstoffe wie Phenole usw. Das Manko vieler Pflanzen stellen allerdings die Proteine und deren Aminosäurenzusammensetzung dar, dies gilt damals wie heute. Zwar enthalten Pflanzen durchaus Proteine, allerdings in deutlich geringerer Konzentration im Vergleich zu tierischen Produkten wie Fleisch, Milch oder Eiern.

Andererseits ist das reine Vorhandensein der Proteine in Pflanzen nur ein Aspekt. Viel wichtiger war deren Zugänglichkeit für den frühmenschlichen Organismus. Aus Pflanzen bei der Magen-Darm-Passage jeden Makro- und Mikronährstoff zu extrahieren, ist beim heutigen Menschen schwierig. Unsere Vorfahren waren daher mit einem ganz anderen, der rein pflanzlichen Ernährung angepassten Mikrobiom ausgestattet, um überhaupt zu überleben – sowohl der Kiefer als auch die Magen-Darm-Länge und -Struktur waren früher stärker darauf ausgerichtet, durch pflanzliche Nahrung die Nährstoffversorgung zu sichern.

Das Verständnis für die Hintergründe liefert wieder der Blick in den Aufbau der Pflanzen. Pflanzen bestehen wie Tiere aus Zellen, die bei Pflanzen allerdings mit harten Zellwänden umgeben sind. Diese schützen den Zellinhalt bestmöglich, sprich alles von Zellmembran, Organellen und Zellkern bis hin zu Salzen, sekundären Pflanzenstoffen und gelösten Proteinen (Abb. 1.17). Die Zellwände bestehen aus Cellulose, Hemicellulose, Pektin und anderen Nicht-Stärke-Kohlenhydraten, gegen die die heutigen menschlichen Enzyme nichts ausrichten können. Eine Umsetzung in Nährstoffe ist nicht möglich, diese Bestandteile zählen daher zu den Ballaststoffen.

Zellmaterialien wie Cellulose, Hemicellulose und Pektin sind in den nativen Verbänden, wie sie in der Rohform vorliegen, nicht wasserlöslich und sehr widerstandsfähig. Pflanzen können vor Fressfeinden nicht fliehen und sind dem vollen Klimaeinfluss, starken mechanischen Belastungen wie Wind und Hagel, Regen, z. B. viel Wasser in kürzester Zeit, großen Temperaturunterschieden zwischen Tag und Nacht, Sommer und Winter sowie hoher UV-Belastung über die Sonneneinstrahlung ausgesetzt. Die Zellwände sind daher durch Biomaterialien geschützt, die extremen Belastungen standhalten. Auch für die gängigen Enzyme, die Mikroorganismen, Insekten und andere Fressfeinde freisetzen, sind Zellwände unempfindlich.

Daher war es (und ist es bis heute) wichtig, pflanzliche Nahrung im Mund für den Verdau und die dabei einhergehende Extraktion der Nährstoffe vorzubereiten. Damit möglichst viele Nährstoffe, die sich hinter den enzymatisch schwer bis unzulänglich auflösbaren Zellwänden befinden, biologisch verfügbar sind. Der alte Ratschlag „gut gekaut ist halb verdaut" gilt auch heute. In Abb. 1.18 wird anschau-

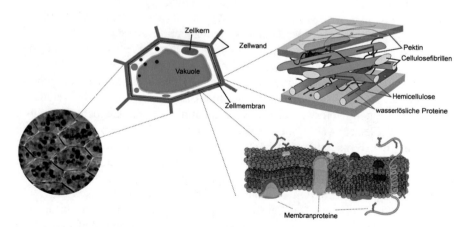

Abb. 1.17 Der komplexe Aufbau von pflanzlicher Nahrung. Links ist eine mikroskopische Aufnahme von Pflanzenzellen zu sehen. Die schematische Darstellung der Zelle zeigt die wassergefüllte Vakuole, den Zellern sowie diverse funktionelle Komponenten, zum Beispiel Tröpfchen von ätherischen Ölen und anderen Stoffen. Die harte Zellwand aus verschiedenen Biopolymeren verleiht der Zelle Stabilität und schützt die direkt unter der Zellwand liegende Membran aus Phospholipiden, Phytosterolen (pflanzliches Cholesterol) und Membranproteinen

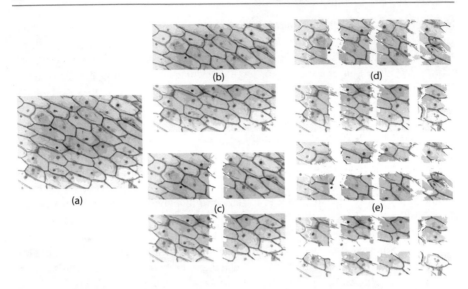

Abb. 1.18 Während des Kauens von rohen Pflanzen ist es wichtig, möglichst viele Zellen zu zerstören (**a–e**). Nur so sind die Nährstoffe, die sich innerhalb der Zellen befinden, biologisch verfügbar. Je gründlicher gekaut wird, desto kleiner werden die Bruchstücke (**d** und **e**), desto mehr Zellen sind zerstört und desto mehr Nährstoffe sind direkt verfügbar. Im letzten Bild rechts unten (**e**) sind alle Zellen geöffnet, ganz links (**a**) nur die Zellen an den Rändern

lich klar, welchen Vorteil stark ausgeprägte Kiefer und die starken Gebisse der pflanzenfressenden Vorfahren der Menschen vor der Nutzung des Feuers hatten. Die starke Kiefermuskulatur, ein ausgeprägtes Gebiss und langes Kauen ermöglichten das Freilegen von vielen Zellen, deren Inhalt bereits im Mund verarbeitet und mit dem Schlucken dem Verdauungssystem zugeführt wurde.

Kein Wunder also, dass die Kaumuskulatur und das Gebiss bei den frühen pflanzenfressenden Hominiden stark ausgeprägt waren. Dies war und ist bis heute bei Pflanzenfressern, zum Beispiel den meisten Affen, ganz ähnlich. Folglich hat sich nach der Nutzung des Feuers die Kaumuskulatur und das Gebiss verändert. Diese ausgeprägten Kieferwerkzeuge waren nicht mehr nötig. Gekochtes Gemüse, Wurzeln und Fleisch weisen eine weiche Textur auf, die Zellen sind durch die Einwirkung der Temperatur zum großen Teil geplatzt, das harte Zellmaterial ist „aufgeweicht", Nährstoffe werden deutlich leichter freigegeben. Pektine haben ihre Bindungen partiell verloren, die Wechselwirkungen von Cellulose und Hemicellulose sind geschwächt. Die erforderliche Kauarbeit ist im Vergleich zum Rohzustand deutlich geringer. Die Physiognomie der „kochenden Affen" veränderte sich in Richtung *Homo habilis* und *Homo erectus* [43]. Diese Zellbestandteile spielen in der Energiebilanz des modernen Menschen keine Rolle mehr. Bei reinen Pflanzenfressern hingegen müssen diese Bestandteile erst über spezielle Mägen oder Darmabschnitte vorvergoren werden. Der Appendix, Blinddarm, zeugt heute noch davon. Beim *Homo sapiens* werden die Ballaststoffe im Dickdarm soweit wie möglich fermentiert. Dort senkt dieser Prozess den pH-Wert und schützt somit

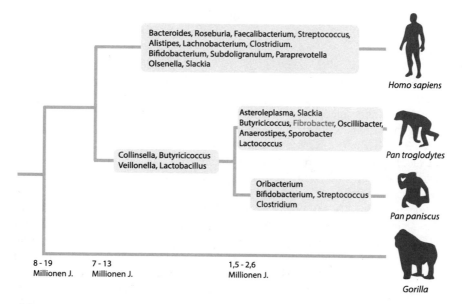

Abb. 1.19 Die Entwicklung des Mikrobioms auf Basis einer Untersuchung des Stuhls bestimmter relevanter Spezies. Die rot eingefärbten Bakterien kommen bis heute beim *Homo sapiens* vor, während die grün eingefärbten im Laufe der Evolution und des Wandels vom Pflanzenfresser zum Omnivoren als überflüssig eingestuft wurden und beim *Homo sapiens* nicht mehr zu finden sind. *Fibrobacter* kommen nur in reinen Pflanzenfressern vor und sind beim *Homo sapiens* nicht mehr vorhanden

vor pathogenen Keimen, Fermentationsprodukte dienen dem Mikrobiom. Auch dieser Punkt wird in späteren Kapiteln mehrmals aufgegriffen.

1.12 Fäulnis, Fermenation und Verdauung: Darm und Mikrobiom

Lebensmittelbestandteile, die nicht enzymatisch verdaut werden können, müssen im Darm mithilfe von Mikroorganismen wie Bakterien, Pilze und Viren „vergoren" werden. Dieser Zusammenhang zeigt sich vor allem in den Veränderungen des Mikrobioms während der Evolution [44]. Natürlich beeinflusst die Nahrung das Mikrobiom, aber dies erfolgt auch umgekehrt: Was der Mensch verdauen kann, wird gegessen, was nicht verdaut und fermentiert werden kann, wird nicht gegessen oder wieder ausgeschieden.

Abb. 1.19 zeigt die Anpassung des Mikrobioms an die jeweilige Ernährungsspezifikation. *Fibrobacter* sind nur bei reinen Pflanzenfressern vorhanden, um die Nährstoffausbeute zu optimieren. Bei *Homo sapiens* ist diese Bakterienform nicht mehr notwendig, der Mensch hatte sich bereits zum Omnivoren entwickelt. Bis heute zeigen sich im Mikrobiom die Zusammenhänge, die auf eine Korrelation der länder- und ethnientypischen Ernährung hinweisen [45]. Allerdings nicht ohne gemeinsamen Nenner, denn Darmbakterien veranstalten im Darm Ähnliches wie Milchsäurebakterien, Hefen und Pilze mit Lebensmitteln bei der herkömmlichen Fermentation: Sie vergären vieles, was bisher nicht zerlegt wurde, um daraus Zwischenprodukte herzustellen, die für den Stoffwechsel wichtig sind. Es entstehen Gase und Fermentationsprodukte, die wiederum als „Nahrung" für manche Mikroorganismen fungieren. In der Arbeit von Vital et al. [45] wird auf die Funktion eines maßgeblichen Zwischenprodukts, der Buttersäure (Butyrat), hingewiesen, das als Nährstoff für die Darmzellen dient und die Stoffwechselwege und das Immunsystem unseres Körpers stark beeinflusst.

Tatsächlich ist das Mikrobiom des Menschen auf Vielfalt ausgelegt und kann sich innerhalb kürzester Zeit der zur Verfügung stehenden Nahrung anpassen – ein wesentlicher Punkt, denn der *Homo sapiens* hatte damit die Möglichkeit, trotz Mangelzeiten Naturkatastrophen und andere Widrigkeiten zu überleben. Insofern ist die Bedeutung, die dem Mikrobiom in letzter Zeit zugemessen wird, selbst aus dieser naiven Sicht berechtigt. Wir können über die aufgenommene Nahrung die Mikroorganismen unseres Mikrobioms bestens pflegen, um ihre Vielfalt und ihre Funktion aufrechtzuerhalten. Mit Essen, von roh, über gekocht bis fermentiert, von pflanzlich bis tierisch, wie es der *Homo sapiens* seit Jahrtausenden intuitiv tat. Das beste Functional Food ist immer noch das, was Acker, Stall, Wald, Strauch, Baum, Seen, Flüsse und Meere auf natürliche Weise bieten.

Davon abgesehen offenbaren diese Überlegungen eine wichtige Tatsache: Unsere Nahrung ist während der intestinalen Passage letztlich ein breiartiges komplexes, strukturiertes molekulares Gebilde. Diese Moleküle treffen im Trakt von Mundhöhle bis Dickdarm auf Enzyme und Mikroorganismen, die daraus etwas herstellen, Moleküle nämlich, die etwas schalten, triggern, stimulieren, und damit unser Leben am Laufen halten. Alle Lebewesen sind daher in erster Linie „nur" komplexe Biomaschinen. Die molekulare Vielfalt der Lebensmittel dient als Treibstoff für uns Menschen auf zellulärer Längenskala und darunter.

1.13 Wie verdauen wir Lebensmittel? Was sind wertvolle Inhaltsstoffe?

Die Fermentation der enzymatisch nicht verdaubaren Nahrungsbestandteile im Dickdarm mithilfe des Mikrobioms ist das letzte Aufgebot während der Magen-Darm-Passage, auch noch die letztmöglichen Nährstoffe aus bisher Unverdaulichem herauszuholen. Im Grunde sind dies Sekundärreaktionen. Die Makronährstoffe – Fett, Protein und Kohlenhydrate – müssen zuvor mit wesentlich effektiveren und energetisch günstigeren Mechanismen verstoffwechselt werden, die diese wertvollen Inhaltsstoffe in physiologischer Form bereitstellen. Diese Primärprozesse stehen vor allem für die Bereitstellung essenzieller Makronährstoffe und werden daher nicht über Bakterien, sondern über Enzyme getätigt. Der energetische Aufwand ist deshalb wesentlich geringer. Enzyme – fettspaltende Lipasen, proteinspaltende Proteasen wie auch Amylasen, die Stärke spalten – werden von der Bauchspeicheldrüse ausgeschüttet, um nur die wichtigsten zu nennen.

Enzyme sind Proteine, die als Katalysatoren wirken und ein aktives Zentrum an ihrer Oberfläche besitzen. Sobald sich ein passendes Molekül nähert und bindet, wird es gespalten oder anders modifiziert. Daraus folgt, dass jedes Enzym für genau eine Molekülgruppe zuständig ist. Proteine können zum Beispiel nicht von Lipasen gespalten werden. Daraus folgt aber auch, dass die zu spaltenden Moleküle direkt an das reaktive Zentrum andocken können. Makro- und Mikronährstoffe, die noch in intakten (geschluckten) Pflanzenzellen mit ihrer Cellulosewand verpackt sind, sind nicht zugänglich. Pflanzliche Zellbetandteile können enzymatisch nicht gespalten werden, ebenso bleiben Mikronährstoffe, wie das an den ionischen Pektinbindungen beteiligte Calcium oder Magnesium, im Dünndarm nicht hunderprozentig biologisch verfügbar (vgl. Abb. 1.18).

1.14   Der evolutionäre Vorteil der tierischen Lebensmittel

Die Tatsache, dass Lebensmittel aus einem komplexen System aus strukturierten Molekülgruppen wie Proteinen, Fett, Kohlenhydraten usw. bestehen, ermöglicht es, über deren Grundfunktion in den Lebensmitteln auch deren Nährwert besser zu verstehen. Daraus offenbaren sich neue Zusammenhänge, die wiederum ein tieferes Verständnis der Ernährung des Menschen erlauben.

Klar ersichtlich ist der evolutionäre Vorteil der Hominiden, die zu Omnivoren wurden und bei Verfügbarkeit tierische Lebensmittel zu sich nahmen. Die Proteindichte ist außerordentlich hoch, die „frei liegenden" Proteine sind leicht verfügbar, im Gegensatz zu verpackten Pflanzenproteinen. Tatsächlich spielt die leichte enzymatische Zugänglichkeit der Proteine für die Verdauung eine maßgebliche Rolle. Proteine bestehen aus Aminosäuren, die chemisch Zwitterionen sind und sich daher am stärksten über den pH-Wert beeinflussen lassen. Aminosäuren verändern ihre elektrische Ladung je nach pH-Wert. Die hauptverantwortlichen Aminosäuren dafür sind die basischen Aminosäuren Arginin, Histidin und Lysin sowie die sauren Aminosäuren Asparaginsäure und Glutaminsäure, da deren Protonierung und Deprotonierung sich am stärksten vom pH-Wert beeinflussen lassen. Proteine haben daher einen sogenannten isoelektrischen Punkt, einen genau definierten pH-Wert, bei dem die Gesamtladung des Proteins neutral wird, was natürlich nicht bedeutet, dass jede individuelle Aminosäure keine Ladung trägt. Lediglich die Summe der Ladungen der sich im Protein befindlichen Aminosäuren addiert sich zu null. In den meisten physiologischen und nahrungsmitteltypischen Proteinen liegt dieser isoelektrische Punkt um etwa pH 5. Wird dieser unterschritten, werden die Proteine instabil, denaturieren und spalten sich an manchen Aminosäurebindungen, also auch im sauren Milieu des Magens.

Im Magen herrschen durch die Magensäure und je nach Magenfüllung pH-Werte von unter 3. Es ist dort also recht sauer, und für die meisten oral aufgenommenen Proteine unterschreitet der pH den isoelektrischen Punkt, die Proteine verändern ihre Gestalt. Dies hat erhebliche Konsequenzen für die Proteinverwertung. Im Magensaft befinden sich auch säuretolerante Ausnahmeproteine, die sich bis zu einem pH-Wert von 1 nicht verändern. Dies ist Pepsin, ein Gemisch aus ähnlich strukturieren Proteasen, die sofort nach der Denaturierung der Nahrungsproteine ihre Wirkung entfalten und bereits im Magen Proteine in Peptide zerlegen. Sie zeigen ihre höchste Aktivität bei pH-Werten zwischen 1,5 und 3, also gerade dem pH-Bereich, der sich beim und nach dem Essen einstellt, wenn die Magensäure (überwiegend Salzsäure, HCl) entsprechend durch Lebensmittel gepuffert wird. Pepsine bereiten somit lange Proteinketten für die weitere Zerlegung über die Pankreasproteasen vor.

Dazu müssen die entsprechenden Peptidbindungen aber an die aktiven Zentren der Enzyme gelangen. Werden zum Beispiel ganze Muskelfasern geschluckt, können die Enzyme nur an den Oberflächenproteinen angreifen und die Ausbeute ist geringer. Daher werden Proteine über die Magensäure schon vordenaturiert, damit Pepsin (und auch das in der Magenschleimhaut vorkommende Cathepsin) überhaupt eine Chance hat, seine katalytische Wirkung zur Geltung zu bringen.

1.15 Der Vorteil des Garens für die Ernährung und die biologische Verfügbarkeit

Ebenso offenbart sich aus molekularer Sicht der Vorteil des Kochens für die Entwicklung des Menschen. Nahrung wird über das thermische Prozessieren bereits für eine deutlich bessere und effektivere Verdauung vorbereitet. Nährstoffe, vor allem Proteine, werden auf den direkten Zugriff von Enzymen vorbereitet. Pflanzenzellen werden weich, die hohe Temperatur bringt sie zum Platzen, Pflanzenproteine werden deutlich besser verfügbar und sogar antinutritive Stoffe, die der Pflanze zur Abwehr dienen, werden umgebaut, in vielen Fällen zu hochwertigen nutritiven Sekundärstoffen. Membranproteine, wie antinutritive Lektine und andere mitunter stark unverträgliche Moleküle, werden durch die Denaturierung zur wertvollen Nahrung, weil sie durch das Kochen ihre schädliche Wirkung verlieren. Nicht nur durch das Kauen, sondern auch durch das Garen wird die biologische und physiologische Verfügbarkeit der Nährstoffe deutlich verstärkt. Zudem findet durch das Erhitzen, wie bereits mehrfach angesprochen, eine Pasteurisierung statt. Die Nutzung des Feuers brachte damit unbestritten entscheidende Vorteile für die Ernährung des frühen Menschen.

Die Frage, ab wann der frühe Mensch kochte und das Feuer nutzte, ist nicht mit letzter Sicherheit geklärt. Der Evolutionsbiologe Wrangham vermutet, dass dies vor 1,9 Mio. Jahren geschehen sei [27]. Auf diese Zeit datiert man die ersten Feuerstellen, unklar ist aber, ob sie die Folge von Buschbränden, Blitzeinschlägen oder Ähnlichem waren. Klar ist allerdings, dass bereits der *Homo erectus* vor etwa 1–1,5 Mio. Jahren das Feuer nutzte. Dies lässt sich sehr klar nachweisen [46]. Weitere Fundorte für Feuerstellen von vor ca. 1,5 Mio. Jahren finden sich zum Beispiel in der afrikanischen Region Ost-Turkana. Ein genaues Datum lässt sich natürlich nicht feststellen, aber das ist auch nicht entscheidend. Bemerkenswert ist aber die parallel damit einhergehende Vergrößerung des Gehirns (s. Abb. 1.14), die mit archäologischen Funden und moderner Analytik belegt ist.

1.16 Verdauung ist Leben, ist physikalische Chemie

Im Laufe der bisherigen Diskussion wird immer deutlicher, welch zentrale Rolle die molekularen Wechselwirkungen, die Molekülstruktur und die Art der Makronährstoffe spielen. Es sind quantenphysikalische, physikalisch-chemische Wechselwirkungen. Die Nahrung ist damit auf das reduziert, was sie wirklich ist. Weit entfernt von Makro- und Metaebenen sind Essen und Verdauen nichts weiter als banale Physik, physikalische Chemie, Biochemie oder physiologische Chemie.

Damit sich das Gehirn entwickeln konnte, bedurfte es einer exzellenten Kombination aus Nährstoffen, die während der Evolution des Menschen nur über das Essen zugeführt werden konnte. Zum einen ist der Energiebedarf des Gehirns extrem hoch, also muss Glucose, einer der Hauptenergieträger für Zellfunktionen, in ausreichender Konzentration zugeführt werden. Auch dabei half nicht nur das Essen von glucosereichen Früchten und Beeren, sondern vor allem das Kochen von stärkereichen Wurzeln. Native Stärke ist enzymatisch unverdaulich. Sie wird auch als "resistente" Stärke bezeichnet und muss im Dickdarm vergoren bzw. zum Teil unverdaut ausgeschieden werden. Die stärkespaltenden Verdauungsenzyme (Amylasen) haben keine Chance, mit den dicht gepackten, teilweise kristallinen, hochverzweigen Polymeren wechselzuwirken, wie in Kap. 3 besprochen wird.

Die Verdauung von gekochter Stärke beginnt bereits im Mund. Im Speichel befinden sich Speichelamylasen, sogenannte α-Amylasen, die Stärkemoleküle entlang ihrer α-(1,4) glykosidischen Bindung spalten. Sie stellen aus Stärke allerlei Bruchstücke her, sogenannte Oligosaccharide, mit unterschiedlichen Kettenlängen, von Lebensmitteltechnologen Maltodextrin genannt. Maltodextrin entsteht nach dem Essen von Brot, Kartoffeln, Reis und anderen stärkehaltigen Lebensmittel. Ebenso Isomaltose – der wenig süße Zucker, der von Köchen und der Süßwarenindustrie verwendet wird und weniger Karies erzeugt [47]. Des Weiteren bleiben die Verzweigungsstellen des Amylopektins sogenannte Grenzdextrine, übrig, die wiederum von anderen Enzymen weiterverarbeitet werden, wie auch Maltosen von Maltasen letztendlich zu Glucosen gespalten werden (s. Abb. 1.20).

Ein wichtiger Gesichtspunkt für die Kohlenhydrat- wie auch die Proteinverdauung ist die Wirksamkeit der Enzyme in den unterschiedlichsten pH-Bereichen des Magen-Darm-Trakts (Abb. 1.21).

Auch die Fettverdauung wird über Enzyme, Lipasen, eingeleitet. Die Vorgänge der Fettverdauung und Fettresorption sind etwas komplizierter, sodass wir wegen den komplexen physikalischen und physiologischen Prozessen diese Diskussionen erst später nachholen können [48].

Die einzelnen Schritte der Fettverdauung sind weit komplizierter als in den in Abb. 1.22 dargestellten Elementarschritten. Dazu ist eine ganze Reihe physikalisch-chemischer Prozesse nötig, die wir erst nach den folgenden

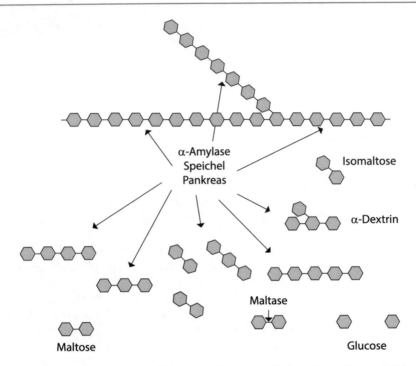

Abb. 1.20 Die enzymatischen Verdauungsschritte von gekochter (gequollener) Stärke im Speichel und Dünndarm über Amylasen. Nur danach kann über eine ganze Kaskade von Reaktionen letztendlich Glucose freigesetzt werden

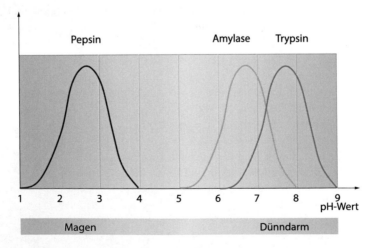

Abb. 1.21 Die Wirkung der drei wichtigsten Verdauungsenzyme in den verschiedenen pH-Bereichen während der Magen-Darm-Passage

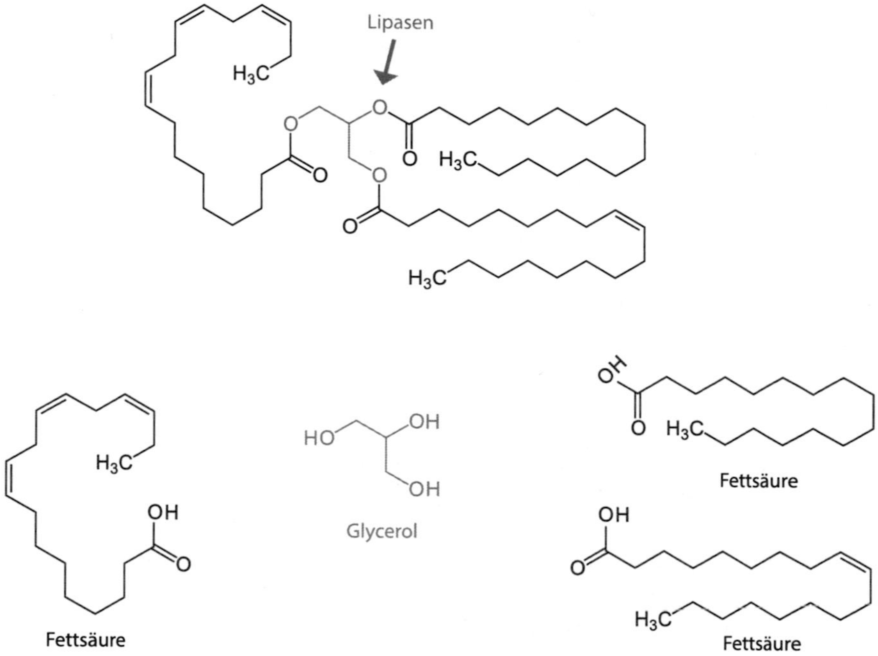

Abb. 1.22 Fette werden über Lipasen vom Glycerol abgespalten, dabei entstehen freie Fettsäuren und der dreiwertige Alkohol Glycerol (Glycerin)

elementaren Betrachtungen verstehen können. In Kap. 4 und 5 werden wir darauf zurückkommen. Zunächst bleiben wir bei der Evolution und fassen die Vorteile zusammen, die das Garen für den frühen Menschen brachte.

1.16.1 Die Vorteile des Garens sind messbar!

Die Vorbereitung der Nahrung über sogenannte Kulturtechniken (s. Kap. 2) spielt aber ebenso eine große Rolle für die physiologische Aufbereitung und die Verwertung der Nahrung. Die enzymatische Spaltung und Vergärung über die vielzähligen Mikroorganismen des Mikrobioms sind nicht umsonst, sondern kosten Energie, die natürlich von der zugeführten Energie zur Verfügung gestellt wird. Wie viel Energie vom Körper bereitgestellt werden muss, hängt also von der Vorbereitung der Lebensmittel ab.

Intuitiv lässt sich bereits erkennen, dass rohe, unvorbereitete und unverarbeitete Kost den höchsten Aufwand für den Körpers bedeutet, wie es sich bereits an der stark ausgeprägten Kiefermuskulatur der frühen Menschen wie auch der Gorillas zeigt. Über derartige Aussagen muss aber nicht spekuliert werden, denn sie lassen sich durch Experimente systematisch überprüfen [49]. Da bei solchen Experimenten Reproduzierbarkeit und Verifizierbarkeit Voraussetzung sind, müssen die eingesetzten Lebensmittel reproduzierbare Ergebnisse liefern. Dazu eignet sich Fleisch, denn das darin in den Muskeln vorhandene Protein liegt immer in der gleichen Struktur vor und ist somit proteinspaltenden Enzymen leicht zugänglich. Des Weiteren werden für das Experiment Lebewesen benötigt, deren Verdauungsenergie sich einfach messen lässt, wenn sie Fleisch zu sich nehmen. Also keine Menschen, keine Schimpansen, keine Laborratten. Die Wahl fiel daher auf Pythonschlangen, denen Fleisch am Stück, Fleischbrei (püriert), gekochtes Fleisch sowie gekochter Fleischbrei mit identischem Energiegehalt und in einem Gewicht von jeweils 25 % ihres Körpergewichts zum Fressen gegeben wurde. Dabei ließ sich über den Sauerstoffverbrauch der nachfolgenden Tage auf die benötigte Verdauungsenergie schließen.

Die Ergebnisse sind eindeutig. Rohes Fleisch erfordert die höchste Energie (Bereich I in Abb. 1.23). Wird das Fleisch zu Brei püriert (II), sinkt die aufgewendete Verdauungsenergie bereits um über 10 % ab. Kochen von ganzem Fleisch liegt in einem ähnlichen Bereich (III), während Kochen und Pürieren nochmals eine deutliche Absenkung der erforderlichen Energie auf unter 80 % zur Folge haben.

Obwohl Schlangen nicht mit Menschen vergleichbar sind, zeigen diese Ergebnisse einen wichtigen Aspekt. Schlangen kauen ihre Nahrung nicht, sondern sie schlucken sie als Ganzes. Daher sind sie prädestiniert für dieses Experiment, denn die ganze Energie für die Produktion von Magensäure und die Bereitstellung der Enzyme muss im Magen und Darmtrakt aufgebracht werden, bevor die Nahrung von den Enzymen im Dünndarm weiterverarbeitet wird. Diese Energie wird vor allem durch das über die Muskelarbeit bekannte Molekül ATP, Adenosintriphosphat, aufgebracht. Dabei handelt es sich um ein Nucleotid mit drei Phosphatresten, das in den Körperzellen in den Mitochondrien synthetisiert werden muss. Bei anderen Tieren würde die für die Muskelarbeit beim Kauen aufgebrachte Energie das Ergebnis über den Sauerstoffverbrauch signifikant verfälschen.

Dabei wird klar, welche molekularen Prozesse das Kochen der Verdauung abnimmt: thermische Proteindenaturierung, Kollagenumwandlung zur Gelatine

Abb. 1.23 Die von Pythonschlangen aufgewendete Verdauungsenergie hängt stark von der Darreichungsform der Fleischnahrung ab: I: roh und am Stück, II als roher Brei, III gekocht am Stück, IV gekochter Fleischbrei. Die Werte sind zum Vergleich auf 100 % bezogen

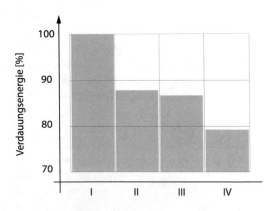

sowie die teilweise Spaltung der Proteine durch Hitze. Gleichzeitig wird die Zugänglichkeit der Proteine für die Enzyme deutlich erhöht.

1.16.2 Physikalisch-chemische *in-vitro*-Darmmodelle

Beim Menschen sind die Verdauprozesse komplexer, daher wird mit möglichst exakten Methoden versucht, die Verdauung nachzustellen [50]. Tatsächlich lässt sich der Magen-Darm-Trakt nachbauen [51]. Der Vorteil dieser *in-vitro*-Methode ist, dass sich die Wirkung von sauren Magensäften und Pankreasenzymen gezielt beobachten lässt. In das Röhrensystem, das den Magen-Darm-Trakt nachbildet, wird Nahrung gegeben. Diese landet dann in einem Glaskolben, der in etwa dem Magen mit entsprechend gesäuerten Magensäften (mit dem Enzym Pepsin) entspricht. Dabei lassen sich kleine Proben entnehmen, die analysiert werden können, bevor der simulierte Mageninhalt in den simulierten Dünndarm gegeben wird. Dort ist der pH-Wert an die im natürlichen Dünndarm vorliegenden höheren Werte angepasst und die Pankrease werden zugeführt. So lässt sich Schritt für Schritt die Änderung der Nahrungsmittelmoleküle durch Säure, Enzyme oder Bakterien sehr genau verfolgen.

Mit diesen Darmmodellen lässt sich auch sehr genau beobachten, welche Unterschiede beim Verdauen von gekochtem und rohem Fleisch auftreten [47]. So lässt sich die Fleischstruktur nach verschiedenen Verdauungsstufen mikroskopisch verfolgen, und die verbleibenden Bruchstücke der verschiedenen Fleisch- und Muskelproteine lassen sich genau bestimmen. Aber auch Unterschiede in der Verdauungszeit von unterschiedlich gekochtem und zubereitetem Fleisch lassen sich feststellen. Des Weiteren lassen sich unterschiedliche Auswirkungen und Beiträge der Magen- und Dünndarmbereiche auf die Proteinzersetzung genauer untersuchen.

Selbst bei Vorgängen, an denen Pepsin im Magen beteiligt ist, lassen sich mit diesen Verfahren Rückschlüsse über Verdaubarkeit und Zubereitung, sprich die optimale Kochtemperatur, ziehen [52]. Roh gegessenes Fleisch zeigt nur wenige Angriffspunkte für das aktive Zentrum des Pepsins zur Spaltung von Fleischproteinen. Die Vorverdauung im Magen ist nicht optimal, während sich bei Gartemperaturen zwischen 60 und 70 °C ein Optimum zeigt. Klar, denn die Proteine haben kaum Wasser verloren, sie sind hochbeweglich und noch nicht vollständig verklumpt, das Fleisch ist zart [53] (siehe Abb. 1.24). Dieses Verklumpen geschieht erst bei Temperaturen über 75 °C [54]. Bei noch höheren Temperaturen sind die Proteine stark verklumpt und physikalisch vernetzt, das Fleisch ist zäh und trocken. Viele Peptidbindungen können nicht mehr von den aktiven Zentren der Enzyme erreicht werden. Das Fleisch wird wieder schwerer verdaulich, wie in Abb. 1.24 symbolisch dargestellt.

Auch dies steht im Einklang mit den bereits früh angewandten Techniken der Vorzeitmenschen, die lieber länger in Erdöfen oder Gargruben garten. Dort sind die erreichten Temperaturen eher verhalten um etwa 60 °C und das Fleisch bleibt zart. Währenddessen bildete sich mehr Umamigeschmack, gleichzeitig waren

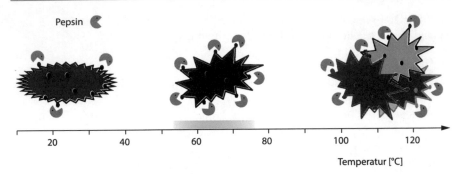

Abb. 1.24 Temperatur und Verdauung im Magen über Pepsin. Das aktive Zentrum des Pepsins ist als Pac-Man dargestellt. Die Ergebnisse von Bax et al. [48] zeigen klar, dass bei der Verdauung von Fleisch bei Temperaturen unter 70 °C die Enzyme beste Arbeit leisten können. Die Zugänglichkeit der pepsinempfänglichen Peptidbindungen ist sehr hoch (grüner Bereich)

die Bekömmlichkeit und die Makronährstoffausbeute deutlich besser. Der *Homo sapiens* spürte offenbar, was im guttat, und wurde dafür belohnt.

Der Vergleich des Energieaufwands bei rohem, püriertem und gekochtem Fleisch sagt nur etwas über den theoretischen Gehalt an Makronährstoffen aus. Denn nur diese liefern messbare Energie, Mikronährstoffe hingegen nicht, weshalb an dieser Stelle Anmerkungen über die Zerstörung von Vitaminen oder anderen Mikronährstoffen durch Mahlen, Pürieren, mechanische Bearbeitung oder Erhitzen fehl am Platze sind. Rohkostverfechter sind also bisher schon zweimal im Nachteil: Sie nehmen zwar viele Nährstoffe zu sich, können aber nur einen Bruchteil physiologisch verwerten. Des Weiteren haben sie einen weit höheren physiologischen Energieaufwand bei Gärprozessen im Darm, um letztlich an weniger Makronährstoffe heranzukommen. Eine gute Basis für eine umfassendere Ernährung ist daher, sowohl Rohes als auch Gekochtes zu essen.

1.17   Affen würden Gekochtes wählen

Große Menschenaffen wählen Gekochtes [55], auch wenn sie nicht zubereiten können. Dem im Folgenden beschriebenen Experiment mit Affen liegt die Idee zugrunde, Schimpansen, Bonobos, Gorillas und Orang-Utans als Modellsysteme für paläolithische Hominiden zu nehmen und ihre Präferenzen herauszufinden. Als Nahrung wurden rohe und gekochte Äpfel sowie Wurzeln wie auch rohes und gekochtes Fleisch gewählt. Dabei stellte sich heraus, dass in vielen und vor allem statistisch signifikanten Fällen Gekochtes, egal ob Äpfel, Kartoffeln oder Fleisch, von vielen Tieren bevorzugt wird. Selbst Schimpansen, deren normale Ernährung überwiegend fleischfrei ist, fraßen von gekochtem Fleisch mit einer signifikanten Präferenz. Einige Tiere und Gattungen zogen allerdings rohe Äpfel den gekochten vor, wie auch Kartoffeln. Offenbar spielt auch die Textur eine Rolle. So spiegelt sich ein Teil der Menschheitsentwicklung in diesem Experiment wider.

Auch das Potenzial für Nahrungspräferenzen wurde kürzlich erforscht [56]. Schimpansen können zwar nicht kochen, aber ihnen wurde Gekochtes und Rohes vorgesetzt. Dabei zeigte sich: Schimpansen ziehen Gekochtes vor. Es scheint, als realisierten die Schimpansen die physiologisch mit dem Kochen einhergehende Transformation vom rohen in den gekochten Zustand. Ebenso zeigte sich eine starke Bereitschaft der Tiere, auf die gekochte Nahrung zu warten, obwohl die rohe Form bereits zur Verfügung stand. Zudem wurde deutlich, dass die Tiere rohe Lebensmittel horteten, um sie durch Reifung und Verderben bei niedrigen Temperaturen „zu garen". Der Sinn der gekochten Nahrung wurde somit von den Tieren erkannt.

Derartige Forschungsergebnisse geben hin und wieder Anlass zu der Annahme, diese Affenarten würden doch „kochen" oder hätten die Voraussetzungen dazu. Dies ist natürlich nicht richtig, es gibt außer dem *Homo sapiens* kein Lebewesen, das Feuer kontrolliert entzündet, etwas darüber oder daneben kontrolliert gart und das Feuer danach wieder kontrolliert löscht. Genau das, ganz abgesehen von den vielen weiteren Errungenschaften der Menschheit, unterscheidet den *Homo sapiens* von Tieren. Auch wenn vieles Menschliche nicht perfekt ist, was der Mensch zustande bringt, ist es „kontraevolutionär", Tiere zu vermenschlichen.

1.18 Was der Körper will – und wie er es uns sagt

Mit dem Feuer und der Fähigkeit, Alkohol zu verdauen, waren Hominiden in der Lage, ihr Nahrungsangebot auszuweiten. Der Geschmack als Prüfung und das Körpergefühl, was ihnen guttat, waren echte „Driving Forces". Hominiden wurden zu Allesfressern, Omnivoren. Auf dem Speisezettel stand mehr Fleisch, damit mehr Protein und Fett, und auch die Möglichkeit, Fermentiertes zu essen, half dabei. Erst das Kochen machte Stärke und komplexe Zucker aus Wurzeln und den Vorläufern von Leguminosen (Hülsenfrüchte), das heißt physiologisch verfügbare Stärke, in gewissem Umfang zugänglich. Das Gehirn wuchs und die kognitiven Fähigkeiten nahmen zu. Die Nahrungsversorgung wurde planbar (Abb. 1.25).

Immer wieder gibt es Hinweise, dass noch andere Geschmacksrichtungen als umami in der Evolution eine Rolle spielten und ein Überleben sicherten. So gibt es Insekten wie Fruchtfliegen, die „wässrig" schmecken, was ihnen ermöglichte, lebensnotwendiges Nass aufzuspüren [57]. Es gibt Hinweise darauf, dass Ratten und Mäuse einen Fettgeschmack wahrnehmen, wie auch manche Menschen, wenn freie Fettsäuren auf der Zunge Rezeptoren triggern. Immer wieder wird von Stärkegeschmack gesprochen, wenn kurzkettige Stärken, die Maltodextrine, in nicht für den Süßgeschmack verantwortlichen Rezeptoren Reizströme auslösen. Auch wenn diese schwachen und unklaren Wahrnehmungen bisher nicht zu den fünf Basisgeschmacksrichtungen zählen, deuten sie auf evolutionäre Gegebenheiten hin, die das Überleben bestimmter Spezies sicherten. Wohlgemerkt, ohne Wasser können auch wir nicht leben. Abgesehen davon, dass Wasser lebensnotwendig ist, ist es auch das einzige Lösungsmittel, das alle für die Grundgeschmacksrichtungen verantwortliche Moleküle löst und sie überhaupt

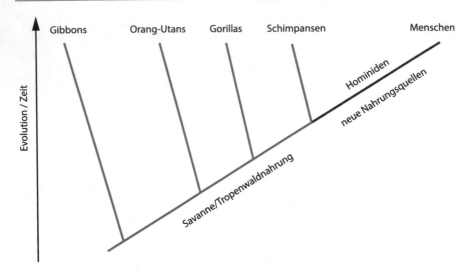

Abb. 1.25 Die Evolution des Menschen im Überblick. Die verschiedenen Affenarten waren an die in der tropischen Savanne zur Verfügung stehende, in dieser Nische zugängliche Nahrung gebunden. Erst mit der Erweiterung des Nahrungsangebots war die „Menschwerdung" möglich

schmeckbar macht. Fett ist der Makronährstoff mit der höchsten Energiedichte – und Lösungsmittel für Aromaverbindungen. So ist durchaus vorstellbar, dass es auf der Zunge im Speichel Lipasen gibt, die Fett bereits im Mund spalten [58] und somit schwache positive Sensationen bei manchen Spezies auslösen [59]. Ähnliches ist denkbar bei einem Stärkegeschmack [60], der nicht über die herkömmlichen Süßrezeptoren vermittelt wird. Stärke wird bereits über Amylasen im Speichel zu Maltodextrin gespalten. So kann der Reiz abseits von süß ein Weiteressen signalisieren, um an die darin enthaltenen Glucosen zu gelangen. In Zeiten des Mangels waren diese Signale überlebensnotwendig. In Zeiten des Wohlstands, der Übersättigung und einer gewissen Maßlosigkeit sind sie nicht mehr wichtig. Umso wichtiger ist es, auf die Körpersignale zu hören, die sich zum Beispiel über „Appetit auf …" oder „Lust auf …" ausdrücken. Sie lassen sich aber nur bei einem angenehmen Hungergefühl wieder erlernen, und es sollte auf sie gehört werden, anstatt sich mitunter funktionsfreie Produkte wie Powerriegel oder Detox Drinks außerhalb der Mahlzeiten zu sich zu nehmen. Auch der vermeintlich gesunde Smoothie als Zwischenmahlzeit ist kalorienreich und macht wegen der starken Zerkleinerung der Zutaten nicht anhaltend satt, aber dafür jedes Mal ein bisschen dicker. Warum das so ist, wird in Kap. 6 ausführlich auf zellbiologischer Ebene begründet.

Die Hominiden, die Neandertaler und die ersten Vertreter des *Homo sapiens*, machten in ihren evolutionären Ernährungsfragen garantiert keine großen Fehler, sonst säßen wir heute nicht hier auf dieser Welt. Die größte Katastrophe in der

Entwicklung der Menschheit wäre es gewesen, hätten ein paar um das Lagerfeuer sitzende Hominiden begonnen, Lebensmittel so systematisch wie heute zu verweigern; dann wäre es nämlich um uns Menschen schlecht bestellt gewesen. Der rote Zweig in Abb. 1.25 wäre heute nicht existent.

Literatur

1. http://www.faz.net/aktuell/politik/acrylamid-debatte-kuenast-kein-bratkartoffel-verbot-182976.html.
2. https://www.verbraucherzentrale.de/acrylamid;   https://www.foodwatch.org/de/informieren/acrylamid/2-minuten-info/.
3. Madle, S., Broschinski, L., Mosbach-Schulz, O., Schöning, G., & Schulte, A. (2003). Zur aktuellen Risikobewertung von Acrylamid in Lebensmitteln. *Bundesgesundheitsblatt-Gesundheitsforschung-Gesundheitsschutz, 46*(5), 405–415.
4. Johnson, K. A., Gorzinski, S. J., Bodner, K. M., Campbell, R. A., Wolf, C. H., Friedman, M. A., & Mast, R. W. (1986). Chronic toxicity and oncogenicity study on acrylamide incorporated in the drinking water of Fischer 344 rats. *Toxicology and applied pharmacology, 85*(2), 168.
5. Jirgensons, B., & Straumanis, M. (2013). *Kurzes Lehrbuch der Kolloidchemie.* Springer.
6. https://www.sein.de/energetisiertes-wasser-universitaet-lueftet-geheimnisse-um-wasser/ .
7. Taubes, G. (2001). The soft science of dietary fat. *Science, 291*(5513), 2536–2545.
8. Vilgis, T. (2010). *Das Molekül-Menü.* Hirzel.
9. Gardner, H. W. (1989). Oxygen radical chemistry of polyunsaturated fatty acids. *Free Radical Biology and Medicine, 7*(1), 65–86.
10. Gonder, U. (2015). Kokosöl fürs Gehirn. *Zeitschrift für Orthomolekulare Medizin, 4*(4), 16–19.
11. Elmore, J. S., Cooper, S. L., Enser, M., Mottram, D. S., Sinclair, L. A., Wilkinson, R. G., & Wood, J. D. (2005). Dietary manipulation of fatty acid composition in lamb meat and its effect on the volatile aroma compounds of grilled lamb. *Meat science, 69*(2), 233–242.
12. Matthan, N. R., Ooi, E. M., Van Horn, L., Neuhouser, M. L., Woodman, R., & Lichtenstein, A. H. (2014). Plasma phospholipid fatty acid biomarkers of dietary fat quality and endogenous metabolism predict coronary heart disease risk: A nested case-control study within the women's health initiative observational study. *Journal of the American Heart Association, 3*(4), e000764.
13. Zheng, H., Yde, C. C., Clausen, M. R., Kristensen, M., Lorenzen, J., Astrup, A., & Bertram, H. C. (2015). Metabolomics investigation to shed light on cheese as a possible piece in the French paradox puzzle. *Journal of agricultural and food chemistry, 63*(10), 2830–2839.
14. Kaleta, C., de Figueiredo, L. F., Werner, S., Guthke, R., Ristow, M., & Schuster, S. (2011). In silico evidence for gluconeogenesis from fatty acids in humans. *PLoS computational biology, 7*(7), e1002116.
15. Gosby, A. K., Conigrave, A. D., Raubenheimer, D., & Simpson, S. J. (2014). Protein leverage and energy intake. *Obesity reviews, 15*(3), 183–191.
16. Biesalski, H. K. (2015) *Mikronährstoffe als Motor der Evolution.* Springer Spektrum.
17. Bolland, M. J., Grey, A., Gamble, G. D., & Reid, I. R. (2014). The effect of vitamin D supplementation on skeletal, vascular, or cancer outcomes: A trial sequential meta-analysis. *The lancet Diabetes & endocrinology, 2*(4), 307–320.
18. Sattler, S. E., Cahoon, E. B., Coughlan, S. J., & DellaPenna, D. (2003). Characterization of tocopherol cyclases from higher plants and cyanobacteria. Evolutionary implications for tocopherol synthesis and function. *Plant physiology, 132*(4), 2184–2195.
19. Matthews, R. G., Kotmas, M., & Datta, S. (2008). Cobalamin-dependent and cobamide-dependent methyltransferases. *Current Opinion in Structural Biology, 18*, 658–666.

20. Carmel, R. (1997). Cobalamin, the stomach, and aging. *The American Journal of Clinical Nutrition, 66*, 750–759.
21. Vierich, T. A., & Vilgis, T. A. (2013). *Aroma, Die Kunst des Würzens*. Stiftung Warentest.
22. Cunningham, E. (2012). Are diets from paleolithic times relevant today? *Journal of the Academy of Nutrition and Dietetics, 112*(8), 1296.
23. Scherberich, J. E. (2008). Kalzium-Phosphat-und Knochenstoffwechsel. *Der Nephrologe, 3*(6), 507–517.
24. Pereira-da-Silva, L., Costa, A. B., Pereira, L., Filipe, A. F., Virella, D., Leal, E., & Serelha, M. (2011). Early high calcium and phosphorus intake by parenteral nutrition prevents short-term bone strength decline in preterm infants. *Journal of pediatric gastroenterology and nutrition, 52*(2), 203–209.
25. Milton, K. (2004). Ferment in the family tree: Does a frugivorous dietary heritage influence contemporary patterns of human ethanol use? 1. *Integrative and Comparative Biology, 44*(4), 304–314.
26. Dominy, N. J. (2015). Ferment in the family tree. *Proceedings of the National Academy of Sciences, 112*(2), 308–309.
27. Carmody, R. N., & Wrangham, R. W. (2009). The energetic significance of cooking. *Journal of Human Evolution, 57*(4), 379–391.
28. Wrangham, R. (2009). *Catching fire: How cooking made us human*. Basic Books.
29. Wuketits, F. M. (2011). *Wie der Mensch wurde, was er isst: Die Evolution menschlicher Ernährung*. Hirzel.
30. Wrangham, R., & Conklin-Brittain, N. (2003). Cooking as a biological trait. *Comparative Biochemistry and Physiology Part A: Molecular & Integrative Physiology, 136*(1), 35–46.
31. DeCasien, A. R., Williams, S. A., & Higham, J. P. (2017). Primate brain size is predicted by diet but not sociality. *Nature ecology & evolution, 1*(5), 0112.
32. Dunbar, R. I. (2009). The social brain hypothesis and its implications for social evolution. *Annals of human biology, 36*(5), 562–572.
33. Richter, N. (2014). *Paleo – Power for life*. Christian Verlag GmbH.
34. Hildmann, A. (2014). *Vegan for youth, Becker-Joest-Volk*. Hilden.
35. Greger, M., & Stone, G. (2016). *How not to die: Discover the foods scientifically proven to prevent and reverse disease*. Pan Macmillan.
36. Kwok, R. H. M. (1968). Chinese-restaurant syndrome. *New England Journal of Medicine, 278*, 796.
37. Grimm, H. U. (2014). *Die Suppe lügt: Die schöne neue Welt des Essens*. Droemer eBook.
38. Grimm, H. U., & Ubbenhorst, B. (2013). *Chemie im Essen: Lebensmittel-Zusatzstoffe. Wie sie wirken, warum sie schaden*. Knaur eBook.
39. Freeman, M. (2006). Reconsidering the effects of monosodium glutamate: A literature review. *Journal of the American Association of Nurse Practitioners, 18*(10), 482–486.
40. Farthing, C. A., Farthing, D. E., Gress, R. E., & Sweet, D. H. (2017). Determination of l-glutamic acid and γ–aminobutyric acid in mouse brain tissue utilizing GC–MS/MS. *Journal of Chromatography B, 1068*, 64–70.
41. Toyota, M., Spencer, D., Sawai-Toyota, S., Jiaqi, W., Zhang, T., Koo, A. J., Howe, G. A., & Gilroy, S. (2018). Glutamate triggers long-distance, calcium-based plant defense signaling. *Science, 361*(6407), 1112–1115.
42. https://supplementreviews.com/forum/index.php?topic=28361.0.
43. Walker, A. (1981). Diet and teeth: Dietary hypotheses and human evolution. *Philosophical Transactions of the Royal Society of London. B, Biological Sciences, 292*(1057), 57–64.
44. Moeller, A. H., Li, Y., Ngole, E. M., Ahuka-Mundeke, S., Lonsdorf, E. V., Pusey, A. E., & Ochman, H. (2014). Rapid changes in the gut microbiome during human evolution. *Proceedings of the National Academy of Sciences, 111*(46), 16431–16435.
45. Vital, M., Karch, A., & Pieper, D. H. (2017). Colonic butyrate-producing communities in humans: An overview using omics data. *MSystems, 2*(6), e00130-e00217.

46. Berna, F., Goldberg, P., Horwitz, L. K., Brink, J., Holt, S., Bamford, M., & Chazan, M. (2012). Microstratigraphic evidence of in situ fire in the Acheulean strata of Wonderwerk Cave, Northern Cape province, South Africa. *Proceedings of the National Academy of Sciences, 109*(20), E1215–E1220.

47. Palacios, C., Rivas-Tumanyan, S., Morou-Bermúdez, E., Colon, A. M., Torres, R. Y., & Elías-Boneta, A. R. (2016). Association between type, amount, and pattern of carbohydrate consumption with dental caries in 12-year-olds in Puerto Rico. *Caries Research, 50*(6), 560–570.

48. Ahrens, E. H., Jr., Insull, W., Jr., Blomstrand, R., Hirsch, J., Tsaltas, T. T., & Peterson, M. L. (1957). The influence of dietary fats on serum-lipid levels in man. *Lancet, 1*(943), 19–57.

49. Boback, S. M., Cox, C. L., Ott, B. D., Carmody, R., Wrangham, R. W., & Secor, S. M. (2007). Cooking and grinding reduces the cost of meat digestion. *Comparative Biochemistry and Physiology Part A: Molecular & Integrative Physiology, 148*(3), 651–656.

50. Guerra, A., Etienne-Mesmin, L., Livrelli, V., Denis, S., Blanquet-Diot, S., & Alric, M. (2012). Relevance and challenges in modeling human gastric and small intestinal digestion. *Trends in biotechnology, 30*(11), 591–600.

51. Kaur, L., Maudens, E., Haisman, D. R., Boland, M. J., & Singh, H. (2014). Microstructure and protein digestibility of beef: The effect of cooking conditions as used in stews and curries. *LWT-Food Science and Technology, 55*(2), 612–620.

52. Bax, M. L., Aubry, L., Ferreira, C., Daudin, J. D., Gatellier, P., Rémond, D., & Santé-Lhoutellier, V. (2012). Cooking temperature is a key determinant of in vitro meat protein digestion rate: Investigation of underlying mechanisms. *Journal of agricultural and food chemistry, 60*(10), 2569–2576.

53. Zielbauer, B. I., Franz, J., Viezens, B., & Vilgis, T. A. (2016). Physical aspects of meat cooking: Time dependent thermal protein denaturation and water loss. *Food biophysics, 11*(1), 34–42.

54. Siehe zum Beispiel Vilgis, T. (2010). *Das Molekül-Menü*. Hirzel.

55. Wobber, V., Hare, B., & Wrangham, R. (2008). Great apes prefer cooked food. *Journal of Human Evolution, 55*(2), 340–348.

56. Warneken, F., & Rosati, A. G. (2015). Cognitive capacities for cooking in chimpanzees. *Proc. R. Soc. B, 282*(1809), 20150229.

57. Cameron, P., Hiroi, M., Ngai, J., & Scott, K. (2010). The molecular basis for water taste in *Drosophila. Nature, 465*(7294), 91.

58. Voigt, N., Stein, J., Galindo, M. M., Dunkel, A., Raguse, J. D., Meyerhof, W., & Behrens, M. (2014). The role of lipolysis in human orosensory fat perception. *Journal of lipid research, 55*(5), 870–882.

59. Galindo, M. M., Voigt, N., Stein, J., van Lengerich, J., Raguse, J. D., Hofmann, T., & Behrens, M. (2011). G protein-coupled receptors in human fat taste perception. *Chemical senses, 37*(2), 123–139.

60. Lapis, T. J., Penner, M. H., & Lim, J. (2016). Humans can taste glucose oligomers independent of the hT1R2/hT1R3 sweet taste receptor. *Chemical senses, 41*(9), 755–762.

Nahrung erkennen, essen lernen: der Blick in die Evolution

2

Zusammenfassung

Bis heute wird unsere Ernährung durch das Feuer bestimmt. Allerdings brachte das Sesshaftwerden der Menschen nach der Steinzeit neue Lebensmittel in die Ernährung, etwa Getreide, Milch und Milchprodukte, aber auch neue Techniken, wie die kontrollierte Fermentation. Damit Milch überhaupt für Menschen verdaulich wurde, war eine Punktmutation in der DNA erforderlich. Die Lactosetoleranz konnte sich in manchen Nischen durchsetzen.

2.1 Jäger, Sammler, Energiegewinner

Unsere (Ess-)Kultur wird durch das Feuer bestimmt bis heute. Daran wird sich, trotz Hightech-Dialoggarern, Induktionsplatten, Mikrowellen, Sous-vide-Garern, programmierbaren Kombidämpfern, Ohm'schem Erhitzen usw. nicht viel ändern, denn alle diese Verfahren verändern die Lebensmittel lediglich thermisch, wie das Feuer. Wie genau dies geschieht, sind unwesentliche Details, die lediglich den Prozess von außen kontrollieren, aber nichts Wesentliches am molekularen Ergebnis ändern. Zwar lässt sich die Wärmeübertragung mit den modernen Techniken auf die unterschiedlichste Weise einstellen und exakt steuern, aber die Garmethode ist immer dieselbe: Wärmeenergie wird in Lebensmittel übertragen, und diese reagieren entsprechend ihrer Zusammensetzung auf die damit verbundene Temperatur. Thermisches Kochen, egal durch welche Medien – Feuer, Strahlung

Ergänzende Information Die elektronische Version dieses Kapitels enthält Zusatzmaterial, auf das über folgenden Link zugegriffen werden kann https://doi.org/10.1007/978-3-662-65108-7_2. Die Videos lassen sich durch Anklicken des DOI Links in der Legende einer entsprechenden Abbildung abspielen, oder indem Sie diesen Link mit der SN More Media App scannen.

oder Wasserbäder –, hat je nach Temperatur lediglich das Schmelzen von Fetten, die Destabilisierung von Zellmembranen, die Denaturierung von Proteinen, das Erweichen von Pflanzenzellmaterial zur Folge. Da sich die relevanten Gartemperaturen seit damals nicht verändert haben, ist es kein Wunder, wenn sich die Kochtechniken auf molekularer Skala kaum unterscheiden.

Diese herausragende Kulturtechnik – das Kochen mithilfe der Hitze des Feuers – bewährte sich bis heute. Kein Wunder also, wenn wir heute trotz Hightech im Grunde noch immer kochen, wie es die ersten Versuche der Hominiden vorschlagen. Das Kochen und die Lebensmitteltechnologie begannen also mit dem Feuer und dem Ende der Mikroben – und daher mit der Lebensmittelsicherheit. Die Kontrolle des Feuers kam damit einer „Kulturrevolution" in der Menschheitsgeschichte gleich.

Wie mittels moderner Methoden aus archäologischen Funden erkennbar wird [1], war die Ernährungsumstellung von roh (und wild fermentiert) zu gekocht und gebraten ein entscheidender Punkt für die weitere Entwicklung des Menschen. Wie im vorangegangenen Kap. 1 bereits angemerkt wurde, stieg mit der Nutzung des Feuers der Anteil der tierischen Nahrung stark an und damit auch der Anteil der essenziellen Makronährstoffanteile, die bis dato nur eine untergeordnete Rolle spielten.

Jäger und Sammler entwickelten verschiedene Strategien [2, 3], um ihr Überleben zu sichern. Herausforderungen waren klimatische Schwankungen, Wetterperioden oder, je nach Breitengrad, saisonal stark unterschiedliche Lebensbedingungen. Vor allem vor dem Sesshaftwerden gestaltete sich die Sicherung der Nahrung entsprechend schwierig.

2.1.1 Aas und Jagd – Ernährung vor der Nutzbarmachung des Feuers

Der Verzehr von Aas, Insekten und anderen Kleintieren und schließlich das gezielte Jagen von kleinen Tieren durch die ersten Hominiden waren entscheidende Schritte zur systematischen Veränderung der Ernährung. Hominiden unterschieden sich immer stärker von Schimpansen und anderen nicht-hominiden Primaten. Die Grundvoraussetzung dafür war die Fähigkeit des aufrechten Gangs. Denn nur dadurch wurden die Hände frei für neue Tätigkeiten abseits der Fortbewegung. Für die Nahrungssuche war dies ein entscheidender Schritt, denn Nahrung ließ sich in deutlich größeren Mengen über weitere Strecken transportieren und den Mitgliedern wachsender sozialer Strukturen zugänglich machen. Jäger und Sammler verbreiteten sich immer mehr und entwickelten Methoden und systematische Strukturen zur Nahrungsbeschaffung, die sich deutlich von den Fähigkeiten der Nahrungsbeschaffung der Schimpansen unterschieden, die kaum Tiere jagten, denn Fleisch gehört nicht primär zu deren Nahrungskomponenten. Fleischessende Hominiden und die ersten Jäger und Sammler entwickelten sich vor etwa 2,5 Mrd. Jahren. Jagen bedeutete allerdings mangels bis dato entwickelter Techniken ein großes Risiko. Die ersten Protein- und Fleischquellen bildeten daher Insekten, das Aas gerissener Tiere, Weich- und Kleintiere. Dieser Schritt ist durchaus mit der Entwicklung der Alkoholdehydrogenase (siehe Abschn. 1.8) zu vergleichen, denn das Fleisch lieferte nicht nur die Makronährstoffe Proteine und Fett, sondern auch eine ganze Reihe lebenswichtiger Mikronährstoffe in physiologisch hochverfügbarer Form, wie Eisen, Zink und vor allem Vitamine des B-Komplexes, die in pflanzlicher Nahrung kaum zu finden sind. Auch wenn rohes Fleisch schwer zu kauen ist und damit wiederum selbst Energie erforderte, war somit der Vorteil evident.

2.1.2   Aufwand und Ertrag des Jagens und Sammelns – die Energiebilanz

Wie in Kap. 1 bereits angesprochen wurde, wirkte der Umamigeschmack verbunden mit der hohen biologischen Verfügbarkeit als Belohnung und Anreiz für die Menschen, die hohen Risiken der Jagd auf größere Tiere einzugehen. Es gibt allerdings auch noch einen ökonomischen Aspekt, nämlich die Energiebilanz für die Jäger und Sammler. Jagen und Sammeln kosten Energie, die wiederum über die Nahrung zur Verfügung werden muss. Und da auch die Zunahme des Gehirnvolumens der Menschen Energie erforderte, muss weit mehr Energiezufuhr in Form von Makro- und Mikronährstoffen erfolgt sein. Offenbar hatten Jäger und Sammler intuitiv ihre Energiegewinnung bei der Nahrungssuche „maximiert" [4]. Dies lässt sich quantitativ erfassen und im Rahmen ethnologischer Studien bei Naturvölkern, etwa den Aché in Paraguay oder den San (!Kung) in Afrika, historischer Daten und naturwissenschaftlicher Analysen von archäologischen Knochenfunden genauer definieren. Dazu wird im Forschungszweig der Ethnologie eine Rückgewinnungsrate für die Energie bei der Nahrungssuche definiert [5]. Dafür wird die Energie, zum Beispiel die Kalorienmenge des ganzen Lebensmittels, das nach Hause gebracht wurde, etwa eines ganzen Schweins oder eines Hirschs, oder eben der Energiegehalt der Menge an Beeren, Früchten, Wurzeln usw. durch die Zeit geteilt, die für deren Beschaffung erforderlich war. Dabei dürfen nicht nur die reinen Jagdzeiten, Grabzeiten und Sammelzeiten berücksichtigt werden, sondern auch die Zeiten für die Wege, die dafür zurückgelegt werden mussten, müssen einberechnet werden, denn all das benötigte Energie, welche die Jäger und Sammler erst durch Nahrung aufnehmen mussten. Daraus lässt sich eine Energierate definieren, welche die zur Suche aufgebrachte Energie mit der rückgewonnenen Energie durch die entsprechenden Lebensmittel ins Verhältnis setzt [6]. Dabei zeigt sich eindeutig, dass die Energierückgewinnungsrate bei tierischer Nahrung am höchsten ist, wie in Abb. 2.1 dargestellt ist. Es ist daher kein Wunder, dass in der Evolution der Hominiden tierische Lebensmittel rasch an Bedeutung zunahmen, um das Überleben zu sichern.

In diesem Zusammenhang ist bemerkenswert, dass nicht nur Jäger und Sammler die Energierückgewinnung maximieren, sondern auch Tiere, was vor

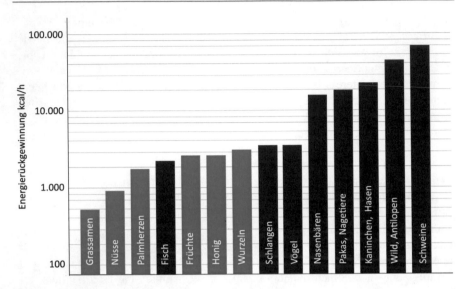

Abb. 2.1 Die Energierückgewinnung im Vergleich. Rot: tierische Lebensmittel, grün: pflanzliche Lebensmittel

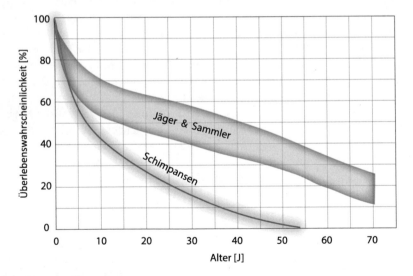

Abb. 2.2 Überlebenswahrscheinlichkeit von Schimpansen (grüne Linie) im Vergleich zu Volksgruppen (roter Bereich), die zu den Jägern und Sammlern zählen

allem dem omnivoren Vorläufer des Menschen ein Überleben und ein durch die ständige optimierte Nahrung immer länger dauerndes Leben bescherte [7]. In Abb. 2.2 wird der Vorteil der Jäger und Sammler deutlich. Die Überlebensrate liegt deutlich über der der Schimpansen, auch die Lebenszeit ist deutlich verlängert. Die Volksgruppen, die zur Analyse herangezogen wurden und als reine Jäger und Sammler gelten, sind Kiwi aus Neuseeland (obere Grenze) und Hadza aus Tansania (untere Grenze).

Diese hohen Energierückgewinnungsraten bei tierischer Nahrung können somit als eine weitere Triebfeder der Evolution angesehen werden. Der Vorteil der tierischen Nahrung der frühen Menschen während der Evolution ist hiermit evident: Sie bot nicht nur genügend Energie für die erforderlichen Aktivitäten zur Nahrungsbeschaffung, sondern auch für die Weiterentwicklung des Menschen.

Mit der höheren Nährstoffdichte, insbesondere von biologisch verfügbaren Proteinen und den damit verbundenen essenziellen Aminosäuren und tierischen, vielfach ungesättigten Fettsäuren, zusammen mit den hohen Energierückgewinnungsraten gelang den Hominiden ein erster Schritt Richtung Kultivierung des Essens, die uns später noch ausführlicher beschäftigen wird. Dazu gehört vor allem die gezielte Selektion von Nahrung, die erst durch zunehmende Geschicklichkeit, sich präzisierende Feinmotorik und wachsende kognitive Fähigkeiten möglich wurde. In der frühen Geschichte der Menschen und beim Vergleich zwischen Schimpansen bzw. nicht-hominiden Primaten und den ersten *Homo sapiens* wird dies deutlich, wie in Abb. 2.3 angedeutet.

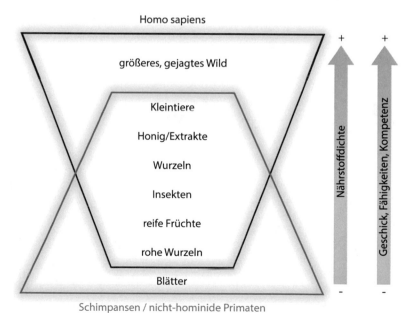

Abb. 2.3 Die Entwicklung des Menschen als Folge der erhöhten Nährstoffdichte und des zunehmenden motorischen Geschicks zeigt sich in einer systematischen Nutzung tierischer Nahrung, die nicht mehr mit einfachen Mitteln zu erlangen war. Die Nahrungsmittel von Schimpansen und den frühen Formen der Menschen überlappten sich stark. Der hohe Anteil an tierischer Nahrung erwies sich als ausschlaggebend für die bessere Energieversorgung und Entwicklung des *Homo sapiens* (siehe Abb. 1.25)

Um an Nahrung wie größere Wildtiere zu gelangen, mussten entsprechende Werkzeuge und Jagdsysteme entwickelt werden. Die Jagd und die bewusste Selektion der Nahrung nach deren Energiegewinnungsraten ermöglichten den Hominiden nun die Entwicklung der Frühformen einer sich immer mehr differenzierenden „Ernährungskultur" im Vergleich zu nicht-hominiden Primaten.

Wie diese Entwicklung für die Hominiden, die Jäger und Sammler, fruchtete, zeigt sich in einer sehr frühen Entwicklung einer Kultur, die sich offenbar grundsätzlich über die Nahrung definiert. Wird die Beschaffung des Tagesbedarfs der Energie von Schimpansen und nicht-hominiden Primaten mit der der Hominiden verglichen, zeigt sich Erstaunliches, insbesondere auf die Lebenszeit gerechnet, wie in Abb. 2.4 dargestellt.

Dabei werden grundsätzliche Unterschiede deutlich. Nicht-hominide Primaten und Schimpansen decken ihren Lebensbedarf täglich, ohne mehr Nahrung zu beschaffen als nötig. (Männliche) Jäger und Sammler hingegen beschaffen ab einem gewissen Alter deutlich mehr Nahrung, gemessen an deren Energieinhalt, als für den Eigenbedarf nötig ist. Diese „Überproduktion", kommt der Lebensgemeinschaft in hohem Maße zugute, offenbar weit über den eigenen Nachwuchs hinaus. Hier offenbart sich ein frühes Modell eines Generationenvertrags, denn Jäger und Sammler müssen in jungen und in späten Jahren ihres Lebens

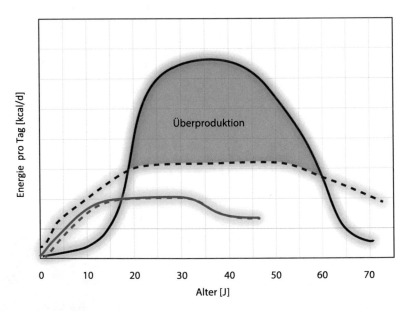

Abb. 2.4 Die Energie der Nahrung für den Tagesbedarf bei Schimpansen (grün) und Jägern und Sammlern (rot) über die Lebenszeit. Die durchgezogenen Linien stehen für die Beschaffung, die gestrichelten Linien für die Abschätzung des Eigenverbrauchs. Eine Überproduktion ist nur bei Jägern und Sammlern möglich – daher auch bei frühen Hominiden

von den Generationen, die bereits in der Überproduktionsphase sind, mitversorgt werden. Die sozialen Strukturen bildeten sich daher zwangsläufig relativ früh in der Menschheitsgeschichte aus. Letztlich handelt es sich hiermit also um Grundvoraussetzungen von sozialen Strukturen und für deren gezielte und kontrollierte Weiterentwicklung.

Nicht-hominide Primaten und Schimpansen hingegen leben vereinfacht ausgedrückt ihr Leben lang „von der Hand in den Mund", wie sich aus den grünen Kurven in Abb. 2.4 ergibt, während für den *Homo sapiens* Nahrungssicherung über die Überproduktion im Vordergrund stand.

Dies ist ein weiterer Hinweis auf die frühe Entwicklung hin zu einer gezielten „Ernährungskultur" auf der Grundlage der Nahrungssicherung (vgl. Abb. 2.5). Erst die Beschaffung von hochkalorischer Nahrung in ausreichender Menge ermöglichte die Entwicklung zum *Homo sapiens* und später auch die Kontrolle über das Feuer und das gezielte Kochen, das diesen Weg, wie bereits in Kap. 1 beschrieben, noch deutlich beschleunigte.

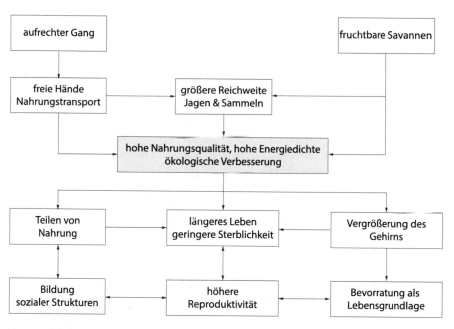

Abb. 2.5 Die Entwicklung der Kultur in der Menschheitsgeschichte wird auch durch die Nahrung bestimmt Das Nahrungsangebot und der sich stets verbessernde Umgang damit stehen im Zentrum und sind für die ökologischen und ökonomischen wie auch die sozialen Strukturen verantwortlich

2.2   Tierische Lebensmittel – hoher Energiegewinn

Wie bereits angemerkt, spielte tierische Nahrung eine große Rolle in der Entwicklung des Menschen. Der direkte Vergleich zeigt dies: Während Schimpansen lediglich 10–40 g tierisches Protein in Form von Kleintieren pro Tag zu sich nehmen, reicht die Menge bei Hominiden/Jägern und Sammlern von 270–1400 g pro Tag. Dass für diese komplexere Ernährung langwierige Lernprozesse notwendig sind, ist aus einfachen Experimenten bekannt [8]. Wachsen Tiere in Gefangenschaft auf, können sie problemlos ausgewildert werden, wenn es sich um Pflanzenfresser (Herbivoren) handelt. Ihre Nahrungssuche ist einfach genug, um das erforderliche Wissen rasch in der Wildnis zu lernen. Carnivoren, darunter auch fleischfressende Affen, mit komplexer Nahrungssuche lassen sich nicht ohne Weiteres auswildern, ohne Gefahr zu laufen, dass sie an der Nahrungsbeschaffung scheitern. Dies zeigt, dass für das Erlernen artgerechter Jagdtechniken ein komplexer Lernprozess innerhalb der Spezies notwendig ist [9]. Tatsächlich ist dies auch bei Naturvölkern heute noch zu beobachten: Für das Erlernen der Techniken zu höherer Produktivität bei der Nahrungsbeschaffung ist ein gewisses Alter und damit Lebenserfahrung notwendig, wie in Abb. 2.4 erkennbar ist.

Die Jagdtechniken des *Homo sapiens* unterschieden sich bereits früh von denen anderer Primaten und Tiere. Jagende Tiere lauern ihrer Beute meist heimlich im Hinterhalt auf oder setzen einfache Verfolgungstechniken ein. Hominide Jäger, wie auch heute Jäger und Sammler, berücksichtigen eine Fülle von Informationen, sie treffen sowohl während der Suche als auch beim Begegnen der Beute kontextspezifische Entscheidungen und können sich rasch an neue Situationen anpassen und neue Entscheidungen treffen. Dies wurde bewusst als der „Beginn der Wissenschaft" bezeichnet [10]. Die Evolution zum Hominiden und später zum *Homo sapiens* war mit großen intellektuellen Fähigkeiten und kognitiven Leistungen verbunden [11]. Pflanzenfresser haben diesen Schritt bis heute nicht vollzogen.

Gejagte, erlegte und über dem Feuer zubereitete Wildtiere waren eine der besten Nahrungsquellen, die es für Jäger und Sammler gab. Aber nicht nur deren Fleisch, sondern auch Fett und Knochenmark waren hochgeschätzte Lebensmittel und hatten den höchsten Stellenwert in der Ernährung im Paläolithikum [12]. Zwar bedeutet die Jagd einen hohen Zeitaufwand, hohes Risiko und hohes Geschick, sie wird aber mit einer hohen Energierücklaufrate belohnt. Daher kann die Entwicklung zum Jäger und Sammler in der Evolution als einer der bedeutendsten Schritte angesehen werden, den Schimpansen, die weit weniger Zeit und Intellekt in ihre Nahrungssuche investieren, nicht vollzogen haben. Die sich daraus zwangsläufig ergebende Ernährung und der wachsende Anteil an tierischer Nahrung sind also ein wesentlicher Punkt der Evolution des Menschen. Diese anthropologischen Ansätze legen es wiederum im Einklang mit bisherigen Erkenntnissen nahe, dass der sich selbst auferlegte Aufwand für die Nahrungssuche und die Veränderungen der Ernährung für die Volumenzunahme des Gehirns verantwortlich waren. Erst dann konnten sich soziale Strukturen, Verantwortung, das Teilen von Nahrung und der bereits angesprochene Generationenvertrag ausbilden. Erst über die Nahrungssicherung konnte sich die Reproduktionsrate erhöhen und der Nachwuchs lernen und sich bilden, um sich später an höheren Energierückläufen zu beteiligen.

So weit die wichtigsten Fakten auf makroskopischer und „metaskopischer" Ebene, die bereits aus ethnologischer und anthropologischer Sicht die Entwicklung der Hominiden zeigen. Der physiologische Vorteil des Erschließens neuer Nahrungsquellen zeigt sich allerdings erst, wenn man die Funktionen der Nährstoffe betrachtet, die letztlich die Schlüssel zum Verständnis der Evolution sind, ähnlich wie der Umamigeschmack und die damit verbundene Glutaminsäure die Triebfeder für die Fortentwicklung des Kochens der Hominiden, der Neandertaler und des *Homo sapiens* waren. Offenbar wurden bereits sehr früh ökonomische Prinzipien systematisch verwirklicht.

2.3 Fett, Hirn, Knochenmark – Quellen der essenziellen Omega-3-Fettsäuren

Aber es war nicht nur das Fleisch allein, denn das erlegte Tier brachte weit mehr Nährstoffe mit, die für die Entwicklung eine wesentliche Rolle spielten. Die genannten hohen Energiegewinnungsraten konnte es nur dann einbringen, wenn es vollständig gegessen wurde. Nichts durfte verkommen, jedes Kilojoule zählte. So wurden Röhrenknochen der erlegten Tiere aufgebrochen und das Knochenmark gegessen [13]. Knochenmark hat einen hohen Fettanteil, das Fettsäurespektrum ist breit verteilt und hat einen hohen Anteil von bis dahin nicht zugänglichen essenziellen Fettsäuren, vor allem an der nur in Tieren vorkommenden Eicosapentaensäure C 20:5 (n-3) und Docosahexaensäure C 22:6 (n-3) (siehe Kap. 1). Aber auch weitere mehrfach ungesättigte Fettsäuren und wertvolle tierische *trans*-Fettsäuren (in Wiederkäuern) wurden verzehrt [14].

Aus Tab. 2.1 ist zu ersehen, wie viel Fett in den Teilen der Wildtiere enthalten ist. Dabei stellt wie gesagt Knochenmark eine wertvolle Quelle für langkettige essenzielle Fettsäuren dar. Pflanzliche Nahrung weist diese Fettsäuren nicht auf, wie in Tab. 2.2 für das späte Paläolithikum gezeigt ist.

Tab. 2.1 Gemittelte Fettanteile eines Wildtiers. Gemessen an den essenziellen Fettsäuren ist das Knochenmark eines der wertvollsten Teile des Tieres

Gewebe	Gewichtsanteil (%)	Essbarer Anteil/ Tier (%)	Fett (%)
Muskelfleisch	45	90	2,3
Hirn	0,5	1,0	9,0
Leber	1,9	3,8	3,3
Knochenmark	1,5	3,0	50,0
Speck, Bauchfett…	1,0	2,0	80,0

Tab. 2.2 Langkettige mehrfach ungesättigten Fettsäuren befinden sich nur in tierischen Lebensmitteln in adäquater Konzentration. Vor allem die Docosahexaensäure 22:6 (n-3), DHA, spielt eine zentrale Rolle bei der Gehirnentwicklung bei höheren Säugetieren

Fettsäure	Aus Pflanzennahrung (%)	Aus tierischer Nahrung (%)
Linolsäure 18:2 (ω6)	4,28	4,56
α-Linolensäure 18:3 (n-3)	11,4	1,21
Arachidonsäure 20:4 (ω6)	0,06	1,75
Eicosapentaensäure 20:5 (n-3)	0,14	0,25
Docosatetraenonsäure 22:4 (ω6)	0,00	0,12
Docosapentaenonsäure 22:5 (n-3)	0,00	0,42
Docosahexaensäure 22:6 (n-3)	0,00	0,27

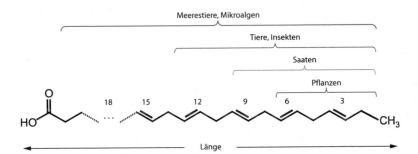

Abb. 2.6 Die Systematik des möglichen Auftretens der Positionen der Doppelbindungen (rot) von Omega-3-Fettsäuren bei Säugetieren, Insekten und Pflanzen. Die Kettenlänge variiert, für die menschliche Ernährung ist eine maximal Kettenlänge von 24 Kohlenstoffatomen C relevant.

Auch der häufigere Verzehr dieser tierischen Fette im Paläolithikum ermöglichte eine Entwicklung der Jäger und Sammler zum *Homo sapiens*. Tab. 2.2 zeigt aber auch, wie vorteilhaft eine Mischkost aus tierischer und pflanzlicher Nahrung bezüglich der essenziellen Fettsäuren für den *Homo sapiens* war und bis heute ist.

Für die folgenden Erklärungen ist die Systematik der Fettsäuren von großer Bedeutung, die sich über den immanenten Unterschied zwischen tierischen und pflanzlichen Lebensmitteln ergibt, wie in Abb. 2.6 schematisch dargestellt.

Dabei muss betont werden, dass aus physiologischen Gründen in Landpflanzen maximal die dreifach ungesättigte Form (α-Linolensäure, ALA) vorkommen kann. Alle pflanzlichen Omega-3-Fettsäuren sind weder länger als 18 Kohlenstoffatome noch stärker ungesättigt. Diese Omega-3-Fettsäuren sind Insekten und Tieren vorbehalten. Höhere Kettenlängen kommen in Pflanzen nicht mehr vor. Die Muster und die Länge der Omega-3-Fettsäuren lassen damit eine universelle und somit allgemeingültige Unterscheidung der Quellen dieser essenziellen Fettsäuren zu. Pflanzliche und tierische Nahrung lassen sich damit grundsätzlich anhand der Fettsäuren unterscheiden.

Wie ebenfalls bereits angemerkt wurde, waren (und sind) tierische Omega-3-Fettsäuren unabdingbar für die Entwicklung des Gehirns. Vor allem die langen und mehr als dreifach ungesättigten Fettsäuren haben entscheidend dazu beigetragen. Fettsäuren aus Pflanzen, die lediglich die dreifach ungesättigte α-Linolensäure aufweisen, sind für die Entwicklung des Gehirns allein nicht ausreichend. Dies ist bis heute so, die erheblichen Auswirkungen der langkettigen Fettsäuren auf das Gehirnwachstum von Föten ist seit Langem bekannt [15]. In heutigen Zeiten werden diese Fettsäuren meist Fisch zugeordnet, ihr Vorkommen in Knochenmark scheint vergessen. Die klassische Markklößchensuppe, ein feines Knochenmarkpüree oder einfach erhitztes Knochenmark auf Toastbrot mit Salz sind hochwertige Kleinigkeiten mit nachhaltigen Effekten auf unseren Ernährungsstatus. Im Übrigen verdeutlicht Abb. 2.6 die Vorteile von Insekten als Nahrung. Es ist nicht nur das hochwertige Protein, das gegenwärtig in den Fokus rückt, sondern es sind auch die mehrfach ungesättigte Fettsäuren (die zudem in den Zellmembranen vorhanden sind), die Insekten zur hochwertigen Nahrung erheben.

Im Gegensatz zu den heutigen, westlichen Ernährungsgewohnheiten wurden im späten Paläolithikum deutlich mehr dieser essenziellen, langkettigen tierischen Fettsäuren konsumiert, die erheblich zur Vergrößerung des Gehirns und zur Entwicklung des *Homo sapiens* beitrugen, wie sich bei der Analyse von Knochenfunden eindeutig zeigen lässt. Einen noch größeren Vorteil hatten offenbar Bewohner in der Nähe der Küste in den afrikanischen Lebensräumen. Über Fisch ließen sich insbesondere langkettige essenzielle Fettsäuren zuführen. Die Entwicklung der Jäger und Sammler beschleunigte sich [16].

2.4 Fettsäuren: Funktion, Struktur und physikalische Eigenschaften

In diesem Zusammenhang stellt sich die Frage, warum ausgerechnet die EPA- und DHA-Fettsäuren für die Evolution des Menschen, vor allem bei der Entwicklung des Gehirns, so entscheidend waren und heute noch sind. Warum nicht einfacher zugängliche Fettsäuren und warum ausgerechnet tierische langkettige und hochgradig ungesättigte Fette? Dies hat offenbar molekulare Ursachen, unter anderem in den Zellmembranen, die je nach Funktion der Zellen auf eine genau definierte Zusammensetzung der Fettsäuren ausgelegt sind. Mitunter sind es vor allem physikalisch-chemische Eigenschaften, die sich über Fettsäuren regeln lassen. Dabei kommt der Fettsäurekomposition in den neuralen Zellen im Gehirn eine ganz besondere Bedeutung zu.

Zellmembranen, wie wir sie bereits in Kap. 1 bei den Pflanzenzellen (Abb. 1.17) kennenlernten, sind sogenannte Lipiddoppelschichten aus Phospholipiden. Diese bestehen aus einen wasserlöslichen Kopf und zwei Schwänze aus Fettsäuren. Das Molekül ist also „amphiphil", es liebt sowohl Wasser als auch Fett.

Ganz abgesehen von Fettmolekülen, den Triacylglycerolen, die in Kap. 1 bereits angesprochen wurden, spielen Fettsäuren in diesen Phospholipiden eine ganz

Abb. 2.7 Ein Phospholipid
(**a**) besteht aus einem
wasserlöslichen Kopf (hier
eine Stickstoff-Phosphor-
Gruppe, eine sogenannte
Cholingruppe) und zwei
Fettsäuren, die gesättigt
(wie rechts) oder ungesättigt
(links) sein können. Das
Kalottenmodell des gleichen
Phospholipids ist in (**b**)
abgebildet

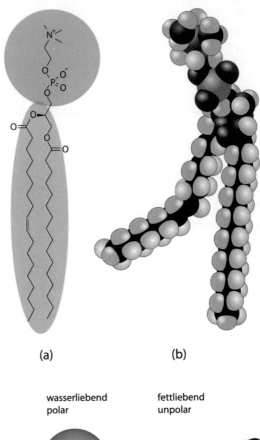

(a)   (b)

Abb. 2.8 Ein einfaches
Modell von Phospholipiden:
Der hydrophile Kopf ist
blau dargestellt, die beiden
Fettsäuren sind rot

wasserliebend   fettliebend
polar   unpolar

erhebliche Rolle. Im Gegensatz zu Fetten tragen Phospholipide nur zwei Fettsäuren,
wie in einem Beispiel in Abb. 2.7 schematisch dargestellt ist.

Phospholipide können je nach Anforderung der Natur unterschiedlich aufgebaut sein. Die wasserlösliche Kopfgruppe kann unterschiedliche Gestalt haben
oder die Fettsäuren können stark variieren. Zum Verständnis von grundlegenden
Fragen genügt es zunächst, einfache Modelle für Phospholipide zu betrachten,
die lediglich die gleichzeitige Fett- und Wasserlöslichkeit berücksichtigen, wie in
Abb. 2.8 dargestellt. Ernährungswissenschaftliche Feinheiten, die zum Beispiel
von der genauen Gestalt und den Eigenschaften der Fettsäuren bestimmt sind,
lassen sich viel besser im Kontext verstehen, wenn zunächst die physikalisch-
chemischen Grundlagen erarbeitet sind.

Sinn und Zweck dieser scheinbar groben Vereinfachung ist es, die „Selbstorganisation" von Phospholipiden zu zeigen. Sie basiert auf einem einfachen thermodynamischen Prinzip: „Gleich und Gleich gesellt sich gern", sprich, die Fettsäuren lagern sich zusammen, wie auch die polaren Köpfe. Der physikalische Grund dafür sind Wechselwirkungskräfte, in diesem Fall dipolare Wechselwirkungen und die Van-der-Waals-Wechselwirkung über die Fettsäuren. In den Zellmembranen organisieren sich die Phospholipide in Doppelschichten, wie in Abb. 2.9 gezeigt.

Phospholipide gehören zu den fundamentalen Molekülklassen, die in allen lebenden Systemen, seien sie pflanzlich oder tierisch, zentrale Rollen spielen. Diese Lipiddoppelschichten umgeben alle natürlichen Zellen, die auf diesem Planeten exisitieren. Und genau jetzt kommen die Fettsäuren ins Spiel: Sie bestimmen die mechanischen Eigenschaften der Membranen, ihre Bewegllichkeit und Flexibilität oder ihre Temperaturstabilität, wie in Abb. 2.10 veranschaulicht ist.

Diese Membranen müssen in lebenden, funktionierenden Zellen flüssig und biegsam bleiben, das bedeutet, die einzelnen Phospholipidmoleküle müssen innerhalb der Membran beweglich bleiben, wie in einer praktisch zweidimensionalen Flüssigkeit. In der „festen", kristallinen Phase (Abb. 2.10 oben) ist dies nicht immer der Fall, etwa bei niedrigen Temperaturen. Dann werden die Fettsäuren kristallisieren, die einzelnen Phospholipide sind auf ihren Plätzen festgefroren, und die Membran bricht sehr leicht. Ein Zelltod wäre die Folge. Der Sättigungsgrad der Fettsäuren ist damit eine biophysikalische Methode, die physiologisch erforderliche Membranfluidität und Membranflexibilität exakt einzustellen [17]. Aber nicht nur der Sättigungsgrad, sondern auch die genaue Lokation der Doppelbindung [18] wirkt sich vor allem in den Hirnzellen aus. Genau das ist der entscheidende Punkt bei der Funktion der Omega-3-Fettsäuren, denn deren Stelle der Doppelbindung hat einen deutlichen physikalischen Effekt auf die lokale Membranfluidität, und zwar vor allem deswegen, weil die Doppelbindung bereits an der dritten Bindung vom Methylende, also am fettliebenden Ende, beginnt (siehe Abb. 1.3 und 1.4). Damit ist eine der Grundaufgaben der ungesättigten Fettsäuren in Zellmembranen klar: Sie sorgen für die Fluidität und Biegsamkeit an ganz bestimmten Stellen, und zwar in der Mitte der Zellmembran, wo die beiden Schichten an den Fettsäuren zusammenstoßen. Sie tun das also, ohne

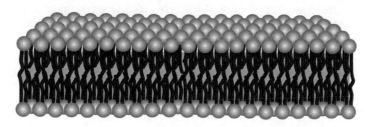

Abb. 2.9 Die Selbstorganisation von grenzflächenaktiven Molekülen. Die Membran besteht aus einer Doppelschicht von Phospholipiden

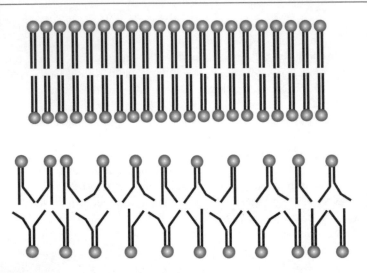

Abb. 2.10 Membranen aus unterschiedlichen Fettsäuren. Oben: Eine Doppelschicht aus Phospholipiden mit gesättigten Fettsäuren, sie können sich rasch ordnen und kristallisieren Unten: Eine Doppelschicht aus ungesättigten Fettsäuren, wegen der Knicke in den Fettsäuren ordnen sie sich nur beschwerlich, die Membran bleibt eher „flüssig" (übertriebene Darstellung)

den Zusammenhalt und die mechanische Flexibilität – wie auch die Fluidität der Membranen – zu sehr zu verändern. Das können nur Omega-3-Fettsäuren besser als Omega-6-Fettsäuren, deren erste Doppelbindung bereits näher an den hydrophilen Cholinköpfen liegt.

Daraus ergibt sich eine fundamentale Erkenntnis: Nur eine sehr ausgewogene Mischung von gesättigten und ungesättigten Fettsäuren mit variablem Sättigungsgrad und variabler Kettenlänge der Phospholipide erzeugt die erforderliche Flexibilität, Fluidität und Biegesteifigkeit der Zellmembranen. Hinzu kommt, dass die Körpertemperatur des Menschen nur sehr wenig von 37 °C abweicht, daher darf das Mischungsverhältnis der gesättigten und ungesättigten Fettsäuren aus physikalischen Gründen nicht stark schwanken.

Die Membranflexibilität wird aber nicht nur durch die unterschiedlichen Fettsäuren erzeugt, sondern auch durch Cholesterol, wie in Abb. 2.11 angedeutet. Cholesterol befindet sich ebenfalls in der Membran und unterscheidet sich in seiner chemischen Struktur von den Lipiden in der Doppelschicht deutlich. Als hydrophiles Köpfchen dient die OH-Gruppe, die lipophile Fettsäuren ist deutlich kürzer. Über Cholesterol lässt sich somit die Flexibilität lokal steuern. Fehlen aber regulierende ungesättigte essenzielle Fettsäuren, müssen mehr Cholesterolmoleküle in der Membran zum Aufrechterhalten der physikalischen Eigenschaften eingebaut werden. Ein der Membranphysik angepasstes Verhältnis der Omega-6- und Omega-3-Fettsäuren in der Ernährung ist daher erstrebenswert.

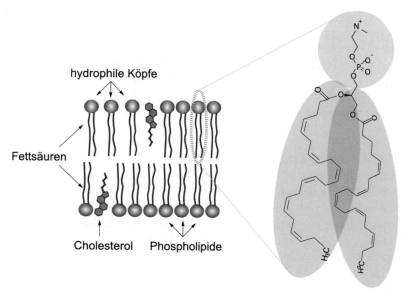

hydrophile Köpfe

Fettsäuren

Cholesterol   Phospholipide

Docosahexaensäure   Eicosapentaensäure

Abb. 2.11 Schematische Darstellung eines kleinen Membranstücks, einer Doppelschicht aus Phospholipiden, deren zwei Fettsäuren sich einander entgegenstrecken und deren hydrophile Köpfe die äußere und die innere Membran der Zelle bilden. Manche Phospholipide im Gehirn (sie sind auch als der Emulgator „Lecithin" bekannt) tragen eine hohe Anzahl der Omega-3-Fettsäure Docosahexaensäure (DHA) und/oder Eicopentaensäure (EPA), wie auch verestertes (= mit einer Fettsäure verbundenes) Cholesterol, das lokal die Flexibilität der Membran regelt

2.5 Das Omega-6-/Omega-3-Verhältnis von Lebensmitteln

Das Verhältnis von Omega-3- und Omega-6-Fettsäuren in den Zellemembranen lässt sich zu einem gewissen Teil über die Ernährung steuern. Eine ganze Reihe der Fettsäuren in den Phospholipiden ist nicht essenziell, und die körpereigene Physiologie stellt sie je nach Bedarf selbst her. Die essenziellen Fettsäuren hingegen müssen über die Nahrung zugeführt werden. Daraus folgt aber, dass es durchaus sinnvoll ist, Lebensmittel nach deren Omega-3-/Omega-6-Verhältnis auszuwählen, und zwar so, dass dieses am besten an die Anforderungen der menschlichen Physiologie und der Temperatur von 37 °C angepasst ist.

Im Gegensatz zu heute nahmen die Jäger und Sammler wesentlich mehr essenzielle Omega-3-Fettsäuren zu sich. Meist lag das Verhältnis nahe bei n-6:n-3 = 1:1. In der heutigen Zeit, vor allem bei Menschen, die sich von industriell produzierter Nahrung ernähren, liegt dieses Verhältnis eher bei 8:1 bis 10:1. Vor allem für die Entwicklung des Gehirns bei Neugeborenen ist ein ausgewogenes Omega-6-/Omega-3-Verhältnis entscheidend, und zwar aus demselben Grund, der beim Gehirnwachstum während der Evolution relevant war: Nur ein hohes Maß an langkettigen, essenziellen und damit mehrfach ungesättigten tierischen Fettsäuren versorgt und schützt das Gehirn in dem erforderlichen Maße. Hier kommen wieder die Zellmembranen ins Spiel. Die Membranen der Zellen des Gehirns sind im Gegensatz zu anderen Zellmembranen im Körper mit einem hohen Anteil der Fettsäure Docosahexaensäure (DHA) in den Phospholipiden ausgestattet, wie in Abb. 2.11 schematisch angedeutet. Sie halten die Membranen in einem extrem flexiblen Zustand, was für andere Zellen – je nach Funktion – eher kontraproduktiv ist.

Besonders bei Zellen im Gehirn und den naturgemäß über UV-reichen Lichteinfall belasteten Netzhautzellen im Auge zeigt vor allem das molekulare Wechselspiel der EPA und DHA eine weitere Stärke. Fettsäuren schützen die Zellen vor Peroxidation dort, wo es am wichtigsten ist: im Gehirn und in den Augen durch einen speziellen, aber bemerkenswerten molekularen Prozess, der sich nur über ein ausgewogenes Omega-3-/Omega-6-Verhältnis bewerkstelligen lässt [19]. In Kap. 1 (Abb. 1.5) wurde bereits von der Peroxidation der mehrfach ungesättigten Fettsäuren gesprochen. Diese Oxidationsprozesse und die damit verbundene Freisetzung von hochreaktiven freien Radikalen kommen natürlich in Membranen ebenfalls vor: Die Doppelbindungen brechen auf, Elektronen, reaktive Bruchstücke (freie Radikale) und hochreaktive Zwischenprodukte können dann längs der Membran immer weitere Doppelbindungen aufbrechen lassen, wie in Abb. 1.5 und 2.12 angedeutet. Dabei kann sich das in der Membran gelöste und verteilte Cholesterol zusammenlagern und geordnete kristalline Bereiche bilden. Die Membran verliert ihre biologische Funktion, sie wird brüchig und für nicht vorgesehene molekulare Bestandteile durchlässig, der Zellinhalt wird geschädigt.

Diese Sachverhalte ließen sich direkt mit aufwendigen Methoden der Physik und der physikalischen Chemie mittels wohldefinierter analytischer Methoden nachweisen. Über Röntgenstrukturanalyse und thermische Methoden lassen sich die kristallinen Bereiche des Cholesterols eindeutig identifizieren. Sie zeigen sich auch in einer messbar verringerten Membrandicke, wie in Abb. 2.12 angedeutet ist, sobald die ungesättigten Fettsäuren in der Membran oxidiert werden. Auch der Fortschritt des Oxidationsprozesses in der Membran kann über Kern- und Elektronenresonanz nachgewiesen werden. Darüber hinaus zeigen die Ergebnisse

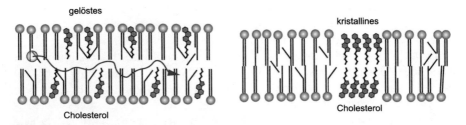

Abb. 2.12 Die Lipidperoxidation in Membranen. Ein sich spontan bildendes freies Radikal (Kreis) kann durch die Membran wandern (blauer Pfeil links) und weitere Oxidationsprozesse auslösen

einen wichtigen Punkt, der gleichwohl in den öffentlichen ökotrophologischen und medizinischen Diskussionen viel zu kurz kommt: Eine funktionierende Physiologie steht zunächst auf der Grundlage von elementarer Physik und Chemie, die den elementaren Wechselwirkungen selbstorganisierter „weicher Materie" („*soft matter*") folgen muss. Stimmen diese physikalisch-chemischen Parameter nicht, müssen diese erst verstanden und repariert werden. Erst dann können Symptome sinnvoll behandelt werden.

Die Peroxidation in den Zellmembranen ist ein solches Lehrbeispiel, das uns eine der Funktionen und daher den Wert der tierischen langkettigen, mehrfach ungesättigten Fettsäuren deutlich zeigt: Sie sind als effektive Antioxidantien notwendig, um diesen – auch spontan ablaufenden – Prozess regelrecht aufrechtzuerhalten. Gute Kandidaten zum Abfangen von freien Radikalen sind fettlösliche Vitamine, denn diese können sich in der fettsäurereichen Membranschicht besonders gut lösen, sich darin frei bewegen und ihre Wirkung entfalten. Aber auch ganz bestimmt geformte und mehrfach ungesättigte Omega-3-Fettsäuren wie die Eicosapentaensäure (EPA) sind Radikalfänger [20]. Sie haben zwei Vorteile: Zum einen passt ihre Gestalt perfekt zu der Membranstruktur, zum anderen sind sie selbst mehrfach ungesättigt und fangen beim Zerfall freie Radikale ab. Wegen der fünffach ungesättigten Natur bilden sie selbst beim vollständigen Zerfall gleichzeitig kein überschüssiges, zusätzliches freies Radikal. Die Fettsäure EPA ist daher der ideale Blocker der Radikalbildung in der Membran und damit ein Zell(membran)schutz, wie in Abb. 2.13 dargestellt ist. Wichtig ist dies vor allem in Zellen, die hoher Belastung (z. B. in der Netzhaut im Auge) ausgesetzt sind, oder bei Gehirnzellen, die nicht über die Blut-Hirn-Schranke sofort mit den üblichen Reparaturmechanismen wie bei anderen Organen des Körpers beliefert werden können. Gepaart mit ausreichend Vitamin E (α-Tocopherol) kann damit das Fortschreiten des Oxidationsprozesses aufgehalten werden.

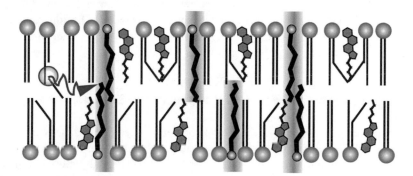

Abb. 2.13 Freie Fettsäuren, z. B. EPA, mit dicker dunkelroter Fettsäure dargestellt, können sich an entsprechenden Stellen der Membran einlagern. Dort fungieren sie als Blockade für spontan entstehende freie Radikale, deren zellschädigende Diffusion gestoppt wird. Gründe dafür sind ihre fünffach ungesättigte Form und ihre adaptive, passgenaue Länge in unterschiedlichen „Konformationen": Sie hat im Vergleich zu den meisten Membranphospholipiden (C 18-Fettsäuren) vier Kohlenstoffatome mehr

Doch zurück zur Evolution: In der Tat erlaubte erst eine Umstellung der Ernährung, diese antioxidativen Prozesse in dieser ausgefeilten Form auszubilden. Dazu waren (und sind) diese langkettigen, fünf- und sechsfach ungesättigten Fettsäuren unabdingbar. Einzelne DHA und EPA können zwar aus der α-Linolensäure vom Körper selbst in komplexen, stark energiekonsumierenden Prozessen synthetisiert werden, aber nicht in diesem erforderlichen Maß, wie später noch genauer gezeigt wird [21].

Tatsächlich macht DHA etwa 40 % der Fettsäuren der Membranphospholipide im Gehirn aus. Sowohl die Eicosapentaensäure (EPA) als auch DHA haben eine Wirkung auf Membranrezeptorfunktion, Bildung von Neurotransmittern und Stoffwechsel. Besonders EPA wirkt außerdem antioxidativ. Ein Verhältnis von etwa 1:1 zwischen Omega-6- und Omega-3-Fettsäuren ist optimal für den Zellstoffwechsel, vor allem im Gehirn [22]. Auch hier zeigt sich wieder: Die evolutionäre Umstellung auf mehr tierische Lebensmittel bewirkte in der Entwicklung des *Homo sapiens*, dass vor allem die wichtigsten Organe deutlich besser geschützt werden können: das Gehirn als sich ständig weiterentwickelnder Zentralcomputer und das überlebensnotwendige Augenlicht. Alles Weitere, etwa die Prävention von Herz-Kreislauf-Krankheiten, sind erwünschte, aber im Grunde eher sekundäre Nebeneffekte.

Heute noch ist Wild im Grunde genommen ein ideales Lebensmittel, auch, was das ausgewogene Verhältnis von Omega-3- und Omega-6-Fettsäuren anbelangt. Zwar wird immer das „magere" Fleisch von der Ernährungswissenschaft hervorgehoben, aber das ist nur die halbe Wahrheit. In der Tat ist das intramuskuläre Fett nur in kleine Mengen vorhanden, aber die langkettigen, mehrfach ungesättigten Fettsäuren stecken auch in den Lipiden der Muskelmembranen, die beim Fleischessen unweigerlich mitverzehrt werden [23]. Phospholipide können wir ohne Probleme verwerten und verdauen.

Nebenbei angemerkt: In vielen dieser Experimente mit Modellmembranen und im Labor erzeugten Membranen des tierischen und menschlichen Organismus zeigt sich immer wieder, dass ein Zuviel an Glucose die Lipidperoxidation beschleunigt [24]. Entgegengesetzte Behauptungen [25] stehen diesen experimentellen Resultaten gegenüber.

2.6   Innereien – vergessene und wertvolle Lebensmittel

Wie bereits angesprochen, darf man sich beim Thema Fleischessen in der Evolution nicht nur auf das schiere Muskelfleisch beschränken. Die wissenschaftlich korrekte Terminologie wäre „Tiere essen", denn das Fleisch liefert zwar hochwertiges Protein und damit einen auf den *Homo sapiens* wohlabgestimmten Mix an essenziellen und biologisch leicht verfügbaren Aminosäuren. Das Tier liefert aber viel mehr an hochwertigem „Beiprogramm", das im heutigen Wohlstand weitgehend aus der Essbiografie des Menschen des 21. Jahrhunderts nach und nach verschwand. Seit dem Paläolithikum wurden sämtliche Innereien verzehrt. Erst recht das Gehirn der gejagten und erlegten Tiere, denn es ist vollgepackt mit EPA und DHA. Es wäre zu Beginn der „Menschwerdung" ein echter Sündenfall gewesen, Gehirn nicht zu essen und auf die mehrfach ungesättigten Fettsäuren zu verzichten. Hirn gehörte auch bis in die Nachkriegszeit hinein zum Speiseplan. Auch dieses bei unseren Vätern und Großvätern beliebte Lebensmittel, verlor mit zunehmendem Wohlstand und Überfluss immer mehr an Bedeutung. Die Rinderkrankheit Bovine spongiforme Enzephalopathie und die sich daraus entwickelte BSE-Krise setzten dem Verzehr von Rinderhirn endgültig ein Ende. Dabei wäre Hirn, egal von welchem Tier, heute noch ein echtes Superfood und ist allein aufgrund der hohen Konzentration an essenziellen Fettsäuren Walnüssen, Chiasamen und Avocados überlegen.

Vereinzelt werden sich noch manche an Lebertran erinnern. Dieses aus Fischleber gewonnene Öl beugte Krankheiten wie Rachitis vor und hatte eine ganze Reihe weiterer Vorzüge. Natürlich ist es reich an Vitamin E und vor allem relevanten Vorstufen zum Vitamin D_3. Lebertran ist reich an den essenziellen Fettsäuren DHA und EPA, aber ebenso wertvoll, was die Mikronährstoffe Vitamin A, D und E anbelangt. Da, wie bereits bemerkt, Wildtiere den DHA/EPA-Schutz in ihre Zellmembran einbauen, ist es kein Wunder, welch herausragende Funktion Innereien, vor allem die Leber, in der Ernährung während der Evolution hatten. Dadurch gelang es auch Stämmen, deren Nischen keinen Zugang zu Küsten hatten, eine Grundversorgung mit essenziellen langkettigen Fettsäuren sicherzustellen. Bezogen auf die heutige Sicht ist es geradezu fahrlässig, Leber und andere Innereien aus der Ernährung zu verbannen. Zwar werden die meisten Nutztiere heute mit Mastfutter zur hohen Fleisch- und Milchproduktion gemästet, dennoch ist Leber nach wie vor eine hervorragende Quelle von lebenswichtigen Mikro- und Makronährstoffen. Insbesondere, wenn die Tierhaltung stimmig ist, die Tiere auf Weiden stehen und möglichst artgerecht gehalten werden.

Offenbar waren das Fleisch, die ungesättigten Fettsäuren, die günstige Omega-3-/Omega-6-Bilanz, das Ernährungsverhalten und die mit dem Jagen und Sammeln verbundene Bewegung dafür verantwortlich, dass keine „Zivilisationskrankheiten" aufkamen, obwohl die Zivilisierung über Nahrungsverbesserungen und soziale Strukturen ständig voranschritt. Mit einem nicht zu vernachlässigenden Unterschied: geraucht und getrunken haben die Jungs und Mädels damals noch nicht. Die dadurch dem Körper zugeführten Schadstoffe, nichts Weiteres als hochreaktive Moleküle, provozieren unter anderem die Peroxidation in den Zellmembranen. Ein veganer Ernährungsansatz eweist sich an dieser Stelle als kontraevolutionär. Ganz abgesehen davon, dass es den *Homo sapiens* nicht in dieser Form gegeben hätte, wäre es bei der strikt veganen Ernährung geblieben [26]. Nach und nach lässt sich erahnen, welche Schritte erst notwendig waren, bis aus den verschiedenen Verwandten der frühen Hominiden letztlich moderne Menschen wie Neandertaler oder *Homo sapiens* werden konnten, denn in allen Evolutionsschritten spielte die Nahrung immer eine zentrale Rolle.

2.6.1   Vom frühen Hominiden zum *Homo sapiens*

Der erhöhte Anteil an tierischen Proteinen und Fetten hatte noch einen weiteren gewichtigen Vorteil, der die Evolution des Menschen beschleunigte: Frauen konnten ihre Kinder wesentlich früher abstillen als die nicht-hominiden Primaten [27]. Während diese Primaten ihre Nachkommen bis zu einem Alter von vier oder fünf Jahren säugen, gelang es dem *Homo sapiens*, mit deutlich geringeren Stillzeiten auszukommen. Kinder wurden früher entwöhnt, Frauen konnten somit schneller wieder schwanger werden. Der Vorteil ist in der Evolution evident: Die Frühmenschen vermehrten sich rasch, eine hohe Population sicherte das Überleben. In Verbindung mit der hohen Energierücklaufrate (siehe Abb. 2.1 und 2.4) war dies für die wachsenden Volksgruppen der frühen Jäger und Sammler von höchster Bedeutung. Diese Verkürzung der Stillzeit korreliert in hohem Maß mit der Vergrößerung des Gehirnvolumens, den verfeinerten motorischen Fähigkeiten und mit der starken Zunahme der tierischen Ernährung, erst recht unter Berücksichtigung der Einflüsse der mehrfach ungesättigten tierischen Fettsäuren, wenn Beobachtungen an küstennahen Naturvölkern in Südamerika herangezogen werden [28]. Der diesbezüglich beobachtete Vorteil der Carnivoren lässt sich über ein universelles Modell sehr exakt vorhersagen und verstehen [27].

Auch ist die Veränderung des Darms durch die Ernährungsumstellung dafür ein deutlicher Hinweis. Dies zeigt sich in der nach und nach stärkeren Verkürzung des Darms im Vergleich zu Rohköstlern und Pflanzenfressern. Im Mittel ist der Darm bei pflanzenfressenden Primaten deutlich länger und kann mehr Volumen aufnehmen, was auch notwendig ist, um aus roher Nahrung ein Maximum an Makro- und Mikronnährstoffen zu extrahieren.

Die sich im Paläolithikum in der Evolution verändernde Ernährung veränderte konsequenterweise die Hominiden und ermöglichte erst die Entwicklung des *Homo sapiens*. In diesem Sinne „ist *Homo sapiens*, was er isst" und wir sind immer noch, was die frühen Menschen aßen. Diese lange Vorbereitung ermöglichte die nächste „Revolution in der Evolution", die Sesshaftigkeit. Die neolithische Revolution begann.

2.7   Sesshaftigkeit – grundsätzliche Veränderung der Nahrung und der Ernährung

Durch das Kochen wurde nicht nur die Nahrungsquelle Fleisch dem Verdauungssystem zugänglicher, sondern auch zuvor nahezu unverdauliche, stärkereiche Wurzeln und Knollen. Es erscheint damit nur konsequent, dass derartige Nahrungsmittel angebaut, kultivieren und gezielt zu gezüchtet wurden, wie auch Tiere wie Auerochsen oder Vorläufer von Schweinen kultiviert wurden, sofern dies mit dem Klima, der Fruchtbarkeit der Böden und den Möglichkeiten einer ausreichenden Wasserversorgung für die Bewässerung der Anbauflächen im Einklang stand.

Dies ist als fundamentaler Wechsel der Kultur anzusehen: Die Agrikultur löste die Kultur des Jagens und Sammelns vor 20.000 bis 10.000 Jahren teilweise ab [29]. Dies hatte wiederum einen Wechsel der Ernährung zur Folge: Es wurde weniger Fleisch verzehrt, dafür kamen mehr stärkehaltige Wurzeln, Grassamen und „Neuzüchtungen" auf den Speiseplan. Der systematische Weg zum Getreide begann seinen Lauf.

2.7.1 Getreide und Stärke: zusätzliche Nahrungsquellen

Allerdings waren die Sesshaftigkeit und die Nutzung von frühen Getreiden und Mais begleitet von den ersten Zivilisationskrankheiten: Wie aus Knochen und Zahnfunden bekannt ist, traten die ersten Formen von Karieserkrankungen auf. Mittels spektroskopischer und nuklear-physikalischer Isotopenmethoden lässt sich auch auf andere Probleme bei den Menschen schließen, die die Evolution bis dato nicht kannte. So deuten Knochenanalysen auf eine Verschlechterung der allgemeinen Gesundheit hin, es zeigen sich Hinweise auf Morbidität, eine schlechtere Zahngesundheit, zum Beispiel eine rückgehende Okklusion beim Biss. Auch vermehrte Eisenmangelanämie, erste Anzeichen von Knochenschwund und eine erhöhte Anzahl von Infektionen sind heute mit exakten Genanalysen und mikrobiologischen Verfahren nachweisbar [12]. Der Nahrungsmix veränderte sich im Vergleich zum Paläolithikum. Die gezielte Viehzucht entstand etwa nach der letzten Eiszeit vor 11.000 Jahren, als der Mensch im Neolithikum begann, wilde Schafe zu domestizieren. Mit der Domestizierung von Tieren und dem Anbau von Pflanzen begann die neolithische Revolution [30].

Zwar wurde weiter Fleisch gegessen, allerdings setzten sich das Fleisch und vor allem das Fett domestizierter Tiere im Vergleich zu Wildtieren anders zusammen, wie in Tab. 2.3 exemplarisch gezeigt ist. Domestizierte Weiderinder hoben sich nach wie vor mit einer günstigen Fettzusammensetzung ab, auch wenn sie im Vergleich zu den Wildtieren bereits schlechter abschnitten (Abb. 2.14). Das n-6-/n-3-

Tab. 2.3 Die grundsätzlichen Unterschiede im prozentualen Anteil der mehrfach ungesättigten Fettsäuren, das n-6-/n-3-Verhältnis und das Verhältnis zwischen mehrfach ungesättigten und gesättigten Fettsäuren

Art	Mehrfach ungesättigte Fettsäuren (%)	n-6-/n-3-Verhältnis	Mehrfach ungesättigte/ gesättigte Fettsäuren (%)
Giraffe	41	4	1,12
Antilope	32	2,5	0,67
Kaffernbüffel	32	3,4	0,83
Weißwedelhirsch	16	2,9	0,33
Weiderind	10	2,2	0,24
Mastrind	7	5,2	0,16

Verhältnis wird deutlich unausgewogener, der Anteil der mehrfach ungesättigten Fettsäuren ist geringer. Rinder, die mit Getreiden und Körnern gemästet sind, haben am wenigsten mehrfach ungesättigte Fettsäuren und ein hohes n-6-/n-3-Verhältnis, also deutlich mehr n-6 als n-3. Auch wurden die ersten Nutztiere deutlich „energiereicher" als Wildtiere. Nutztiere mussten nicht mehr gejagt werden, der persönliche Energieaufwand wurde diesbezüglich geringer (auch wenn er mit der Bestellung der Felder wieder stieg). Demzufolge stieg die „Energierücklaufrate" für Protein und Fett im Vergleich zu Jägern und Sammlern deutlich an.

Eklatant ist die Veränderung der Energiedichte bei Weide- und Mastrindern, wenn sie mit protein- und stärkereichen Körnern gefüttert wurden. Bis heute lässt sich dieser Trend verfolgen. Das zeigt aber auch einen wichtigen Punkt, den: Nicht nur das das Essen von Fleisch macht die Ernährung aus, sondern auch die Art und Qualität des Fleisches. Fleisch vom Discounter oder vielen Metzgern stammt tatsächlich von mit (protein- und stärkereichem) Kraftfutter gemästeten Tieren. Weidetiere sind bereits aus dieser sehr makroskopischen Sicht ergiebiger in der Energiedichte, wie auch in der Fettsäurezusammensetzung und dem Omega-3-/Omega-6-Verhältnis.

2.7.2   Die fundamentale Ernährungsänderung

Der Übergang von der Kultur der Jäger und Sammler zu den Bauern war in der Evolution dramatischer, als es zunächst erscheint. Jäger und Sammler aßen vorwiegend Fleisch, auch wenn genug pflanzliche Alternativen zur Verfügung standen [5], auch genügend davon, um ausreichend Mikronährstoffe aufzunehmen.

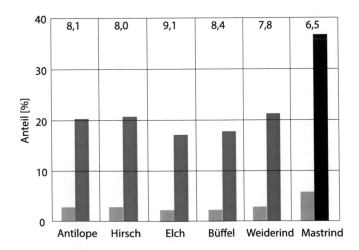

Abb. 2.14 Wildtiere und die ersten Zuchttiere zeigten bereits deutliche Unterschiede hinsichtlich Energie und Fettsäuretypen. Die obere Zahlenreihe zeigt das Verhältnis von Gewicht zur Energie

Ballaststoffe aus pflanzlicher Nahrung erwiesen sich bei dem sich im Laufe der Zeit verkürzenden Darm als nützlich, um die Darmbewegung (Peristaltik) aufrechtzuerhalten und an die Gegebenheiten anzupassen. Gleichzeitig nahmen die Jäger und Sammler so viel ungesättigtes tierisches Fett zu sich, dass die Funktion der Zellmembranen optimiert werden konnte. Erst mit dieser Ernährungsform ließen sich Defizite ausgleichen, zum Beispiel die kaum ausgeprägte Fähigkeit der ersten Hominiden, aus Taurin schwefelhaltige Aminosäurevorläufer zu synthetisieren [31].

Taurin, eine Aminosulfonsäure, ist ein Stoffwechselprodukt der Aminosäure Cystein. Für die Nachkommen im Mutterleib ist Taurin bis heute essenziell, da Föten es erst nach der Geburt bilden können, wenn das dafür notwendige Enzym aktiviert wird. Im Mutterleib sind sie auf die Zufuhr durch die Mutter angewiesen. Die Ernährung der Mütter war daher von besonderer Bedeutung, um eine ausreichende Versorgung der Föten mit Taurin und somit eine gesunde Entwicklung der Nachkommen sicherzustellen. Dies koppelt direkt an die Gehirngröße und die Entwicklung der Hominiden zum *Homo sapiens*, die sich mit der vermehrten tierischen Nahrung der Jäger und Sammler deutlich beschleunigte, denn führend im Tauringehalt sind tierische Lebensmittel, vor allem Leber, Geflügel und Fische wie Makrelen und Brassen. Auch Meeresfrüchte und selbst Kuhmilch bestechen durch ihren hohen Tauringehalt [32]. Abgesehen von den langkettigen tierischen Omega-3-Fettsäuren sprechen auch diese Fakten für den großen Vorteil der Umstellung auf primär tierische Nahrung während der Evolution.

Ebenso konnten Eisen, das Pigment Häm und Porphyrin-Eisen-reiche Verbindungen in entsprechender (ionischer) Form nur aus dem Muskelfarbstoff Myoglobin oder dem Blut der Tiere in physiologisch hinreichender Menge aufgenommen werden [33]. Ethnologen und Anthropologen gehen davon aus, dass 56–65 % der Nahrung von Jägern und Sammlern tierischen Ursprungs war, um dem Selektionsdruck standhalten zu können. Im Grunde scheint es aus deswegen grob fahrlässig zu sein, während einer Schwangerschaft eine vegane Ernährung in Erwägung zu ziehen, denn diese fundamentalen Gegebenheiten gelten auch für den heutigen Menschen.

Bis heute ist das in der Hämgruppe vorhandene Eisen eine hervorragende natürliche Quelle für diesen Mikronährstoff [34]. Anders als Eisen in pflanzlicher Nahrung ist das Hämeisen leicht biologisch verfügbar, wie später in Kap. 4 genauer angesprochen wird.

2.7.3 Konsequenzen der Sesshaftigkeit – die dritte Revolution in der Evolution

Die Sesshaftigkeit führte neben den Einbußen der Populationsgesundheit zu einer ganzen Reihe von Konsequenzen, die erst eine weitere Entwicklung der Esskultur und vor allem neue Formen der Bevorratung hervorbrachten. Vor allem erlaubte die Sesshaftigkeit eine Entwicklung neuer Kulturtechniken, die es aufgrund der ständigen Nahrungssuche bei den Jägern und Sammlern kaum geben konnte. Unter den gegebenen Umständen wuchs die Population so schnell, dass sich dies nicht mehr nur durch die Vorteile des frühen Abstillens erklären lässt. Offenbar trug der Aufbau von sozialen Strukturen zum Bevölkerungswachstum der Stämme in den Nischen bei. Menschen mussten sich nach Fähigkeiten organisieren, es bildeten sich neue Zivilisationsformen, die Landwirtschaft wurde ständig verbessert. Entscheidend für die Evolution war die Ausbildung von Lebensweisen höherer Komplexität [35], wie an den Techniken und der Entwicklung in Abb. 2.15 zu erkennen ist.

Ein wichtiger Punkt ist die Energierückführrate, die bei Jägern und Sammlern sehr hoch und vor allem dem hohen Anteil an Fett und Protein der tierischen Nahrung zuzuschreiben ist. Dabei ist zunächst nicht klar, inwieweit die Sesshaftigkeit bei diesen Makronährstoffen Vorteile bringt. Der Energieaufwand, Felder täglich zu bestellen, zu bewässern und zu ernten, ist nicht unbedingt energieeffizienter, als zu jagen und zu sammeln. Auch der kalorische Eintrag ist geringer, da Getreide, Insekten und Gemüse einen deutlich geringeren Fettanteil haben als das Fleisch von Wildtieren. Das heißt zwangsläufig, dass die fehlende Energie über Kohlenhydrate und Proteine ausgeglichen werden musste. Schon daraus ergaben sich neue Formen der Nahrungsmittelwirtschaft im Neolithikum.

Andererseits bedeutet Sesshaftigkeit einer Gesellschaft auch mehr freie Energieressourcen, da nicht mehr umhergezogen werden muss, um Nahrung zu finden, und sich die Menschen somit der Entwicklung neuer Techniken und der

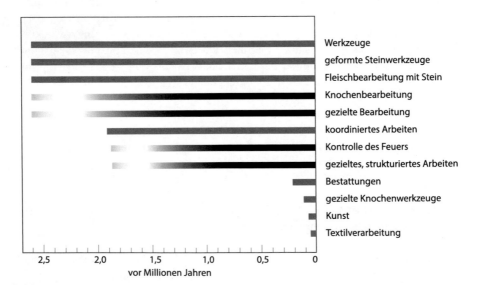

Abb. 2.15 Höhere Komplexität in einer sesshaften Volksgruppe entschied auch über die Art der Werkzeuge und der Vorplanung der Arbeiten. Der Sprung ist deutlich in den sehr kurzen Balken in den Zeiten der letzten 50.000 bis 10.000 Jahre zu erkennen

Agrikultur widmen konnten. Ein Vorteil des Sesshaftwerdens ist evident: Die Altersgruppen, die nicht zu hohen Energierücklaufraten und zur Überproduktion beitrugen – die Alten, Kinder und Jugendlichen (siehe Abb. 2.4) – konnten vor Ort versorgt werden und mussten nicht mehr unter hohem Energieaufwand mitgetragen werden wie bei Jägern und Sammlern, wenn ein Wechsel der Nische erforderlich war. Somit ergibt sich eine positive Energiebilanz zugunsten der Sesshaftigkeit, die gleichzeitig eine komplexere Kultur und das Erfinden von neuen Werkzeugen und Techniken bis hin zu einer Entwicklung von Lagermöglichkeiten für die Nahrungsmittel ermöglichte. Auch Tauschgeschäfte und frühe Formen eines Handels mit Gütern trugen zu einer besseren und effektiveren Energienutzung bei. Andererseits bedeutet Sesshaftigkeit auch höheres Konfliktpotenzial wie auch Risiken der Erkrankung und Ansteckung, die in größeren „Wohneinheiten" wahrscheinlicher werden.

Ein anderer wichtiger Punkt ist die Wahl der Gegend zur Ansiedlung, die für die Sesshaftigkeit von größter Bedeutung war. Die Umgebung musste fruchtbar sein, und zwar so offensichtlich, dass Menschen sich dort mit guter Perspektive niederlassen konnten [36]. Die Menschen folgten einem „Garten-Eden-Prinzip" [37]. Daraus schlossen Archäologen auf die eigentliche Motivation der beginnenden Sesshaftigkeit. Es war nicht das prinzipielle Fehlen von Nahrung, sondern eine im Vergleich zum Paläolithikum üppige und planbare Verfügbarkeit von Essen, ergänzt durch natürlich vorgegebene Gegebenheiten, etwa Höhlen oder geschützte Felsen, um Nahrung zu lagern.

Unweigerlich nahm der technologische Fortschritt, der mit der Nutzung des Feuers schon lange zuvor begonnen hatte, seinen weiteren Verlauf: Bald begann mit der Fähigkeit, Lehm und Erde zu brennen, die Nutzung von Zisternen und Lagerräumen. In Küstennähe sowie in der Nähe von Flüssen und Seen konnte das ganze Jahr lang Nahrung sichergestellt werden. Nahrung zur Bevorratung konnte nach Haltbarkeit ausgewählt [38] und selbst Fleisch und Fisch konnten bei Trocknung und Reifung an geschützten, trockenen Orten bis zu einem Jahr aufbewahrt werden. Der Übergang vom Paläolithikum zum Neolithikum ist in Abb. 2.16 nochmals in einem Diagramm zusammengefasst.

Bemerkenswert ist auch ein grundlegender Unterschied von nicht-hominiden Primaten zu den Hominiden: Mit dem Wachstum des Gehirns und dem ständig zunehmenden Bewusstsein bildeten sich mit dem steigenden Wohlstand des Neolithikums weiterreichende religiöse Neigungen der Menschen heraus. Jäger und Sammler entwickeln zwar spirituelle Riten, aber keine formalisierten Religionen. Der Umgang mit dem Tod, das Bewusstsein des Todes, des endlichen Lebens sowie des Verlusts von Mitmenschen wurden allerdings erst im Neolithikum deutlich ausgeprägter. Bald fanden die ersten rituellen Bestattungen statt, formale Religionen bildeten sich: Erst der sesshafte Mensch erschuf sich seine Götter.

Die Unterschiede zwischen dem Paläolithikum und dem Neolithikum sind daher fundamental und weitreichend. Bis heute lassen sich die Unterschiede bei noch bestehenden Volksgruppen von Jägern und Sammlern, etwa bei den bereits angesprochenen !Kung, erkennen. Sie bauten und bauen sich lediglich runde, halb-offene Einrichtungen, um sich vor Wind, Regen und Kälte zu schützen, anstatt

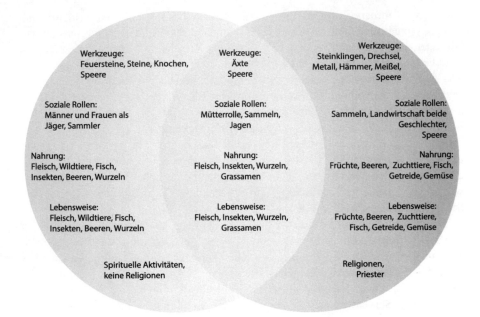

Abb. 2.16 Der Übergang vom Paläolithikum zum Neolithikum zeigt sich in einer grundlegenden Veränderung in allen Bereichen, nicht nur in der Nahrung

Häuser, wie es bei sesshaften Völkern seit Langem üblich ist. Wie andere jagende und sammelnde Volksgruppen, die es noch gibt, folgen sie diesen Grundprinzipen bis heute.

2.8   Lactosetoleranz – Punktmutation in der DNA: Lactosetoleranz als Folge des Selektionsdrucks

Die Sesshaftigkeit brachte allerdings nicht nur die gezielte Züchtung von Getreide wie Einkorn, Dinkel und anderen frühen Formen des Weizens sowie von Pseudogetreide wie Hirse, Gräsern und Gemüse voran, sondern auch das Domestizieren von Tieren. Die Idee der Nutztiere, wie sie heute genannt werden, ist viel älter, als dies in der heutigen Zeit dargestellt wird [39]. Nutztiere sind die logische Konsequenz der Sesshaftigkeit, denn der Vorteil des Fleischessens, des Kochens und Bratens mit Feuer und der geschmackliche Antrieb „umami" blieben auch im Übergang vom Paläolithikum zum Neolithikum bestehen. Wölfe, Wildschafe und Wildziegen wurden domestiziert wurden gezähmt und waren die ersten Begleiter des Menschen. Vor allem domestiere Wölfe, also Hunde, veränderten das Leben stark [40]. Sie wurden nach der Zähmung abgerichtet und halfen den Menschen der Dörfer und Lebensgemeinschaften als Hüte- und Hirtenhunde, als in verschiedensten Regionen Schafe (Naher Osten), Ziegen (Naher Osten) und Rinder (Afrika und Anatolien) domestiziert wurden, die in den entsprechenden

Gegenden in ihrer Wildform lebten. Tiere und Menschen lebten zum ersten Mal in der Geschichte in Gemeinschaft. Bald wurden Ställe mit Urinablauf gebaut und die Tiere von Menschen mit der Hand gefüttert [41].

Schafe, Ziegen und Kühe wurden zu Milchlieferanten, ein willkommenes, aber auch problematisches Lebensmittel, denn der Milchzucker konnte nicht verdaut werden. Säugetiere, und damit auch Menschen, können im Allgemeinen nur während der Stillzeit Milchzucker, das Disaccharid Lactose, abbauen und zu Glucose und Galactose spalten (Abb. 2.17), die dann der menschlichen Physiologie zugeführt werden können.

Dazu ist das Enzym Lactase (genauer Lactase-Phlorizin-Hydrolase) nötig, das normalerweise im Kindesalter nicht mehr exprimiert wird. Die Lactase wird im Dünndarm über ein ganz bestimmtes Gen bei den Nachkommen bis zum Abstillen erzeugt [42]. Danach wird das Gen abgeschaltet, und Milch, solange sie Milchzucker enthält, ist für praktisch fast alle Menschen unverträglich. Menschen überall auf der Welt sind lactoseintolerant, die Spaltung des Milchzuckers in Glucose und Galactose ist nicht möglich, er wird stattdessen bakteriell vergoren, was zu Blähungen, Darmdruck und Durchfällen führen kann. Anders war es bei manchen (nord-)europäischen Volksgruppen, und zwar solchen, die vorwiegend mit Milchvieh lebten. Sie entwickelten eine Lactasepersistenz, nachdem sie in Europa nach und nach mit ihren Kühen und Schafen einwanderten, und konnten Milch als Nahrung zu sich nehmen. Dieser genetische Wandel vollzog sich innerhalb weniger Tausend Jahre, eine für die Zeitskalen der Evolution relativ kurze Zeitspanne [43]. Ein Gewöhnungseffekt ist auf dieser kurzen Zeitskala nicht möglich; daher muss der evolutionäre Selektionsdruck hoch gewesen sein, im Rahmen dessen das Gen, das für die Lactaseproduktion verantwortlich ist, mutierte.

Da dieses Beispiel für eine Genmodifikation fundamental für das Verständnis ist, lohnt es sich, an dieser Stelle einen kurzen, stark vereinfachten Ausflug in die Molekularbiologie zu unternehmen und sich auf grundlegende Zusammenhänge

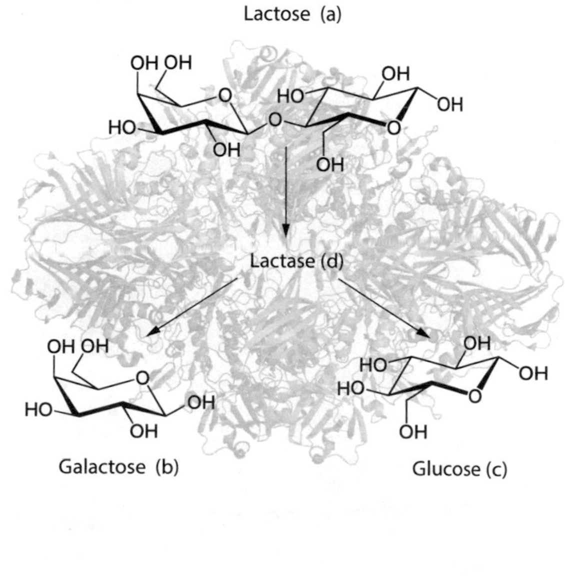

Abb. 2.17 Aus Lactose (**a**) wird Galactose (**b**) und Glucose (**c**) – unter der Anwesenheit des Enzyms Lactase (**d**)

zu beschränken. Die Desoxyribonucleinsäure (DNA) enthält die Erbinformation, die Gene. In ihrer für jeden Menschen individuellen Konfiguration wird auch festgelegt, welche Proteine, welche Enzyme von der Zelle gebildet werden. Die DNA besteht aus einer Doppelhelix; diese ist aus Nucleotiden zusammengesetzt, die aus Phosphorsäureresten und Zucker sowie vier Stickstoffbasen bestehen. Die Nucleotide sind über die Basen verbunden, wie in Abb. 2.18 dargestellt.

Die Abfolge bestimmter Basenpaare in Abb. 2.18 verhindert das Abschalten des Lactase-Gens. Interessant ist dabei, dass genau eine Base eines Paares an einer bestimmten Stelle im Lactase-Gen verändert werden muss, damit ein Mensch lactosetolerant bleibt (Abb. 2.19). Unter dem Gesichtspunkt, dass das Genom des *Homo sapiens* 3,27 Mrd. Basenpaare enthält, wirkt eine Punktmutation oder ein Einzelnucleotid-Polymorphismus an einer bestimmten Stelle, geradezu unbedeutend, zeigt aber auch, wie wesentlich die Primärstruktur der DNA ist. Auch in der Savanne in Afrika gab es derartige Punktmutationen, die eine Lactase-persistenz erlaubten, allerdings nicht in dem hohen Maße wie in Europa.

In diesem Zusammenhang ist noch der chemische Mechanismus interessant, wie Milchzucker in Glucose und Galactose gespalten wird. Enzyme sind, wie bereits erläutert, speziell auf ihre katalytischen Aufgaben getrimmte Proteine, sie bestehen daher aus Aminosäuren. Für die Trennung der Lactose ist dabei die negative Ladung der Glutaminsäure entscheidend. Diese ist zusammen mit der Umgebung des aktiven Zentrums der Lactase in der Lage, die Glucose im ersten Reaktionsschritt von der Lactose zu trennen. Für kurze Zeit wird der verbleibende

Abb. 2.18 Prinzipieller Aufbau der DNA: Zwei Helices sind über unterschiedliche Nucleotide auf Basis der Basen Cytosin (C), Guanin (G), Adenin (A) und Thymin (T) miteinander verbunden. Die DNA ist sehr lang (ca. 2 m mit über 3 Mrd. Basenpaaren je Zelle), daher ist eine riesige Zahl von unterschiedlichsten Kombinationen möglich: Die DNA eines jeden Menschen ist somit individuell

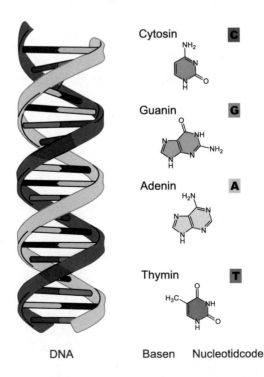

Cytosin **C**

Guanin **G**

Adenin **A**

Thymin **T**

DNA   Basen   Nucleotidcode

Abb. 2.19 Der Unterschied zwischen Lactoseintoleranz und Lactosepersistenz ist genau an einem Basenpaar in der DNA zu lokalisieren. Solche Mutationen werden als Einzelnucleotid-Polymorphismus (SNP, für Single Nucleotide Polymorphism) bezeichnet. Im Falle der Lactosepersistenz ist diese Punktmutation ein Segen

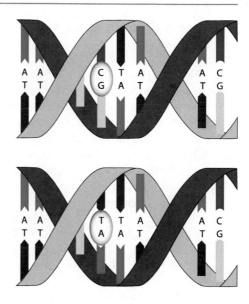

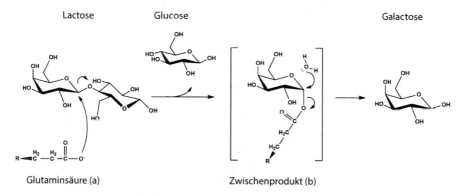

Lactose   Glucose   Galactose

Glutaminsäure (a)   Zwischenprodukt (b)

Abb. 2.20 Der Mechanismus zur Aufspaltung von Lactose in Glucose und Galactose: Die negativ geladene Aminosäure Glutaminsäure (**a**) sorgt für die Abspaltung der Glucose, in einem Zwischenschritt (**b**) wird der verbleibende Rest zu Galactose umgebaut

Rest des Milchzuckers an die Glutaminsäure gebunden. Der Lactoserest bindet an der freien Stelle an eine Glutaminsäure, während unter Beteiligung eines polaren Wassermoleküls dieses Zwischenprodukt wieder hydrolisiert wird und der Lactoserest zu Galactose reagiert. Diese Schritte sind in Abb. 2.20 angedeutet. Der Glutaminsäure kommt also in diesem rein biochemischen Prozessdamit eine wesentliche Rolle zu.

   Dies zeigt auf faszinierende Weise, welche Rolle die einzelnen Aminosäuren in Enzymen gemäß ihrer physikalisch-chemischen Eigenschaften spielen, in diesem Falle die negativ geladene Glutaminsäure, die auch für den Umamigeschmack mitverantwortlich ist. Damit der in Abb. 2.20 dargestelle Prozess ablaufen kann, muss auch der pH-Wert während der Magen-Darm-Passage auf dem richtigen Level sein [44]. Lactase hat ihr Effizienzmaximum bei pH-Werten um 6, daher findet die Lactosespaltung an entsprechenden Stellen im Dünndarm statt. Der physiologische Vorteil dieser Trennung ist, dass Glucose und Galactose über Kanäle von der Darmschleimhaut aufgenommen werden können, Lactose als solche wird hingegen nicht aufgenommen.

Bei Lactoseintoleranz wird der Milchzucker weitertransportiert und gelangt in den Dickdarm, wo er auf die Vielzahl von Bakterien und Mikroorganismen des Mikrobioms trifft. Dort wird Milchzucker von bestimmten (Lacto-)Bakterien vergoren. Bei diesem Gärungsprozess entstehen bakterienspezifische Gärprodukte. Dabei bilden sich kleine organische Säuren wie Milch- und Essigsäure, die aber nicht das Problem sind, da im Dickdarm der pH-Wert ohnehin geringer ist und somit gepuffert wird und zwischenzeitlich für eine höhere Darmbewegung sorgt. Ohnehin wäre die Absenkung des pH-Werts durch die bei der Gärung entstehende Milch- und Essigsäure ein positiver Effekt, denn krankmachende Keime haben dann geringere Überlebenschancen. Im Prinzip wirkt Lactose damit sogar „präbiotisch". Weiterhin entstehen bei der Gärung Fettsäuren, aber als Nebenprodukte Gärgase wie Methan, Wasserstoff und das für jede Fermentation typische Kohlendioxid, die bei steigendem Druck krampfartige Blähungen auslösen und für starke Irritationen sorgen können. Wie viele polare Moleküle mit ausreichend OH-Gruppen bindet auch Milchzucker Wasser und erhöht den osmotischen Druck. Wasser strömt über Kanalproteine in den Dickdarm, um die hohe Zuckerkonzentration im Darm herabzusetzen und für Druckausgleich zu sorgen. Das Volumen des Dickdarminhalts vergrößert sich deutlich und löst damit Durchfälle aus, wie in Abb. 2.21 schematisch dargestellt. Auf diesem einfachen Prinzip basieren übrigens auch viele Elektrolytflüssigkeiten, die zur Darmreinigung vor Operationen oder vor der Koloskopie eingesetzt werden.

Diese Genmutation im Rahmen der neolithischen Revolution war damit ein klarer Vorteil. Das Lebensmittel Milch wurde fester Bestandteil des Speiseplans. Milch liefert hochwertige Proteine, Vitamine und ein gesundes Maß an Fett, dessen breit gefächertes Fettsäurespektrum einzigartig ist. Viele Berichte, die Milch als Lebensmittel verurteilen, entsprechen nicht den Tatsachen. Daher werden uns Milch und Milchprodukte als wertvolle Lebensmittel in den folgenden Kapiteln noch weiter beschäftigen. Den neuzeitlichen Verurteilungen der (Kuh-) Milch gehen wir in den Kap. 4 und 5 genauer nach.

Diese Punktmutation ist in der Evolution nicht trivial und tritt verbreitet bei Menschen in Europa auf, aber selbst dort ist die Verteilung nicht einheitlich. Im Süden Europas ist die Lactasepersistenz am wenigsten stark ausgeprägt, im Norden hingegen mehr. Dieses Gefälle hängt auch mit den kulinarischen Präferenzen zusammen. Im nördlichen Europa, Finnland, Schweden, Norwegen, in England, im Norden Frankreichs und in Polen blüht die Milchwirtschaft: Butter, Milch und Frischkäse gehören zu den beliebtesten Milchprodukten. Der Milchkonsum im Süden Frankreichs, in Italien und Spanien ist indes gering. Kühe gibt es dort, auch wegen mangelnder nährstoffreicher Wiesen, kaum,

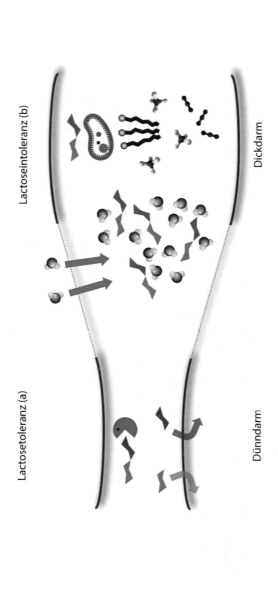

Abb. 2.21 Bei Lactosetoleranz wird Milchzucker durch Enzyme getrennt, die Bestandteile Glucose und Galactose werden von der Darmschleimhaut resorbiert (**a**). Bei Lactoseintoleranz wandert der Milchzucker weiter, dabei strömt Wasser (H_2O) aus osmotischen Gründen in den Darm (Mitte) und erst im Dickdarm (**b**) wird der Milchzucker mittels der Bakterien des Mikrobioms vergoren. Dabei entstehen Fettsäuren, organische Säuren und Gase, die für Blähungen sorgen. Der Darm weitet sich auf, was sich als Schmerz (oder Krampf) äußert

Milchprodukte stammen aus Ziegen- oder Schafmilch, da diese Tiere auch in einer karg bewachsenen Landschaft wie der Garrique Nahrung finden. Die Milch wird dort meist zu Joghurt und Käse vergoren – ähnlich wie vor etwa 10.000 bis 20.000 Jahren. Diese Anpassung ist stark selektiv und typisch für eine sogenannte Nischenkultur [45], also eine aktive Anpassung der dort lebenden Menschen an die lokalen Gegebenheiten. Dies wird auch als Coevolution (Gen-Kultur-Coevolution) bezeichnet. Milchvieh wurde gezüchtet, die Tiere wurden gemolken, die Milch wurde getrunken, wie sich an archäologischen Funden zusammen mit genspezifischen Analysen eindeutig nachweisen lässt. Der Konsum von Milch erhöhte die Überlebenswahrscheinlichkeit und konnte die Versorgung mit Makro- und Mikronährstoffen sichern [46]. Dies ist auch ein Grund, warum Naturvölker, zum Beispiel die Jäger und Sammler der !Kung, bis heute in ihrer Nische überleben. Solange die Nahrung dort sichergestellt ist und sich die Lebenskultur erhalten lässt, gibt es keinen Grund, die Nische zu verlassen.

2.9   Gären und Fermentieren – in der Geschichte der Esskultur

Die Lactoseintoleranz deutet darauf hin, dass die frühen Milchbauern Milch fermentierten. Milch wurde gesäuert oder zu joghurt- und käseähnlichen Produkten verarbeitet [47]. Bereits ca. 10.000 Jahre vor unserer Zeitrechnung wurden von Indoeuropäern Fermentationstechniken entwickelt, um Lebensmittel zu konservieren und sie vor dem Verderb zu bewahren [48]. Die haltbarste Form der Milch sind Käse mit niedrigem Wassergehalt, diese Lebensmitteltechnologie geht bereits bis ins 7. Jahrtausend vor Christus zurück. Die gezielte Fermentation von frischem Traubensaft zu haltbarem Wein fällt ebenfalls in diese zeitliche Periode. Bereits um 5000 v. Chr. wurde der gesundheitliche Nutzen von fermentierter Milch in Indien, Mesopotamien und Ägypten dokumentiert. Aber schon im Neolithikum wurden aus frischer Milch säuerliche Produkte wie Joghurt, Kefir, Dickmilch usw. hergestellt. Diese Produkte boten durch den niedrigen pH-Wert den großen Vorteil der mikrobiologischen Lebensmittelsicherheit und blieben auch ohne Kühlung haltbar. Kontrolliert fermentierte Lebensmittel stellen bis heute somit die Nahrungsversorgung sicher. Einige wesentliche Entwicklungen, Meilensteine und die Arten von fermentierter Milch sind in Tab. 2.4 zusammengefasst.

Es gab also zwei Gründe für die Säuerung von Milch: zum einen natürlich die Lactoseintoleranz, die „so alt ist wie die Steinzeit" [49], zum anderen die Haltbarkeit. Frische Milch ist ohne ausreichende Kühlung nur kurze Zeit haltbar. Gesäuerte Milch indes schon. Die Säuerung der Milch, die spontan über Milchsäurebakterien (Lactobacilli) erfolgt, ermöglichte damit deren Bevorratung. Beide Anforderungen sind auf molekularer Skala stark mit einander gekoppelt. Der unverdauliche Milchzucker wird über die Milchsäurebakterien teilweise abgebaut, und die fermentierten Formen der Milch wie Sauermilch, Dickmilch oder Joghurt weisen deutlich weniger Lactose auf. Im Mittel werden um die 20 % der Lactose von den Milchsäurebakterien zu Milchsäure fermentiert (und es werden nicht, wie

Tab. 2.4 Die Geschichte fermentierter Milchprodukte

Produkt	Ursprung	Zeitperiode	Bemerkungen
Dahi	Indien	6000–4000 v. Chr.	Koagulierte Sauermilch, auch als Nebenprodukt von Butterherstellung und Ghee (Butterschmalz)
Chhash	Indien	6000–4000 v. Chr.	Buttermilch nach Butterherstellung, Getränk
Khad	Ägypten	5000–3000 v. Chr.	In Tongefäßen spontan vergorene Sauermilch
Leben	Irak	3000 v. Chr.	Fermentierte Milch mit Milchsäurebakterien, teilweise in Tüchern abgetropft
Zabady	Ägypten, Sudan	2000 v. Chr.	Joghurt, festere Konsistenz
Sauercreme	Mesopotamien	1300 v. Chr.	Saure Sahne, spontane Säuerung
Shrikhand	Indien	400 v. Chr.	Konzentrierte Sauermilch, gewürzt
Kumiss	Zentralasien	400 v. Chr.	Mit Milchsäure und Hefen vergorene Stutenmilch, enthielt CO_2, Alkohol
Skyr	Island	870 n. Chr.	Schafsjoghurt mit Lab

oft angenommen, alle Zucker vergoren) [50]. Der Prozess ist, so einfach es klingt, doch hinreichend kompliziert, wie in dem vereinfachten Schema in Abb. 2.22 dargestellt ist. Zunächst schneiden Enzyme (β-Galactosidase), dargestellt durch die Schere, das Lactosemolekül auseinander und setzen Glucose und Galactose frei. Nur Glucose kann von Milchsäurebakterien zu einem Zwischenprodukt, der Brenztraubensäure (Pyruvat), umgewandelt werden. Galactose wird in mehreren Zwischenschritten enzymatisch zu Vorläufern des Pyruvats umgebaut, die in späteren Schritten wiederum zu Pyruvat und dann zu Milchsäure umgewandelt werden. Die dafür benötigten Enzyme werden ebenfalls von den Milchsäurebakterien produziert, sodass dieser Prozess am Laufen gehalten wird. Die daraus entstehende Milchsäure senkt den pH-Wert stark ab: von den Anfangswerten der frischen Milch, die etwa bei pH = 6,7 liegen, bis pH-Werten von unter 4. Bis zu pH-Werten von knapp über 3 können Milchsäurebakterien ihre Arbeit verrichten, sie gehören damit zu den säuretolerantesten Bakterien überhaupt. Der Grund für die außergewöhnlich lange Haltbarkeit von fermentierten Milchprodukten ist der niedrige pH-Wert von 3,5 bis 3,2. Viele Keime, die für den Verderb der frischen Milch verantwortlich sind, können sich bei diesen Säurewerten nicht vermehren oder überleben. Die funktionellen Proteine in der Zellmembran von vielen Bakterien, Viren und Pilzsporen sind bei diesen niedrigen pH-Werten schon lange denaturiert. Die Keime sterben ab, wie eben auch bei den entsprechenden Gärprozessen im Darm angesprochen.

Sowohl Brenztraubensäure als auch Milchsäure sind somit die grundlegenden Faktoren für die Lebensmittelsicherheit der „milchsäurevergorenen" Milchprodukte, die der Mensch seit Langem für seine Ernährung nutzt.

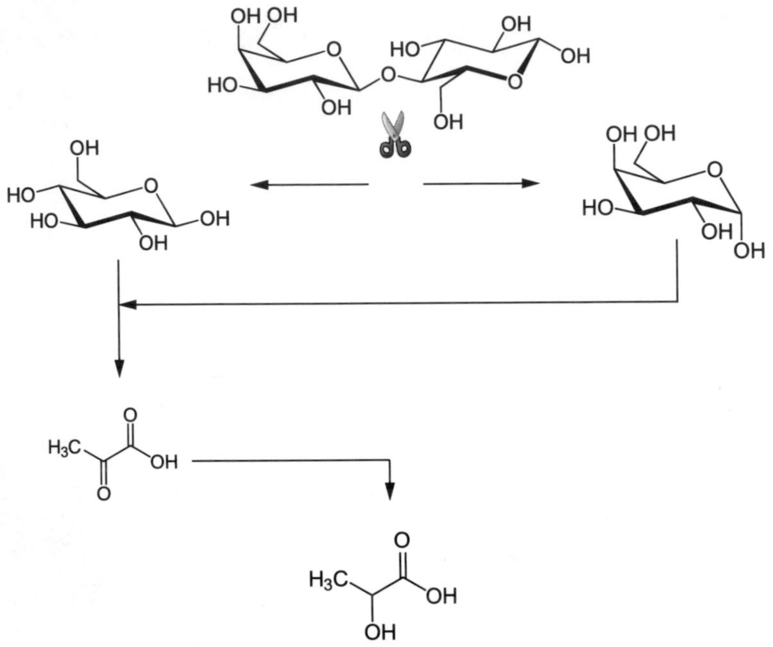

Abb. 2.22 Aus dem Disaccharid Lactose (ganz oben) werden Glucose und Galactose, aus denen die Brenztraubensäure (links unten) und daraus schließlich Milchsäure entstehen (ganz unten Mitte)

Aus diesem Beispiel lassen sich einige Rückschlüsse auf unsere Esskultur ziehen: Immer wieder werden milchsäurevergorenen Produkten, Joghurts und anderen Sauermilchprodukten wie Kefir, Skyr usw., „probiotische Eigenschaften" zugeschrieben, da „gute" Milchsäurebakterien in den Dickdarm gelangen und das „Mikrobiom unterstützen, erweitern, reparieren und sanieren". Das ist zwar nicht grundsätzlich verkehrt, allerdings müssen die unterschiedlichsten Lactobacilli erst einmal dorthin gelangen. Die größte Barriere ist der Teil des Magen-Darm-Trakts, der den niedrigsten pH-Wert hat: der Magen. Nüchtern liegt der pH-Wert sehr knapp oberhalb von 1, das ist selbst den säuretoleranten Lactobacilli zu niedrig. Viele sterben ab. Der auf nüchternen Magen genossene Trinkjoghurt ist damit am wenigsten probiotisch wirksam. Zwar verschiebt sich je nach verzehrter Menge der pH-Wert im Magen zu höheren Werten, er bleibt aber unter Umständen noch unter 3. Nur wenige Milchsäurebakterien schaffen es daher bis zum Zwölffinger-darm. Allein aus physikalischen Gründen, da für die meisten Membranproteine der isoelektrische Punkt unterschritten wird und sie denaturieren, sie verlieren ihre biologische Funktion. Damit wird die Zellfunktion nicht mehr aufrechterhalten. Der Joghurt zum Nachtisch ist daher aus physikalisch-chemischen Gründen indes weit „probiotischer".

Auch bei der fermentierten Milch zeigt sich: Der Geschmack, die Säure und die Haltbarkeit waren ausschlaggebend für die stete Nutzung der Techniken des

Gärens und Fermentierens. Aber auch die höhere Verträglichkeit der Sauermilch-produkte und der Käse als Folgeprodukte ermöglichten die Weiterentwicklung der Fermentationstechniken und boten dem neolithischen Menschen nützliche Tools zum Überleben. Wiederum waren es vor allem die molekularen Veränderungen, verbunden mit dem Geschmack, der Ernährung und dem gesundheitlichen Nutzen, die diese Kulturtechniken förderten. Der paläolithische und neolithische *Homo sapiens* war somit ein Wesen, das sich unbewusst mittels seines Geschmacks und seines Körpergefühls genau die richtigen Kulturtechniken zurechtlegte und hin und wieder unter hohem Selektionsdruck coevolutionäre Punktmutationen in bestimmten Nischen vererbte. Dieser reichhaltige Schatz, den unsere Vor-fahren uns überließen, gebietet uns, sorgsam mit unseren einfachsten Hilfsmitteln, unseren Sinnen, umzugehen und auf sie zu hören.

2.9.1 Fermentation von Gemüse

Die Sesshaftigkeit hatte damit weiterreichende Konsequenzen für die sich immer weiter entwickelnde Esskultur. Die Menschen des Neolithikums um 10.000 Jahre v. Chr. begannen mit den ersten Töpferarbeiten. Durch die Nutzung von Feuer konnte so nicht nur gekocht und Lebensmitteltechnologie genutzt werden, sondern auch Erde, Ton und Sand gebrannt, gesintert und zu Gefäßen ver-arbeitet werden, was hitzebeständiges Material hervorbrachte, das hohen Koch-temperaturen standhielt [51]. Aber nicht nur das, denn die Behälter ließen sich auch für Fermentationsprozesse nutzen. Es gibt chemisch-biologische Hinweise, dass alkoholische, bier- und weinähnliche Getränke mithilfe von Hefen her-gestellt wurden [52]. Auch beim späteren „Ötzi" gibt es deutliche Hinweise, dass zu dessen Lebzeiten die Fermentation mit Hefen bereits gezielt angewandt wurde. In vielen Teilen der mittlerweile bevölkerten Welt kam mit der systematischen Getreidezüchtung und der damit einhergehenden Keimung der Samen die Idee der Fermentation auf [53].

Wie bereits öfter angesprochen, ist die Haltbarkeit von fermentierten Produkten eines der starken Argumente für diese Technik. Nahrung konnte aufbewahrt werden, die Versorgung war sichergestellt. So liegt es nahe, auch herkömmliche Gemüse, Wurzeln oder gar Obst zu fermentieren. Wie bereits in Kap. 1 angemerkt, waren die „Fäulnis" und die damit einhergehende Gärung ein Meilenstein in der Menschheitsgeschichte. Auch für die Fermentation weist das natürliche Verfaulen den Weg. Der entscheidende Schritt war, die damit einhergehenden Prozesse nicht der Natur zu überlassen, sondern sie zu kontrollieren, damit die Resultate der Geschmacks- und Geruchsprüfung standhielten. Nach wie vor waren dies auch während der Sesshaftigkeit die einzigen Kontrollsysteme, die der Mensch zur Ver-fügung hatte. Bei der Fermentation, wenn Keime und Mikroorganismen aktiv sind, sind die Sinne des Menschen mehr gefordert, um die Essbarkeit zuverlässig zu beurteilen.

Der Ursprung der Fermentation liegt tatsächlich in der Natur. Mikroorganis-men wie Milchsäurebakterien, Hefen und Pilzsporen befinden sich überall auf den

Pflanzen wie auf den Händen der Menschen. Sobald die physikalisch-chemischen Bedingungen wie Temperatur oder niedriger Sauerstoffgehalt stimmen, beginnt eine spontane Fermentation, wie sie heute noch bei den Lambic-Bieren [54] in Belgien oder dem Naturwein von Brauern und Winzern genutzt wird [55]. Auch Sauerteige sind bis heute Beispiele für eine Spontangärung: Wilde Hefen und Lactobacilli werden mit den Händen aufgetragen oder befinden sich in Schüsseln, Mehlen oder sind im Raum vorhanden. Die Fermentationskeime und deren Auftreten und Häufigkeit sind daher an Ort und Zeit gebunden, denn Jahreszeit, Temperatur und lokale Parameter wie Luftfeuchtigkeit bestimmen Art und Häufigkeit der Keime und damit auch den Geschmack, das Aroma und den Flavour (die Summe aller Eindrücke: Geschmack, Aroma, Textur, optische und akustische Wahrnehmung, z. B. das Krachen der Kartoffelchips, das Knacken der frischen Gemüse…) der fermentierten Zubereitungen. Daher gewinnt die spontane, wilde Fermentation derzeit wieder an Gewicht, sie spiegelt die Handschrift der Köche und die Eigenarten der Region und des genauen Ortes wider.

Kontrolliertes Fermentieren setzt genau an dieser Stelle an. Denn die Kontrolle über die mit bloßem Auge nicht sichtbaren Mikroorganismen ist ungleich schwieriger als die Kontrolle über das sichtbare Feuer. Die Kontrolle der Mikroorganismen beginnt damit bei der sorgsamen Behandlung der zu fermentierenden Lebensmittel, die keine Fäulnisstellen besitzen dürfen und sauber (gewaschen) sein müssen. Sonst würden unerwünschte Keime und deren aktive Enzyme eingebracht, die zu Fehlaromen und unerwünschtem Beigeschmack führen.

Bei einer spontanen Gärung werden die Lebensmittel ausgewählt, nach Reife oder beginnender Fäulnis vorsortiert und gewaschen und anschließend unter den vorherrschenden Bedingungen vergoren. Eine kontrollierte Gärung mit gezielt eingesetzten Starterkulturen erfordert mehr technologische Kenntnis und Vorbereitung. Zwar sind die ersten Schritte identisch, allerdings wird der Gärprozess stark gesteuert. So wird zu Beginn der Gärung das zu fermentierende Produkt mit Mikroorganismen geimpft. Diese gezielte Zugabe von Mikroorganismen legt bereits einen Großteil des finalen Geschmacks und der Aromen fest. Das Impfmaterial kann dabei aus einer Präparation über Spontangärung stammen, wie es meist zu Beginn eines vollkommen neuen Prozesses der Fall ist; alternativ kann es aus einer bereits vorausgegangenen Fermentation stammen. Beide Wege sind in Abb. 2.23 über die Pfeile dargestellt.

Die natürlich und ebenfalls spontan ablaufende Verrottung von Lebensmitteln ist zum Vergleich ganz links in Abb. 2.23 dargestellt. Die Verrottung (eine Mischung aus Fäulnis/anaerob und Verwesung/aerob) läuft in der Natur spontan ab und erfordert im Gegensatz zur Fermentation keine kulturellen Handlungen und Eingriffe von Hominiden bzw. des *Homo sapiens*. Dennoch liefert dieser Prozess in einer Zwischenstufe essbare Lebensmittel, wie in Kap. 1 bereits angemerkt wurde. Diese fundamentalen Unterschiede werden für spätere Überlegungen wichtig, denn sie definieren neben der Handhabung des Feuers und des Kochens einen universellen Übergang von der Natur zur Kultur in der Geschichte der Menschheit.

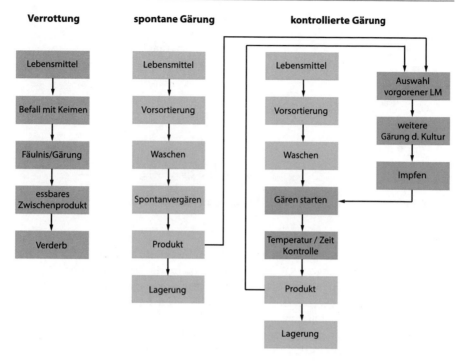

Abb. 2.23   Spontane und kontrollierte Fermentation. Die Kontrolle erfordert mehr kulturelle Handlungen als die Spontangärung. Dort wird der Gärprozess dem Zufall überlassen. Der natürliche Vorgang der Verrottung (Fäulnis) ist zum Vergleich dargestellt. LM: Lebensmittel

Der bei den Prozessen zur Verfügung stehende Sauerstoffgehalt ist für die Wirkung und die Resultate unterschiedlicher Mikroorganismen von großer Bedeutung. Milchsäuregärung und Hefefermentation verlaufen anaerob, d. h., die Bakterien und Pilze arbeiten unter Sauerstoffknappheit am besten und führen zu den gewünschten Resultaten. Bei aeroben Prozessen mit Zellatmung laufen andere Prozesse ab und es bildet sich im Allgemeinen keine konservierende Milchsäure (Abb. 2.24).

Nahrungsrelevante kontrollierte Fermentationsprozesse finden in der Regel anaerob statt, da die Bildung von Milchsäure und Alkohol der Konservierung und der Lebensmittelsicherheit dient. Die Fermentation von Alkohol zu Essig ist allerdings eine Ausnahme. Sauerstoff ist vonnöten.

2.9.2   Asien – Hochkultur der Fermentation

Vor allem in den besiedelten Regionen Asiens wurde bereits sehr früh in der Geschichte mit gezielten Fermentationsmethoden gearbeitet [56]. Das bekannteste Beispiel ist Kimchi, ein Fermentationsprodukt auf (China-)Kohlbasis mit weiteren Würzzutaten wie Rettichen, Wurzeln usw., die sich je nach Verfügbarkeit ändern

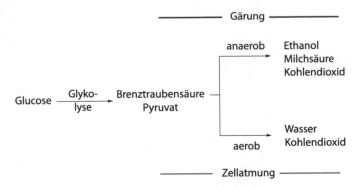

Abb. 2.24 Grundsätzliche Unterschiede zwischen aeroben und anaeroben mikrobiologischen Prozessen

können. Wie alt Kimchi wirklich ist, bleibt bis heute unklar [57]. Auch in Indien werden seit Langem Gemüse fermentiert und vergoren. Gundruk, salzfrei fermentiertes Blattgemüse, ist ein traditionelles Beispiel aus Nepal und der Himalajaregion [58]. Die salzfreie Fermentation ist in Japan unter *sunki* bekannt [59]. Aber auch proteinreiche Lebensmittel wie Fisch wurden und werden fermentiert. Ziel ist dabei immer eine längere Haltbarkeit. In vielen Teilen Europas ist vor allem Sauerkraut [60] als Standardfermentation bekannt.

Das Vorgehen ist in allen Kulturen sehr ähnlich. Gemüse wird vorgeschnitten, in Schichten in Gärbehälter gepresst und insgesamt mit etwa 2 % der Einwaage mit Salz vermengt. Der Gärbehälter wird verschlossen, sodass möglichst wenig Sauerstoff eindringen, aber das sich bildende Kohlendioxid entweichen kann. Allein diese Techniken zu entwickeln ist eine hohe intellektuelle Leistung. Dass diese Fermentationsmethode neben der Lagerfähigkeit und dem Geschmack auch nutritive Vorteile aufweist, ist bekannt: Über die Fermentation werden präbiotische und antinutritive Stoffe der Rohgemüse enzymatisch abgebaut und teilweise zu antioxidativen Stoffen umgebaut. Beispielsweise wird die in vielen Rohgemüsen vorkommende antinutritive, in hohen Mengen toxische Chlorogensäure zu Kaffeesäure und Chinasäure abgebaut [61], die wiederum antioxidativ wirken können. Sogenannte FODMAPs, dieser Begriff steht für *fermentable oligo-, di- and monosaccharides and polyols* (fermentierbare Oligo-, Di, Monosaccharide und Polyole). werden während der Gärung partiell vorverdaut und zum Teil in verdauliche Zucker umgebaut. Unverträglichkeiten sind weniger wahrscheinlich [62]. Lactose fällt übrigens auch unter diese FODMAPs. Gleichzeitig werden über die Fermentation Nährstoffe, vor allem ionische Mikronährstoffe wie Calcium und Magnesium, freigelegt und physiologisch zur Verfügung gestellt [63]. Durch die Säuerung werden darüber hinaus auch empfindliche Vitamine wie Vitamin C, das nicht bereits durch den Schneideprozess voroxidiert wurde, vor Oxidation geschützt. Bis heute sind daher Sauerkraut, Kimchi & Co wegen ihres extrem hohen Vitamin-C-Gehalts berühmt.

Dabei hat das Salz gleich mehrere fundamentale Aufgaben. Während des Fermentierens sinkt der pH-Wert langsam auf einen Wert zwischen 3,2 und 2,9. Die kritische Phase ist die erste Zeit der Fermentation, wenn der pH-Wert noch über 3,5 liegt und gesundheitsschädliche Keime sich noch stark vermehren können, da typische Fermentationstemperaturen zwischen 25 °C und 35 °C liegen.

Bis der pH-Wert so weit absinkt, dürfen keine pathogenen Keime mehr wachsen, wie in Abb. 2.25 gezeigt wird. Daher muss beim Fermentieren der Salzgehalt ausreichend hoch sein, um in dieser kritischen Phase genügend Wasser zu binden und ein Wachstum pathogener Keime einzuschränken. Auch die osmotische Wirkung des Salzes hilft, gebundenen Zucker aus den Zellen und Zellproteinen der Gemüse als Treibstoff für die Gärung freizusetzen. Durch das dadurch bedingte Platzen der noch intakten Zellen wird die Zellstruktur weiter zerstört. Viele Zucker im Gemüse sind aber stark in Glykoproteine, Saponine oder Glykosinolate (z. B. bei den hauptsächlich zur Fermentation herangezogenen Kohl-, Rettich- und Zwiebelgewächsen) gebunden, die erst enzymatisch freigelegt werden müssen, um den Lactobacilli bei der Vergärung zur Verfügung zu stehen.

An dieser Stelle ist der fundamentale Unterschied zur salzfreien Fermentation, wie bei Gundruk oder dem japanischen *sunki*, deutlich zu erkennen. Fehlt das Salz, ist es sehr wahrscheinlich, dass weitere Keime, etwa solche, die von den Händen, dem Körper der Menschen auf das Gemüse übertragen werden, zu Beginn der Fermentation wachsen. Diese individuellen Noten können noch verstärkt werden, indem die Gemüseblätter zuvor über die Arme und das Gesicht gestrichen werden. Was unhygienisch wirkt, ist dennoch hygienisch. Am Ende siegt der niedrige pH-Wert, der pathologische und gesundheitsschädliche Keime inaktiviert bzw. in tolerablen Grenzen hält. Es gibt aber starke Geruchsunterschiede bei der salzfreien Fermentation. Der strenge Geruch von Gundruk und

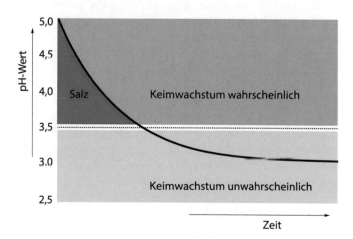

Abb. 2.25 Das beim Fermentieren zugegebene Salz verhindert während der kritischen Phase, solange der pH-Wert nicht genügend abgesenkt ist, das Wachstum unerwünschter, gesundheitsschädlicher Keime

sunki ist vielen Menschen unangenehm. Durch die salzfreie Fermentation entstehen im Gegensatz zu Kimchi, Sauerkraut & Co auch typische Verwesungs-
gerüche, die ein wenig an Fäulnis oder Tierkadaver erinnern. Die biogenen
Amine, 1,5-Pentandiamin (Cadaverin) und Butan-1,4-diamin (Putrescin) bilden
sich bei der Fermentation aus Aminosäuren, die aus den Zellproteinen der
Pflanzen stammen. Sie sind auch als Leichengifte bekannt, obwohl der Name
die chemischen und biologischen Eigenschaften der beiden Geruchsstoffe kaum
wiedergibt.

Cadaverin entsteht aus der essenziellen Aminosäure Lysin, während Putrescin
aus Arginin über das Zwischenprodukt Ornithin entsteht. In sehr hohen Dosen
sind Cadaverin und Putrescin wie die meisten biogenen Amine toxisch (siehe
z. B. Histamin), sind aber auch ein wesentlicher Teil unserer Physiologie. Beide
Stoffe helfen beim Verdau im Darm kräftig mit und sind im Übrigen auch
in den meisten menschlichen Sekreten vorhanden, wo sie für die biologisch
stabilisierende Wirkung verantwortlich sind, wie es etwa beim zellulären „Anti-
Aging" ausgenutzt wird, wie in Kap. 6 noch im Detail gezeigt wird.

2.9.3   Vergorene Getränke, Heißgetränke

Bei Bier (Getreide) und Wein (Trauben) vergären Hefen Zucker [64], es entsteht Alkohol, der in Frühzeiten zumindest für einen Teil der Menschen verdaubar war. Wilde Hefen vergoren gekeimtes oder gekochtes Getreide. Hefen führen
dazu, dass durch die Vergärung des Zuckers aus der Stärke der Getreide Alkohol
entsteht. Auch bei Wein werden freie Zucker aus Trauben und Obst von Hefen
verstoffwechselt. Diese Getränke waren höchst willkommen, denn der geringe
Alkoholgehalt wurde gut vertragen, das Getränk schmeckte gut, war überdies für
eine gewisse Zeit haltbar und wurde nicht von Keimen befallen. Die Getränke-
kultur begann also bereits im Neolithikum.

Volksgruppen, die Alkohol wegen der nicht vorhandenen Alkoholdehydrogenase nicht verdauen konnten, entwickelten eine Teekultur . Tee selbst ist
wiederum fermentiert, musste aber gebrüht werden. Auch diese Getränke sind
sicher: Das Überbrühen mit heißem Wasser sorgt für die Keimfreiheit und – weit
wichtiger – das Ziehen extrahiert aus den Teeblättern eine ganze Reihe Phenole
und Polyphenole (Gerbstoffe), die stark antioxidativ und antibakteriell wirken.
Gleichzeitig wirkt Tee wie Wein trigeminal adstringierend. Gerbsäuren in Tees
und Wein lösen dieses trockene Gefühl im Mund aus, was ebenfalls in praktisch
allen Regionen der Erde als positiv erkannt wird: Teekultur in Asien, Bier und
Wein in Eurasien und Europa, adstringierende Kakaogetränke in Südamerika.
Offenbar spielen sich in der Entwicklung aller Kochtechniken zwei grundsätzliche
Aspekte in die Hände: sichere Lebensmittel und ansprechende Sensorik. Neben
dem Geschmacks- und Geruchssinn spielt offensichtlich auch der Trigeminus bei
der Entwicklung der Kochtechniken eine große Rolle.

2.9.4   Miso, Fisch-, Sojasoße & Co – brillante Beispiele für (vollständige) Fermentation und Geschmack

Im heutigen Europa wurde während der Bronzezeit gezielt Fermentation mittels Lactobacilli praktiziert. Das bekannteste historische Beispiel ist die Fischsoße Garum [65], die von Griechen und Römern als universelle Würzsoße eingesetzt wurde. Fische wurden mitsamt ihren Innereien – und damit auch der enzymaktiven Bauchspeicheldrüse wie auch Leber als Fettsäurelieferant – gesalzen, dicht in Fässer gepackt und für eine gewisse Zeit vergoren. Das Verfahren lehrt eine Vielzahl typischer Grundprinzipien der Fermentation. Salz haben wir bereits als osmotische Komponente kennengelernt. Der Verbleib der Innereien hat zwei Gründe: Fischleber weist eine außergewöhnlich hohe Dichte an Nährstoffen auf. Die Bauchspeicheldrüse hingegen liefert alle für den Abbau relevante Enzyme: Lipasen, Proteasen und Glykosidasen, die in der Lage sind, Fette, Proteine und Kohlenhydrate zu spalten und damit zu verdauen. Während der Fermentation der Fische laufen parallel mehrere Vorgänge ab. Zum einen spalten die Pankreasenzyme Fischproteine, Fette und die Kohlenhydratanteile der Glykoproteine zu Peptiden, Aminosäuren und Zuckern. Zum anderen vergären Milchsäurebakterien in den sauerstoffarmen Bereichen im Zentrum der Fässer Zucker zu Milchsäure, die wiederum den pH-Wert senkt. Aus den großen Molekülen werden somit immer kleinere, die Konsistenz ändert sich, aus den Fischen wird eine würzige, salzig-saure Soße, die lediglich noch für die Enzyme unverdauliche Feststoffreste enthält. Diese Würzsoße ist wegen ihres Säuregehalts und der hohen Salzkonzentration lange haltbar.

Interessant ist in diesem Zusammenhang der Verlauf des pH-Werts in der Garumsoße [66], der in Abb. 2.26 grob dargestellt ist.

Der Verlauf des pH-Werts zeigt die Vorgänge in der entstehenden Fischsoße. In den ersten zehn bis 20 Tagen fällt der pH-Wert durch die fortschreitende Milchsäuregärung stetig, während in der verbleibenden Zeit die Säure nur geringfügig zunimmt. Während dieser Zeit findet allerdings ein mehr oder weniger kompletter

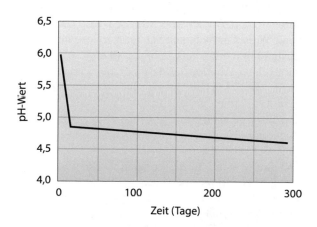

Abb. 2.26 Der pH-Wert im Verlauf der Fermentation einer Fischsoße (Typ Garum)

enzymatischer Umbau der Makronährstoffe, der Farbpigmente und des Bindegewebes statt. Proteine werden gespalten, Fette umgebaut. Es entstehen neue
Geschmacksstoffe und Aromen. Auch wenn die Fermentationstemperaturen
zwischen 15 °C und 30 °C liegen, findet eine enzymatische und oxidative
Bräunung statt: Die Soße wird braun und gleicht, farblich und geschmacklich
einer Bratensoße. Genau das ist der zentrale Punkt: Es entsteht Umamigeschmack
und es bildet sich eine unglaubliche Mundfülle (kokumi) heraus. Die Fermentation
von proteinreichen Lebensmitteln lässt sich somit in einem ähnlichen Schema
wiedergeben, wie unter Abb. 1.15 bereits für das Kochen dargestellt. Mit einem
Unterschied: Die Proteine werden nicht durch die lange Temperatureinwirkung,
sondern enzymatisch zerlegt. Die Fermentation ist damit ein „molekulares Kochen
bei niedrigen Temperaturen" [67].

Auch bei Sojasoßen und Misopasten zeigt sich eine ähnliche Systematik. Dort
bedient man sich seit Langem des Kojipilzes(*Aspergillus oryzae*), das ist ein
Edelschimmelpilz, der zum Beispiel auf dem Substrat Reis wächst. Dieser Pilz
übernimmt eine ähnliche Funktion wie die Bauchspeicheldrüse der Fische bei
der Herstellung von Fischsoße: Er setzt Proteasen, Lipasen und Amylasen frei
sowie Enzyme, die Proteine, Fette und Stärke spalten, sofern sie gekocht oder
gedämpft sind, sodass die aktiven Zentren der Enzyme Zugriff haben [68]. Vor
allem wegen der stärkespaltenden Amylasen eignet sich dieser Pilz für die Hydrolyse von protein- und stärkereichen Saaten wie Sojabohnen, Reis und Getreide.
Aber der Kojipilz eignet sich auch zur Herstellung von Mischformen, etwa
Misozubereitungen, die aus Fisch und Sojabohnen bestehen [69] und die eine aufgrund des tierischen Aminosäurespektrums deutlich erweiterte Aromabildung und
neben salzig und bitter einen intensiven Umamigeschmack aufweisen [70]. Miso
beschreibt das Produkt einer vermischten Fermentation aus Milchsäuregärung
und gezielten Enzymen über den gemälzten Koji-Reis, Reis der mit dem Edel-
pilz *Aspergillus oryzae* geimpft wurde. Dazu wird Reis einer bestimmten Sorte
für zwölf Stunden bei Raumtemperatur in vollentsalztem Wasser eingeweicht und
danach für eine Stunde bei 90 °C gedämpft.

Das Dämpfen bei 90 °C ist essenziell: Zum einem werden die polierten Reiskörner gleichmäßig gar, es bildet sich keine harte Schicht durch ein Kochen in
kalkhaltigem Wasser. Des Weiteren wird die kristalline Stärke geschmolzen und
kann Wasser aufnehmen. Stärke, Amylose und Amylopektin liegen im ungegarten
Zustand in harten, verschraubten (Amylose), teilweise kristallinen Formen (hoch-
verzweigtes Amylopektin) vor. Dabei sind diese Moleküle dicht in harte Stärkekörner gepackt. Die Enzyme haben keinen Zugriff auf diese harten Strukturen.
Erst das Dämpfen weicht die Körner auf, die Moleküle können Wasser binden
und Enzyme anlagern. Erst dann gelingt es Enzymen wie Amylasen, die Stärke zu
Zuckern zu spalten.

Anschließend wird der Reis auf 35 °C abgekühlt und mit Kojisporen geimpft
und für 48 h bei 35 °C fermentiert. Der Pilz belegt zunächst die Oberfläche der
Reiskörner, dringt aber nach und nach ein. Das Zellgewebe wird brüchig, die
Enzyme werden aktiviert. Das daraus entstehende Produkt Koji-Reis ist daher
in der Anwednung sehr enzymreich, es wird zum Beispiel auch zum Sakebrauen

und hin und wieder zum Backen verwendet. Für das Fischmiso wird Fischfleisch zerkleinert, vakuumiert und bei 90 °C für eine Stunde gedämpft. Danach wird es auf einen Wassergehalt von etwa 55 % ausgepresst und mit Koji und Salz vermischt (Mischungsverhältnis 5:5:1) und vermahlen. Anschließend lässt man die Mischung für ein Jahr bei Temperaturen zwischen 25 °C und 30 °C fermentieren. Für das Sojamiso ist die Vorgehensweise ähnlich: Die Sojabohnen werden für zwölf Stunden eingeweicht, danach für eine Stunde bei 90 °C gedämpft und anschließend im gleichen Mischungsverhältnis mit Koji und Salz vermahlen.

Für die Ausbildung von Geschmack und Aromen ist auch die Zugabe des enzymreichen Kojipilzes von entscheidender Bedeutung. Die hochaktiven Enzyme, vor allem Proteasen und Amylasen, sorgen bereits in den ersten 14 Tagen der Fermentation für einen hohen Anteil an löslichen Zuckern, Peptiden und Aminosäuren, die Aromabildung kommt dabei rasch in Gang. Vergleichsexperimente von Fisch- und Sojabohnenfermentation zeigen einen deutlichen Anstieg der löslichen Zucker und Peptide in dieser Phase. Ohne die Zugabe von Kojipilzen ist kein nennenswerter Anstieg der Enzymaktivität im gleichen Zeitraum zu verzeichnen. Also durchaus etwas, was sich auch zu Hause zubereiten lässt, vorausgesetzt, man hat die Geduld. In Abb. 2.27 ist ein sehr vereinfachtes Schema für die enzymatischen Prozesse gezeigt. Daraus wird ersichtlich, wie praktisch alle für die Enzyme zugänglichen Bestandteile der Ausgangspräparation zu Aromen umgebaut werden.

Bei der Fermentation zeigt sich die Bildung eines gut ausgewogenen Aromaspektrums, wie in Abb. 2.27 zu erkennen ist. Die braune Färbung des Miso erfolgt ebenfalls über die enzymatische Bräunung. Diese sorgt erst über den Umbau von phenolischen Bestandteilen wie Ferulasäure, Polyphenole usw. für die fortschreitende Bräunung, im Laufe der Fermentation aber auch für bratenähnliche oder gar brotkrustenartige Gerüche, wenn Zucker und Aminosäuren miteinander zu köstlich duftenden „Maillard-Produkten" langsam während der langen Fermentationszeiten reagieren. Freie Zucker liefern Karamellaromen, aber auch fruchtige und erdige Aromen werden zuhauf gebildet. Aromen und Gerüche also, die für die Menschen seit dem Umgang mit Feuer prägend waren. Stark fermentierte Würzsoßen und Pasten fügen sich damit in das bekannte Geruchsschema ein. Es ist also kein Wunder, wenn die Fermentation auch abseits der Lebensmittelsicherheit ihren Stammplatz in der Ernährung des *Homo sapiens* fand.

Die Erklärung ist relativ einfach: Beim Braten werden Aminosäuren und Zucker thermisch angeregt, miteinander zu reagieren. Wie in Abb. 2.28 dargestellt, werden Zucker und Aminosäuren beim Braten über die Temperatur (thermische Energie) wie in einem Aufzug energetisch angehoben und können dann den Energieberg leicht überspringen (links in Abb. 2.28). Enzyme hingegen senken aufgrund ihrer katalytischen Wirkung den hohen Potenzialberg stark herab, der dann schon bei niedrigen Temperaturen übersprungen werden kann (rechts in Abb. 2.28). Aminosäuren und Zucker reagieren zu Geruchsstoffen, die ähnlich beim Braten entstehen. Sojasoßen, Misopasten und Bratensoßen sehen daher nicht nur ähnlich dunkelbraun aus, sondern bilden in vielen Fällen ähnliche Aromaverbindungen: Beide riechen sehr ähnlich. Die klassische enzymatische Bräunung,

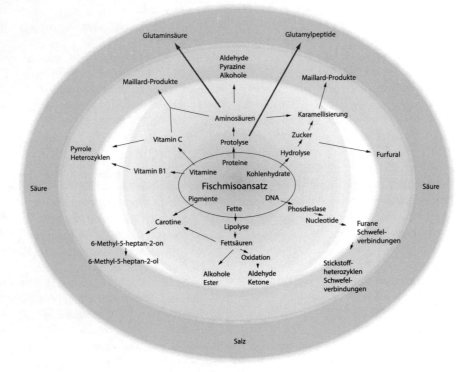

Abb. 2.27 Der Umbau von Proteinen, Fetten, Pigmenten, Vitaminen usw. bei der Misofermentation eines Fischmisoansatzes [69]. Grün ist der sich bildende „Aromaring", der Geruch des Miso, blau der „Geschmacksring". Der hohe Anteil der freien Glutaminsäure definiert den typischen Umamigeschmack lange fermentierter Lebensmittel

wie sie bei vielen polyphenolreichen, rohen Früchten und Gemüsen bekannt ist, spielt in diesen Fällen eine untergeordnete Rolle. Dabei werden über Polyphenoloxidasen vorhandene Diphenole zu Chinonen oxidiert, die eine bräunliche Färbung erzeugen. Polyphenoloxidasen werden beim Dämpfen der Leguminosen vollkommen deaktiviert.

Ein wichtiger Gesichtspunkt ist wie immer der Geschmack. Das zugefügte Salz verändert sich während der Fermentation nicht, es bleibt also erhalten. Miso schmeckt daher grundsätzlich salzig. Über Milchsäurebakterien wird zu Beginn der Fermentation die Misopaste sauer. Allerdings bildet sich auch ein erheblicher Teil freier Glutaminsäure, die als Hauptauslöser des Umamigeschmacks gilt. Sojasoßen, Fischsoßen und Misopasten stehen daher für einen typischen herzhaften Umamigeschmack. Tatsächlich ist dies mit der Reaktionsträgheit der Glutaminsäure bei herkömmlichen Lebensmittelzubereitungen wie Braten, Schmoren, Backen und Fermentieren verbunden. Glutaminsäure bildet beim Fermentieren keine geruchsaktiven Maillard-Produkte, beim Braten keine

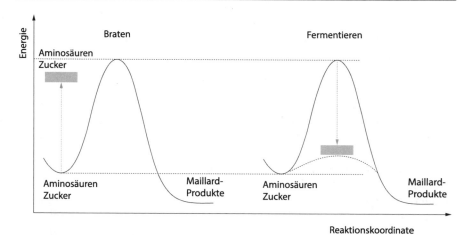

Abb. 2.28 Zucker und Aminosäuren reagieren zu Maillard-Produkten. Auf molekularer Ebene ist der Unterschied zwischen Braten/Grillen/Schmoren und Fermentieren geringer, als man denkt

Bräunungsstoffe oder Röstaromen. So übersteht sie die üblichen Küchentechniken und entfaltet ihr volles Umamigeschmackspotenzial auf der Zunge. Wie schon in Kap. 1 ausführlich dargelegt wurde, war der Umamigeschmack die Triebfeder des Paläolithikums. So darf es nicht verwundern, dass mit der Kontrolle der Mikroorganismen im Neolithikum und in der Neuzeit die Fermentation als fundamentale Prozesstechnik nie ihre Bedeutung verlor und bis heute mit Hightech-Methoden in allen Formen dem Wohlgeschmack zuliebe gepflegt wird.

2.9.5   Sicherheit und Vorteil fermentierter Produkte

Damit erschließt sich in letzter Konsequenz auch die große Bedeutung des Basisgeschmacks „sauer". Milde Säuren mit pH-Werten zwischen 4,5 und 3,5 stehen für sicherere Lebensmittel. Vergorene Gemüse erfüllten somit die Hauptkriterien: guter Geschmack und Haltbarkeit sowie gleichzeitig, je nach Fermentationsdauer und Fermentationsart, eine mehr oder weniger starke Ausbildung des Umamigeschmacks. Die Kulturtechnik Fermentation erfüllte also die wichtigsten Voraussetzungen für ihre Weiterentwicklung in der Koch- und Esskultur: Ähnlich wie das Kochen am Feuer trug die Fermentation zum Lebenserhalt und zur Weiterentwicklung bei. Ganz nebenbei hatten fermentierte Produkte eine ganze Reihe von Vorteilen für die Ernährung der Menschen in allen Epochen. Über die Vielzahl der chemischen und biochemischen Reaktionen werden viele Nährstoffe leicht verfügbar. Außerdem bildet sich, wie es an verschiedenen Stellen bereits anklang, eine ganze Reihe hochantioxidativer Stoffe mit entzündungshemmenden Eigenschaften, vorwiegend auch aus phenolischen und glykosidischen Stoffen, die im Rohzustand antinutritiv sind.

Dazu gehören zum Beispiel auch Nattō (siehe Kap. 5), die speziell fermentierten Sojabohnen, die in der asiatischen und vor allem in der japanischen Küche bereits seit 200 v. Chr. in die Esskultur Einzug hielten. Dazu wurden die Sojabohnen gekocht, anschließend wieder leicht getrocknet und auf Reisstroh fermentiert. Dadurch wurden die gekochten Sojabohnen mit einem Bacillus geimpft, der heute *Bacillus subtilis natto* genannt wird. Allein die Idee, die Bohnen zu kochen und wieder zu trocken, zeigt, welch kulturelle Leistung hinter diesem Produkt steckt und zu welchen Forschungsleistungen und Prozessoptimierungen Menschen bereits im Neolithikum in der Lage waren.

Die Fermentation dauert bei Zimmertemperatur etwa einen Tag. Auf der Oberfläche der Bohnen bildet sich ein schleimig wirkender Belag, der für europäische Zungen eher als ungewöhnlich empfunden wird. Auch dabei werden Proteine von den Enzymen des Bacillus gespalten und es wird sogar Polyglutaminsäure synthetisiert, ein Polymer, dessen Grundeinheiten nur aus der Glutaminsäure bestehen. Da dieses Polymer praktisch an (fast) jeder Grundeinheit elektrisch negativ geladen ist, bindet das wasserlösliche Makromolekül viele Wassermoleküle um sich und ist somit für diesen hochviskosen, fadenbildenden Schleim an der Oberfläche der fermentierten Bohne verantwortlich. Daneben bildet sich aber während des Fermentationsprozesses eine ganze Reihe von Mikronährstoffen, die wiederum der Physiologie des Menschen zur Verfügung stehen, vor allem Vitamin K_2, aber auch Vitamine des B-Komplexes, wasserlösliche Enzyme wie die Nattōkinase und längerkettige Ballaststoffe auf Fructosebasis. Auch die Aromabildung ist typisch: In Nattō dominieren ebenfalls heterozyklische Pyrazine, deren Geruchsattribute als nussig, röstig, erdig, verbrannt beschrieben werden. Auch hier ist wieder eine aromatische Nähe zu typischen temperaturinduzierten Röstaromen gegeben, auch wenn deren Konzentration im Nattō deutlich geringer ist.

Somit treffen wie bereits beim Kochen auch beim Fermentieren viele Aspekte zusammen: riecht gut, schmeckt gut, schmeckt nach umami und tut den Menschen über eine Vielzahl von lebenswichtigen Mikronährstoffen gut. Erst die Fermentation potenziert die Konzentration der relevanten antioxidativen Eigenschaften, kein Wunder also, wenn Misopasten, Sojasoßen, Sauerkraut, Kimchi & Co in allen Kulturen entwickelt und gepflegt wurden. Folglich blieben diese Basistechniken feste Bestandteile in der menschlichen Ernährung über die Jahrtausende.

2.9.6 Kokumi – trickreicher Umamibegleiter seit Jahrtausenden

Aber das Fermentieren – und auch das Schmoren – ist noch für ein anderes Geheimnis verantwortlich, das wir auf der Zunge schmecken. Auch das ist ein Grund, warum diese Methoden aus dem Paläolithikum und dem Neolithikum bis in die heutige Zeit getragen wurden. In Abb. 2.27 treten neben der Glutaminsäure noch sogenannte γ-Glutamylpeptide auf (die der Einfachheit halber auf dem Geschmackskreis dargestellt sind, obwohl das streng genommen nicht ganz stimmt). Sowohl beim langen Kochen als auch beim Fermentieren bilden sich kleine Bruchstücke aus den Proteinen, die für die Mundfülle, „kokumi", verantwortlich sind. Sie bestehen immer aus einer Glutaminsäure und einer oder zwei anderen, hydrophoben Aminosäuren. Bei Soja-, Fisch-, aber auch bei Misopasten sind es vorwiegend die Peptidstücke wie Glutamyl-valyl-glycin (γ-Glu-Val-Gly), also Bruchstücke, die aus einer Glutaminsäure (Glu), einem Valin (Val) und einem Glycin (Gly) bestehen [71]. In Misopasten kommen zum Beispiel noch γ-Glutamyl-cysteinyl-glycin (γ-Gl-Cys-Gly) und das Dipeptid γ-Glu-Val hinzu [72]. Diese Proteinbruchstücke sorgen abseits der fünf Grundgeschmacksrichtungen für eine außerordentlich hohe Mundfülle, indem sie calciumempfindliche Sensoren auf der Zunge anregen, die lange Zeit verkannt blieben [73].

Das ist ein weiterer wichtiger Punkt, denn sowohl Kochen als auch Fermentieren zeigen: Umami kommt, anders als alle anderen Geschmacksrichtungen, offenbar nie allein. Zwar dominiert die Glutaminsäure die Resultate dieser beiden Kulturtechniken, aber begleitet wird der Evolutionsgeschmack immer durch Glutamylpeptide, die für die Mundfülle verantwortlich gemacht werden. Umami und kokumi sind damit unzertrennliche Partner (solange nicht auf das bewusste Abschmecken mit Glutamat zurückgegriffen wird) und begleiteten die kochenden Hominiden bis zum *Homo sapiens* über eine Million Jahre durch die Evolution. Der Mensch ist auch chemosensorisch getrieben.

2.10 Keimen als universelle Kulturtechnik zur Nahrungsaufwertung

Neben der Fermentation setzte sich auch die Nutzung von gekeimten Saaten von Getreiden, Pseudogetreiden und Leguminosen durch und wurde in den meisten Volksgruppen des Neolithikums genutzt [74]. Dies zeigt sich in Nudeln auf Basis von gekeimter und fermentierter Hirse im späten Neolithikum, und zwar sowohl in Afrika [75] als auch in Asien [76]. Durch das Keimen erhält Hirse (wie auch andere Getreide und Pseudogetreide) nicht nur einen höherwertigen Nährstoffgehalt, sondern auch nicht-nutritive Stoffe, die der Pflanzenabwehr dienen, werden abgebaut, und vor allem werden physikalische Eigenschaften erzeugt, die ein Kleben und ein Verkleistern der Stärke ermöglichen. Dies erhöht die Verarbeitbarkeit der Teige erheblich.

Keimen diente damit einer wertgebenden Veredelung von Samen, die wegen des hohen Gehalts an Lektinen nicht roh verzehrbar sind, vor allem bei Leguminosen. Aus molekularer Sicht ist Keimen eine erhebliche Veränderung der molekularen Struktur, die aber gleichzeitig eine Vielzahl von neuen Nährstoffen hervorbringt. Während des Keimvorgangs nehmen antinutritive Lektine, die in hoher Konzentration Blutzellen aggregieren lassen können, dramatisch ab. Gekeimte Bohnen und deren Sprossen werden damit erst unerhitzt verzehrbar. Harte Pflanzenstoffe in den Samen wie Phytine und Pektine werden durch Enzyme, die während des Keimens aus Membranen freigesetzt werden, partiell enzymatisch umgebaut und zu Nährstoffen (primär für die keimende Pflanze) synthetisiert. Auch die Stärke wird über Amylasen zu Zuckern umgewandelt.

Geschmack und Aromen verändern sich deutlich. Während des Keimens steigt auch der Vitamingehalt und proteinspaltende Enzyme (Proteasen) werden freigesetzt, gleichzeitig aber auch Enzyme, die Aminosäuren umbauen. So steigt währenddessen der Anteil der essenziellen Aminosäuren Cystein, Tyrosin und Lysin stark an. Zuvor nicht vorhandene Proteine und Enzyme werden gebildet, das Wasserbindungsvermögen nimmt zu. Gleichzeitig zeigen die neuen Proteine starke grenzflächenaktive Eigenschaften: Die Emulgierfähigkeit und die Fähigkeit zur Schaumbildung nehmen stark zu, da die Proteine teilweise wasserlöslich werden.

Im Gegensatz zur Fermentation sind aber bei der Keimung im Normalfall keine gärenden Bakterien erwünscht. Eine Säuerung, eine starke Umamigeschmacksbildung oder ein dramatischer Aromaumbau in Richtung Feueraromen findet daher nicht statt. Ein großes Plus der gekeimten Saaten ist aber deren Nutzung als natürliche Biomaschinen bei der Herstellung von Brot, Bier und Produkten, die, wie zum Beispiel Nudeln, einen höheren Verarbeitungsgrad haben.

Es ist faszinierend zu erkennen, wie hoch die frühe Lebensmitteltechnologie entwickelt war, und bis heute sind die Methode und die daraus resultierenden Lebensmittel Grundlage des Genusses und der täglichen Küche [77]. Aber wir dürfen nicht vergessen, dass die Anlagen dazu vor Millionen von Jahren gelegt wurden. Bereits frühe Hominiden und die Frühformen des heutigen Menschen waren sensorisch getriebene Lebewesen.

2.11   Der Ursprung der chemischen Sensorik des Menschen

Die wesentlichen Voraussetzungen dazu sind in der Physiologie des Menschen und seiner Geschmackswahrnehmung zu suchen [45]. Vor allem die Fähigkeit, umami zu schmecken, legte den Grundstein für die Evolution des Menschen. Schon in der Phase vor der Nutzbarmachung des Feuers hatten Hominiden Aas verzehrt. Aas ist allerdings „gereiftes Fleisch" und somit als eine Form der Verwesung und damit der Fermentation zu verstehen. Freie Glutaminsäure und Maillard-Vorläuferprodukte bildeten sich, das Aas schmeckte umami, und es zu verzehren wurde als Vorteil erkannt. Auch deshalb, weil es durch die beginnende Verwesung bereits mit geringerem Energieaufwand gekaut und verdaut werden konnte als frisches Fleisch. Später am Feuer blieb der Umamigeschmack erhalten. Durch Braten und Kochen entstand freie Glutaminsäure, der Umamigeschmack wurde intensiver, köstliche Aromen kamen hinzu, die den Geschmack des „reifen Aases" bei Weitem übertrafen. Die Nutzung des Feuers war ohnehin naheliegend: Nach Busch- und Grasbränden in der Savanne fanden die frühen Menschen bereits verbranntes, „gegrilltes" Fleisch und verzehrten es. Somit waren Tiere, die im Feuer verendeten, vermutlich die ersten Grillgenüsse der frühen Menschen. Gerade die sensorische Wahrnehmung des intensiven Umamigeschmacks gepaart mit den Röstaromen sorgte für eine deutliche Prägung [78] und Steuerung der Nahrungssuche. Fleischverzehrende Hominiden hatten damit ein erweitertes Nahrungsangebot und hierdurch einen großen Vorteil gegenüber pflanzenfressenden Affen wie Schimpansen und anderen Primaten, die nicht auf die freie Glutaminsäure mit Geschmacksreizen reagieren [79]. Biesalski [46] weist darüber hinaus noch auf einen Vorteil hin: Durch die Erweiterung der Geschmackspräferenzen und die damit verbundene Erweiterung des Nahrungsspektrums war es dem werdenden Menschen ein Leichtes, auf alle wichtigen Mikronährstoffe zuzugreifen, „insbesondere die kritischen Mikronährstoffe Eisen, Zink, Folsäure, Vitamin A, D und B_{12}".

2.12   Die kulturelle Prägung über universelle Molekülklassen – geliebte Flavours

Alle milchsauer vergorenen Gemüse haben einen sehr ähnlichen Geschmack und einen ebenfalls typischen Geruch. Bereits die wenigen angeführten Beispiele zeigen, dass fermentierte und vergorene Lebensmittel in allen Kulturen und Volksgruppen bereits im Neolithikum entwickelt wurden: Joghurt, Dickmilch, Kefir, Käse, Bier, Wein, Essig, Kimchi, Sojasoße, frühe Formen des Miso, um nur einige wenige aufzuführen.

Dieser in jeder Kultur akzeptierte Grundgeschmack, wie auch die Ähnlichkeiten im Aromaprofil, lassen die Vermutung einer tiefen Prägung des Menschen zu, die über wenige universelle Prozesse eingetreten ist: Kochen und Fermentieren. Bei Garum, Misopasten, Fischsoßen, Sojasoße, Nattō usw. dominieren Gerüche und Aromen, die sehr an Gebratenes und Gekochtes erinnern, wie an mehreren Stellen dieses Kapitels bereits beschrieben wurde. Der Mensch erfuhr offenbar durch diese Basistechniken eine Prägung über Geruchsstoffe, die zusammen mit dem typischen Umamigeschmack und „sauer" für „sicher" die Kochkultur bestimmte. Bis heute hält diese Prägung an.

Nur in einer sehr neuzeitlichen Epoche wurden fermentierte Produkte aus dem Kanon verbannt: Es galt, in der klassischen französischen Küche und in dem als Nouvelle Cuisine definierten Küchenstil „das Fermentierte" auf Tellern zu vermeiden. Dies ist im Lichte der Evolution der kochenden Menschen unverständlich. Doch seit einiger Zeit erlebt diese Technik in unserer Zeit der Avantgarde-Küchen eine herausragende Bedeutung. Einen deutlichen Schub brachten die neuen Regionalküchenstile für die Fermentation, denn die mitunter stark restriktiv gehandhabte Produktauswahl legt nahe, Fermentation nicht nur als Chance für neue Aroma- und Geschmacksvariabilität zu erkennen, sondern wie schon in Zeiten von Kühlschränken zur Haltbarmachung von Lebensmitteln. Im besten Sinne ist dies nicht nur *„back to the roots"*, sondern auch ein Sich-Besinnen auf die elementaren Kulturtechniken, die bis heute die Basis aller Ernährung sind – seit den ersten Hominiden bis zum *Homo sapiens*.

Nicht umsonst mögen Menschen bis heute Geschmortes, Gebratenes, Gegrilltes und Fermentiertes. Allen Ängsten und allen Warnungen vor Gegrilltem oder Verbranntem zum Trotz. Nicht selten werden das an manchen Stellen fast schwarz gegrillte Würstchen, das dunkel gebackene Brot und die an manchen Stellen fast schwarz gegrillte Paprika als Antipasti gegessen, trotz

eindringlicher Warnungen vor Acrylamid [80] und Warnungen von Gesundheits-
experten [81]. Das verdeutlicht, wie stark die sensorische Prägung über die Esskultur und die entwickelten Kochtechniken ist. Die Erfahrung zeigt aber auch,
dass sich der *Homo sapiens* weiterentwickelte, solange er seinem Geschmack
vertraute – trotz der aus heutiger Sicht Gesundheitsgefahren, denen er sich beim
Essen aussetzte.

2.13   Kulinarisches Dreieck und Strukturalismus: die universelle Basis der Humanernährung

An dieser Stelle ist einen Ausflug in die Kulturwissenschaft angebracht, genauer
gesagt in die Ethnologie und den Strukturalismus. Dort werden aus einer vollkommen anderen Sichtweise ähnliche Schlussfolgerungen gezogen. Es gibt
nichts anderes als roh, gekocht und fermentiert. Alle Lebensmittel, die wir bis
heute zu uns nehmen, werden anhand dieser Basis definiert. Dies wurde von dem
Kulturwissenschaftler und Ethnologen Claude Lévi-Strauss gezeigt [82], als er
seine Ideen des Strukturalismus in die Kulinarik einführte. Die Universalität der
Nahrungsmittelzustände – roh, gekocht (oder gar) und verfault/fermentiert – über-
setzte er in ein Dreieck mit diesen Eckpunkten (Abb. 2.29). Gleichzeitig definierte
er damit die Übergänge zwischen Natur und Kultur auf der einen Achse und von
unverändert zu verändert auf der anderen Achse. Kochen als ein von Menschen
geführter Prozess wird damit als kulturelle Leistung gewürdigt.

Die Bezeichnung „roh" bezieht sich auf die Ausgangsstruktur jedes Lebensmittels in seinem ursprünglichen, biologisch natürlichen Zustand, seien es der
knackige Apfel, frisch von Baum gepflückt, frische Karotten mit Erde oder
das lebende Tier, seien es sogar René Redzepis lebende Meeresfrüchte, die in
dem Restaurant „Noma" zum Verzehr angeboten wurden [83]. Jeder weitere
Prozess, selbst das Waschen der Karotten, des Salats, das Abputzen der Äpfel,

Abb. 2.29   Das kulinarische
Dreieck nach Lévi-Strauss
(innen), erweitert um die
Symbolik der molekularen
Prozesse (außen). Erst durch
die Kontrolle von Temperatur
und Mikroorganismen durch
den Menschen wurde der
Übergang von der Natur zur
Kultur möglich

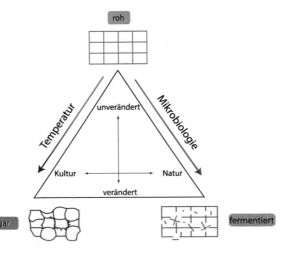

ist laut Definition in den Kulturwissenschaften bereits eine kulturelle Handlung, die ein wenig vom Rohen wegführt. Überlässt man das Rohe der Natur, ohne kulturelle Eingriffe, so wird es verfaulen. Kulturelle Maßnahmen durch Köche gestatten es aber, den Verfaulungsprozess zu kontrollieren – dann spricht man von Fermentation. Kochen und Fermentieren sind daher als grundlegende kulturelle Handlungen zu würdigen, die dem Fortbestand des Lebens gewidmet sind.

Diese abstrakten Überlegungen zum kulinarischen Dreieck lassen sich auch naturwissenschaftlich begründen, wenn man die von bestimmten Prozesstechniken ausgelösten Veränderungen der molekularen Strukturen berücksichtigt [84]. Fermentieren und Kochen sind vom Prozess her unterschiedliche Techniken. Kochen wird meist mit einer Änderung typisch thermodynamischer Parameter wie Temperatur, Druck oder Volumen erreicht. Am Feuer, am Herd, am Grill ist dies immer die Temperatur. Dabei verändern sich zunächst die Proteinstrukturen, die Textur der Lebensmittel verändert sich. Zunächst stehen dabei physikalische Änderungen der Lebensmittel im Vordergrund. Fermentieren läuft immer unter Beteiligung von Mikroorganismen ab, zum Beispiel Milchsäurebakterien, Hefen usw. Dabei werden zunächst enzymatische, chemische Reaktionen ermöglicht. Die Veränderungen auf molekularer Ebene sind dabei von anderer Natur.

2.13.1 Die molekular-evolutionsbiologische Variante des kulinarischen Dreiecks

Abseits kulturwissenschaftlicher Diskussionen bekommt dieses Dreieck eine weit konkretere Bedeutung, wenn es unter den molekularen Aspekten der bisherigen Ausführungen zum Kochen und zum Fermentieren interpretiert wird, wie es in Abb. 2.30 dargestellt ist. Der Einfachheit halber beschränken wir uns lediglich auf die Proteine, da deren Bestandteile, vor allem die Glutaminsäure, für den Umamigeschmack verantwortlich sind.

Im unmittelbar rohen Zustand liegen die molekularen Komponenten der Lebensmittel in ihrer nativen Form vor. Proteine, Kettenmoleküle aus einzelnen Aminosäuren (als Kügelchen dargestellt), sind gefaltet, sie haben ihre (in den meisten Fällen) ursprüngliche Struktur beibehalten. Wird das „Rohe" in das „Gekochte" überführt, geschieht das unter Temperaturerhöhung. Die thermische Energie entfaltet die Proteine (und andere Strukturpolymere), sie geraten aus ihrer nativen Gestalt, die Textur der Lebensmittel verändert sich. Werden Lebensmittel fermentiert, also über enzymfreisetzende Mikroorganismen verändert, so werden Proteine nach und nach in Bruchstücke zerlegt, bis einzelne Aminosäuren frei vorliegen. Darunter auch die Glutaminsäure (dunkelblau eingefärbt). Diese sorgt für „umami", während manche kleinen Bruchstücke aus zwei oder drei Aminosäuren für „kokumi" (Mundfülle) verantwortlich sind, sofern sie noch eine Glutaminsäure tragen. Fermentierte Soßen, Fischsoßen, Sojasoßen oder Misopasten sind daher immer herzhaft und mundfüllend. Langes Kochen wie in Fond- oder Soßenansätzen führt nach der Denaturierung ebenfalls zu Proteinbruchstücken und zu freier Glutaminsäure, also ebenfalls zu umami und kokumi. Verschiedene

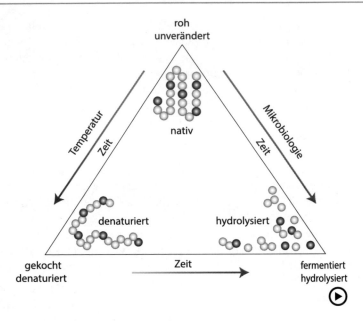

Abb. 2.30 Das kulinarische Dreieck im Spiegel der Geschmacksbildung. Sowohl langes Kochen als auch lange Fermentation spalten (hydrolysieren) Proteine. Im rechten unteren Teil des Dreiecks ist der Umamigeschmack verankert (▶ https://doi.org/10.1007/000-7rp)

Wege, ein Ziel: der intensive Wohlgeschmack. Seit Menschengedenken streben alle fundamentalen Kochprozesse zum Umamigeschmack. Damit lassen sich an dieser Stelle Kulturwissenschaften und Naturwissenschaften zusammenführen, trotz unterschiedlicher Denkansätze, Formulierungen und wissenschaftlicher Methoden.

2.13.2 Kochkulturen im Lichte des kulinarischen Dreiecks

Tatsächlich gibt es keine traditionelle und handwerkliche Kochmethode, die sich nicht im kulinarischen Dreieck verankern lässt. In der Kulturwissenschaft werden vor allem die notwendigen kulinarischen Handlungen als Kriterium herangezogen. Zum Beispiel wird der Gegensatz von roh und gegart gern unterteilt in den schwächeren Gegensatz roh zu gebraten und in den stärkeren roh zu gekocht. Im Falle des Gekochten treten ein Gefäß und Wasser als Vermittler im Garprozess hinzu, weshalb gekochte Speisen kulturell höher stehen als Gebratenes. Auch werden Rauch und Luft, quasi der Dampf, herangezogen, um Kochtechniken mit dem Dreieck zu beschreiben. Das Waschen von Gemüse und Obst wie auch die Selektion (z. B. nach Reifegrad) sind vergleichsweise einfache kulturelle Handlungen. Dies führt allerdings zu Widersprüchen und vielen Diskussionen in den Kulturwissenschaften. Diese lassen sich einfach lösen, wenn die mit der jeweiligen Kochtechnik einhergehenden molekularen Veränderungen naturwissenschaftlich begründet werden [85], wie es auch in Abb. 2.30 schon geschehen ist.

Die konsequente Erweiterung des Dreiecks der „kulturellen Handlungen" und die Verknüpfung mit den dadurch ausgelösten Veränderungen, etwa durch sanfte Temperaturerhöhungen beim Dämpfen oder Niedrigtemperaturgaren, Marinieren, Beizen und Fermentieren unter Kenntnis der molekularen Veränderungen, führen zu einer neuen Kochlandschaft und zu vielen Zwischenstationen auf dem Weg von roh nach gar und roh nach fermentiert, wie es in Abb. 2.31 gezeigt ist.

Daher lassen sich alle modernen Kochtechniken im kulinarischen Dreieck verorten. Niedrigtemperaturgaren mittels Sous-vide-Technik [86] führt zu Garzuständen zwischen roh und gekocht, da manche Proteine bei den üblichen Temperaturen zwischen 45 °C und 60 °C in ihrem nativen Rohzustand verharren [87]. Das kulinarische Dreieck behält auch seine Gültigkeit im Zusammenhang mit biotechnologischen Neuentwicklungen im Sinne der Nachhaltigkeit, wenn neuartige Proteine, etwa Quorn, aus Pilzsporen, Bakterien oder anderen Bioreaktoren hergestellt werden [88]. Diese neuartigen Nahrungsmittel lassen sich, ähnlich wie gereiftes Fleisch, frisch zwischen roh und fermentiert verorten. Selbst extrahierte Proteine aus Algen, Sojabohnen oder anderen Lebensmitteln befinden sich noch im Innern des Dreiecks. Am Ende zählen nur Zustand und Geschmack der Nahrung, die ausschließlich über molekulare Parameter definiert sind. Neuartige industrielle Prozessverfahren finden hingegen im kulinarischen Dreieck nur wenig Platz, wie in Kap. 5 detaillierter dargelegt wird.

In der Kulturwissenschaft ist der Begriff „roh" etwas anders definiert. Dort zählt bereits das Säubern der Karotte oder das Waschen des Apfels zu einer kulturellen Handlung und das gewaschene Lebensmittel ist streng genommen

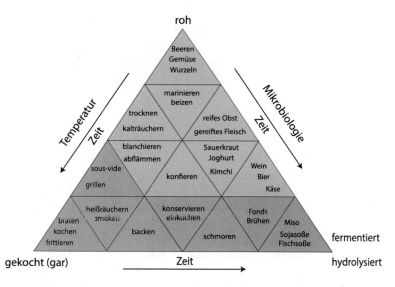

Abb. 2.31 Alle gegenwärtigen Kochtechniken lassen sich im kulinarischen Dreieck verorten, wenn die molekularen Veränderungen und Zustände berücksichtigt werden. Die oberen, noch grünlich eingefärbten Bereiche können als „pseudoroh" definiert werden, um eine bessere Definition des Begriffs „Rohkost" anzustoßen (siehe Abschn. 5.8)

nicht mehr roh. Daher werden wir den Begriff „roh" erweitern, um den molekularen Gesichtspunkten gerecht zu werden, die für uns die einzig messbaren und objektiven Maßstäbe sind. Dazu führen wir den Begriff „pseudoroh" ein, der kulturelle Handlungen zulässt, aber molekular noch wenig verändert, wie etwa in dem grünlich eingefärbten Bereich in Abb. 2.31 dargestellt ist. Das so erweiterte „roh" wird damit der verbindende Teil von nicht erhitzt verzehrten, aber fermentierten Lebensmitteln, wie zum Beispiel Joghurt, Sauerkraut oder Kimchi. Vor allem aber bieten „roh" und „pseudoroh" eine Vielzahl von neuen Möglichkeiten einer Geschmacks- und Aromavielfalt, neue Texturen mit bestechendem Mundgefühl und nicht zuletzt neue Ansätze zur Tellergestaltung, auf die wir im weiteren Verlauf des Buchs (Kap. 6) zurückkommen werden.

Das kulinarische Dreieck veranschaulicht aber auch eine umfassende Wegbeschreibung der verschiedenen Vorgänge des Küchenhandwerks. Es zeigt auch, wie systematisch bestimmte Wege über Kulturtechniken gewählt wurden, um Umamigeschmack zu erreichen. Dies gilt für alle Kulturkreise dieser Erde, der Wunsch nach umami ist universell.

Dazu betrachten wir das Dreieck in der vereinfachten Form aus Abb. 2.30. Dabei wird klar, wie weit die universelle Idee des kulinarischen Dreiecks greift. Das Schmoren und langsame Kochen führen erst zur Denaturierung der Proteine, dann wird lange gekocht bzw. geschmort, es bilden sich über die Hydrolyse der Proteine die Wahrnehmungen umami und kokumi heraus, der zugehörige Weg ist über die hellbraunen Pfeile dargestellt. Bei lange fermentierten Produkten wie Miso, Soja- und Fischsoßen werden die Zutaten erst über das Kochen oder Dämpfen denaturiert, anschließend wird die Temperatur gehalten – eine erste Hydrolyse setzt ein. Anschließend wird die Präparation auf die Fermentationsstarttemperatur abgekühlt, dann mit den Kojikulturen geimpft und lange fermentiert, wie über die dunkelbraunen Pfeile dargestellt ist. Bei der Kimchi- oder Sauerkrautfermentation werden die Zutaten gewaschen und geschnitten. Dadurch wird nur sehr wenig auf die Molekularstruktur eingewirkt. Dann greifen die Milchsäurebakterien ein und leiten unter Säuerung eine schwache Hydrolyse ein. Der Umamigeschmack ist weniger ausgeprägt. Spannend ist das Braten. Dabei werden zunächst Proteine denaturiert, bis sie an der Bratenoberfläche oder beim Grillen mit dem Kontakt höchster Hitze in der Kruste hydrolysieren und unter weiterer Temperaturerhöhung in Richtung umami zeigen. So lassen sich praktisch alle Zubereitungstechniken im kulinarischen Dreieck als Prozesspfade darstellen.

Wichtig ist in diesem Zusammenhang noch die Richtung der Pfeile. Sie ist nicht umkehrbar. Proteine falten nicht mehr zurück, sind sie erst einmal denaturiert. Auch finden die Aminosäuren und Peptide der hydrolysierten Proteine nicht mehr zu einem vollständigen Protein zurück. Die Vorgänge sind irreversibel. Gerade die Darstellungen der Ergebnisse in Abb. 2.31 und 2.32 zeigen auf eindrucksvolle Weise, wie Kulturwissenschaften, Ethnologie und Anthropologie mit den Grundlagennaturwissenschaften Physik, Biologie und Chemie zusammentreffen. Dies bietet in dieser ausgeprägten Form nur die Kulinaristik.

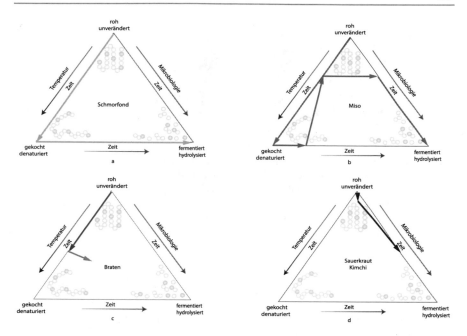

Abb. 2.32 Die klassischen Wege der Evolution in Richtung umami im Lichte des kulinarischen Dreiecks. **a**) Schmoren/Schmorfond, **b**) Miso, Soja- und Fischsoße, **c**) Braten (Grillen), **d**) Sauerkraut und Kimchi

2.14 Fazit

Die Universalität des kulinarischen Dreiecks, das Streben nach umami, lässt sich damit nicht nur chemisch, sensorisch und lebensmitteltechnologisch in Einklang bringen, sondern ist auch mit der Sensorik der Spezies Mensch gekoppelt: Der *Homo sapiens* ist ein offenbar chemisch-sensorisch getriebenes Lebewesen. Diese Aussage erhärtet sich durch die Entwicklung der Esskultur immer mehr. In der Tat ist es faszinierend, wie stark die „*chemical senses*" das Überleben, die kulinarischen Kompetenzen und die Kochtechniken steuerten. Dies ist auch eines der entscheidenden Merkmale des *Homo sapiens* und seiner entwickelten Kultur: Kein Tier begeht diese kulturellen Handlungen bewusst, kontrolliert Feuer oder gar Mikroorganismen (Abb. 2.33). Dies sind die grundsätzlichen Merkmale der Menschheit seit der Nutzbarmachung des Feuers. Und letztlich ist dies die klare Trennlinie zwischen Mensch und Tier, trotz der hochgradigen Überlappungen in der genetischen Struktur von Menschen und anderen höheren Säugetieren.

Abb. 2.33 Feuer, Ackerbau und Viehzucht sowie die Fermentation erwiesen sich als Meilensteine und fundamentale Kulturtechniken der Evolution des Menschen mit bedeutenden Auswirkungen auf die Ernährung. Ob dies für heutige technische Revolutionen ebenso gültig wird, muss sich erst noch erweisen

Literatur

1. Jones, K. T., & Metcalfe, D. (1988). Bare bones archaeology: Bone marrow indices and efficiency. *Journal of Archaeological Science, 15*(4), 415–423.
2. Speth, J. D., & Spielmann, K. A. (1983). Energy source, protein metabolism, and hunter-gatherer subsistence strategies. *Journal of Anthropological Archaeology, 2*(1), 1–31.
3. Milton, K. (2000). Hunter-gatherer diets – A different perspective. *Amercian Journal of Clinical Nutrition, 71*, 665–667.
4. Winterhalder, B. (1981). *Optimal foraging strategies and hunter-gatherer research in anthropology: Theory and models* (S. 13–35). Hunter-gatherer foraging strategies: Ethnographic and archaeological analyses.
5. Hawkes, K., Hill, K., & O'Connell, J. F. (1982). Why hunters gather: Optimal foraging and the ache of Eastern Paraguay. *American Ethnologist, 9*(2), 379–398.
6. Cordain, L., Eaton, S. B., Miller, J. B., Mann, N., & Hill, K. (2002). The paradoxical nature of hunter-gatherer diets: Meat-based, yet non-atherogenic. *European journal of clinical nutrition, 56*(S1), 42.
7. Kaplan, H., Hill, K., Lancaster, J., & Hurtado, A. M. (2000). A theory of human life history evolution: Diet, intelligence, and longevity. *Evolutionary Anthropology: Issues, News, and Reviews, 9*(4), 156–185.
8. Stanford, C. B. (1999). *The hunting apes: Meat eating and the origins of human behavior.* Princeton University Press.
9. Pruetz, J. D., & Bertolani, P. (2007). Savanna chimpanzees, *Pan troglodytes verus*, hunt with tools. *Current Biology, 17*(5), 412–417.
10. Liebenberg, L. (1990). The art of Tracking – The origin of science. David Philip Pub.
11. Gibson, K. R. (1986). Cognition, brain size and the extraction of embedded food resources. *Primate ontogeny, cognition and social behaviour*, 93–103.
12. Cordain, L., Watkins, B. A., Florant, G. L., Kelher, M., Rogers, L., & Li, Y. (2002). Fatty acid analysis of wild ruminant tissues: Evolutionary implications for reducing diet-related chronic disease. *European Journal of Clinical Nutrition, 56*(3), 181.
13. Frassetto, L. A., Schloetter, M., Mietus-Synder, M., Morris, R. C., Jr., & Sebastian, A. (2009). Metabolic and physiologic improvements from consuming a paleolithic, hunter-gatherer type diet. *European journal of clinical nutrition, 63*(8), 947.
14. Eaton, S. B., Eaton III, S. B., Sinclair, A. J., Cordain, L., & Mann, N. J. (1998). Dietary intake of long-chain polyunsaturated fatty acids during the paleolithic. *The Return of w3 Fatty Acids into the Food Supply, 83*, 12–23. Karger Publishers.

15. Crawford, M. A., Williams, G., Hassam, A. G., & Whitehouse, W. L. (1976). Essential. *The Lancet, 307*(7957), 452–453.
16. Crawford, M. A., Bloom, M., Broadhurst, C. L., Schmidt, W. F., Cunnane, S. C., Galli, C., & Parkington, J. (1999). Evidence for the unique function of docosahexaenoic acid during the evolution of the modern hominid brain. *Lipids, 34*(1), S39–S47.
17. Barton, P. G., & Gunstone, F. D. (1975). Hydrocarbon chain packing and molecular motion in phospholipid bilayers formed from unsaturated lecithins. Synthesis and properties of sixteen positional isomers of 1, 2-dioctadecenoyl-sn-glycero-3-phosphorylcholine. *Journal of Biological Chemistry, 250*(12), 4470–4476.
18. Stubbs, C. D., & Smith, A. D. (1984). The modification of mammalian membrane polyunsaturated fatty acid composition in relation to membrane fluidity and function. *Biochimica et Biophysica Acta (BBA)-Reviews on Biomembranes, 779*(1), 89–137.
19. Borow, K. M., Nelson, J. R., & Mason, R. P. (2015). Biologic plausibility, cellular effects, and molecular mechanisms of eicosapentaenoic acid (EPA) in atherosclerosis. *Atherosclerosis, 242*(1), 357–366.
20. Mason, R. P., & Jacob, R. F. (2015). Eicosapentaenoic acid inhibits glucose-induced membrane cholesterol crystalline domain formation through a potent antioxidant mechanism. *Biochimica et Biophysica Acta (BBA)-Biomembranes, 1848*(2), 502–509.
21. Domenichiello, A. F., Kitson, A. P., & Bazinet, R. P. (2015). Is docosahexaenoic acid synthesis from α-linolenic acid sufficient to supply the adult brain? *Progress in lipid research, 59,* 54–66.
22. Simopoulos, A. P. (2011). Evolutionary aspects of diet: The omega-6/omega-3 ratio and the brain. *Molecular neurobiology, 44*(2), 203–215.
23. Cordain, et al. (2002). Fatty acid analysis of wild ruminant tissues: Evolutionary implications for reducing diet-related chronic disease. *European Journal of Clinical Nutrition, 56*(3), 181.
24. Self-Medlin, Y., Byun, J., Jacob, R. F., Mizuno, Y., & Mason, R. P. (2009). Glucose promotes membrane cholesterol crystalline domain formation by lipid peroxidation. *Biochimica et Biophysica Acta (BBA)-Biomembranes, 1788*(6), 1398–1403.
25. https://www.welt.de/vermischtes/article155694524/Voelliger-Bloedsinn-dass-Zuckerkonsum-Diabetes-ausloest.html.
26. Mann, N. (2007). Meat in the human diet: An anthropological perspective. *Nutrition & Dietetics, 64*(s4).
27. Psouni, E., Janke, A., & Garwicz, M. (2012). Impact of carnivory on human development and evolution revealed by a new unifying model of weaning in mammals. *PLoS One, 7*(4), e32452.
28. Smith, E. K., Pestle, W. J., Clarot, A., & Gallardo, F. (2017). Modeling breastfeeding and weaning practices (BWP) on the coast of Northern Chile's Atacama desert during the formative period. *The Journal of Island and Coastal Archaeology, 12*(4), 558–571.
29. Larsen, C. S. (2003). Animal source foods and human health during evolution. *The Journal of nutrition, 133*(11), 3893S-3897S.
30. Reed, C. A. (1984). The beginnings of animal domestication. In Mason, I. L., & Mason, I. L. (Hrsg.), *Evolution of domesticated animals.* Longman.
31. Chesney, R. W., Helms, R. A., Christensen, M., Budreau, A. M., Han, X., & Sturman, J. A. (1998). The role of taurine in infant nutrition. *Taurine, 3,* 463–476. Springer.
32. Yamori, Y., Taguchi, T., Hamada, A., Kunimasa, K., Mori, H., & Mori, M. (2010). Taurine in health and diseases: Consistent evidence from experimental and epidemiological studies. *Journal of biomedical science, 17*(1), S6.
33. Henneberg, M., Sarafis, V., & Mathers, K. (1998). Human adaptations to meat eating. *Human Evolution, 13*(3–4), 229–234.
34. Battaglia Richi, E., Baumer, B., Conrad, B., Darioli, R., Schmid, A., & Keller, U. (2015, June). Gesundheitliche Aspekte des Fleischkonsums. *Swiss Medical Forum, 15*(24), 566–572. EMH Media.

35. Rafferty, J. E. (1985). The archaeological record on sedentariness: Recognition, development, and implications. *Advances in Archaeological Method and Theory, 8*, 113–156.
36. Fitzhugh, B., & Habu, J. (2002). *Beyond foraging and collecting. Evolutionary change in hunter-gatherer settlement systems.* Springer.
37. Binford, L. R. (1980). Willow smoke and dogs' tails: Hunter-gatherer settlement systems and archaeological site formation. *American antiquity, 45*(1), 4–20.
38. Nickel, R. K. (1975). Paleoethnobotany of the Koster site. *The Archaic Horizons, 20*(67), 75–77.
39. Nieradzik, L., & Schmidt-Lauber, B. (2016). *Tiere nutzen. Ökonomien tierischer Produktion in der Moderne.* Studien Verlag.
40. Turnbull, P. F., & Reed, C. A. (1974). The fauna from the terminal Pleistocene of Palegawra Cave, a Zarzian occupation site in northeastern Iraq. *Fieldiana Anthropology, 63*(3), 81–146.
41. Benecke, N. (1994). *Der Mensch und seine Haustiere. Die Geschichte einer jahrtausendalten Beziehung.* Theiss.
42. Burger, J. (2007). Die Milch macht's! Die ersten Bauern Europas und ihre Rinder. *Journal Culinaire, 4*, 32–35.
43. Curry, A. (2013). The milk revolution. *Nature, 500*(7460), 20.
44. Fallingborg, J. (1999). Intraluminal pH of the human gastrointestinal tract. *Danish medical bulletin, 46*(3), 183–196.
45. Gerbault, P., Liebert, A., Itan, Y., Powell, A., Currat, M., Burger, J., Swallow, D. M., & Thomas, M. G. (2011). Evolution of lactase persistence: An example of human niche construction. *Philosophical Transactions of the Royal Society B: Biological Sciences, 366*(1566), 863–877.
46. Biesalski, H. K. (2010). Ernährung und Evolution. *Biesalski, H. K., Bischoff, S. C., Puchstein, C.: Ernährungsmedizin. Nach dem neuen Curriculum Ernährungsmedizin der Bundesärztekammer, 4*, 4–19.
47. Burger, J., & Thomas, M. G. (2011). The palaeopopulationgenetics of humans, cattle and dairying in Neolithic Europe. *Human bioarchaeology of the transition to agriculture*, 369–384. Wiley.
48. Farnworth, E. R. T. (Hrsg.). (2008). *Handbook of fermented functional foods.* CRC Press.
49. Tong, P. (2013). Culturally speaking: Lactose intolerance: A condition as old as the Stone Age. *Dairy Foods Magazine, 26.* https://works.bepress.com/phillip_tong/46/.
50. Hertzler, S. R., Huynh, B. C. L., & Savaiano, D. A. (1996). How much lactose is low lactose? *Journal of the Academy of Nutrition and Dietetics, 96*(3), 243–246.
51. Caviezel, R., & Vilgis, T. A. (2017). *Koch- und Gartechniken. Wissenschaftliche Texte und Erläuterungen.* Matthaes.
52. Cavalieri, D., McGovern, P. E., Hartl, D. L., Mortimer, R., & Polsinelli, M. (2003). Evidence for *S. cerevisiae* fermentation in ancient wine. *Journal of molecular evolution, 57*(1), S226–S232.
53. Dineley, M., Dineley, G., & Fairbairn, A. S. (2000). *Plants in Neolithic Britain and Beyond.* Oxbow Books.
54. Van Oevelen, D., Spaepen, M., Timmermans, P., & Verachtert, H. (1977). Microbiological aspects of spontaneous wort fermentation in the production of lambic and gueuze. *Journal of the Institute of Brewing, 83*(6), 356–360.
55. Howard, C. (2017). Skin contact whites: Perhaps amber is the new'orange'. *Wine & Viticulture Journal, 32*(3), 21.
56. Tamang, J. P. (Hrsg.). (2016). *Ethnic fermented foods and alcoholic beverages of Asia.* Springer.
57. Jang, D. J., Chung, K. R., Yang, H. J., Kim, K. S., & Kwon, D. Y. (2015). Discussion on the origin of kimchi, representative of Korean unique fermented vegetables. *Journal of Ethnic Foods, 2*(3), 126–136.

58. Swain, M. R., Anandharaj, M., Ray, R. C., & Parveen Rani, R. (2014). Fermented fruits and vegetables of Asia: A potential source of probiotics. *Biotechnology research international, 2014,*. https://doi.org/10.1155/2014/250424

59. Tomita, S., Nakamura, T., & Okada, S. (2018). NMR-and GC/MS-based metabolomic characterization of *sunki*, an unsalted fermented pickle of turnip leaves. *Food Chemistry, 258,* 25–34.

60. Pedebson, C. S. (1961). Sauerkraut. *Advances in food research, 10,* 233–291. Academic Press.

61. Couteau, D., McCartney, A. L., Gibson, G. R., Williamson, G., & Faulds, C. B. (2001). Isolation and characterization of human colonic bacteria able to hydrolyse chlorogenic acid. *Journal of applied microbiology, 90*(6), 873–881.

62. Shepherd, S. J., Halmos, E., & Glance, S. (2014). The role of FODMAPs in irritable bowel syndrome. *Current Opinion in Clinical Nutrition & Metabolic Care, 17*(6), 605–609.

63. Hotz, C., & Gibson, R. S. (2007). Traditional food-processing and preparation practices to enhance the bioavailability of micronutrients in plant-based diets. *The Journal of nutrition, 137*(4), 1097–1100.

64. Haaland, R. (2007). Porridge and pot, bread and oven: Food ways and symbolism in Africa and the near East from the neolithic to the present. *Cambridge Archaeological Journal, 17*(2), 165–182.

65. Landi, M., Araújo, A. F. F., Bernardes, J. P., Morais, R., Froufe, H., Egas, C., Oliveira, C., & Lobo, J. (2015). Ancient DNA in archaeological garum remains from the south of Portugal. In Oliveira, C., Morais, E., & Cerdán, A. M., *Chromatography and DNA analysis in archeology*. Município de Esposende.

66. Vieira, M. M. C. (2008). Garum: Recovering of the production process of an ancestral condiment. *Congresso do Atum, Vila Real de St. António.*

67. Vilgis, T. (2013). Fermentation – molekulares Niedrigtemperaturgaren. *Journal Culinaire, 17,* 38–53.

68. Chancharoonpong, C., Hsieh, P. C., & Sheu, S. C. (2012). Enzyme production and growth of Aspergillus oryzae S. on soybean koji fermentation. *APCBEE Procedia, 2,* 57–61.

69. Giri, A., Osako, K., Okamoto, A., & Ohshima, T. (2010). Olfactometric characterization of aroma active compounds in fermented fish paste in comparison with fish sauce, fermented soy paste and sauce products. *Food Research International, 43*(4), 1027–1040.

70. Giri, A., & Ohshima, T. (2012). Dynamics of aroma-active volatiles in miso prepared from lizardfish meat and soy during fermentation: A comparative analysis. *International Journal of Nutrition and Food Sciences, 1*(1), 1–12.

71. Kuroda, M., Kato, Y., Yamazaki, J., Kai, Y., Mizukoshi, T., Miyano, H., & Eto, Y. (2012). Determination and quantification of γ-glutamyl-valyl-glycine in commercial fish sauces. *Journal of agricultural and food chemistry, 60*(29), 7291–7296.

72. Van Ho, T., & Suzuki, H. (2013). Increase of "Umami" and "Kokumi" compounds in miso, fermented soybeans, by the addition of bacterial γ-glutamyltranspeptidase. *International Journal of Food Studies, 2*(1).

73. San Gabriel, A., Uneyama, H., Maekawa, T., & Torii, K. (2009). The calcium-sensing receptor in taste tissue. *Biochemical and biophysical research communications, 378*(3), 414–418.

74. Mäkinen, O. E., & Arendt, E. K. (2015). Nonbrewing applications of malted cereals, pseudocereals, and legumes: A review. *Journal of the American Society of Brewing Chemists, 73,* 223–227.

75. Adebiyi, J. A., Obadina, A. O., Adebo, O. A., & Kayitesi, E. (2018). Fermented and malted millet products in Africa: Expedition from traditional/ethnic foods to industrial value-added products. *Critical reviews in food science and nutrition, 58*(3), 463–474.

76. Lu, H., Yang, X., Ye, M., Liu, K. B., Xia, Z., Ren, X., Cai, L., Wu, N., & Liu, T. S. (2005). Culinary archaeology: Millet noodles in late Neolithic China. *Nature, 437*(7061), 967.

77. Kwon, D. Y., Jang, D. J., Yang, H. J., & Chung, K. R. (2014). History of Korean gochu, gochujang, and kimchi. *Journal of Ethnic Foods, 1*(1), 3–7.
78. Rolls, E. T. (2000). The representation of umami taste in the taste cortex. *The Journal of nutrition, 130*(4), 960S-965S.
79. Hellekant, G., & Ninomiya, Y. (1991). On the taste of umami in chimpanzee. *Physiology & behavior, 49*(5), 927–934.
80. https://www.tagesspiegel.de/weltspiegel/gesundheit/vergolden-nicht-verkohlen/370008.html.
81. http://www.taz.de/!5163400/.
82. Lévi-Strauss, C. (1972). *Le cru et cuit.* Plon.
83. http://www.deutschlandfunkkultur.de/bestes-restaurant-der-welt-essen-oder-nicht.954. de.html?dram:Article_id=284017.
84. Vilgis, T. (2013). Komplexität auf dem Teller – ein naturwissenschaftlicher Blick auf das kulinarischen Dreieck von Lévi-Strauss. *Journal Culinaire, 16*, 109–122.
85. Vilgis, T. (2017) Evolution—culinary culture—cooking technology. In van der Meulen, N. Wiesel, J., & Reinmann, R. (Hrsg.), *Culinary Turn, Aesthetic Practice of Cookery.* Bielefeld: Transcript.
86. Tzschirner, H., & Vilgis, T. (2014). *Sous-vide: Der Einstieg in die sanfte Gartechnik.* Köln: Fackelträger.
87. Zielbauer, B. I., Franz, J., Viezens, B., & Vilgis, T. A. (2016). Physical aspects of meat cooking: Time dependent thermal protein denaturation and water loss. *Food biophysics, 11*(1), 34–42.
88. Wiebe, M. G. (2004). Quorn™ Myco-protein – Overview of a successful fungal product. *Mycologist, 18*(1), 17–20.

Folgen der frühen Industrialisierung auf die molekulare Zusammensetzung von Lebensmitteln

3

Zusammenfassung

Der Begriff Industrialisierung suggeriert heute stark veränderte Lebensmittel. Die Industrialisierung des Essens und der Agrarwirtschaft begann zwangsläufig mit der Sesshaftigkeit, und die sich daraus ergebenden Produktions- und Handelsformen hatten einen großen Einfluss auf die Ernährung des Menschen. Die Auswirkungen der Industrialisierung auf die molekulare Zusammensetzung der Lebensmittel ist dabei von entscheidender Bedeutung. Anhand von einfachen Beispielen – tierische Fette, Milch und Brot – werden diese eingeführt und die Ursachen erläutert.

3.1 Neolithikum – die Modernisierung der Nahrung

Die Ursprünge der Industrialisierung des Essens und der Agrarwirtschaft gehen bis ins Neolithikum zurück. Bereits die Sesshaftigkeit und die sich daraus ergebenden Produktions- und Handelsformen hatten einen großen Einfluss auf die Ernährung des Menschen. Dies hat zwar wenig mit dem heutigen Begriff der Industrialisierung zu tun, dennoch wurden seit frühen Zeiten Lebensmittel systematisch manipuliert und über Zucht genetisch verändert. Naturprodukte und Lebensmittel wurden modernisiert und dem Menschen und der Umwelt angepasst, wie bereits im vorigen Kapitel beschrieben.

Bis zur Industrialisierung, wie heute bekannt, war der Weg zwar noch weit, dennoch ist es an dieser Stelle nützlich, die Veränderung der Nährstoffe auf grober

Ergänzende Information Die elektronische Version dieses Kapitels enthält Zusatzmaterial, auf das über folgenden Link zugegriffen werden kann https://doi.org/10.1007/978-3-662-65108-7_3. Die Videos lassen sich durch Anklicken des DOI Links in der Legende einer entsprechenden Abbildung abspielen, oder indem Sie diesen Link mit der SN More Media App scannen.

Skala zu betrachten, denn mit der Sesshaftigkeit und der Tausende Jahre späteren Industrialisierung veränderte sich grundsätzlich die Ernährung des Menschen [1]. Dabei zeigt sich eine grundsätzliche Veränderung (Abb. 3.1) beispielhaft anhand der Aufnahme der beiden Vitamine C und E (Kurven A und C in Abb. 3.1) aus der zur Verfügung stehenden Nahrung. Während in den Epochen der Jäger und Sammler sowie im Neolithikum der Gehalt dieser Vitamine in der Nahrung konstant hoch war, und mit der Landwirtschaft sogar noch leicht anstieg, scheint er mit der beginnenden Industrialisierung abzunehmen, in neuester Geschichte sogar am stärksten.

Noch deutlicher zeigt sich diese Entwicklung beim Nahrungsfett. Die Gesamtmenge des Fettkonsums (Kurve B) stieg bis vor 1800 Jahren nur leicht an, was dem zunehmenden Wohlstand geschuldet ist. Im Zuge der Industrialisierung der Lebensmittel nahm die Verfügbarkeit auch von tierischen Lebensmitteln zu. Der Fettanteil im Energieeintrag der menschlichen Ernährung stieg damit stetig, parallel dazu der Eintrag der gesättigten Fette (Kurve D), was nicht weiter wundert, da die Stearinsäure (C 18:0) in vielen Lebensmitteln, egal ob tierisch oder pflanzlich, die am häufigsten vertretene Fettsäure ist. Nimmt die Einnahme des Gesamtfetts zu, erhöht sich demzufolge der Anteil der gesättigten Fette im gleichen Maße. Abb. 3.1 zeigt aber auch zwei wesentliche Aspekte: seit der Industrialisierung im 19. Jahrhundert der Lebensmittel veränderte sich das Verhältnis der Omega-3- zu den Omega-6-Fettsäuren im Vergleich zum Paläolithikum. Lag das Verhältnis für lange Zeit in der Menschheitsgeschichte etwa bei 1:1, über-

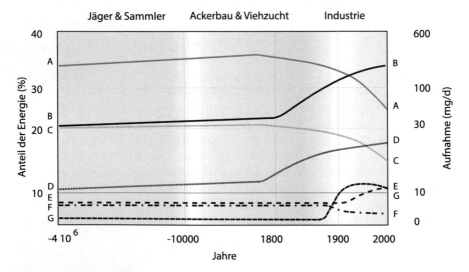

Abb. 3.1 Die Veränderung der Nahrung und der Aufnahme der Mikronährstoffe Vitamin C (Kurve A) und E (Kurve C) sowie der Fette – B: Gesamtfett, D: gesättigte Fette, E: Omega-6-Fette, F: Omega-3-Fette, G: *trans*-Fette – im Laufe der wichtigsten Epochen der Menschheit. Die hellen vertikalen Schattierungen definieren den Beginn des Neolithikums (vor 10.000 bis 9000 Jahren) und den Beginn des Industriezeitalters (um 1900). Da die vertikalen Skalen nicht linear sind, ist diese Darstellung nur schematisch zu verstehen

stieg der Anteil der Omega-6-Fettsäuren (Kurve E) den der Omega-3-Fettsäuren (Kurve F) gegen Ende des 19. Jahrhunderts. Wie bereits in Kap. 2 angemerkt, reduzierte sich bei den tierischen Lebensmitteln der Anteil der gejagten Tiere, deren Omega-3-Fettsäuren-Anteil deutlich höher ist. Gleichzeitig verringerte sich der Anteil der Omega-3-Fettsäuren in den Zuchttieren aufgrund der Mast. Die Fütterung mit Getreideresten und anderen kultivierten Futtermitteln veränderten das Fettspektrum der Zuchttiere schon seit Langem – und ist nicht grundsätzlich ein Problem der heutigen Zeit [2, 3].

3.1.1 Natürliche Fette, Industriefette, *trans*-Fette

Auffallend ist in Abb. 3.1 aber auch der im Laufe der Zeit immer stärker zunehmende Anteil der *trans*-Fettsäuren. Auch in der Nahrung von Jägern und Sammlern oder der frühen Bauern waren zwangsläufig *trans*-Fettsäuren vorhanden. Alle Wiederkäuer produzieren sie in ihrem Stoffwechsel, sie sind daher in ihrem Fleisch, aber vor allem in der Milch und den Milchprodukten zu finden. In Fisch sind sie ebenfalls vorhanden. Sie entstehen aber auch aus ungesättigten Fettsäuren durch Erhitzen. Dieser chemische Prozess ist bei bestimmten Temperaturen kaum vermeidlich. Dass die Aufnahme von bestimmten *trans*-Fettsäuren bedenkliche Ausmaße angenommen hat, wurde erst durch die vor einiger Zeit entwickelten Verfahren zur Fetthärtung ausgelöst. Ursprünglich flüssige Öle wurden gehärtet, sie werden dadurch fest – wie Margarine – und erst industriell in Anlagen verarbeitbar. Diese Verfahren wurden erst im Jahre 1901 entwickelt und revolutionierten in gewisser Weise die industrielle Fettverarbeitung bereits ein paar Jahre später. Der Grund dafür ist rein physikalischer Natur: In *trans*-Fettsäuren liegt die Doppelbindung nicht in der geknickten *cis*-Form vor, sondern in einer *trans*-Form. Die Fette fügen sich daher störungsfreier in eine Kristallform ein, der Schmelzpunkt wird höher (siehe z. B. [4]). Die Schmelzpunkte der gehärteten Fette („*shortenings*") lassen sich damit genau regulieren, woraus sich eine ganze Reihe prozesstechnologischer Vorteile bei der Produktion von Keksen (*shortcakes*) oder anderem Convencience-Food ergeben.

Aus der Ernährungs- und der medizinischen Fachliteratur wird viel über die negativen Auswirkungen von *trans*-Fettsäuren berichtet, aber das Warum und Wieso ist weniger zu finden. Zumal keine ernährungsbedingten, negativen Einflüsse der *trans*-Fettsäuren aus Milch und Milchprodukten der Wiederkäuer Kuh, Schaf und Ziege auf die Physiologie bekannt sind. Mit Fettphysik und Fettbiologie lässt sich aber ein Einblick in die Welt der Unterschiede zwischen *trans*-Fetten aus der Fetthärtung und den *trans*-Fetten der Wiederkäuer erkennen. Wie in den meisten Fällen sind kleine Details in der Molekülstruktur für eine ganze Reihe physiologischer Phänomene verantwortlich und machen diese damit leichter verständlich. Für diese Überlegungen sind in Abb. 3.2 die wichtigsten Vertreter der Fettsäuren dargestellt, die fundamentale Unterschiede zeigen.

Fettsäuren mit 18 Kohlenstoffatomen gehören aus zellbiologischen Gründen zu den häufigsten Vertretern und kommen in (fast) allen Lebensmitteln in größeren

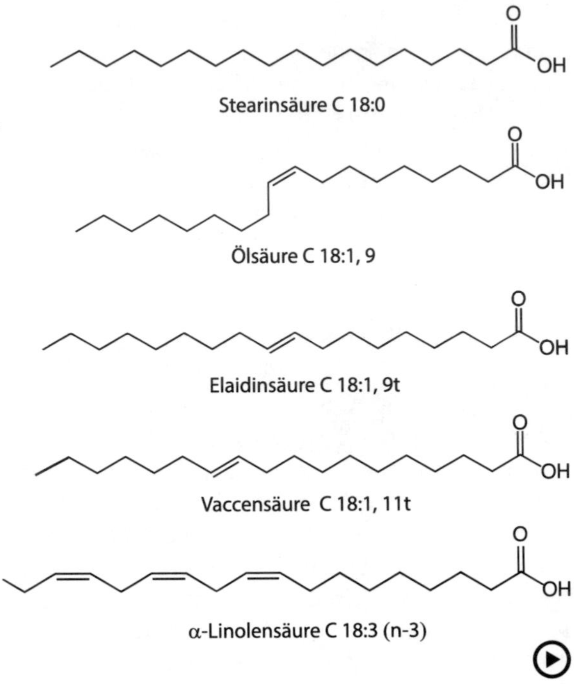

Abb. 3.2 Die wichtigsten
Versionen der C18-Fettsäure.
trans-Fettsäuren sind die
Elaidinsäure und die Vaccensäure.
Die zugehörige Omega-3-Fettsäure
ist die α-Linolensäure (ALA)
(▶ https://doi.org/10.1007/000-7rr)

Stearinsäure C 18:0

Ölsäure C 18:1, 9

Elaidinsäure C 18:1, 9t

Vaccensäure C 18:1, 11t

α-Linolensäure C 18:3 (n-3)

Mengen vor, selbst im Kokosöl sind sie mit über 6 % im Mittel als Ölsäure vertreten. Daher werden für das Folgende Fettsäuren C 18 exemplarisch betrachtet,
um die physikalischen Eigenschaften grundsätzlich besser zu verstehen. Die
ungesättigte Version C 18:0, in Abb. 3.2 ganz oben, ist die Grundversion. Die einfach ungesättigte Ölsäure (C 18:1, 9) ist zum Beispiel im Olivenöl dominant, die
Doppelbindung erfolgt an der 9. Stelle, also symmetrisch, egal ob vom Methylende oder von der Estergruppe gezählt wird. Die zugehörige *trans*-Fettsäure,
Elaidinsäure (C 18:1, 9t) zeigt den grundsätzlichen Unterschied der Gestalt: Die
trans-Doppelbindung liegt an der 9. Stelle, genau in der Mitte der Kohlenstoffkette. Bei der Vaccensäure (C 18:1, 11t) befindet sich die *trans*-Doppelbindung an
der 11. Stelle (von der Estergruppe gezählt), also näher am Methylende der Fettsäure. Dieser Punkt erweist sich als kleiner, aber wesentlicher Unterschied.

Alle Kohlenstoff-Kohlenstoff-Doppelbindungen sind im Gegensatz zu einfachen Kohlenstoff-Kohlenstoff-Bindungen nicht frei drehbar. Dies ist ein
fundamentaler Unterschied, denn Einfachbindungen, wie zwei Kugeln durch einen
einfachen Stab verbunden, lassen sich quasi einfach um die eigene Achse drehen.
Werden sie chemisch doppelt verbunden, wirkt der zweite Stab wie eine Versteifung
und verhindert eine Rotation. In der *cis*-Form werden daher Knicke in die Kette eingebaut, sodass sich diese Fettsäuren im Vergleich zu den gesättigten Fettsäuren C
18:0 nicht so eng ordnen können und daher in andere Kristallformen (Polymorphe)
gezwungen werden. Fette, die mehrheitlich aus mehr ungesättigten Fettsäuren
bestehen, bleiben daher auch bei etwas niedrigeren Temperaturen flüssiger.

Da bei der industriellen katalytischen Fetthärtung für die Fettproduktion
Pflanzenöle verwendet werden, ist die Elaidinsäure eine der am häufigsten auf-

tretenden *trans*-Fettsäuren und wird als schädlich eingestuft. Warum ist dann aber Vaccensäure nicht problematisch, sondern gar positiv zu bewerten [5, 6]? Aus physiologischer Sicht dient die Vaccensäure auch als natürlicher Vorläufer für die konjugierte Linolsäure. Aber das allein erklärt noch nicht den großen Unterschied zur Elaidinsäure. Auch hier spielt die Molekülstruktur wieder die Hauptrolle. Der strukturelle Unterschied zwischen der *trans*-Vaccensäure aus dem Milchfett von Wiederkäuern und der Elaidinsäure aus der Fetthärtung ist erheblich, auch wenn es auf den ersten Blick nicht so erscheint. Ob sich die Doppelbindung an der 11. Stelle oder an der 9. Stelle in der Kette befindet, ergibt einen großen Unterschied bezüglich der Beweglichkeit des Moleküls. Befindet sich die nicht drehbare Doppelbindung in der Mitte, versteift sich das Molekül stark. An der 11. Stelle, also eher am freien Ende, bleibt das Molekül in Richtung der Estergruppe weiter beweglich. Damit ist die Vaccensäure den Omega-3-Fettsäuren strukturell näher. Bei diesen befindet sich die Doppelbindung an der 15. Stelle (der 3. Stelle in der Omega-Zählweise). Die *trans*-Vaccensäure hat zwar einen ähnlich hohen Schmelzpunkt (44 °C) wie die Elaidinsäure, aber das Verhalten zwischen den Phospholipiden in der Zellmembran und Fettpartikeln ist für die Physiologie entscheidender. Dies wird sich bei Überlegungen zum Einbau der *trans*-Fettsäuren in Zellmembranen genauer zeigen, wenn deren Fluidität und Biegsamkeit über die Art der Fettsäuren in den Phospholipiden definiert wird. Ähnliches wurde bereits in Kap. 2 in den Abb. 2.9 und 2.10 bei gesättigten Fettsäuren angesprochen.

Werden Phospholipide mit *trans*-Fettsäuren statt *cis*-Fettsäuren in die Membran eingelagert, erhöht sich die Steifigkeit der Membran, sie verliert an Flexibilität und Biegsamkeit. Nimmt die Anzahl der *trans*-Fettsäuren zu, ist die Biegsamkeit und damit die Funktion der Zellmembran stark eingeschränkt, was längerfristig zu gesundheitlichen Problemen führen kann. Darauf wird in Abschn. 3.1.4.2 (Abb. 3.12) genauer eingegangen. Zuvor ist noch ein detaillierterer Exkurs in die Physik von fluiden Membranen notwendig, wie bereits in Kap. 2 angerissen. Membranen umhüllen alle tierischen und pflanzlichen Zellen und sichern deren biologische Funktion. Damit dies störungsfrei funktioniert, müssen Zellmembranen aber ganz bestimmten biophysikalischen Gesetzen genügen. Dafür spielt neben den Eigenschaften der Fettsäuren auch das Cholesterol eine maßgebliche Rolle.

3.1.2 Cholesterol und Zellmembranen

Die meisten werden schon vom „guten" und „bösen" Cholesterol (bzw. Cholesterin) gehört haben, vom guten HDL (High Density Lipoprotein) und schlechten LDL (Low Density Lipoprotein). Doch was genau verbirgt sich dahinter? Das Grundverständnis für viele Eigenschaften von HDL und LDL beginnt beim Gegensatz von Wasser und Fett. Fette sind nicht wasserlöslich, aber unsere Körperflüssigkeiten sind natürlich mehr oder weniger gefärbtes Wasser bzw. physiologische Kochsalzlösung: Blut, Lymphflüssigkeit, „Magen- und Darmsäfte". Darin lassen sich Mineralien, Salze und viele Proteine lösen und transportieren. Wasser löst allerdings keine Triacylglycerole und nur sehr bedingt freie

Fettsäuren, jedoch nicht in den physiologisch erforderlichen Mengen. Also gibt es nur eine Möglichkeit für den effektiven Fetttransport: Fette und Fettsäuren – und auch Cholesterol – müssen erst in wasserlösliche Hüllen verpackt werden, damit sie mit dem Blut durch die Venen reisen und an entsprechender Stelle wieder entpackt werden können, um sie an Ort und Stelle ihrer Bestimmung zu übergeben. Für diese Transportcontainer haben alle Tiere und Menschen zwei unterschiedliche Nanopartikel entwickelt, LDL und HDL, die sich in Größe und Dichte und somit ihren physikalischen Eigenschaften grundsätzlich unterscheiden.

Bisher steht in den Bezeichnungen LDL und HDL noch nichts von Cholesterol, sondern lediglich von Fett bzw. Lipiden (Lipo-) und Protein. Das Molekül Cholesterol erfüllt allerdings in den Zellmembranen eine fundamentale Funktion (Kap. 2), denn es hat einen schwach wasserlöslichen Kopf und eine kurze fettlösliche Kette, wie in Abb. 3.3 dargestellt. Die chemische Struktur des Triterpens Cholesterol zeigt (Abb. 3.3) bereits einen Großteil der physikalisch-chemischen Eigenschaften: Cholesterol ist wegen der schwach polaren OH-Gruppe und des wasserunlöslichen Restes grenzflächenaktiv. Die Steroidstruktur, chemisch aus verbundenen Ringstrukturen aufgebaut, ist relativ steif, die sehr kurze Fettsäure mehr flexibel. Darüber hinaus ist das Molekül insgesamt deutlich kürzer als die Phospholipide in der Membran. Es ist daher ein ganz besonderer „Lückenfüller" mit einer versteifenden Funktion, aber nur auf einer „Hälfte" der Lipiddoppelschicht. Cholesterol versteift lokal, also immer nur dort, wo sich ein Cholesterolmolekül gerade befindet – ohne die globale Biegefähigkeit der Membran negativ zu beeinflussen. An anderen cholesterolfreien Stellen in der Membran ändert sich daher die Biegefähigkeit der Doppelschicht nicht. Daraus lässt sich schließen, dass Cholesterol als lokales Schaltelement für die Flexibilität und Fluidität der Membran fungiert, immer dann, wenn es physiologisch notwendig ist, zum Beispiel in unmittelbarer Nähe zu Membranproteinen oder anderen Funktionseinheiten, die in der Membran verankert sind. Cholesterol ist damit in erheblichem Umfang für die Steuerung biologischer und biophysikalischer Funktionen der Membranen notwendig.

Wegen seiner grenzflächenaktiven Eigenschaft wird das Cholesterolmolekül problemlos in die Zellmembran eingebaut. Abgesehen von der Struktur des

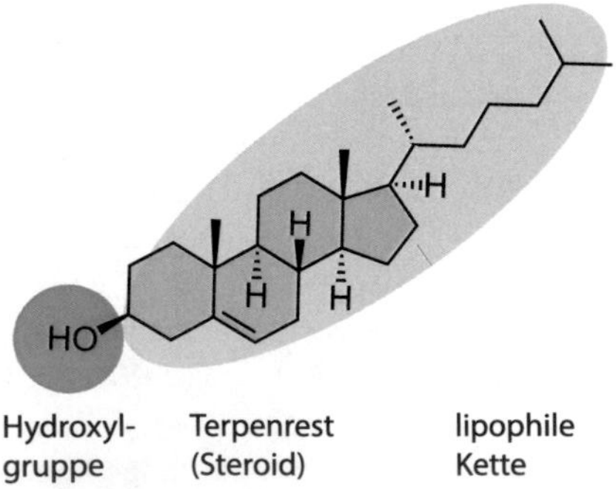

Abb. 3.3 Das Cholesterolmolekül hat eine polare, wasserlösliche Hydroxyl-(OH-)Gruppe, einen sehr steifen, wasserunlöslichen Steroidrest und eine wasserunlösliche aliphatische (fettartige) Kette

Hydroxyl-   Terpenrest   lipophile
gruppe   (Steroid)   Kette

Cholesterols ist auch die Molekülgröße von entscheidender Bedeutung. Die Länge der hydrophoben Gruppen ist dabei gerade so, dass sich das Cholesterolmolekül in die Lücken einfügen kann, die durch den höheren Platzbedarf ungesättigter Fettsäuren entstehen, wie in Abb. 3.4 schematisch dargestellt ist [7, 8].

Durch das Einlagern von Cholesterol ergeben sich eine ganze Reihe positiver Effekte für die Membranstabilität [9]. Zum einen werden Sollbruchstellen aufgrund der dipolaren Wechselwirkung der Kopfgruppen repariert, zum anderen wird die Fluidität der Membran lokal verändert. Trotz immer noch hoher Fluidität aufgrund etlicher ungesättigter Fettsäuren bleibt der Zusammenhalt der Membran gewährleistet. Darüber hinaus verhindert das Cholesterol eine Phasenseparation der unterschiedlichen Phospholipide aus Fettsäuren unterschiedlichen Sättigungsgrads. Man kann sich leicht vorstellen, dass sich etwa Phospholipide, die vorwiegend aus kurzkettigen, gesättigten Fettsäuren bestehen, lieber zusammenlagern und sich von den Phospholipiden aus ungesättigten, langkettigen Fettsäuren trennen, gemäß dem Prinzip „Gleich und Gleich gesellt sich gern". Dann entstünden in den Membranschichten zwei Phasen, die unterschiedliche Biegeeigenschaften und Fluiditäten hätten. Derartig heterogene Strukturen wären für die Funktion der Membranen nicht gerade förderlich. Cholesterol wirkt damit als Phasenvermittler zwischen den unterschiedlich aufgebauten Phospholipiden in diesen Membrandoppelschichten. Mehr noch: Cholesterolmoleküle gruppieren Phospholipide um sich, bilden damit Cluster und somit neue Phasen, die für die Membranfunktion von großer Bedeutung sind, insbesondere dann, wenn an entsprechenden Stellen der Membran Proteine eingebaut werden, in deren unmittelbarer Umgebung ausgewiesene, dem Funktionsprotein entsprechende Eigenschaften notwendig werden [10].

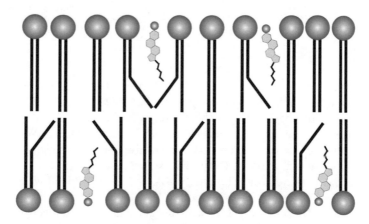

Abb. 3.4 Cholesterolmoleküle fügen sich in die Membran ein. Sie füllen Lücken, die durch die Struktur ungesättigter Fettsäuren vorhanden sind, und erhöhen damit die Membranstabilität. Die Versteifung und Abdichtung der Membran werden nur an den hydrophilen Seiten der Membran erreicht, im Zentrum bleibt die Membran beweglich

Tatsächlich sind die Einflüsse von Cholesterol auf die Fluidität der Membran temperaturabhängig. Die Temperaturabhängigkeit erlaubt dem Cholesterol Multitasking in der Zellmembran. Bei höheren Temperaturen kann Cholesterol die freie Beweglichkeit der Fettsäureketten der Phospholipide einschränken und somit die Doppelschicht selektiv steifer machen. Temperaturfluktuationen lassen sich somit besser ausgleichen. Gleichzeitig verändert sich auch die Zellmembranpermeabilität (Durchlässigkeit) für kleine Moleküle, etwa Wasser. Bei niedrigen Temperaturen hingegen zeigt Cholesterol einen Weichmachereffekt in der Membran: Durch die Wechselwirkung mit den Fettsäureketten der Phospholipide kann Cholesterol Membranen vor dem Kristallisieren bewahren und deren Beweglichkeit und Flexibilität erhalten. Cholesterol ist somit keineswegs per se schädlich, sondern ein Molekül mit ausgewiesener biophysikalischer Bedeutung – weswegen das körpereigene Biochemielabor davon reichlich herstellt.

Für die Zellfunktion ist Cholesterol in seiner molekularen Form biophysikalisch unverzichtbar. Es darf dabei nicht vergessen werden: Der physiologische Cholesterolbedarf eines 70 kg schweren Menschen am Tag beträgt ca. 0,5–1,5 g. Nur etwa ein Drittel davon entstammt aus der Nahrung, der Rest wird über biochemische Synthesen in der Leber bereitgestellt. Es gibt zwar Zellen im Menschen, die an Ort und Stelle Cholesterol synthetisieren, z. B. in der Darmschleimhaut, in den steroidhormonbildenden Drüsen in der Haut, um es für die Vitamin-D-Synthese zu nutzen (siehe Kap. 5). Der Löwenanteil wird jedoch in der Leber synthetisiert und muss von dort aus in viele Zellen des Körpers transportiert werden. Wie wir in späteren Kapiteln noch sehen werden, ist Cholesterol sogar eine Art Universalmolekül für die verschiedensten physiologischen Prozesse (siehe Kap. 5). Es dient zum Beispiel als Vorstufe für die Synthese von Steroidhormonen und Gallensäuren, ohne die kein Fettverdau möglich wäre, wie in Kap. 4 genauer gezeigt wird, auch für die Bildung des Vitamin D ist es unerlässlich.

3.1.3 Phytosterole

Diese physikalischen Grundfunktionen sind nicht tier- und menschenspezifisch, sondern sie müssen auch in pflanzlichen Membranen aufrechterhalten werden. Dies wird über sehr ähnliche Sterole erreicht, die sich lediglich in der aliphatischen Kette marginal unterscheiden. Der Rest ist identisch. Was also sind diese Phytostyrole, denen hin und wieder positive und gesundheitsförderlichen Effekte zugeschrieben werden? Dazu gibt es zunächst ein Suchbild in Abb. 3.5: Welches ist das böse tierische Cholesterol – A, B, C oder D? Und welches ist das gute pflanzliche Phytosterol? Die Antwort ist Molekül B.

Bei genauem Hinsehen ergeben sich fundamentale Unterschiede in den verschiedenen Sterolen, die aber ausschließlich in der sehr kurzen Kohlenstoffkette zu finden sind. Beim Cholesterol (B in Abb. 3.5) besteht diese aus fünf Kohlenstoffatomen, die alle frei drehbar sind. Ähnlich ist dies beim Molekül A, das dem tierischen Cholesterol von der Struktur her am nächsten kommt. Die Moleküle

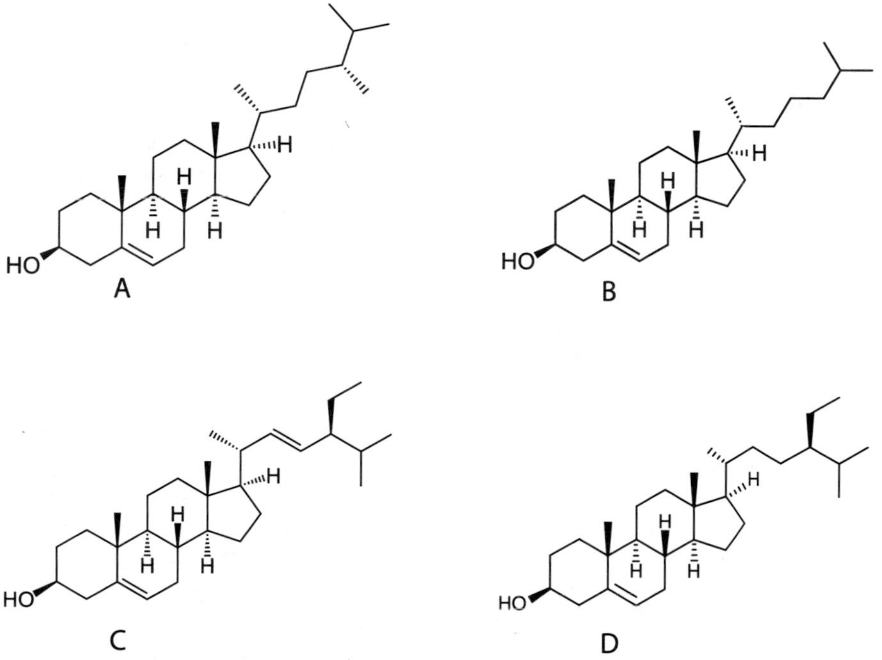

Abb. 3.5 Einige pflanzliche Sterole und ein tierisches Sterol. Das tierische Cholesterol ist Molekül B. A: Campesterol, C: Stigmasterol, D: β-Sitosterol

C und D haben indes kompliziertere Schwänzchen. In C ist z. B. die Drehbarkeit durch eine Doppelbindung eingeschränkt, in D gibt es zusätzliche sterische Behinderungen über eine Verzweigung. Warum ist das in Phytosterolen so, aber nicht im Cholesterol? Ganz abgesehen von der unterschiedlichen Funktion von Pflanzenzellen und tierischen Zellen ist die Temperatur bei Tieren weitgehend konstant. Pflanzen hingegen sind starken Temperaturschwankungen ausgesetzt, daher werden mehrere, unterschiedliche strukturierte Sterole benötigt, die aufgrund der Struktur des hydrophoben Schwänzchens unterschiedliche stark die Membranflexibilität beeinflussen können, um deren Funktion aufrechtzuerhalten. Pflanzliche Sterole haben aufgrund dieser Strukturelemente daher in tierischen oder menschlichen Membranen keine unmittelbare Funktion. Daher ist es aus biophysikalischen Gründen fragwürdig anzunehmen, der regelmäßige Konsum von Phytosterolen als Nahrungsergänzung würde viele positive Effekte bedingen.

Für die spezifische Zellfunktion ist es wichtig, dass die gesamte Cholesterolkonzentration in den Membranen konstant ist. Jede Zelle benötigt für ihre Funktion eine genau angepasste Zusammensetzung von Phospholipiden und Cholesterol. Andererseits wird die Zellmembran ständig erneuert und damit auch das Cholesterol ausgetauscht. Überschüssiges und damit im Moment nicht benötigtes Cholesterol wird daher neutralisiert – oder genauer ausgedrückt apolarisiert –, damit es keinen Platz mehr in der Membran findet. Dazu wird es verestert und eine Fettsäure an der OH-Gruppe verankert. Das veresterte Cholesterol ist dann weder polar noch grenzflächenaktiv, dafür aber stark fettlöslich, wie am Beispiel in Abb. 3.6 zu sehen ist. Das Molekül ist zwar nach der Veresterung deutlich größer, bleibt aber vollkommen fettlöslich. Daher kann es mit der Fettsäure thermodynamisch sehr leicht zusammen mit den anderen Fetten über die größeren LDL-Partikel durch das Blut transportiert werden. Dazu nutzt die Physiologie allein aus physikalischen Gründen ausschließlich das dafür passende, vermeintlich LDL.

3.1.4   Cholesterol, LDL und HDL – was ist gut, was ist böse?

Die Nanopartikel HDL und LDL zunächst also nichts weiter als ganz spezielle, den jeweiligen Anforderungen angepasste Verpackungungsmittel, um Fette, Cholesterol und Phospholipide über das Blut effektiv transportieren zu können. Um dies genauer zu verstehen, muss dazu das Fett auf dem Weg von der Leber ins Blut, an die Zellen und wieder zurück begleitet werden. Über die Funktion der Lipoproteine zeigen sich weitere Eigenschaften, die nur über verschiedene Proteine gelöst werden können, etwa die Größe und die notwendigen Verpackungs- und Öffnungsmechanismen, die für LDL und HDL naturgegeben unterschiedlich sein müssen. Doch wie sehen diese Fetttransporttröpfchen genau aus? Um den Mechanismus zu verstehen, darf man nicht vergessen, dass sich Fett nicht einfach in Wasser (Blut) löst und schon gar nicht transportieren lässt. Folglich muss das aus der Leber entlassene Fett zuerst emulgiert werden, damit es überhaupt in Partikel sicher verpackt werden kann. Als Emulgatoren werden alle grenzflächenaktiven Molekültypen genutzt, die physiologisch zur Verfügung stehen: Phospholipide und Cholesterol. Das ist praktisch, denn diese beiden Molekülgruppen müssen ohnehin in die peripheren Zellen transportiert werden. Darin lassen sich Triacylglycerole und verestertes Cholesterol verpacken. Die sich physikalisch zwingend ergebende Grundstruktur der Partikel ist in Abb. 3.7 gezeigt.

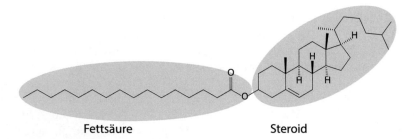

Fettsäure   Steroid

Abb. 3.6 Verestertes Cholesterol ist nicht mehr grenzflächenaktiv, sondern zu 100 % fettlöslich. Die Fettsäure muss, wie in dieser Abbildung exemplarisch dargestellt, nicht gesättigt sein, in der Regel spiegelt sich die Zusammensetzung der Zellmembranen das ganze Fettsäurespektrum auch im veresterten Cholesterol wider

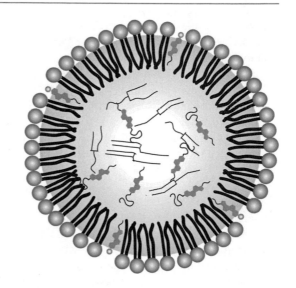

Abb. 3.7 Der Grundaufbau aller tierischen Fettpartikel ohne Proteine. Im Fettkern befinden sich neutrale Fette (Triglyceride bzw. Triacylglycerole) und verestertes Cholesterol. Freies Cholesterol und Phospholipide befinden sich als Emulgatoren an der Oberfläche der Tröpfchen

Aus der Leber werden zunächst bis zu 1000 µm große, instabile Fetttropfen ausgeschieden, in denen das veresterte Cholesterol gelöst ist. Diese VLDL-Partikel (Very Low Density Lipoproteins) sind zunächst viel zu groß und zu instabil, um störungsfrei transportiert zu werden. In diesen VLDL-Partikeln liegen die zu verpackenden Bestandteile stark unstrukturiert vor, sie benötigen daher viel Platz auf großem Volumen, somit ist die Dichte sehr niedrig. Fette sowie freies und verestertes Cholesterol werden daher immer wieder umgepackt, sortiert und geordnet, bis die Größe der Verpackungspartikel ihr unter den vorgegebenen physikalischen Bedingungen absolutes Minimum und die höchstmögliche Dichte erreicht. Als Verpackungsmaterial dienen die Phospholipide, die ohnehin in die Zellmembranen transportiert werden müssen. Daneben wird nicht verestertes, freies Cholesterol analog der Zellmembran in die Oberflächen der Tröpfchen eingelagert. Phospholipide und nicht verestertes Cholesterol bilden dabei eine „Monolage" (Monolayer; eine „halbe Doppelschicht", sprich einschichtige Membran, im Vergleich zur Membran) um die Fetttröpfchen, wie in der schematischen Abb. 3.7 dargestellt.

Im Kern des Tröpfchens befinden sich alle neutralen Fettmoleküle, sprich Triacylglycerole und veresterte Cholesterole, während Phospholipide und freies Cholesterol die Hülle bilden. Die polaren Köpfe der Phospholipide und des freien Cholesterols sorgen damit für die hohe Wasserlöslichkeit der Tröpfchen. Fett und Cholesterol sind somit im Blut „emulgiert". Es ist aber bekannt, dass solche lediglich über Phospholipide (und Cholesterol) stabilisierte Emulsionen nicht besonders stabil sind. Die Phospholipide sind als Emulgatoren viel zu schwach. Des Weiteren ist aus der Physik bekannt, dass größere Partikel aufgrund des Volumen-Oberflächen-Verhältnisses weit instabiler als kleinere Partikel sind. Also müssen die VLDL-Partikel verkleinert und überdies stabilisiert werden. Dazu werden zusätzlich Proteine genutzt, die nicht nur biologische Aufgaben haben, sondern auch zur Stabilität der Fettpartikel beitragen. Passen die Gestalt und die Größe der Proteine zu den Abmessungen der Partikel, werden diese von entsprechenden Proteinen regelrecht umwickelt, was die Stabilität deutlich erhöht. Dazu ist es nützlich, sich die Größenverhältnisse der Lipoproteine zu vergegenwärtigen. In Abb. 3.8 sind diese verdeutlicht.

Die Größen- und Dichteverhältnisse spiegeln zunächst die Physik dieser Lipoproteine wider. Die VLDL-Partikel weisen wegen der losen Packung ein spezifisches Gewicht von 0,8 g/ml auf, was leicht unter dem spezifischen Gewicht von Fett von 0,9 g/ml liegt. Der Fettkern ist also sehr groß und es kommt kaum Protein vor, dessen Dichte weit höher ist als die des Fetts. VLDL-Partikel sind damit lediglich durch Phospholipide und freies Cholesterol stabilisiert. HDL-Partikel hingegen haben mit 1,063–1,21 g/ml ein spezifisches Gewicht, das über dem des Wassers (1,0 g/ml) liegt. Demzufolge ist der Proteinanteil im Vergleich zu VLDL deutlich höher. Dies verdeutlicht auch eine genauere Analyse der an den Partikeln beteiligten Stoffe: Hierbei zeigt sich, wie stark sich Zusammensetzungen der verschiedenen Partikel unterscheiden. Die verschiedenen Partikel HDL und LDL sind also nicht *per se* „gut" oder „böse". Ihre Größe entspricht genau dem Sinn und Zweck ihrer Aufgaben, und der ist zunächst eben nicht pathologisch oder physiologisch, sondern biophysikalisch bestimmt. Genau dies ist an der Zusammensetzung der Partikel zu erkennen, die in Tab. 3.1 dargestellt ist.

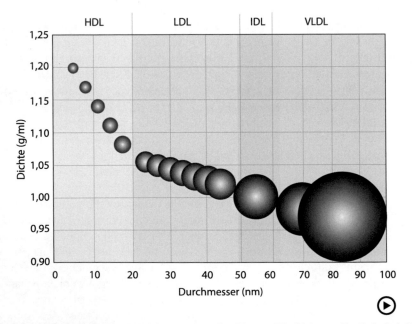

Abb. 3.8 Größenverhältnisse von Lipoproteinen im Körper. Die kleinsten Partikel sind HDL (5–15 nm), sie haben die höchste Dichte. Es folgen die LDL-Partikel (20–50 nm) mit deutlich niedrigeren spezifischen Gewichten. VLDL haben die geringste Dichte und die größten Durchmesser. IDL steht für intermediäre Lipoproteine, die während der ersten Schritte des Verpackungsprozesses entstehen (▶ https://doi.org/10.1007/000-7rq)

Tab. 3.1 Die mittlere Zusammensetzung der verschiedenen Cholesterolpartikel definiert ihre Größe und Funktion. Der Vollständigkeit halber sind Chylomikronen (CM) aufgeführt. Die Partikel mit spezifischen Gewichten um 0,8 g/ml transportieren die im Darm aufgenommenen Nahrungsfette unter Umgehung der Leber über das Lymphsystem in den Blutkreislauf

Partikel	CM	VLDL	LDL	HDL
Größe (nm)	200–600	100–60	25	7–15
Totaler Fettgehalt (%)	99	91	80	44
Triacylglycerole (%)	85	55	10	6
Cholesterolester (%)	3	18	35	15
Cholesterol (%)	2	7	11	7
Phospholipide (%)	8	16	23	30
Protein (%)	2	4	21	50

Dabei ist bei genauerem Hinsehen das Zusammenspiel der verschiedenen Komponenten bereits ersichtlich. Die großen, aus der Leber entlassenen VLDL-Partikel tragen das meiste Fett sowie Cholesterolester. Mit abnehmender Partikelgröße wird der Triacylglycerolanteil geringer, während der Proteingehalt steigt. Tatsächlich sind die VLDL-Partikel viel zu groß, um stabil über den Blutkreislauf transportiert zu werden. Aus physikalischen Gründen nimmt die Stabilität der Partikel mit zunehmender Größe ab. Kleine Partikel sind stabiler, ähnlich sehr großen Seifenblasen, deren Form stark fluktuiert, während kleine Blasen stabil in der Kugelform verbleiben. Daher werden diese großen VLDL-Partikel in stabilere Systeme umgepackt, gemäß Abb. 3.8 über Zwischenstufen wie IDL (intermediäre Lipoproteine).

Auffallend ist dabei, dass bei den LDL-Partikeln Cholesterolester am häufigsten vertreten sind. Dies entspricht aber genau den Verpackungsregeln der Fette. Zum einem müssen aus der Leber sowohl freie als auch veresterte Cholesterolmoleküle der Zellphysiologie zugeführt werden. Ein Teil der freien Cholesterolmoleküle findet ausreichend Platz in der Phospholipidschicht, die sich um alle Partikel legt (Abb. 3.7). Die großen Cholesterolester müssen indes im Fettkern zu den Zellen transportiert werden, wo im Bedarfsfall der Ester abgespalten wird. Die LDL-Partikelgröße ist damit ein physikalisch optimaler Kompromiss zwischen Fassungsvermögen, Stabilität, Oberfläche, Oberflächenspannung und Transporteigenschaften.

Damit aber die Übergabe und Freigabe der in den LDL-Partikeln verpackten Bestandteile wie Phospholipide, freies und verestertes Cholesterol funktioniert, müssen sie an den dafür vorgesehenen Rezeptorproteinen an den Zellen andocken, quasi „vor Anker gehen", damit der Inhalt der LDL-Partikel an die Zellen übergeben werden kann. Gleichzeitig müssen die Partikel mit sehr speziellen Öffnungsmechanismen versehen sein, damit ihr Inhalt den Zellen zugänglich wird. Diese Aufgabe wird am zweckmäßigsten mit Proteinen gelöst, die mit ihrem an der Oberfläche liegenden Aminosäuremuster dafür prädestiniert sind (natürlich spielen lokale biophysikalische Prozesse eine weitere Rolle, aber diese lassen wir hier der Einfachheit halber weg). Deshalb müssen die Ankerproteine (Rezeptorproteine) von ganz bestimmter Struktur und Gestalt sein, damit sie die Verpackungsproteine um die LDL-Partikel erkennen können. Nur dann werden die Ankerstellen zum Andocken freigegeben, um somit die grundlegende Biochemie des Cholesterolstoffwechsels aufrechtzuerhalten. Diese Proteinklasse kennt man unter dem Namen Apolipoprotein B, eines der bedeutendsten ist das Apolipoprotein B100, dessen Struktur und Eigenschaften auch mit Modellen und Simulationen sehr gut untersucht sind [11].

Auch nach dieser Betrachtung ist LDL immer noch nicht „böse", sondern schlicht lebensnotwendig. Größe und Dichte sind von der Physik bestimmt und an Funktion und Physiologie angepasst [12]. Die Erkenntnis dabei ist, dass die körperindividuelle Physiologie die physikalisch-chemischen Gesetzmäßigkeiten, die durch Struktur und Wechselwirkung vorgegeben werden, nicht ohne Weiteres austricksen kann. Individuelle Unterschiede im Cholesterolstoffwechsel oder gar Erkrankungen sind daher auf einer ganz anderen Ebene zu suchen.

Der Rücktransport des nicht veresterten Cholesterols aus den Zellen erfolgt über HDL-Partikel (das „gute" Cholesterol) mit wesentlich kleinerem Durchmesser. Auch das ist physikalisch sinnvoll, denn die nicht veresterten Cholesterole sind aufgrund der fehlenden Fettsäure kleiner, haben weniger Raumbedarf und können dichter gepackt werden. Kein Wunder also, dass dort am wenigsten Cholesterolester zu finden ist, dafür aber mehr Phospholipide aus den Zellen und weit weniger freies Cholesterol, das problemlos in den Oberflächen der Platz findet. Allerdings müssen sich diese Rückläufer durch eine sehr hohe Stabilität auszeichnen, weshalb sie deutlich kleiner sind, aber immer noch so groß, dass sie keine unvorhergesehenen Stellen passieren können. Dies erfordert ebenfalls besondere Stabilitätsverstärker. Dafür sind andere Apolipoproteine verantwortlich, hauptsächlich solche vom Typ AI, der sich in seinen Eigenschaften vom Typ B100 stark unterscheidet. Auch müssen die HDL-Partikel ihren Inhalt nicht mehr an funktionellen Stellen freigeben, sondern werden in der Leber auf anderem Wege verarbeitet.

Daher sind die Apolipoproteine vom Typ AI so gestaltet, dass sie für maximale Stabilität sorgen und keine Andock- und Freigabestellen tragen, wie die Apolipoproteine der LDL-Partikel. Apolipoproteine AI umschnallen die HDL-Partikel wie exakt passende Gürtel, wie in Abb. 3.9 dargestellt, was eben nur bis zu einer bestimmten Größe der Lipoproteine funktioniert [13], und sind von ihren Aminosäuresequenzen an der Oberfläche so gestaltet, dass sie mit möglichst wenigen biologischen Oberflächen interagieren können. Der Rücktransport soll weitgehend störungsfrei ablaufen. Eine Ablagerung auf den Oberflächen der Venen (Epithel) ist daher allein aus physikalischen Gründen wenig wahrscheinlich Das rückläufige Cholesterol wird übrigens nicht in der Leber endgelagert, sondern zu Gallensäuren recycelt. Diese spielen eine ganz besondere Rolle beim Emulgieren und Verdauen von Fett, das wir über die Nahrung aufnehmen. Davon später mehr, aber es zeigt schon ganz deutlich, wie universell und effektiv die Biochemie, bzw. physiologische Chemie arbeitet: mit ähnlichen Molekülstrukturen, die für viele Einsätze geeignet sind.

Apolipoprotein AI

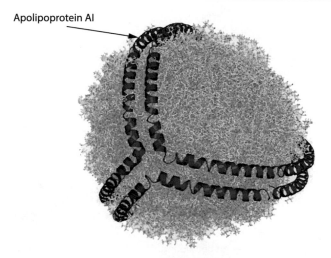

HDL-Partikel

Abb. 3.9 Prinzipieller Aufbau eines HDL-Partikels. Die Apolipoproteine umschließen das phospholipid- und cholesterolstabilisierte Partikel wie ein fester Gürtel. Zusammen mit den Phospholipiden ist eine hohe Stabilität garantiert

Diese einfachen Überlegungen zeigen aber vieles, was kaum in medizinischen Ratgebern zu finden ist: Vor allem bestimmen physikalische und chemische Eigenschaften weit mehr als die Physiologie die Grundregeln für das Verhalten, die Größe und die Struktur der LDL- und HDL-Partikel.

3.1.4.1 Wann wird LDL „böse"?

Trotz dieser bisher guten Nachrichten aus der Physik und Chemie ist natürlich nicht zu leugnen, dass LDL-Partikel durchaus negative Folgen haben können und für Entzündungen und Ablagerungen – Plaques – in den Venen sorgen können. Dazu ist aber eine ganze Reihe weiterer Prozesse notwendig, die vor allem die Apolipoproteine des Typs B100 betreffen und nicht das Cholesterolmolekül an sich [14, 15], wie sehr grob in Abb. 3.9 zusammengefasst ist. Das „Böse-Werden" des LDLs vollzieht sich in mehreren Schritten. Dazu müssen erst in nativen LDL-Partikeln Oxidationen, Lipidverluste oder Sialinsäuretransfer stattfinden. Dabei werden die LDL-Partikel etwas dichter gepackt und verkleinern sich ein wenig. Demzufolge müssen die um die Partikel gelegten Apolipoproteine in ihrer Faltung nachfolgen, sie verändern zunächst leicht ihre Gestalt. Die LDL-Partikel werden dabei leicht negativ geladen, aus LDL wird LDL(–), wobei das eingeklammerte (–) für die negative Ladung steht. Bei weiterer Oxidation falten sich die Apolipoproteine um, richten die elektrisch negative Ladung nach innen und drehen hydrophobe β-Faltblätter nach außen. β-Faltblätter neigen grundsätzlich zum Zusammenlagern und sind somit perfekte Stellen für das Zusammenlagern solcher LDL(–)-Partikel. Es bilden sich dann immer größere Aggregate, wie in Abb. 3.10 dargestellt ist.

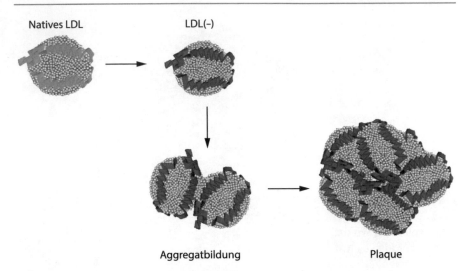

Natives LDL   LDL(-)

Aggregatbildung   Plaque

Abb. 3.10   Die LDL-Partikel werden „böse". Dabei entstehen zunächst negativ geladene LDL(–)-Partikel, die etwas kleiner sind und deren Apolipoprotein B100 dabei zu einem höheren Anteil an β-Faltblättern umgefaltet wurde. Darüber erfolgt eine Aggregatbildung, die zu entzündlichen Plaques führen kann

Die großen Aggregate können sich über die elektronegativen Wechsel-wirkungen an Schleimhäuten sowie an der Grenzschicht in den Venen bilden, da Schleimhäute einen hohen Anteil an Glykoproteinen aufweisen, worauf sich die Aggregate anlagern können. Zum einen, weil die an der Oberfläche liegenden Lipoproteine nach diesen Prozessen so geartet sind, dass sie mit den Oberflächen-glykoproteinen stark wechselwirken können, zum anderen, da sie aufgrund ihrer und Masse eine höhere Trägheit aufweisen und nur langsam diffundieren können. Wegen ihres größeren Durchmessers, haben sie zusätzlich mehr Kontaktmöglich-keiten mit Oberflächen, sie adorbieren leichter. Unter gleichzeitiger Bildung von Antikörperkomplexen ist eine zur Entzündung neigende Plaquebildung eher unter diesen Bedingungen wahrscheinlich.

Die Details der Aggregatbildung wurden genauestens untersucht [16]. Dabei lässt sich der Mechanismus der Aggregation exakt beschreiben. Die veränderten, partiell denaturierten Apoliproteine B100 der unterschiedlichen LDL-Partikel lagern sich über deren β-Faltblätter zusammen und bilden hinreichend feste Ver-bindungen, die denen einer Amyloidbildung ähneln, wie sie bei der Creutzfeld-Jakob-Erkrankung beobachtet, als deren Ursache vermutet und in diesem Kapitel noch genauer angesprochen werden. Dies wundert nicht, denn auf molekularer Ebene sind viele physikalische Prozesse universell und laufen meist unter ähn-lichen physikalischen Prinzipien ab. Auch biophysikalische Prozesse sind uni-versell, wie auch im Folgenden in Abschn. 3.3.4 noch detaillierter gezeigt wird.

An dieser Stelle lohnt es, sich klar zu machen, wie hoch allein die rein physikalischen Hürden einer krankhaften Plaquebildung wirklich sind. Daher muss auch nicht gleich jede Messung eines Cholesterolspiegels über 200 (ein ohnehin willkürlich gesetzter Grenzwert) pathologisch sein, sondern kann sich im Rahmen der genetischen Streuung bewegen. Unter dem Lichte dieser Betrachtungen wird klar, wie wirkungslos cholesterolsenkende Medikamente sind, wenn sie lediglich die Bildung des Cholesterolmoleküls in der Leber verringern, anstatt die auf physikalisch-chemischen Wegen dominierten plaquebildenden Prozesse zu beeinflussen. Darüber hinaus zeigen diese Prozesse auch, wie irreal es ist, den Cholesterolwert über Nahrungsbeschränkungen zu steuern. Der Einfluss des Essens auf diese Prozesse scheint tatsächlich marginal. Nicht aus der makroskopischen Sicht der Labormesswerte, sondern aus molekular-physikalischen Gründen, vor allem, wenn man bedenkt, dass die HDL- und LDL-Partikel zum Beispiel aus Eiern während der Magen-Darm-Passage vollkommen zerlegt, verdaut und verstoffwechselt werden und nicht, wie oft angenommen, so wie sie sind aus dem Magen direkt ins Blut übergehen und dort als „gutes oder böses Cholesterol" diagnostiziert werden. Auch die vorgeschlagene Wirkung von sogenannten Statinen, die vorwiegend die Bildung des freien Moleküls Cholesterol in der Leber hemmen, dient unter Umständen einer reinen Symptombehandlung, aber nur wenig der eigentlichen Ursachenbekämpfung. Verpackungsmechanismen – die Summe aller macht's.

In diesem Zusammenhang sind die Verpackungsmechanismen der Lipoproteine HDL und LDL einen detaillierteren Blick wert, der Aufschluss über gesättigte, ungesättigte und *trans*-Fettsäuren gibt. Wie bereits bemerkt, müssen ganz bestimmte Moleküle, wie Fette, verestertes Cholesterol und Phospholipide, kompakte Partikel ergeben, die möglichst vielen physiologischen Anforderungen bestehen sollten. Dazu dienen die bereits angesprochenen Apolipoproteine. Es gibt allerdings noch mehr als die zwei bisher angesprochenen, für die Stabilität und Funktion wichtigen Apolipoproteine ApoAI und ApoB100. Mit dem Apolipoprotein E stehen weitere Verpackungshelfer dafür bereit [17]. Dabei sind diese Proteine in der Lage, die Lipoproteine zu verpacken und den Weg von den VLDL zu den LDL und HDL zu unterstützen, wie in Abb. 3.11 schematisch dargestellt.

Die verschiedenen Apolipoproteine helfen dabei, das vielfältige Molekülgemisch gemäß physikalischer Wechselwirkungen zu sortieren und zu ordnen und die Tröpfchen auf Form und Größe zu bringen, sodass die LDL-Partikel von den Apolipoproteinen B100 und die HDL-Partikel von den Apolipoproteinen AI funktionell umschlossen werden können. Insbesondere die Klasse der Apolipoproteine E ist maßgeblich an der Erfüllung dieser erforderlichen minimalen biophysikalischen Voraussetzung beteiligt. Dabei bestimmt das molekulare Angebot an Fetten, Fettsäuren, Cholesterolester usw. das Verhältnis von LDL und HDL in gewisser Weise mit.

Über diese molekularen Vorstellungen zeigt sich auch, welchen Einfluss zum Beispiel *trans*-Fettsäuren auf die Größe der Lipoproteine haben können. An einem übertriebenen (und daher unrealistischen Modell) in Abb. 3.12 ist dies gezeigt. Dabei wird angenommen, dass die Phospholipide ausschließlich aus Fettsäuren der *trans*-Fettsäure C 18:9t bestehen. Die hypothetischen Lipoproteine aus *trans*-Fettsäure-Phospholipiden könnten nicht zu entsprechend kleinen Radien gebracht werden, wie für die HDL-Partikel erforderlich. Ein Überangebot aus *trans*-Fettsäuren fördert daher überproportional LDL-Partikel. Genau das hat man in verschiedenen Studien

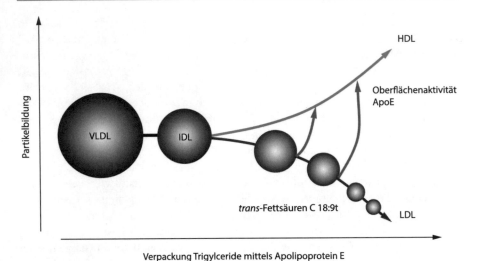

Abb. 3.11 Welche Fette wie und in welchen Größen verpackt werden, wird über Apolipoproteine (ApoE) reguliert. In diesem Fall spielen auch die *trans*-Fettsäuren, sofern vorhanden, eine maßgelbliche Rolle

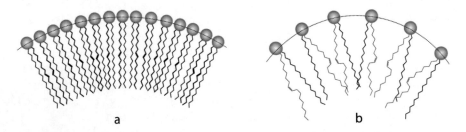

Abb. 3.12 Bestünden Phospholipide ausschließlich aus den schädlichen C 18:9t-Fettsäuren (**a**), ließen sich nur Lipoproteine mit großen Radien erzeugen. Phospholipide, die auch ungesättigte Fettsäuren enthalten, führen zwangsläufig zu Tröpfchen kleinerer Radien (**b**)

beobachtet. *trans*-Fettsäuren induzieren eher LDL-Partikel mit größerem Radius. Jetzt ist aber klar, warum. Aufgrund der starken Steifigkeit in der Mitte der Fettsäuren sind sie allein aus geometrischen Gründen in kleinere Tröpfchen verpackbar. Die Ursachen hierfür sind wieder einmal rein physikalisch-chemischer Natur.

Phospholipide, die *trans*-Vaccensäuren enthalten, zeigen wegen der insgesamt höheren Flexibilität über die freie Drehbarkeit der Kohlenstoff-Kohlenstoff-Bindungen der C 18:11t nahe der polaren Kopfgruppe einen reduzierten Einfluss auf den Krümmungsradius. Darüber hinaus ist bekannt, dass die *trans*-Vaccensäure auch in der menschlichen Physiologie von Enzymen zu konjugierten Linolsäuren (CLA) umgebaut wird, die wiederum positive Eigenschaften aufweisen [5]. Tatsächlich ist die *trans*-Vaccensäure die einzige bekannte Vorstufe der konjugierten Linolsäure. Angst vor dieser *trans*-Fettsäure in Milch, Milchprodukten und Butter ist daher nicht angebracht.

3.1.5 Margarine, Fettmischungen & Co

Was ist mit diesen Kenntnissen jetzt von Margarine zu halten? Im Grunde genommen sind diese als „gesunde Fette" gepriesenen Kunsterzeugnisse aus Sicht der menschlichen Ernährung eher überflüssig. Die Analogbutter ist nichts anderes als gehärtetes Pflanzenfett. Aus den ungesättigten Fettsäuren entstehen gesättigte. Der Herstellungsprozess ist heute über eine vollständige Härtung so gestaltet, dass kaum noch oder gar keine *trans*-Fettsäuren entstehen. Dennoch bleibt „wertvolle" pflanzliche Margarine Augenwischerei und Selbstbetrug: Eine gesättigte C 18:0-Fettsäure ist eine gesättigte Fettsäure und ist somit genauso zu bewerten, egal ob sie aus dem Schwein, Rind oder nach Härtung aus Sonnenblumen- oder Rapsöl stammt. Auch wenn sie vorher in einer Olive oder einer anderen „gesunden" Ölsaat steckte, ist es für die Physiologie unerheblich, woher sie stammt. Es zählt lediglich die molekulare Eigenschaft. Diese ist mit C 18:0 beschrieben und vollkommen herkunftsunabhängig. Der Ursprung ist daher irrelevant, sobald die Triacylglycerole von den Pankreasenzymen in die Fettsäuren aufgetrennt sind.

Unser menschlicher Stoffwechsel ist ohnehin 100 % tierisch, das darf nie vergessen werden. Natürlich ist das physikalisch-chemisch veränderte Fett der Pflanzenmargarine „cholesterolfrei" (was das bedeutet, wissen wir jetzt aber genauer). Aber das ist nur ein scheinbarer Pluspunkt, denn die Diskussion über Nahrungsmittelcholesterol ist für die breite Bevölkerung schon lange vom Tisch. Das oft mit Vitaminen, Phenolen und anderen Ingredienzen aus den Nahrungsergänzungsmitteln angereicherte Industriepflanzenfett kann man sich inklusive scheinbar gesundheitsfördernder Auslobungen sparen, eine vielseitige Ernährung gemäß des kulinarischen Dreiecks vorausgesetzt.

Es ist an dieser Stelle wieder nützlich, in die Evolution zu blicken. Der *Homo sapiens* härtete Fette nicht, sondern er verwendete sie in der Form, wie sie in Tieren und Pflanzen vorkommen. Je nach Art des Fetts nutzte er sie für entsprechende Zwecke. Butter lässt sich bei nicht zu hohen Temperaturen streichen, wie auch Schmalze aus Tieren. Pflanzliche Öle sind flüssig und wurden ebenso verwendet.

3.2 Die frühen Wirtschaftsmodelle am Beispiel der Landwirtschaft

Zu Beginn des Neolithikums war die Fähigkeit der Menschen, Milch zu trinken, nicht besonders ausgeprägt wie im Kapitel 2.8 ausführlich besprochen. Die Tiere wurden eher zur Milchverarbeitung und Fleischversorgung gehalten. Erst nach der Entwicklung der Lactosetoleranz wurde Milch als Lebensmittel entdeckt. Ganz abgesehen von der damit erweiterten Nährstoffversorgung war es naheliegend, die Haltung der Tiere an die neuen Anforderungen anzupassen. Die frühe Milchwirtschaft war geboren [18]. Archäologische Funde deuten auf den Beginn der systematischen Verwendung von Milch bis ins 8. Jahrtausend v. Chr. zurück, wie sich anhand von typischen Fettsäurerückständen aus Milchfett an Tongefäßen zeigen lässt [19]. Natürlich gab es regionale Unterschiede, die auf die jeweiligen klimatischen Bedingungen zurückzuführen sind. Fest steht allerdings, dass zwischen dem 8. und 5. Jahrtausend v. Chr. die Nutzung der Milch begann. Die Milch von Schafen, Ziegen und Kühen wurde zwischen Menschen und dem Nachwuchs der Tiere aufgeteilt, was sich zwangsläufig auf die Tierhaltung auswirkte. Das Tiermanagement veränderte sich, wirtschaftliche Fragen weitab vom Energieeintrag der Jäger und Sammler (Kap. 2) wurden zum ersten Mal gestellt. Zwangsläufig musste abgewogen werden, Tiere als Nahrung oder als Milchlieferanten zu halten, um das Leben des Stammes am besten zu sichern [20]. Eine optimierte Mischwirtschaft war also notwendig, denn Milch und Fleisch waren unmittelbar aneinander gekoppelt. Andererseits rechnete sich Milch in puncto Energieeintrag und Energieverbrauch: Umgerechnet und verglichen mit dem Energieeintrag bei der Jagd erweist sich Milch als etwa viermal effizienter, was vermutlich auch zur erheblichen Steigerung der Lebenserwartung im Neolithikum beitrug [5]. Im Zuge der Optimierung begann eine gezielte Herdenhaltung [21] und es wurden ausgeklügelte Schlachtrhythmen je nach Milchoptimierung, Alter des Mutterviehs und Fleischproduktion entwickelt.

Früh wurde erkannt, welche Muster der Tierhaltung sich für die jeweiligen Lebensverhältnisse eigneten. Bei Schafen (oder Ziegen) ist dies am deutlichsten zu erkennen [22]. Während des Neolithikums war das oberste Gebot, nachhaltig zu produzieren. Der Bestand der Herde und ihre Nutzung waren ein großer Teil der Sicherung des Lebensunterhalts wie auch Kapitalgrundlage eines Stamms und damit ein wirtschaftlicher Wert. In Abb. 3.13 ist dies schematisch dargestellt.

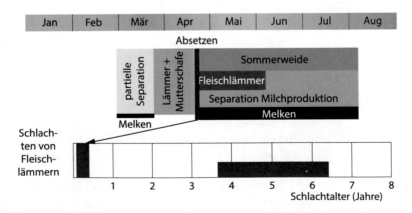

Abb. 3.13 Das Mischwirtschaftsmodell ist ein typisches Tierhaltungsmuster im beginnenden Neolithikum. Als Fleischlämmer dienten auch männliche Jungtiere, wenn zu viele Böcke geboren wurden

Dort ist ein Modell einer Tierhaltung dargestellt, das nicht auf Überproduktion, sondern auf Nachhaltigkeit setzt. Der obere Balken zeigt die für Schafe relevante Jahreszeit in Monaten dargestellt. Schafe werden im Februar geboren. Dabei wird ein kleiner Teil der Lämmer früher von den Mutterschafen separiert, um einen Teil der Milch, dargestellt durch den dünnen schwarzen Balken, für die Menschen zu verwenden, während der Großteil der Lämmer bis zum Absetzen (dargestellt durch den blauen Balken) vor dem Trieb auf die Sommerweiden bei den Mutterschafen aufwächst. Dort werden neugeborene Lämmer nach einer gewissen Zeit von der Mutter getrennt, die Schafe werden gemolken, wie in den schwarzen Balken dargestellt ist. Ein gewisses von der Herdengröße abhängiges Maß der meist männlichen Lämmer wird für die Fleischproduktion verwendet. Das Schlachten ist im unteren Teil des Diagramms gezeigt (rote Balken). Die geschlachteten Milchlämmer sind deutlich unter einem Jahr alt. Mutterschafe werden in der Regel im Alter zwischen drei und sechs Jahren geschlachtet. Deren Zahl und Alter werden ebenfalls durch die Größe der Herde bestimmt. Dieses Modell wurde (und wird) von kurdischen Bergbauern im heutigen Iran angewandt [23].

Ein alternatives Bewirtschaftungsmodell, das weniger auf Nachhaltigkeit setzt, sondern mehr auf Bevorratung, die rasch in Überproduktion mündet, ist in Abb. 3.14 dargestellt. Zwar respektiert dieses Modell einen ähnlichen Jahreszeitablauf, lässt aber ein frühzeitiges Trennen eines Großteils der Lämmer von den Mutterschafen zu. So kann über einen längeren Zeitraum Milch erwirtschaftet werden. Gleichzeitig werden in diesem Modell männliche Tiere noch vor dem Absetzen geschlachtet und zur Fleischversorgung genutzt. In beiden Modellen bestimmt das Schlachtalter der Tiere den Tierbestand.

Die Tiere in den Zeiten des Neolithikums waren das, was man heute als duale Rassen bezeichnet: weder reine Fleisch- noch reine Milchtiere. Für diesen Fall erwies sich das erste Modell (Abb. 3.13) als nützlich. Bei größeren Herden und bei

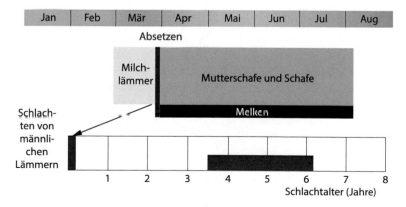

Abb. 3.14 Ein neuzeitliches Modell lässt ab einer kritischen Anzahl der Tiere eine hohe Überproduktion zu

Spezialisierung auf reine Milchwirtschaft erweist sich das neuzeitliche Modell als praktikabel.

Bis heute werden diese Modelle genutzt. Kleine Bauern bzw. Biobauern gehen nach dem ersten Modell vor, egal, ob es sich um Kühe, Schafe, Ziegen oder gar Hühner für die Eierproduktion (anstelle der Milch) handelt. Der Bestand wird gewahrt, die Jungtiere werden erst nach dem Absetzen von den Muttertieren (wenn überhaupt) getrennt. Jungtiere werden, je nach Gesundheitszustand oder wirtschaftlicher Lage und Bedarf, geschlachtet. Männliche Tiere werden etwa bei der Produktion von Ziegenmilch mitversorgt und bei ausreichend hohem Gewicht geschlachtet und gegessen bzw. direkt vermarktet. Das Mischwirt-schaftsmodell ist weit näher am Bedarf der zu versorgenden Menschen. Eine starke Überproduktion über die machbare Vorratshaltung hinaus ist nicht vor-gesehen und ließe der Bestand vieler Bauern gar nicht zu. Die lebenden Tiere sind wegen der Milchproduktion reines Betriebskapital. Lediglich das, was ver-arbeitet, gegessen und gehandelt werden kann, wird getötet. Daher sind heute noch in den landwirtschaftlichen Gebieten, den Erzeugermärkten oder den Bio-märkten der Städte außergewöhnliche Stücke von Ziegenböcken oder Widdern zu bekommen. Mitunter – je nach Region und Esskultur – außergewöhnliche Teile wie Kutteln, Hoden, Euter und all die bekannteren Innereien wie Leber, Niere und Herz. Anders als heute bildete früher eine nachhaltige Lebensmittelerzeugung die Voraussetzung für Wirtschaftlichkeit und die Grundlage der Ernährung.

3.3 Industrielle Tierproduktion und BSE

3.3.1 Industrialisierte Landwirtschaft der Jetztzeit

Die Waren in Supermärkten müssen günstig sein (was Innereien im Grunde tat-sächlich wären), massentauglich und dem von den Konzernen diktierten Preis-gefüge gerecht werden. Das zweite Modell ist daher die einfachste Version der vollkommenen Industrialisierung der Tierproduktion, wie es sich etwa im Schreddern von Küken ausdrückt. In der Massentierhaltung werden die männ-lichen Tiere sofort nach der Geburt bzw. nach dem Schlüpfen getötet, wenn es sich aus rein wirtschaftlichen Interessen nicht lohnt, sie aufzuziehen, um sie zu essen, etwa, weil es zu viel Futtermittel kostet oder die hochgezüchteten Tiere kein handelstaugliches Fleisch ansetzen. Diese beiden stark vereinfachten Landwirt-schaftsmodelle zeigen sofort, warum dies unter Stillschweigen oder gar Akzeptanz in breiten Teilen der Bevölkerung möglich ist: Das Angebot der Massenproduktion richtet sich nicht nach dem tatsächlichen Bedarf der Menschen, sondern unterwirft sich bedingungslos den Schätzungen von Analysen des Handels. Kein Wunder also, wenn als Folge des vermeintlich reichhaltigen Angebots zu viele Waren nicht gegessen werden und weggeworfen werden müssen.

Die Überproduktion ist letztlich auch dafür verantwortlich, dass nicht mehr alle Produkte und alle Teile der Tiere gegessen werden müssen. So kann es sich die heutige Gesellschaft leisten, Innereien oder vermeintlich minderwertige

Stücke nicht mehr zu essen oder zu verwenden. Es ist genug von den sogenannten Edelstücken da, die leicht und schnell zuzubereiten sind. Das Argument der industriellen Fleischwirtschaft, diese Stücke würden in China oder anderen Ländern gegessen, ist fragwürdig. Dass es nicht mehr notwendig ist, alle Teile eines Tiers zu essen, steigert die Nachfrage nach Filet, fettfreien oder vermeintlich gesunden Teilen und die Massentierhaltung und führt damit zu einer Überzeichnung des neuzeitlichen Modells. Gegenwärtige Versuche von Köchen oder der Slow-Food- und anderen Szenen, die „Second Cuts" einzusetzen, sind zwar löblich, erreichen aber nicht die Masse, um die industrielle Masttierhaltung und Fleischproduktion einzudämmen. Phänomene mit diesem Ausmaß an Überfluss gab es in keiner Epoche der Menschheitsgeschichte und sie bleiben auf die Industrienationen beschränkt. Aus Sicht der Ernährung, des Werts und Nährwerts der Lebensmittel und deren molekularer Zusammensetzung erscheinen das gegenwärtige Ernährungsverhalten unverständlich und viele „Zivilisationskrankheiten" vermeidbar.

3.3.2 Der frühe Beginn der Industrialisierung

Das neolithische Modell einer nachhaltigen Misch- und Fleischwirtschaft wurde entwickelt, um den Bestand zu wahren, und es erwies sich unter Anpassung an die jeweiligen regionalen Gegebenheiten und die jahreszeitlichen Bedingungen als sinnvoll. Heute haben Menschen in der Überflussgesellschaft die Wahl: Man kann die Produkte des neuzeitlichen Modells inklusive Überproduktion kaufen, dazu gezwungen wird aber niemand. Es besteht an vielen Stellen die Möglichkeit, unser Essen bei Direktvermarktern und Erzeugern zu kaufen. Anders als im Supermarkt ist man viel weniger geneigt, sinnfreie Produkte zu kaufen, die vermeintlich ein verlockendes Angebot darstellen. Diese geldwertmäßig günstigen Lebensmittel sind eben nur mit dem neuzeitlichen Wirtschaftsmodell und unnatürlich hochgezüchteten Tieren möglich. Sie spiegeln keineswegs ihre Wertschöpfung wider, geschweige denn die Arbeit auf den Höfen. Es sind auch unsere westlichen Ernährungsgewohnheiten, die Massentierhaltung heraufbeschwören. Am Beispiel der industriellen Hühnerhaltung lässt sich dies schlüssig verfolgen. Die Massenhaltung in der Geflügelzucht ist nicht ausschließlich aus Profitgier entstanden. Das Ei wurde bereits in den 1950er- und 1960er-Jahren wegen des Cholesterols als Lebensmittel nicht mehr empfohlen, was den Privatverbrauch eindämmte. Kurz darauf verbreiteten sich die ersten Mutmaßungen, rotes Fleisch mache krank, worauf sich die reiche Weltbevölkerung auf das weiße Fleisch, also Hühnchen und Puten, stürzte. Die Nachfrage stieg und der Teufelskreis begann: Es wurde massenhaft Geflügel produziert, um die Nachfrage zu befriedigen. Dem Geflügel wurden unnatürliche, übergroße Brüste angezüchtet, die Mast mit hochkalorischem Futter brachte in kürzester Zeit großes Wachstum des Fleisches. Das kurze Leben des Geflügels bis zum Schlachten wurde zur Qual. In den Ställen wurde es enger, ein krankes Huhn konnte unzählige andere Hühner im engen Raum anstecken, dem Futter müssen prophylaktisch und aus wirtschaftlichen

Gründen Medikamente und Antibiotika beigefügt werden. Die Folgen sind klar: Wirtschaftsmodelle wie diese richten großen Schaden bei den Tieren und den Menschen an.

3.3.3   Tierische Nahrung für Wiederkäuer?

Das Auftreten des Rinderwahnsinns BSE (Bovine spongiforme Enzephalopathie) [24] ist ein Beispiel, da es die Auswirkung von fehlgeleiteten Tierhaltungsformen in allen Konsequenzen und auf allen Ebenen zeigt. Alle Grundprinzipien einer artgerechten Tierhaltung wurden auf den Kopf gestellt. Rindern wurde als zusätzliche Proteinquelle für die Mast das Knochenmehl der Artgenossen verfüttert. Die reinen Pflanzenfresser bekamen proteinreiche tierische Nahrung als Mastfutter. Die Idee ist auf ersten Blick naheliegend, denn es sollte prinzipiell egal sein, wo die Aminosäuren letztlich herkommen. Wäre nicht das Prionen-Problem und wären die verfütterten tierischen Futter nicht kontaminiert. Diese neurologische Erkrankung, sehr ähnlich der Creutzfeldt-Jakob-Erkrankung (CJD), kann tatsächlich auf physikalischer Basis verstanden werden [25]. Auslöser sind keine Viren oder Bakterien, sondern spontane Umfaltungen von Proteinen, also rein physikalische Prozesse, die ganz ähnlich denen sind, die am Rande der partiellen Umfaltung der Apolipoproteine B100 bei den LDL-Partikeln ebenfalls beobachtet werden und letztlich zu den Hauptauslösern der Plaques gehören. Im Falle der neurologischen Erkrankungen werden Proteine im Gehirn umgefaltet.

3.3.4   Prionen-Hypothese – physikalische Infektionen

Proteine sind ganz spezifisch gefaltete Kettenmoleküle aus den 20 proteinogenen Aminosäuren, wie in Kap. 1 dargestellt wurde. Wie sie gefaltet sind, wird vor allem durch die Abfolge der Aminosäuren bestimmt, von denen manche hydrophil (wasserliebend) und manche hydrophob (wasserscheu), dafür aber lipophil (fettliebend) sind. Diese Konkurrenz der Wechselwirkung zwingt die Proteinketten während der Faltung in eine ganz bestimmte Form, die ausschließlich von der Physik bestimmt wird. Manche der Aminosäuren passen gut zueinander, andere nicht, wieder andere hingegen stoßen sich stark ab, wenn sie zum Beispiel gleiche elektrische Ladungen haben. Die Abstoßung ist aber räumlich eingeschränkt, weil die gleich geladenen Aminosäuren in der Proteinkette an ganz bestimmten Stellen festsitzen. So entstehen viele miteinander konkurrierende Faltungen. Allerdings sorgt die Evolution dafür, dass vollkommen ungünstige Faltungen, die keine biologischen Funktionen hätten, gar nicht mehr vorkommen. Derartig biologisch unsinnige Aminosäureabfolgen wurden während er Evolution als nicht funktionsfähig verworfen und verbannt. Die meisten Proteine finden daher stets den Weg in die günstigste von der Natur vorgegebene Faltung, auch wenn es auf dem Weg dorthin immer wieder mal haken kann und die Proteine in Zwischenfaltungen hängen bleiben. Aus denen finden sie aber über molekulare Fluktuationen wieder heraus, denn das einzig schlüssige Kriterium für diese Auswahl liefert die Physik: Der Zustand, sprich die Faltung, der niedrigsten Energie wird angestrebt. Das ist ein Grundprinzip aller physikalischen Systeme, also auch der Proteine. Immer wird der Zustand der niedrigsten Energie angestrebt. Nur dieser energetisch geringste Grundzustand ist ein Garant für eine die einwandfreie Funktion des Proteins.

Physikalisch kann man sich dies bildlich so vorstellen, als stünde jemand auf einem Berg und rollte einen Ball hinunter. Sofern keine Hindernisse wie sehr tiefe oder sehr breite Löcher vorhanden sind, in die der Ball hineinfallen und in denen er stecken bleiben kann, wird er rasch ins Tal rollen, bis zum tiefsten Punkt. Dieser ist dann das absolute Minimum des Gebirges der potenziellen Energie. Ähnlich passiert dies mit Proteinen auch. Auf dem Weg zur perfekten Faltung werden verschiedene Zwischenzustände, quasi „relative Minima" als Nebentäler in dem Gerbirgsmodell, erreicht, die noch nicht das absolute Minimum darstellen, aber bereits sehr nahe an der perfekten Faltung sind. Wesentliche Elemente werden vorgefaltet, genau deswegen verharren die Proteine für gewisse Zeit in diesen Tälern, um zum Beispiel biologisch relevante Elemente wie α-Helices oder β-Faltblätter zu formen. Der Rest wird dann quasi mitgezogen, und der Weg zum Energieminimum, einem Protein mit der ihm zugewiesenen Funktion, wird dadurch erleichtert, wie in Abb. 3.15 schematisch dargestellt.

Diese Prozesse werden über die physikalische Abfrage der vielen Wechselwirkungen zwischen den einzelnen Aminosäuren geregelt: über den Gegensatz der Wasser- und Fettlöslichkeit der Aminosäuren. Manche davon mögen sich mehr, manche weniger, manche hassen sich sogar, wiederum andere stoßen sich sogar ab, wenn sie gegensätzlich geladen sind. Zwischen all diesen gegensätzlichen und konkurrierenden Bedingungen muss die optimalste Faltung gefunden

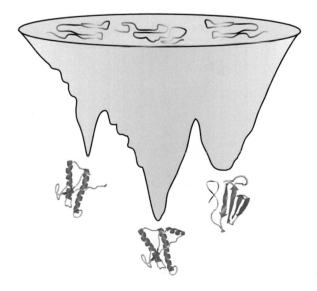

Abb. 3.15 Eine einfache schematische Darstellung eines Faltungstrichters für ein Protein. Oben (bei höchster Energie und Temperatur) sind die Proteine nicht gefaltet, daher unstrukturierte Kettenmoleküle. Im relativen Minimum links werden zum Beispiel Helices vorgefaltet, im relativen Minimum rechts die Faltblätter. Beide Täler liegen energetisch auf fast gleicher Höhe. Im absoluten Minimum (Mitte) befindet sich das perfekt gefaltete Protein

werden. Dabei vermittelt Wasser mittels Wasserstoffbrückenbindungen zwischen manch ungünstigen Aminosäurewechselwirkungen – so lange, bis eine möglichst optimale und energetisch tiefste Faltung erreicht wird. In der theoretischen Physik spricht man dann gern von frustrationsfreien Faltungen. Allerdings sind Helices und Faltblätter gleichwohl für die Funktion des Proteins notwendig. Wegen der notwendigen Feinabstimmung ist der energetische Abstand mancher möglichen Faltungen zur perfekten gar nicht so groß. Schon ist vorstellbar, dass unter ganz bestimmten Umständen bei manchen Proteinen Umfaltungen möglich sind: Aus Helices werden zufällig Faltblätter, wie sehr schematisch in Abb. 3.16 dargestellt.

Das kann zu gesundheitlichen Problemen führen, wie bereits bei böse werdenden LDL-Partikeln beschrieben, denn die gestreckten β-Faltblätter neigen stark zur Aggregatbildung. Dazu müssen allerdings erst mehrere solcher umgefalteten Proteine vorhanden sein. Dazu reicht es aber, wenn ein bereits umgefaltetes Protein einem noch originären Protein nahekommt, denn dann erfahren die nativen Proteine andere elektrostatische Kräfte. Da jedoch die beiden Minima energetisch sehr nahe beieinander liegen, reichen diese geringen Ver-änderungen der Wechselwirkungen aus, um das noch originäre Protein umzu-falten. Dies ist Teil der Prion-Hyopthese, wenn umgefaltete Proteine, Prionen genannt, Krankheiten auslösen können. Es wird dann häufig von einer Infektion gesprochen, aber dieses Anstecken ist viren- und bakterienfrei. Es geschieht ledig-lich auf physikalischem Weg und lässt sich sehr genau in Laborexperimenten beobachten [26]. Die Umfaltung wird über veränderte physikalische Kräfte induziert. Ganz ähnlich wie aus der Elementarphysik bekannt: Elektrische Felder können Dipole erzeugen oder Ladungsverschiebungen und damit neue Prozesse auf molekularen Skalen in die Wege leiten.

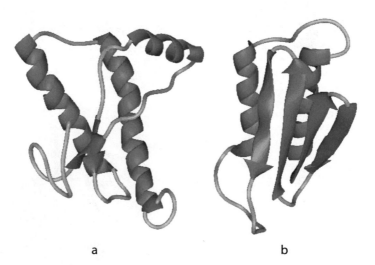

a   b

Abb. 3.16 Beispiel einer Umfaltung von Proteinen. Aus Teilen der hellgrün dargestellten α-Helices (**a**), werden blaugrün gefärbte β-Faltblätter (**b**). Die Struktur (b) ist das Prion.

Bis hierher wären die Umfaltungsprozesse nicht besonders schlimm, denn wenige umgefaltete Prionen lösen für sich noch keine Erkrankung aus. Der entscheidende Effekt ist kollektiver Natur. Faltblätter haben aufgrund ihrer vorwiegend hydrophoben Eigenschaften ein hohes Potenzial zur Aggregation. Sie bilden daher fibrilläre Strukturen und lange Aggregate, die in der Medizin Amyloide genannt werden. Dadurch sind immer weniger Faltblätter gezwungen, sich mit freiem Wasser (in der physiologischen Umgebung als Kochsalzlösung) zu umgeben. Und das entspricht einer weiteren deutlichen Minimierung der Energie. Das Aggregieren zu einem langen Amyloid ist energetisch weitaus günstiger als die Summe der Energie von nicht aggregierten Prionen. In Abb. 3.17 ist dies wiederum schematisch dargestellt.

Dabei wird die physikalische Natur der Prionenbildung deutlich. Für Prionenerkrankungen sind zwei unterschiedliche Bereiche wichtig. Der blau eingefärbte Trichter führt jedes einzelne Protein über die beiden Zwischentäler in den tiefsten, nativen Zustand. Daher sind dort lediglich die Wechselwirkungen der jeweils individuellen Proteine maßgeblich. Proteine aus dem nativen Zustand können aber spontan in die β-Faltblatt-dominanten Zwischenstrukturen zurückfalten. Dazu springen sie aus dem Minimum des blau einfärbten Bereichs in das höhere Tal rechts davon (Abb. 3.17). Befinden sich weitere originäre Proteine in

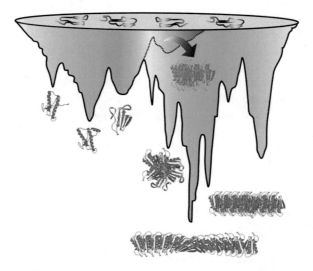

Abb. 3.17 Die physikalische Infektion von Proteinen ist ein „Vielteilchenproblem". Links (blau eingefärbt) ist der Faltungstrichter aus Abb. 3.15 dargestellt. Falten spontan Proteine um, liegen sie verstärkt in faltblattdominierten Strukturen vor und induzieren weitere Umfaltungen (roter Pfeil). Bei höheren Konzentrationen (blaugrün eingefärbter Bereich) können sich diese zu kleinen Aggregaten zusammenlagern (unter rotem Pfeil). Sind diese Nuclei ausreichend groß, so können daraus verschieden strukturierte große Aggregate wachsen. Lange Amyloide sind im tiefsten Minimum zu finden. Das Amyloidminimum liegt viel tiefer als das Minimum des perfekt gefalteten Proteins. Werden genügend Proteine umgefaltet, werden sich diese zu Amyloiden zusammenlagern

der Nähe, falten diese mit einer gewissen Wahrscheinlichkeit um. Dies geschieht aber in dem blaugrün eingefärbten Bereich, bei dem vor allem Wechselwirkungen zwischen verschiedenen Proteinen berücksichtigt werden müssen. Damit also ein umgefaltetes Protein, wie bereits beschrieben, auf andere zugreifen kann, müssen sie sich so nahekommen, dass sie innerhalb der Reichweite der elektrostatischen und hydrophoben Kräfte liegen und somit neue Wasserstoffbrückenbindungen eingegangen werden können. Geschieht dies häufig, können sie zu einem Aggregat nucleieren. Daher wird die Barriere zwischen dem blauen und dem blaugrünen Bereich gesenkt. Erreichen die nucleierten Aggregate eine kritische Ausdehnung, können sie ständig wachsen. Fibrillen und große Aggregate bilden sich. Jedes weitere umgefaltete Protein kann sich an diese Fibrillen anlagern. Die Fibrillen werden immer länger, das normale Gewebe nimmt Schaden. Diese Prozesse sind besonders für Proteine im Nervensystem relevant. Daher sind Rückenmark, Nervenleitungen und vor allem das Gehirn stark betroffen. Sowohl bei der Creutzfeldt-Jakob-Erkrankung als auch beim Rinderwahnsinn sind diese Amyloidstrukturen für die einsetzende Demenz und andere neurologische Fehlfunktionen verantwortlich. Leider wurde bis heute kein Weg gefunden, diese physikalische Infektion bei entsprechenden Erkrankungen rechtzeitig zu stoppen.

Für all diese Prozesse sind weder chemische noch virale oder bakterielle Prozesse verantwortlich. All das geschieht nur aufgrund des vom Protein vorgegebenen Potenzials und der physikalischen Gegebenheiten. Therapien suchen daher auch nach Möglichkeiten, dieses Fibrillenwachstum zu unterbinden bzw. zu hemmen. Die Ursache für das Auftreten des Rinderwahns ist nach wie vor unklar. Die Annahme, es handle sich um über das tierische Futter eingetragene Prionen, ist bis heute nicht klar nachgewiesen. BSE wie auch CJD treten auch spontan auf [27], denn die Energieminima liegen nahe beieinander und sind somit nicht über sehr hohe Barrieren getrennt. Molekulare Fluktuationen können bereits ausreichen, um solche Kaskaden auszulösen. Was keineswegs bedeutet, dass Rinder mit tierischem Futter gemästet werden sollten. Mit artgerechter Tierhaltung hat dies nichts mehr zu tun. Genauso wenig wie die Fütterung von carnivoren Haustieren mit veganem Futter.

3.3.5   Der gut gemeinte Versuch, Schafen Omega-3-Fett aufzuzwingen

Weit weniger riskant war der Versuch, das Fett von Schafen zu verbessern wie bereits in Kap. 1 kurz angesprochen. Ausgehend von der Ansicht, Tiere enthielten zu viele der gesättigten und damit ungesunden Fettsäuren, ließen sich Agrarwissenschaftler darauf ein, das Futter der Schafe mit Leinsamenöl anzureichern, das die essenzielle α-Linolensäure (ALA) enthält, und ebenso mit Fischöl, das die essenziellen Fettsäuren EPA und DHA beinhaltet [28]. Des Weiteren wurden dem Futter auch Kombinationen aus Lein- und Fischölen und Algen beigemischt. Die

Idee war, das natürliche Fett der Tiere über das Futter in Richtung gesundes Fett zu modifizieren. Der Fleischverzehr sollte auf diesem Weg gesünder werden.

Das Fettsäurespektrum des intra- und extramuskulären Fetts der Tiere veränderte sich durch das Überangebot an ungesättigten Fetten im Vergleich zu Gras tatsächlich: Es wurden mehr ungesättigte Fettsäuren in das Fett der Tiere eingebaut, wie sich bei der Analyse des Fettsäurespektrums nach dem Schlachten zeigte. Je nach Futterzusatz – Leinsamen, Fischöle, Algen oder Kombinationen aus Fischölen und Mikroalgen – lassen sich sogar vermehrt EPA und DHA im Fett der Lämmer anreichern. Am effektivsten waren Futterzusätze aus Fischölen und Algen, in diesem Fall stieg die Konzentration der essenziellen Fettsäuren EPA und DHA beachtlich. Das Ziel wurde erreicht. Aber das Fleisch schmeckte nicht mehr, und damit ist der Preis für die Anreicherung viel zu hoch. Einfach ausgedrückt: Das Lammfleisch wurde rasch nach dem Schlachten ranzig. Der Grund hierfür ist bereits aus Kap. 1 bekannt: die Oxidation der ungesättigten Fettsäuren. Dabei entstehen zu viele Bruchstücke der vielen instabilen Doppelbindungen und damit Vorläuferverbindungen zu diesen Fehlaromen.

Dies ist nicht verwunderlich, denn das artgerechte Futter der Schafe bilden nun mal Gras, Kräuter und Pflanzen, egal ob die Tiere auf Deichen, auf Feldern und Wiesen oder in kargen gebirgigen Gegenden des Mittelmeerraums weiden. Ein Übermaß der hochgradig ungesättigten Fettsäuren hat in den pflanzenfressenden Wiederkäuern biologisch und physiologisch bei ihrer konstanten Lebenstemperatur nichts zu suchen, wie dieser Versuch der Agraringenieure zeigt: Das aufgezwungene Fett entspricht nicht der natürlichen und physiologisch erforderlichen Zusammensetzungen von Landtieren. Das Fleisch wird aromatisch ungenießbar. Ungesund ist es für die Tiere allemal, denn ein Zuviel an mehrfach ungesättigten Fettsäuren bedeutet für den Stoffwechsel der Landtiere eine Vielzahl von freien Radikalen. Und würden sie nicht so früh geschlachtet, erlägen sie bald dem daraus resultierenden oxidativen Stress (vgl. Abb. 1.5) und den daraus folgenden Zellschädigungen. Auch stieg gleichzeitig bei der Fütterung mit Fischölen und Algen der Anteil der *trans*-Fettsäuren verschiedener Isomere der C 18:1 spürbar, wie bei Wiederkäuern üblich. Die bekannteste davon ist die bereits angesprochene Vaccensäure C 18:1, 11t.

Seit dem Neolithikum bekamen Weidetiere ausschließlich Gras, im Winter Heu oder später, als es die Technik erlaubte, Silage (fermentiertes Gras/Heu) zu fressen. Somit wurden diese Prinzipien bei dem Versuch, das Tierfett „gesünder zu machen", auf zwei Weisen verletzt. Zwar sind Leinsamen pflanzlich, sie gehören aber nicht zur ersten Futterwahl der Wiederkäuer. Kritischer ist es bereits mit Fischölen, die definitiv nicht zum Futterplan der Schafe gehören. Wie wir bereits wissen, ist das Fettsäuremuster der Tiere durch die Genetik, die Evolutionsbiologie der Schafe und damit über die Lebensumstände bestimmt. Die Funktion der tierischen Membranen sowie der Körper- und Unterhautfette entspricht genau den natürlichen Anforderungen, die beispielsweise Körpertemperatur und Klima stellen. Verschiedene Schafrassen haben daher jeweils eine daran angepasste Zusammensetzung der Fettsäuren, die vor allem durch das Futter, das die Tiere auf den Weiden finden, bestimmt wird. Gräser, Wiesenkräuter und Blüten, die sie fressen, weisen exakt die Zusammensetzung der Fette auf, die dem Boden und Klima angepasst ist. Eine besonders artgerechte Tierhaltung von Landtierrassen findet also auf einheimischem Boden statt. Die Bauern der Bioverbände machen regen Gebrauch von dieser Idee und junge Züchter gehen gern im Betrieb wieder auf alte Rassen zurück – und das nicht ohne Grund.

Dieses Beispiel zeigt sehr eindrucksvoll, was Pflanzenfresser können und wir Menschen nicht. Die nur sehr begrenzte Möglichkeit von Menschen, aus mehrfach ungesättigten pflanzlichen Fetten wie ALA die längerkettigen höher ungesättigten Fettsäuren wie EPA und DHA herzustellen, ist in der Tat physiologisch vorgegeben. Pflanzenfresser – insbesondere Wiederkäuer – können im Gegensatz zu Omnivoren über ihre natürliche pflanzliche Nahrung keine DHA oder EPA aufnehmen. Gräser können aber nur maximal die α-Linolensäure (ALA) in ihrem Stoffwechsel synthetisieren. Folglich müssen Pflanzenfresser die ebenfalls für sie notwendigen mehrfach ungesättigten Fettsäuren selbst herstellen. Dies geschieht in mehreren Prozessen in den verschiedenen Mägen und Verdauungssystemen, die für Wiederkäuer lebensnotwendig sind. Im Pansen wird daher das Grünfutter vorvergoren, um das harte Zellmaterial wie Cellulose, Hemicellulose und andere Polysaccharide zu brechen und so die Zellinhalte sowie die Fettsäuren der Phospholipide in den Zellmembranen verfügbar zu machen. Über diese Vorfermentation werden die Fette des Futters für die physiologischen Anforderungen der Wiederkäuer umgebaut. Für diese Veränderungen ist eine ganze Reihe Enzyme notwendig, etwa Desaturasen – sie können Doppelbindungen in gesättigte Fettsäuren einbauen – oder Elongasen – diese können kürzere Fettsäuren verlängern. Gerade so viel, wie jeweils benötigt wird. So wird in den Milchdrüsen DHA für die Milch produziert [29], um diese Fettsäuren an den Nachwuchs, Lämmer, Milchschafe und Kälber weiterzugeben.

Wird also ein Überangebot von DHA und EPA über unnatürliche Nahrung erzwungen, werden diese mehrfach ungesättigten Fette in die Fettdepots und in die Muskeln gepackt. Dort können die Fettsäuren auch noch nach dem Schlachten verstärkt oxidieren und für die Fehlaromen sorgen. Schädlich wären diese Fleischstücke für den Verzehr übrigens nicht. Die üblichen Geschmacks- und Aromaerwartungen werden allerdings nicht erfüllt, der Genuss bleibt auf der Strecke.

3.3.6 Intensivmast, US-Beef – andere *trans*-Fette

Der Einfluss des Futters auf den Fleischgeschmack ist also offensichtlich. Das Fettsäurespektrum der Fette im Fleisch verändert sich signifikant. Deutlich wird dies auch in der modernen (industriellen) Mast, insbesondere beim Vergleich von US-Beef unter Intensivmast und Fleischrindern, die auf der Weide standen und ausschließlich Grünfutter fraßen. Dabei zeigt sich die direkte Auswirkung des Futters auf die *trans*-Fettsäuren und die Platzierung der Doppelbindung. Dazu muss man zunächst genauer die wesentlichen Vorgänge für die beiden wichtigsten Fettsäuren aus Mast- und Grünfutter im Pansen betrachten, die in Abb. 3.18 stark

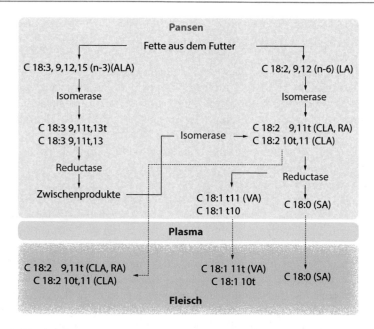

Abb. 3.18 Vereinfachte Darstellung der natürlichen Hydrierung von ungesättigten Fettsäuren und der Synthese der konjugierten Linolsäuren (CLA) im Pansen. Beteiligt sind Isomerasen, sie platzieren die Doppelbindungen um, und Reductasen, die Doppelbindungen entfernen können

vereinfacht dargestellt sind. Lipasen spalten die Fettsäuren aus dem Futter ab, bis sie einzeln, abgetrennt vom Glycerol, vorliegen. Aus der dreifach ungesättigten ALA des Grünfutters wird mittels Isomerasen die Doppelbindung verschoben. Dabei bleibt die *cis*-Doppelbindung an der 9. Stelle bestehen, während aus der *cis*-Doppelbindung an der 12. Stelle eine *trans*-Doppelbindung an der 11. Stelle entsteht. Meist gibt es zwei Fälle, denn die Isomerasen können die *cis*-Doppelbindung des 15. Kohlenstoffatoms entweder als *cis*- oder *trans*-Doppelbindung an das Kohlenstoffatom Nr. 13 verschieben. Dabei entstehen sogenannte konjugierte Linolsäuren. Denen wird zum Großteil wieder mittels Reductasen eine Doppelbindung weggenommen und somit dem rechts bestehenden Weg zugeführt.

In Abb. 3.18 rechts ist gezeigt, wie vom Startpunkt der Linolsäure (zweifach ungesättigte Omega-6-Fettsäure), wie sie in Nussölsaaten, vor allem im Kraftfutter Mais und in Sonnenblumenkernen vorkommt, über Isomerasen sogenannte konjugierte Linolsäuren (CLA) entstehen. Ebenso, wenn α-Linolensäure (links in Abb. 3.18) verändert wird, die über eine Vielzahl von enzymatischen Schritten im Muskelgewebe zur CLA synthetisiert wird.

Diese konjugierten Linolsäuren können bereits über das Blutplasma ins Fleisch (als Deckelfett oder intramuskuläres Fett) gelangen und sich dort anlagern. Eine davon, die als C 18:2, 9,11t bezeichnet wird, nennt sich auch Rumensäure (RA), denn Rumen ist der Fachausdruck für Pansen. Aus manchen dieser konjugierten Linolsäuren entstehen die gesättigte Stearinsäure C 18:0 (SA), die *trans*-Fettsäure C 18:1, 11t, als Vaccensäure (VA) bekannt, aber auch eine *trans*-Fettsäure, die ihre *trans*-Doppelbindung am 11. Kohlenstoffatom hat. Genau diese entsteht – neben der uns aus Abb. 3.2 bekannten Elaidinsäure (C 18:1, 9t) – vermehrt auch bei der industriellen Fetthärtung. Ähnlich wie die Elaidinsäure liegt auch bei der *trans*-Fettsäure C 18:1, 9t die *trans*-Doppelbindung sehr nahe an der Mitte der Fettsäuren. Ähnlich wie die Elaidinsäure wirkt diese *trans*-Fettsäure stark versteifend und weist daher „ungesunde" Eigenschaften auf, die bereits beschrieben wurden (Abb. 3.2 und 3.12), während die Vaccensäure diese Eigenschaften nicht mehr zeigt. Bei der katalytischen Fetthärtung (Hydrierung) entsteht aber die Vaccensäure gerade nicht, sie ist weitgehend den Wiederkäuern über deren Biohydrierung im Pansen vorbehalten.

Dieses allgemeingültige Schema sagt allerdings noch nichts über die Häufigkeit der Fettsäuren im intramuskulären Fett nach der Mast aus. Es ist aber wahrscheinlich, dass die Häufigkeit der unterschiedlichen Fettsäuren im Tierfett von der Mast abhängt und damit von der Fütterung. Bekommen die Tiere mehr Grünfutter, sprich mehr ALA, oder mehr Kraftfutter, das neben dem beabsichtigen Proteinreichtum für den Muskelaufbau aber auch ein unterschiedliches Fettsäuremuster aufweist und eben die Linolsäure der Samen und Saaten mehr betont? Tatsächlich lässt sich in Fütterungsversuchen ein deutlicher Unterschied des Fettsäuremusters zwischen Weidetieren und Masttieren erkennen [30]. Detaillierte Untersuchungen [31] zeigen daher klare Ergebnisse, zum Beispiel ist das Verhältnis der Omega-3- zu Omega-6-Fettsäuren bei Grünfutter und Weidehaltung deutlich günstiger. Darüber hinaus weisen Rinder aus der Intensivmast einen weit höheren Anteil an der *trans*-Fettsäure C 18:1, 10t auf, wie aus Abb. 3.19 deutlich hervorgeht.

Die Vaccensäure dient als Vorläufer zu konjugierten Fettsäuren, die anderen *trans*-Fettsäuren nicht. Konsequenterweise können *trans*-Fettsäuren, deren Doppelbindung nicht am 11. Kohlenstoffatom auftritt, auch nicht zu CLAs verstoffwechselt werden. Sie müssen über die Lipoproteine LDL und HDL transportiert werden. Daher greift hier das frühere Argument aus Abb. 3.11: Je weiter die Doppelbindung von der Mitte der Fettsäure entfernt ist, also bei weit unter Position 9 oder weiter oberhalb, desto geringer ist der Einfluss auf die Krümmung auf Phospholipidmonoschichten und damit auf den Radius der LDL-Partikel (siehe Abb. 3.12). *trans*-Fettsäuren mit 12t oder 13t wie auch 6t oder 7t (die grauen Kästchen in Abb. 3.19) lassen sich daher noch in HDL-Partikel verpacken, *trans*-Fettsäuren von 9t oder 10t deutlich schlechter. Die Krümmung der HDL-Lipoproteine wäre gestört, daher werden LDL-Partikel von diesen Fettsäuren favorisiert, wie bereits in Abb. 3.12 angedeutet.

3.4   Grundnahrungsmittel Brot: Physik, Chemie, Nahrung

3.4.1   Getreide

Die Frage: „Was was kam zuerst – Bier oder Brot?", ist weitgehend unbeantwortet. Vieles spricht für Bier, denn bei der Lagerung wurde Getreide

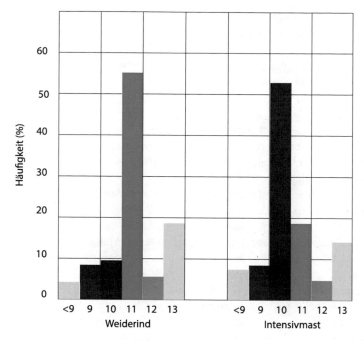

Abb. 3.19 Die Häufigkeit der Transfettsäuren verschiedener Haltungsformen hängt von der Haltung und der Fütterung ab [31]. Die Zahl an der waagrechten Achse beschreibt die Stelle der *trans*-Doppelbindung, 11, somit ist Vaccensäure vorhanden. Intensivmast mit Futter mit hohem Linolsäuregehalt favorisiert offenbar die Bildung nicht verstoffwechselbarer *trans*-Fettsäuren

nicht selten feucht und begann zu keimen. Wilde Hefen gibt es überall, und die für die Aufbewahrung benötigten Gefäße stellten einen idealen Gärraum dar [32, 33]. Es gibt seit Neuestem aber Hinweise darauf, dass Brot viel älter ist, als bisher gedacht. Wie archäologische Ausgrabungen ergaben, backte bereits eine Übergangskultur, die Natufienkultur in Jordanien, gesiebte Mischungen von gemahlenem Mehl aus Grassamen und Wasser über Feuer zu ungesäuerten Fladenbroten [34]. Diese Übergangskultur wird noch zu den Jägern und Sammlern gezählt, war aber bereits sesshaft. Analytische Untersuchungen von verkohlten und erhaltenen Brotresten zeigen, dass für dieses „Paläobrot" Vorformen von Getreiden wie Gerste, Einkorn, Hafer und die Samen der Strandsimse *Bolboschoenus glaucus* verwendet wurden. Die Körner wurden zermahlen, gesiebt und zu einem Teig verknetet, der dann gebacken wurde. Die Sesshaftigkeit und die beginnende Agrarkultur mit den Urgetreiden sowie frühe Züchtungen aus Gräsern gestatteten es, Brot aus gemahlenen Körnern herzustellen. Rasch lernte man, Getreide systematisch zu nutzen. Diese Möglichkeiten ergaben sich rasch aus der Fähigkeit der Keimung: Die Grassamen Gräser mit nutzbaren Samen hervor. Aus diesen Beobachtungen entstand die frühe Züchtungsforschung. Bald lernten die Menschen des frühen Neolithikums, daraus entsprechende Methoden zu entwickeln, um Gräser zu kultivieren. Der Weg der Cerealien und Pseudocerealien nahm seinen Lauf und schlug sich im Speiseplan der Menschen nieder [35]. Nach gegenwärtigem Wissen lag der Ursprung der landwirtschaftlichen Praktiken in einem breiten Gürtel Südostasiens, zu dem die Gegenden der heutigen Gebiete Südtürkei, Palästina, Libanon und Nordirak gehören. Dort gab und gibt es bis heute eine große Vielfalt an wildem Getreide, ebenso waren die klimatischen Bedingungen für das Wachstum ausgezeichnet. So entstand Weizen (*Triticum*), und auch die ersten Formen der Gerste (Wildgerste, *Hordeum spontaneum*) wurden häufig von den lokalen Bewohnern gesammelt.

In Südostasien liegen bereits für 7800 v. Chr. erste Hinweise vor auf eine allmähliche Umstellung der Jäger und Sammler auf den Getreideanbau, der sich allmählich zu einem wesentlichen Teil ihrer Energieaufnahme entwickelte und neue Kulturtechniken hervorbrachte. Böden wurden mit einfachen Werkzeugen bearbeitet, Getreide zerrieben, um Vorstufen eines Mehls zu erhalten. Ein- bis zweitausend Jahre später, um 5000 v. Chr., machten gejagte Tiere nur noch einen Anteil von etwa 5 % an der täglichen Nahrung aus, während Getreide und Nutztiere zu einem beträchtlichen Teil der täglichen Ernährung wurden. Im heutigen Ägypten entwickelte sich im 5. Jahrtausend v. Chr. eine auf landwirtschaftlicher Grundlage beruhende Zivilisation: Die Menschen wurden zu Spezialisten im Anbau von Weizen, Flachs oder Gerste, die auch zur Herstellung von Bier verwendet wurde. Die systematische Agrikultur war geboren.

Die frühen Wildgetreidearten der Gattungen *Triticum* (Weizen) und *Hordeum* (Gerste) waren genetisch diploid, sie besaßen männliche und weibliche Erbanlagen und trugen nur wenige Samen. Üppige Ernten waren zu Beginn nicht zu erwarten. Allerdings zeigte sich über die Diploidität eine bemerkenswerte Variation des Protein- und Stärkeanteils der Getreidekörner, die gezielt für die Zucht genutzt werden konnte. Der Beginn der frühen Landwirtschaft und die Nutzung von Bewässerungssystemen ermöglichten das Überleben und die Ausbreitung von polyploiden Körnern, wodurch die genetischen Variationen zwar reduziert wurden, aber der Anbau vorhersagbarer und damit planbarer wurde. Diese gezielte Zucht zeugt von der großen Leistung der frühen Bauern, dies zu erkennen und zu nutzen.

Die erste stabile Züchtung von polyploiden Körnern stammt aus der Zeit etwa 6000 Jahre v. Chr. Die genetische Variabilität und die selektive Auswahl waren erforderlich, um die Körner an verschiedene Umweltbedingungen anzupassen [36]. So weiß man heute aus archäologischen Funden und genetischen Analysen, dass die Weizensorte *Triticum turgidum* var. *dicoccoides* mit *Triticum tauschii* gekreuzt wurde, um *Triticum aestivum*, den Vorläufer unseres heutigen Weizens, zu kreieren. *Triticum aestivum* ist ein hexaploider Weizen mit 42 Chromosomen im Vergleich zu den 14 Chromosomen des Einkorns, *Triticum monococcum*. So ist es kein Wunder, dass ein genetisch derart mächtiges Getreide alle existierenden Weizensorten ersetzte: Derzeit gibt es 20.000 Sorten von *Triticum aestivum* für den professionellen Weizenanbau. Ähnliches gilt auch für den Emmer (Zweikorn, *Triticum dicoccum*) [37], wenn heute versucht wird, Getreide an klimatische Bedingungen, etwa an die hohe Trockenheit mancher Gegenden, anzupassen.

Auch verwundert es bei der riesigen Zahl an Variationen nicht, wenn dazu heutzutage moderne Verfahren wie Next Generation Sequencing und Gentechniken angewandt werden [38], um die Züchtungsverfahren effektiver zu gestalten.

Die neolithische Züchtungsforschung war zwar primär auf Gedeih und Wachstum ausgelegt, damit sich Homogenität und Produktivität der Getreide verbesserten, aber schnell stellte sich heraus, wie die Verarbeitbarkeit der Sorten variierte. Immer mehr rückten somit die Eigenschaften der daraus hergestellten Mehle und Teige in den Vordergrund. Nach der Ernte musste sich das Getreide gut vermahlen lassen, und für die Teige waren gute Klebereigenschaften notwendig, damit sich daraus gute, haltbare Brote backen ließen.

Kleber ist das richtige Stichwort. Die meisten Teigeigenschaften, das Kneten und das Backen werden über das „Kleberprotein" definiert. Das Getreide benötigt einen guten Kleber, damit die Brote überhaupt gebacken werden können. Andere Getreide und viele Pseudogetreide lagern dieses Protein nicht oder nur sehr beschränkt ins Korn ein. Neben der Selektion nach Wachstum und Klimabedingungen kam ein weiteres Kriterium hinzu: die Verarbeitbarkeit und damit der Anteil des Klebereiweißes Gluten. Das Selektieren nach hohen und auch weniger witterungsabhängigen Glutenanteilen wird bis heute betrieben. So haben in den letzten 200 Jahren die aktive genetische Selektion und genetische Manipulation den Glutengehalt des ursprünglichen *Triticum* erhöht. Diese Erkenntnisse gelten zurecht als großartige Kulturleistung und zeigen, wie beharrlich und systematisch Getreidezüchtung und -forschung ohne Labors und genaue Analysenverfahren empirisch betrieben wurden.

Höhere Glutenausbeuten hatten aber bereits in den frühen Jahren der Agrarkultur noch einen ganz anderen Aspekt. Es war auch der deutliche höhere Proteingehalt, der den Weizen im Vergleich zu anderen Gräsern wertvoller machte. Die Stärke liefert zwar viel Energie in Form von Glucose, aber das Weizenprotein bot jene essenziellen Aminosäuren, die dem *Homo sapiens* hohe Ernährungsstandards sicherten. Ein Aspekt, der erst spät erkannt wurde und der selbst in der heutigen Diskussion um Glutenfreiheit gar nicht mehr vorzukommen scheint. Allerdings spielte das Gluten als proteinreicher Nährstoff nicht in allen Regionen der Erde eine wichtige Rolle, da nur in wenigen klimatisch bevorzugten Anbaugebieten hoch entwickelte Weizenformen gezüchtet werden konnten. In weiten Teilen Asiens wurde Reis angebaut, während auf dem amerikanischen Kontinent Mais wuchs, in Afrika hingegen Hirse und deren Verwandte wie Sorghum. Reis, Mais und Hirse enthalten kein Gluten als Speicherprotein. Es wurde daher kein gesäuertes Brot mit ihnen zubereitet, da die Gare (die Fermentation) wegen des fehlenden Zusammenhalts nicht besonders gut funktionieren konnte, die Teige hielten dem Teigtrieb nicht stand. Die Mehrheit der neolithischen Weltbevölkerung lebte also nicht vom Weizenbrot. Die hohe Verbreitung des Weizens erfolgte erst viel später.

Allein aus diesen Tatsachen wird eine ganze Reihe von für heute relevanten Zusammenhängen deutlich. Die Klebereigenschaften der Proteine bestimmen die Verarbeitung, den Geschmack und die Textur. Außerdem wird deutlich, dass glutenfreie oder glutenarme Getreide und Pseudogetreide sich für die Herstellung

anderer Lebensmittel eignen als Getreidesorten mit hohem Glutenanteil. Die
molekularen Eigenschaften sind dabei entscheidend. Diese definiert in erster Linie
die Natur. Menschen hatten diese erkannt und daraus die entsprechenden Schlüsse
gezogen. Heutzutage, viele Tausend Jahre später, sind die molekularen Hintergründe weitgehend bekannt, werden über wissenschaftliche Publikationen, Internet und populäre Medien verbreitet, aber offenbar ist der ganz moderne Mensch
leider nur noch selten in der Lage, logische Schlüsse daraus abzuleiten. Grund
genug, auf die molekularen und ernährungsphysiologischen Fragen um glutenfreies Backen abseits von Notwendigkeiten in Kap. 4 im Detail zurückzukommen.

3.4.2 Was sich aus der Keimung des Korn erkennen lässt

Was genau steckt hinter der seit Jahrtausenden empirisch erforschten Teig-
und Backtechnologie? Am instruktivsten ist es, die Keimung etwas genauer zu
betrachten, wie es die ersten Züchter im Neolithikum taten. Die Saatkörner keimen
unter der Erde bei ausreichender Feuchtigkeit und entsprechenden Temperaturen.
Das Korn quillt, nimmt Wasser auf, es bilden sich Sprosse. Dieses Keimen und
Aussprossen kostet Energie, die, solange sich die keimende Saat unter der Erde
befindet, nicht aus dem Sonnenlicht über die Fotosynthese stammen kann. Die
Gräser speichern daher Energie in den Saatkörnern, und zwar in Form von
Speicherproteinen, Gluten (Aminosäuren), dicht gepackter Stärke (Glucose) und
auch mehr oder weniger Fett. Also genau jene Makronährstoffe, die alle Organis-
men benötigen: Während des Keimens müssen neue Proteine, darunter auch
Enzyme, entstehen können, es müssen Pflanzenzellen für die Keimblätter gebildet
werden. Eine komplette Biochemiemaschine wird in Gang gesetzt und Glucose ist
der Haupttreibstoff, den das keimende Korn aus der Stärke nimmt. Zum Abbau der
Stärke sind spezielle Enzyme, Amylasen, vonnöten, Lipasen für den Fettabbau und
Proteasen, um aus den Speicherproteinen die einzelnen Aminosäuren zu gewinnen,
die zu neuen Proteinen und Enzymen zusammengesetzt werden. Um diesen Keim-
prozess möglichst effizient zu gestalten, wurde nach und nach – je nach Herkunft
und klimatischen Bedingungen – im Laufe der Evolution die biochemische Aus-
stattung des Saatguts angepasst. Kein Wunder also, dass sich die Enzyme aus-
balancieren, um mal mehr oder mal weniger Phospholipasen einzubauen, um auch
aus dem Lecithin freie Fettsäuren – und damit wieder umwandelbare Keimenergie
– zu gewinnen. Erst diese biochemischen Helfer ermöglichen es, aus dem Saat-
korn eine Pflanze gedeihen zu lassen. In diesem Sinne gibt auch die Pflanze bereits
in weiten Teilen vor, was lebensmitteltechnologisch möglich ist, denn für den
Teig und das Backen sind genau diese von dem Korn vorgegebenen Anlagen notwendig. Menschen entwickelten seit dem Neolithikum über Tausende von Jahren
Züchtungen, die heute hinlänglich bekannt sind. All diese Informationen sind noch
heute in der DNA des modernen Weizens gespeichert. Es darf also nicht wundern,

wenn das Genom des Weizens weit mehr Gene enthält als das des *Homo sapiens* [39].

3.4.3 Weizenbrot und Hilfsmittel – industrielle und natürliche Methoden?

Brot gehört seit der Kultivierung der Gräser zu den Grundnahrungsmitteln des Menschen. Allerdings wurde Brot weit mehr als ein Lebensmittel, es wurde zu einem kulturellen, religiösen Symbol. Im Christentum wird es sogar zum Leib Christi, zum Inbegriff des Reinen. In Zeiten der Industrialisierung scheint sich Brot von diesem Reinheitsbezug immer weiter zu entfernen. Bestand Brot früher lediglich aus Getreidemehl, Wasser, Salz und gegebenenfalls (wilden) Hefen, geben heutzutage kompliziert klingende Zutaten Anlass zu Diskussionen. Sogenannte Mehlbehandlungsmittel sind in Industriebackwaren üblich, dazu gehören Ascorbinsäure (E 300), Ascorbate wie Natrium-l-ascorbat (E 301) und Calcium-l-ascorbat (E 302), Lecithin (E 322), Guarkernmehl (E 412), Mono- und Diglyceride von Speisefettsäuren (E 471), Milchsäureester von Mono- und Diglyceriden von Speisefettsäuren (E 472b), Wein- und Essigsäureester von Mono- und Diglyceriden von Speisefettsäuren (E 472f), Saccharoseester von Speisefettsäuren (E 473), Zuckerester (E 474), Polyglycerinester bzw. Polyglycerolester von Speisefettsäuren (E 475), Natriumstearoyl-2-lactylat (E 481), Calciumstearoyl-2-lactylat (E 482) und l-Cystein (E 920) [40]. Diese Liste von Stabilisatoren, Trennmitteln, Emulgatoren und sogar der Aminosäure Cystein liest sich in der Tat für viele furchterregend – zum einen, da sie im Brot nicht vermutet werden, zum anderen, da auch noch viele der Chemikalien mit einer E-Nummer versehen sind.

Spätestens seit der Industrialisierung des Brots werden wir mit der Frage nach der Wirkung von Zusatzstoffen in einem täglich konsumierten Lebensmittel konfrontiert. Zusatzstoffe werden pauschal als Ursachen für Unverträglichkeiten ausgemacht [41], ohne allerdings ein Verständnis dafür zu entwickeln, warum industrielle Backverfahren diese überhaupt einsetzen oder woher die Zusatzstoffe stammen [42]. In den meisten Fällen ist die Biochemie des Korns der Ausgangspunkt für den Einsatz solcher Hilfsmittel, denn sie sind im Korn vorhanden oder entstehen während der Keimung. Dringend notwendig ist aber die Darstellung der Zusammenhänge, damit überhaupt klar wird, was die Zusätze wirklich bewirken, wie Lebensmitteltechnologen überhaupt darauf kommen, sie einzusetzen, in welchen Mengen sie auftreten und was sie während der Verdauung bewirken können und was nicht.

Grundlage für alle Brote ist Mehl aus gemahlenem, gesiebtem und weitgehend von Schalen befreitem Getreide, dazu kommen Wasser, entsprechend Salz und ein Triebmittel, je nach Wahl und Brottyp, Hefe oder Sauerteig. Aus naturwissenschaftlicher Sicht entspricht dies einem relativ einfachen Modellsystem, ist aber auch bereits die Grundlage zum tieferen Verständnis der angemerkten Zusatzstoffliste. Diese Zusatzstoffe kommen nicht immer zum Einsatz, sondern nur unter bestimmten Voraussetzungen, wie handwerklich arbeitende Bäcker aus eigener Erfahrung nachvollziehen können. Dazu müssen die Basisstoffe Mehl, Wasser, Salz und Triebmittel näher betrachtet werden. Für ein grundlegendes Verständnis reicht es allerdings nicht, sich die Bestandteile lediglich auf der makroskopisch sichtbaren und fühlbaren Ebene anzusehen, sondern der Blick muss auf die für das bloße Auge unsichtbaren, mikroskopischen Dimensionen gerichtet werden. Erst auf der Ebene der Molekülabmessungen entschlüsseln sich die Vorgänge und Wirkungsweisen von Mehl, Wasser, Salz und Triebmittel vollständig [43]. Schon die oben angestellten Beobachtungen über das Keimen lassen ahnen, dass selbst im natürlichsten und ursprünglichsten Biobrot mehr enthalten ist als die gerade erwähnten makroskopisch sichtbaren Zutaten.

Vor dem Backen muss zunächst der Teig hergestellt werden. Dazu werden Mehl, eine bestimmte Menge Wasser und etwas Salz vermischt [44]. Aus dem pulverförmigen, quasi trockenen Mehl wird ein elastisch hoch dehnbares Material hergestellt, das an Gummi oder Kaugummi erinnert. Ohne diese Dehnbarkeit lässt sich kaum ein luftiges Brot mit angenehmer Krume formen und backen. Dieser allseits bekannte Vorgang offenbart einen tiefen Einblick in die molekulare Welt des Mehls. Mehl ist aus einer Vielzahl von Komponenten aufgebaut, die das Getreidekorn mitliefert. Eine kleine Auswahl davon ist in Abb. 3.20 aufgeführt. So enthält Mehl neben den Energiespeichern für das Keimen – Protein und Stärke

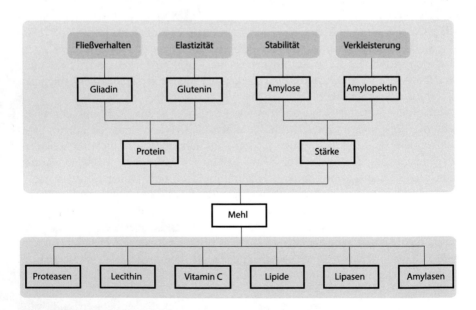

Abb. 3.20 Die wichtigsten Bestandteile des (natürlichen) Mehls umfassen eine ganze Reihe funktioneller Stoffe. Grün eingefärbt sind die Makronährstoffe Protein und Stärke, die gleichzeitig wichtige backtechnologische Aufgaben erfüllen. Unten rot eingefärbt sind wenige Zusatzstoffe, die das Mehl enthält, darunter Enzyme, die Proteine, Fette und Stärke spalten (also Proteasen, Lipasen und Amylasen), sowie Emulgatoren (Lecithin und andere Lipide) und Ascorbinsäure (Vitamin C)

– noch eine ganze Reihe weiterer Zusatzstoffe, die dem Korn primär dienen, die sich aber auch im Teig und während des Backens von Brot nützlich machen. Dazu gehören Enzyme, aber auch Emulgatoren bzw. Lipide, wie die in den Pflanzenzellen vorkommenden Phospholipide, sowie andere freie Fettsäuren wie auch die Fettabkömmlinge Mono- und Diglyceride. Letztere finden sich daher auf vielen Zusatzstofflisten. Dabei enthalten alle Lebensmittel diese molekularen Hilfsmittel aus biophysikalischen und biochemischen Gründen.

Bei allen weizenartigen Mehlen, selbst bei den Urweizensorten Emmer und Einkorn oder Dinkel, bildet Gluten beim Kneten unter Zufuhr von Wasser einen Teig mit hoher Dehnbarkeit. Die Verarbeitbarkeit von Mehl zu Teig hängt, wie bereits angedeutet, von der Menge und der Qualität des Eiweißes ab. Dabei spielt das Gluten eine herausragende Rolle und zeigt dabei, welches einzigartige Potenzial dieses Protein hat und wie schwierig es ist, es zu ersetzen.

3.4.4   Teigeigenschaften, Teigverarbeitung und Gluten

Tatsächlich spielt das Klebereiweis des Weizens mit seinen außergewöhnlichen Eigenschaften eine tragende Rolle bei der Teigverarbeitung. Um die Gründe zu verstehen, reicht es aus, Klebereiweiße als mehr oder weniger lange Perlenkettenmoleküle zu betrachten, von deren Aminosäuren manche wasserscheu und andere wiederum wasserliebend sind, wie schematisch in Abb. 3.21 dargestellt.

Hinter dem Sammelnamen Gluten verbergen sich unterschiedlicher Proteine, wovon für die Verarbeitung nur zwei Typen wirklich wichtig sind. Zum einen die relativ kurzen Gliadine, zum anderen die deutlich längeren, nieder- und hochmolekularen Glutenine [45]. Welche präzise Form ein Protein beim Kneten und Verarbeiten annimmt – ob lang gestreckt, eng zusammengeknäult oder zu

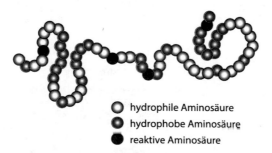

○ hydrophile Aminosäure
◑ hydrophobe Aminosäure
● reaktive Aminosäure

Abb. 3.21 Schematisches Modell einer unstrukturierten Proteinkette. Die Perlen stellen die Aminosäuren dar, je nach ihrer Löslichkeit in Wasser in unterschiedlichen Farben. Auch die Aminosäure Cystein, die chemisch miteinander zu permanenten Vernetzungen reagieren kann (schwarze Kreise), wird in Weizenproteine an die richtigen Stellen eingebaut. Cystein sowie die partielle Wasserlöslichkeit bestimmter Aminosäuren sind für Teig und Brot funktionell

regelmäßigen Strukturen wie zum Beispiel Helices gefaltet – hängt von der Art und Abfolge der Aminosäuren ab, aus denen es aufgebaut ist. Aber auch von der Umgebung, in der sich das Protein befindet. Im wasserreichen Teig ist es thermodynamisch ungünstig, wenn sich eine große Anzahl von nebeneinanderliegenden hydrophoben Aminosäuren ausstrecken würde, denn diese mögen das Wasser nicht. Sie klumpen sich daher nach dem Prinzip „Gleich und Gleich gesellt sich gern" möglichst eng zusammen, um sich so vor dem ungeliebten Wasser zu schützen. Die hydrophilen Bereiche des Proteins hingegen umgeben sich gern mit Wasser und strecken sich eher darin aus. Während des Knetens müssen sich die Eiweißketten so arrangieren, dass möglichst wenig thermodynamisch ungünstige Wechselwirkungen zwangsweise entstehen (molekulare Frustration) [46]. Die Physik der Proteinfaltung und Proteinstruktur ist daher von einer hohen Zahl von Kompromissen geprägt [47]. Des Weiteren sind manche Aminosäuren (Arginin, Lysin und Histidin) elektrisch positiv geladen, andere (Asparaginsäure und Glutaminsäure) elektrisch negativ. Da sich unterschiedliche Ladungen anziehen, gleiche Ladungen abstoßen, beide Gruppen aber stark wasserlöslich sind, kommt es im Teig zu weiteren molekularen Konkurrenzsituationen, die während des Knetens nach und nach gemäß den physikalischen Gesetzen gelöst werden müssen. Daher bildet sich ein hoch dehnbarer, elastischer Teig erst nach und nach, wie dies in Abb. 3.22 angedeutet ist.

Nur schwach wechselwirkende Teile wie die polaren Blöcke der Proteinketten werden sich verknoten und verschlaufen [48], wie das in vielen Polymerlösungen und Schmelzen der Fall ist und was das zähe, viskose wie gleichzeitig elastische Verhalten von Polymeren weitgehend erklärt. Unterschiedliche elektrische

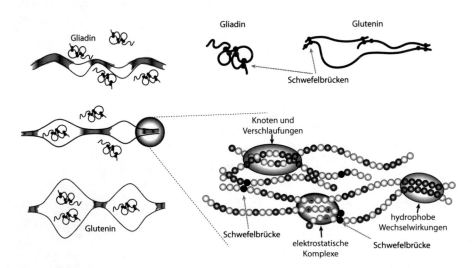

Abb. 3.22 Verschiedene Strukturelemente beim Gluten, die sich nach Wasserzugabe und Kneten bilden: Verschlaufungen und Verknotungen, elektrostatische Komplexe und hydrophobe Zusammenlagerungen

Ladungen lagern sich aufgrund der starken Anziehung zusammen, während die hydrophoben Abschnitte im Protein zum Beispiel zusammengelagerte β-Faltblätter bilden [49]. Diese sehr einfachen Modellvorstellungen zeigen bereits die hohe Dehnbarkeit des Teigs: Ziehen wir sehr langsam daran, lösen sich zunächst die hydrophoben Klumpen auf, sie haben den geringsten Zusammenhalt. Danach lösen sich die elektrostatischen Komplexe auf, zu deren Trennung bereits höhere Kräfte notwendig sind, nach und nach lösen sich bei noch höheren Deformationen die Schlaufen und Knoten.

Auf genau diese Eigenschaften kommt es bei Teigen an, die einer Säuerung unterzogen werden, sprich Sauerteiggare unter Beteiligung von wilden Hefen, Milchsäure- und Essigsäurebakterien bei der Gärung. Die dabei involvierten Mikroorganismen verdauen enzymatisch einen Teil der verfügbaren Zucker und produzieren dabei Kohlendioxid, das für die Teiglockerung sorgt. Damit die Klebereigenschaften ausreichen und diese Eigenschaften des Teigzusammenhalts zustande kommen, muss einiges an molekularen Eigenschaften zusammenkommen.

Insbesondere bietet die Säuerung des Teigs einen weiteren Vorteil: Die Ladungen der Aminosäuren verändern sich, die Gesamtladung der Glutenine schwächt sich ab. Folglich spielen elektrostatische Komplexe (siehe Abb. 3.22) eine geringere Rolle. Die Gluteninketten können sich besser verschlaufen. Damit ist eine weitere Teigverbesserung möglich, die Brote werden lockerer und luftiger.

3.4.5 Hefe und Sauerteig – Teigtrieb, Gare

Dazu folgt nach dem Kneten die Ruhephase. Hefe und zugefügte Grundsauerteige benötigen nun Nahrung. Hefen und Lactobacilli verstoffwechseln Glucose (Traubenzucker) und produzieren Kohlendioxid (CO_2) im Teig, das den Teig aufbläht und damit für die Lockerung sorgt. Doch woher kommt der Zucker? Mehl bringt schließlich Glucose mit, aber die meiste liegt in der Stärke vor, denn Stärkemoleküle sind riesige Verbände von Glucosemolekülen. Die Amylose ist ein lineares Kettenmolekül aus aneinandergereihten Glucosegrundeinheiten. Amylopektin ebenso, allerdings sind diese Moleküle hochgradig verzweigt und sehr eng gepackt. Der Treibmittel ist damit fest eingebunden und für die Hefezellen nicht verfügbar.

Der Ausweg aus dem Dilemma sind Enzyme, Amylasen, die jedes Weizenkorn aus guten biologischen Gründen mitbringt. Denn das Weizenkorn sollte ja einmal keimen und anschließend wachsen. Dazu benötigt es Energie in Form von Glucose während der Keimphase, die es aus der Stärke nimmt. Auch bei der Teigherstellung spalten verschiedene Amylasen die Stärke und stellen sie der Hefe in Form von Glucose zur Verfügung. Hat das Mehl noch genügend Amylasen, ist die Nährstoffversorgung der Hefe sichergestellt. Schon während des Knetens mit Wasser werden einige Amylasen aktiviert und produzieren Glucose, vor allem aus den wenigen Amylosemolekülen, die sich während des Knetens aus dem Stärkekorn herausgelöst haben. Diese sind für die Enzyme leicht zugänglich. Während der Gare schreitet dieser Prozess weiter fort, Amylasen produzieren somit laufend Glucose, die Hefezellen sind also in der Lage, viel Gas zu produzieren und so die gewünschte Teiglockerung zu garantieren. Ist die Hefe in Gang gekommen, setzt sie selbst auch Amylasen (und Proteasen) frei, die den Stärkeabbauprozess fördern.

Die Enzyme wirken dabei als molekulare Scheren, die je nach Art der Amylase (es gibt mehrere davon) Stärkeketten auseinanderschneiden oder aber auch die Verzweigungsstellen des Amylopektins trennen können, um Maltose freizulegen die mittels Maltasen oder α-Glucosidasen zu Glucose gespalten werden können (Abb. 3.23). Dies kann aber nur funktionieren, wenn das Mehl genügend Amylasen zur Verfügung stellt. Allerdings ist das nicht immer sichergestellt, denn Getreide ist ein Naturprodukt und somit den üblichen Schwankungen unterworfen, bedingt durch Regenmenge, Sonnenschein, Temperaturverlauf während des Wachstums usw.

Die starke Produktion von Gärgasen über die Mikroorgansimen sorgt für die erwünschte Teiglockerung. Der Teig vergrößert sein Volumen deutlich. Das Gluteninnetzwerk muss dabei diesen hohen Deformationen standhalten. Gute Klebereigenschaften äußern sich auf molekularer Skala über weitmaschige Gluteninnetzwerke. Diese implizieren hohe Elastizität, hohe Reißfestigkeit und hohe Dehnbarkeit auf den makroskopischen Abmessungen. Die Molekülketten dürfen während des Triebs nicht reißen, wie in Abb. 3.23 dargestellt.

Bei schlechten Klebern, wenn zum Beispiel nur wenig hochmolekulares Glutenin ausgebildet wird, können sich weniger Verschlaufungen bilden, die Netz-

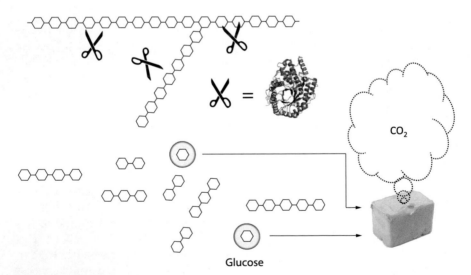

Glucose

Abb. 3.23 Enzyme, hier Amylasen, sind Proteine mit Schneidefunktion, hier als Schere dargestellt. Verschiedene Amylasen können Stärke, also Molekülketten aus Glucose, an bestimmten Stellen schneiden, bis einzelne Glucosemoleküle vorliegen (eingekreist dargestellt). Nur diese dienen der Hefe als Nahrung, die erst dann Kohlendioxid (CO_2) für den Teigtrieb produzieren kann

werke reißen leichter auseinander. Der Teig kann der hohen Dehnung nicht mehr standhalten. Das Netzwerk hängt „am seidenen Molekularfaden" (Abb. 3.24, rechts), während die Teile oberhalb und unterhalb der Bläschen kaum gedehnt sind. Der Teig geht dann nicht weit genug auf. Auch beim Backen ist ein starkes Gluteninnetzwerk wichtig, denn unter Temperaturerhöhung dehnen sich die Gasbläschen stärker aus als die Teigmasse, das Netzwerk wird noch weiter beansprucht. Auch dann darf das Netzwerk nicht reißen, die Struktur des Brots wäre dahin. Dies gilt auch für die in vielen Kulturen entstandenen Pfannenbrote aus Weizenmehl, wie manche Fladenbrote – Pita (Israel), Lawasch (Iran), Yufka (Griechenland), Chapati, Naan oder Roti (Indien) –, wie exemplarisch in Abb. 3.25 dargestellt.

Bei diesen ungesäuerten Broten werden lediglich (hochraffiniertes) Weizenmehl und Wasser verknetet (in manchen regionalen Gegenden wird noch Öl dazugegeben) und der Teig wird anschließend in dünnen Fladen in sehr heißen Pfannen gebacken. Die Lockerung des Teigs wird durch das rasch verdampfende Wasser und die damit verbundene starke Gasausdehnung verursacht. Auch bei den damit verbundenen schnell auftretenden Deformationen darf der Kleber nicht reißen, bevor der Backvorgang abgeschlossen ist. Denn beim Backen wird die Struktur unter Temperatur über Disulfidbrücken verfestigt, wie in Abb. 3.26 angedeutet ist.

3.4.6   Erhitzen von Gluten: Vulkanisierung des Netzwerks

Beim Erhitzen des Glutens wird die beim Kneten erzeugte Glutenstruktur fixiert. Dazu kommt die reaktive schwefelhaltige Aminosäure Cystein ins Spiel, denn

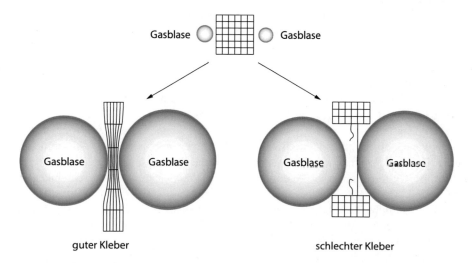

Abb. 3.24 Der Unterschied zwischen guten (links) und schlechten (rechts) Klebereigenschaften eines Brotteigs zeigt sich auch bei der Gare, wenn das Gluteninnetzwerk stark gedehnt wird

Abb. 3.25 Pfannengebackenes ungesäuertes Fladenbrot. Die Deformation des Klebernetzwerks auf den stark gedehnten Oberflächen der Blasen ist extrem hoch

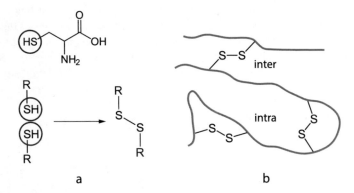

Abb. 3.26 Die Bildung von Disulfidbrücken: Die Schwefelwasserstoffgruppe -(S–H)- reagiert zu Schwefelbrücken -(S–S)- (**a**) und kann somit Cystein innerhalb eines Proteins (intra), aber auch zwei benachbarte Proteine (inter) miteinander verbinden (**b**)

sie kann chemisch reagieren (in Abb. 3.21 ist sie als schwarzer Kreis dargestellt). Cystein zeichnet sich durch eine Seitengruppe aus Schwefel und Wasserstoff aus, die oxidieren kann. Dann wird der Wasserstoff abgegeben und Schwefel wird reaktiv. Treffen also zwei Cysteine aufeinander, können sie bei Temperaturen ab etwa 65–70 °C zu einer Schwefelbrücke, einer sogenannten Disulfidbrücke, reagieren und somit eine permanente chemische Verbindung eingehen, die sehr stabil ist. Cystein kann also Proteine mit sich selbst oder mit anderen Proteinketten vernetzen, wie in Abb. 3.26 schematisch dargestellt.

Die Disulfidbrücken bilden sich vermehrt erst beim Erhitzen, also Backen, des Brots. Bei Temperaturen zwischen 65 °C und 75 °C und einer Einwirkdauer um fünf Minuten sind weitgehend alle Disulfidbrücken ausgebildet [50]. Dabei kommt der Unterschied zwischen den verschiedenen Weizenproteinen zum Tragen. In den kurzen, nur aus etwa 300 Aminosäuren bestehenden Gliadinen befindet sich das reaktive Cystein vorwiegend in der Mitte der Proteinketten und ist bereits vernetzt. Für die Vernetzung muss die Schwefelgruppe beim Cystein frei sein und darf nicht bereits zuvor, im nativen Zustand wie z.B. im Gliadin (Abb. 3.22) vernetzt sein. Beim Gliadin sind alle Cysteine bereits im nativen Zustand zu Disulfidbrücken vernetzt. Dies gibt dem Protein eine besondere Stabilität. Daher ist Gliadin in Broten nicht an der Netzwerkbildung direkt beteiligt. Gliadin wird daher lediglich als selbstvernetztes Globul zwischen die großen Netzwerkmaschen des Glutenins gezwängt.

Ganz anders bei den längeren, bis über 800 Aminosäuren langen Gluteninen. Bei denen befinden sich die reaktiven Gruppen an den Enden und sind daher prädestiniert für die Netzwerkbildung im Teig. Dabei ist das Verhältnis von Gliadinen und Gluteninen (Abb. 3.27) im Mehl maßgeblich für die mechanischen Eigenschaften und damit für die Krume verantwortlich. Während die Glutenine mit ihren Vernetzungen für Elastizität sorgen, wirken die kleinen, mit sich selbst vernetzten Gliadine eher wie ein weiches Schmiermittel und führen somit zu einer hohen Dehnbarkeit. Die Weichheit, Elastizität und Dehnbarkeit der gebackenen Brotkrume gehen damit auf das Konto des Zusammenspiels von Gliadin und Glutenin [51, 52].

Abb. 3.27 veranschaulicht aber bereits, wie sich das Mengenverhältnis von Gliadin zu Glutenin auf die Netzwerkeigenschaften und damit auf die Teigeigenschaften auswirkt: Ist viel Gliadin in einer Mehlsorte vorhanden, kann es sogar die chemische Reaktion zweier Cysteine und damit die Bildung von Disulfidbrücken verhindern. Das Gliadin-/Glutenin-Verhältnis definiert somit ebenfalls die Teig- und Backeigenschaften.

Diese ausführlichen Betrachtungen der Eigenschaften des Glutens waren aus mehreren Gründen notwendig. Zum einen zeigen sie den fundamentalen Einfluss auf die Eigenschaften der Teigverarbeitung und die Backresultate. Darüber hinaus

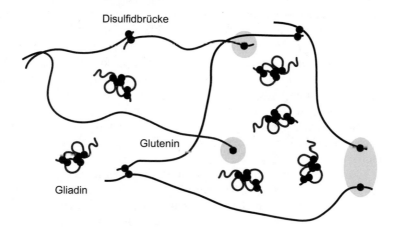

Abb. 3.27 Gliadin ist bereits selbst vernetzt und wird zwischen die Maschen des vernetzenden Glutenins gezwängt. Die noch freien Cysteine sind mit grauen Schattierungen angedeutet. Für die Reaktion und die Bildung von Disulfidbrücken müssen sie sich aber nahe genug kommen

wird klar, warum gesäuertes Brot nur in elastischen Teigen auf Glutenbasis gut funktioniert, denn kaum andere glutenfreie Cerealien und Pseudocerealien eignen sich mit ihren Proteinen, um einem starken Teigtrieb standzuhalten. Die langen, hochmolekularen Glutenine brachten diese Kulturtechniken erst hervor. Gepaart mit dem niedrigen pH-Wert der Sauerteige waren diese Erfindungen ein Segen. Sauerteige waren haltbar, kultivierbar und auch die Brote zeichneten sich durch lange Haltbarkeit aus. Gerade dies war im Neolithikum gefragt: Verarbeitbarkeit mit einfachen Mitteln, gute Säuerungseigenschaften und eben die Haltbarkeit der Brote. Diese Tatsachen zusammengenommen zeigen die lohnenswerten Vorteile einer langwierigen Zucht des *Triticum* in Richtung verstärkte Glutenhaltigkeit.

3.4.7   Stärke und das Wassermanagement im gebackenen Brot

Ist der gesäuerte Teig nach Gare und Stückgare ordentlich aufgegangen, werden die Brote bei hohen Temperaturen in den Ofen gegeben. Dabei finden verschiedene Prozesse statt: Zum einen physikalische Veränderungen bei den Proteinen und der Stärke, zum anderen setzen bei der hohen Hitze chemische Reaktionen ein, unter anderem die Maillard-Reaktion, die das Brot aromatisieren.

Unter Hitze verändert sich das Proteinnetzwerk, es zurrt sich noch fester, da sich deutlich mehr Vernetzungen über Disulfidbrücken ausbilden können, wenn Wasser teilweise verdampft oder aber auch umgelagert wird. Denn steigt die Temperatur auf 65–70 °C, schmilzt die hochverzweigte kristalline Stärke, Amylopektin. Sie ist bereit zur Wasseraufnahme, Wasser kann eindringen, die Stärke verkleistert. Die Wassermoleküle werden nach dem Schmelzen des Amylopektins direkt in die weit abstehenden Stärkeäste getrieben und dort gebunden, was sich später, nach Backen und Abkühlung, als Restfeuchte des Brots und durch die Weichheit der Krume des frischen Brots bemerkbar macht. Die lineare Amylose kann zwar mit Knoten, Verhakungen und Verschlaufungen à la Glutenin für ein sofortiges und effektives Vernetzen ist das Polymer nicht geeignet. Die hochverzweigten Amylopektinmoleküle können nicht einmal Verschlaufungen bilden. Sie stehen sich wie Zahnräder in einem Getriebe gegenüber, können sich wegen des hohen Verzweigungsgrads aber nicht allzu nahe kommen oder gar zu einem Netzwerk verschlaufen und verknoten, wie in Abb. 3.28 gezeigt ist. Dennoch füllen sie den ihnen zur Verfügung stehenden Raum bestmöglich aus, binden das Wasser und bilden eine Stärkepaste, sie verkleistern oder, aus dem Englischen eingedeutscht, gelatinisieren.

Stärke bildet daher beim Erhitzen einen zähen, pastösen Kleister und kein hoch elastisches Gel. Sie bindet aber dabei sehr viel Wasser in Hydrathüllen, wie durch die blaue Schattierung in Abb. 3.28 angedeutet ist [53]. Die Stärke bindet also das Wasser, die stark verästelten Amylopektinmoleküle ergeben einen feuchten Kleister für einen lockeren Zusammenhalt und für die hohe Wasserbindung und damit das Feuchthalten der gebackenen Brote. Die Elastizität der gebackenen Krume wird aber hauptsächlich durch das vernetzte Gluten erzeugt. Kein Wunder

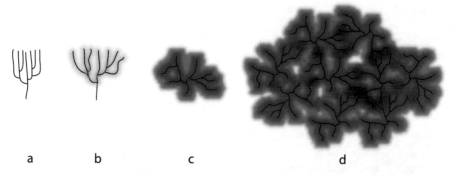

a   b   c   d

Abb. 3.28 Die Verkleisterung des Amylopektins. Vor dem Schmelzen der Kristalle (**a**) kann kein Wasser aufgenommen werden. Beim Schmelzen (**b**) beginnt die Wasseraufnahme. Das vollständig geschmolzene Amylopektin bindet in hohem Maße Wasser (**c**). Gequollenes Amylopektin kann sich wegen des hohen Verzweigungsgrads nicht zu nahe kommen. Mehrere Moleküle halten sich selbst wegen ihrer langen Äste auf Abstand, sie bilden einen Stärkekleister (**d**)

also, dass glutenhaltige Weizen- bzw. Weizenmischbrote, mit welchen Varianten auch immer, bei diesem ausgeklügelten Zusammenspiel der Makronährstoffe Protein und Stärke bis heute ein Erfolgsmodell für die menschliche Ernährung sind.

3.4.8 Der Brotgeschmack

Es gibt noch einen weiteren Grund für den seit Jahrtausenden anhaltenden Erfolg des Brots, und zwar den Geschmack. Dies klingt banal, ist es aber nicht, denn der Geschmack des gebackenen Brots hat, abgesehen vom später zugegebenen Salz, einen beachtlichen Anteil von umami und süß. In Kap. 1 wurde bereits der Umamigeschmack als entscheidende Triebfeder des Kochens und Garens im Paläolithikum im Detail diskutiert. Weizenbrote reihen sich nahtlos als konsequente Entwicklung in der neolithischen Revolution ein. Brote werden unter hoher Temperatur im Feuer, in Öfen aller Art gebacken. Diese hohen Temperaturen wirken allerdings lediglich auf die Kruste ein, die rasch bräunt und dabei brottypische, betörende Röstduftstoffe verströmt. Im Inneren des backenden Brots befindet sich ein hoher Wasseranteil, der nach und nach ein wenig verdampft. Solange aber Wasser verdampft, kann die Temperatur nicht über 100 °C steigen. Bis die Temperatur allerdings im Zentrum der Brote so hoch ist, vergeht eine gewisse Backzeit. In dieser Zeit und bei Temperaturen bis 80 °C sind die Amylasen wirksam und setzen nach und nach Glucose aus der Stärke frei, und zwar umso mehr, je weiter die Stärke schmilzt. Im Temperaturbereich zwischen 65 °C und 80 °C sind daher Amylasen weiter aktiv und produzieren den präferierten Geschmack „süß" in Form von Glucose, der auf der Zunge unmittelbar spürbar ist und nicht erst nach dem Einwirken von Speichelamylasen im Mund.

Der Umamigeschmack des Brots, besonders in der Kruste, ist eine direkte Folge des Glutens. Klebereiweiß enthält einen hohen Anteil an Glutaminsäure, jener Aminosäure, die maßgeblich für den Umamigeschmack ist. Während der Fermentation wird im Teig bereits ein kleiner Teil des Glutens über die Enzyme der Lactobacilli gespalten. Die Peptide, Bruchstücke, die eine Glutaminsäure tragen, beginnen mit jedem Schritt der weiteren Verkürzung immer mehr zum Geschmack und zur Mundfülle beizutragen.

An der Brotoberfläche wird bei hohen Temperaturen der Spaltungsprozess der Proteine stark beschleunigt, wie es die rasche Bräunung bezeugt. Aus freien, abgespaltenen Aminosäuren und den freien Glucosemolekülen bilden sich Bräunungsstoffe sowie Röstaromen. Nur die freie Glutaminsäure beteiligt sich kaum an dieser Maillard-Reaktion, sondern verbleibt unverändert in der Kruste. Da sie ionisch ist, sprich negativ geladen, kann sie sich mit Salzen, die in jedem Lebensmittel vorhanden sind, zu Glutamat verbinden, das sich wiederum im Speichel löst und eine deutliche Umamisensation auslöst. Kein Wunder, denn das Speicherprotein des Weizens, Gluten, enthält bis zu 30 % Glutaminsäure [54], die, wie bereits angemerkt, auch für die elastischen Eigenschaften und die partielle Quellbarkeit in Wasser von großer Bedeutung ist. Der Umamigeschmack des Brots ist auch in der Kruste verankert. Gepaart mit den Röstaromen und der Süße reiht sich Brot nahtlos in die Geschmacksmuster ein, die der *Homo sapiens* seit der Menschwerdung am Feuer präferiert. Fleisch bekam mit Brot einen adäquaten Partner in der Ernährung der frühen Bauern. In weizenfreien Regionen und Ländern dieser Welt entwickelten sich andere Kulturtechniken, um möglichst viel aus dem zur Verfügung stehenden Getreide herauszuholen.

3.4.9 Die frühe regionale Brotkultur

Durch die vorherigen Ausführungen wird auch klar, warum es nicht gelingt, gesäuerte Brote mit glutenfreien Getreiden wie Reis, Mais oder Pseudogetreiden wie Hirse herzustellen: Sie halten dem Trieb und der damit verbundenen Verformung nicht stand. Hefen und andere Triebmittel haben zwar genügend Zucker zur Verfügung, aber die Gasbläschen entweichen beim Wachsen. Es ist kein langes und hinreichend elastisches Protein vorhanden, das die wachsenden Bläschen umschließt und deren Wachstum oder Entweichen aus dem Teig Einhalt gebietet. Daher entwickelte sich in den Regionen, in denen kein Weizen wuchs, eine ganz andere Getreide- und Brotkultur. Für den Zusammenhalt von einfachen, wenig luftigen Fladenbroten aus glutenfreiem Pseudogetreide und Wasser reicht die Verkleisterung der Stärke aus. Ein Großteil des Proteinspeichers bei Mais sind sogenannte Zeinproteine (Zein und Glutelin-2 (Zeanin)) [55], die in verschiedenen Variationen vorliegen. Im Gegensatz zu den weithin unstrukturierten Proteinen im Gluten liegen die Proteine im Mais in extrem festen helixdominierten Strukturen vor, wie sie in Abb. 3.29 beispielhaft gezeigt sind.

Abb. 3.29 Typische Speicherproteine in Mais (Zein) sind stark strukturierte Proteine. Ihre Sekundärstruktur ist maßgeblich von schraubenförmigen Helices dominiert

Diese kompakte Struktur sowie die starke Hydrophobizität, die über das häufige Vorkommen der Aminosäuren Alanin, Prolin und Valin gegeben ist, verdeutlichen das Hauptproblem bei Maisproteinen. Es entfaltet kaum, und der Großteil der Speicherproteine des Maises ist nicht wasserlöslich [56]. Einfache Verarbeitungsschritte wie beim Herstellen von Weizenteigen sind nicht möglich. Auch lassen sie sich nicht ohne Weiteres durch Erhitzen denaturieren. Ein weiteres Problem stellt zudem die Bioverfügbarkeit der Aminosäuren dar, vor allem die der essenziellen Aminosäure Valin. Das Protein wird, wenn es in seiner nativen Form über die Nahrung zugefügt wird, weder wasserlöslich noch denaturiert in der Säure des Magens. Proteasen können die entsprechenden Schnittstellen nicht ohne Weiteres erreichen. Das Protein bleibt enzymatisch unverdaulich, die Aminosäuren sind nicht biologisch verfügbar. Diese Speicherproteine tragen in dieser Form nur wenig zur Ernährung der Menschen bei.

Aufgrund ihrer starken Hydrophobizität sind Zeinproteine lediglich in Ethanol, Ether oder Glykol löslich [57]. Diese Lösungsmittel sind allerdings für die Verarbeitung von Mais kaum von Nutzen, das waren sie schon gar nicht für die frühen Menschen in Südamerika. Allerdings zeigt Zein einen deutlichen Anstieg der Wasserlöslichkeit und damit der Bioverfügbarkeit der Aminosäuren bei alkalischen pH-Werten um 11,5. Bei alkalischen pH-Werten denaturiert Zein, löst sich deutlich besser in Wasser, kann sogar verarbeitet werden, schmeckt aber stark alkalisch und damit seifig. Dennoch nutzten die frühen Bauern der Azteken diese Eigenschaften bereits 1500 Jahre v. Chr. in Südamerika, als die Kulturtechnik der Nixtamalisation entwickelt wurde.

3.4.10 Nixtamalisation – alte Getreidetechnologie glutenfreier Cerealien

Das Proteinspektrum im Mais ist weniger reichhaltig als im Weizen. Neben dem α-, β- und γ-Zein sind sehr kurzkettige Gluteline entscheidend [58], die mit dem Glutenin und dessen strukturgebenden Eigenschaften nichts gemein haben. Gluteline sind bereits in ihrem nativen Zustand im Maiskorn über Schwefelbrücken stark mit sich selbst verknüpft. Vor allem die Zeinproteine des gluten-freien Mais benötigen eine spezielle Behandlung, um ihn überhaupt verbacken zu können, damit Zubereitungen wie Tortillas (also Fladenbrote) erst gelingen.

Dabei werden frische Maiskörner in Kalkwasser (mit Asche hergestellt) auf-gekocht und einige Stunden eingeweicht. (Gelöschter) Kalk lässt den pH-Wert des Einweichwassers ins Alkalische ansteigen, der Mais quillt in Lauge, dabei wird der Zusammenhalt der Maisproteine im Bereich von pH-Werten zwischen 9 und 11 geschwächt. Die Zeinproteine können sich mit den Glutelinen, unter Lösung der intra-Disulfidbrücken bei pH-Werten über 9, partiell entfalten und später nach dem Mahlen und Kneten ein schwaches Netzwerk ausbilden. Die so behandelten Maiskörner werden anschließend gewaschen. Sie können dann nass vermahlen und zu Fladenbrotteiglingen geformt werden. Beim Backen bilden diese Proteine ein schwaches Netzwerk, wobei die ebenfalls im alkalischen Bereich löslichen Gluteline die Netzwerkbildung unterstützen. Die gleichzeitig beim Backen gelatinisierende Maisstärke reicht dann' für den Zusammenhalt der Tortillas. Gesäuerte Brote mit Trieb konnten trotz der Nixtamalisation damit aber nicht gebacken werden, die Proteine sind nicht lang genug.

Die Effekte lassen sich streng wissenschaftlich und systematisch nachweisen, wenn Zein und Maisstärke mit Kalk (in diesem Fall mit reinem Calciumoxid) auf unterschiedliche Weise gekocht werden [59]. Diese Experimente zeigen deutlich, wie sich beim Kochen der Zeinproteine mit Kalk deren thermische Denaturierung einstellt. Während bei nativen Zeinproteinen keine thermische Denaturierung zu beobachten ist, reicht es bereits aus, die Zeinproteine 20 min bei hohem pH-Wert bei 61 °C zu halten, um sie zu denaturieren. Die daraus hergestellten Pasten und Teige weisen dann auch deutlich bessere mechanische Eigenschaften auf. Die Teige sind elastischer und binden zusammen mit Maisstärke Wasser bestens ein.

Ein weiterer Vorteil des Nixtamalisation ist der Abbau von antinutritiven Stoffen, die der Abwehr von Fressfeinden dienen, etwa Chlorogensäure. Problematisch beim Mais ist vor allem der hohe Anteil an Phytinsäurekomplexen, die Mineralien und auch Vitamin B_3 (Niacin) über dessen Hydroxylgruppen binden und nicht mehr freigegeben.

Dies zeigt einen faszinierenderen Zusammenhang: Viele der schon lange ent-wickelten frühe Kulturtechniken, die das Essen und die Nahrungszubereitung betreffen, sind die Resultate von ganz bestimmten physikalisch-chemischen Eigenschaften der Naturprodukte. Welch eine riesige und beachtenswerte Forschungsleistung wurde von kochenden und essenden Menschen vor über 3000 Jahren geleistet! Der Mais mit seinen „schlechten" Proteineigenschaften erforderte eine besondere chemische Behandlung über eine systematische Erhöhung des pH-Werts. Dies ermöglichte einerseits eine bessere Verarbeitbar-keit, andererseits eine bessere Verfügbarkeit von Makronährstoffen und manchen Mikronährstoffen, im Falle des Maises des Niacins. Erst diese lebensmitteltechno-logischen Methoden sicherten ein Überleben auf der Grundlage des Maises. In Regionen der Welt, in denen Mais nicht als Grundnahrungsmittel diente, wurde die Nixtamalisation nicht entwickelt. In den Weizenregionen sind diese Techniken überflüssig, der Kleber entwickelt sich beim Kneten durch bloßen Kontakt des

Mehls mit Wasser, sein breites Aminosäurespektrum steht biologisch sofort zur Verfügung.

In diesem Zusammenhang sei auf Mangelerscheinungen wie beispielsweise Pellagra hingewiesen, wie sie in Regionen zu finden sind, die vorwiegend auf Mais als Grundnahrungsmittel angewiesen sind. Pellagra ist eine typische Niacin-Mangelkrankheit, zu deren Symptomen pigmentierte, brennende oder juckende Hautareale sowie Durchfall, Erbrechen und neurologische Ausfallerscheinungen gehören. Die herkömmliche Pellagra kommt allerdings nur in Kombination mit einem Tryptophanmangel vor, wobei der ausschließliche Verzehr von Mais, der nicht durch Nixtamalisation behandelt wurde, aufgrund des bereits angesprochenen Aminosäuremusters die Entwicklung von Pellagra begünstigt.

Die Maisproteine, Zein und Gluteline, sind deutlich weniger hochwertig als das Weizenproteingemisch Gluten. In allen Weizenanbaugebieten des frühen und späten Neolithikums sind derartige Mangelerscheinungen aus archäologischen Funden und Analysen nicht bekannt. Kein Wunder, denn Gluten ist eines jener pflanzlichen Proteine, die alle essenziellen Aminosäuren aufweisen können. Eine pauschale Verteufelung des Glutens [60] und des Weizens [61, 62] ist daher aus Sicht der molekularen Ernährungswissenschaften ein eher fragwürdiger Trend. Darauf wird im Detail nochmals in Kap. 5 eingegangen.

3.4.11 Ein Blick in die moderne Welt der Zusatzstoffe am Beispiel Brot

3.4.11.1 Zusatzstoffe in industriell hergestellten Broten

Weizen und dessen Inhaltsstoffe unterliegen wie alle Naturprodukte mehr oder weniger großen Schwankungen [63]. So gibt es wie bei allen auf Feldern und Gärten wachsenden Produkten gute und schlechte Jahre. Jedes Jahr nach der Ernte stellt sich die Frage, wie viel Kleber der Weizen hat, wie der Enzymstatus ist, wie seine Backeigenschaften sein werden. Dies waren essenzielle Fragen für die frühen Bauern. Heute, im Zeitalter der technisch-wissenschaftlichen Möglichkeiten, kann nachgeholfen werden. Etwa lassen sich durch einfaches Mischen von Weizen aus unterschiedlichen Regionen oder Jahrgängen, durch das Zufügen von Amylasen oder mit Beimischungen von Gluten Schwächen ausgleichen.

Weizen enthält zwar eigene Enzyme, Vitamine, Emulgatoren usw., aber in schwankenden Mengen. Fehlen dem Mehl ausreichende Mengen davon, kann mit Zusätzen ausgeglichen werden. Denn ohne diese Hilfsmittel wäre ein standardisierter und weitgehend automatisierter Backprozess nicht möglich.

Zunächst ist es wichtig, nach den zugesetzten Stoffen zu unterscheiden. Des Weiteren muss nach handwerklich und industriell gefertigtem Brot unterschieden werden. Ein Bäcker, der täglich in der Backstube seinen Teig knetet, hat im Gespür, wie viel Wasser er braucht, ob er noch ein anderes Mehl dazu mischen oder Mischungen bei Mischbroten verändern sollte. Industriemaschinen sind (bis jetzt) nicht so intelligent, sie benötigen stets ein sehr klar definiertes Mehl-Wasser-Verhältnis. Aber das ist nicht alles, denn entscheidend sind die Klebereigenschaften, der Stärkeanteil, der Anteil der Lipide und des Lecithins und der Enzymstatus, damit die Resultate nach dem Mischen und der Fermentation reproduzierbar sind. Kunden von Massenbackwaren möchten letztlich immer ein identisches Brot. Schwankungen werden hier genauso wenig toleriert wie höhere Preise. Hat das Mehl keinen guten oder ausreichenden Kleber, wird Gluten beigemischt, bis die Fließeigenschaften des Teigs, die Elastizität und die Krumenstabilität stimmen. Genauso lässt sich der Enzymstatus bestimmen. Ist er zu niedrig, kann Amylase dazu gemischt werden, für den Menschen schädlich ist das nicht. In handwerklichen Backstuben wird weniger zur Amylase gegriffen, dafür werden, enzymaktive Backmalze dazugeben, die in ähnlicher Weise für die Anreicherung der Mehle mit Amylasen sorgen. Das gekeimte und gedarrte Getreide ist Amylaselieferant und Chemiefabrik *per se*, jeder Bierbrauprozess lebt davon. Gekeimtes Getreides setzte während der Keimung erhebliche Mengen an Amylasen frei, die dann die weizeneigenen Amylasen unterstützen. Amylasen helfen also auf zwei Ebenen: Sie setzen Maltose für die Hefe frei, der Teigtrieb nimmt zu. Später beim Backen reagieren Di- und Trisaccharide mit Aminosäuren zu Maillard-Produkten, die für den charakteristischen Brotduft sorgen.

Funktion und Eigenschaften dieser Zusatzstoffe sind also bekannt. Wenn bei Industriebroten mit Ascorbinsäure und Ascorbaten, die der Weizen ohnehin mal mehr, mal weniger aufweist, nachgeholfen wird, ist das weder ein Problem für die Gesundheit noch für die Ethik. Viel ist es ohnehin nicht, denn jede Überdosierung weit über die natürlichen Mengen würde die Gare empfindlich stören.

3.4.11.2 Die Wirkung von Emulgatoren

Emulgatoren werden meist bei Emulsionen wie Cremes und Mayonnaise zur Stabilisierung der Öltröpfchen in der wässrigen Umgebung verwendet. Dabei setzen sich die Emulgatoren an die vielen Grenzflächen zwischen Öl und Wasser. Daher erscheint es auf den ersten Blick widersinnig, diese in Brotteige zu geben, bei denen Fette und Öle keine große Rolle spielen. Allerdings ist Brot wie jedes Lebensmittel stark grenzflächendominiert. Die lockere Krume des Brots besteht zum Beispiel vorwiegend aus Grenzflächen, die sich zwischen gebackenem Teig und den vielen Gasbläschen bilden. Die Bläschen übernehmen die Rolle des Öls, Luft ist wie Öl hydrophob. Verschiedene Mehle enthalten jeweils unterschiedliche Anteile des Emulgators Lecithin. Das ist normal, denn Lecithin gehört zu den wichtigsten Bestandteilen aller Zellmembranen, egal ob tierisch oder pflanzlich. Eine Vielzahl von Phospholipiden (Lecithin) organisiert sich selbst, bildet dichte und in sich geschlossene Zellmembranen und trennt extra- und interzelluläre Räume. Diese Selbstorganisation geschieht aus rein physikalisch-chemischen Gründen, denn Lecithin, eine Mischung aus Phospholipiden, hat eine wasserlösliche Kopfgruppe und zwei Fettsäureschwänze, die ausschließlich fettlöslich sind. Die Gegensätze Fett und Wasser vereinigen sich somit in einem Molekül. Also gerade richtig für die Schaumstruktur Brot: Der hydrophile Teil befindet im wasserreichen Teig, die Fettschwänze des Lecithins ragen in die Gasbläschen. Auch andere natürliche Lipide wie Mono- und Diglyceride, die im Gegensatz zu vielen Meinungen [64] in jedem tierischen und pflanzlichen Fettstoffwechsel vorkommen, helfen bei der Stabilisierung mit. Wieder ist es naheliegend, emulgatorenarme Mehle aus kritischen Jahrgängen mit Lecithin zu ergänzen, um einen kontrollierten Backprozess zu gewährleisten. Solche Denkweisen sind bei traditionellen Bäckern nicht weit verbreitet, denn ihre individuelle Kundschaft akzeptiert Schwankungen in den Qualitäten eher als Kunden, die Backwaren aus industrieller Herkunft in Supermärkten oder Backfabriken zu sehr günstigen Preisen kaufen.

3.4.11.3 L-Cystein – molekulare Manipulationen im Klebernetzwerk

Die schwefelhaltige Aminosäure L-Cystein ist für den Aufbau und die Stabilität des Klebernetzwerks essenziell, wie in Abb. 3.25 und 3.26 dargestellt ist. Das hochmolekulare Glutenin, bei dem das Cystein eher an den Enden der langen Proteinketten sitzt, definiert beim Vernetzen die Maschengröße des Netzwerks und damit die Elastizität der Krume und damit wiederum das Mundgefühl beim Essen des Brots. Schlechte Kleber zeichnen sich z.B. durch einen hohen Gliadin-Anteil oder niedrige Konzentrationen des hochmolekularen, dafür höhere des niedrigmolekularen Glutenins aus. Dies sind keine guten Voraussetzungen für die Dehnbarkeit und die Elastizität der Teige. Es gibt aber einen physikalisch naheliegenden Trick, die Maschenweite des Netzwerks und damit die Dehn- und Belastbarkeit des Klebernetzwerks zu vergrößern: Die Beimischung von sehr geringen Konzentrationen der Aminosäure L-Cystein bei der Teigbereitung bewirkt dabei Vieles. Sie reagiert beim Kneten und Erhitzen mit manchen cysteinbesetzten Enden der Gluteninmoleküle, sodass diese nicht unmittelbar mit benachbarten anderen Proteinen reagieren können. Die Folge ist klar (Abb. 3.30): Das Proteinnetzwerk wird trotz weniger hochmolekularem Glutenin weitmaschiger, dehnbarer und kann dem Trieb bei der Gare besser standhalten.

Freie Cystein-Aminosäuren, wie sie in jedem Mehl in geringen Mengen vorkommen, verbinden sich mit jenen in den Ketten und verhindern dabei ein weiteres Schließen mit anderen Ketten, der Kleber wird weicher und deformierbarer. Schon ist klar: Offenbar lassen sich durch verschwindend geringe Zugaben von Cystein (in ppm – *parts per million*) die Anzahl und Wirkung der permanenten Verbindungen zwischen den Ketten und damit die Klebereigenschaften steuern.

Gewonnen wird die Aminosäure aus cysteinreichen Proteinen, die sonst nur wenig zum Einsatz kommen. Dazu gehören alle Strukturproteine, die ihre Gestalt über die Schwefelvernetzung bekommen, also Proteine in Haut, Haaren, inklusive Tierhaaren und Schweineborsten. Schlagzeilen wie „Schweineborsten und Menschenhaar im Brot" [65], sind natürlich Unsinn. Cystein aus Menschenhaaren darf nicht in Lebensmitteln verwertet werden. Und dass Schweinborsten im Brot sind, ist natürlich ebenfalls eine vollkommen unqualifizierte Behauptung. Für die Funktion und die Eigenschaften ist es vollkommen egal, woher die Aminosäure Cystein stammt. Die Verwertung von Schweineborsten und Geflügelfedern wäre sogar ganz im Sinne der uralten, aber zurzeit wieder praktizierten Nose-to-Tail-Bewegung, also sogar eine sehr gute Idee. Selbst das Cystein aus Menschenhaar

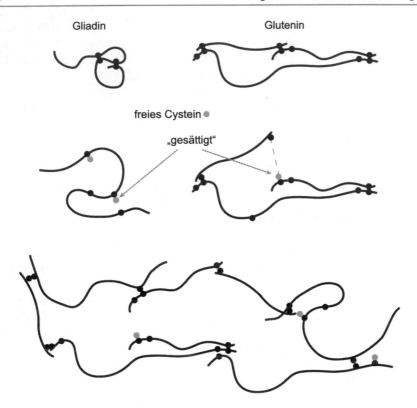

Abb. 3.30 Ein Netzwerk aus Gluteninmolekülen. Bei Gliadin sitzen die netzwerkbildenden Aminosäuren (schwarze Kreise) eher innen. Sie vernetzen sich selbst, bei Glutenin sitzen die Cysteine an den Enden, es bilden sich Disulfidbrücken (Schwefelbrücken), die das Netzwerk zusammenhalten. Wird freies Cystein dazugegeben (graue Kreise), so sättigen diese gebundenes Cystein, die Proteinketten können sich dort nicht mehr vernetzen, das Netzwerk bleibt weitmaschiger. Selbst Gliadin kann dann zur Elastizität beitragen

wäre theoretisch kein Problem. Bei den Tonnen von Haaren, die in Friseurbetrieben anfallen, landet praktisch eine natürliche Rohstoffquelle auf dem Müll. Auch hier gilt: Einzig und allein die Struktur bestimmt die Funktion.

3.4.11.4 Nicht-natürliche und weizenfremde Zusatzstoffe
Die bisher besprochenen eingesetzten Zusatzstoffe sind im Einklang mit der Vielfalt der Moleküle, die der Weizen ohnehin in sich trägt und sind daher unbedenklich für die Gesundheit. Die Industrialisierung geht aber viele Schritte weiter, da eine ganze Reihe von Mehlbehandlungsmitteln nichts mehr mit den Inhaltsstoffen der Getreide zu tun hat, die hier aber nicht alle im Detail besprochen werden können.

An erster Stelle stehen nicht-natürliche, also synthetische, Emulgatoren wie Weinsäureester, Zuckerester, Milchsäureester usw., die von der Natur nicht bereitgestellt werden, aber immer wieder in industriellen Backwaren eingesetzt werden. Grundlage auch dieser nicht-natürlichen Emulgatoren sind jedoch natürliche Fette (Speisefette) und ebenso natürliche Produkte wie Weinsäure, Essigsäure, Milchsäure oder verschiedene Zucker und Zuckeralkohole, die mit Mono- und Diglyceriden verestert werden. Je nachdem spricht man dann von Weinsäureestern (**Di**Acetyl **T**artaric **E**ster of **M**ono- and Diglycerides, DATEM), Essigsäureestern (ACETEM) oder Zuckerestern. In Abb. 3.31 ist das Prinzip des Aufbaus gezeigt.

Die Emulgatoren auf der linken Seite in Abb. 3.31 sind natürlich, sie entstehen in der Natur und werden von Pflanzen und Tieren über den Stoffwechsel verwendet. Rechts sind Beispiele für künstliche (besser synthetische) Emulgatoren dargestellt. Sie kommen in der Natur nicht vor.

Die Frage ist natürlich gerechtfertigt, warum der „*Homo industrialis*" auf die Idee kommt, natürliche oder synthetische Emulgatoren in einem Grundnahrungsmittel wie Brot einzusetzen. Wie schon angesprochen, bringen der Weizen oder andere Getreide und Pseudogetreide einen gewissen Teil der natürlichen Emulgatoren mit. Die beiden natürlichen Emulgatoren stellen aus physikalisch-chemischer Sicht quasi zwei Extreme dar. Mono- und Diglyceride sind aufgrund ihrer Fettsäurendominanz und der nur sehr schwach polaren Glycerolrestgruppe nur beschränkt wasserlöslich. Sie haben nur eine oder zwei freie OH-Gruppen an den Stellen, an denen die Fettsäuren fehlen. Somit sind diese Emulgatoren stark fettlöslich. Ganz im Gegensatz zu Lecithin. Dessen Kopfgruppe aus Cholin und einer Phosphorsäure ist stark polar und damit stark wasserlöslich. So zieht die

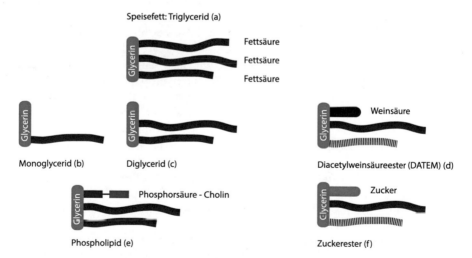

Abb. 3.31 Der Aufbau verschiedener Emulgatoren. Oben ein Triglycerid (Triacylglycerol; **a**), ein Fett mit dem Glycerol- bzw. Glyceringerüst und drei Fettsäuren. Werden enzymatisch Fettsäuren (mittels Lipasen) abgetrennt, entstehen Mono- und Diglyceride (**b**, **c**), Lecithin ersetzt eine Fettsäure durch eine Phosphorsäure und eine Cholingruppe (Phospholipide, **d**). Synthetische Emulgatoren ersetzen eine Fettsäure durch ein wasserlösliches Molekül, zum Beispiel Weinsäure (**e**) oder verschiedene Zucker (**f**) oder Zuckeralkohole

hydrophile Kopfgruppe selbst Fettsäuren mit 18 oder 20 Kohlenstoffatomen mit ins Wasser, während die Fettsäuren der Mono- und Diglyceride die schwach polare Gruppe des Glycerols ins Fett ziehen. Die Eigenschaften und Funktionsweisen der beiden Emulgatoren sind somit vollkommen unterschiedlich.

Für die Backindustrie (und andere Anwendungen) ist es daher wünschenswert, Emulgatoren mit Eigenschaften zwischen diesen zwei Extremen zu haben, also Kopfgruppen mit anderen Wasserlöslichkeiten, um der Vielzahl von Wechselwirkungen im Brotteig auf physikalisch-chemischer Ebene gerecht zu werden. Dann kann feinstufiger zwischen den Grenzflächen Gluten–Luft oder den unterschiedlich hydrophil-hydrophoben Aminosäuren, den unterschiedlichen Eigenschaften der Oberflächen der Stärkekörner vermittelt werden. Genau das erreicht man mit der Synthese von Fetten mit Kopfgruppen, deren Wasserlöslichkeit unterschiedlich ist. So lassen sich Emulgatoren mit einer sehr gezielten **H**ydrophil-**L**ipophil-**B**alance (ausgedrückt über den sogenannten HLB-Wert) kreieren [66].

Unterschiedliche Emulgatoren sind aus physikalischer Sicht schon während des Knetens nützlich, denn der Brotteig ist immer ein Mehrphasensystem, dessen Wechselwirkungen der Einzelbestandteile in Konkurrenz zueinander stehen. Die gegensätzlichen Wechselwirkungen zwischen hydrophil und hydrophob wirken sich während des Backens auf die Ausbildung der Krumenstruktur aus. Die Blasenstruktur der Krume wird durch das Backen und die damit verbundenen Prozesse wie Wasserentzug, Stärkeverkleisterung, Proteinvernetzung usw. gefestigt. Beim Teig ohne Zusätze, zu Hause oder beim handwerklichen (Bio-)Bäcker, sind dies die im Mehl vorhandenen Lecithine sowie Mono- und Digylceride. Industriemehlen können je nach Mehlbeschaffenheit weitere Emulgatoren beigefügt werden.

Die Wechselwirkungen der Bestandteile sind darüber hinaus stark temperaturabhängig und verändern sich während des Backens. Jede Temperaturerhöhung bedingt eine Erhöhung der thermischen Energie und damit eine Abschwächung von nicht-kovalenten Bindungen: Hydrophobe und hydrophile Bindungen werden schwächer. Andererseits werden zusätzliche permanente Disulfidbindungen benachbarter Glutenmoleküle aufgebaut. Die Festigkeit wird erhöht, die Bläschenstruktur härtet aus. Gleichzeitig bleiben die kleinen Phospholipide beweglich und halten ihre Emulgatorwirkung aufrecht. Sie beeinflussen auch bei höheren Backtemperaturen die Krumenstruktur positiv. Durch die hydrophilen Bereiche der Emulgatoren werden zudem Wassertröpfchen besser im Teig gehalten. Wasser im Teig bedeutet eine höhere Feuchte während des Backens. Auch das kommt einer gleichmäßigen Krumenstruktur und der Aromabildung zugute. Besonders bei Weizen mit nicht gut ausgeprägten Klebereigenschaften können Emulgatoren helfen. Sie gleichen Defizite aus, die der Weizen in schlechten Erntejahren mit sich bringt. Die Emulgatoren sorgen für ein gutes Teigvolumen und gute Backeigenschaften.

Auch die Teigausbeute ist mithilfe von Emulgatoren größer. Dieser backtechnologische Begriff beschreibt das Maß für die Menge an Teig, der entsteht, wenn 100 % Getreideerzeugnisse mit einer bestimmten Menge an Wasser oder anderen Schüttflüssigkeiten gemischt werden. Es ist wie immer: Industriebrot kann man trotz der Zusatzstoffe essen, muss man aber nicht, je nach persönlichen Vorlieben. Bei der Entscheidung, ob das Hinzufügen von Emulgatoren gut oder schlecht ist, helfen Fakten eher als Glauben. Selbst artifizielle Stoffe wie DATEM sind in den eingesetzten Mengen unbedenklich.

Das vertrage ich nicht – von „Slow Baking", Backautomaten und Industriebrot.
In letzter Zeit wird immer wieder von Unverträglichkeiten von Getreiden und Brot berichtet [67]. Damit sind Irritationen gemeint, wie leichtes Darmgrummeln oder Flatulenzen, die in Verbindung mit dem Verzehr von Broten gebracht werden [68]. Nicht ob Weizen dumm macht, wie manche populäre Buchtitel suggerieren, sondern ob Weizen tatsächlich krankheitsfördernd wirkt, ist Gegenstand verschiedener Wissenschaftszweige [69]. Ob das moderne Gluten den Darm „verklebt", lässt sich mit seriösen wissenschaftlichen Methoden im Detail untersuchen [70]. Letzteres ist natürlich nicht allgemein gültig, denn die hochwertigen Proteine des Glutens werden im Magen von dem Enzym Pepsin in Peptide vorzerlegt und von den Pankreasenzymen Trypsin, Chymotrypsin und Peptidasen in Peptide und Aminosäuren gespalten, die dann der Physiologie zugeführt werden. Dieser Prozess hängt aber von der jeweils vorliegenden Enzymausstattung eines jeden Individuums ab. Es ist zu lesen, früher, und sogar ganz früher, im Neolithikum, sei alles besser gewesen und der moderne Weizen sei stark überzüchtet [71], sodass wir ihn gar nicht mehr verdauen könnten [72]. Allerdings entspricht dies nicht der wissenschaftlichen Datenlage [73]. Der Mensch züchtet den Weizen seit Menschengedenken, wohlweislich und gezielt, damit er backen und das Brot verzehren kann.

Viele Irritationen haben mit den Speicherproteinen weniger zu tun, manche mit dem Backverfahren und dem Vollkornmehl und mit ganz anderen Molekülklassen [74], die in Kap. 5 im Detail im Fokus stehen, wenn es um die Frage der glutenfreien Produkte geht. Während die Menschen seit langer Zeit darauf achteten, die Spreu vom Weizen zu trennen und sich möglichst exklusiv die Makronährstoffe Stärke und Protein aus dem Endosperm zu nehmen, vertrat die Lehre der Vollwertkost die Ansicht, der postmoderne Mensch nehme zu wenige Ballaststoffe auf und solle daher das ganze Getreidekorn essen [75]. Das ist in vielerlei Hinsicht positiv für das Mikrobiom. Aber die Vollkornbäcker kaufen sich neben löslichen und unlöslichen Ballaststoffen wie den Makromolekülen Cellulose, Pektine, Hemicellulose und zellulären Schleimstoffen (Hydrokolloide) und Mineralien eine ganze Reihe neuer Inhaltstoffe ein, die während der Magen-Darm-Passage bei Menschen mit entsprechender Disposition für Irritationen, Gase und Grummeln sorgen können. Die enzymatisch unverdaulichen Bestandteile werden im Dickdarm je nach Zustand des Mikrobioms mehr oder weniger fermentiert. Dies ist im Grunde ein erwünschter dem Mikriobiom zuträglicher Prozess, führt aber ebenso zu manchen Irritationen.

Getreide möchte nicht gegessen werden, weder von den Menschen, noch von den Fressfeinden auf dem Feld. Das Getreide schützt sich davor wie vor Trockenstress und heißer Sonneneinstrahlung. Wenn es zu heiß und trocken wird, müssen die Pflanzen mit wenig Wasser auskommen, sie dürfen weder vom Hagel noch vom Sturm zerschlagen werden. Dafür sorgt das Getreide vor, und besonderen Schutz gewährt es seinen Nachkommen, seinen Samen, die wir als Korn verspeisen. Das geschieht in mehreren Stufen. Jedes Korn ist daher in mehreren Schalen aus den genannten Makromolekülen verpackt. Darum enthalten Körner auch viele zweiwertige Ionen, sogenannte Mineralien wie Calcium und Magnesium, die den Zusammenhalt, etwa beim Pektin, über ionische Bindungen verstärken und später die Backeigenschaften negativ beeinflussen, wie es alle Vollkornbäcker am eigenen Teig erfahren, wenn der Teig beim Backen reißt oder sich keine Krume mit guter Konsistenz bildet.

Es folgen Samenhaut, Samenschale (Testa), hyaline Membran und die Aleuronschicht mit Proteinen und Lipiden. Oben sitzt der Keim mit allen Anlagen für die ersten Wachstumsprozesse, sprich Proteinen, Enzymen, die speziell geschützt werden. Erst dann dringt man zum Eigentlichen vor: dem Mehlkörper mit den Speicherproteinen Gluten und den Stärkekörnern.

Für die Schutzmechanismen und die Abwehr von Fressfeinden werden Lektine eingebaut (auf die wir noch in einem ganz anderen Zusammenhang genauer eingehen werden), für den effektiven Frostschutz mittels Gefrierpunktserniedrigung und als „Wasserhaltemoleküle" stehen kleine und mittlere Zucker (Oligosaccharide und -fructosen) zur Verfügung. Je nach Pflanze gehören dazu Fructosen, Lactosen, Fructane, Galactane und Zuckeralkohole (Polyole). Mit ihrer Hilfe gelingt es der Pflanze, auch in Stresssituationen den Wasserhaushalt zu managen. Diese kleinen Moleküle, die sich in nennenswerter Menge in und um die Zellen verbergen, werden unter dem Begriff FODMAPs (Fermentable Oligo-, Di-, Monosaccharides And Polyoles) zusammengefasst.

Der gemeinsame Punkt dieser verschiedenen Substanzen mit unterschiedlicher chemischer Struktur ist ihre Resistenz gegenüber Enzymen aus der Bauchspeicheldrüse während der Magen-Darm-Passage. Sie können daher, anders als bei Stärke, nicht in ihre Einzelbestandteile gespalten werden und müssen zunächst durch Enzyme, die bestimmte Bakterien, Pilzen oder Viren der Darmflora des Mikrobioms erst freisetzen, abgebaut und fermentiert werden. Fermentation ist tatsächlich der richtige Begriff, denn ähnlich wie Hefe den Zucker zu Alkohol und Kohlendioxid (CO_2) fermentiert oder Lactobacilli die Lactose zu Milchsäure und CO_2 fermentieren, geschieht das im Darm. Das entstehende Gas kann nicht durch die Darmwand entweichen und sammelt sich daher im Darm an, nimmt ein großes Volumen ein, was zu Blähungen führen kann. Bei der Vielzahl der Darmbakterien entstehen nicht nur das geruchsfreie CO_2, sondern auch Methan (CH_4) und Schwefelgase, die nach verfaulten Eiern riechen und als Fäkalgerüche empfunden werden. Steigt der Druck immer mehr, suchen sie sich durch Flatulenz den naheliegenden Ausgang. Gefährlich ist das nicht. Zucker und Zuckeralkohole (Sorbitol, Mannitol oder Xylitol) haben noch einen zusätzlichen Effekt: Sie wirken unterschiedlich osmotisch, d. h., nimmt die Zuckeralkoholkonzentration im Darm zu, wird Wasser gebunden. Gleichzeitig strömt über Osmose Wasser in den Darm ein. Das Stuhlvolumen nimmt zu, die Darmbewegung (Peristaltik) ebenfalls. Solche

Polyole können also bei empfindlichen Menschen stuhlfördernd wirken. Gefährlich ist auch das nicht, aber sehr unangenehm.

Manche Brotkonsumenten reagieren auf derartige FODMAPs und klagen über Blähungen und Winde. Und zwar verstärkt seit einigen Jahren. Natürlich wird dies meist der „bösen" Industrie und den Backmischungen mit den vielen Zusatzstoffen zugeschrieben. Sogar die Wochenzeitung *Die Zeit* lässt in ihrem Magazin anklingen, dass es keine guten Bäcker mehr gebe. In einem Brot wären heute so viele Zusatzstoffe verbacken, dass selbst die Enten im Stadtpark es nicht mehr fressen. Als Abhilfe wird das einfache Selberbacken mit Backautomaten vorgeschlagen [76]. Genau das ist ebenfalls ein Trugschluss.

Ein Grund für die schlechtere Verträglichkeit von Brot im Vergleich zu Urzeiten sind tatsächlich die FODMAPs in den Vollkornmehlen. Diese Moleküle kommen nicht mehr als früher in den Pflanzen und Saaten vor, aber sie verbleiben – anders als im Weißmehl – im Vollkornbrot. Denn viele industriell gebackene Brote werden darüber hinaus kaum noch ausreichend lang fermentiert. Die Zeiten für die Gare sind oft viel zu kurz. Hefebrote „gehen" nur noch kurze Zeit und für den klassischen Dreistufensauerteig haben Schnellbackstuben keine Zeit. Das wäre aber wichtig, denn während dieser Gare werden FODMAPs von den Mikroorganismen der Lactobacilli zu Aromen oder Geschmacksvorläufern fermentiert. Sie müssen daher nicht im Darm fermentiert werden und lösen auch keine Irritationen aus. Die Säuerung hat noch einen weiteren Vorteil: Der niedrige pH-Wert regt bei bestimmten Sauerteigmikroorganismen die Produktion von Enzymen an, die antinutritive Stoffe wie Phytin und Phytinsäure abbauen.

Brot ist auch in den heutigen Zeiten normalerweise verträglich, vorausgesetzt, man gibt den Keimen des Sauerteigs und den Hefen ausreichend Zeit, diese antinutritiven Stoffe abzubauen [77]. In Abb. 3.32 ist der gemessene Abbau der FODMAPs für ein klassisches Vollkornweizenhefebrot dargestellt. Dabei zeigt sich, dass die Konzentration aller drei verschiedenen Typen von FODMAPs – Raffinose (schwarz) als unverdaulicher Dreifachzucker, Fructose (rot) und Fructane (grün) – nach 4,5 h Gare auf ein irrelevantes Maß zurückgegangen sind. Auffallend ist dabei auch der Anstieg der Fructane und Fructose bei einer Gare für eine Stunde. Übliche Fermentationszeiten für Hefeteige um eine Stunde erhöhen sogar den Anteil mancher FODMAPs. Das ist leicht verständlich, denn viele Fructosen sind zunächst glykosidisch an andere Moleküle gebunden, die sich in der Anfangsphase der Fermentation abspalten können. So wird bei kurzen Fermentationszeiten überhaupt erst Fructose freigesetzt, die erst nach langen Zeiten von den Enzymen der Mikroorganismen abgebaut wird.

Interessant in diesem Zusammenhang ist es, wieder einmal in die Molekülstruktur zu schauen, um diese Dinge besser zu verstehen. Die FODMAPs sind sehr systematisch aufgebaut, wie sich an Abb. 3.33 zeigt. Sie bestehen aus den Zuckern Glucose (Glc), Fructose (Fru) und der Galactose (Gal), die bereits aus der Lactose bekannt ist. Raffinose, Stachyose und Verbascose, alle auch aus diversem Gemüse und Leguminosen, unter anderem aus der Sojabohne bekannt, sind lediglich Verlängerungen der Saccharose um je eine Galactoseeinheit. Die chemische Bindung zwischen den Galactosen wie auch zwischen Galactose und Glucose ist anders

Abb. 3.32 Die Abnahme einiger weizenrelevanter FODMAPs mit der Zeit der Gare in Stunden. Die schwarze Kurve beschreibt die Raffinose, die rote die Fructose und die grüne die Fructane [77]

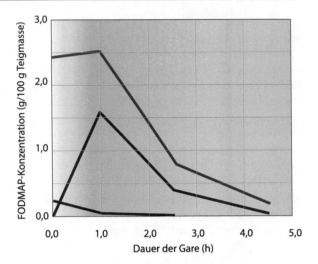

Abb. 3.33 Die chemische Systematik mancher unverdaulicher und blähenden Zucker

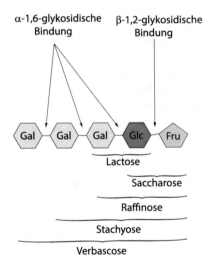

als die zwischen Glucose und Fructose. Viele Menschen haben keine Enzyme für deren Spaltung (Kap. 2). Folglich müssen diese Zucker vergoren werden, die Folgen sind Blähungen aufgrund der dabei entstehenden Gärgase.

Mikroorganismen aus Hefen und Sauerteig produzieren allerdings Enzyme, um diese Einheiten zu spalten. Folglich landen sie nicht mehr in den Därmen der Brot- und Getreideesser.

Daher helfen Schnellbackautomaten, mit denen man sich „gesundes" Vollkornbrot backen kann, nur wenig weiter. Was diese Automaten nicht können, ist eine ausreichende Reduktion der FODMAPs bei zu rascher Gare. Des Weiteren ist festzuhalten: In weißem Mehl sind kaum FODMAPs vorhanden. Daher ist dies immer, was das Darmgrummeln anbelangt, für manche Menschen verträglicher.

Allerdings sind FODMAPs und deren Wirkung nicht besonders schlimm oder gar lebensbedrohend. Dabei darf auch nicht vergessen werden, dass viele Vetreter der FODMAPs noch vor ein paar Jahrzehnten als präbiotisch galten (was sie natürlich heute noch sind). Tatsächlich trainieren FODMAPs das Mikrobiom und erweitern durch ihre Anwesenheit und ihre Notwendigkeit, vergoren zu werden, das Mikrobiom durch weitere Bakterien und Pilze. Dies ist im Grunde positiv, kommt über die systematische Vermehrung säuretoleranter Lactobacilli einer Senkung des pH-Werts des Dickdarms zugute und schützt vor einer starken Ansiedlung pathologischer Keime, die Entzündungen hervorrufen können. Nicht jeder Wind, der den Darm ab und zu bläht, ist ein Reizdarm oder gar eine Allergie, sondern eher ein positives und natürliches Zeichen, dass sich im Mikrobiom etwas Gutes tut. Diese Tatsachen werden im weiteren Vorlauf in anderen Zusammenhängen noch einmal angesprochen, denn FODMAPs wirken präbiotisch und tragen auf ganz besondere Weise zur Erhaltung des Mikrobioms bei.

3.5   Lebensmittelverderb und Konservierungsmethoden

3.5.1   Der Wunsch nach Konservierung

Die frühen Konservierungsmethoden wie Trocknen und Fermentation beschleunigten letztlich die industriellen Verfahren. Dieses Vorgehen entsprach dem Wunsch der Menschen, Lebensmittel über die Saison hinaus sicher verfügbar zu haben. Konservierungsmethoden stellten aber auch strategische Vorteile dar. Herrscher boten Sicherheit für das Volk und gewährleisteten Armeen ihre Versorgung. Politische und kriegerische Macht waren ebenfalls Triebfedern einer frühen Industrialisierung der Nahrung. Trocknungsverfahren waren frühe Konservierungsmethoden und erlaubten Hunnen und anderen Steppenvölkern ausgedehnte Ritte und Eroberungen [78]. So ist es kein Wunder, dass Napoleon Bonaparte bereits 1795, als er zum General der Armee ernannt wurde, einen Preis für die Entwicklung von Konservierungsmaßnahmen auslobte [79]. Die Versorgung der Armee war gewährleistet, nachdem es dem Pariser Koch und Konditor Nicola Appert gelang, durch Erhitzen und Abfüllen in verschlossene Flaschen eine längere Haltbarkeit zu erreichen [80]. Der Preis war ihm sicher und bemerkenswert in der Laudatio war nicht nur die nachprüfbare Haltbarkeit, sondern auch eine befriedigende Erhaltung des Geschmacks und der Würze über mehrere Jahre hinweg. Diese Arbeiten gerieten in Vergessenheit, bis sie von Louis Pasteur aufgegriffen, wissenschaftlich weiterentwickelt und 1866 publiziert wurden [81]. Der Weg zur Konservendose war damit nicht mehr weit, denn die Fortschritte in der Metallverarbeitung erlaubten es, heiße und damit pasteurisierte Lebensmittel rasch luftdicht in Metalldosen zu verpacken. Die biochemische Haltbarkeit, die Erhaltung des Geschmacks für lange Zeit und ein sicherer Transport waren damit sichergestellt [82].

3.5.2   Trocknen, Einkochen und Sterilisieren

Die früh entwickelten Methoden wie Trocknung, Pasteurisierung, gegebenenfalls Säuerung und anschließende Verbannung des Sauerstoffs sind bis heute wichtige Grundlagen aller Konservierungstechniken, sei es im kleinen, privaten wie auch im industriellen Maßstab. Seit Langem werden Konservierungsstoffe und -methoden eingesetzt: Seit Jahrtausenden wurde der Rauch des Feuers genutzt, um zu konservieren, die Fermentation gehörte ebenfalls zu den ersten Errungenschaften zur Konservierung und ständig wurden neue Methoden entwickelt. Bereits vor 1200 Jahren wurden Fische bei den Wikingern in Haithabu getrocknet, konserviert und zu gegebener Zeit verspeist [83], Fische wurden und werden stark gesalzen, wie es heutzutage beim Stockfisch üblich ist [84, 85]. Auch bei Fleisch finden diese Methoden Anwendung. Mit der Handhabung von Essigbakterien konnten schwach alkoholisierte Getränke zu Essigen vergoren werden, die wiederum bis heute als Konservierungsmittel dienen [86]. Eine weitere schon lange praktizierte Form der Konservierung ist das Kochen in Fett mit anschließendem Einlegen in dem Kochfett; bis heute erfreuen sich Gourmets an konfierten Enten, Fischen oder Gemüse.

Mit der Verfügbarkeit von Zucker kamen neue Konservierungsmethoden in Mode. Schon vor 2000 Jahren fand man archäologische Spuren, die auf die Zubereitung von konfitüreähnlichen Zubereitungen hindeuten. Die ersten schriftlichen Erwähnungen von eingekochten, stark gezuckerten Fruchtzubereitungen gehen bis ins Mittelalter zurück.

Mit der Industrialisierung, der Nachkriegszeit und der fortgeschrittenen Lebensmitteltechnologie gerieten diese alten Kulturtechniken in den Hintergrund. Der Kühlschrank ermöglicht bis heute eine strikte Temperatur- und Luftfeuchtigkeitskontrolle, selbst empfindliche Gemüse und Fleisch sind länger haltbar. Des Weiteren ermöglichen moderne Schockfrostmethoden [87] fast zerstörungsfreies Einfrieren von wasserreichen Lebensmitteln über mehrere Monate. Auch das Vakuumieren, ein weitgehender Entzug des Luftsauerstoffs, gewann immer mehr an Bedeutung. Oder gar das Gefriertrocknen, wobei (schock-)gefrorenen Lebensmitteln unter Vakuum das Wasser über Sublimationsprozesse entzogen wird.

Die Entwicklung der verschiedenen Verfahren in den jeweiligen Kulturen hat natürlich mit den dortigen Lebensumständen, dem Nahrungsmittelangebot und den jeweiligen Vorlieben zu tun. Ein zweites Argument darf aber nicht vergessen werden: die enge Kopplung der jeweils entwickelten Verfahren an die vorherrschende Bakterienart, was natürlich auch von den jeweiligen Klimazonen abhängt. Dies zeigt sich auch an der unterschiedlichen Temperatur, bei der Bakterien abgetötet oder inaktiviert werden. Verschiedene Bakterienarten können im gesamten Temperaturbereich zwischen 0 °C und 100 °C wachsen. Für Lebensmittel ist lediglich der Bereich zwischen 0 °C und 75 °C von Relevanz. Unter 0 °C stellen lebensmittelrelevante Bakterien ihre Vermehrung ein, oberhalb von 75 °C sind praktisch alle krankmachenden Keime unschädlich und zerstört. Eine Ausnahme bildet das spezielle Bakterium *Clostridium botulinum* aus der Familie der Clostridien, das (meist in Konserven) neurotoxische Proteine produziert und dessen Sporen erst bei Temperaturen über 120 °C unschädlich werden (Abb. 3.34).

Da die Temperaturerhöhung auf die Desintegration von Zellmembranen und die Denaturierung von Proteinen und Enzymen in der Zellmembran wirkt, ist auch die Dauer der Temperatureinwirkung von Bedeutung. Zeit und Temperatur spielen die maßgebliche Rolle beim Abtöten von Krankheitserregern. Die Keimreduktion erfolgt nicht unmittelbar, sondern erst nach einer gewissen Zeit. Sie folgt einem Exponentialgesetz. Daher muss die Hitze immer eine gewisse Zeit einwirken, bis die Zahl der Keime auf ein bestimmtes Maß reduziert ist und die verbleibende Keimzahl keinen Schaden mehr anrichten kann [88]. Dies lässt sich über die Dezimierungszahlen, die D_T-Werte, quantifizieren. Die Dezimierungszahl, $D_{T=t\,\text{min}}$, beschreibt, wie viele Minuten (t) bei einer Temperatur (T) notwendig sind, um die Anzahl der Keime auf ein Zehntel des Ausgangswerts zu verringern.

Eine weitere Schwierigkeit ist, dass bei vielen Keimen nicht nur Zeit und Temperatur entscheidend sind, sondern auch die Umgebung, in der sie wachsen. So variiert die Zeit, die zur Dezimierung von Staphylokokken bei 60 °C notwendig ist, je nach Wasseraktivität und damit der Feuchtigkeit des Lebens-

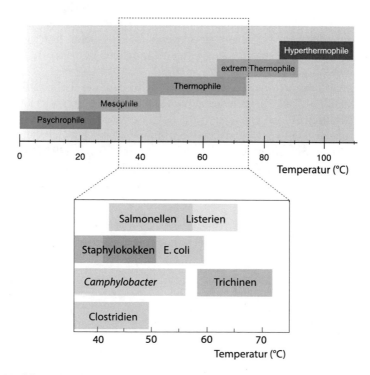

Abb. 3.34 Die wichtigsten lebensmittelrelevanten Keime, die in Lebensmitteln problematisch sind. Oberhalb von 75 °C sind die hier angesprochenen Keime unschädlich. *Clostridium botulinum* ist in dieser Abbildung nicht explizit berücksichtigt

mittels um ein bis 20 min. Während die Dezimierung von Listerien in Magermilch bei 62 °C lediglich zwei Minuten dauert ($D_{62\,=\,2\,min}$), dauert sie bei der gleichen Temperatur im Fleisch bis zu einer Stunde ($D_{62\,=\,60\,min}$). Es ist daher in der Tat nicht einfach, genaue Werte für das Abtöten in jedem Lebensmittel anzugeben. Einfache Faustregeln sind in Abb. 3.2 aufgeführt (Tab. 3.2).

Das Beispiel Fleisch und Milch zeigt, wie mehrere Hürden übersprungen werden müssen, um Keime abzutöten. Zeit, Temperatur und Wasseraktivität sind nur drei von mehreren solcher Hürden. Die Menschheit hat aus schlimmen Fehlern, die zu Vergiftungen, Krankheit und Tod führten, rasch gelernt, wie Lebensmittel sicher gemacht werden können.

3.5.3 Hürdenkonzept und Hürdentheorie

All diesen anscheinend vollkommen verschiedenen Kulturtechniken liegt ein starkes Prinzip zugrunde: Keime müssen in den haltbar gemachten Lebensmitteln mindestens eine, wenn nicht sogar mehrere Hürden überspringen, damit sie sich überhaupt vermehren können [89]. Die möglichen Hürden (Abb. 3.35) sind: das Erhitzen, um Keime abzutöten, das Kühlen und ein vermindertes Sauerstoffangebot, um Keimwachstum zu verhindern, ein niedriger pH-Wert, um Keime absterben zu lassen, eine Verminderung der Wasseraktivität, um Keimen die Lebensgrundlage zu entziehen, und, wenn all das nichts hilft oder wegen bestimmter Lebensmittelanforderungen nicht möglich ist, das Beifügen von Konservierungsstoffen.

Lebensmittelsicherheit wurde zu einer Pflicht, um die Lebensmittelsicherheit zu garantieren. Die Diskussionen um Rohmilch und Rohmilchkäse zeigen aber auch gesellschaftliche Diskurse [90]. So ist es auch kein Wunder, dass mit der zunehmenden Industrialisierung und den immer weiter entwickelten Erkenntnissen der Chemie Konservierungsstoffe entwickelt wurden [91], von denen manche zwar antibakteriell sind, die aber auch nicht besonders gesund sind, wenn sie über einen längeren Zeitraum in höheren Dosen über konservierte Nahrung aufgenommen werden.

Tab. 3.2 Sterilisation von Keimen in Abhängigkeit von Zeit und Temperatur

Keim	Temperatur in °C	Zeit in Minuten
Listerien Staphylokokken Salmonellen	62	30
Viren Schimmelpilze Hefen	80	30
Bakterien *Clostridium botulinum*	120	15
Pilzsporen	100–120	30

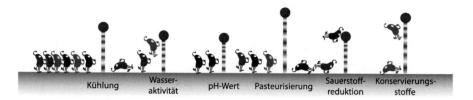

Abb. 3.35 Die Hürdentheorie in der Lebensmittelkonservierung kennt sechs gebräuchliche Hürden, um möglichst eine Vielzahl von unterschiedlichen Bakterien daran scheitern zu lassen

Durch den Fortschritt der Grundlagenforschung und der Lebensmitteltechnologie konnte die Haltbarkeit von Lebensmitteln stark verlängert werden [92]. Sei es durch Konservierungsstoffe wie Ascorbinsäure (Vitamin C), durch Säuren wie Äpfelsäure, Essigsäure, Milchsäure oder Zitronensäure oder durch Phosphate, Rosmarinextrakte (Carnosolsäure und Carnosol), Natamycin (ein Antibiotikum), Benzoesäure oder gar Butylhydroxytoluol. Dies sind Substanzen, die immer wieder in der Kritik stehen und deren Gesundheitsproblematik diskutiert wird. Die letzten drei genannten Konservierungsstoffe spielen wegen fehlender Akzeptanz in der industriellen Lebensmittelproduktion kaum noch eine Rolle. Immer mehr rücken deshalb rein physikalische Methoden wie die Hochdruckbehandlung (Pascalisierung) oder auch die Bestrahlung mit UV-, Beta- oder Gammastrahlen in den Vordergrund [93]. Die Vielzahl der verschiedenen Methoden zur Erhöhung der Lebensmittelsicherheit ist in Abb. 3.36 grob zusammengefasst.

Nicht immer sind die einzelnen Verfahren klar zu trennen. Beim Pökeln wird es offensichtlich. Trotz der grundsätzlich chemischen Natur des Pökelns stehen physikalische Phänomene über die ionische Wirkung von Salzen im Vordergrund. Auch Räuchern hat je nach Räuchertemperatur nicht nur chemische Änderungen zufolge, sondern bewirkt zudem eine Reihe physikalischer und physikalisch-chemischer Effekte.

3.6 Missverstandene Konservierungsmethoden

Selten werden in populären Publikationen das „Wie und Warum" von Konservierungsmethoden hinterfragt [94]. Daher soll in den drei folgenden Beispielen den Wirkungen und Methoden genauer auf den Grund gegangen werden.

3.6.1 Beispiel einer unverstandenen Industrialisierung – Flüssigrauch

Seit der Nutzbarmachung des Feuers wird Rauch als chemisches Konservierungsstoffgemisch verwendet, um Lebensmittel haltbar zu machen. Allerdings hat Rauch neben seinen konservierenden und aromatischen Eigenschaften starke

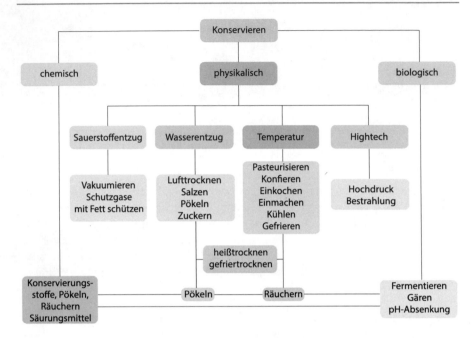

Abb. 3.36 Verschiedene Konservierungsmöglichkeiten umfassen ein breites Spektrum von physikalisch-chemischen Methoden

gesundheitliche Auswirkungen. Echter Rauch besteht nicht nur aus einer Vielzahl von Molekülen, sondern auch aus Feststoffen, halb verbrannten Feinstaubpartikeln, Rußpartikeln, schweren Ölen aus polyzyklischen aromatischen Heterozyklen (PAH), Mikro- und Nanotröpfchen (siehe z. B. [95]) streichen.

Heute ist es mittels moderner Techniken möglich, Rauch zu filtern und so aufzubereiten, dass lediglich die Inhaltsstoffe dort verbleiben, die tatsächlich notwendig sind. Dies wären zum Beispiel Formaldehyd zum Konservieren, Carbonsäuren mit ihren antibakteriellen Eigenschaften, typische Geruchsstoffe aus dem Rauch für das Aroma. Dafür keine Feststoffe, keine karzinogenen polyzyklischen Kohlenwasserstoffe oder gar Feinstaubteilchen. Dazu muss der Rauch in Wasser oder Öl geleitet und über diverse Filter, Zentrifugen und andere chromatografische Trennverfahren laufen. Der gereinigte Restrauch ist dann flüssig – was zu groben Missverständnissen führt. Er wird als „künstlich" oder „unecht" oder gar schädlicher als der „echte" Rauch bezeichnet [96, 97], so auch von einigen Bioverbänden [98] und Genussorganisationen [99]. Als Folge wird Flüssigrauch als Industrierauch verbannt und stattdessen wird an alten Traditionen festgehalten.

3.6.2 Beispiel einer unverstandenen Wasserbindung mit Polyolen – Sorbit(ol)

Immer wieder sind wasserbindende Hilfsstoffe, die zur Herabsetzung der Wasseraktivität eingesetzt werden, in der Kritik [100]. Dazu gehören Zuckeralkohole, darunter jene Polyole, die wir bereits als FODMAPs kennengelernt haben.

Die Idee der Wasserbindung über solche Zuckerersatzstoffe gibt die Natur vor, wenn in Pflanzen zum Beispiel Sorbitol eingebaut wird. Natürlich werden in der Natur zwei physikalische Gegebenheiten berücksichtigt: Es darf nicht zu viel Glucose, Fructose oder Saccharose sein. Wegen der Osmose würden sonst bereits bei geringen Konzentrationen die Zellen platzen und die Pflanze würde auch ohne Frost Schaden nehmen. Gleichzeitig soll dennoch Wasser stark gebunden werden. Also müssen von den herkömmlichen Zuckern abweichende Molekularstrukturen eingebaut werden, etwa Sorbitol, das deutlich mehr Wasser bindet, wie in Abb. 3.37 symbolisch dargestellt ist.

Dabei zeigt sich, dass Trehalose, ein Disaccharid aus Pilzen, sowie Sorbitol im Vergleich zu Saccharose eine deutlich bessere Wasserbindung aufweisen [101, 102]. Entscheidend ist nicht nur die Anzahl der OH-Gruppen, sondern auch ihre Zugänglichkeit. Die Beispiele Saccharose und Trehalose zeigen die unterschiedliche Orientierung der OH-Gruppen bezüglich der Zuckerachsen. Saccharose besitzt axial (a) und äquatorial (e) orientierte OH-Gruppen, während Trehalose lediglich äquatorial orientiere OH-Gruppen aufweist, die leichter zugänglich sind und Wassermoleküle leichter um sich scharen können. Die Struktur von Sorbitol, einem Zuckeralkohol, ist sehr einfach. Chemisch sterische und räumliche Behinderungen wie über die unterschiedlichen Zuckerringe gibt es praktisch nicht. Daher ist Sorbitol in der Wasserbindung fast unschlagbar. Es verursacht übrigens keine Karies und ist auch weniger süß als raffinierter Haushaltszucker (Saccharose). Diese Eigenschaften sind der Molekularstruktur geschuldet.

Sorbitol gehört, wie bereits angesprochen, zu den osmotisch und fermentierbar wirkenden FODMAPs und sorgt damit für Flatulenzen, Wassereinströmungen in den Darm und verstärkt die Peristaltik. Das ist bekannt und nicht schlimm, es sei denn, man nimmt zu viel davon auf. Dann kann es zu Durchfällen führen, wie aus dem übermäßigen Verzehr von manchen Obstsorten, etwa Pflaumen bekannt ist [103, 104]. Pflanzen und vor allem Baumfrüchte entwickeln davon mit

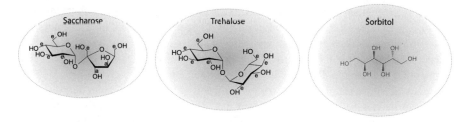

Abb. 3.37 Hydrathülle und Wasserbindevermögen von Saccharose, Trehalose und Sorbitol

zunehmender Reife immer mehr, und zwar als Frostschutz. Der Zuckeralkohol bindet jede Menge Wasser, wodurch Nachtfrostschäden verringert werden.

3.6.3 Beispiel einer unverstandenen Konservierung – Rosmarinextrakt

Man liest es manchmal auf Fischzubereitungen, Rohwürsten, Frittierölen oder Snacks: enthält Rosmarinextrakt. Dieses Terpengemisch, entnommen aus den Blättern der Pflanze, wirkt stark antibakteriell und wird zur Abwehr gegen Herbivoren eingesetzt. Rosmarin zeigt daher eine fast ungebrochene Widerstandsfähigkeit und kann somit als Pflanze des Südens auch Widrigkeiten wie Pflanzenfraß, Sonneneinstrahlung und dem Mistral des Rhonetals bestens begegnen. Auch in heimischen Gärten macht Rosmarin gegen alles außer langen Frost eine gute Figur. Dass dieser Halbstrauch derart widerstandsfähig ist, liegt vor allem an dessen Chemie, die sich auch in seiner exzellenten Würzkraft ausdrückt. In den Blättern und Stämmen des Rosmarinstrauchs befinden sich, neben kräuterartig, harzig und zitrusartig duftenden Aromastoffen (die alle Genießer im „Bouquet garni" schätzen) vor allem trickreiche bittere Geschmacksstoffe, die zwei Eigenschaften vereinen: Pflanzenabwehr über Terpene und antioxidative Eigenschaften über Phenole. Diese hilfreichen pflanzenchemischen Konstrukte nennen sich Carnosol, Carnosolsäure und Rosmanol. Ihr chemischer Aufbau ähnelt sich stark und ist in Abb. 3.38 gezeigt.

Auch für Nichtchemiker ist an dieser Stelle die chemische Bildersprache mehr als instruktiv: Diese Inhaltsstoffe tragen zwei Molekülteile. Im unteren Teil (graugrün) befinden sich typische Diterpenstrukturen, die pflanzenphysiologisch höchst wirksam gegen Herbivoren sind. Im oberen Teil hingegen zeigt sich ein typischer Phenylring mit zwei Hydroxylgruppen (OH), wie er typisch für die meisten antioxidativ wirkenden Phenole in Pflanzen ist, etwa in Ellagsäuren, Quercetin und anderen pflanzlichen Polyphenolen. Dieses Molekül wirkt daher im Rosmarin auf mehreren Ebenen.

Es ist also naheliegend, diesen antibakteriell und antioxidativ wirksame Extrakt wohldosiert als natürlichen Konservierungsstoff einzusetzen. Bereits kleinste Mengen reichen aus, um Oxidationsprozesse oder das Wachstum pathogener Keime zu verhindern. Klar wird jetzt sofort, warum er „gesunden Ölen" zugesetzt wird, etwa Fisch- oder Leinölen mit einem hohen Anteil an mehrfach ungesättigten Fettsäuren. Rosmarinextrakt oxidiert zuerst, bevor Fettsäuren in den Zellen oxidieren und Zellschädigungen auslösen können. Die empfindlichen Doppelbindungen werden somit vor ihrer Lipidoxidation geschützt – Öle mit mehrfach ungesättigten Fettsäuren werden z. B. weniger rasch ranzig. Ebenso wird es bei der langen Reifung von Rohwürsten eingesetzt. Deren Fett oxidiert weniger, ranzig wirkende Fehlaromen werden damit stark eingedämmt. Entscheidend ist das selbst in Frittierfetten auf Pflanzenbasis. Bei Frittierprozessen unter diesen hohen Temperaturen ist eine rasche Oxidation des Fetts zu verhindern. Dabei zeigt vor allem Rosmanol eine hohe Stabilität [105]. Die Basis

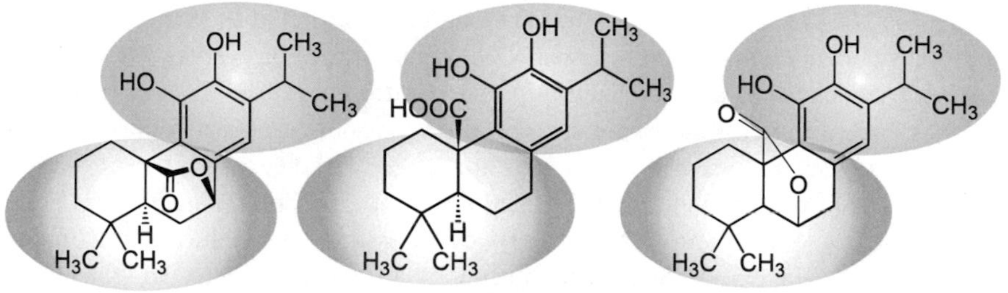

Carnosol **Carnosolsäure** **Rosmanol**

Abb. 3.38 Die antibakterielle Wirkung des Rosmarinextrakts verbirgt sich in der chemischen Struktur der Grundbestandteile Carnosol, Carnosolsäure und Rosmanol: die molekulare Synergie von Eigenschaften

für die Verwendung von Rosmarinextrakten oder des Rosmanols ist also von der Natur abgeschaut. Oft gefürchtete Überdosierungen verbieten sich von selbst: Die damit konservierten Produkte würden rasch zu bitter und wären geschmacklich nicht akzeptabel. Den Effekt dieser bitteren Geschmacksstoffe kennen alle, die Rosmarinzweige zu lange im Schmorbraten mitgarten, die Sauce ist dann viel zu bitter.

3.7 Die Verunsicherung der Verbraucher

Die zu hohe Verfügbarkeit von Lebensmitteln ist eine der Fehlentwicklungen der starken Industrialisierung des Essens [106]. Die Nahrungsbeschaffung ist für den „*Homo industrialis*" kein Problem. Sie ist ständig möglich. Jagen, Sammeln, Ackerbau, Viehzucht, Fischen sind nicht mehr notwendig. Diese Prozesse werden an Bauern, Produzenten und die Lebensmittelindustrie delegiert. Die Vorteile der industriellen Lebensmittelproduktion für die Menschen sind offensichtlich: Die Produkte werden im Verhältnis zum steigenden Einkommen immer billiger. Menschen müssen immer weniger für Lebensmittel arbeiten. Die Produktion wird aber undurchsichtiger. Ein lokaler Bäcker, der Metzger im Dorf, eine orstansässige Molkerei, ein Käseproduzent oder der Gemüsebauer kann meist noch genau erklären, wie die Lebensmittel hergestellt sind. Dies kann eine regaleinräumende Hilfskraft im großen Supermarkt nicht mehr. Auch die handwerklichen Methoden einer Wurstherstellung oder des Brotbackens waren für viele Menschen nachvollziehbar. Die Techniken waren noch sehr nahe am eigenen Kochen und Backen zu Hause. Selbst die Tiere, die zu Fleisch und Wurst verarbeitet wurden, kamen aus der unmittelbaren Umgebung des Dorfs oder dem Umland der Städte. In der modernen Industriegesellschaft wurden die Verhältnisse unübersichtlicher.

Die industriellen Produktionsprozesse sind komplex, das Handwerk wurde von Maschinen und Produktionsanlagen abgelöst und Lebensmittel werden während der Produktion über lange Strecken transportiert, was wiederum besondere

Anstrengungen in der Konservierung erfordert. Weder die Wege noch die Methoden erschließen sich unmittelbar. Die Verunsicherung wächst. Die Gründe dieser Verunsicherung sind so vielfältig wie irrational [107]. Es sind in erster Linie die vielen Lebensmittelskandale, die zur Verunsicherung der Menschen beitragen. Handfeste Krisen wie BSE (Abschn. 3.3.3) wirken sich seit den 1980er-Jahren aus, und das, obwohl allen Vorhersagen und Hochrechnungen zum Trotz kein signifikant messbarer Anstieg der prognostizierten Gehirnerkrankungen eingetreten ist. Ungenügende Information steht an zweiter Stelle der genannten Gründe für die Verunsicherung, dicht gefolgt von Medienberichten. Letzteres ist kein Wunder, denn selbst die als seriös eingestuften Medien tragen nicht immer zur Aufklärung bei. Die Gründe hierfür sind oft im Quotendruck und in der Auflagensteigerung zu suchen, gemäß der alten Nachrichtenregel *„Good news is no news"*. Skandale und Aufbauschungen verkaufen sich allerdings bestens. Aber auch die Unkenntnis vieler über Essen und Lebensmittel berichtender Medienmenschen ist erschreckend. Zu stark verkürzte Darstellungen oder schlicht nicht vorhandene Kenntnisse über Physik und Chemie der Lebensmittel sind in der Tat erschreckend und tragen nicht zur Aufklärung von Lesern und Zuschauern bei. Auch deswegen, weil physikalisch-chemische Fakten nicht korrekt übersetzt werden.

Angst vor Allergien, ausgelöst durch unbekannte Zusatzstoffe und unklare Herkunft der Rohstoffe, gibt ebenso Anlass zur Verunsicherung, wie es der Trend zum „frei von" und *„clean eating"* zeigt. Selbst hochwertige natürliche Inhaltsstoffe wie Gluten und Molkenproteine geraten ins Visier der Verunsicherten, FODMAPs wie Lactose und Fructose ohnehin.

Viele von unseren Lebensmitteln, aber auch von unseren Gebrauchs- und Luxusgegenständen sind Blackboxes geworden. Die meisten Menschen nutzen Flugzeuge, Autos, Smartphones, Computer und Fernsehgeräte, ohne einen blassen Schimmer davon zu haben, wie diese Geräte tatsächlich funktionieren, oder gar, welche schädlichen, umweltbelastenden oder nur unter ausbeuterischen Methoden gewonnene Materialien sich darin befinden. Diese hochindustriell hergestellten Blackboxes werden akzeptiert und keineswegs infrage gestellt. Beim industriell hergestellten Essen aber hört bei vielen der Spaß auf, hier werden Blackboxes meist nicht akzeptiert. Der pauschale Vorwurf, „die Industrie" wolle uns vergiften [108], ist natürlich unsachlich. Jede Firma, die unsauberes oder gar giftiges Essen verkaufen würde, würde sich ihre Existenz abgraben. Ganz abgesehen von den rechtlichen Konsequenzen.

Noch nie war unser Essen so gut überwacht, so sicher, so leicht verfügbar wie heute, und die analytischen Methoden waren noch nie so ausgefeilt und genau wie heute. Verbraucher haben die freie Wahl zwischen Supermarkt und Erzeugermarkt.

Literatur

1. Simopoulos, A. P. (2011). Evolutionary aspects of diet: The omega-6/omega-3 ratio and the brain. *Molecular neurobiology, 44*(2), 203–215.
2. Foodwatch Futtermittel-Report. (April 2005). https://www.foodwatch.org/uploads/.../ foodwatch_Futtermittelreport_komplett_0405.
3. Ziegler, J. (2011). *Hunde würden länger leben, wenn ... Schwarzbuch Tierarzt.* MVG.
4. Vilgis, T. A. (2010). *Das Molekül-Menü: Molekulares Wissen für kreative Köche.* Hirzel.
5. Field, C. J., Blewett, H. H., Proctor, S., & Vine, D. (2009). Human health benefits of vaccenic acid. *Applied Physiology, Nutrition, and Metabolism, 34*(5), 979–991.
6. Jacome-Sosa, M., Vacca, C., Mangat, R., Diane, A., Nelson, R. C., Reaney, M. J., Igarashi, M., et al. (2016). Vaccenic acid suppresses intestinal inflammation by increasing anandamide and related N-acylethanolamines in the JCR: LA-cp rat. *Journal of lipid research, 57*(4), 638–649.
7. Phillips, M. C. (1972). The physical state of phospholipids and cholesterol in monolayers, bilayers and membranes. *Progress in Surface Membrane Science, 5,* 139–221.
8. Albrecht, O., Gruler, H., & Sackmann, E. (1981). Pressure-composition phase diagrams of cholesterol/lecithin, cholesterol/phosphatidic acid, and lecithin/phosphatidic acid mixed monolayers: A Langmuir film balance study. *Journal of Colloid and Interface Science, 79*(2), 319–338.
9. Demel, R. A., & De Kruyff, B. (1976). The function of sterols in membranes. *Biochimica et Biophysica Acta (BBA)-Reviews on Biomembranes, 457*(2), 109–132.
10. Albrecht, O., Gruler, H., & Sackmann, E. (1978). Polymorphism of phospholipid monolayers. *Journal de Physique, 39*(3), 301–313.
11. Segrest, J. P., Jones, M. K., De Loof, H., & Dashti, N. (2001). Structure of apolipoprotein B-100 in low density lipoproteins. *Journal of lipid research, 42*(9), 1346–1367.
12. Hevonoja, T., Pentikäinen, M. O., Hyvönen, M. T., Kovanen, P. T., & Ala-Korpela, M. (2000). Structure of low density lipoprotein (LDL) particles: Basis for understanding molecular changes in modified LDL. *Biochimica et Biophysica Acta (BBA)-Molecular and cell biology of lipids, 1488*(3), 189–210.
13. Huang, R., Silva, R. G. D., Jerome, W. G., Kontush, A., Chapman, M. J., Curtiss, L. K., et al. (2011). Apolipoprotein AI structural organization in high-density lipoproteins isolated from human plasma. *Nature Structural and Molecular Biology, 18*(4), 416.
14. Ivanova, E. A., Bobryshev, Y. V., & Orekhov, A. N. (2015). LDL electronegativity index: A potential novel index for predicting cardiovascular disease. *Vascular health and risk management, 11,* 525.
15. Sánchez-Quesada, J. L., Villegas, S., & Ordonez-Llanos, J. (2012). Electronegative low-density lipoprotein. A link between apolipoprotein B misfolding, lipoprotein aggregation and proteoglycan binding. *Current Opinion in Lipidology, 23*(5), 479–486.
16. Parasassi, T., De Spirito, M., Mei, G., Brunelli, R., Greco, G., Lenzi, L., Tosatto, S. C., et al. (2008). Low density lipoprotein misfolding and amyloidogenesis. *The FASEB Journal, 22*(7), 2350–2356.
17. Li, H., Dhanasekaran, P., Alexander, E. T., Rader, D. J., Phillips, M. C., & Lund-Katz, S. (2013). Molecular mechanisms responsible for the differential effects of ApoE3 and ApoE4 on plasma lipoprotein-cholesterol levels. *Arteriosclerosis, thrombosis, and vascular biology, 33*(4), 687–693.
18. Vigne, J. D., & Helmer, D. (2007). Was milk a „secondary product" in the old world neolithisation process? Its role in the domestication of cattle, sheep and goats. *Anthropozoologica, 42*(2), 9–40.
19. Evershed, R. P., Payne, S., Sherratt, A. G., Copley, M. S., Coolidge, J., Urem-Kotsu, D., Akkermans, P. M., et al. (2008). Earliest date for milk use in the Near East and southeastern Europe linked to cattle herding. *Nature, 455*(7212), 528.

20. Mlekuz, D. (2005). Meat or milk? Neolithic economies of Caput Adriae. In A. Pessina & P. Visentini (Hrsg.), *Preistoria dell'Italia settentrionale: Studi in ricordo di Bernardino Bagolini: Atti del Convegno* (S. 23–24). Ed. del Museo fiulano di storia naturale.
21. Gillis, R., Carrère, I., Saña Seguí, M., Radi, G., & Vigne, J. D. (2016). Neonatal mortality, young calf slaughter and milk production during the Early Neolithic of north western Mediterranean. *International Journal of Osteoarchaeology, 26*(2), 303–313.
22. Greenfield, H. J., & Arnold, E. R. (2015). Go(a)t milk?' New perspectives on the zooarchaeological evidence for the earliest intensification of dairying in south eastern Europe. *World Archaeology, 47*(5), 792–818.
23. Papoli-Yazdi, M. H. (1991). *Le nomadisme dans le nord du Khorassan, Iran*. Iran: Institut français de recherche en Iran.
24. Prusiner, S. B. (1997). Prion diseases and the BSE crisis. *Science, 278*(5336), 245–251.
25. Prusiner, S. B. (1998). Prions. *Proceedings of the National Academy of Sciences, 95*(23), 13363–13383.
26. Elfrink, K., Ollesch, J., Stöhr, J., Willbold, D., Riesner, D., & Gerwert, K. (2008). Structural changes of membrane-anchored native PrPC. *Proceedings of the National Academy of Sciences, 105*(31), 10815–10819.
27. Boujon, C., Serra, F., & Seuberlich, T. (2016). Atypical variants of bovine spongiform encephalopathy: Rare diseases with consequences for BSE surveillance and control. *Schweizer Archiv für Tierheilkunde, 158*(3), 171–177.
28. Elmore, J. S., Cooper, S. L., Enser, M., Mottram, D. S., Sinclair, L. A., Wilkinson, R. G., & Wood, J. D. (2005). Dietary manipulation of fatty acid composition in lamb meat and its effect on the volatile aroma compounds of grilled lamb. *Meat science, 69*(2), 233–242.
29. Thanh, L. P., & Suksombat, W. (2015). Milk yield, composition, and fatty acid profile in dairy cows fed a high-concentrate diet blended with oil mixtures rich in polyunsaturated fatty acids. *Asian-Australasian journal of animal sciences, 28*(6), 796.
30. Daley, C. A., Abbott, A., Doyle, P. S., Nader, G. A., & Larson, S. (2010). A review of fatty acid profiles and antioxidant content in grass-fed and grain-fed beef. *Nutrition journal, 9*(1), 10.
31. Scheeder, M. R. L. (2007). *Untersuchungen der Fleischqualität von Bio Weide-Beef im Hinblick auf den Einfluss des Schlachtalters der Tiere und im Vergleich zu High-Quality Beef. Report.* ETH Zürich.
32. Dietrich, O., Heun, M., Notroff, J., Schmidt, K., & Zarnkow, M. (2012). The role of cult and feasting in the emergence of Neolithic communities. New evidence from Göbekli Tepe, south-eastern Turkey. *Antiquity, 86*(333), 674–695.
33. Haaland, R. (2007). Porridge and pot, bread and oven: Food ways and symbolism in Africa and the Near East from the Neolithic to the present. *Cambridge Archaeological Journal, 17*(2), 165–182.
34. Arranz-Oteagui, A., Gonzalez Carretero, L., Ramsey, M. N., Fuller, D. Q., & Richter, T. (2018). Archaeobotanical evidence reveals the origins of bread 14,400 years ago in northeastern Jordan. *PNAS*, published ahead of print July 16, 2018. https://doi.org/10.1073/pnas.1801071115.
35. Greco, L. (1997). From the neolithic revolution to gluten intolerance: Benefits and problems associated with the cultivation of wheat. *Journal of pediatric gastroenterology and nutrition, 24*, 14–17.
36. Feldman, M., & Sears, E. R. (1981). The wild gene resources of wheat. *Scientific American, 244*(1), 102–113.
37. Nevo, E. (2001). Genetic resources of wild emmer, *Triticum dicoccoides*, for wheat improvement in the third millennium. *Israel Journal of Plant Sciences, 49*(sup1), 77–92.
38. Zhang, J., Liu, W., Han, H., Song, L., Bai, L., Gao, Z., et al. (2015). De novo transcriptome sequencing of *Agropyron cristatum* to identify available gene resources for the enhancement of wheat. *Genomics, 106*(2), 129–136.

39. Appels, R., et al. (2018). Shifting the limits in wheat research and breeding using a fully annotated reference genome. *Science, 361*(6403), eaar7191.
40. Busas, M. (2000). *Veränderungen bei der Brotherstellung*. Grin.
41. Grimm, H.-U. (2012). *Vom Verzehr wird abgeraten – Wie uns die Industrie mit Gesundheitsnahrung krank macht*. Droemer.
42. Vgl. Reichel, S. (2013). *So falsch ist unser billig Brot*. https://utopia.de/0/magazin/so-falsch-ist-unser-billig-brot.
43. Ternes, W. (2008). *Naturwissenschaftliche Grundlagen der Lebensmittelzubereitung*. Behr.
44. Schiedt, B., & Vilgis, T. (2013). Teig, Trieb, Textur – Proteine unter Stress. *Journal Culinaire, 15*, 47–59.
45. Belton, P. S. (1999). Mini review: On the elasticity of wheat gluten. *Journal of Cereal Science, 29*(2), 103–107.
46. Vilgis, T. A. (2011). *Das Molekül-Menü*. Hirzel.
47. Bucci, M. (2016). Protein folding: Minimizing frustration. *Nature Chemical Biology, 13*(1), 1.
48. Singh, H., & MacRitchie, F. (2001). Application of polymer science to properties of gluten. *Journal of Cereal Science, 33*(3), 231–243.
49. Kokawa, M., Sugiyama, J., Tsuta, M., Yoshimura, M., Fujita, K., Shibata, M., et al. (2013). Development of a quantitative visualization technique for gluten in dough using fluorescence fingerprint imaging. *Food and Bioprocess Technology, 6*(11), 3113–3123.
50. Visschers, R. W., & de Jongh, H. H. (2005). Disulphide bond formation in food protein aggregation and gelation. *Biotechnology advances, 23*(1), 75–80.
51. Vilgis, T. A. (2015). Soft matter food physics – The physics of food and cooking. *Reports on Progress in Physics, 78*(12), 124602.
52. Zielbauer, B. I., Schönmehl, N., Chatti, N., & Vilgis, T. A. (2016). Networks: From Rubbers to Food. In K. W. Stöckelhuber, M. Das, & M. Klüppel (Hrsg.), *Designing of elastomer nanocomposites: From theory to applications* (S. 187–233). Springer.
53. Russ, N., Zielbauer, B. I., Ghebremedhin, M., & Vilgis, T. A. (2016). Pre-gelatinized tapioca starch and its mixtures with xanthan gum and ι-carrageenan. *Food Hydrocolloids, 56*, 180–188.
54. Woychik, J. H., Boundy, J. A., & Dimler, R. J. (1961). Wheat gluten proteins, amino acid composition of proteins in wheat gluten. *Journal of agricultural and food chemistry, 9*(4), 307–310.
55. Díaz-Gómez, J. L., Castorena-Torres, F., Preciado-Ortiz, R. E., & García-Lara, S. (2017). Anti-cancer activity of maize bioactive peptides. *Frontiers in chemistry, 5*, 44.
56. Cabra, V., Arreguin, R., Vazquez-Duhalt, R., & Farres, A. (2006). Effect of temperature and pH on the secondary structure and processes of oligomerization of 19 kDa alpha-zein. *Biochimica et Biophysica Acta (BBA)-Proteins and Proteomics, 1764*(6), 1110–1118.
57. Esen, A. (1986). Separation of alcohol-soluble proteins (zeins) from maize into three fractions by differential solubility. *Plant Physiology, 80*(3), 623–627.
58. Shukla, R., & Cheryan, M. (2001). Zein: The industrial protein from corn. *Industrial crops and products, 13*(3), 171–192.
59. Guzmán, A. Q., Flores, M. E. J., Feria, J. S., Montealvo, M. G. M., & Wang, Y. J. (2010). Effects of polymerization changes in maize proteins during nixtamalization on the thermal and viscoelastic properties of masa in model systems. *Journal of cereal science, 52*(2), 152–160.
60. https://www.zentrum-der-gesundheit.de/gluten.html.
61. Davis, W. (2013). *Weizenwampe: Warum Weizen dick und krank macht*. Goldmann.
62. Perlmutter, D., & Loberg, K. (2014). *Dumm wie Brot: Wie Weizen schleichend Ihr Gehirn zerstört*. Mosaik.
63. Uhlen, A. K., Dieseth, J. A., Koga, S., Böcker, U., Hoel, B., Anderson, J. A., & Moldestad, A. (2015). Variation in gluten quality parameters of spring wheat varieties of different origin grown in contrasting environments. *Journal of Cereal Science, 62*, 110–116.

64. https://www.food-detektiv.de/exklusiv.php?action=detail&id=87&volvox_locale=zh_CN.
65. https://bewusst-vegan-froh.de/schweineborsten-und-menschenhaar-im-brot-und-broetchen/.
66. Lauth, G. J., & Kowalczyk, J. (2016). Grenzflächenaktive Substanzen. *Einführung in die Physik und Chemie der Grenzflächen und Kolloide* (S. 381–398). Heidelberg: Springer Spektrum.
67. Shepherd, S. J., & Gibson, P. R. (2006). Fructose malabsorption and symptoms of irritable bowel syndrome: Guidelines for effective dietary management. *Journal of the American Dietetic Association, 106*(10), 1631–1639.
68. Hayes, P. A., Fraher, M. H., & Quigley, E. M. (2014). Irritable bowel syndrome: The role of food in pathogenesis and management. *Gastroenterology & hepatology, 10*(3), 164.
69. Brouns, F. J., van Buul, V. J., & Shewry, P. R. (2013). Does wheat make us fat and sick? *Journal of Cereal Science, 58*(2), 209–215.
70. https://www.zentrum-der-gesundheit.de/volksdrogen-milch-und-weizen-ia.html.
71. Venesson, J. (2013). *Gluten: Comment le blé moderne nous intoxique.* T. Souccar.
72. https://www.derwesten.de/panorama/wie-der-weizen-uns-vergiftet-wie-ungesund-ist-gluten-id10147460.html.
73. Shewry, P. R., & Hey, S. (2015). Do "ancient" wheat species differ from modern bread wheat in their contents of bioactive components? *Journal of Cereal Science, 65,* 236–243.
74. Schuppan, D., & Gisbert-Schuppan, K. (2018). *Tägliches Brot: Krank durch Weizen, Gluten und ATI.* Springer.
75. Von Koerber, K., & Leitzmann, C. (2012). *Vollwert-Ernährung: Konzeption einer zeitgemäßen und nachhaltigen Ernährung.* Georg Thieme Verlag.
76. https://www.zeit.de/zeit-magazin/mode-design/2016-01/kuechengeraete-design-fs.
77. Ziegler, J. U., Steiner, D., Longin, C. F. H., Würschum, T., Schweiggert, R. M., & Carle, R. (2016). Wheat and the irritable bowel syndrome – FODMAP levels of modern and ancient species and their retention during bread making. *Journal of Functional Foods, 25,* 257–266.
78. Buell, P. D. (2006). Steppe foodways and history. *Asian Medicine, 2*(2), 171–203.
79. Ballhausen, H., & Kleinelümern, U. (2008). *Die wichtigsten Erfindungen der Menschheit: Geniale Ideen, die die Welt veränderten.* Chronik.
80. Orthuber, H. (1968). *Handbuch für die Getränkeindustrie.* Gabler.
81. Pasteur, L. (1866). Pasteur, Louis. Études sur le vin: ses maladies, causes qui les provoquent, procédés nouveaux pour le conserver et pour le vieillir. Jeanne Laffitte (Editions) (Neuauflage: 7. Januar 1999).
82. G. Hartwig, H. von der Linden, H. P. Skrobisch (2014) Thermische Konservierung in der Lebensmittelindustrie. 2. Auflage. Behr's Verlag, Hamburg
83. Star, B., Boessenkool, S., Gondek, A. T., Nikulina, E. A., Hufthammer, A. K., Pampoulie, C., et al. (2017). Ancient DNA reveals the arctic origin of viking age cod from Haithabu, Germany. *Proceedings of the National Academy of Sciences, 114*(34), 9152–9157.
84. Nedkvitne, A. (2016). The development of the Norwegian long-distance stockfish trade. In James Barrett (Editor); David Orton (Editor), Oxbow Books (Oxford) *Cod and Herring: The Archaeology and History of Medieval Sea Fishing,* 50–59.
85. Wicklund, T., Lekang, O. I. (2016). Dried norse fish. *Traditional foods* (S. 259–264). Springer.
86. Malle, B., & Schmickl, H. (2015). *Essig herstellen als Hobby.* Die Werkstatt.
87. Cheng, L., Sun, D. W., Zhu, Z., & Zhang, Z. (2017). Emerging techniques for assisting and accelerating food freezing processes: A review of recent research progresses. *Critical reviews in food science and nutrition, 57*(4), 769–781.
88. Voigt, T. F. (2006). *Schädlinge und ihre Kontrolle nach HACCP-Richtlinien.* Behr.
89. Rodel, W., & Scheuer, R. (2007). Neuere Erkenntnisse zur Hürdentechnologie-Erfassung von kombinierten Hürden. *Mitteilungsblatt-Bundesanstalt für Fleischforschung Kulmbach, 1*(175), 3–10.
90. https://www.zeit.de/zeit-magazin/essen-trinken/2018-05/camembert-normandie-herstellung-pasteurisierter-milch-eu-recht.

91. Strahlmann, B. (1974). Entdeckungsgeschichte antimikrobieller Konservierungsstoffe für Lebensmittel. *Mitteilungen aus dem Gebiete der Lebensmitteluntersuchung und Hygiene, 65,* 96–130.

92. Heiss, R., & Eichner, K. (2013). *Haltbarmachen von Lebensmitteln: Chemische, physikalische und mikrobiologische Grundlagen der Verfahren.* Springer.

93. Barba, F. J., Terefe, N. S., Buckow, R., Knorr, D., & Orlien, V. (2015). New opportunities and perspectives of high pressure treatment to improve health and safety attributes of foods. A review. *Food Research International, 77,* 725–742.

94. Tappeser, B., Baier, A., Dette, B., & Tügel, H. (1999). Heute back' ich, morgen brau' ich. *Die blaue Paprika* (S. 148–197). Basel.

95. Vilgis, T. (2011). Rauch und Raucharomen: Physik, Chemie, Struktur, Funktion. *Journal Culinaire, 13,* 42–59.

96. Grimm, H. U. (1999). *Aus Teufels Topf: Die neuen Risiken beim Essen.* Klett-Cotta.

97. Grimm, H. U. (2014). *Die Suppe lügt: Die schöne neue Welt des Essens.* Droemer eBook.

98. https://www.bioland.de/im-fokus/ihr-fokus/detail/article/tricks-an-der-kuehltheke.html.

99. https://slowfood.de/w/files/messepdf/slow_food_messe_qualitaetskriterien_2011.pdf.

100. Grimm, H. U. (2013). *Garantiert gesundheitsgefährdend. Wie uns die Zucker-Mafia krank macht.* Droemer.

101. Russ, N., Zielbauer, B. I., & Vilgis, T. A. (2014). Impact of sucrose and trehalose on different agarose-hydrocolloid systems. *Food Hydrocolloids, 41,* 44–52.

102. Vilgis, T. A. (2015). Gels: Model systems for soft matter food physics. *Current Opinion in Food Science, 3,* 71–84.

103. Jovanovic-Malinovska, R., Kuzmanova, S., & Winkelhausen, E. (2014). Oligosaccharide profile in fruits and vegetables as sources of prebiotics and functional foods. *International journal of food properties, 17*(5), 949–965.

104. Ma, C., Sun, Z., Chen, C., Zhang, L., & Zhu, S. (2014). Simultaneous separation and determination of fructose, sorbitol, glucose and sucrose in fruits by HPLC–ELSD. *Food Chemistry, 145,* 784–788.

105. Zhang, Y., Smuts, J. P., Dodbiba, E., Rangarajan, R., Lang, J. C., & Armstrong, D. W. (2012). Degradation study of carnosic acid, carnosol, rosmarinic acid, and rosemary extract (Rosmarinus officinalis L.) assessed using HPLC. *Journal of agricultural and food chemistry, 60*(36), 9305–9314.

106. Lang, T. (2003). Food industrialisation and food power: Implications for food governance. *Development Policy Review, 21*(5–6), 555–568.

107. Bergmann, K. (2013). *Der verunsicherte Verbraucher: Neue Ansätze zur unternehmerischen Informationsstrategie in der Lebensmittelbranche.* Springer.

108. Rickelmann, R. (2012). *Tödliche Ernte: Wie uns das Agrar- und Lebensmittelkartell vergiftet.* Ullstein eBooks.

Moleküle definieren unsere Nahrung

4

Zusammenfassung

Vom Anbeginn des Universums, über die Bildung von Atomen und Molekülen, von den ersten selbstorganisierten Zellen bis zu den heutigen komplexen Biosystemen folgt jeder Vorgang strikten Naturgesetzen. Daher ist es vonnöten, auch Lebensmittel und ihren Nährwert aus dieser Sicht zu betrachten. Dies eröffnet eine andere Sichtweise und erweitert selbst das Verständnis zu Ernährungsfragen, klärt manche Missverständnisse auf und eröffnet neue Perspektiven.

4.1 Woher wir kommen

Bei den Jägern und Sammlern war das Essen vermutlich wenig kompliziert. Es ging nur um das Überleben. Vor der Nutzung des Feuers ging es nur darum: Hielt Nahrung der Geschmacks- und Geruchsprüfung stand, wurde sie gegessen. Es gab vor der Nutzung des Feuers – um auf die Ideen von Lévi-Strauss zurückzukommen – keine Esskultur, denn diese wurde erst durch das Feuer geprägt. Es wurde gegessen, was die Natur bot und das Leben erhielt. Hominiden wussten nichts über schädliche Inhaltsstoffe, nichts über Vitamine, über sekundäre Pflanzenstoffe oder dergleichen. Sie aßen das, was es gab, und folgten ihren Sinnen und ihrer wachsenden Erfahrung. Der Lebensraum der sehr frühen Hominiden war ohne ihr Zutun entstanden. Die Welt und das Universum sind einzig die Konsequenz einer Entwicklung seit dem Urknall, die zunächst auf reiner

Ergänzende Information Die elektronische Version dieses Kapitels enthält Zusatzmaterial, auf das über folgenden Link zugegriffen werden kann https://doi.org/10.1007/978-3-662-65108-7_4. Die Videos lassen sich durch Anklicken des DOI Links in der Legende einer entsprechenden Abbildung abspielen, oder indem Sie diesen Link mit der SN More Media App scannen.

Physik beruht, auf nicht einmal einer Handvoll fundamentalen Wechselwirkungen und ein paar wenigen fundamentalen Teilchen, heute als Elementarteilchen bezeichnet. Denn es knallte vor 13,8 Mrd. Jahren unhörbar, aber genau das ist bis heute noch messbar.

4.1.1 Die Genesis 1.0 – am Anfang war die Singularität

Am Anfang unseres jetzigen Universum gab es weder Ort noch Zeit. Es gab nur eine Singularität, eine unglaubliche Menge an Energie [1]. Die Energie entsprach dabei einer kaum vorstellbar hohen Temperatur. Diese zusammengeballte Energie war so hoch, dass vor 13,82 Mrd. Jahren unserer Zeitrechnung die Singularität barst und sich schlagartig ausbreitete. Sie blähte sich auf, Schritt für Schritt entstand das Weltall bis hin zu den Weiten, die wir heute kennen. Dabei bildeten sich bereits in der ersten Sekunde (die heutige Definition der Zeit vorausgesetzt) die wichtigsten Bausteine der Materie. Nach nur 0,000001 s entstanden aus der hoch energiereichen Strahlung Lichtteilchen (Photonen), Quarks, Elektronen und Neutrinos in einer unglaublich hohen Zahl. Strahlung und Materie waren jetzt unterscheidbar (man denke dabei an Einsteins berühmte Formel der Energie-Massen-Äquivalenz, $E = mc^2$; die Energie E ergibt sich aus der Masse m und dem Quadrat der Lichtgeschwindigkeit c). Eine Sekunde nach dem Urknall verschmolzen Quarks zu Atomkernen. Atome konnten sich wegen der hohen Energie noch gar nicht bilden, denn die Bewegungsenergie war immer noch so hoch, dass zum Beispiel positiv geladenen Atomkerne die negativ geladenen Elektronen noch gar nicht einfangen konnten. Dazu bedurfte es erst einer weiteren Expansion des Weltalls und der damit verbundenen Temperaturabsenkung. Es dauerte fast 400.000 Jahre, bis dies möglich war. Atome entstanden nach und nach. Erst etwa 100 Mio. Jahre nach dem Urknall war die Energie im Weltall so gering, dass sich aus den Atomen und wachsenden Meteoriten über Gravitation Sterne, darunter Sonnen und Galaxien wie unsere Milchstraße, bilden konnten. Planeten wurden unter der nachlassenden Energie und der Abkühlung des Alls von der Gravitation der Sonnen eingefangen, auch unsere Erde, die zusammen mit den anderen Planeten seit 4,6 Mrd. Jahren die Sonne umkreist. Ganz abgesehen von den faszinierenden Abläufen gibt es in diesem Kontext eine wichtige Konsequenz: Seit dem Urknall sind das Universum und unsere Erde ohne jegliches Zutun und die Kontrolle eines Menschen entstanden. Erst in allerjüngster Zeit griff der *„Homo industrialis"* ein klein wenig ins Geschehen ein, und erst seit dieser Epoche machen wir uns im Hier und Jetzt große Sorgen um unsere Ernährung. Zuvor regelten Physik, Chemie und Biologie den Naturgesetzen folgend die Geschichte dieser Erde.

Noch heute kann der Nachhall dieses Urknalls relativ einfach gemessen werden. Überall, egal ob zwischen Mond und Erde oder in Lichtjahren entfernten Galaxien, ist es im Weltall heute noch 2,7 K kalt, also −276 °C. Knapp drei Grad über dem absoluten Temperaturnullpunkt. Diese kosmische Hintergrundstrahlung ist der Rest der Singularität, der neben den Sternen und Galaxien den Urknall bis heute bezeugt [2, 3].

Dies sind keine Fantasien von Theoretischen Physikern, sondern dies lässt sich präzise berechnen, mit Modellen belegen und im Rahmen von Experimenten, zum Beispiel am CERN in Genf, im kleinen Maßstab nachweisen. Einen weiteren Schlüssel zu diesen im Grunde sehr einfachen Modellen erbrachte der Nachweis des Higgs-Bosons, jenes als „göttlich" verunglimpften Teilchens, das den anderen Elementarteilchen, wie Quarks, Leptonen usw., erst ihre exakte Masse zuweist. Diese Entdeckung war tatsächlich ein direkter Beweis dieses im Grunde genommen einfachen Standardmodells, wie das Theoriegebäude genannt wird, auch wenn es noch manche Lücken gibt, deren Schließung mit neuen Theorien allerdings nicht mehr den bisherigen Stand der Forschung über den Haufen werfen werden [4], ganz ähnlich wie es mit der Erweiterung der speziellen zur allgemeinen Relativitätstheorie ist.

Dieses Modell legt zusammen mit den dazugehörigen Naturkonstanten fest [5], wie sich überhaupt erst Moleküle wie Sauerstoff (O_2) oder gar Wasser (H_2O), bilden konnten. Deren Existenz ist aus physikalischer Sicht überhaupt nicht trivial. Dass sich zwei Wasserstoffatome mit einem Sauerstoff so verbinden und diese berühmte Struktur des Wassermoleküls ausbilden, unterliegt exakten quantenphysikalischen und quantenchemischen Gesetzen. Denn nur diese uns seit dem Chemieunterricht bekannte Struktur des Wassermoleküls ergibt jene Flüssigkeit, die Grundlage des irdischen Lebens ist. Wäre das Wassermolekül am Sauerstoff nicht leicht negativ und an den Wasserstoffatomen nicht leicht positiv geladen, wäre vieles anders, als wir es kennen. Es musste noch viel Zeit vergehen, bis Leben auf einem Planeten wie unserer Erde möglich war. Aber die Voraussetzungen waren gut, denn es gab Kohlenstoff, Stickstoff, Wasserstoff und Sauerstoff – die notwendigen (aber nicht hinreichenden) Grundbausteine des Lebens.

4.1.2 Genesis 2.0 – elementares Leben basiert auf selbstorganisierten Grenzflächen und molekularem *copy & paste*

Die bis dahin geschaffenen physikalischen Gegebenheiten waren die besten Voraussetzungen für die Entstehung des Lebens. Atome konnten zu Molekülen reagieren. Die tote, aber bereits sich selbst organisierende Materie musste lediglich durch ein paar Tricks zu leben beginnen, Moleküle mussten lernen, sich zu reproduzieren. Dazu bedarf es keines magischen Schöpfers, sondern lediglich des trickreichen Zusammenspiels von Interaktionen auf molekularer Skala den gemäßigten Temperaturen, der passenden chemischen Umgebung für entsprechende Reaktionen von Wasser, Kohlenstoff, Stickstoff, Wasserstoff, Phosphor, Schwefel und ionischen Verbindungen wie Salzen.

Aber es kommt noch etwas hinzu: Biomoleküle müssen, wie alles Lebende, zunächst in der Lage sein, sich selbst zu ordnen und sich zu organisieren. Ein unstrukturierter Haufen von beliebigen Biomolekülen definiert kein Leben. Dazu müssen wohldefinierte biochemische und biophysikalische Abläufe auf molekularer Skala reproduzierbar ablaufen können. Also benötigt die Natur ganz bestimmte Sorten von Molekülen, die diese Aufgaben übernehmen können.

Diese Bedingungen waren auf der Erde ideal: Sauerstoff und Wasser waren in ausreichender Menge vorhanden. Ebenso Materie, die sich Jahrmillionen nach dem Urknall zusammengeballt hatte und die – wie man seit Neuestem weiß – auch durch regelmäßige Einschläge von Meteoriten aus dem All entsprechend bereichert wurde. Sogar mit Molekülen, die aminosäureartige Strukturen hatten [6] und somit zu Grundbausteinen der Proteine wurden [7]. Das Leben der ersten Einzeller, die ersten elementaren und organisierten Nanolebewesen und ihr Stoffwechsel waren also quasi Zufall. Alle physikalisch-chemischen Parameter passten zusammen, bis sich daraus ganz speziell geformte Moleküle bildeten, die in der Lage waren, sich selbst zu organisieren – nach physikalischen Gesetzen und mittels chemischer Reaktionen.

Um zu verstehen, was dann passierte, muss aufs Neue der Zellmembran mehr Aufmerksamkeit gewidmet werden. Diese besteht zum Großteil aus Emulgatoren wie Lecithin, wie in Kap. 2 und 3 mehrfach angesprochen. Wie der Name schon sagt, müssen Lipide mit Fett zu tun haben. Tatsächlich setzt sich ein Großteil der Lipide aus zwei Fettsäuren und einer Kopfgruppe zusammen. Diese Kopfgruppe besteht chemisch zum Beispiel aus Phosphor, Stickstoff, Kohlenstoff und Wasserstoff und ist so arrangiert, dass diese Kopfgruppe, wie auch das Wasser, ein Dipolmoment hat, also einen eher positiv und einen eher negativ geladenen Teil. Diese Phospholipide gleichen bildlich gesprochen zweischwänzigen „molekularen Kaulquappen" (siehe Abb. 2.8). Was sich abstrakt anhört, ist für die Natur und die Zelle wichtig, denn die Polarität der Kopfgruppe spricht immer für Wasserlöslichkeit, und das Vorhandensein von Wasser ist die wichtigste Voraussetzung für Leben – auch in der Zelle. Allerdings sind die beiden Fettsäureschwänze nicht wasser-, sondern fettlöslich. Ein Teil des Moleküls ist daher fettlöslich, der andere wasserlöslich. Die Phospholipide, sprich Lecithin, sind Emulgatoren. Also müssen sich diese Moleküle so organisieren, dass Kopf und Schwanz physikalisch und thermodynamisch zufrieden sind. Dies kann nur funktionieren, wenn sich die Moleküle aufstellen wie die Soldaten: Kopf an Kopf und Schwanz an Schwanz. Sie stehen in Reih und Glied. Ebenso eine zweite Schicht, die sich dazugesellt. Das Resultat ist eine Lipiddoppelschicht: Die Fettsäuren stoßen aneinander, und die polaren Kopfgruppen bilden auf beiden Seiten eine Begrenzung. Schließt sich dieses Gebilde zu einem flexiblen, beweglichen Elipsoid zusammen, kann in dem sich dabei bildenden Innenraum Wasser eingeschlossen und klar vom umgebenden Wasser getrennt werden. Die Membran und die Zellhülle aus Lipiden sind geboren, für jede Biomaterie, egal ob pflanzlich, tierisch oder menschlich. Lipide, also Emulgatoren, gehören daher neben den Proteinen und den RNAs zu den Grundbausteinen des Lebens [8]. Dies war in den Urformen des Lebens so und ist so geblieben bis zum Homo sapiens. Was sich während der Evolution verändert und verkompliziert hat, ist das Zusammenwirken der Zellen. Sie entwickelten molekulare Kommunikationsmechanismen und schalteten sich zu riesigen Zellhaufen zusammen, aus denen sich Leben entwickelte. Auch die komplexe Biochemie funktioniert bis heute ausschließlich auf diesen von der Physik vorgegebenen, fundamentalen Wechselwirkungen, mit denen Moleküle feinste Unterschiede von Molekülen erkennen, wenn es um die Entscheidung geht, was in die Zelle gelangt und was nicht und wie und wann der Zelltreibstoff Adenosintriphosphat gebildet und wieder abgegeben wird.

Eine einfache Zelle ist somit die kleinste Einheit des Lebens, die „Elementarzelle". Ihr Aufbau, ihre Emulgatorenhülle mit eingelagerten Proteinen und Schaltelementen, deren Stabilität bei gleichzeitiger Flexibilität, sind bereits wundersame Lehrbeispiele für das Wechselspiel von physikalisch-chemischen Strukturen und lebenswichtigen Funktionen. Es gibt Hinweise darauf, dass die erste funktionierende Basiszelle, sie ging als „LUCA" (Last Universal Common/ Cellular Ancestor) in die Evolutionsbiologie ein [9], vor mehr als 3,5 Mio. Jahren entstand. Damals wurden bereits die universellen Funktionen festgelegt, wie wir sie heute kennen [10]. Eine Zelle hat bis heute ein Äußeres und ein Inneres, die durch eine dünne, über die Art der Fettsäuren (siehe Abschn. 1.3) einstellbare flexible und über Proteine partiell durchlässige Membran getrennt sind. Im Inneren befinden sich der Zellkern mit der RNA und DNA (die Erbinformation) und die Mitochondrien, die Energie für Stoffwechsel und Reproduktion liefern. Im Zellinneren befindet sich auch Wasser, das durch seinen Druck (Turgor) die Zelle prall hält. Geregelt wird alles bestens durch elektrische Kräfte (Salze, Mineralien, Ionen unterschiedlicher Valenz, dem Gegensatz von Wasser und Fett) und das Lesen und Kopieren von vier Nucleotiden. Biophysik und Biochemie in Reinstform.

Was der Zelle guttut und was nicht, wird über deren biologische Funktion und das elementare Zusammenspiel von Molekülen, van-der-Waals-Wechselwirkungen, elektrischen Ladungen und dem Gegensatz von Fett und Wasser entschieden. Im Grunde genommen gäbe es daher überhaupt keinen Anlass für einen unnötig komplizierten Beziehungsstatus zu unserem Essen. Damit lässt sich die These dieses Buchs „vor der Physiologie kommen Physik, Chemie und Biologie" belegen und verstehen. Selbst wir als *Homo sapiens* basieren auf den jenen elementaren biophysikalischen und biochemischen Wechselwirkungen von einer Handvoll Molekülen. Dennoch wurde Essen kompliziert. Aber aus ganz anderen Gründen, nämlich als Menschen sesshaft wurden und die Nahrungsbeschaffung im Vergleich zum Paläolithikum deutlich vereinfacht wurde. Die Menschen begannen, sich um mystische Dinge zu kümmern.

4.2   Der Beginn des Ahnenkults

4.2.1   Vom Ahnenkult zur Religion

Durch die Sesshaftigkeit bildeten sich neue und andere soziale Strukturen unter den Menschen heraus, als es im Zeitalter der Jäger und Sammler der Fall war. Aufgaben konnten geteilt werden, Lebensstrukturen wurden an die Gegebenheiten angepasst. Riten und Zeremonien wurden entwickelt, es bildeten sich erste frühe Religionen [11, 12]. Der Ausgangspunkt dieser Entwicklungen liegt in einem Ahnenkult [13]. Jäger und Sammler entwickelten einen Totenkult, der das Sterben, den Übergang vom Leben in den Tod, regelte. Diese durchaus rational bedingten Riten waren ganz auf den Sterbenden und die Toten gerichtet. Mit der Sesshaftigkeit veränderte sich der Totenkult. In vielen Stämmen entwickelten sich Vorstellungen und Überzeugungen, Verstorbene könnten das Schicksal der Nachfahren positiv und negativ beeinflussen. Es entwickelte sich der Glaube, die Ahnen seien auch nach dem Tod noch immer Teil des Stammes und des Volkes, wenngleich nicht real präsent. Der Ahnenkult garantierte somit einen fortwährenden Kontakt mit den Toten, er war demnach auf die gegenwärtig Lebenden ausgerichtet. Eine Spiritualität erfasste die Menschheit, die sich bis heute in den unterschiedlichsten Religionen hält. Der Mensch begriff den Tod, der Umgang damit ist jedoch bis heute schwierig. Der Tod wird nur akzeptabel, wenn ein Leben nach dem Tod versprochen wird und die Ahnen dort wiedergefunden werden können. Der Mensch erschuf sich Götter und glaubte fortan, diese Götter hätten ihn erschaffen. Der Grund dafür hat sich bis heute nicht geändert: Menschen können ihren Tod nicht akzeptieren, also suchen sie in ihrer Trauer Trost im Mystischen, Irrealen und in der Esoterik. Der Mensch begann, sich immer mehr Götter zu schaffen, die stellvertretend für alles Unerklärbare standen und bis heute Zulauf finden, selbst wenn dies, wie im Kreationismus, irrationale und aberwitzige Formen annimmt [14] und seit Jahrtausenden zu Kriegen führt.

Mit dem Beginn von Kult, Spiritualität und Religion bekamen selbst Nahrungsmittel neue Funktionen. Sie wurden zu Opfergaben erkoren (oder deklassiert, da sie nicht mehr gegessen wurden). Der Mensch konnte es sich zum ersten Mal in seiner Geschichte leisten, Tiere nicht als Nahrung zu schlachten. Es entwickelten sich Rituale, die für Jäger und Sammler wie auch für Nomaden noch undenkbar waren. Diese Opfergaben haben sich in vielen großen Weltreligionen gehalten, und können heute als die früheste Form der Essensverschwendung angesehen werden. Zwar hatten diese Opfergaben einen kulturellen Sinn, waren aber damit nicht mehr als Nahrung des Menschen verfügbar. Mühsam erzeugte Lebensmittel wurden im Dienst der Religionen eingesetzt.

4.2.2 Nicht-strukturalistische (Ess-)Kulturen

An dieser Stelle lohnt es sich, auf das kulinarische Dreieck von Lévi-Strauss zurückzukommen, das bereits in Kap. 2 eingeführt und darüber hinaus durch eine physikalisch-chemische Interpretation ergänzt wurde. In diesem Kapitel ging es vor allem um die Kochleistungen der frühen Menschen, die mit dem Kochen und dem gezielten Fermentieren den Übergang von der Natur zur Kultur durch eine Vielzahl von kulturellen Handlungen vollzogen. Dieser Strukturalismus, der sich sogar auf molekulare Veränderungen eindeutig abbilden lässt, diskutiert allerdings lediglich die sich im Laufe der Jahrtausende entwickelnde Koch- und Esskultur, die zur Ernährung des Menschen dient. Diese neuen spirituellen Formen kommen in diesem Übergang von der Natur zur Kultur nicht vor. Dennoch stellen sie eine wesentliche Form der Esskultur dar, ganz besonders mit gegenwärtigem Blick auf die westliche Kultur, da Essen weder als Nahrung und erst recht nicht als Opfer angesehen wird, sondern selbst zum Heilmittel verklärt wird [15]. Diese Ideen erscheinen zwar neu, sind es aber nicht, denn das Abendmahl des Christentums hatte die Idee „den Leib Christi zu essen" bereits seit Langem propagiert [16]. Um diese neuen kulturellen Ansätze, die sich erst seit der Sesshaftigkeit entwickelte, zu erfassen, benötigt das ursprüngliche kulinarische Dreieck eine Erweiterung [17], die in Abb. 4.1 dargestellt ist.

Mit der Sesshaftigkeit änderten sich die Lebensweisen deutlich. Der sich einstellende Wohlstand fußte ausschließlich auf der planbaren Nahrungssicherheit. Menschen waren ab der neolithischen Revolution nicht mehr gezwungen, sich täglich auf Nahrungssuche zu begeben. Es bildeten sich soziale Strukturen, gesellschaftliche Unterschiede wurden deutlicher. Die in Abb. 2.4 angesprochenen Modelle zum Energieeintrag, die sowohl das Leben der Nachkommen wie auch das der Alten sicherten, und das vorhandene Nahrungsangebot regelten die Populationsstärke weitgehend so, dass Hunger vermieden wurde. Im Neolithikum sind diese Modelle obsolet. Kranke und „Unproduktive" konnten erstmals gepflegt und vor Ort versorgt werden. Die Bildung von neuen Strukturen und Über-

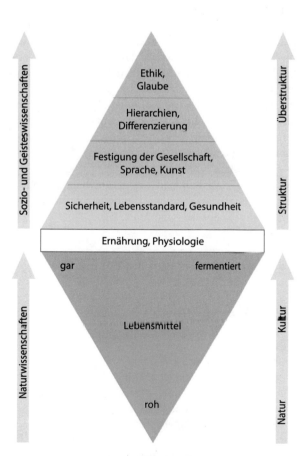

Abb. 4.1   Die Sesshaftigkeit brachte neue Strukturen hervor. Unten das (auf den Kopf gestellte) kulinarische Dreieck von Lévi-Strauss, oben die sich ergebenden neuen Strukturen als Folge des Wohlstands und der Sicherheit der neuen Lebensweisen

strukturen wurde möglich. Die Volksgesundheit wurde ein wesentlicher Teil der Gesellschaft, auch die Wehrfähigkeit gegenüber Gefahren jeglicher Art.

Kunst und Sprache entwickelten sich weiter. Die Nutzung von Mahlsteinen erlaubte breiartige Kostformen, die zunächst den Biss und die Zahnstellung der Menschen veränderte, danach erst bestimmte Laute wie „F" ermöglichten [18]. Unterschiedliche Talente und Fähigkeiten konnten toleriert und gefördert werden. Eine Differenzierung der Gesellschaft wurde möglich. Somit konnten sich hierarchische Strukturen herausbilden. Stämme und Gemeinschaften wurden organisiert. Gleichzeitig ließen sich ethische und moralische Standards entwickeln und gepaart mit Ahnenkult waren Glaubensrichtungen geboren.

Dies zeigt auch Abb. 4.2. Während das kulturelle Schaffen des kochenden und essenden Menschen, ausgedrückt über das kulinarische Dreieck von Lévi-Strauss (vgl. Abb. 2.29 ff.), vorwiegend von naturwissenschaftlichen, molekularen Fakten *(hard sciences)* getrieben war, sind sie strukturellen (nicht strukturalistischen) Veränderungen im oberen Teil des Dreiecks durch *soft sciences* und nicht mehr unmittelbar nachprüfbare Annahmen geprägt. Der Unterschied zwischen Kultur und Kult wird veranschaulicht.

Nicht zufällig ist die Kategorie „Physiologie und Ernährung" an der Grenze zwischen beiden Dreiecken platziert. Eine gut funktionierende Physiologie ist natürlich die Folge der essbaren Lebensmittel, welche die Menschen tagtäglich mit Energie, Makro- und Mikronährstoffen versorgen, und damit das Resultat des Kochens und Essens. Und natürlich ist die daraus erlangte Leistungsfähigkeit das Resultat einer gesicherten Ernährung mit hohen Sicherheitsstandards, wie es Feuer und Fermentation ermöglichten. Wenn wir nicht essen, sterben wir. Auch wenn wir schlecht essen oder die Sicherheitsstandards des Gekochten und Fermentierten nicht beachten, werden wir krank, wie kürzlich archäologische Funde und (versteinerte) Kotreste von Menschen in Nordeuropa und im Nahen Osten zwischen 500 v. Chr. und 1700 n. Chr. ergaben [19]. Chemische Analysen zeigen, wie Parasiten und Keime überhandnahmen, der Gesundheitszustand sich verschlechterte, nachdem ungenügend gekochte, halbrohe oder gar verdorbene Lebensmittel gegessen wurden.

4.3   Grundnahrungsmittel Fleisch: Physik, Chemie, Geschmack

4.3.1   Proteine überall

Eine nachhaltige Lebensmittelwirtschaft stand seit der neolithischen Revolution bis nach dem Zweiten Weltkrieg außer Frage. Wirtschaftsmodelle, wie in Kap. 3 angesprochen, wurden gepflegt. Felder wurden nach bestimmten Regeln bewirtschaftet, und wenn Tiere zum Essen geschlachtet wurden, war es geboten, diese komplett zu verzehren. Was nicht verzehrbar war, ließ sich auf vielfältige Weise nutzen. Aus der kollagenreichen Haut wurden Leder und Kleidung, aus Knochen wurden seit dem Paläolithikum Werkzeuge hergestellt, später die ersten Nadeln und Ahlen.

Erst in den Jahren des Wohlstands nach dem Zweiten Weltkrieg entwickelten die Menschen Ängste vor Lebensmitteln. Was den Menschen vor Millionen von Jahren schuf und Jahrtausende aufs Beste ernährte, wurde zum Gift erklärt, als schädlich deklariert und als Gesundheitsrisiko angeprangert. Wie in Kap. 1 dargelegt, werden wertvolle Teile der Tiere seit geraumer Zeit nicht mehr gegessen: Innereien, Hirn, kollagenreiches Fleisch, Därme, Kutteln, Hoden, Hühnerfüße und Hahnenkämme, um nur ein paar wenige zu nennen. Auch wenn in manchen Esskulturen diese Teile vereinzelt als Delikatessen gelten: Hahnenkämme in Spanien, Hoden in mediterranen Ländern [20], Därme als Würste (Andouillettes, Andouille) in Frankreich [21] oder Hühnerfüße in Asien. Würden alle Teile der Tiere gegessen, anstatt sich auf den geringen Prozentsatz der sogenannte Edelteile wie Lende, Steak und Kurzbratfleisch zu beschränken, ließe sich ein erheblicher Anteil der Massentierhaltung vermeiden. In China oder auf mediterranen Märkten werden ganze lebende Tiere verkauft, was in Deutschland aus hygienischen Gründen nicht zugelassen ist. Selbstredend werden diese Tiere, sofern sie nicht im eigenen Hof/Stall weiterleben, nach dem Schlachten komplett verarbeitet.

Für viele heutige Esser besteht ein Hähnchen aus zwei Brüstchen, gegebenenfalls noch zwei Schenkeln. Dabei besteht ein Hähnchen aus zahlreichen essbaren Teilen, aus denen sich viele Gerichte zubereiten lassen. Innereien wie Leber, Herz, Lunge oder Nieren lassen sich für eine Vorspeise, etwa Salate, oder zu einer Geflügelcreme verarbeiten. Werden diese zum Beispiel mit den zwei Flügeln und den Sot-l'y-laisse (Pfaffenschnittchen) gepaart, wird bereits eine vollständige Mahlzeit daraus. Die abgelöste Haut lässt sich zu knusprigen Chips verarbeiten, die auf Vorspeisentellern oder mit Salaten angerichtet werden können. Die beiden Schenkel, die sich in Ober- und Unterteil (drumstick) trennen lassen, reichen ebenfalls für ein Ragout, Coq au Vin usw. für vier Personen. Vor allem aus der Karkasse mit noch anhaftendem Fleisch lässt sich die Glutamatbombe Hühnerbrühe kochen. Die Brühe lässt sich heiß in sterile Schraubgläser gefüllt wie Konfitüre konservieren und ist so haltbar und stets verfügbar. Und selbst das von der Karkasse nach dem Brühekochen noch abgelöste Fleisch wandert fein gehackt zusammen mit Kräutern gewolft oder mit Frischkäse verknetet in Frikadellen, Ravioli oder Maultaschen, die etwa mit Gemüse angereichert werden. Oder gleich in einem Hühnerfrikassee. Selbst das auf der Brühe sich absetzende Fett, das sich nach dem Erkalten abheben lässt, eignet sich zum Einrühren in Gemüseragouts, zum leichten Anbraten von Kartoffeln, nur um wenige Beispiele zu nennen.

Weitab der Hühnerbrüste sättigt das komplette Tier in mehreren Mahlzeiten, wenn die Kleinteile mit Gemüse gepaart werden. Der „Homo opulentus", der Wohlstandsmensch, der sich nach dem Krieg im Zeichen des Wirtschaftswunders entwickelte, vergaß, wie seine unmittelbaren Großmütter und Urgroßmütter mit Lebensmitteln umgegangen sind. Viele der genannten Teile eines Huhns gelten heute selbst bei manchen Metzgern als Abfälle.

Die Massentierhaltung gehört zu den großen Problemen in der Ernährungswirtschaft. Was in den Ställen und bei Tiertransporten passiert, ist die Folge eines

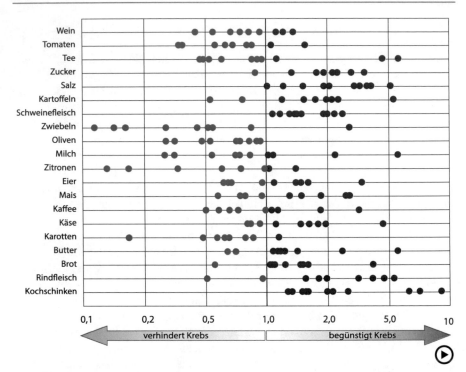

Abb. 4.2 Studien zu Lebensmitteln pro und contra ihre Kanzerogenität. Jeder Punkt entspricht einer veröffentlichten Beobachtungsstudie (bis 2011). Bis auf wenige Ausnahmen (Salz, Schweinefleisch und Kochschinken) gibt es Ausschläge in beide Richtungen [25]. Die Interpretation ist klar und wenig verwunderlich: Man weiß nichts Genaues, ob Lebensmittel generell schädlich oder generell gesund sind (▶ https://doi.org/10.1007/000-7rt)

unüberlegten und grenzenlosen Fleischessens. Wurst- und Fleischtheken bei Discountern und in Supermärkten offenbaren die Misere. Fleisch ist auch aus rein naturwissenschaftlicher und biologischer Sicht viel zu billig. Selbst wenn dieser Satz undemokratisch und unsozial klingt, bleibt die Aussage wahr, das tägliche Schnitzel ist kein Grundrecht [22]. Niemand kann ernsthaft glauben, man könne die Menschheit mit erschwinglichem und gleichzeitig gutem Fleisch ernähren, solange es nur Edelteile gibt. Billiges Fleisch kann nur unter widrigen Umständen und durch Respektlosigkeit gegenüber den lebenden Kreaturen produziert werden. Diese Produktionsmethoden haben nichts mehr mit den Hirten und Züchtern der Vergangenheit zu tun. Der tägliche Fleischverbrauch aber auch nicht, selbst wenn er neuerdings etwas rückläufig ist.

4.3.2   Der moderne westliche Mensch und der Hang zum weißen Fleisch

Die Liebe zum weißen Fleisch – Pute und Huhn – kommt nicht von Ungefähr. Seit Jahren steht rotes Fleisch, wie Rind, Schaf oder Schwein, unter Verdacht, es begünstige Darmkrebs (siehe dazu Ströhle et al. [23] für eine ausführliche

Zusammenfassung). Wie in den vorangegangenen Kapiteln bereits besprochen wurde, war Fleisch ein wesentlicher Baustein der Evolution des Menschen. Es lieferte Makro- und Mikronährstoffe in ausreichendem Maß, auch wenn es nicht in Massen und schon gar nicht täglich auf dem Paläospeiseplan stand. Wie kann es also sein, dass Fleisch plötzlich kanzerogen wird? Dies könnte aus naiver Sicht nur zwei Ursachen haben: Wir essen zu viel davon und wir essen zu wenig andere Nahrungsmittel. Diese Diskussion offenbart eines der größten Probleme der frühen Ernährungswissenschaften: Der isolierte Blick auf ein Produkt, in diesem Fall das rote Fleisch und dessen hohen Gehalt an Hämeisen; also das in der Hämgruppe des Proteins Myoglobin zentrierte Eisenion. Des Weiteren stehen Viren in nicht durchgebratenem Fleisch unter Verdacht, deren Wirkungen sich im Laufe der Zeit akkumulieren und im fortgeschrittenen Alter zu Darmkrebs beitragen könnten [24], wie sich aus manchen assoziativen Beobachtungsstudien mit Mühe und Not herauslesen lässt. Andere Untersuchungen gehen über den reinen Beobachtungseffekt hinaus und liefern über über *in-vitro*-Studien an Zellen zuverlässigere Daten [26]. Die Übertragbarkeit dieser Ergebnisse auf den Menschen ist allerdings unklar, sie zeigen aber eindeutige Wege auf, wie künftige Untersuchungen *in vivo* an Menschen durchgeführt werden könnten.

Eine eindeutige Aussage gibt es trotz der Studien nicht [22]. Es wäre müßig, die verschiedenen im Konjunktiv herausgelesenen Möglichkeiten zu zitieren, um sie gleich wieder zu verwerfen. Selbst die viel zitierten polyzyklischen aromatischen Kohlenwasserstoffe wirken sich bei normalem Verzehr von dunkel gebackenem Brot, gebratenem und gegrilltem Fleisch und Würstchen nicht signifikant aus.

Auch heterozyklische aromatische Amine – darunter fallen viele Maillard-Reaktionsprodukte aus Aminosäuren, wie sie beim Braten und Grillen entstehen – stellen kein unmittelbares Risiko dar. Zwar ergab sich im Tierversuch bei hoch dosierter Gabe ein Risiko für Tumorbildung. Ursache sind die Abbauprodukte dieser elektrisch geladenen Amine (Stickstoffverbindungen, Nitreniumionen), die mit den Nucleotiden der DNA wechselwirken können. Andererseits zeigt sich eine starke individuelle Abhängigkeit bei Tiermodellen selbst. Je nach Mikrobiom können sich Tumoren bilden. Diese Experimente deuten aber auch noch auf andere, grundsätzliche Probleme hin. Zum einen haben die Versuchstiere, anders als der Mensch, nicht seit Jahrtausenden gekocht, und ihr Stoffwechsel ist mit diesen Aminen nicht vertraut, zum anderen sind die tatsächlichen Konzentrationen im real gebratenen oder gegrillten Fleisch um einen 10.000-fachen Faktor geringer.

Auch von den ebenfalls viel zitierten gesättigten Fettsäuren bei Fleischprodukten ist aus Kap. 1 und 3 bekannt, dass sie weder schädlich noch gesund sind. Sie sind für den Membranaufbau vonnöten und werden je nach Bedarf im Körper synthetisiert.

4.3.3 Viele Studien, wenig klare Erkenntnis

Am besten man hält sich grundsätzlich an die einzige richtige Theorie: Alles, was wir essen, erzeugt Krebs und schützt vor Krebs [25]. Zwei Mediziner von Harvard machten sich die Arbeit, Standardlebensmittel herauszupicken und die Studien zu jedem auf ihre positiven und negativen Aussagen zusammenzutragen. Dabei kam Erstaunliches heraus, zusammengefasst in Abb. 4.2. Dies dürfen wir uns gern verinnerlichen.

Wie aus Abb. 4.2 klar erkennbar ist, ergeben die Resultate aus Beobachtungstudien wenig Kausalität. Tatsächlich ist in weiten Teilen unklar, ob nun ein bestimmtes Lebensmittel, wie zum Beispiel Schweinefleisch, tatsächlich „krebsbegünstigend" wirkt oder nicht. Um dies mittels der Methoden der Beobachtungsstudien zu erkennen, müssten sich Probanden zur Verfügung stellen, die ab sofort ausschließlich Schweinefleisch essen. Jahrelang, zum Frühstück, zum Mittagessen, zum Abendessen. Und was passiert, wenn die Kontrollgruppe ausschließlich Schweinefleisch mit Zwiebeln und Oliven essen würde? Jahrelang, dreimal täglich eine Handvoll Oliven als Vorspeise und dann Zwiebelrostbraten? Würden die positiven Einflüsse der Zwiebeln und Oliven das negativen Aspekte des Schweinefleischs ausgleichen? Oder wäre man gegen alle Krankheiten gefeit, wenn ausschließlich die Zwiebeln und Oliven gegessen würden? Jahraus, jahrein? Wohl kaum, diese Ernährung wäre vor allem sehr einseitig. Die guten Nachrichten aus Abb. 4.2 sind: Die wissenschaftlichen Studien an Einzellebensmitteln dürfen nicht nur nicht überbewertet werden, sondern sie können für den Alltag ignoriert werden, sofern der persönliche Speiseplan abwechslungsreich genug ist.

Die schlechten Nachrichten aus Abb. 4.2 zeigen aber auch genau die Situation, in der wir täglich sind, wenn derartige Meldungen aus allerlei Medien verbreitet werden. Es findet sich immer eine Studie, die gerade zum Zeitgeist oder zu einer entsprechenden Auffassung passt. Ganz gleich, ob es Bücher zur strikt veganen oder zur Paläoernährung sind: Es lassen sich meist mehrere Studien herauspicken, die den eigenen Vorstellungen entsprechen. Es bleibt letztlich nur, die Resultate kritisch zu hinterfragen und sie auf entsprechend mögliche molekulare Zusammenhänge zu überprüfen, wie etwa beim Nitrat und Nitrit, das im nächsten Abschnitt (Abschn. 4.3.3) beim Thema Nitritpökelsalz angesprochen wird.

4.3.4 Von Hämeisen und Krebs

Konkreter kennt man den Einfluss des Hämeisens und dessen Rolle bei der Behandlung mit Nitritpökelsalz, damit beim Kochen oder Räuchern die rote Farbe erhalten bleibt (Umrötung). Die Hämgruppe, sie kommt im Hämoglobin und dem Muskelfarbstoff Myoglobin vor, trägt nach dem Pökeln statt eines zweiwertigen Eisenions eine Stickstoffverbindung. Beim Hämeisen handelt es sich um das zentrale Eisenion Fe^{2+}, das sich in der Hämgruppe des Myoglobins (einem Sarkoplasmaprotein) befindet, das für die Sauerstoffversorgung des Muskels verantwortlich ist und dem Fleisch die rote Farbe verleiht. Damit das Ion beim Kochen und Erwärmen nicht oxidiert und das Fleisch grau wird (übrigens ähnlich wie beim Chlorophyll, nur ist es dort ein Magnesiumion), wird es bei Wurst über Pökel-prozesse mit Nitritpökelsalz umgerötet. Ein Stickstoffmonoxid (NO) verbindet sich mit dem Eisenion in der Hämgruppe, wie in Abb. 4.3 dargestellt. Pökelwaren, Rohwürste und Schinken bleiben so auch beim Kochen, Reifen und Fermentieren rötlich.

Dieses Beispiel ist instruktiv, da sich natives und umgerötetes Hämeisen direkt miteinander vergleichen lassen. Hämeisen, eher aber nitriertes Häm aus Pökel-waren und verarbeiteten Fleischwaren, könnte unter bestimmten Bedingungen Nitrosoverbindungen bilden, die eine DNA-Schädigung auslösen können, so die Hypothese (Abb. 4.4). Die zweite Schiene der hypothetischen Ansätze betrifft gesättigte Fettsäuren, die unter Oxidation von den Fetten gelöst werden und dabei zu Bruchstücken wie Propandial und 4-Hydroxynonenal zerfallen, die ebenfalls Zellen schädigen können, eindeutig bewiesen ist das aber bisher nicht [27]. Das betrifft auch Fette, die für die Zubereitung verwendet und zum Beispiel in Pfannen oder Grills erhitzt werden. Andererseits sind Fette und Öle wieder Träger der fett-löslichen Vitamine A und E und enthalten, sofern es sich um Olivenöl handelt, ein hohes Maß an Polyphenolen (sie schmecken bitter), die diesen beiden Prozessen entgegenwirken. Gerade das Fett zeigt daher seine beiden Seiten. Einerseits kann es Krebs fördern, andererseits hilft es sogar, diese Umwandlungen des Häms und die Fettoxidation zu verhindern.

Auch Tannine, wie sie in Gemüse oder Trauben (somit auch in Rotwein) reichlich vorkommen, und Chlorophylle bilden eine starke Barriere für diesen schädigenden Prozess. Sie fangen das Häm direkt ab, denn Chlorophyll kann als „pflanzliches Häm" gesehen, lediglich ist das Eisen durch Magnesium aus-getauscht. Selbst das zweifach positiv geladene Calciumion wirkt diesen Prozessen entgegen. Freies Calcium ist ohnehin reichlich im Muskelfleisch vor-handen, und wem das nicht reicht, der kann gerne nach dem Fleischgang etwas von der Käseplatte nehmen oder zum Grillfleisch oder Pökelschinken einfach etwas mehr Gemüse essen und der (Poly-)Phenole und Tannine wegen einen angemessenen Schluck Rotwein trinken. Selbst diese naive Aufzählung weist auf einen wichtigen Punkt: Die Vielfalt der aufgenommenen Nahrung ist ent-scheidender als das Vorhandensein eines, eventuell schädlichen Stoffes in einer Komponente des Essens.

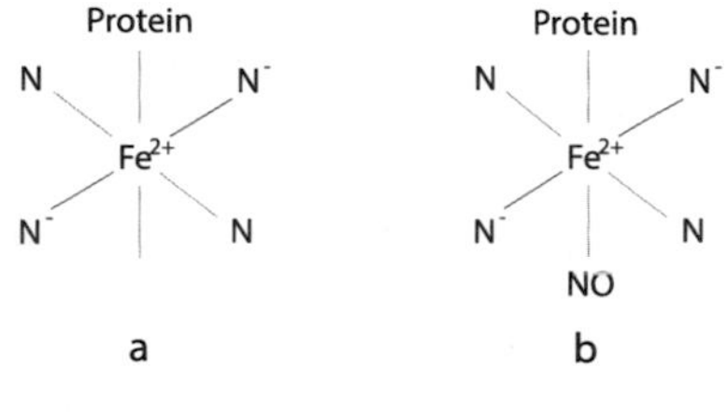

Abb. 4.3 Hämeisen (**a**) kommt im Myoglobin im Fleisch (auch beim Hämoglobin, Blutpigment) vor, beim Pökeln wird daraus nitrolisiertes Häm (**b**)

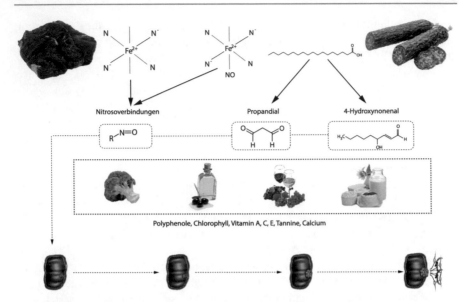

Abb. 4.4 Fleisch und verarbeitetes Fleisch in der Ernährung. Aus Häm, besonders aus nitrosiliertem Häm, bilden sich Nitrosoverbindungen mit charakteristischer N=O-Gruppe, die zusammen mit den aldehydischen Abbauprodukten gesättigter Fettsäuren – Propandial und 4-Hydroxynonenal – über mehrere Wege karzinogen wirken können. Natürliche Barrieren für diese Prozesse sind (Poly-)Phenole, Tannine, Vitamine und Calcium

Essen wir also ausgewogen, stimmen die erforderlichen Levels der Mikronährstoffe ohnehin. Sorgen sind demnach fehl am Platz. Ähnliches kommt oft in den Studien zum Ausdruck. Probanden, die viel Fleisch essen, nehmen dafür oft zu wenige andere, komplementär wirkende Lebensmittel wie Früchte, Gemüse, Nüsse usw. zu sich. Der Begriff „komplementär" beschreibt diesen Sachverhalt deutlich besser auf dem Kopf als „gesund" und „ungesund". Natürliche Lebensmittel lassen sich nicht in gesund, ungesund oder dergleichen einordnen. Jedes natürliche Lebensmittel hat seinen Stellenwert in der Ernährung, wie uns die Evolution lehrt. Ganz abgesehen davon hat jedes Lebensmittel einen eigenen kulinarischen Wert, den es zu fördern gibt.

4.3.5   Einmal schuldig, immer schuldig

Leider setzen sich harte wissenschaftliche Erkenntnisse nicht in der allgemeinen Bevölkerung durch und hartnäckig hält sich die Theorie, rotes Fleisch sei karzinogen, während weißes Fleisch gesund sei. Allein wegen der hochwertigen Hühnereiweiße, denen eine hohe biologische Wertigkeit zugeschrieben wird (siehe auch Kap. 4). Bis heute ist aber überhaupt nicht klar, ob weißes Fleisch tatsächlich „gesünder" ist als rotes [28]. Hinsichtlich der essenziellen Aminosäuren, ebenso hinsichtlich der Fettsäurestruktur, ergibt sich eine objektive Sicht dieser

Behauptung nicht. Tatsächlich weist rotes Rindfleisch aus Weidehaltung im Mittel deutlich mehr langkettige mehrfach ungesättigte essenzielle Fettsäuren auf als Geflügelfleisch und ist auch hinsichtlich des Puringehalts vergleichbar – warum, wird später noch klarer. Derartige Trends haben aberwitzige Auswirkungen auf die Tierhaltung: Um die Ausbeute an weißem Fleisch zu erhöhen, kommen Züchter auf die Idee, Fleischhühner und Puten zu überzüchten. Neben der Massentierhaltung kommen also auch tierverachtende und züchterische Absurditäten hinzu. Die hochgezüchteten, in Masse gehaltenen Tiere leiden, damit Verbraucher die vermeintlich gesunde Geflügelwurst in unbedenklichen Mengen verzehren können.

Auch Wild ist natürlich rotes Fleisch. Was das Hämeisen anbelangt, ist es noch viel „röter“. Erstens leistet Wild deutlich mehr Muskelarbeit, die sowohl auf Ausdauer als auch auf Flucht ausgelegt ist. Sein Fleisch ist wegen des hohen Sauerstoffbedarfs reich an dem Muskelfarbstoff Myoglobin und daher dunkelrot. Zweitens wird Wild im Normalfall geschossen, es stirbt stressfrei auf freier Wildbahn. Anders als bei betäubten Rindern im Schlachthof, denen die Halsschlagader bei schlagendem Herzen geöffnet wird, blutet das Wild nicht vollständig aus. Es verbleibt daher deutlich mehr Hämeisen im Fleisch. Zur Erinnerung: Im Paläolithikum war Wildfleisch eine Hauptquelle für proteinreiche Nahrung und half dem *Homo sapiens* bei seiner Entwicklung.

4.4 Das China-Restaurant-Syndrom und die Chemie des Umamigeschmacks

Auch die Angst vor Glutamat als dem Auslöser des China-Restaurant-Syndroms hält sich hartnäckig, trotz einer hohen Zahl an wissenschaftlichen Arbeiten, die zu einem gegenteiligen Schluss kommen. Dass diese Behauptung kaum haltbar ist, klang bereits in Kap. 1 an, spätestens, seit der Umamigeschmack als Triebfeder der bis heute gültigen Lebensmitteltransformation erkannt wurde. Aber das „Glutamat-Problem“ begann erst im Jahr 1968, als der Autor Kwok im *New England Journal of Medicine* vermutete [29], sein Unwohlsein könnte auf die glutamatreiche Küche der asiatischen Restaurants zurückzuführen zu sein. Im Grunde sind lediglich drei schwere Krankheiten bekannt, die auf proteinogene Aminosäuren zurückzuführen sind. Diese werden allerdings vererbt und zeigen sich bereits im Säuglingsalter mit sehr schweren, lebensbedrohlichen Symptomen: Ahornsirupkrankheit (Leuzinose), Tyrosinämie und Phenylketonurie. Bei der genetisch bedingten und vererbten Krankheit Phenylketonurie kann die aromatische und essenzielle Aminosäure Phenylalanin nicht abgebaut werden. Phenylketonurie führt zu schweren irreversiblen Beeinträchtigungen und ist weder behandelbar noch heilbar. Rückblickend auf die Evolution hatten Menschen mit dieser Erkrankung keine hohen Überlebenschancen. Bei der Ahornsirupkrankheit können die hydrophoben, essenziellen Aminosäuren Leucin, Isoleucin und Valin nicht verstoffwechselt werden, bei der Tyrosinämie die ebenfalls hydrophobe, aromatische, aber nicht-essenzielle Aminosäure Tyrosin. Im weiteren Sinne kann die Homocystinurie noch dazu gezählt werden, bei der die nicht proteinogene Aminosäure Homocystein nicht verstoffwechselt werden kann.

Bei Glutaminsäure sind die Verhältnisse ganz anders. Schon der Nachwuchs des *Homo sapiens* bekam sie schon mit der Muttermilch in hohem Maße verabreicht.

4.4.1 Die Muttermilch macht's vor: umami und süß

Der Mensch wird bereits als Säugling an diese Geschmackskombination umami und süß gewöhnt. Kein Wunder, betrachtet man die Evolution der Hominiden zum Homo sapiens, die erst durch eine hohe Proteinversorgung und damit eine hohe Dichte der Nahrung an essenziellen Aminosäuren möglich wurde. Die Nachkommen wurden schon bei der Erstversorgung nach der Geburt auf die essenziellen Geschmacksrichtungen süß (Lactose) und umami (Glutaminsäure) konditioniert. Tatsächlich weist menschliche Muttermilch den höchsten Glutamatanteil im Vergleich mit der Milch anderer Säugetiere auf [30]. Muttermilch durchläuft während der Laktation im Wesentlichen (für alle Säugetiere) drei verschiedene Stufen: Während der ersten drei Tage wird Kolostrum (Erstmilch) produziert, dann folgt während der Tage vier bis 14 die Übergangsmilch, während ab Tag 15 die reife Muttermilch erzeugt wird. Während dieser Phasen werden die Inhaltsstoffe an die Bedürfnisse der Säuglinge angepasst, so auch das Spektrum der Aminosäuren [31]. Dabei mag es zunächst erstaunlich wirken, dass die Konzentration der nicht-essenziellen Aminosäuren deutlich höher ist und wesentlich rascher ansteigt, als die der essenziellen Aminosäuren, wobei die Glutaminsäure, also das Glutamat, von allen Aminosäuren die höchste Konzentration aufweist. In Abb. 4.5 sind diese Verhältnisse exemplarisch dargestellt.

Warum im Geschmack der Muttermilch Süße (Lactose) und Umami (freie Glutaminsäure) dominieren, ist letztlich unklar. Doch es wird plausibel, wenn wir uns an die Resultate aus Kap. 1 erinnern: Süß und umami sind angeborene Geschmacksrichtungen, die im Gegensatz zu salzig, sauer und bitter nicht erlernt werden müssen. Gleichzeitig lassen sich Milchzucker als polares Molekül und Glutaminsäure als negativ geladenes Ion ähnlich rasch direkt über das Medium Blut (Wasser) transportieren wie alle Salze. So gelangt Glutaminsäure im Gegensatz zu vielen anderen Aminosäuren auch als wichtiger Neurotransmitter ins Gehirn, wo sie für die Neuronenfunktion eine wichtige Rolle übernimmt. Säuglinge sind noch nicht direkt mit der Nahrung der Erwachsenen in Berührung gekommen. So ist klar, dass Alarmsignale wie bitter, starke Säure oder gar Salzgehalte oberhalb der physiologischen Konzentration nicht als Nahrung wahrgenommen werden können. Bleiben als die beiden wichtigsten umami und süß für die Konditionierung. Bei einem Vergleich der verschiedenen Geschmacksrichtungen der Aminosäuren lässt sich sehr genau ablesen, wie Muttermilch schmeckt. Dies ist in Abb. 4.6 gezeigt, in der das Aminosäurespektrum um den Geschmack der Aminosäuren ergänzt wurde.

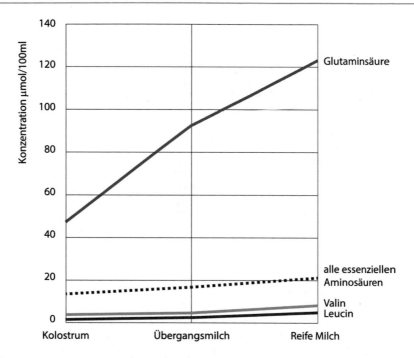

Abb. 4.5 Glutaminsäure und essenzielle Aminosäuren in den verschiedenen Phasen der Muttermilch. Glutaminsäure ist am stärksten vertreten und gibt der Muttermilch in allen Phasen einen starken Umamicharakter. Die Summe der Konzentrationen aller essenziellen Aminosäuren (gestrichelte Line) ist vergleichsweise gering

Beim Betrachten der Abb. 4.6 fällt sofort auf, dass allein von dem Grundgeschmack der Aminosäuren die Basisgeschmacksqualitäten umami und süß dominieren. Der Hauptauslöser des Umamigeschmacks, die freie Glutaminsäure, dominiert mit ihrer Konzentration deutlich alle anderen. Der Bittergeschmack der essenziellen Aminosäuren wird über die höhere Konzentration der süßlich schmeckenden Aminosäuren vollständig maskiert. Die Konditionierung auf süß und umami spiegelt sich übrigens auch in den dafür auf der Zunge des *Homo sapiens* vorkommenden Rezeptoren wider. Beide bestehen aus einem Proteinpaar T1R2-T1R3 für süß und T1R1-T1R3 für umami [32], wobei beide sich ein Rezeptorprotein teilen [33]. Die Bezeichnung TR stammen aus dem Englischen, sie steht für **T**aste **R**eceptor. In sehr aufwendigen Untersuchungen und Experimenten wurde diese enge Verwandtschaft zwischen Süß- und Umamirezeptoren nachgewiesen, sie ist in Abb. 4.7 stark vereinfacht dargestellt.

Trotz der stark vereinfachten Darstellung zeigt Abb. 4.7 das Prinzip: Die Moleküle der Saccharose (Haushaltszucker) und Glucose müssen auf ganz bestimmte Stellen (molekular passende Taschen) an den Rezeptoren treffen, denn nur dort passen Struktur und Wechselwirkungen zusammen, um den Reizstrom für süß auszulösen; ähnlich bei umami. Glutaminsäure oder Inosin- und

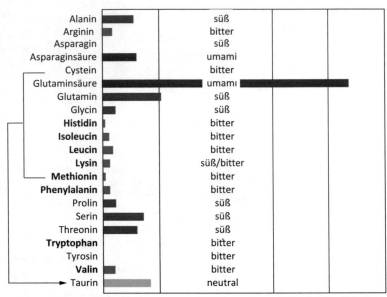

Alanin	süß
Arginin	bitter
Asparagin	süß
Asparaginsäure	umami
Cystein	bitter
Glutaminsäure	umami
Glutamin	süß
Glycin	süß
Histidin	bitter
Isoleucin	bitter
Leucin	bitter
Lysin	süß/bitter
Methionin	bitter
Phenylalanin	bitter
Prolin	süß
Serin	süß
Threonin	süß
Tryptophan	bitter
Tyrosin	bitter
Valin	bitter
Taurin	neutral

Konzentration (relative Einheiten)

Abb. 4.6 Der Geschmack der Muttermilch ist auch durch die freien Aminosäuren definiert. Abgesehen vom Milchzucker dominieren die süßlich schmeckenden Aminosäuren (pinke Farbe) neben den umami schmeckenden Vertretern Asparaginsäure und Glutaminsäure (rote Balken). Die Balkenlänge spiegelt in etwa die mittlere Konzentration in der reifen Muttermilch wider. Essenzielle Aminosäuren (fett gedruckt) sind meist bitter und kommen nur in vergleichsweise geringen Konzentrationen vor. Der Geschmack der Aminosäuren ist deutlich komplexer, als hier dargestellt, darauf wurde aber der Übersicht halber verzichtet

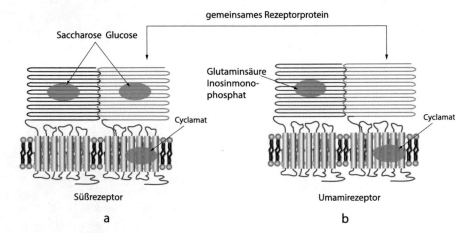

Abb. 4.7 Die beiden Rezeptorproteine für süß, T1R2-T1R3 (**a**), und umami, T1R1-T1R3 (**b**), die sich in den Geschmacksrezeptoren befinden. Die Proteine, symbolisch als Schlangenlinien dargestellt, sind in der Zellmembran verankert. Das jeweils rechts gezeichnete Protein ist bei beiden Rezeptoren identisch

Guanosinmonophosphat müssen auf ganz bestimmte Stellen des Proteins des Partnerrezeptors treffen. Gleichzeitig ist das gemeinsame Protein, in Abb. 4.7 orange dargestellt, nach wie vor für die Geschmacksrichtung süß aktiv, wie an dem Beispiel des Cyclamats – ein synthetischer Süßstoff – deutlich wird.

Diese Tatsache hat mehrere Konsequenzen. Zum einen erklärt sie, warum im hohen Alter selbst bei Demenz süße und herzhafte Speisen noch recht gern gegessen werden: Umami und süß sind die Grundgeschmacksrichtungen, die am wenigsten verlernt werden. Die Kopplung der Rezeptoren trägt ebenfalls dazu bei.

4.4.2 Muttermilch, Dashi und Hühnerbrühe im Vergleich

Was bedeutet umami in praxi, woher kennen wir den Geschmack aus dem täglichen Leben und welche molekularen Schlüsse können wir daraus ableiten? Unterschiedliche Kochkulturen nutzen oft verschiedene Methoden zum Erreichen eines kulinarischen Ziels: Kocht ein Europäer eine Suppe, nimmt er Fleisch, Gemüse und Feuer (bzw. Herd). Kocht indes ein Japaner Suppe, legt er eine Kombu-Alge ein und prüft seinen Bestand an Bonitoflocken (Katsuobushi) [34]. Beide Köche haben dennoch dieselbe Idee: Eine Brühe mit viel Geschmack und Tiefe herzustellen. Dies gelingt, wie in Kap. 2 bereits angesprochen, durch langes Kochen sehr gut. Aber auch durch die Kombination von verschiedenen Zutaten. In Japan liefern Kombu-Algen reichlich Geschmack, denn sie enthält neben Meersalz und dem wichtigen Mineral Iod auch jede Menge Glutamat, sprich freie Glutaminsäure. All diese Zutaten lassen sich am besten kalt bis leicht warm, d. h. bei Temperaturen von maximal 50 °C, extrahieren (sonst würden sich die darin enthaltenen Zellmaterialien wie Alginat, Carrageen oder, je nach Algentyp, Agarose aus den Zellen lösen). Dashi benötigt allerdings noch einen Geschmacksverstärker, denn der Kombu-Algen-Extrakt wäre bisher in erster Näherung nichts weiter als Wasser mit Monosodiumglutamat plus etwas Iodsalz angerührt. Daher wird Dashi noch Katsuobushi hinzu gegeben, das sind dünne, getrocknete Flocken des Bonitofisches (ein kleiner Thunfisch), die fermentiert und leicht geräuchert sind, also Rauch für die Aromen und die Fermentation zum Freilegen von wichtigen Geschmacksträgern und Geschmacksverstärkern. Vor allem spielen die Geschmacksverstärker eine wichtige Rolle, denn auf das Glutamat kommt es nicht mehr an, das liefert bereits die Kombu-Alge.

Zentraleuropäer kannten lange keine Kombu-Algen, sie fermentierten außer Gemüse nur wenig, aber kochten und schmorten gerne für mehrere Stunden. Zum Beispiel gehörten Hühner- oder Rinderbrühe, in denen Knochen, Fleischabschnitte und Sehnen für Stunden gekocht wurden, seit Langem zum kulturellen Standardrepertoire vieler Lebensgemeinschaften und Sippen. Sie wurden auf Vorrat gekocht und dienten als Grundlage für viele Gerichte, sogar als Würze, denn sie rundeten ab und brachten Tiefe in jedes Essen. Es musste sich also lohnen, Lebensmittel stundenlang zu kochen. Die Belohnung liegt, wie meist, im guten Geschmack. Und dieser liegt nahe an der Muttermilch.

Mit etwa 20 mg pro 100 ml Muttermilch ist Glutaminsäure von allen Aminosäuren bei Weitem am höchsten konzentriert, gefolgt von Taurin (5 mg pro
100 ml) [35]. Diese Glutamatmenge entspricht in etwa der, die auch in klassischen
japanischen Umamigerichten wie auch in vielen Fleischbrühen zu finden ist,
wie in Abb. 4.8 dargestellt ist. Kein Wunder also, wenn selbst Kinder in Asien,
die gerade abgestillt wurden und noch keine Gelegenheit hatten, die anderen
Geschmacksrichtungen kennenzulernen, Dashi essen, ohne das Gesicht zu ver-
ziehen.

Ähnlich verhält es sich zum Beispiel bei Hühnerbrühe. Glutaminsäure ist hier
in noch etwas höherer Konzentration enthalten als in Dashi und Muttermilch,
hat aber insgesamt aufgrund des Fleischeinsatzes beim Kochen einen höheren
Aminosäureanteil mit starken Spitzen im Alanin, was auf ein ausgewogenes Süße-
Umami-Spiel hinweist. Genauere Analysen aller relevanten Geschmackförderer
zeigen aber noch weit mehr: Glutamat ist nicht alles [36]. Vor allem zwei sehr
wichtige Geschmacksbestandteile spielen bei der Umamigeschmacksbildung
ebenfalls eine Rolle: Inosin- und Guanosinmonophosphat (IMP und GMP).
Sie verstärken in hohem Maße den Geschmackseindruck umami. Also sind drei

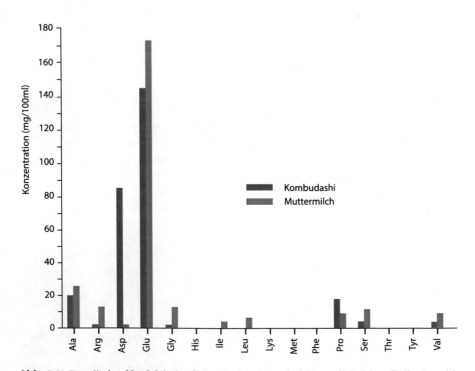

Abb. 4.8 Der direkte Vergleich der freien Aminosäuren in Muttermilch (blaue Balken) und in
Dashi auf Kombu-Algen-Basis (braune Balken) zeigt trotz unterschiedlicher Aromen deren enge
geschmackliche Verwandtschaft

wesentliche Bestandteile für den Umamigeschmack verantwortlich. Sie sind in Abb. 4.9 dargestellt.

Aber woher stammen diese Geschmacksverstärker überhaupt? Extra zugegeben hat sie ja in diesem Fall offenbar niemand, bleiben nur die Zutaten, die sie mitbringen können.

4.4.3 Der Umamigeschmack als Folge des Purinstoffwechsels

Tatsächlich geht es um die eigentlichen Geschmacksverstärker, und zwar um ein Abbauprodukt des Zelltreibstoffs, Energielieferanten und Schalters für Muskelbewegungen, ATP (Adenosintriphosphat). Wie sich zeigt, sind die beiden Geschmacksverstärker wesentliche Abbauprodukte des Purinstoffwechsels [37]. Dieser wird auch von Ernährungsfachleuten und Medizinern gerne zitiert, wenn es um Lebensmittelempfehlungen bei Gicht und ähnlichen Erkrankungen geht [38].

Tatsächlich läuft der Abbau des ATPs in Schritten ab, und am Ende dieser chemischen Reaktionskette steht die Harnsäure (Purin), die – falls sie in hohem Maße im Körper zu finden ist – ein Kontrollparameter für die Diagnose Gicht wird. Zwischen ATP und Purin liegt aber ein langer Weg mit zwei geschmacksverstärkenden Zwischenstationen: IMP (Inosinmonophosphat) und GMP (Guanosinmonophosphat), die gepaart mit Glutaminsäure den Umamigeschmack vervielfältigen. Und das, seit Menschen kochen und fermentieren. Diese Chemie ist nämlich nicht nur für das Kochen und Kombinieren relevant, beim Schlachten und Reifen von Fleisch, beim Reifen von Käse, beim Fermentieren vom Sauerkraut über Sojasoße und Miso bis hin zum schwedischen Surströmming, dem lang fermentierten Fisch aus Nordeuropa. Wieder wird uns vor Augen geführt, wie eine weltweit universelle Chemie die Kulturtechniken und die Esskultur bestimmt.

Damit dies verständlich wird, ist ein kurzer Ausflug in die Chemie notwendig. Die wichtigsten Stationen des ATP-Abbaus sind in Abb. 4.10 zusammengefasst.

Der Zelltreibstoff, das Adenosintriphosphat (ATP; oben links in Abb. 4.10) ist ein Nucleotid, bestehend aus einer vierfach elektrisch negativ geladenen Phosphorgruppe (Triphosphat) an einem Nucleosid (Adenosin). Dieses besteht

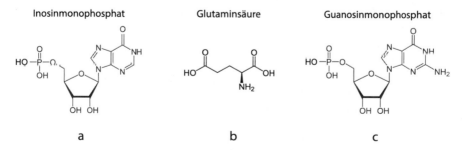

| Inosinmonophosphat | Glutaminsäure | Guanosinmonophosphat |
| a | b | c |

Abb. 4.9 Die Struktur der drei Umamihauptverantwortlichen: Glutaminsäure (**b**) und die Geschmacksverstärker Inosinmonophosphat (**a**) und Guanosinmonophosphat (**c**)

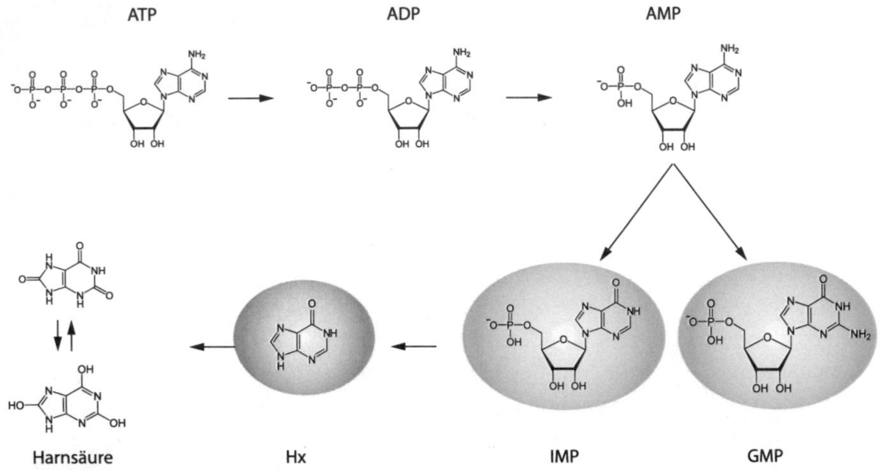

Abb. 4.10 Große Teile der Geschmacksbildung umami sind Teil des Purinstoffwechsels und sind dem Abbau des ATP (Adensosintriphosphat) geschuldet. Aus ATP entsteht zuerst ADP (Adenosindiphosphat), dann AMP (Adenosinmonophosphat). Die mit Farbe unterlegten Moleküle Guanosinmonophosphat (GMP), Inosinmonophosphat (IMP) und Hypoxanthin (Hx) sind geschmacksbestimmend

aus einem Zucker (einer Ribose) und der Base Adenin. Diese Base kennen wir aus der DNA, in der die Basen Adenin (A), Thymin (T), Guanin (G), Cytosin (C) (bzw. Uracil, U, statt Thymin in RNA) vorkommen. Lediglich Adenin und Guanin sind sogenannte Purinbasen und haben daher Geschmackspotenzial. ATP baut sich nach und nach ab, zum Beispiel bei der Fleischreifung oder im Gemüse, und bildet zunächst Di- und dann Monophosphate (ADP und AMP), wenn jeweils eine Phosphorgruppe abgespalten wird. Ab dem AMP wird es spannend für den Geschmack. Je nach Organismus und Enzymstatus entstehen Inosinmonophosphat (IMP) oder Guanosinmonophosphat (GMP), die beide ein extrem hohes Umamipotenzial haben und der Glutaminsäure (Glu) zur Seite springen; IMP und GMP übrigens in ähnlichem Maß [39]. Der Umamigeschmack verstärkt sich um ein Vielfaches. Das Synergiepotenzial zwischen Glutaminsäure und den Nucleotiden IMP und GMP zeigt: IMP und GMP sind die eigentlichen Geschmacksverstärker. Als eine der nächsten Stufen des ATP-Abbaus entsteht das Hypoxanthin, das mit seinen bitteren Flavours aus gekochtem Fleisch oft unerwünscht, aber zum Beispiel bei Rohwürsten und Schinken höchst willkommen ist. An diesem Purinstoffwechsel ist auch das Enzym Xanthinoxidase beteiligt, das Hypoxanthin weiter in Richtung Harnsäure umbaut. Diesem für den Purinstoffwechsel aller Lebewesen wichtigen Enzym wird ebenfalls eine hohe Schädlichkeit nachgesagt, vor allem in Zusammenhang mit homogenisierter Milch, wie wir später sehen werden. Dass dies aus molekularer Sicht anzuzweifeln ist, wird nach weiterer systemischer Vorarbeit klarer ersichtlich.

4.4.4   Der Synergieeffekt zwischen Glutaminsäure und Nucleotiden

Die Möglichkeit, Geschmack zu verstärken, zeigt sich selbst in einfachen Experimenten und ist bereits seit 1967 bekannt. In sensorischen Experimenten wurden wässrige Lösungen bestimmter Geschmacksstoffe Testpersonen zur Verkostung gereicht, die daraufhin ihren Geschmackseindruck protokollieren mussten [40]. Dazu wurden zunächst die beiden Einzelkomponenten Glutaminsäure und IMP in Wasser gelöst und den Probanden zum Verkosten gegeben. Mit zunehmender Konzentration stieg die Intensität des Umamigeschmacks (linear) an, und zwar für Glutaminsäure deutlich stärker als für IMP. Klar, die Glutaminsäure ist der Hauptauslöser für diese herzhafte Geschmacksrichtung. Wurden aber beide, Glutaminsäure und IMP, in unterschiedlichen Konzentrationen gemischt, sodass aber die Summe der Konzentration immer gleich war, ergab sich ein ganz erstaunliches Bild. Die beiden zeigten starke Synergieeffekte und die Intensität des Umamigeschmacks wurde subjektiv vervielfacht. Wurde die Konzentration der Glutaminsäure etwas reduziert und durch IMP ersetzt, stieg die Umamiintensität stark an. Dabei zeigte sich ein klares Bild, das sich umso genauer herausschälte, je größer die Anzahl der Probanden wurde. Dieses gemittelte Ergebnis ist in Abb. 4.11 zusammengefasst.

Im Verhältnis zwischen 10/90 und 90/10 ist das Geschmacksempfinden daher stark, bei 50:50 sogar maximal.

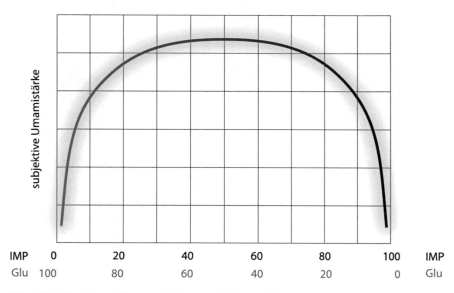

| IMP | 0 | 20 | 40 | 60 | 80 | 100 | IMP |
| Glu | 100 | 80 | 60 | 40 | 20 | 0 | Glu |

Abb. 4.11 Verstärkerwirkung und Synergieeffekt von Glutaminsäure (Glu) und Inosinmonophosphat (IMP). Beide für sich schmecken umami; wirken sie aber zusammen, steigt die herzhafte Wahrnehmung stark an. Die subjektive Stärke des Umamigeschmacks lässt sich sogar mathematisch als auf den Kopf gestellte Parabel modellieren

Schaut man sich die Originalpublikationen an, fällt auf, dass sie von Wissenschaftlern im Central Research Laboratory, Ajinomoto Co. Inc. Kawasaki, in Japan durchgeführt wurden. Nun ist Ajinomoto gerade jene Firma, die Glutamat herstellt und weltweit auf dem Markt verkauft. Natürlich könnte man auf die Idee kommen, es handle sich um Studien, die einem gewissen Bias unterliegen. Das ist zumindest in diesem Fall nicht richtig, denn die subjektiven Verstärkungseffekte können alle auf der eigenen Zunge nachprüfen. Darüber hinaus sind die Resultate auch über objektive Experimente verifizierbar, und zwar ohne die Beteiligung von Menschen in Sensorikpanels, sondern nur über die Messung von Reizströmen an biotechnologisch exprimierten Rezeptoren [41]. Werden darüber hinaus noch Computersimulationen herangezogen, zeigen sich exakt die Bindestellen und die molekularen Veränderungen des Rezeptorproteins [42]. Die molekulare Wirkung der Substanzen lässt sich exakt an den Rezeptorproteinen zeigen, wie in Abb. 4.12 vereinfacht dargestellt ist.

Damit ist die Synergie der beiden Umamiprotagonisten über Experimente objektiv gezeigt und bestätigt die subjektive Wahrnehmung in den sensorischen Tests aus Abb. 4.11.

4.4.5 Konsequenzen für die Geschmacksgastrosophie

Um für einen Augenblick das Thema Geschmack etwas philosophisch zu betrachten: Umami als Summe der Reize aus Glutaminsäure, Asparaginsäure, einer ganzen Reihe von Peptiden sowie der Nucleotide GMP und IMP ist also

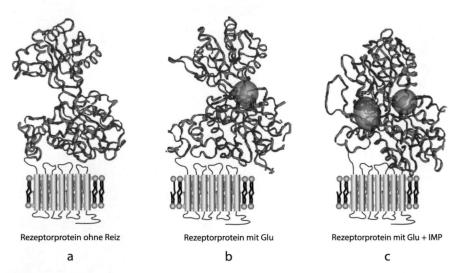

Rezeptorprotein ohne Reiz   Rezeptorprotein mit Glu   Rezeptorprotein mit Glu + IMP

a   b   c

Abb. 4.12 Das Rezeptorprotein T1R1 ohne Reiz (**a**), nur mit Glutaminsäure (**b**) sowie mit Glutaminsäure und IMP (**c**), wenn sich die Gestalt des Proteins beim Andocken am stärksten ändert und damit auch die Reizströme für das Umamisignal am höchsten sind

der „Geschmack des Lebens". Der herzhafte Geschmack stammt damit direkt aus den wichtigsten Strukturmolekülen, den Proteinen, sowie den Derivaten mancher Nucleotide der DNA. Dazu gehört auch der verwandte Geschmack süß, denn neben ATP ist die Glucose ebenfalls Energielieferant für jede einzelne Zelle. Der Salzgeschmack der darin mitgelieferten Mineralien ist der Geschmack der Erde („Salz der Erde"), auf der wir leben, denn der Boden enthält kaum Makronährstoffe, sondern liefert lediglich Mineralien für das Wachstum der Pflanzen, die Mensch und Tier als Nahrung dienen. Der Grundgeschmack sauer ist ebenfalls in der Zellfunktion versteckt, all diese säurespendenden Moleküle leben von der Protonierung und Deprotonierung, die über den pH-Wert, sprich Protonen (H_3O^+), geregelt wird. Auch das ist bei Proteinen sichtbar: Uns schmeckt es immer knapp unter dem isoelektrischen Punkt der meisten Proteine, zwischen pH 5 und pH 3. Darunter oder stark darüber (im alkalischen Bereich) kann sich kein Koch einen Namen machen. Bitter hingegen ist der Geschmack des Antilebens, des Todes. Ein starker Bittergeschmack bedeutet oft Gift und mahnt zur Vorsicht. Nach diesen Ausschweifungen aber rasch zurück zu den harten Fakten.

4.5   Glutamat und Nucleotide als Geschmacksverstärker sind die Ursache globaler Kochkulturen

4.5.1   Wie die Geschmackschemie die Kochkultur bestimmt

Die wichtigsten Geschmacksverursacher für umami sind also Glutaminsäure, Inosinmonophosphat und Guanosinmonophosphat, die sich gegenseitig regelrecht verstärken. Wie bereits in Kap. 1 gezeigt wurde, war der Umamigeschmack die Triebfeder der Evolution. Diese These kann noch weiter untermauert werden, denn auch die beiden Geschmacksverstärker IMP und GMP sind Triebkräfte universeller Kochkulturen und Kulturtechniken, ganz unabhängig davon, wo sie auf dieser Welt entwickelt wurden. Dies zeigt sich in vielen traditionellen Rezepten, egal ob sie in Europa, in Asien oder in Lateinamerika entwickelt wurden.

Wie bereits bei Dashi und Hühnersuppe angemerkt, gibt es zwei Wege, eine schmackhafte Suppe zu erzeugen. Entweder wird das Glutamat über Kombu-Algen zugefügt und die Geschmacksverstärker IMP und GMP über die Bonitoflocken, oder es wird lange gekocht und gegebenenfalls zur Suppe noch allerlei Gemüse hinzugegeben. Was einerseits banal erscheint und aus kulturwissenschaftlicher Sicht eben die Entwicklung bestimmter regionaler, lokaler Kochkulturen sein kann, folgt bei genauerer Betrachtung dem Geschmacksprinzip umami.

Betrachten wir für einen Augenblick ein klassisches Schmorgericht europäischer Prägung, gleich welcher Region. Dazu gehören immer Fleisch, Säure, meist in Form von Essigen oder Weinen, ganz bestimmte Schmorgemüse wie Sellerie, Karotten, Zwiebeln, und seit es in Europa Tomaten gibt, auch diese. Vor allem Pilze gehören zu den Standards der klassischen Zutaten. Bei Verfügbarkeit werden Pilze, Pilzreste mit in den Schmortopf gegeben. Es wird stundenlang bei niedriger Hitze geschmort. Die ländertypischen Unterschiede sind nahezu marginal: In manchen Gegenden werden dem Schmorgericht Sardellen zugefügt (Spanien, Italien, Nordafrika). Und zwar nicht, damit das Gericht nach Fisch schmeckt, sondern als Geschmacksverstärker, ähnlich den Bonitoflocken bei der Dashibrühe. Daher ist es auch nicht verwunderlich, wenn in standardisierten industriellen Fertiggerichten Fischsoße zu finden ist, obwohl die Präparation gar nicht in Richtung Meeresgetier geht. Diese hochfermentierte Fischsoße, wie sie hauptsächlich in der asiatischen Küche zum Würzstandard (siehe Maggi) gehört, schmeckt keineswegs nach Fisch, sondern ist ein Garant für Glutaminsäure Umamipeptide und IMP – wie die ein oder zwei Sardellen in der Pastasoße der italienischen Küche. Oder das „Maggi" der alten Römer und Griechen, die bereits in Kap. 1 angesprochene Würzsoße Garum auf Fischbasis.

In manchen Gegenden in Italien wird Käse beigefügt, auch wenn die Schmorzeit der Pastasoße lang ist. All dies hat einen tieferen Sinn: Geschmackstiefe zu erhalten, Proteine zu hydrolysieren – daher die Säure, die diesen Prozess unterstützt. Die Kombinationen von Fleisch und Wurzelgemüse zeigen die Selektion der Zutaten systematisch nach Glutaminsäure, IMP und GMP, wie in Abb. 4.13 veranschaulicht ist.

Viele traditionelle Gerichte und Rezepte lassen sich in diesem Schema wiederfinden, etwa das Rindergulasch, das neben Fleisch auch Tomatenmark, Fond und reichlich Zwiebeln als Basiszutaten erhält. Viele Wirtshausköche nehmen statt Rinder- oder Kalbsfond auch gern die bereits angesprochene Hühnerbrühe, obwohl die Zielsetzung alles andere als ein Hühnerfrikassee ist. Die

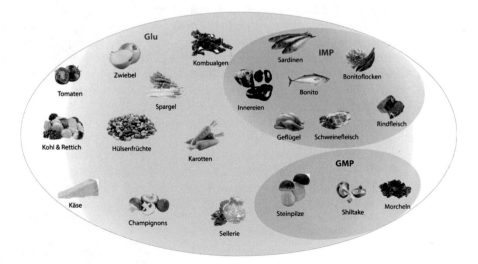

Abb. 4.13 Einige Beispiele für natürliche Lebensmittel, die sich am Zusammenspiel von Glutaminsäure, IMP und GMP beteiligen. Sie gehören zu den Basiszutaten einer universellen Küche, die in weiten Teilen sogar unabhängig von der jeweiligen Koch- und Esskultur ist. Fleisch liefert wegen der Purine neben Glutaminsäure jede Menge IMP, während Pilzkulturen eher GMP liefern

Hühnerbrühe ist lediglich Umamilieferant. In Hühner- und Kalbsfrikassees werden gern Spargel, Erbsen und Wurzelgemüse verwendet, natürlich auch Champignons und andere Pilze. So schlagen traditionelle Rezepte für Hühnerfrikassee die Verwendung eines Suppenhuhns mit Suppengrün (bestehend aus Sellerie, Lauch, Petersilie und Karotte) unter Beigabe von Pilzen und Erbsen (also Hülsenfrüchten) vor. Für Szegediner Gulasch wird neben Brühe, Wurzelgemüsen, Zwiebeln und Tomaten fermentierter Kohl, Sauerkraut, verwendet, um dem Geschmack einer starken Umamikomponente zu geben. Umami wird daher prominent neben die Geschmacksrichtung sauer gestellt. Der finnische Klassiker Karjalanpaisti (karelischer Fleischtopf, mit Fleisch, geräuchertem und gereiftem Speck, Zwiebeln, Karotten und Brühpulver) folgt exakt dem gleichen Prinzip: Umamiverstärkung auf breiter Front.

Ähnliche Kombinationen treten auch auf anderen Kontinenten auf. In Mexiko ist es zum Beispiel die Kombination von Fleisch und proteinreichen Hülsenfrüchten (Chili con Carne), die geschmacklich mit reichlich Glutaminsäure, IMP und GMP punktet. Das traditionelle Gericht Carapulcra aus Peru kombiniert Schweinespeck, Zwiebeln, Hühnerbrühe und pürierte Erdnüsse, die natürlich zu den Hülsenfrüchten gehören – und zum Beispiel auf der schwarze Liste für Gichtpatienten stehen, weil sie zu viel Harnsäure – positiv ausgedrückt (Abb. 4.10) ein hohes Umamipotenzial – haben.

Europäische Versionen der Kombination Fleisch und Hülsenfrüchte gibt es zuhauf: Sei es das Cassoulet im Perigord, seien es die vielen Rezepte mit Borlottibohnen in Italien oder die schwäbischen Linsen mit Rauchfleisch, die mehrere Stunden simmern. Suppen und Brühen werden in China, Thailand oder Vietnam durch das Kochen von brühetypischen Umamizutaten vorbereitet, um sie anschließend mit Misopasten zu verstärken, bevor sie zu Nudelsuppen, Fischsuppen oder Geflügelbrühen vollendet werden. Nicht zu vergessen die unzähligen Rezepte in vielen Regionen Chinas, bei denen Fleisch, Kohl und Brühe systematisch kombiniert werden.

Ziel vieler Gerichte in allen Kulturen war es damit, den Geschmack zu verstärken, zu optimieren und möglichst wohlschmeckende Gerichte zu entwickeln, wie in dem Kombinationsschema in Abb. 4.13 dargestellt ist. Das Ziel ist stets ein hohes Maß an Umamigeschmack. Die molekularen Inputs stammten an vielen Orten der Welt aus den gleichen Kategorien.

Umami war offenbar nicht nur die Triebkraft der Evolution des Kochens, sondern ist auch für die Entwicklung von ähnlichen Küchenpraxen und Lebensmittelkombinationen in den unterschiedlichsten Kulturen verantwortlich. Der Geschmackssinn ist demnach universell. Somit ist die Entwicklung aller Kochkulturen geschmacksgetrieben. Der *Homo sapiens* folgt also seit Jahrmillionen seinen chemischen Sinnen. Viel falsch gemacht hat er dabei nicht. Allerdings ist derzeit der ganz moderne Mensch dabei, das Essen zu verlernen.

4.5.2   Vom versteckten Glutamat im Hefeextrakt

Ein Beispiel dafür sind die Diskussionen um Hefeextrakt und das darin versteckte Glutamat [43]. Das Glutamat im Hefeextrakt ist natürlich nicht versteckt, sondern liegt wie ein offenes Buch für jeden sichtbar vor (Abb. 4.14). Auch im Hefeextrakt findet nichts weiter als eine Hydrolyse statt, also eine Spaltung von Proteinen. Nur, dass hier eben kein Sojaprotein (Sojasoße), kein Weizenprotein (Maggi) oder kein Fischprotein (Fischsoße) verwendet wird, sondern das Protein der Hefen. Der Prozess der Herstellung ist simple Biochemie: Man lässt die Hefen sich vermehren, wie im Brot- ober Kuchenteig, im Weinkeller oder Sudhaus. Sie setzen dabei jede Menge Enzyme frei, die zum Beispiel Zucker zu Alkohol und Aromen transformieren, aber auch Proteasen, die Proteine spalten können. Nehmen diese Proteasen überhand, beginnen sie mit ihrer Arbeit. Sie zerlegen die Proteine der Hefe in ihre Aminosäuren und Peptide, bis die Hefe sich weitgehend selbst verdaut. Die Aminosäuren sind dann in der Nährflüssigkeit gelöst, das Zellmaterial verbleibt als Partikel in den Zellen. Diese Flüssigkeit wird anschließend zentrifugiert. So bilden sich ein Feststoffsediment sowie eine Paste und die reine, glutamatreiche Flüssigkeit mit den anderen Aminosäuren – Produkte, die allesamt ein hohes Potenzial an Umami aufweisen.

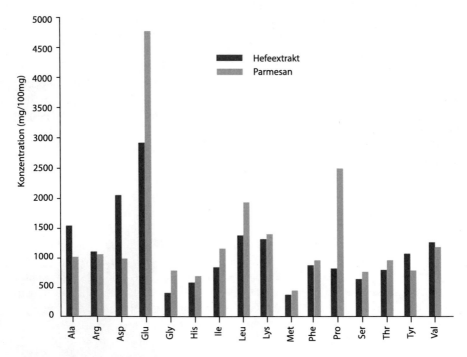

Abb. 4.14 Das Aminosäurespektrum von Hefeextrakt, beispielsweise aus veganem Brotaufstrich und Pasten (dunkle Balken), sowie Parmesan (gelbe Balken) ist durchaus ähnlich. Sehr reifer Parmesan liefert im Vergleich zum Hefeextrakt im Mittel weit mehr freies Glutamat

Daher gehört Hefeextrakt zu den ganz normalen, sogar natürlichen Protein-hydrolysaten, wie eben Sojasoße, Misopaste, Maggiwürze, Fisch- und Austernsoße. Nichts ist versteckt, nichts ist unklar. Hefeextrakt ist daher ebenso wenig schädlich oder gar gefährlich wie die Sojasoße zum Sushi oder der geriebene Parmigiano über der lang geschmorten Pastasoße, die ohnehin schon eine Glutamatbombe ist.

Wie an Fakten vorbei argumentiert wird, zeigt sich daran ganz deutlich: Kaum jemand sprach vom versteckten Glutamat in der Sojasoße oder im Parmesan oder in anderen reifen Käsen und verteufelte diese Lebensmittel. Sie werden, *slow-food*-gerecht lobbyiert, als „natürlich" angenommen. Hefeextrakt klingt industriell, wie auch die Glutamatproduktion, diese werden verteufelt, obwohl es sich um chemisch identische Prozesse handelt. Es geht lediglich um den Geschmack der Aminosäuren. Andererseits ist veganer Hefeextrakt wiederum „gut", „*clean*" und politisch korrekt. Es ist offenbar der Versuch, zwischen Gut und Böse zu unterscheiden. Es sei aber garantiert: Ein Käseextrakt vom lang gereiften Alpenkäse oder Parmesan ist mindestens genauso „schlimm" wie Hefe-extrakt, wie sich in Abb. 4.14 deutlich zeigt.

Wer sich einmal den Versuch erlaubt, seine Pasta mit Hefeflocken aus dem Reformhaus statt mit geriebenem Parmesan oder Sbrinz zu bestreuen, wird tat-sächlich sein Wunder erleben: Die geschmacklichen Unterschiede sind marginal, lediglich die Aromen sind verschieden.

4.5.3 Künstliches und natürliches Glutamat?

Der Unterschied zwischen natürlichem und künstlichem Glutamat sei doch erheblich, lautet der meistgehörte Einwand. Ähnliches lässt sich in der Wochen-illustrierten *Focus* nachlesen, in der geschrieben steht, in Glutaminsäure sei auch Glutamat enthalten. Diese Aussage ist ähnlich naiv, als würde jemand behaupten, in Wasser wäre auch H_2O vorhanden. Solche Formulierungen dienen kaum der Aufklärung, sondern es werden eher Ängste geschürt. Die Verwirrung ist besonders groß, wenn behauptet wird, dass nur die künstlich hergestellte Form von Glutamat bedenklich sei [44]. Begründet wird diese Behauptung nicht. Da sie aber unter dem Label „verständlich erklärt" läuft, ist der unbedarfte Leser gern geneigt, das so hinzunehmen. In Zweifelsfällen nützt und hilft der Blick auf die Moleküle, die in Abb. 4.15 gezeigt sind.

Wie Abb. 4.15 deutlich zeigt, sind die beiden umamiauslösenden Anionen identisch. Dass „künstliches Glutamat" ein Natriumion freisetzt, liegt in der Natur der Sache. Deprotonierte Glutaminsäure ist elektrisch geladen. Sie könnte damit nicht stabil in einen Feststoff gebracht werden. Erst das Neutralisieren der negativen Ladung, zum Beispiel mit Natrium (oder Kalium), ermöglich das Abfüllen als Kristalle in Verpackungen, die an die Endverbraucher gehen.

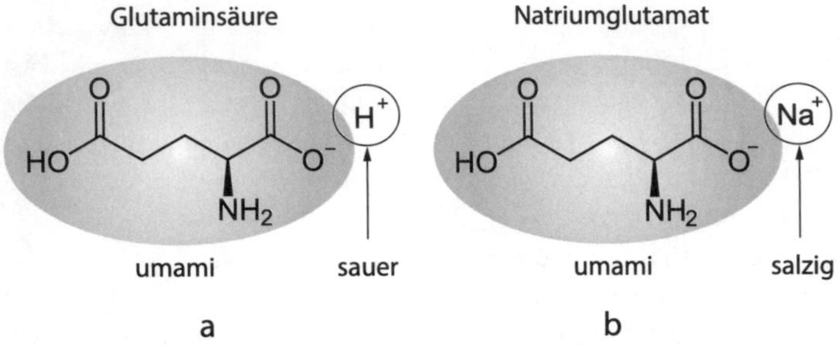

Glutaminsäure   Natriumglutamat

umami   sauer   umami   salzig

a   b

Abb. 4.15 Die „natürliche" Glutaminsäure (**a**) und das „künstliche" (Mono-)Natrium-
glutamat (**b**). Die beiden Umamiauslöser (blau hinterlegt) sind in beiden Fällen identisch. Einziger Unterschied ist das Natriumion beim Glutamat. Glutaminsäure schmeckt umami und sauer
(konzentrationsabhängig), Glutamat umami und einen Hauch von salzig

„Naturidentische" Glutaminsäure gäbe es auch: gelöst in Wasser. Glutamat,
also Natriumglutamat oder dessen Verwandte, sind somit die reinste Form des
Umamigeschmacks, auch wenn es ganz ohne einen leichten Salzanteil über
Natrium (oder Kalium) im Geschmack kaum geht. Mit diesem Wissen ist die Prise
Glutamat, die es im asiatischen Restaurant gibt, der Prise raffiniertem Salz oder der
Prise raffiniertem, weißem Haushaltzucker oder gar der Prise Zitronensäure (als
Kristalle) vollkommen gleichbedeutend. Es wird beim Abschmecken lediglich eine
unabhängige Geschmacksrichtung bedient. Fortgeschrittene Abschmecker haben
daher immer noch etwas Koffein für das finale Abschmecken mit feinen Bitter-
tönen in der Küche. Eine Prise davon fügt einen Hauch klare Bitternoten zu jedem
Gericht, wenn es passt. Und damit wäre das Geschmacksquintett vollständig.

Es gibt also keinen fundamentalen Unterschied zwischen dem natürlichen und
dem künstlichen Glutamat – egal, ob es extrahiert, fermentiert oder gar synthetisch
ist. Schädlich oder gar allergieauslösend, wie von Kwok vermutet [29] ist nichts
davon, denn Molekül ist Molekül. Unsere Sensoren, selbst komplexe Moleküle
wie Geschmacksrezeptoren, reagieren nur auf Moleküle. Schon lange lässt sich
selbst die proteinogene L-Glutaminsäure exakt und präzise charakterisieren
und herstellen und selbst von der spiegelsymmetrischen, nicht proteinogenen
d-Glutaminsäure unterscheiden. Wohlgemerkt: Wären Lebewesen, Menschen
inklusive, allergisch gegen Glutaminsäure, würden weder Proteine noch Enzyme
noch Gehirnfunktion aufgebaut werden können. Kein Embryo des *Homo sapiens*
könnte entstehen und zu einem denkenden Menschen heranwachsen.

4.6   Umami kommt nie allein

Bisher war stets vom Umamigeschmack die Rede, dabei wurde ein wichtiger
Punkt noch gar nicht angesprochen: Im Gegensatz zu süß, salzig, sauer und bitter
gibt es umami nicht in Reinstform. Wie bereits bemerkt, ist die einfachste Form
das Glutamat, aber es kommt in aller Regel als Salz daher, folglich ist immer ein

Salzgeschmack mit dabei. Umami kommt daher nie allein, es ist immer gepaart mit anderen sensorischen Eindrücken. Dazu gehört auch die Mundfülle, die wir in reifen Käsen, dichten Soßen, lange gekochten Brühen oder lange fermentierten Produkten, aber eben nicht beim reinen Glutamat empfinden. Vermutlich ist es das, was Glutamat unnatürlich wirken lässt und auf manche verstörend wirkt. Reinem Glutamat fehlt die Mundfülle.

Dies lässt sich am einfachsten in Brühen oder Schmorgerichten erkennen, die schon lange auf dem Ernährungsplan des *Homo sapiens* stehen. Alle, die selbst Brühen kochen, kennen das Problem: Eine Brühe benötigt ausreichend Zeit, um diese Mundfülle zu erhalten. Nach 20 min Kochen schmeckt sie nicht, erst nach anderthalb Stunden lässt sich erahnen, was nach drei, vier Stunden entstehen wird: Tiefe, Mundfülle oder japanisch „kokumi" (Abb. 4.16).

Es zeigt sich, wie eng kokumi an umami gekoppelt ist. Beim Kochen, Schmoren und vor allem beim Reifen von Käse findet mit zunehmender Kochzeit die in Kap. 2 bereits angesprochene Proteinhydrolyse statt. Solange die Bruch-stücke der Proteine (Peptide) groß sind, ist ihr Effekt nur gering (bis auf wenige Ausnahmen). Werden sie kleiner, bilden sich Di- und Tripeptide, die dann – sobald passende Peptide (γ-Glutamylpeptide) wie Glutathion gebildet werden – für die Mundfülle sorgen. Zu langes Kochen nützt dann aber auch wieder nichts, denn die Mundfülle kann sogar wieder abnehmen, wenn sich mehr freie Glutamin-säure bildet, sobald sich die γ-Glutamylpeptide unter Zufuhr weiterer thermischer Energie weiter spalten. Dafür entsteht zwar mehr Glutamat, aber weniger kokumi. Die Mundfülle lässt nach, der Umamigeschmack nimmt etwas zu.

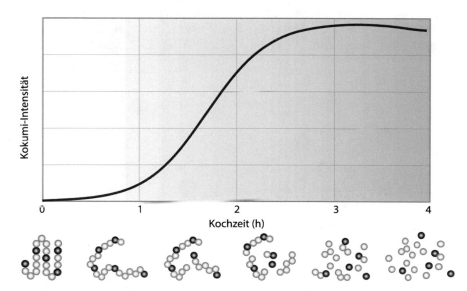

Abb. 4.16 Die Kokumi-Intensität als Funktion der Kochzeit und der dabei fortschreitenden Proteinhydrolyse

Das zeigt aber klar: Die Geschmacksqualität umami kommt nie allein. Sie wird immer von dem Geschmack der anderen Aminosäuren begleitet, selbst wenn – wie in der Muttermilch – die Glutaminsäure dominiert. Gleichzeitig wird der auf natürliche Weise über Kulturtechniken wie Kochen oder Fermentation entstehende Umamigeschmack immer von Mundfülle flankiert. Insofern hat ein „glutamatisiertes Glas Wasser", also Wasser, das mit reinem Glutamat angerührt wurde, nur wenig mit dem „natürlichen" Umami einer Brühe oder eines Ferments zu tun. Nicht weil das Glutamat anders oder schlechter schmeckt, sondern weil ihm das ganze molekulare Beiprogramm der Feinabstimmung über den Geschmack der weiteren Aminosäuren der Peptide und die Mundfülle durch die kokumirelevanten Peptide fehlt. Daraus aber eine subjektive Schädlichkeit oder Unnatürlichkeit abzuleiten, bleibt dennoch ein Trugschluss. Was unnatürlich wirkt, ist – abgesehen von Aromen – vor allem das Fehlen der vielen sensorischen Komponenten auf der Zunge, wie es in Abb. 4.17 symbolisch dargestellt ist.

Bleibt in diesem Zusammenhang noch die Frage: Was ist mit dem China-Restaurant-Syndrom? Ist es lediglich Einbildung oder real? Die Antwort liegt vermutlich zwischen diesen beiden Extremen. Vor allem aber muss es im Zusammenhang mit ähnlichen Erscheinungen gesehen werden, die primär wenig mit dem Glutamatpulver zu tun haben. Fest steht dennoch: Ein Resultat der Glutaminsäure ist es definitiv nicht.

4.6.1 Das China-Restaurant-Syndrom – biogene Amine und Sekundärprodukte

Unverträglichkeiten und Reaktionen auf fermentierte Produkte sind bekannt. Dazu gehören Irritationen beim Genuss von Rotwein, gereiftem Käse, sehr reifen Schinken oder Rohwürste, Sojasoßen, Maggiwürzen und ähnliche Produkte.

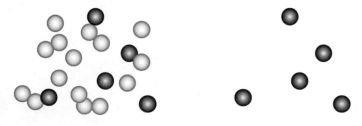

„rundes" Umami - Kokumi (Kochen)   „unrundes" Umami (Glutamatzugabe)

a   b

Abb. 4.17 Natürlicher Umamigeschmack entsteht über aktive Kulturtechniken und liefert das ganze Beiprogramm der Proteinhydrolyse, inklusive der Mundfülle kokumi (**a**). Mit der äquivalenten Glutamatzugabe erreicht man zwar ein identisches Level der Glutaminsäure, aber keine zusätzlichen Komponenten für Mundfülle (**b**)

Natürlich treten in den oben genannten Kulinarien größere Konzentrationen der Glutaminsäure auf. Die Auslöser für Unverträglichkeitsreaktionen bei empfindlichen Personen sind aber in den anderen Aminosäuren zu suchen bzw. in dem, was sich aus ihnen ergibt. Beim Reifen oder Fermentieren können manche Aminosäuren chemisch zu biogenen Aminen reagieren, die selbst in geringen Konzentrationen Körperreaktionen auslösen können. Einer der bekanntesten Vertreter der Amine ist Histamin, gebildet aus der Aminosäure Histidin, die bei Reifungs- und Fermentationsprozessen wie auch in der körpereigenen Physiologie vorkommt. Der relativ einfache Prozess über eine Decarboxylierung ist in Abb. 4.18 dargestellt. Befindet sich zu viel freies Histamin im Körper, können Reaktionen wie die Verengungen peripherer und zentraler Blutgefäße, die Verengungen der Atemwege oder andere typische allergische Reaktionen ausgelöst werden.

Die Bildung von Histamin ist nur ein Beispiel. Mehrere Aminosäuren sind Vorläufer biogener Amine, die für die unterschiedlichen Reaktionen beim Genuss von fermentierten und gereiften Produkten verantwortlich sind. Die Reaktionsprodukte, welche beim Reifen und Fermentieren aus Aminosäuren entstehen können, sind schon vor einiger Zeit systematisch untersucht worden [45], die Beschreibung hat nach wie vor Gültigkeit. Weitere typische Beispiele sind in Tab. 4.1 aufgeführt.

Betrachtet man die Reaktionen und Symptome in Tab. 4.1, lassen sich die meisten Symptome erkennen, die mit dem China-Restaurant-Syndrom in Verbindung gebracht werden. In sehr hohen Mengen wirken manche biogenen Amine tatsächlich toxisch [46]. Derartig hohe Konzentrationen können bei Lebensmitteln kaum erreicht werden, es sei denn, die Fermentation läuft vollkommen aus dem Ruder [47]. In einem Schema lassen sich aminreiche (fermentierte und gereifte) Lebensmittel gemäß ihrer Toxizität ordnen. Lebensmittel, deren Anteil an biogenen Aminen zwischen 0,1 und 1 % liegt, gelten dabei als sicher, riskant wird es erst bei 2 % und darüber.

Allerdings gibt es Hinweise darauf, dass bei Menschen mit Histaminintoleranz eine Kopplung zwischen dem enzymatischen Abbau der Histamine und anderen biogenen Amine und der freien Glutaminsäure gibt. Histamin aus den Nahrungs-

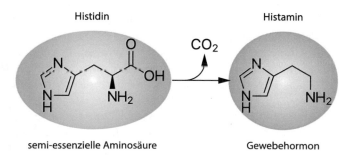

Abb. 4.18 Aus der (semi-essenziellen) Aminosäure Histidin bildet sich das Gewebehormon Histamin, ein biogenes Amin

Tab. 4.1 Auswahl typischer beim Reifen und Fermentieren entstehender Amine. Die Tabelle ist nicht vollständig, da sich weitere biogene Amine bilden. Für das grundsätzliche Verständnis reichen die genannten aus

Amin	Vorläufer	Extreme Reaktionen und Symptome
Histamin	Histidin	Freisetzung von Adrenalin, Gefäßverengung, Unregelmäßigkeiten in der Regelung der Magensäure, Anregung der weichen Muskulatur in Atemwegen, Uterus und Darm
Tyramin	Tyrosin	Periphere Gefäßverengung, verstärkte Herztätigkeit, erhöhter Tränen- und Speichelfluss, Erhöhung der Atemfrequenz, Anstieg des Blutzuckerspiegels, kann Migräne und Kopfschmerz auslösen, setzt Noradrenalin frei
Cadaverin	Lysin	Blutdrucksenkung, Verlangsamung des Herzschlags, Bisssperre, Erschlaffung und Lähmung der Extremitäten, verstärkt die Effekte anderer biogener Amine
β-Phenylethylamin	Phenylalanin	Freisetzung von Adrenalin und Noradrenalin, Bluthochdruck, Kopfschmerz und Migräne
Tryptamin	Tryptophan	Bluthochdruck

mitteln wird von körpereigenen Enzymen (Diaminoxidase, DAO) noch im Dünndarm abgebaut. Wenn dieser Abbau nicht funktioniert und Histamine in den Darm gelangen, könnte es zu den in Tab. 4.1 beschriebenen Symptomen kommen. Bei Menschen mit Histaminintoleranz ist die Wirkung des Enzyms nicht ausreichend. Zu viel Histamin (und andere biogene Amine) gelangen in den Dünndarm. Verschiedene Lebensmittel können die Aktivität des Enzyms DAO weiter blockieren oder gar vollständig hemmen. Dazu gehören manche Hasel- und Walnüsse, manche Pilze, Obst oder ebenfalls fermentierte Schokolade. Alkohol, Tabak und Gelatine und stehen ebenfalls im Verdacht, die Diaminoxidase zu hemmen. Auch freie Glutaminsäure zeigt im Tierversuch eine inhibitorische Wirkung auf DAO [48]. Das würde also bedeuten, dass bei Menschen, die ohnehin auf biogene Amine reagieren, das Glutamat die Symptome noch verstärkt. Sie werden damit sozusagen doppelt bestraft, denn alle Lebensmittel mit hohem Histamingehalt enthalten aufgrund der Reifungs- und Fermentationsprozesse ohnehin relativ viel Glutamat.

Wie aus Abb. 4.19 ersichtlich ist, sind die meisten fermentierten Lebensmittel unbedenklich, denn die Konzentrationen der biogenen Amine bleiben niedrig. Hohe Aminkonzentrationen liegen vor allem in asiatischen Fisch- und Garnelenpasten vor, wie sie in Malaysia und Indonesien zur Esskultur gehören, aber eben lediglich in geringen Mengen verwendet werden, denn ihre Würzkraft ist erheblich.

Wie ebenfalls ersichtlich ist, erscheinen reine laktofermentierte Lebensmittel wie Sauerkraut, Salzgurken oder Joghurt eher geringe Aminkonzentrationen aufzuweisen. Der Grund ist tatsächlich der Gärprozess der Milchsäurebakterien, der keine starke Proteaseaktivität aufweist, und eben vorwiegend auf Lactose, Glucose

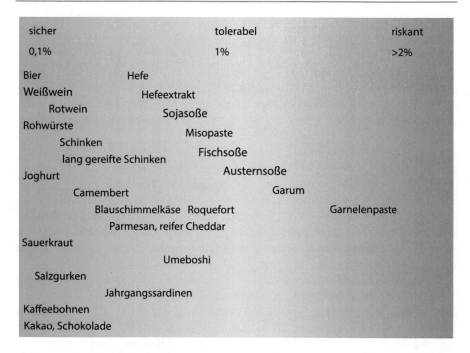

Abb. 4.19 Das Schema von fermentierten und gereiften Lebensmitteln. Die grün unterlegten Produkte gelten als definitiv sicher, bei Aminkonzentrationen, die in den roten Bereich ragen, wird es eher kritisch

oder andere Zucker anspricht. Wird mit Hefen gearbeitet, wie etwa bei Bier und Wein, können proteinspaltende Enzyme bereits Aminosäuren in höherem Maß freilegen. Die Wahrscheinlichkeit, dass sie zu Aminen umgebaut werden, steigt. Werden Fermentationsprozesse mit einem hohen Anteil an Proteasen durchgeführt, wie zum Beispiel mit dem in Asien gern eingesetzten Kojipilz, werden Proteine rasch zerlegt und die vielen freien Aminosäuren demzufolge in höherem Maße und mit höherer Wahrscheinlichkeit zu Aminen reagieren. Dies erklärt, warum Hefeextrakte, Sojasoßen und Misopasten bereits höhere Konzentrationen von biogenen Aminen aufweisen.

Bestehen die Lebensmittel vollkommen aus Protein (und Wasser) wie etwa Käse, so werden mit zunehmender Reifezeit oder mithilfe von Edelschimmelpilzen (z. B. Camembert und Blauschimmelkäse) über deren Proteasen mehr Proteine hydrolysiert, was wiederum auf eine höhere Aminkonzentration schließen lässt. Fisch- und Meeresfrüchtepasten nutzen die muskeleigenen Proteine, um bei hoher Salzzugabe (bis zu 15 % der Einwaage) die Proteine weitgehend abzubauen. Die Konsequenz ist, dass damit ein hoher Gehalt an biogenen Aminen einhergeht, wie etwa bei der als Beispiel genannten Garnelenpaste. Mediterrane Sardellenpasten liegen in ähnlichen Bereichen.

Es gibt durchaus Menschen, die auf biogene Amine empfindlicher reagieren und bereits bei niedrigeren Konzentrationen (zwischen dem grünen und gelben Bereich in Abb. 4.19) mit den in Tab. 4.1 beispielhaft genannten Symptomen reagieren. Genaue Vorhersagen sind nicht einfach, denn manche der Amine können sich gegenseitig verstärken. Auch ist die Verteilung der Amine in den unterschiedlichen Lebensmitteln nicht identisch. Es ist durchaus möglich, dass zum Beispiel Sojasoßen ohne Probleme mit Genuss konsumiert werden können, sehr reifer Käse indes Probleme bereitet.

Dies hört sich jetzt alles schlimmer an, als es ist. Es ändert nichts an der Tatsache, dass die Vorteile des Verzehrs fermentierter Produkte trotz der hohen Konzentrationen an Glutamat und entsprechender Konzentrationen an biogenen Aminen überwiegen und Bestand haben [49]. FODMAPs sind weitgehend abgebaut, Proteine werden besser verfügbar, säuretolerante Bakterien gelangen ins Mikrobiom, nur um einige der Fakten zu wiederholen. Die Evolution zeigt dies ebenfalls. Seit Jahrtausenden tragen fermentierte Produkte zur Stammes- und Volksgesundheit bei.

Bei spontanen, wilden Fermentationen sind häufig auch Mikroorganismen am Werk, die eine höhere Neigung zur Bildung von biogenen Aminen zeigen. Dies liegt an ihrer Enzymbestückung. Genau deswegen versucht man heute, besonders bei Rohwürsten oder tierischen Produkten wie Fischpasten, durch den Einsatz von ausgewählten Bakterienstämmen in der Startkultur die Konzentration der biogenen Amine zu kontrollieren, auch wenn dies mitunter zulasten der Aromabildung geht. Es gibt eben immer zwei Seiten einer Medaille: voller Flavour oder totale Sicherheit. Beides gleichzeitig ist, ohne Hilfe von (grüner) Gentechnik (z. B. die CRISPR/Cas-Methode) nicht möglich, siehe Rohmilchkäse.

4.7 Glutaminsäure und ihre Funktion abseits des Geschmacks

Bei diesen medizinisch belegten und objektivierbaren Reaktionen prädisponierter Menschen mit Reaktionen auf biogene Amine war von der freien Glutaminsäure gar nicht mehr die Rede. Somit stellt sich die Frage, was beim Reifen aus der Glutaminsäure wird. Welche Amine und gesundheitsschädlichen Sekundärprodukte bilden sich daraus? Die Antwort ist einfach: keine, denn genau das ist ihr Vorteil. Die Glutaminsäure bleibt bestehen und sorgt für Umamigeschmack! Egal, auf welchem Wege Proteine abgebaut werden: Die freie Glutaminsäure bleibt weitgehend stabil. Daher ist sie in allen Hydrolysaten wie Maggi-, Soja- und Fischsoßen in beachtlichen Konzentrationen vertreten vertreten. Deshalb bleibt in fermentierten Produkten, lang gereiftem Käse und Würsten und lang gekochten Brühen die Glutamatkonzentration so hoch. Es liegt an der Invarianz der Glutaminsäure, die resistent gegenüber Reaktionen und Abbau ist.

Damit ist klar: Auslöser für alle Missempfindungen im Zusammenhang mit fermentierten Produkten – egal, ob Sojasoßen, Misopasten, reifem Rotwein oder reifem Käse – war nie die Glutaminsäure, sondern Schuld waren immer die aus anderen Aminosäuren entstandenen Verbindungen.

Aus den Erkenntnissen über biogene Amine lässt sich sogar behaupten, dass eine Messerspitze Glutamat im Essen im Grunde genommen viel gesünder ist als die Ladung natürliches Glutamat in der Sojasoße, im reifen Cheddar oder reifen Schinken. Trotz seines schlechten Rufs findet sich im reinen Glutamat nicht ein einziges biogenes Amin, das für Irritationen sorgen könnte.

Unglaublich und aus wissenschaftlicher Sicht nicht nachvollziehbar ist, wie sich die Meinung, Glutamat wäre das einzige Übel, durch Abschreiben und ständige Wiederholung verselbstständigte. Dass diese Irrmeinung, ist aus wissenschaftlicher Sicht vollkommen unverständlich. Dabei würde eine systematische Entfernung des Glutamats, inklusive Hefeextrakt, Sojasoße, Parmesan usw., aus jedem Essen einen Geschmacksverlust ohnegleichen bedeuten. Köche würden auf die Barrikaden gehen, wenn Fondansätze nur noch kurz gekocht werden dürften. Wenn man bedenkt, dass Glutamat und Umami die Triebkraft von Evolution und Esskultur sind, klingen diese politisch geführten Diskussionen hanebüchen und werden vollkommen an der Realität vorbeigeführt.

Glutaminsäure hätte, würde man sie löffelweise pur essen, natürlich keinen besonders kulinarischen Reiz. Das wäre aber genau so unsinnig, als würde man ein Pfund Salz löffelweise essen. Kein Mensch käme auf die Idee, sich das anzutun. Dies macht der Mensch nicht selten im Labor mit Versuchstieren wie Ratten und Mäusen – um zu beweisen, dass Glutamat, Salz & Co schädlich sind. Wie aussagekräftig derartige Studien sind, kann man sich denken.

Eine neue Untersuchung zeigt die tatsächlich positiven neurokognitiven Effekte des Glutamats [50]. Probanden bekamen vor der Essensauswahl ein Glas Brühe mit Glutamat zu trinken, um zu sehen, wie dies die Essensauswahl an einem Buffet bestimmt. Das Ergebnis war erstaunlich: Die Probanden entschieden sich anschließend für gesündere Mahlzeiten. Das Mononatriumglutamat hat aber die Kilokalorienaufnahme der Testpersonen nicht drastisch reduziert. Die Auswertung des Eye-Trackings ergab außerdem, dass die Testpersonen, nachdem sie die Suppe mit Mononatriumglutamat gegessen hatten, viel konzentrierter auf ihre gewählte Mahlzeit waren und das Buffet dann nicht weiter beachteten. Es wurde eine erhöhte Aktivität im linken präfrontalen Cortex festgestellt, jenem Gehirnteil, der mit der Selbstbeherrschung bei der Nahrungsaufnahme in Verbindung gebracht wird. Ob sich diese neuen Ergebnisse tatsächlich erhärten, sei dahingestellt. Sie sind aber definitiv im Einklang mit der Tatsache, dass der Umamigeschmack seit einer Million Jahren den *Homo sapiens* auf gute Wege gebracht hat.

4.8 Physik des Zuckers: Geschmack, Wasserbindung, Konservierung

Zucker ist ungesund. Diese Aussage stimmt, aber sie ist auch grundsätzlich falsch. Die Behauptungen gehen aber noch weiter: Zucker ist Gift [51], Zucker macht süchtig [52]. Das Gesundheitsportal „Zentrum der Gesundheit" erhebt Zucker zur Droge [53]. Solche Aussagen erhalten natürlich Aufmerksamkeit, genau das ist ihr Ziel. Aber wie steht es um Fakten?

Immer wieder wird auf zuckerfreie Alternativen wie Honig, Ahorn- oder Reissirup verwiesen. Das ist natürlich wissenschaftlich nicht haltbar. Die angeblich „zuckerfreien" Alternativen enthalten ein breites Spektrum an verschiedenen Zuckern. Reissirup besteht praktisch aus 100 % Glucose, sprich aus enzymatisch gespaltener Reisstärke. Dieser Millionenfachzucker wird enzymatisch in Glucosen, Dextrosen und Oligoglucosen gepalten. Zuckerfrei ist in vielen Fällen Augenwischerei. Aufklärung über vielen Fragen finden sich wieder über detailliertere physikalisch-chemische Betrachtungen.

4.8.1 Zucker und natürliche Zuckeralternativen

Was also verbirgt sich genau hinter diesen „natürlichen" Zuckeralternativen, allen voran dem Honig, oder den pflanzlichen Alternativen wie Ahornsirup, Agavendicksaft oder Reissirup? Zunächst zum raffinierten Haushaltszucker, denn dieser ist aus ernährungschemischer Sicht tatsächlich ein lehrreiches Basissystem. Er besteht nämlich aus Glucose und der seit einiger Zeit stark verunglimpften Fructose; beide sind über eine glykosidische Bindung verbunden, wie Abb. 4.20 zeigt.

Blickt man auf die Strukturformel der Saccharose, fällt sofort auf, wie sich Glucose und Fructose unterscheiden. Die Struktur der Glucose besteht aus einem Sechserring und hat demzufolge sechs Ecken. Fructose ist ein Fünferring und

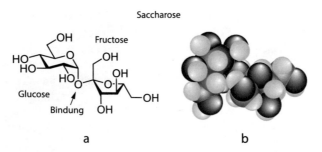

Abb. 4.20 Haushaltszucker besteht aus einem Glucose- und einem Fructosering (**a**); in (**b**) ist das Kalottenmodell gezeigt, Kohlenstoffatome sind schwarz, Sauerstoffatome rot und Wasserstoffatome grau dargestellt

Tab. 4.2 Die Süßkraft einig er Zucker und Süßungsmittel im Vergleich

Zucker	Süßkraft
Saccharose	1,0
Glucose	0,75
Fructose	1,7
Lactose	0,16
Maltose	0,35
Cyclamat	40
Steviolglykoside	300–400

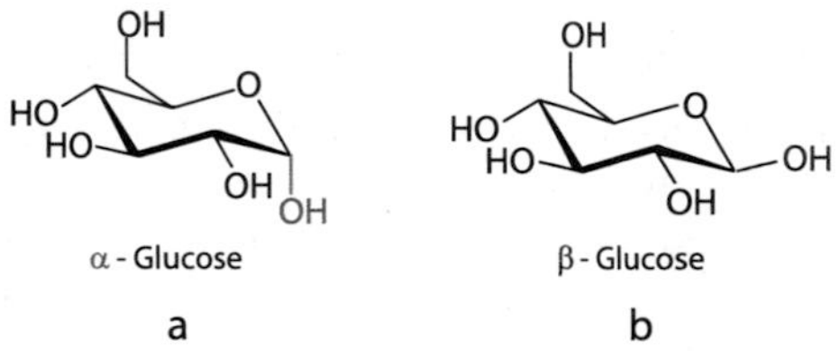

Abb. 4.21 Der Unterschied zwischen α- und β-Glucose erscheint marginal, ist aber fundamental für Lebensmittel: Stärke besteht ausschließlich aus α-Glucose, Cellulose aus β-Glucose

α - Glucose   β - Glucose

a   b

hat demzufolge nur fünf Ecken. Sie sind aus Sicht der Molekularstruktur verschiedene Systeme, und allein deswegen müssen sie auch physiologisch unterschiedlich erkannt und verstoffwechselt werden. Zur Erinnerung: Fructose gehört zu den FODMAPs, allein deutet darauf hin, dass sie im Gegensatz zur Glucose metabolisiert werden muss. Auch hinsichtlich der Süßkraft sind beide unterschiedlich, was natürlich an der molekularen Struktur liegt.

Raffinierter Haushaltszucker dient als Standard für die Süßkraft, an ihm müssen sich alle weiteren Zucker und Süßstoffe messen lassen, wie in Tab. 4.2 an nur wenigen Beispielen gegenübergestellt ist.

Allerdings sollte Tab. 4.2 aus physikalisch-chemischer Sicht nicht überbewertet werden, wenngleich sie aus lebensmitteltechnologischer Sicht sinnvoll erscheint. Die Tabelle vergleicht Äpfel mit Birnen, denn die molekulare Struktur der verschiedenen Süßungsmittel ist vollkommen unterschiedlich, was sich nicht nur in der Süßkraft ausdrückt, sondern auch an den Bindungsstellen, wo die Zucker und Süßungsmittel am Rezeptor andocken müssen, um überhaupt einen geschmacklichen Süßreiz auszulösen. Dies kann nicht im Detail ausgeführt werden, aber dennoch lassen sich ein paar universelle und allgemeingültige physikalisch-chemische Regeln erkennen, die beim täglichen Süßen weiterhelfen und vor allem etwas Licht ins Dunkel der Süßwahrnehmung bringen.

Die Zuckerchemie ist sehr kompliziert, denn eine Vielzahl von Isomeren lässt sich aus den jeweiligen chemischen Summenformeln bilden. Auch von Glucose gibt es Isomere, wie sich am Unterschied zwischen α- und β-Glucose zeigt (Abb. 4.21).

Als ein kleines „Extrazuckerl" sei kurz auf den Zusammenhang zwischen Molekularstruktur und Süßkraft und Wasserbindung hingewiesen, die bei der

Suche nach Zuckeralternativen eine große Rolle spielen. Die natürlich auftretenden Zucker kennen wir bisher als Glucose, Fructose, Saccharose, Galactose,
Lactose und Raffinose. Sie kommen in tierischen wie pflanzlichen Lebensmitteln vor. Die Süßkraft dieser Zucker hängt mit der molekularen Struktur und
der Stärke der Wasserstoffbrückenbindung zusammen, die sie eingehen können.
Diese Bindungsstärke kann man sich sehr einfach vorstellen: Ein polares Wassermolekül lagert sich gerne an den OH-Gruppen (Hydroxylgruppen) der Zucker an;
wie stark, hängt allerdings von der Richtung und Stellung der OH-Gruppen ab,
wie zum Beispiel in 4.21. zu erkennen ist. Bei der α-Glucose liegen die grün dargestellte und die schwarz dargestellte OH-Gruppe sehr nahe beieinander. Wasser
wird demzufolge weit weniger gebunden, die Wassermoleküle würden sich gegenseitig behindern und über die Polarität eine leichte Abstoßung provozieren. In der
β-Form ist dieser Effekt weniger relevant. Die Wasserbindung ist stärker, mehr
Wasser ist in einer Hydrathülle um das Molekül gebunden.

Und was hat das mit der Süßkraft zu tun? Die süß schmeckenden Moleküle
gelangen über den Speichel an die Rezeptoren und werden dort über Wasserstoffbrückenbindungen an die Rezeptoren gebunden. Diese Rezeptorbindung ist aber
schwächer, wenn die Wasserhülle größer ist, die Süßkraft nimmt also ab, wie
in Abb. 4.22 zu erkennen ist. Sie wird auch mit der Größe der Zucker geringer.
Raffinose, ein Trisaccharid, besteht bereits aus drei Zuckern: Galactose, Glucose
und Fructose [54]. Die Süßkraft und osmotische Wirkung nehmen ebenfalls mit
der Länge der Zucker ab. Diese Beispiele zeigen eindrucksvoll, wie molekulare
Strukturen sowohl physikalisch-chemische als auch sensorische und physiologische Eigenschaften bestimmen. Wasserbindung, Süßkraft und Energie werden
über leichte Änderungen der chemischen Strukturen deutlich verändert.

Abb. 4.22 Die Süßkraft
nimmt mit steigender
Wasserstoffbrückenbindung
ab, wie sich an den Zuckern
Fructose (Fru), Saccharose
(Sacch), Raffinose (Raf),
Glucose (Glc), Galactose
(Gal), Mannose (Man) und
den beiden Isomeren der
Lactose (Lac) erkennen lässt

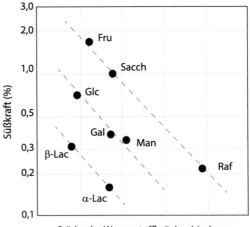

4.8.2   Der Süßrezeptor

Wie schon im Falle des Umamigeschmacks bemerkt, beruht die Wahrnehmung von süß ebenfalls auf einem Proteinpaar, wobei ein Protein – das
sogenannte T1R3 – bei umami und Süßrezeptor identisch ist. Angesichts der
Vielfalt süß schmeckender Substanzen kann man sich leicht vorstellen, wie
komplex Süßrezeptorproteine aufgebaut sein müssen. Der Süßrezeptor ist
wegen der stark unterschiedlichen chemischen Strukturen [55] mit vielen unterschiedlichen Bindungsstellen ausgestattet [56], sodass kleine Moleküle wie
Glucose oder Fructose, aber auch deutlich größere wie die verschiedenen
Steviolglykoside detektiert werden können [57] und zu einem starken Süßreiz
führen. In Abb. 4.23 ist mit nur wenigen Substanzen angedeutet, wie unterschiedlich die Süßauslöser in Größe und Form sind. Kleine zuckerartige Moleküle, wie
Saccharose und Fructose, oder der synthetische Süßstoff Sucralose sind mit den
üblichen Hydroxylgruppen (OH) ausgestattet. Die chemische Struktur anderer
Süßstoffe wie Aspartam, Acesulfam, Saccharin oder der Aminosäure d-Tryptophan
ist ganz anders ausgelegt. Dennoch finden sie im Rezeptorprotein T1R2 passende

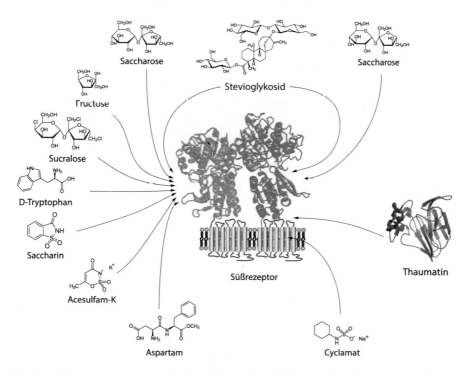

Abb. 4.23 Das Proteinpaar T1R2 und T1R3 kann eine Vielfalt von wasserlöslichen molekularen
Strukturen verschiedenster Größe und Form erkennen, die für die Süßreize unterschiedlichster
Stärke verantwortlich sind

Andockstellen. Süß schmeckende größere Proteine wie Thaumatin hingegen nutzen das Rezeptorprotein T1R3, das auch im Umamirezeptor vorhanden ist. Erwähnenswert ist auch, dass der klassische Haushaltszucker, Saccharose, sowie die Glucose (siehe Abb. 4.7) wie auch Steviolglykoside an beiden Rezeptorproteinen eine süße Sensation auslösen können.

Dabei sind Zucker und Zuckeralkohole, die als FODMAPs bekannt sind, in Abb. 4.23 gar nicht genannt. Der Geschmack „süß" ist daher weit komplexer und, der schiere Blick auf Zucker wird dem Grundgeschmack nicht gerecht. Die Komplexität und Vielfalt der Süßrezeption sind selbstverständlich der Evolution geschuldet. Freie Zucker, die in Früchten, Obst und süß schmeckenden Wurzeln bereits vor der Nutzung des Feuers von den Hominiden gegessen wurden, boten gerade diese Vielfalt an komplexen und verschiedenartigen Verbindungen. Dazu gehörten natürlich freie Aminosäuren, aber auch Aminosäureabkömmlinge, also Süßstoffe, die aus Aminosäuren stammen, etwa Aspartam, ein einfaches Dipeptid aus Asparaginsäure und Phenylalanin, das genau in diese beiden Bestandteile metabolisiert wird. Die kursierenden Theorien, diese Süßstoffe würden in kleinen Mengen großen Schaden anrichten oder gar Krebs auslösen, wurden bereits widerlegt [58], sodass dies hier nicht vertieft werden muss. Des Weiteren kommen verwandte Aminosäuren von Phenylalanin und Asparaginsäure in sehr vielen Proteinen vor, die täglich konsumiert werden. Daher entsteht Aspartam auch als Zwischenprodukt während der Verdauung im Darm.

4.8.3 Stoffwechsel und Zucker

Das Problem mit Zucker, besser gesagt mit Glucose, aus medizinischer Sicht ist tatsächlich dessen Natürlichkeit und Funktion im Körper. Glucose kann, wie bereits mehrfach beschrieben, direkt aufgenommen werden, das Molekül liefert sofort Energie für jede Zelle. Es muss daher nicht physiologisch umgebaut werden. Glucose wird als wasserlösliches Molekül direkt im Blut transportiert – auch einer der Gründe, warum Blut stark süßlich schmeckt, wenn man daran leckt. Daher müssen der Konzentration der Glucose im Blut physiologisch klare Grenzen gesetzt werden; auch aus physikalischen Gründen, da jede gelöste Substanz im Serum die Viskosität und damit die Fließeigenschaften des Bluts verändert. Dazu gibt es zwei unterschiedliche Systeme: eines für hohen, das andere für niedrigen Blutzuckerspiegel.

Ist zu viel Glucose im Blut, schüttet die Bauchspeicheldrüse Insulin aus. Die Aufgabe dieses Enzyms ist es, die Fettzellen (Adipocyten) zur Glucoseaufnahme anzuregen. Dort wird Glucose im günstigsten Fall zwischengespeichert. Die Glucosekonzentration im Serum des Bluts nimmt ab. Diese Regulatoren erfüllen ihre Aufgaben, solange die Blutzuckerkonzentration nicht zu sehr schwankt und vor allen nicht permanent zu hoch ist. Das weniger bekannte Glucagon wird bei niedrigem Blutzuckerspiegel (rechts in Abb. 4.24) vom Pankreas, der Bauchspeicheldrüse, ausgeschüttet. Es regt als Peptidhormon die Leber an, einen Teil der dort in Form von Glykogen gelagerten Glucose freizugeben. Diese

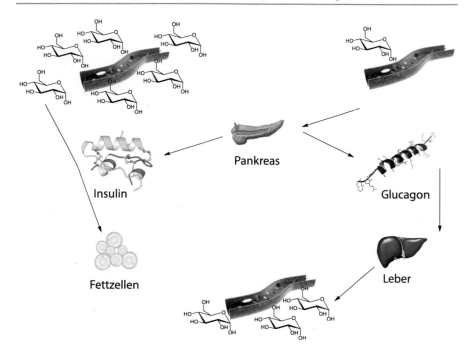

Abb. 4.24   Stark vereinfachte Darstellung der Regelung des Blutzuckerspiegels

gelangt dann ins Blut, der Blutzuckerspiegel wird angehoben. Diese Prozesse gehen zulasten der Bauchspeicheldrüse, die ständig gefordert ist, Insulin oder Glucagon zu produzieren. Nebenbei sei bemerkt, dass selbst kleine Unterschiede in der chemischen Struktur des Zuckers die Bauchspeicheldrüse unterschiedlich anregen, wie es sich bei α- und β-Glucose [59] messbar zeigt. In Abb. 4.24 wird auch schematisch deutlich, was mit überschüssiger Glucose passiert: Insulin regt die Fettzellen an, Glucose aufzunehmen, denn die Regulierung der Glucose-konzentration im Blut hat absoluten Vorrang.

Vereinfacht gesprochen legt die Konzentration der Glucosemoleküle den Blut-zuckerspiegel fest. Dieser darf sich natürlich nur in fest vorgegebenen Grenzen bewegen und muss daher über das Enzym Insulin der Bauchspeicheldrüse bei Schwankungen sofort reguliert werden. Der primäre Grund ist natürlich, dass wir nicht krank werden, keinen Diabetes oder Ähnliches bekommen.

Der physikalische Grund ist die Viskosität des Bluts und dessen Polarität als Lösungsmittel. Zum einen ändern sich die Fließeigenschaften dabei stark. Zum anderen darf sich die Polarität des Bluts, die über die darin fließenden Ionen und polaren Stoffe definiert ist, nicht zu stark ändern. Glucose bindet Wasser, das den im Blut gelösten Proteinen fehlen würde. Die molekulare Welt im Blutserum würde aus den Fugen geraten.

4.8.4 Glykämischer Index

Ein permanent hoher, kaum noch regulierbarer Glucosegehalt im Blut ist ein Problem, wie auch die starken Schwankungen. Phänomenologisch wird dieser Sachverhalt über den sogenannten glykämischen Index bestimmt, den bestimmte Lebensmittel auslösen. Dabei wird der zeitliche Anstieg des Blutzuckers im Blut nach dem Verzehr gemessen. Nach dem Essen steigt der Blutzuckerspiegel an, danach wird Insulin ausgeschüttet, um diesen wieder auszugleichen und ihn für möglichst lange Zeit konstant zu halten.

Für die Bestimmung des glykämischen Index wird Glucose als Standardsubstanz herangezogen und andere Lebensmittel werden damit verglichen. Wichtig ist jedoch, wie der Anstieg der Glucose im Blut mit verschiedenen Nahrungsmitteln im Vergleich zur reinen Glucoseverabreichung ansteigt. Glucose eignet sich als Standard, da dieser Einfachzucker sehr rasch und ohne weiteren Stoffwechsel aufgenommen wird. In Abb. 4.25 ist dies schematisch dargestellt.

Der glykämische Index lässt sich demnach durch das Ansteigen und den Abfall des Blutzuckerspiegels definieren. Als Maß wird daher die Fläche unter der Kurve eines Lebensmittels in Relation zur Fläche unter der Glucosekurve gesetzt. Daher wird der glykämische Index (GI) eines Lebensmittels L als

$$GI = 100 \frac{\text{Fläche L}}{\text{Fläche Glucose}}$$

definiert.

Wie verhält sich dazu Haushaltszucker? Hierzu ist ein Prozess nötig, der dieses Disaccharid (Saccharose) in seine Bestandteile Glucose und Fructose spaltet. Dies geschieht mittels des aktiven Zentrums eines Enzyms. Anschließend kann die Glucose wieder von den entsprechenden Rezeptoren aufgenommen werden. Das Disaccharidmolekül wird mithilfe des Enzyms Invertase gespalten, die es in seine beiden Monosaccharide zerlegt. Der Prozess geht relativ schnell von statten,

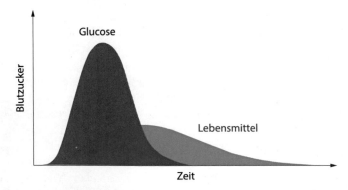

Abb. 4.25 Der Blutzuckerspiegel steigt bei Nahrungsaufnahme (Lebensmittel) an. Bei der Referenzsubstanz, der reinen Glucose (rot), geschieht dieser Anstieg sehr schnell. Der Spiegel fällt allerdings auch wieder rasch ab

d. h., Saccharose hat demzufolge einen hohen glykämischen Index. Dies liegt an der sehr einfachen Struktur der Saccharose.

4.8.5 Glucose versus Fructose

Ist Haushaltszucker, Saccharose, Gift, wie es immer wieder behauptet wird? Jetzt liegen die Voraussetzungen vor, um dieser Frage auf den Grund zu gehen. Haushaltszucker ist bekanntlich eine chemische Verbindung aus Glucose und Fructose. Folglich stellt sich die Frage sich die Frage, welches von beiden ist der Bösewicht? Glucose kann es jedenfalls nicht sein, denn wie schon mehrfach erwähnt wurde, ist Zucker neben dem ATP, dem Adenosintriphosphat, der wichtigste Treibstoff aller Zellen. Bleibt also die Fructose, die bereits als FODMAP aufgefallen ist und für Intoleranzen und Irritationen sorgen kann. Das Molekül Fructose kann als solches auch nicht verstoffwechselt werden, es muss also über andere Enzymwege abgebaut werden, vor allem, wenn es im Übermaß über mit Fructose gesüßte Getränke oder Lebensmittel aufgenommen wird. Dann wird Fructose im Chemielabor der Leber anders als Glucose verarbeitet [60].

Zunächst bleibt noch die Frage zu klären, was mit Glucose in der Leber geschieht, wenn zu viel davon bei zu wenig körperlicher Anstrengung nicht als sofortige Energie benötigt wird. Die genauen physiologischen Prozesse sind komplex, aber das Endresultat ist relativ einfach zu verstehen [61]. Sie wird gespeichert, allerdings aus osmotischen Gründen nicht als viele einzelne Glucosemoleküle, sondern als langkettiges Glykogen, ein Makromolekül das ähnlich wie Amylopektin verzweigt ist, allerdings nicht kristallin vorliegt. Dieser Speichervorrat kann dann bei höherem Energiebedarf freigegeben werden. Daher ist ausreichende körperliche Betätigung bei zucker- und kohlenhydratreicher Kost unabdingbar.

Die Insulinkonzentration im Blut signalisiert aber dem Gehirn über bestimmte Botenstoffe z. B. Leptin, den Grad der Sättigung. Dieses Protein Leptin wird in den Fettzellen exprimiert, sobald diese vom Insulin veranlasst werden, Glucose aufzunehmen. Ist die Insulinkonzentration hoch, hat man kaum Hungergefühl. Spätestens dann ist es Zeit, mit dem Essen aufzuhören. All diese Regularien fehlen der Fructose, die von den Körperzellen nicht direkt aufgenommen werden kann, sondern vergoren oder in der Leber über die de novo-Lipogenese zu Fett umgebaut werden muss. Und das stellt bei einem ständigen Überangebot an Fructose ein ernstzunehmendes Problem dar, egal ob sie aus dem Haushaltszucker kommt, aus Fructosesirup oder sogar aus gesundem Obst. Auch hier gilt der Grundsatz: Molekül ist Molekül, egal, aus welcher Quelle es stammt.

Zunächst wirkt das Süßen mit Fructose attraktiv, denn die Süßkraft ist deutlich höher als die von Glucose und Saccharose. Auch belastet Fructose im Vergleich zu Glucose die Bauchspeicheldrüse erheblich weniger [62], die Insulinausschüttung bleibt deutlich unter dem Niveau der Glucose, wie an Abb. 4.26 zu erkennen ist. Als Konsequenz ist daher bereits zu erwarten, dass infolge des Ausbleibens des Insulins auch Leptin als Sättigungsregulator ausbleibt. Damit noch nicht genug,

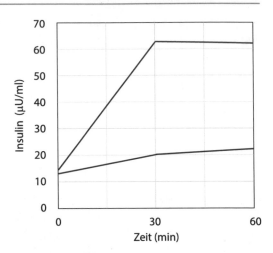

denn im Gegensatz zur Glucose unterdrückt Fructose auch nicht die Ausschüttung des Ghrelins (Growth Hormone Release Inducing), eines Peptidhormons, das sowohl im Magen als auch in der Bauchspeicheldrüse gebildet wird. Im Gegensatz zur Glucose macht Fructose, vereinfacht ausgedrückt, nicht satt, sondern regt zum Weiteressen an, wodurch die Fructoseaufnahme weiter steigt.

Des Weiteren ist die Belastung in der Leber deutlich höher, denn Fructose wird von der Leber in großen Mengen aufgenommen und chemisch umgearbeitet. Dabei stehen zwei wesentliche Effekte im Vordergrund: Zum einen kostet der chemische Umbau Energie, denn die Fructose muss erst zu Fructose-1,6-bisphosphat phosphoryliert werden, damit ein Enzym, die sogenannte Aldolase B, darauf zugreifen kann. Der Phosphor stammt aus dem Zelltreibstoff ATP, der eine Phosphorgruppe abgibt und dabei wie bei umami zu einem Adenosindiphosphat (AMP) und weiter zu Adenosinmonophosphat (AMP) zerfällt; dessen weiterer Umbau erfolgt über den Purinstoffwechsel (Abb. 4.10), unter anderem über den Zwischenschritt Inosinmonophosphat (IMP). Es entsteht Harnsäure, die bei dauerhaft hohen Konzentrationen zu Gicht und Bluthochdruck führen kann (aber als alleiniger Faktor nicht muss). Bei der Synthese von Glykogen aus Glucose entsteht diese hohe Konzentration an Harnsäure nicht.

An dieser Stelle ist eine Zwischenbemerkung für den Kontext angebracht: Das zeigt auch, warum in Abb. 4.13 Innereien wie die Leber aufgeführt sind. Aufgrund des Purinstoffwechsels sind Tierlebern reich an IMP und damit Umamilieferanten. Es ist nützlich, diese Prozesse im Zusammenhang zu sehen.

Zum anderen entstehen aus den Fructoseabbauprodukten, sogenannten Aldehyden, in den Leberzellen Fette und Triacylglycerole (Triglyceride). Diese *de-novo*-Lipogenese zeigt genau die chemischen Wege, wie in der Leber aus Fructose Fette in Form von Triacylglycerolen entstehen. Bei einem Überangebot an Fructose und einer permanent laufenden *de-novo*-Lipogenese wird das neu generierte Fett aus der Fructose in den Fettzellen der Leber gespeichert, die langfristige Folge ist eine nicht-alkoholische Fettleber. In Abb. 4.27 ist dargestellt, wie

Abb. 4.27 De-novo-Fettsynthese in der Leber aus Glucose (rot) und Fructose (blau) im direkten Vergleich. Fructose wird zu Fett umgebaut, Glucose zu Glykogen und nicht zu Fett

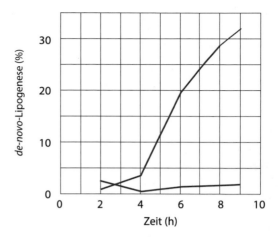

bereits wenige Stunden nach der Fructosezufuhr bei gesunden Personen die Fettsynthese einsetzt und stark zunimmt. Interessant ist in diesem Zusammenhang die starke Ähnlichkeit mit der alkoholischen Fettleber, denn zu viel Ethanol führt ebenfalls zu einer Synthese von Fett in der Leber.

Aus Glucose wird übrigens kein bzw. nur sehr wenig Fett synthetisiert. Der direkte Vergleich ist in Abb. 4.27 gezeigt. Diese Fakten sprechen bisher scheinbar stark gegen Fructose. So einfach ist die Theorie aber auch nicht, denn es gibt noch einen weiteren Punkt, der bisher kaum zur Sprache kam. Fructose löst zwar nicht die Ausschüttung des Sättigungshormons Ghrelin aus, unterdrückt aber den Appetit über eine deutlich höhere Ausschüttung des Peptidhormons und Appetitzüglers PYY (Peptid YY), dessen vordergründige biologische Wirkung die Hemmung der Magenentleerung umfasst. Es verzögert die rasche Entleerung des Magens von fetthaltiger Nahrung und ermöglicht somit eine bessere Verdauung über eine langsamere Magen-Darm-Passage. Damit hat PYY einen starken Einfluss auf das Appetit- und Sättigungsgefühl und führt zu einer reduzierten Nahrungsaufnahme. Tatsächlich bewirkt das PYY aus dem Dünn- und Dickdarm eine Sättigung für einen Zeitraum von vier bis sechs Stunden. Mit einer etwa 40%igen Reduktion der Nahrungsaufnahme hat dieses Polypeptid den stärksten Effekt aller gastrointestinalen Hormone [63] (Abb. 4.28). Dieses Ergebnis ist ein Plus für die Fructose und zeigt, dass alle Lebensmittel, selbst solche einfachen wie Fructose, mehr als eine Seite der Medaille haben.

4.8.6   Honig, Reis-, Ahorn- und Agavensirup

Honig, obwohl ein Naturprodukt, obwohl nicht raffiniert, sei es vom Bioimker oder vom traditionellen Hof, gehört natürlich in dieselbe Kategorie. Im Mittel setzt sich Honig zu 80 % aus Kohlenhydraten zusammen, zu 17 % aus Wasser

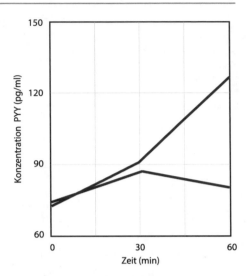

Abb. 4.28 Variation des Hormons und Appetitzüglers PYY bei Zugabe hoch dosierter Glucose- und Fructoselösung. In den ersten 30 min ist der Anstieg sehr ähnlich, danach fällt PYY bei Glucose (rot) wieder ab, bei Fructose (blau) nimmt die Konzentration weiter zu (aus der identischen Studie wie die Ergebnisse von Abb. 4.26)

und zu 3 % aus Proteinen, Enzymen, Vitaminen und Mineralstoffen. Der Zucker-anteil aller Honige besteht (Abb. 4.29) zu über 90 % aus Glucose und Fructose unterschiedlicher Verteilung, der Rest sind Drei- bis Fünffachzucker plus ein paar Enzyme, die in der „Bienenspucke" verblieben sind. Honig ist in guter Näherung nichts weiter als ein hochkonzentriertr Invertzuckersirup, aus Glucose und Fructose, sowie wenigen Tri- und Oligosacchariden. Auf molekularer Ebene dominieren daher Glucose und Fructose. Die Mineralstoffe, die man beim üblichen Honigverzehr zuführt, wie auch die Aminosäuren der wenigen Enzyme, gehen natürlich im Rauschen der Gesamternährung vollkommen unter. Jeder Bissen Gemüse, Fleisch oder Wurst weist mehr Mineralien, Protein oder Vitamine auf als ein Löffel Honig. Es ist daher ein Trugschluss zu glauben, man täte sich grundsätzlich etwas Gutes, wenn Saccharose in Desserts, Kuchen oder anderem Gebäck durch mehr oder weniger die (fast) gleiche Menge Honig ersetzt wird.

Aus dieser Sicht ist auch Ahornsirup für den Metabolismus nicht besser als Haushaltszucker. Abgesehen von ein paar Aromen und Proteinen bleibt er ein nicht-kristallisierfähiges Saccharose-Fructose-Gemisch, das mindestens genauso „un/gesund" ist wie der als stark ungesund eingestufte Fructose-Glucose-Sirup aus Maisstärke. Eine besondere Stellung nimmt aber der High-Fructose-Glucose-Corn-Sirup ein, dessen Fructosegehalt sehr hoch ist und der damit als intensives Süßungsmittel dient. Im Übermaß konsumiert, z. B. in Süßgetränken, regt er die *de-novo*-Fettsynthese besonders stark an.

Das Verwenden solcher Zuckeralternativen ist daher keine wirksame Methode einer gezielten Zuckerreduktion, sondern pure Augenwischerei und schon gar keine Diät [64]. Die Glucose-Fructose-Verteilung in sogenannten „natürlichen Zuckern" zeigt dies überdeutlich, wie in Abb. 4.30 bildlich und umgerechnet auf einen durchschnittlichen Teelöffel dargestellt ist.

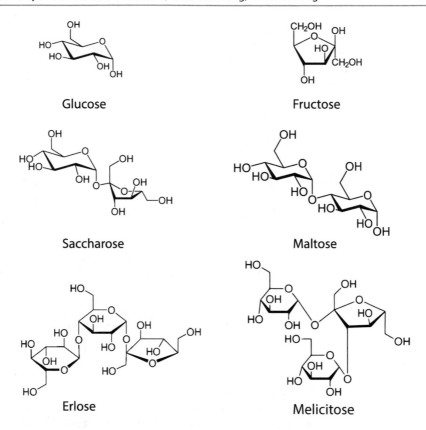

Abb. 4.29 Struktur der am meisten in Honig vertretenen Zucker. Der Löwenanteil besteht aus Glucose und Fructose

Der direkte Vergleich verschiedener natürlicher und industrieller Süßungsmittel veranschaulicht deren unterschiedliche Zusammensetzung aus Fructose und Glucose. Andere Zucker (wie etwa beim Honig) sind nicht dargestellt. Die Unterschiede der natürlichen Süßungsmittel Honig, Agavendicksaft oder Ahornsirup im Vergleich zum industriellen, raffinierten Kristallzucker oder zum Fructose-Glucose-Maissirup sind in der Tat marginal. Nur Reissirup, zur Glucose hydrolysierte Reisstärke, zeigt natürlich keinerlei Fructose.

Die Zuckergehalte und das jeweilige Glucose-/Fructose-Verhältnis aus Abb. 4.30 sind im Grunde ernüchternd. Es gibt kaum gravierende Unterschiede, was den Zuckergehalt anbelangt. So richtig gesund ist an den sogenannten natürlichen Zuckeralternativen nichts. Damit sind die Antworten einfach: Zucker, Melasse und andere Pflanzensirupe sind zwar weniger raffiniert, aber sie bleiben Zucker, wie auch Maisstärkehydrolysate. Und damit bleiben sie, wie Zucker, ebenfalls „Gift",

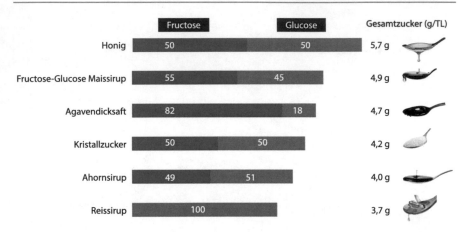

Abb. 4.30 Verschiedene Süßungsmittel im Vergleich. Das Glucose-/Fructose-Verhältnis ist jeweils unterschiedlich. Die variierenden Gesamtzuckergehalte in Gramm hängen stark von dem spezifischen Gewicht ab, das sich in dem jeweils abgebildeten Teelöffel (TL) bildlich ausdrückt

sofern sie im Übermaß über längere Zeiträume verzehrt werden. Verwunderlich ist das nicht, denn die Zuckerrübe, das Zuckerrohr, der Ahornbaum, die Agave und die Biene leben von natürlichen Systemen, in deren Stoffwechsel Glucose einer der wichtigsten Zelltreibstoffe ist.

Der in Baum- und Pflanzensäften hohe Fructosegehalt (Abb. 4.30) ist von der Natur vorgegeben. Fructose verhindert das Kristallisieren von Pflanzensäften bei niedrigen Temperaturen, sie dient somit als Frostschutz. Diesen Sachverhalt können wir sogar auch am Honig erkennen. Ist der Fructosegehalt im Honig höher als etwa 60 % – 65 %, verhindert dies eine Kristallisation des Honigs, etwa beim Akazienhonig. Genau deswegen stellen Bienen einen ausreichenden Fructosegehalt im Honig sicher: Er darf im Bienenstock bei ca. 37 °C keinesfalls kristallisieren. Sonst hätten die Bienen und ihre Nachkommen keine Nahrung. Harte Kristalle können die Bienen nicht als Nahrung nutzen.

Das Fazit ist daher sehr einfach: Wer einen hohen Zuckerkonsum hat und Zucker einfach durch natürliche Alternativen wie Honig, Ahornsirup usw. austauscht, ändert am realen Zuckerkonsum nur wenig. Die üblichen Argumente, Honig wäre doch natürlich, enthielte Enzyme und Mineralien, sind für die Gesamtbilanz der Ernährung irrelevant. Die in einem Esslöffel Honig, Ahorn- oder Agavensirup enthaltenen Mikronährstoffe, Mineralien und Enzyme (ohnehin aus Ernährungssicht nichts anderes als Aminosäuren) werden durch einen Biss in ein Stück Obst, Gemüse oder Käse bei Weitem übertroffen. Und die dabei konsumierten Zucker im Vergleich zu Honig & Co bei Weitem unterboten.

In Abb. 4.30 fallen Agavendicksaft und Fructose-Glucose-Maissirup durch einen besonders hohen Fructosegehalt negativ auf, während Honig (und Invertzuckersirup aus Saccharose) mit einem 50:50-Verhältnis ausgewogen erscheinen.

Bei einer häufigen und übermäßigen Verwendung dieser Zuckeralternativen tut man sich in der Tat nichts Gutes, denn sie führen übermäßig Fructose zu. Genau dieses Zuviel an Fructose trägt dann zur Bildung der nicht-alkoholischen Fettleber bei.

4.8.7   Obst bleibt wertvoll

Sollte jetzt wegen des hohen Fructosegehalts auch kein Obst mehr verzehrt werden, wie es des Öfteren vorgeschlagen wird? Das ist Unsinn, denn die meisten dieser Forschungsergebnisse wurden zum einen mit extrem hohen Dosen von Fructose und Glucose erzielt. Zum anderen müssen beim Genuss von rohem Obst die Zucker erst aus den harten Pflanzenzellen freigelegt werden, wenn dies überhaupt zu 100 % gelingt, was in Kap. 1 (Abb. 1.18) bereits angezweifelt wurde. Man darf nicht vergessen, dass Obst, selbst fructosereiches, weit höhere positive Effekte wie Ballaststoffe, Vitamine, Polyphenole, sekundäre Pflanzenmetaboliten usw. aufweist, die den Fruchtzucker in der Gesamtbilanz wettmachen. Der tägliche Apfel, die tägliche Banane oder die großen Mengen zuckersüßer Erdbeeren zu deren Saison sind also nicht das Problem. Jetzt ist auch klar, warum: Der Fructoseüberschuss in Früchten und Obst bleibt ist in der nütürlichen Foodmatrix engebettet und schlägt daher nie in dem Maße zu Buche wie der Fructosegehalt in Agavendicksaft oder dem High-Fructose-Sirup. Gesüßte Getränke, Limonaden und süße Softdrinks hingegen sind auf Dauer nicht die richtige Wahl. Außer Glucose, viel Fructose und ein paar Aromen ist wenig darin enthalten, eine Foodmatrix existiert nicht, die Zucker befinden sich in wässriger Lösung. Daher wird schnell eine „Überdosis" erreicht. Auch hier nützt der Blick in die Evolution: Früchte und Obst gehörten schon lange vor der Nutzbarmachung des Feuers zu den Grundnahrungsmitteln. Sie sind damit Teil der Ernährung aller Primaten einschließlich der Vertreter der Gattung *Homo*.

Fructose und Glucose aus Obst und Gemüse sind in verzehrsüblichen Mengen weder ungesund noch Gift. Der Maßstab für das Glucose-/Fructose-Verhältnis gibt die Natur vor, siehe Honig, der seit der Existenz von Wildbienen, und damit vor dem Neolithikum, seinen Weg in die Nahrung des *Homo sapiens* nahm. In diesem natürlichen Produkt beträgt das Glucose-/Fructose Verhältnis etwa 50:50. Ebenso bilden sich in Obst und Früchten Fructose und Glucose jeweils im Bereich um 50 %. Natürlich gibt es Früchte, die mal mehr, mal weniger Fructose enthalten, aber das ist bei vielfältiger Ernährung völlig unerheblich, denn mit all diesen Produkten überlebte der *Homo sapiens* über alle Zeiten und entwickelte sich prächtig. Dabei lernte er, dass verschiedene Zucker eine deutlich unterschiedliche Süßkraft haben. Haushaltszucker, der Standardzucker, wird als 100 % süß angenommen, und schon zeigt sich: Glucose, einer der Zelltreibstoffe, ist deutlich weniger süß, während Fructose um 20 % mehr Süßkraft entwickelt. Die 50:50-Mischung des Honigs ist daher immer süßer. Mit weniger Masse lässt sich mehr süßen. Erst recht mit den fructosereichen Maissirups. Allerdings entstehen diese Sirups nicht ohne menschliches und enzymatisches Zutun. Demzufolge ist bei diesen Zutaten eher Zurückhaltung geboten.

Was allerding nicht auf dem Ernährungsplan unserer Vorfahren stand, waren Limonaden und andere stark gesüßte wie auch Getränke mit hohem Alkoholgehalt. Auch keine Fruchtsäfte oder hochprozessierten Smoothies. Gerade an den Smoothies, Fruchtsäften und Energydrinks zeigt sich die Misere im kompletten Zusammenhang: Die Matrix dieser Lebensmittel ist weitgehend zerstört. Smoothies sind daher hochgradig verarbeitete Lebensmittel, auch wenn sie zu Hause hergestellt werden, erst recht wenn der dafür vorgesehene Hochleistungsmixer zum Einsatz kommt. Das Ziel dieser Mixer ist es in der Tat, jeden Nährstoff aus Obst und Gemüse freizulegen. Und damit neben den erwünschten Vitaminen und sekundären Pflanzenstoffen eben auch in hohem Maße Fructose und Glucose, die sofort verfügbar sind und auf der Stelle die bereits aufgezeigten Stoffwechselwege nehmen – im Gegensatz zum Verzehr der identischen Menge von rohem Obst, das lediglich mit den Zähnen zerkleinert wurde. Die „Ernährungs- und Körperoptimierung", schießt an dieser Stelle nicht nur über das Ziel hinaus, sondern meterweit an der gesunden Ernährung vorbei.

Ein Punkt muss ausdrücklich betont werden: Trotz all dieser allgemeinen Verunsicherung spricht gar nichts gegen einen moderaten und evolutionsgerechten Konsum von geringen Mengen an Zucker, Fructose oder Saccharose – im Gegenteil. Jedenfalls für all diejenigen, deren Essen aus einer Vielfalt von Komponenten besteht, die sich bewegen oder keine Anzeichen von Adipositas, Bluthochdruck, nicht-alkoholischer Fettleber oder Diabetes zeigen. Nur die Personengruppen, die an diesen und ähnlichen Vorerkrankungen leiden, sind auf synthetische Süßstoffe und Zuckeralkohole, wie die bereits genannten Erythritol, Sorbitol, Xylit usw., angewiesen. Und auch diese sind im Gegensatz zu den weit verbreiteten Meinungen nicht gesundheitsschädlich, sofern sie nicht in Massen verzehrt werden.

4.8.8   Zucker ist weit mehr als nur süß: OH liebt H_2O

Zucker ist weit mehr als ein Süßungsmittel, denn er hat starke physikalisch-chemische Seiten, die ihn für den Einsatz in Lebensmitteln praktisch unersetzbar machen. In Kap. 3, Abb. 3.33 wurde dies bereits in einem ganz anderen Zusammenhang angedeutet. Zucker hat eine sehr stark konservierende Wirkung, was das einfachste Beispiel für die molekulare Wirkung von polaren Hydroxylgruppen (OH) ist, die aus einem Sauerstoff- und einem Wasserstoffatom zusammengesetzt sind. Wegen der Polarität des Wassers ist das Wassermolekül H_2O an der Sauerstoffseite leicht negativ, an der Wasserstoffseite leicht positiv geladen. Daher können die Wassermoleküle direkt mit den OH-Gruppen in Wechselwirkung treten, Wasser wird gebunden. Konzentrierte Zuckerlösungen sind stark viskos, ihre Fließgeschwindigkeit nimmt mit steigender Zuckerkonzentration stark ab, die Viskosität also deutlich zu. Wassermoleküle werden durch die Bindung in ihrer Dynamik gebremst und in ihrer Diffusion stark eingeschränkt. Somit ist dies ein Paradebeispiel für eine starke Wasserbindung.

Diese hohe Wasserbindungsfähigkeit des Haushaltszuckers wird seit Langem in Küche und Patisserie genutzt. Seit es Zucker gibt, wird er – in welcher Form auch immer – Speisen und Desserts zugegeben. Aus dem Mittelalter sind Zubereitungen von Blanc-mangers (eine Art Mandelpudding) bekannt, die Zucker und (Hähnchen-)Fleisch kombinieren. Nicht nur wegen des Geschmacks, sondern auch, um die Konsistenz zu steuern und vor allem die Haltbarkeit zu verlängern. Die hohe Wasserbindung bedeutet auch eine Verminderung der Wasseraktivität. Keime und Pilzsporen benötigen freies Wasser für ihren Stoffwechsel und ihre Vermehrung, also Wassermoleküle, die sich außerhalb der Bindungsellipsen der Saccharosemoleküle in Abb. 4.31 befinden. Gebundenes Wasser ist von der Molekülbewegung, der Diffusion, her viel zu langsam, als dass es als Lebensgrundlage für Keime geeignet wäre. Die bekanntesten Beispiele sind Konfitüren, also in Zucker konservierte Fruchtzubereitungen.

Schon im Römischen Reich wurden Früchte mit Zucker konserviert, indem sie mit Zuckerrohr lange gekocht wurden [65]. Gleichzeitig entwickelte sich eine willkommene und allgemein stark akzeptierte Süße, die nicht ausschließlich dem Zucker und der Süße der Früchte zuzuschreiben ist. Der Grund dafür liegt wieder in der Physik der Saccharose, die bis heute Haushaltszucker bei der Konservierung unschlagbar macht: Wegen der fruchteigenen Säuren spaltet sich die Saccharose in ihre Bestandteile Glucose und Fructose, es entsteht Invertzucker. Dieser erhöht zum einen die Süßkraft stark, zum anderen auch die Wasserbindungsstellen, wie in Abb. 4.32 dargestellt ist.

Die Zuckerinvertase beim klassischen Marmelade- und Konfitürekochen erhöht also Süße und Wasserbindung zugleich und ist somit für die Konservierung höchst willkommen. Darüber hinaus werden die beiden Zucker Fructose und Glucose, wie auch das Pektin und die Hemicellulosen aus den Zellen der Früchte, während des Einkochens freigelegt. Es entsteht also ein stark verdickter, extrem lange halt-

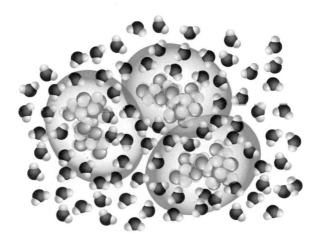

Abb. 4.31 Saccharose bindet über die OH-Gruppen Wassermoleküle. Es bildet sich eine Hydrathülle, dargestellt um die blauen Ellipsen. Die Wassermoleküle in den blauen Ellipsen sind gebunden, die Moleküle außerhalb frei

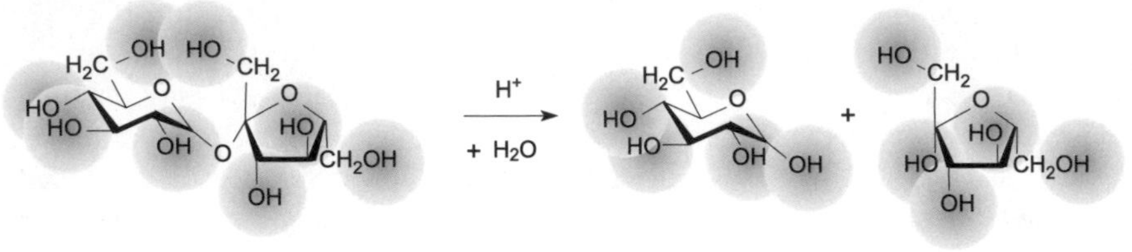

Abb. 4.32 Die Zuckerinvertase von Saccharose unter Kochen mit Säure (Protonen, H^+). Nicht nur der süße Geschmack über den hohen Fructosegehalt nimmt zu, sondern auch die Anzahl der OH-Gruppen (blaue Kreise) als potenzielle Wasserbindungsstellen erhöht sich bei der Spaltung von Saccharose zu Glucose und Fructose von acht auf zehn pro gespaltenes Saccharosemolekül

barer 50:50-Fructose-Glucose-Sirup, der auch während der Lagerung nicht weiter kristallisieren kann – wie Akazienhonig. Diese simplen physikalisch-chemischen Fakten werden oft in der Diskussion um den Wert der Konfitüren nicht genannt oder sind weitläufig gar nicht bekannt. Kein Wunder also, wenn eine klassische Kulturtechnik zum perfekten Vorbild der modernen Lebensmitteltechnologie wird. Invertzucker und Honig sind daher die gebräuchlichsten Feuchthaltemittel der industriellen Lebensmittelfertigung wie auch in der heimischen Küche und Patisserie. So wird die Zuckerinvertase in jedem klassischen Rezept durch die Zugabe von Zitronensaft unterstützt, während in industriell gefertigten Konfitüren oft mit dem Zusatzstoff Zitronensäure gearbeitet wird, der dann eben deklariert werden muss.

4.8.9   Der Reiz der Saccharose, und warum Stevia nicht immer eine Alternative ist

Die hohe Akzeptanz der Saccharose hat neben der Süße auch mit der Wasserbindung [66] und dem daraus resultierenden Mundgefühl zu tun. Jedes Molekül bindet eine genau definierte Anzahl von Wassermolekülen des Speichels. Die Süße hält hinreichend lang im Mund an, ohne dabei so süß wie Fructose zu sein. Das sind zwar selten bewusst spürbare Nebeneffekte, aber auch das ist für die Beliebtheit der Saccharose verantwortlich. Auch fehlt der Saccharose jeglicher Beigeschmack; bei Stevia ist dies zum Beispiel jener Hauch von bitter, der Stevia trotz hoher Süßkraft am verbreiteten Einsatz hindert. All diese rein geschmacklichen Unwägbarkeiten lassen sich lösen. Allerdings kann Stevia nicht in den ausgezeichneten und seit langer Zeit bewährten Rezepten der Patisserie und der Dessertkultur eingesetzt werden. Stevia und die anderen energiearmen Alternativen verfügen nämlich nicht über eine vergleichbare hohe Wasserbindung der Saccharose, wie es sich an einfachen Überlegungen im Folgenden erkennen lässt. In Abb. 4.33 sind zwei typische Vertreter der süß schmeckenden Steviolglykoside gezeigt, die in den Blättern der Pflanze *Stevia rebaudiana* (Süßkraut) vorhanden sind.

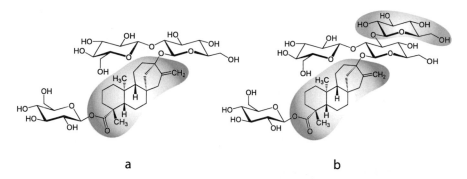

Abb. 4.33 Zwei typische Vertreter von Steviolglykosiden, Steviosid (**a**), Rebaudiosid-A (**b**). Sie unterscheiden sich durch eine zusätzliche Glucose (blau) beim Rebaudiosid-A. Das gemeinsame Zentrum ist ein Diterpen (Steviol, rot). Die Zucker sind hydrophil, das Diterpen-Zentrum ist hydrophob

In der Steviapflanze liegen bis zu zehn unterschiedliche Glykoside vor, deren Aufbau sich sehr ähnelt. Glucose ist mit dem Diterpen Steviol verbunden. Je nach Struktur haben diese Glykoside eine extrem hohe Süßkraft, die bis über 400-fach höher ist als die der Saccharose. Steviolglykoside sind unverdaulich und tragen keine Energie ein, auch bleibt die Bauchspeicheldrüse unbelastet. Ihr Süßprofil ist dem des Haushaltszuckers sehr ähnlich, allerdings hat die Süße der Steviapflanze einen bitteren Nachgeschmack [67]. Ähnlich wie Saccharin und Acesulfam K regen manche dieser Glykoside abhängig von ihrer molekularen Struktur sowohl die Süßrezeptoren als auch die Bitterrezeptoren mehr oder weniger stark an [68]. Stevia ist daher aus geschmacklich-sensorischen Gründen kein pflanzliches Universalmittel für eine perfekte Süße.

Das andere Problem mit Stevia liegt allerdings wieder in der Physik. Gerade wegen der hohen Süßkraft benötigt man viel weniger davon als von Haushaltszucker. Die physikalische Konsequenz ist klar: Es stehen zu wenige Hydroxylgruppen (OH) zur Wasserbindung zur Verfügung. Steviolglykoside haben zwar mehr OH-Gruppen als Haushaltszucker (Abb. 4.34), erreichen aber aufgrund der erforderlichen geringen Konzentration nie die Wasserbindung des Zuckers.

Eine kurze theoretische Betrachtung verdeutlicht dies. Die Süße eines Sirups, hergestellt mit 40 g Saccharose pro 100 ml Wasser, lässt sich mit lediglich 0,2 g Rebaudiosid-A pro 100 ml Wasser erzielen. Der Zuckersirup weist aber einen 350-fach höheren Faktor an OH-Gruppen auf (umgerechnet pro Mol). Die Viskosität des Sirups ist damit deutlich höher als die der entsprechenden Stevialösung. Damit noch nicht genug, denn das große Diterpen-Zentrum der Steviolglykoside ist hochgradig hydrophob und stößt die Wassermoleküle stark ab. Das Mundgefühl sowie die texturellen Eigenschaften der Stevialösung wären damit deutlich schlechter. Mit Stevia lassen sich somit keine vergleichbaren Desserts oder Konfitüren herstellen. Lediglich für ohnehin niedrig-viskose Limonaden, Tees oder Kaffee käme Stevia infrage.

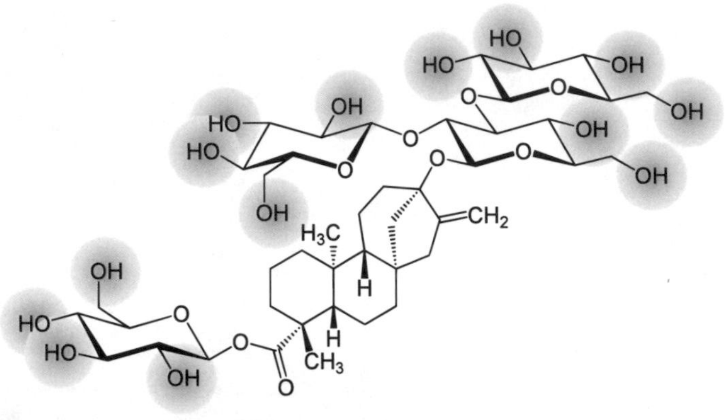

Abb. 4.34 Rebaudiosid-A besitzt zwar sechs OH-Gruppen mehr als Saccharose und die potenzielle Wasserbindung ist entsprechend hoch, aber aufgrund der 200-fachen Süßkraft wird weit weniger davon benötigt

Zucker in Form von Saccharose ist also viel mehr als nur süß und aufgrund seiner Wasserbindung stehen bei vielen Anwendungen vor allem seine physikalischen Eigenschaften im Vordergrund. Sie spielen in den meisten Rezepten, von Pudding über Crème Anglaise bis zu Eis in der Patisserie die Hauptrolle. Die Entwicklung von Rezepten mit Zuckeralternativen ist daher nicht nur eine Frage des Süßgeschmacks, sondern vor allem eine physikalische Herausforderung, die Festigkeit, Cremigkeit, Mundgefühl, Haltbarkeit und Süße zusammenführen muss. Eine rein auf Stevia basierende Konfitüre ohne Zusatzstoffe ist demnach schlicht physikalisch unmöglich. Daher muss generell bei Zuckerreduktion, egal mit welchen Zuckerersatzstoffen, auf der physikalischen Seite mittels Zusatzstoffen beträchtlich nachgeholfen bzw. nachgebessert werden. Bei stark zuckerreduzierten Konfitüren lässt sich dies wiederum am einfachsten erkennen.

4.8.10 Was nützen die Zusatzstoffe in der Konfitüre?

Ohne die Wasserbindung des Zuckers wäre die Konfitüre zwar eine durchaus schmeckende Fruchtzubereitung, aber nicht wie gewünscht haltbar. Also muss Wasser auf andere Weise gebunden werden, wie auch in stark zuckerreduzierten Konfitüren. Die üblichen Kandidaten sind Zusatzstoffe mit E-Nummern: Hydrokolloide wie Alginat, Agarose, Apfelpektin, Carrageenan, Xanthan usw. Sie springen als unverdauliche Zusatzstoffe (Polysaccharide) dem Restzucker in den Konfitüren zur Seite, binden Wasser und verlängern die Haltbarkeit nach dem Öffnen der Gläser. Gleichzeitig geben sie der Konfitüre ein ähnlich geliertes Mundgefühl, das wir von der klassischen Konfitüre kennen.

Des Weiteren muss bei stark zuckerreduzierten Konfitüren bei der Konservierung nachgeholfen werden, da ein übermäßiger Zusatz von Hydrokolloiden eher ein schleimiges Mundgefühl verursacht. Kein Wunder also, wenn dann deklarationspflichtige (und teilweise sehr harmlose) Konservierungsstoffe wie Natriumsorbat, Citrat oder Zuckeralkohole zugefügt werden.

Da der Zucker aus Großmutters Konfitüren verbannt wurde, müssen nun also Zusatzstoffe mit E-Nummern beigemischt werden, damit die Konfitüre ihre Anforderungen erfüllt: Im Wort Konfitüre verbirgt sich „konfieren", also im besten Sinne haltbar machen. Besser wäre es vermutlich, Konfitüren auf die herkömmliche Weise – nur aus Früchten und ausreichend Zucker – herzustellen und nur wenig davon zu essen, dafür aber bei vollem und bewusstem Genuss. Letztlich haben die jahrelang gepflegten Zuckerängste und der damit einhergehende Diätwahn derartig wenig authentische Konfitüren erst heraufbeschworen.

4.8.11 Fazit: Ist Zucker also Gift oder nicht?

Zucker ist natürlich kein Gift, sofern man nicht die Kontrolle darüber verliert, wie viel man davon isst. Wer ständig Limonaden, Fruchtsäfte und Cola konsumiert, sich kiloweise Konfitüre oder Honig aufs Brot schmiert, oder bei wem der Gewichtsanteil eines pappsüßen Ketchups den der Currywurst täglich übersteigt, bei dem läuft natürlich etwas in der Ernährung massiv schief. Aber selbst dann ist der Zucker am wenigsten schuld. Es könnte hier eher die Einstellung zum Essen sein und ein damit einhergehender Kontrollverlust. Selbst zu kochen liefert immer noch die beste Form des Essens und ist der beste Schutz vor all den vermeintlichen Gefahren.

Auch der tägliche Apfel oder die Handvoll saisonales Obst sind entgegen einigen Verlautbarungen einschlägiger Magazine kein Gift. Mit den Zähnen legen wir gar nicht allen vorhandenen Zucker frei, dafür erhalten wir viele von den Mikronährstoffen, die bereits unseren Vorfahren vor Wranghams „kochendem Affen" das Überleben und ihre Weiterentwicklung sicherten. Kritischer sind selbst die mit Hochleistungsmixern hergestellten Obst-Smoothies, wenn sie täglich in größeren Mengen getrunken werden. Neben der vermeintlich gesunden Freisetzung aller Nährstoffe, so die Werbung für diese Geräte, wird auch das ganze Potenzial an Zuckern freigelegt. Dann ist der halbe Liter „gesunder" Smoothie durchaus mit einem „Viertele" des ungesunden High-Fructose-Glucose-Sirup vergleichbar.

4.9 Fettverdauung: Kolloidphysik während der Magen-Darm-Passage

Dass Fett nicht ungesund, sondern lebensnotwendig ist, wurde an verschiedenen Stellen bereits deutlich. Bei der Fettverdauung ergeben sich grundsätzliche relevante Fragen, etwa, wie sie überhaupt gelingt, wenn das wasserunlösliche Fett aus der Nahrung in den wässrig sauren Magen und Darm gelangt. Dabei steht die Kolloidphysik im Vordergrund, denn das aus der Nahrung aufgenommene Fett wird zuerst emulgiert und anschließend zur Vorbereitung der Verdauung auf eine andere Art umverpackt und neu emulgiert. Dies geschieht mit Hilfe der Gallensäuren. Diese ganz besonderen Abkömmlinge des Cholesterols, wie Gallensalze bzw. Gallensäuren, sind bestens dafür geeignet.

Wie genau der Umbau der Fette bis zur Verdauung funktioniert, ist ein hochgradig komplexer Vorgang. Oft nehmen wir diese Fette in Tröpfchen zu uns, etwa in Soßen oder als freies Streichfett auf Broten. Während der Bildung des Speisebreis (Bolus) beim Kauen, der Bolusbildung, werden die Fette durch die dort vorhandenen Nahrungsbestandteile im Bolus emulgiert. Durch das orale Prozessieren bildet sich eine schluckbare, plastisch deformierbare, halbfeste Emulsion. Die Fette gelangen dabei als große Tropfen, eingeschlossen vom Speisebrei, in den Magen. Dort herrscht ein niedriger pH-Wert, je nach Füllzustand des Magens zwischen pH 1 bis etwa pH 3. Auswirkungen auf die unpolaren Fette hat dieser niedrige pH-Wert kaum, im Gegensatz zu anderen Nahrungsmittelbestandteilen wie Fleisch oder Gemüsestücke. Darunter befinden sich Proteine, aber auch Zellmaterial und vor allem Phospholipide, die als Hilfsstoffe zur Fettverdauung herangezogen werden. Der Magen enthält säuretolerante Proteasen, vor allem Pepsin, die aus langen (denaturierten) Proteinen Peptidstücke erzeugen, welche wiederum grenzflächenaktive Eigenschaften aufweisen. Somit können sie die Phospholipide bei der Emulsion der freien Fette unterstützen. Daher bilden sich im Magen und auf dem Weg in den Dünndarm relativ große, komplex strukturierte Fetttropfen, deren Oberfläche alle verfügbaren Emulgatoren nutzt, um die Fetttröpfchen zu stabilisieren. Was für den Transport ein großer Vorteil ist, stellt sich als Nachteil für die Verdauung heraus. Fettverdauende Enzyme – Pankreaslipasen – aus der Bauchspeicheldrüse haben keinen Zugriff auf das in dem Tröpfchen eingeschlossene Fett.

4.9.1   Magen und Dünndarm – vorwiegend Kolloidphysik

Tatsächlich spielt die Nichtmischbarkeit von Fett und Wasser auch bei der Verdauung eine wesentliche Rolle. Freies Fett oder Öl aus den Mahlzeiten muss daher erst emulgiert werden, damit es überhaupt kontrolliert vom Magen über den Zwölffingerdarm transportiert werden kann. Allerdings gibt es dabei Unterschiede, die sich über die Kettenlänge der Fettsäuren manifestieren. Genau das zeigt uns neue Zusammenhänge zwischen Ernährungsfragen und physikalischen Anforderungen auf. Die Fettverdauung ist vorwiegend durch den Abgleich von Längenskalen und Volumen- zu Oberflächenverhältnissen bestimmt. Dies geschieht im oberen Teil des Verdauungstrakts. Kaum verwunderlich, dass bereits das orale Prozessieren, also das Zerkauen, Zerbeißen, Einspeicheln und Schlucken, die Nahrung für die Magen-Darm-Passage vorbereitet. Weniger bekannt ist aber die Tatsache, dass die im Magen und im Dünndarm vorherrschend erfolgenden physikalisch-chemische Veränderungen den Speisebrei für den physiologischen Verdau erst vorbereiten. Der physikalisch-chemisch dominierte Bereich des Magen-Darm-Verdauungstrakts ist in Abb. 4.35 schematisch angedeutet. Der Speisebrei trifft im Magen auf dessen wässrige Umgebung, die sich durch einen pH-Wert von unter 3 auszeichnet und sich somit vorwiegend auf Proteine auswirkt – über die Veränderungen der Ladungen der Aminosäuren. Darüber hinaus ist der Magen kein statisches Gebilde: Durch die andauernde Bewegung über die Muskeln, die Motilität, die bei Befüllung des Magens deutlich zunimmt, werden die Boluspartikel ständig bewegt, geschert, deformiert, gemixt und neu geordnet. Der Mageninhalt ist ständigen Scherkräften ausgesetzt. Da sich schon im Magen proteinspaltende Enzyme befinden, werden Proteinverbindungen gelöst und über die Scherkräfte zerkleinert und verändert.

Danach gelangen die Partikel in den Dünndarm und werden den Enzymen der Bauchspeicheldrüse ausgesetzt, die Proteine, Stärken und Fette spalten können, wie bereits in Kap. (Abb. 1.20 bis Abb. 1.22) angesprochen und dargestellt wurde. Dies geschieht aber nur, wenn die Makronährstoffe für die Enzyme zugänglich sind. Dicht verpackte, emulgierte Fette in riesigen Tropfen sind dies nicht, genauso wenig wie noch kristalline und damit abbauresistente Stärken. Der obere Teil der Magen-Darm-Passage dient also der physikalisch-chemischen Bereitstellung der Nahrung für die Physiologie. Damit gehören die ersten Schritte der Verdauung in die Kolloidphysik. Wenn wir zum Beispiel den Weg des Fetts aus

Abb. 4.35 Schematische Darstellung des Magen-Darm-Trakts. Der eingekreiste Bereich ist für die rein physikalisch-chemischen Effekte der Nahrungsaufbereitung zuständig. Dort herrschen die gleichen physikalischen Gesetze wie in Küche und Labor

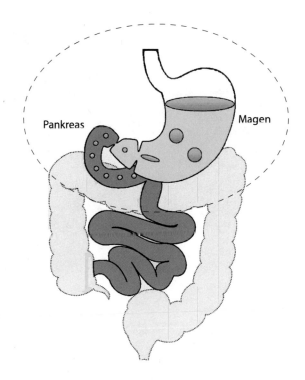

dem Nahrungsbrei in den Magen und Dünndarm verfolgen, lässt sich dies deutlicher erkennen.

4.9.2 Der Weg des Fettes vom Mund in den Darm

Einmal angenommen, man isst ein Butterbrot, ein Schmalzbrot, einen Burger, ein mit fettreicher Salami belegtes Brot oder einen in Öl getränkten Gemüsesalat. Im Mund wird die Nahrung zunächst zerkleinert. Die bei bis 37 °C Mundtemperatur schmelzbaren Anteile der Fette verflüssigen sich und werden in den Speisebrei emulgiert. Der Speisebrei hat jetzt eine uneinheitliche Struktur und ist je nach Nahrung sehr komplex zusammengesetzt, wie in Abb. 4.36 angedeutet.

Links in Abb. 4.36 ist der Speisebrei mit einem Öltropfen (rot) schematisch angedeutet. Dieser Tropfen hat zum einen eine nicht-sphärische Form, zum anderen eine stark heterogene Oberfläche, wie rechts in der Abbildung gezeigt ist. Der Fett-/Öltropfen ist an seiner unmittelbaren Oberfläche umgeben von Feststoffen wie Cellulosepartikeln aus Gemüse oder Partikeln aus Muskelsehnen. An der Grenzfläche selbst befinden sich daher Feststoffe, native und denaturierte Proteine aus rohen und gekochten Bestandteilen der Nahrung, Stärken wie Amylose oder Amylopektin, aber auch durch das Kochen oder beim oralen Prozessieren freigelegte Emulgatoren. Darunter sind Phospholipide, freie Fett-

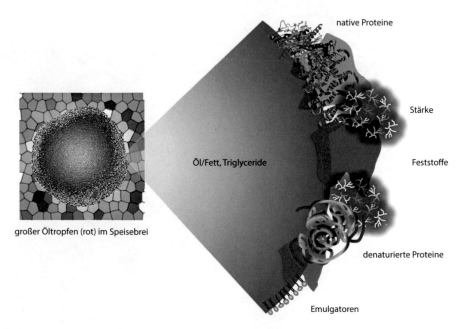

Abb. 4.36 Fette und Öle im Speisebrei werden im Mund beim Kauen auf irreguläre Weise emulgiert. An der Grenzfläche der Fett- und Öltropfen befinden sich die meisten Moleküle, die bereits in früheren Kapiteln besprochen wurden

säuren oder Mono- und Diglyceride aus der Nahrung. Die Öltropfen im Speise-brei haben in diesem Stadium noch makroskopische Abmessung, d. h., ihr Durchmesser liegt im Bereich von Millimetern bis 100 μm. Die Oberflächen sind im Vergleich zu den molekularen Abmessungen relativ flach und wenig stark gekrümmt. Aus Sicht der Enzyme ist die Grenzfläche dicht und dick bepackt sowie flach. Eine unmögliche Aufgabe, diese Bolusstücke zu verdauen: Die fett-spaltenden Enzyme – Lipasen – hätten keine physikalisch realisierbare Möglich-keit, an das im Tropfen verpackte Fett und Öl überhaupt heranzukommen. Daher wird bereits im Mund mit Speichelamylasen (siehe Kap. 3) ein Teil der Stärke attackiert und vorgespalten. Ein Teil der die Fetttröpfchen umgebenden Stärke wird dabei bereits gelockert. Das ist auch gut so, denn im sauren Magen ist keine Amylase aktiv, die dort den Stärkeabbau bewerkstelligen könnte.

Daher ist das Fett beim Eintreffen im sauren Magen noch immer ummantelt von komplizierten und nicht einheitlichen natürlichen Emulgatoren und kleinen Boluspartikeln und muss weiter aufbereitet werden [69]. Dies geschieht physikalisch wie auch enzymatisch. Bei dem niedrigen pH-Wert im Magen werden vorhandene Proteine (partiell) denaturiert. Gleichzeitig beginnt säure-resistentes Pepsin, die Proteine der Ummantelung zu schneiden. Der Zusammen-halt der Proteinaggregate um die Boluspartikel wird kleiner, die heterogene Schicht um die Öltropfen wird immer mehr gelockert. Jetzt wird die emulgierende Schicht um die Fetttröpfchen und Fettpartikel kleiner, in manchen Fällen sogar aufgelöst [70]. Dabei werden die Tröpfchen allerdings instabil, Fett wird frei und muss umgehend aufs Neue emulgiert werden. Dies ist ohne Weiteres mög-lich, denn die Magensäure und die Peptide haben bereits ausreichend Arbeit geleistet und weitere Emulgatoren zur Verfügung gestellt: kleinere denaturierte Proteine, Peptide mit hydrophilen und hydrophoben Teilen, Phospholipide aus den Pflanzenzellen, sowie polare freie Fettsäuren und Mono- und Diglyceride aus der Nahrung. Genügend molekulares Material also, um die Fette und Öle in kleineren Portionen neu zu verpacken.

Die über die Verdauungsvorgänge im Magen im großen Maßstab aus Pflanzen- und Tierzellen freigesetzten Phospholipide sind für den weiteren Verlauf der Fett-verdauung wichtig. Diese Phospholipide haben aber in der sauren und wässrigen Umgebung ein Kompatibilitätsproblem, denn den Fettsäuren der Phospholipide fehlen Fett und Öl, in das sie ihre Fettsäuren stecken könnten. Noch ist das Fett zu fest verpackt. Frei als einzelne Phospholipide im Magen herumzuschwimmen ist keine Alternative, denn die Fettsäureschwänze sind hydrophob. So bleibt bei den hohen Konzentrationen den Phospholipiden kein anderer thermodynamischer Aus-weg, als ihre eigenen Fettsäuren zusammenzustecken, sodass alle ihre hydrophilen Köpfchen ins Wasser des Magensafts ragen. Dafür gibt es zwei Möglichkeiten: Entweder bilden sie Micellen oder Liposome, wie in Abb. 4.37 dargestellt.

Ein Liposom ist eine geschlossene Membran um einen Hohlraum, der Wasser (samt wasserlöslicher Substanzen) einschließt. Der minimale Radius eines Liposoms hängt wiederum von und der Länge der Sättigung und der Länge der Fettsäuren ab. Liposomen bestehen also aus Lipiddoppelschichten, wie sie von den Zellmembranen bereits bekannt sind. Micellen hingegen sind deutlich kleiner.

Sie bestehen lediglich aus einem Monolayer von Phospholipiden und lassen sich mit Emulsionströpfchen vergleichen, die einen sehr kleinen Ölkern haben, nämlich die Fettsäuren der Emulgatoren selbst. Die Phospholipide sind für die Emulgierung der Nahrungsfette ein weiteres Reservoir. Aus ihnen werden immer mehr Verpackungsmaterial und Transportvehikel für Fette und Öle gebaut, je weiter die Proteinverdauung fortschreitet. Dies geschieht nach weiterer Proteinverdauung, wenn die Proteinschicht auf der Oberfläche der Fetttropfen immer dünner wird und die Tropfen durch heterogene Emulgatoren gerade noch stabil gehalten werden oder gar zu noch größeren Tropfen verschmelzen. Daher ist Hilfe von einem Universalemulgator nötig. Dieser benötigt zwei Aufgaben: Erstens muss er klein und flexibel genug sein, um die großen Tropfen endgültig zu destabilisieren, und zweitens muss er Öle in kleinere Tröpfchen umverpacken und deren Oberflächen so gestalten, dass Lipasen Zugang zum Fett erhalten, damit dessen Tiacylglycerole bzw. Triglyceride in physiologisch verwertbare Fettsäuren gespalten werden können. Dafür sind Gallensäuren von Größe und Struktur perfekt geeignet.

4.9.3   Gallensäuren, die andere Seite des Cholesterols

Die Gallensäuren beruhen auf der Struktur des Cholesterols [71, 72]. Dies liegt intuitiv nahe, denn Cholesterol ist schon als Steuermolekül in der Zellmembran als lokaler Verfestiger und Verflüssiger aufgefallen (siehe Abschn. 3.1.2). Das Molekül kann also sowohl mit Membranen, also Lipiddoppelschichten, als auch mit Lipid-Monolayern, etwa den LDL- und HDL-Partikeln, umgehen. Kein Wunder also, wenn bei der Fettverdauung dessen Grundstruktur für den Umbau der Fettpartikel genutzt wird. Gallensäuren gibt es in mehreren Strukturen, sie unterscheiden sich lediglich in Details, die für das Folgende nicht maßgeblich

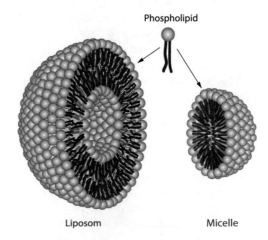

Abb. 4.37 Die Selbstorganisation von Phospholipiden erlaubt je nach Konzentration zwei sphärische Gebilde mit minimaler Oberflächenenergie

Phospholipid

Liposom   Micelle

sind. Für das physikalische Verständnis reicht daher die Beschränkung auf die Cholsäure, einen typischen Vertreter, der in Abb. 4.38 gezeigt ist.

Damit werden Gallensäuren im Dünndarm mit ihrer ganz besonderen Struktur zu einem Emulgator [73] und ihre Wirkung auf Emulsionen lässt sich exakt verstehen [74]. Die Gallensäuren schaffen es zum einen, die großen Öltropfen zu sehr kleinen umzuwandeln. Wegen ihrer breiten hydrophilen Struktur können sie den Lipasen passende Andockstellen bieten und so die Grenzfläche öffnen, indem sie Fettsäuren und Phospholipide in die Zange nehmen und von der Grenzfläche der Fetttröpfchen entfernen. Die Lipasen haben jetzt Zugriff auf die Triglyceride und können von diesen die Fettsäuren abspalten. Diese Kaskade der faszinierenden physikalischen Vorgänge ist in Abb. 4.39 dargestellt.

Die Gallensäuren bereiten die Fetttropfen erst auf, um Pankreaslipasen überhaupt an die Fette gelangen zu lassen. Die Lipasen benötigen einen Cofaktor (z. B. ein zweifach positiv geladenes Calciumion oder ein kleineres Protein, die Colipase), um sie zu aktivieren. Ohne die Cofaktoren können Lipasen erst gar nicht an die in dem Tropfen gefangenen Fette gelangen, wie links in Abb. 4.39 dargestellt ist.

Erst wenn Lipasen über die Cofaktoren aktiviert werden, gelangen sie mit ihrem aktiven Zentrum an die Oberfläche und können Fettsäuren von den Triglyceriden abspalten. Dabei entstehen freie Fettsäuren sowie Mono- und Diglyceride, die sich ebenfalls an der Grenzfläche Fett–Wasser organisieren müssen. Die Grenzfläche gestaltet sich dabei um und wird mit den Emulgatoren unterschiedlicher Polarität stark heterogen. Dies erschwert wiederum die Adsorption der Lipasen an der Oberfläche des Fetttropfens. Gallensäuren hingegen schaffen es, sich in die Grenzfläche zu quetschen, und schieben die bestehenden Emulgatoren zusammen. Den Mono- und Diglyceriden wie auch Fettsäuren oder Phospholipiden bleibt gar nichts anderes übrig, als auszuweichen. Dazu werden die Fettsäureschwänze zwangsweise Wasserkontakt bekommen – eine energetisch sehr ungünstige Situation. Die einzige Möglichkeit, die Energie wieder zu senken,

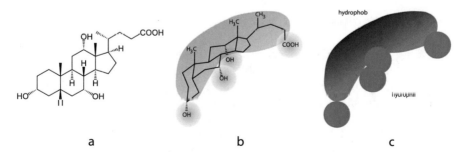

Abb. 4.38 Die Cholsäure, ein typischer Vertreter der Gallensäuren. **a)** Die Strukturformel zeigt die große Ähnlichkeit zum Triterpen-Rückgrat des Cholesterols (vgl. Abb. 3.3). **b)** die räumliche Anordnung offenbart die zwei Seiten der Cholsäure: Eine Seite ist hydrophob, die andere hydrophil. **c)** ein vereinfachtes physikalisches Modell, das im Folgenden verwendet wird, um die spezielle Emulgatorwirkung der Gallensäuren grundlegend zu verstehen

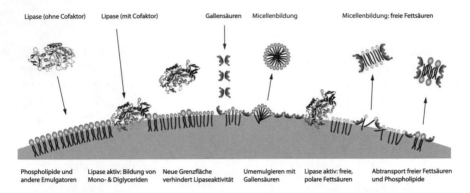

Abb. 4.39 Die verschiedenen Schritte, die bei der Verdauung eines Fetttropfens (rot) nach dem Verdauen der Proteine ablaufen. Es bilden sich allerlei Micellen und andere Gebilde, die typisch für die Physik der weichen Materie und von hoher Relevanz sind

ist daher die Bildung von Micellen, um sich geordnet von der Grenzfläche des Tropfens zu lösen. Dies schafft Platz für weitere Lipasen und deren freien Zugang zum Fett. Es bilden sich somit immer mehr freie polare Fettsäuren, die sich an der Grenzfläche ansiedeln und wieder im letzten Schritt von den Gallensäuren in kleinen Micellen abtransportiert werden (Abb. 4.39).

Diese Schritte folgen den universellen Gesetzen der Kolloidphysik, ganz unabhängig von tierischen oder pflanzlichen Fetten. Diese rein physikalischen Schritte sind aber notwendig, um (langkettige) Fette der Darmwand zuzuführen, um diese der Physiologie zur Verfügung zu stellen [75]. Nur freie polare Fettsäuren und Monoglyceride können von der Darmwand aufgenommen und wiederum zu Triglyceriden zusammengebaut werden, die in großen Fettpartikeln zusammen mit Cholesterol verpackt werden, welche dann über das lymphatische System, unverpackt als LDL-Partikel, dem Blutkreislauf zugeführt werden [71] (vgl. Abb. 3.7).

4.9.4   Langkettige Fette (n > 12)

Langkettige Fette – Triacylglycerole bzw. Triglyceride – bestehen aus Fettsäuren, die länger sind als zwölf Kohlenstoffatome. Dazu gehören die meisten gebräuchlichen Nahrungsmittelfette und Speiseöle, seien es Schweineschmalz, Olivenöl oder die meisten Pflanzenöle. Auch manche Fette, etwa Butter (Milchfett), weisen eine sehr breite Verteilung der Kettenlängen der Fettsäuren auf und haben somit einen außergewöhnlich hohen Anteil an mittelkettigen Fettsäuren. Langkettige Fette werden nach den gerade angesprochenen Prozessen verdaut. Für mittelkettige Fette sind diese physikalischen Schritte nicht nötig.

4.9.5 Mittelkettige Fette (12 > n > 6)

Triacylglycerole mit mittelkettigen Fettsäuren können unabhängig von den Gallensäuren schnell und überwiegend ohne Hydrolyse, also Abspaltung der Fettsäuren vom Glycerol durch Lipasen, resorbiert werden. Sie gelangen direkt über die Portalvene in die Leber. Erst dort werden sie durch Lipasen in der Leber gespalten. Die dabei freigesetzten Fettsäuren stehen damit in den Mitochondrien der Zellen als unmittelbare Energiequelle zur Verfügung. Dies kann so zum Beispiel beim Verzehr von Nahrung, die auf Kokosfett basiert, vonstattengehen, denn Kokosfett besteht vorwiegend aus mittelkettigen Fettsäuren.

Interessant ist in diesem Zusammenhang die Frage, was bei Fetten mit sehr breiter Fettsäurelängenverteilung passiert, etwa bei Milchfett (Butter). Diese Frage ist relativ einfach zu klären. Während des in Abb. 4.39 beschriebenen Prozesses werden die kurz- und mittelkettigen Fette selektiv nach thermodynamischen Prinzipien getrennt (Phasenseparation). Wegen der Kürze der Fettsäuren packen sich die mittelkettigen Fettsäuren in eigenständige sehr kleine Tröpfchen, die im Wasser hinreichend stabil sind und so direkt in die Leber gelangen.

Auch das ist physikalisch basiert: Mittelkettige Fette sind bei Körpertemperatur von 37 °C flüssig, selbst wenn bei Kokosöl die meisten (oder alle) Fettsäuren gesättigt sind. Die Triacylglycerole können somit extrem kleine Tröpfchen bilden, die ohne Emulgatoren in wässriger Umgebung stabil sind. Sie benötigen also nicht die Umwege über die Gallensäuren und werden direkt dem Energiesystem zugeführt. Ohnehin umstrittene Aussagen, etwa, die mittelkettigen, gesättigten Fettsäuren des Kokosöls seien das pure Gift, wie sie etwa im Netz populär sind [76], sind daher allein deswegen aus physikalischen Gründen nicht in dieser Allgemeinheit haltbar.

4.9.6 Pflanzliche Fette, Nüsse und Ölsaaten im Verdauungstrakt

Viele Verdauungsvorgänge folgen auf der molekularen Ebene universellen, lebensmittelunabhängigen Gesetzen der Kolloidphysik und der Physik weicher Materie. Sie werden zum Beispiel auch in Gang gesetzt, wenn wir die als gesund gepriesenen Nüsse, Ölsaaten oder sogar Hülsenfrüchte essen, die etwa wie die Sojabohne relativ viel Öl speichern. Mais, Sojabohnen, Sesam, Palmen, Sonnenblumen, Oliven, Erdnüsse und Kürbis – sie alle sind Ölfrüchte im landwirtschaftlichen Sprachgebrauch und seit Jahrhunderten Quelle für pflanzliches Öl, welches – je nach Zusammensetzung seiner Fettsäuren – die unterschiedlichsten Zwecke in der Küche erfüllt. Im botanischen Sprachgebrauch wird noch unterschieden zwischen der Frucht bzw. dem Fruchtfleisch (Oliven, Palmen) und den Samen oder Saaten, je nachdem, aus welchen pflanzlichen Geweben das Öl isoliert wird. Außerhalb des botanischen Interesses war bislang wenig bekannt, wo, weshalb und wie Pflanzen Öl speichern. Der Vorteil für die Samen ist aber evident: Öl als Speicherstoff besitzt die höchste Energiedichte aller Makronährstoffe, und genau das nutzt die Pflanze während der Keimung. Verpackt wird das Öl in den Zellen der Saaten, und zwar in kleine, zwischen nano- und mikrometergroße, sehr stabile Tröpfchen. Besonders gut erforscht sind diese Ölreservoire bei den Ölsaaten wie Mais, Sonnenblumenkernen oder Sojabohnen. Sie werden als Ölkörperchen (aus der angelsächsischen Fachliteratur: *oil bodies*) oder Oleosomen bezeichnet [77]. Die typische Größe der Oleosomen bewegt sich im Nanobereich – in Sojabohnen ca. 265 nm Durchmesser [78] – und ist für die Keimung und das Wachstum des Samens essenziell. Zur Zeit der Keimung, in der die Pflanze noch keine Fotosynthese betreiben kann, werden die gespeicherten Neutralfette mithilfe von Enzymen zu freien Fettsäuren und schließlich Monosacchariden abgebaut, die für den Aufbau von Kohlenhydraten benötigt werden [79].

Die Ölkörperchen der verschiedenen Saaten und Leguminosen sind unterschiedlich groß, abhängig von ihrem Biotop und den dort herrschenden Gegebenheiten. In Abb. 4.40 sind die wichtigsten Größen zusammengefasst.

Aus der Pflanzenphysiologie und Zellbiologie ist bekannt, wie Pflanzen es schaffen, ihr wasserunlösliches Öl in einer Pflanzenzelle in diese sehr kleinen Fetttröpfchen zu verpacken und zu verteilen. In der Pflanzenzelle findet quasi ein natürlicher Emulgationsprozess auf Nanoebene statt, welcher von der Evolution über Jahrmillionen optimiert wurde. An einem spezialisierten Zellorganell (dem endoplasmatischen Reticulum) sammeln sich innerhalb dessen Membran (also zwischen der Phospholipiddoppelschicht) die von den Enzymen hergestellten fertigen Fette. Dies führt zu Ausstülpung der Membran zu kleinen Tröpfchen, welche sich von der Membran abschnüren können. Die Größe der Tröpfchen wird auch durch zusätzliche Proteine (Oleosine) bestimmt, welche sich gleichzeitig in das nun entstehende Oleosom einlagern und das Zusammenklumpen der einzelnen Lipidtröpfchen verhindern.

Offenbar bauen Soja- und Rapsöl sowie Senfsaat Oleosomen ein, deren Durchmesser im Nanobereich liegt. Ihre Eigenschaften sind also mehr über die Oberfläche bestimmt als über das Volumen. Trotz der Größenunterschiede in den verschiedenen Spezies sind Oleosomen sehr ähnlich aufgebaut. Da die Oleosomen in der wässrigen Umgebung der Zellen der Nüsse und Leguminosen eingebaut sind, müssen sie stabil emulgiert werden. Diese Emulsionsbildung in den

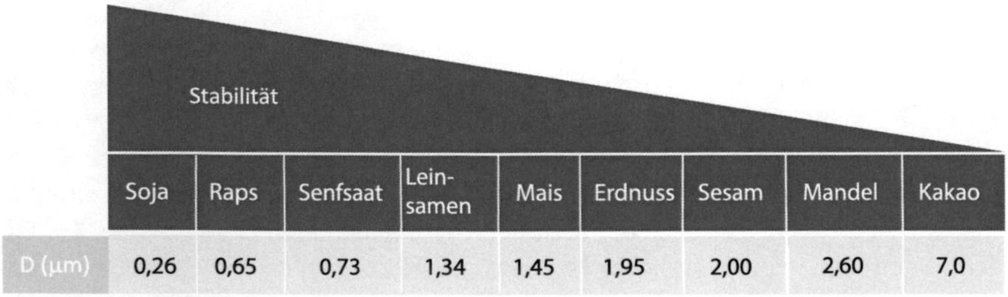

	Soja	Raps	Senfsaat	Leinsamen	Mais	Erdnuss	Sesam	Mandel	Kakao
D (µm)	0,26	0,65	0,73	1,34	1,45	1,95	2,00	2,60	7,0

Stabilität

Abb. 4.40 Fettspeichernde Ölkörperchen – Oleosomen – haben unterschiedliche Durchmesser (D). Kleinere Partikel sind stabiler

Ölpflanzen ist ein grundlegend universeller Prozess, denn die Anforderungen an die Stabilität sind sehr hoch, die Nüsse und Saaten sind in der Wildnis hohen Temperaturschwankungen ausgesetzt oder es dauert lange Zeit, bis sie keimen. Während dieser Zeit dürfen die Fettspeicher nicht beschädigt werden. Oleosomen erhalten daher neben den üblichen, um das Öl dicht gepackten Phospholipiden Verstärkung durch ganz besondere Proteine, wie in Abb. 4.41 schematisch dargestellt ist.

Wie bei den tierischen HDL- und LDL-Partikeln bildet ein Monolayer von Phospholipiden die Grundlage der Stabilität, allerdings ohne einen nennenswerten Anteil von Phytosterolen. Zusätzliche Stabilität wird durch Oleosine erreicht. Diese speziell geformten Proteine (Oleosine) mit einem stark lipophilen Teil, der zu einer Haarnadel gebogen ist (rechts oben in Abb. 4.41), lagern sich zusätzlich ein und stabilisieren die Ölteilchen. Die hydrophilen Teile (C- und N-terminal gelegen) des Proteins bestehen aus einer Helix und einem stark unstrukturierten polaren Teil, sie tragen einen hohen Anteil an polaren und geladenen Aminosäuren. Somit sind Oleosomen elektrisch geladen. Da alle Oleosomen gleiche Ladungen tragen, stoßen die Tröpfchen sich voneinander ab. Sie können sich daher nie zusammenlagern (agglomerieren) und sich zu großen Öltropfen verbinden. Das Öl als Speicherenergie ist daher bestens vor Oxidation geschützt. Diese Eigenschaften machen Oleosomen zu interessanten Systemen für Anwendungen in der Biomedizin, der Kosmetik und natürlich im Lebensmittelbereich.

4.9.7 Oleosine – ganz besondere Proteine

Oleosine sind Proteine, welche die einzelnen Oleosomen stabilisieren. Ihre Form und Funktion sind einzigartig [80]. Proteine oder Peptide sind aus Amino-

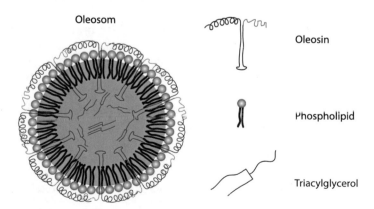

Abb. 4.41 Schematische Darstellung der Oleosomen und deren wichtigster Bestandteile. Das Öl der Saaten und Leguminosen ist vollständig in diese Ölkörperchen verpackt

säuren aufgebaut. Davon baut die Natur insgesamt 22 verschiedene in Proteine ein (proteinogene Aminosäuren). Den proteinogenen Aminosäuren können verschiedene Eigenschaften zugesprochen werden: Auch Proteine sind amphiphil, sie bestehen aus hydrophilen und hydrophoben Aminosäuren, die für die Ausbildung gewisser Strukturmerkmale der Proteine verantwortlich sind. Bildlich kann man sich ein Oleosin wie einen Regenschirm vorstellen. Der äußere Schirmteil ragt ins Wasser (ist also hydrophil) und der Stock ist im Öl verankert (also hydrophob) (Abb. 4.41). Für derartig stabile Verankerungen ist eine spezielle Primärstruktur notwendig. Alle Oleosine bestehen daher aus einer ca. 70 Aminosäuren langen Sequenz aus hydrophoben Aminosäuren, welche eine sogenannte Haarnadelstruktur bildet. Diese Sequenz ist die längste in der Natur bekannte hydrophobe Aminosäuresequenz. Ein weiteres Erkennungsmerkmal der Oleosine, sie sind je nach Pflanzenart etwas abgewandelt, ist der Prolinknopf. Er wird u. a. aus drei Aminosäuren Prolin und einem Serin aufgebaut und bildet die knopfartige 180°-Drehung der Haarnadel. Diese mittlere hydrophobe Sequenz der Oleosine ist bei allen Pflanzensamen identisch. Unterschiedlich hingegen sind lediglich die Randsequenzen, die hydrophilen Schirme der Oleosine, die sogenannten N-terminalen und C-terminalen Teilbereiche. Sie können aus verschiedenen hydrophilen Domänen, wie z. B. einer amphipatischen α-Helix, bestehen. Die stabile Verankerung der Oleosine in der Ölphase ist der Hauptunterschied zu den zuvor erwähnten Apolipoproteinen in den LDL- und HDL-Partikeln. Die im äußeren, hydrophilen Schirmanteil vorhandene Ladung der Oleosine und die dadurch entstehende Abstoßung zweier Oleosomen ist hauptverantwortlich für die Stabilität von Sojamilch, aber auch der Grund, weswegen manche Samen nach Jahrzehnten Lagerung ihre Keimfähigkeit noch nicht verloren haben.

Damit ist auch verständlich, warum Sojamilch, Tofu oder Sojasahne sehr gute Emulgatoren sind. Sojamilch beinhaltet die stärksten Emulgatoren überhaupt: Phospholipide, Oleosine, also Proteine, die sehr stark zur Stabilität beitragen, und Ölkörperchen, die alle auf verschiedenen Längenskalen ihren Beitrag leisten. Die Oleosine sind daher der entscheidende Stabilitätsverstärker in den Ölkörperchen [81]. Sie sind extrem stabil, weit stabiler als Tröpfchen in herkömmlichen Emulsionen, selbst Kochen bei 100 °C oder Rühren in starken Mixern oder technischen Homogenisatoren mit hohen Scherraten kann sie nicht destabilisieren.

Beim Essen von Nüssen, geschroteten Saaten aus Nüssen oder Sojaprodukten, etwa Tofu, erreichen die meisten Oleosomen immer noch intakt den Magen. Aber die Struktur erlaubt ein rasches Schneiden der Oleosine über die säuretolerante Protease Pepsin, wie auch im Dünndarm über Pankreasproteasen wie Trypsin. Die Oleosine von Nüssen und Hülsenfrüchten werden bereits im Magen vom Pepsin an einigen Stellen vorgeschnitten, den Rest besorgen Pankreasenzyme. In die einfache Phospholipidschicht schieben sich Gallensäuren, brechen die ohnehin kleinen Mikro- und Nanotröpfchen in noch kleinere. Die Triacylglycerole des Öls werden den Lipasen zugänglich und die Fettsäuren werden der Weiterverwertung überstellt.

4.10   Grundnahrungsmittel Milch: Physik, Chemie, Nahrung

Bisher stellte sich bereits mehrfach heraus, welche nützlichen Einblicke die der Physiologie vorgeschaltete „Physik und Chemie der Verdauung" erlaubt. Diese Idee lässt auch die strukturellen Aspekte der Milch und Milchprodukte bei deren Verdauung unter anderen Aspekten betrachten. Das Lebensmittel Milch führt immer wieder zu kontroversen Diskussionen. Insbesondere sind die unterschiedlichen Strukturen von Rohmilch, pasteurisierter und homogenisierter Milch, sowie die extended-shelf-life (ESL) Milch von Interesse. Die sehr lange Haltbarkeit der ESL-Milch, die als Frischmilch angeboten wird, lässt Zwiefel an Struktur und Verdaulichkeit aufkommen. Auch homogenisierte Milch gibt Anlass zu Spekulationen. Die kleineren Fettpartikel der homogenisierten Milch könnten die Darmwand durchdringen. Dem in der homogenisierten Milch enthaltenen Protein wird eine glutenähnliche Struktur angedichtet, die für Probleme im Darm verantwortlich sein soll. Auch homogenisierte oder pasteurisierte Milch ist in Verruf geraten [83]. Die in der Rohmilch vorhandenen Enzyme, vornehmlich Xanthinoxidase, würden freigelegt und könnten das Herz schädigen. Außerdem würden „Industriekühe" zu viel des ungesunden (a1-)Caseins produzieren, das für die Entstehung des β-Casomorphins-7 verantwortlich ist, welches wiederum dem Menschen Schaden zufügen würde [82]. Diese Thesen betreffen strukturelle Aspekte der Proteine und Fette in der Milch bedürfen einer genaueren Betrachtung aus der molekularen Sicht, wie es im Folgenden geschehen wird. Zuvor muss jedoch Milch genauer verstanden werden, nicht nur deren Zusammensetzung, sondern der molekulare Aufbau, die Organisation der Fette und Proteine und deren kolloidale Struktur. Allein dies wird eine neue Sicht auf das Lebensmittel Milch liefern. Auch hier werden Physik und Chemie den grundsätzlichen Weg weisen.

4.10.1 Rohmilchproteine – makro, mikro, nano

Um die Eigenschaften der Milch sowie die aufgeworfenen Fragen zur Gesundheit und Nichtgesundheit einschätzen zu können, muss man die Struktur der komplexen Flüssigkeit betrachten. Beginnen wir mit der Rohmilch und deren Strukturelementen, wie eine Kuh sie liefert. In der Milch befinden sich Wasser, Lactose, Vitamine, in Wasser lösliche globuläre Molkenproteine, in Micellen gepackte Caseine (Gesamtprotein 2,5 6,0 %) und je nach Kuhrasse 2–7 % Fett. In der Milch, die normalerweise angeboten wird, wird der Fettgehalt bei Vollmilch auf 3,5 %, maximal 3,8 % eingestellt. In der Rohmilch ab Hof bzw. in Vorzugsmilch sind Protein- und Fettgehalt rassen- und futterabhängig (siehe z. B. die Dissertation von Rätzer [84]). Für das Folgende ist die detaillierte Zusammensetzung nicht von Bedeutung, sondern die Struktur der Fettpartikel, die Struktur der Proteine und deren Veränderung beim Pasteurisieren und Homogenisieren.

Abb. 4.42 Die wichtigsten
(Struktur-)Proteine in der
Milch

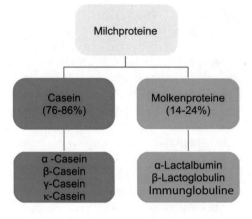

Abb. 4.43 Die
Sekundärstruktur
eines Monomers des
β-Lactoglobulins aus der
(Kuh-)Milch. Der gelb
eingefärbte Bereich betrifft
die Aminosäurekombination
Glutaminsäure, Glycin und
Cystein (nach uniprot.org)

Der Proteingehalt der (Roh-)Milch lässt sich aus Sicht der Struktur grob in zwei Gruppen unterteilen. Zum einen sind es die wasserlöslichen, globulären Molkenproteine, die Lactoglobuline, und zum anderen die Caseine, die sich in Micellen strukturieren (Abb. 4.42).

Die Fraktion der wasserlöslichen Molkenproteine besteht im Wesentlichen aus α-Lactalbumin und β-Lactogobulinen. Bei den Immunglobulinen (Antikörper) gibt es eine ganze Reihe, deren Struktur und Eigenschaften an dieser Stelle nicht im Detail relevant sind. Die Sekundärstruktur des größten und wichtigsten Molkenproteins ist in Abb. 4.43 schematisch dargestellt.

Für die spätere Frage des Einflusses der Homogenisierung und Pasteurisierung ist die thermische Stabilität der Molkenproteine wichtig. α-Lactalbumine denaturieren bereits bei 57,8 °C und β-Lactoglobuline bei 72,4 °C. Dies ist aus der Küche bekannt: Beim Milchkochen bildet sich rasch eine Haut. Die Molken-proteine verändern ihre kugelige Gestalt, ihre wasserscheuen, hydrophoben Sequenzen sind dem Wasser ausgesetzt, die Löslichkeit lässt stark nach und jede Chance, etwas Hydrophobes zu finden, wird wahrgenommen – über die Kon-vektion vor allem an der Grenzfläche zur Luft. Dort sammeln sich die Molken-proteine zur nahrhaften Milchhaut. Wohlgemerkt, diese Denaturierung betrifft die Änderung der Gestalt, nicht aber die Änderung des Nährwerts. Die Amino-säuren verändern sich bei diesen Temperaturen natürlich nicht. Die höhere Denaturierungstemperatur der β-Lactoglobulins im Vergleich zum α-Lactalbumin ist strukturbedingt, denn der höhere interne Zusammenhalt des nativen β-Lactoglobulins ist über zwei Disulfidbrücken innerhalb des Moleküls stärker. Außerdem lagern sich in der nativen Milch zwei β-Lactoglobuline zusammen und bilden ein Dimer.

Die beiden wichtigsten Molkenproteine, α-Lactalbumin und β-Lactoglobulin, sind ausgezeichnete Aminosäurelieferanten. Sie gehören, was die Aminosäurever-teilung betrifft, zu den hochwertigsten Proteinen überhaupt. Vor allem enthalten sie eine große Zahl der essenziellen Aminosäure Leucin, die für den Muskel-aufbau beim Menschen notwendig ist. Im Durchschnitt sind in 1 g Molken-protein 105 mg Leucin, 93 mg Lysin, 69 mg Threonin, 63 mg Isoleucin, 58 mg Valin, 32 mg Tyrosin, 18 mg Tryptophan und 17 mg Histidin enthalten. Diese Kombination in dieser Konzentration in anderen Proteinen kaum zu finden. Nicht zu vergessen sind die 21 mg schwefelhaltige Aminosäuren wie das essenzielle Methionin und das semi-essenzielle Cystein. Das schwefelhaltige Cystein zählt zwar für Erwachsene nicht als essenzielle Aminosäure, denn sie kann aus Serin und Methionin enzymatisch synthetisiert werden. Bei Kleinkindern ist dies wegen des Nichtvorhandenseins des Enzyms nicht möglich, sodass Cystein für die Ver-netzung der Proteine (Schwefelbrücken, siehe Abb. 3.26) zum Beispiel für den Knochenaufbau essenziell ist.

Die kurzen, maximal 170 Aminosäuren langen β-Lactoglobuline sind im Ver-gleich zu verpackten Proteinen, etwa im Muskelfleisch oder gar in Leguminosen, rascher biologisch verfügbar, allerdings nicht unmittelbar, wie später noch detaillierter gezeigt wird. Diese relative Verfügbarkeit des Molkenproteins ist natürlich erwünscht und beim Nachwuchs, den Kälbern, hochwillkommen. Diese müssen, wie alle kleinen Kinder, rasch wachsen und benötigen die Amino-säure Leucin zum Muskelaufbau. Auch aus diesem Grund sind Molkenprotein-pulver und Molke-Shakes bei Bodybildern höchst beliebt. Kein Wunder also, dass Molke für lange Zeit als Abfallprodukt der Käseproduktion galt und an Allesfresser wie Schweine oder Hühner verfüttert wurde: Der hohe Leucingehalt garantierte einen zügigen Aufbau der Muskelmasse auf natürlichem Wege über das Futter, der hohe Cystein-, Calcium- und Phosphorgehalt garantierten gute Ver-netzungseigenschaften von harten Strukturproteinen, Sehnen und Knochen.

Das Casein, die andere auch für die Joghurt- und Käseprotein wichtige Protein-fraktion, ist weit komplizierter aufgebaut. Casein liegt in vier Formen vor und wird in Micellen verpackt [85], wie in Abb. 4.44 dargestellt. Caseine sind im All-gemeinen nicht, nur schwer oder nur teilweise (κ-Casein) wasserlöslich (Tab. 4.3).

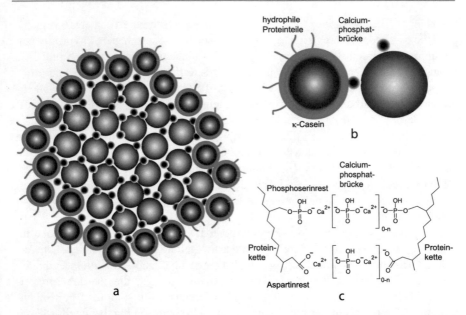

Abb. 4.44 Das klassische (und grobe) Modell der Caseinmicellen (links). Der im Wesent-lichen hydrophobe Kern aus α- und β-Casein (rote Kugeln) wird mit β-Casein-reichen Sub-micellen ummantelt (Kugeln mit blauem Rand). Dabei sorgt der hydrophile Teil des β-Caseins für ein stabiles Dispergieren der Micellen in der wässrigen Molke. Alle Submicellen sind über Calciumphosphatbrücken (kolloidales Calciumphosphat, Nanocluster) zusammengefügt, deren detailliertere Chemie rechts unten dargestellt ist

Tab. 4.3 Es gibt vier verschiedene Caseine in der Milch. Dabei besitzt nur κ-Casein einen stark hydrophilen Teil, der die Wasserlöslichkeit der Caseinmicellen sicherstellt

Typ	Anteil in g	Anzahl Aminosäuren
αS1-Casein	10 g	199
αS2-Casein	2,6 g	207
β-Casein	9,3 g	209
κ-Casein	3,3 g	169

Die Proteine bilden daher Micellen (Abb. 4.44). Im Kern der Micellen befinden sich die wasserunlöslichen Teile. Die Wasserlöslichkeit der gesamten Micellen wird durch die κ-Casein-Moleküle an der Oberfläche sichergestellt, die einen stark hydrophilen Teil ihrer Struktur darstellen.

αS1-Casein, αS2-Casein und β-Casein bilden (über gegensätzlich geladene Aminosäuren) stark hydrophobe Submicellen, die über Calciumphosphatbrücken miteinander verbunden werden [86]. Dabei kann Calciumphosphat selbst in größeren (kolloidalen) Komplexen vorliegen. Immer bindet jedoch das zwei-fach positiv geladene Calciumion einfach negativ geladene Aminosäuren ionisch.

Daher sind Caseinmicellen äußerst stabil und werden auch unter Erwärmen nicht zerstört.

Für das Folgende ist die mittlere Größe der Caseinmicellen entscheidend. Ihr Radius (volumengemittelt) wurde in ausführlichen neueren Arbeiten mittels sorgfältiger Neutronen-Kleinwinkel-Streuexperimente auf 61 nm bestimmt [86], ihr Durchmesser entspricht daher ca. 120 nm. Sie sind somit Beispiele für natürliche Nanopartikel und deutlich kleiner als die Fettpartikel, selbst nach der Homogenisierung, wie gleich gezeigt wird. Ihr spezifisches Gewicht beträgt dabei $\rho_C = 1,078$ g/ml und ist damit höher als das von Wasser [87]. Die beachtenswerte Publikation von de Kruif [86] lässt mittels Neutronenstreuung die Längenskalen in innere Struktur der Caseinmicellen erkennen. Der Radius der Calciumphosphat Nanocluster liegt zwischen 1 - 2 nm, ihr mittlerer Abstand beträgt 18 nm. Die mittlere Größe der Submizellen liegt daher im Bereich um 15 nm bis 20 nm.

Die Calciumphosphatbrücken sorgen für einen hohen Zusammenhalt der Micellen: Die ionische Bindungsenergie ist immer größer als die thermische Energie, selbst wenn frische Milch stark erwärmt wird. Daher bleiben Caseinmicellen auch beim Pasteurisieren und Ultrahocherhitzen erhalten. Die ionische Bindungsenergie ist etwa 20-mal stärker als die thermische Energie. Die Caseinmicellen werden eine Denaturierung beim Kochen und damit auch beim Pasteurisieren ohne Weiteres überstehen, selbst wenn einzelne Proteine, etwa das β-Casein bei 58,5 °C, in der Micelle ihre Gestalt verändern, was aber den Zusammenhalt der Micellen nicht beeinflusst. Dies deckt sich mit der Erfahrung, dass Casein in der Milch beim Kochen nicht ausflockt. Auch ist die Stabilität der Caseinmicellen gegen ein Zusammenlagern (Flokkulation) sehr hoch: Die in die Molke ragenden hydrophilen Teile des κ-Caseins tragen bei einem pH-Wert der Rohmilch von 6,8 bis 7 eine negative Nettoladung und verhindern so das Zusammenklumpen der Caseinmicellen. Die Caseinmicellen sind daher elektrostatisch stabilisierte Nanopartikel, die sich, sobald sie sich nahekommen, stark abstoßen. Erst durch die Beigabe von Kälberlab, eines proteinspaltenden Enzyms, werden diese geladenen Teile entfernt und gehen in Lösung. Die Caseinmicellen aggregieren, es bildet sich Käsebruch. Durch Zugabe von Säure (Protonen) werden die Ladungen der κ-Casein-Ärmchen neutralisiert, dann verbinden sich Caseinmicellen zu großen Aggregaten und fallen aus. Das Verständnis der Stabilität der Milch ist somit tief in der Physik der Kolloide verankert.

4.10.2 Struktur und Zusammensetzung der Milchfette

In den Fettpartikeln sammeln und organisieren sich die Milchfette und Öle zu kleinen Tröpfchen, deren mittlere Größe etwa 3 μm beträgt, aber zwischen 1 μm und 20 μm schwanken kann. Die Größenverteilung der Fettpartikel ist in Rohmilch sehr breit, sowohl sehr kleine als auch sehr große Partikel kommen darin vor. Das spezifische Gewicht ρ_F beträgt um 0,9 g/ml. Diese Fettteilchen befinden sich in einer wässrigen Umgebung, sie müssen daher entsprechend durch Emulgatoren stabilisiert werden, damit sie nicht bzw. wenig koagulieren, sprich zusammenlagern, und sich zu größeren Tröpfchen verbinden. Dies ist insbesondere ein Problem bei höherer Temperatur, beim Kochen von Rohmilch. Auch dabei trennt sich Fett nicht von Wasser, was für eine besondere Struktur der Fettpartikel der nativen Milch spricht. Dabei kommt der Art der Fette in der Milch eine besondere Bedeutung zu.

In nativer Kuhmilch liegt eine sehr breite Verteilung der Fettsäuren vor: Kurzkettige bis langkettige, gesättigte und ungesättigte Fettsäuren sind im Milchfett vorhanden. Abgesehen von dem hohen nutritiven Wert des Fettsäurespektrums bestimmen die Verteilung und die damit einhergehende molekulare Struktur der einzelnen Triacylglycerole (Triglceride) auch eine ganze Reihe physikalischer Eigenschaften der Fettpartikel in Rohmilch (Tab. 4.4).

Dabei ist die chemische Charakterisierung der Fettsäuren der allgemeinen Form C n:s (siehe Abschn. 1.3) die wichtigste Information. Die Anzahl der Kohlenstoffatome n definiert dabei die Länge der Fettsäuren, der Parameter s den Sättigungsgrad. Beide zusammen bestimmen die Schmelz- und Kristallisationstemperatur der Fettsäuren [88]. Die starke Variation der Länge und des Sättigungsgrads und somit der Schmelztemperatur des Milchfetts zeigen auch, wie sich die Triacylglycerole der Milch organisieren müssen, um Tröpfchen zu bilden. Da allerdings lange und gesättigte Fettsäuren bei Zimmertemperatur Kristalle bilden, kann dies nur geschehen, wenn die flüssigen Triacylglycerole, die aus kurzkettigen oder ungesättigten Fettsäuren bestehen, in einem flüssigen Kern von einen festen, sphärisch kristallisierten Kern umgeben sind, wie in Abb. 4.45 schematisch dargestellt.

Da sich die Fettkügelchen in einer wässrigen Umgebung, der Molke, befinden, sind weitere Stabilisierungsmechanismen notwendig. Deshalb wird die Oberfläche der Fettkügelchen mit einer komplex aufgebauten Schicht von Emulgatoren ummantelt [89]. Diese stellen auch die Stabilität der Fettkügelchen unter Erwärmen und das damit verbundene Schmelzen der kristallinen Phase der Tröpfchen sicher (auch wenn manche der Tröpfchen koagulieren und sich die Größenverteilung unter Umständen leicht verschiebt). Daher werden die Fetttröpfchen durch eine Monoschicht von Phospholipiden sowie durch eine umliegende Membran – eine Doppelschicht aus Phospholipiden – stabilisiert. Die Phospholipide wiederum teilen sich in der Milch in vier verschiedene Formen zu unterschiedlichen Anteilen auf, die in Tab. 4.5 zusammengefasst sind.

Die Phospholipide können wie aus Membranen bekannt, mit unterschiedlichen Fettsäuren lokal Eigenschaften wie Steifigkeit, Biegeenergie oder lokale Flexibilität einstellen. Die Membranelemente der Rohmilch übernehmen nahezu alle erforderlichen, biologischen Eigenschaften. Wie bei den Oleosomen, den Fettpartikeln der Ölsaaten und Leguminosen, wären die Tröpfchen mit einer einfachen einhüllenden Phospholipidschicht, einem Monolayer, kaum stabil. Die Fetttröpfchen werden zur weiteren Stabilisierung noch mit einer Lipiddoppelschicht umhüllt. Durch diese Verstärkung werden die Tröpfchen physikalisch stabiler, gleichzeitig lässt sich aber in den Membranen vieles verpacken, was für den Nachwuchs wichtig ist, wie Phospholipide, Cholesterol und vor allem Enzyme.

Tab. 4.4 Die Fettsäuren der Kuhmilch; deren mittlere Häufigkeit und Schmelzpunkte bestimmen die Struktur der Fettpartikel. Die Fettsäuren stammen aus unterschiedlichen Quellen, das Futter für die Kühe spielt bei manchen Fettsäuren eine entscheidende Rolle. Andere Fettsäuren werden über die Enzyme Desaturase (entsättigend) und Elongase (verlängernd) erzeugt

Fettsäure	Chemie	Vorkommen (%)	Schmelzpunkt (°C)	Herkunft
Gesättigte Fettsäuren				
Buttersäure	C 4:0	3,0–4,5	− 7,9	Fermentation im Pansen
Caprionsäure	C 6:0	1,3–2,2	− 1,5	Milchdrüse, Fermentation
Caprylsäure	C 8:0	0,8–2,5	16,5	Milchdrüse
Caprinsäure	C 10:0	1,8–3,8	31,4	Milchdrüse
Laurinsäure	C 12:0	2,0–5,0	43,6	Milchdrüse
Myristinsäure	C 14:0	7,0–11,0	53,8	Milchdrüse
Palmitinsäure	C 16:0	25,0–29,0	62,6	Milchdrüse, Fettgewebe
Stearinsäure	C 18:0	7,0–3,0	69,3	Fettgewebe, Futter
Ungesättigte Fettsäuren				
Ölsäure	C 18:1	30,0–40,0	14,0	Aus C 18:0 Desaturase
Linolsäure	C 18:2	2,0–3,0	− 5	Futter
Linolensäure	C 18:3	0–1,0	− 11	Futter
Arachidonsäure	C 20:4	0–1,0	− 49,5	Desaturase, Elongase
trans-Fettsäuren, konjugierte Fettsäuren				
Vaccensäure	C 18:1,11t	1	44,0	Pansen
CLA	C 18:2,11t	2	30–40	Pansen, Fettgewebe

   Die biologische Membran um die Fetttröpfchen in der Rohmilch hat natürlich keine vergleichbare Funktion wie in Zellen, ist aber eine ökonomische Methode, Nährstoffe und für das Kalb wichtige Funktionsbestandteile effektiv einzuschließen. In der sehr stark vereinfachten Darstellung der Oberfläche des Fetttropfens (Abb. 4.46) ist veranschaulicht, wo sich zum Beispiel die Xanthinoxidasen befinden: zwischen Lipiddoppelschicht und Monolayer der Phospholipide auf der Oberfläche der Fetttropfen.

Abb. 4.45 Feste und flüssige Fette bilden ein sphärisches Fetttröpfchen. Zur vereinfachten schematischen Darstellung ist in der Kristallphase nur ein Fetttyp dargestellt und Variationen in den Fettsäuren werden vernachlässigt. Die festen Fette organisieren sich in einer kristallinen Schale und umschließen den flüssigen Kern der kurzkettigen und ungesättigten Triacylglycerole (Triglyceride)

Tab. 4.5 Lecithin und Emulgatoren der Milch haben verschiedene Bestandteile, die sich in Membranen und um Fette verteilen

Polare Lipide	Prozentualer Anteil
Phosphatidylcholin	36
Phosphatidylethanolamin	27
Sphingomyelin	22
Phosphatidylinositol	11

4.10.3 Milch – roh und pasteurisiert

Ziel der Pasteurisierung ist natürlich die Inaktivierung der Keime, die in der Rohmilch vorhanden sind und die sich nicht über eine kritische Zahl pro Volumen in der Milch vermehren dürfen. Die Pasteurisierung dient schlicht und ergreifend der Lebensmittelsicherheit. So gut Rohmilch schmeckt, so hochwertig sie ist, so ist sie auch einer ganzen Reihe möglicher Kontaminationen mit Keimen ausgesetzt, die sich selbst unter Kühlung vermehren können. Mögliche Kontaminationen stammen von der Euterhaut, der Einstreu auf dem Boden, von Resten von Exkrementen im Stall oder Heu und anderen (vorkontaminierten) Futtermitteln. Darunter sind auch wirklich gefährliche Keime wie Colibakterien, die Erkrankungen über enterohämorrhagische Escherichia coli (EHEC) auslösen können. Dabei besteht kaum ein Unterschied, ob der Hof „Bio" ist oder „konventionell". Ziel einer Pasteurisierung und anderer Konservierungsmethoden ist es, das Wachstum solcher Keime zu verhindern und möglicherweise vorhandene Keime abzutöten. Je nach Methode kommen dafür thermische Verfahren (Pasteurisierung, Ultrahocherhitzung) infrage oder aber auch Mikrofiltration, bei

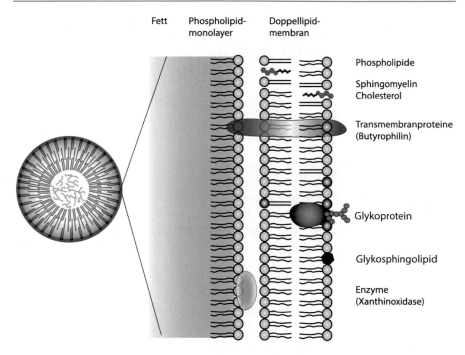

Fett   Phospholipid-   Doppellipid-
        monolayer   membran

Phospholipide

Sphingomyelin
Cholesterol

Transmembranproteine
(Butyrophilin)

Glykoprotein

Glykosphingolipid

Enzyme
(Xanthinoxidase)

Abb. 4.46 Die Fettpartikel der Rohmilch sind dreifach verpackt. Das Fett ist von einem Monolayer aus Phospholipiden umgeben, darum herum schmiegt sich eine Membrandoppelschicht aus verschiedenen Phospholipiden und Cholesterol. Die Membrandoppelschicht ist auch in diesem Fall in der Lage, Proteine, Enzyme und weitere funktionelle Moleküle einzuschließen

der Keime herausgefiltert werden können (ESL-Milch). Grundsätzlich dienen diese Verfahren der Lebensmittelsicherheit, auch wenn immer wieder das Gegenteil behauptet wird und aus wissenschaftlichen Untersuchungen [90] bzw. allgemeinverständlich formulierten Veröffentlichungen [91, 92] Schlüsse gezogen werden, die so behandelte Milch wäre die Ursache für Unverträglichkeiten und Krankheiten.

Wie bereits angemerkt, werden bei thermischer Behandlung, je nach Temperatur und Zeitdauer, manche Molkenproteine (teilweise) denaturieren. Dass dies keine Auswirkungen auf deren Nährwert bezüglich der Makronährstoffe hat, ist nur logisch. Weder die Zahl noch die biologische Wertigkeit der Aminosäuren noch die Struktur der Fettsäuren ändern sich während der Pasteurisierung und der Mikrofiltration, und damit auch nicht der Nährwert der Makronährstoffe. Durch die Denaturierung der Molkenproteine werden diese sogar leichter verdaulich, wie sich *in vitro* genau verfolgen lässt [93]. Dazu werden die nativen Proteine unter realistischen Bedingungen, d. h. bei den im Magen vorherrschenden Temperaturen von 37 °C und physiologischen pH-Werten (um 2,0), nachgestellt und dann die im Magen vorkommenden Enzyme, vornehmlich Pepsin, zugegeben.

Die Bildung der Proteinbruchstücke und die Geschwindigkeit der Verdauung der Proteine lassen sich mit geeigneten Analyseverfahren genau bestimmen. Danach werden diese vorverdauten und nativen Proteine an den „*in-vitro*-Dünndarm" weitergereicht. Dort herrschen ebenfalls 37 °C, der pH-Wert beträgt 8,0, wenn Trypsin zugegeben wird. Auch hier lässt sich die Verdauung genau verfolgen und mit Analysedaten belegen. So können die Molkenproteine auf unterschiedliche Temperaturen (und für unterschiedliche Zeiten) erwärmt werden, wie es der Pasteurisierung, der H-Milch-Herstellung und der ESL-Behandlung entsprechen würde.

Bei den β-Lactoglobulinen zeigt sich beim Verdauen ganz Erstaunliches über die Struktur und den Zusammenhalt der Moleküle und vor allem, wo und unter welchen Umständen sie rascher verdaut werden können. Beispielhaft sei das für Pasteurisierungstemperaturen und pH-Werte anhand Abb. 4.47 gezeigt.

Dabei fällt auf, dass im Magen das native β-Lactoglobulin kaum über Magenpepsin verdaut wird. Selbst bei geringfügiger Erwärmung bleibt die Verdauungsrate vergleichsweise gering, sogar wenn die Enzyme länger als 120 min auf die Proteine einwirken. Erst bei Erwärmung ab 70 °C und darüber steigt die Verdauungsrate stark an, und bereits nach 60 min ist das meiste, was Pepsin schneiden kann, erledigt. Anders als unter den Bedingungen im Dünndarm: Dort ist Trypsin das maßgebliche Enzym. Selbst die nativen β-Lactoglobuline in der Rohmilch werden dort mit signifikanten Raten zerlegt. Vorausgegangene Wärmebehandlungen von 80 °C und höher beschleunigen die Verdauungsrate noch etwas. Werden zuvor die Disulfidbrücken getrennt, so ist die Verdauungsrate bei beiden

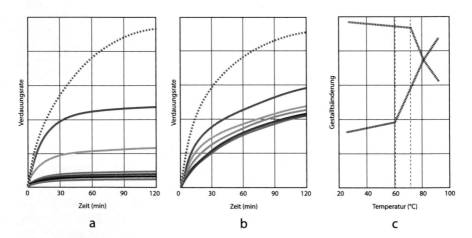

Abb. 4.47 Die Verdauung (in relativen Einheiten, gemessen mittels Fluoreszenzspektroskopie) von β-Lactoglobulin im Modell (*in vitro*). Daten gemäß Reddy et al.[94]. **a**) Verdauung unter Pepsin. **b**) Verdauung unter Trypsin bei verschiedenen Temperaturen: grün: nativ, dunkelblau 50 °C, grünblau 60 °C, hellblau 70 °C, orange 80 °C, rot 90 °C. Bei den Werten der grau gepunkteten Kurven (**a** und **b**) wurden die Schwefelbrücken zuvor enzymatisch aufgeschnitten. **c**) Das Maß der Gestaltänderung des Proteins im Magen (rot) bei pH = 2 und im Dünndarm (blau) bei pH = 8

Enzymen deutlich höher. In Abb. 4.47c wird dies nochmals unterstrichen. Dabei wurde spezielles Augenmerk auf das Trennen der Disulfidbrücken in nativen und wärmebehandelten β-Lactoglobulinen gelegt. Bei den niedrigen pH-Werten im Magen sind diese bis zu Temperaturen bis 70 °C nahezu stabil, selbst bei höheren Vorbehandlungstemperaturen findet kein Trennen der Disulfidbrücke statt (rote gestrichelte Kurve). Bei höheren pH-Werten um 8, wie sie im Dünndarm vorliegen, brechen die Disulfidbrücken rasch auf, die Proteine ändern ihre Gestalt daher ab 60 °C deutlich. Molkenproteine werden demnach doch nicht so rasch verdaut, wie an anderen Stellen gern behauptet wird [94].

Was lässt sich aus solch komplizierten, aber notwendigen Experimenten ablesen? Native β-Lactoglobuline zeigen sich gegenüber einer Vorverdauung im Magen aufgrund der intakten Disulfidbrücken resistent. Ihre Verdauung im Magen wird bei der thermischen Behandlung der Milch ab 70 °C deutlich leichter, die Molkenproteine werden bereits im Magen stärker vorgespalten. Im Dünndarm jedoch spielt die Vorbehandlung der Milch kaum eine Rolle. Bereits native Molkenproteine werden zügig in Peptide und Aminosäuren zerlegt. Diese Beobachtung ist natürlich die Konsequenz der Denaturierung des β-Lactoglobulins bei etwa 72 °C. Die Denaturierungstemperatur ist rechts in Abb. 4.47 als senkrecht gestrichelte Linie eingezeichnet. Durch die dabei ausgelösten Gestaltänderungen des Proteins wird es den Verdauungsenzymen zugänglicher, die aktiven Zentren der Enzyme können besser zugreifen.

Aber die Experimente zeigen noch mehr: Werden zuvor die Disulfidbrücken gelöst, beginnt die Verdauung des Proteins nahezu uneingeschränkt. Offenbar ist der interne Zusammenhalt über die Cystein-Schwefelbrücken für die hohe Resistenz des β-Lactoglobulins gegenüber dem Pepsin verantwortlich. Dieser Zusammenhalt ist über die chemische Bindung sehr stark, die Magensäure schwächt die Bindung nicht, im Gegenteil. Erst der hohe pH-Wert im Dünndarm erlaubt es, die Bindungen der Disulfiedbrücken zu schwächen. Disulfidbrücken können sich bei pH-Werten oberhalb 7 leichter lösen. Daher wird in Abb. 4.47 klar, warum bei höheren pH-Werten die Denaturierung bereits bei niedrigen Temperaturen einsetzt. Wegen der bereits gelösten Disulfidbrücken ist der Zusammenhalt des Proteins schwächer, die Denaturierung kann schon bei etwas niedrigeren Temperaturen, bei etwa 60 °C, eintreten. Die Enzyme haben dann vollen Zugriff auf ihre Schnittstellen. Pepsin kann an den essenziellen Aminosäuren Tryptophan, Tyrosin, Phenylalanin, Leucin und Isoleucin bevorzugt schneiden. Diese Schnittstellen sind aber dem Enzym nicht zugänglich, solange das Protein über die stabilen Schwefelbrücken stabilisiert wird. Entgegen anderslautender Vermutungen ist damit eine unkontrolliert rasche Aufnahme von Aminosäuren aus Molkenproteinen nicht gegeben [95]. Die Experimente mit dem schwefelbrückenfreien β-Lactoglobulin zeigen dies eindeutig. Erst wenn Schwefelbrücken gebrochen sind, können sowohl Pepsin als auch Trypsin auf ihre Schnittstellen uneingeschränkt zugreifen.

Diese strukturellen Details, die beim β-Lactoglobulin hier exemplarisch genauer dargestellt sind, haben weder mit Verträglichkeit noch Unverträglichkeit oder biologischer Verfügbarkeit zu tun, auch nicht mit Wohlbefinden oder

Unwohlsein. Sie zeigen aber aufs Neue, wie tief man in Struktur der Proteine bei Verdauungsprozessen hineinschauen muss, um physiologische Phänomene zu erfassen. Des Weiteren lässt sich dabei etwas Allgemeines über die Verdauung von Proteinen mit Disulfidbrücken lernen, diese sind uns bereits beim Brot (Gluten) begegnet. Dort gelten ähnliche Prinzipen und zeigen, wie im Wechselspiel der Magen- und Pankreasenzyme die Proteinverdauung systematisch geregelt ist.

Zugleich ist die Denaturierung der Proteine offenbar eine Frage von Temperatur und Zeit. Werden die Milch und die Proteine einem kurzen, intensiven Wärmepuls von 127 °C ausgesetzt, fehlt ihnen schlicht die Zeit, weitgehend zu denaturieren. Der Wärmepuls bringt die Membranen und manche der Membranproteine der Keime außer Form, was reicht, um die Keime zu neutralisieren, aber nicht die über einige Schwefelbrücken mit sich selbst gebundenen β-Lactoglobuline. Auch das wird über die Physik der Wechselwirkung und die sich daraus nach physikalischen Grundgesetzen ergebende Dynamik der Proteine definiert. Diese physikalisch-chemischen Fakten sind vielen Ernährungspopulisten nicht bekannt. Daher geht auch von der ESL-Milch keine Gefahr aus. Im Gegenteil: Diese Verfahren garantieren eine sehr hohe Lebensmittelsicherheit, die eine wohlschmeckende Rohmilch nicht *per se* hat. Dies steht im Gegensatz zu einem geringen Verlust an Mikronährstoffen (einigen Vitaminen), der bei der Wärmebehandlung entsteht. In pasteurisierter Frischmilch betrifft dies bis maximal 10 % der hitzelabilen B-Vitamine und des Vitamin C. Bei der kurzzeitig bei deutlich höheren Temperaturen erhitzten H-Milch (UHT) liegen die Verluste an den genannten Vitaminen bei bis zu 20 %, während aufgrund der Filtrationstechniken in der ESL-Milch keine nennenswerten Verluste zu verzeichnen sind. Daher ist es eine Frage des Abwägens. Natürlich steht fettreiche Rohmilch, frisch vom Bauern, für einen hohen Genuss, allerdings darf diese nicht mehr überall in den Supermärkten oder Bioläden verkauft werden (Ausnahme Frankreich). Die Vitamindiskussion allein am Lebensmittel Milch zu führen ist für die Praxis ohnehin müßig. Milch ist in aller Regel nicht das einzige Lebensmittel, das verzehrt wird, und der Vitaminbedarf lässt sich bei abwechslungsreicher Mischkost ohnehin leicht und ohne Supplementierung decken.

Zur Pasteurisierung und anderen thermischen Konservierungsmethoden und deren Auswirkungen auf die Milch wird allerlei Unfug geschrieben, der sich schon mit dem bisher hierher erlangten Wissen widerlegen [96] lässt: Die Verdauungshilfe Lactase würde beim Pasteurisieren kaputtgehen, deswegen sei pasteurisierte Milch weniger gut verträglich (entnommen aus dem Netz [97]), was leider kritiklos übernommen und verbreitet wird [98]. Das ist natürlich nicht richtig, denn in der nativen Milch befindet sich keine Lactase, den Kälbern würde ein wichtiger Nährstoff, das Kohlenhydrat Lactose, fehlen.

4.10.4 Molkenprotein – ein Glutathionlieferant

Ein oft vergessener Vorteil des β-Lactoglobulins ist sein Potenzial, Glutathion zu liefern. Glutathion ist ein γ-Glutamylpeptid, dieser Begriff ist bereits im Zusammenhang mit kokumi gefallen. Diese Glutamylpeptide entstehen aus normalen Peptiden (α-Bindung), nachdem die Peptidbindung durch das Enzym γ-Glutamyltransferase verändert wurde. Tatsächlich ist Glutathion ein kokumirelevantes Molekül und tritt auch beim Reifen von tierischen Produkten wie Käse vermehrt auf, was dann die Mundfülle unterstützt.

Glutathion ist aber ein Multitalent, denn es wirkt in allen Zellen höchst antioxidativ und gehört damit zum natürlichen Zellschutz. Glutathion besteht aus den Aminosäuren Glutaminsäure, Glycin und Cystein, und diese Kombination kommt als Sequenz in β-Lactoglobulin vor, und zwar an der in Abb. 4.43 gelb markierten Stelle. Werden die Proteine enzymatisch zerlegt, liegt mit hoher Wahrscheinlichkeit ein direkter Vorläufer des Glutathions bereits vor und kann leicht über die γ-Glutamyltransferase von der normalen α-Bindung in die γ-Version überführt werden. Dies lässt sich auch *in vitro* [99] und *in vivo* [100] nachweisen.

Dies zeigt aufs Neue, und wie bereits an mehreren Stellen erläutert, wie Geschmack und Funktion in dem Biosystem Mensch zusammengeführt werden. Ohne die Präsenz der Glutaminsäure funktioniert keine Zelle, kein Protein, obwohl sie keine essenzielle Aminosäure ist. Dennoch spielt sie beim Umamigeschmack, bei Kokumi, der Mundfülle und bei der Bildung des Antioxidans Glutathion eine maßgebliche Rolle.

4.10.5 Milch – roh versus homogenisiert

Wie bereits angesprochen, ist die Größenverteilung der Fettpartikel in der Rohmilch sehr breit, d. h., es kommen sowohl kleine als auch sehr große Fettpartikel vor. Diese großen Partikel sorgen dafür, dass sie rasch aufrahmen, d. h., in Rohmilch sammeln sich große Fettpartikel relativ rasch, innerhalb eines Tages, an der Oberfläche und bilden eine Rahmschicht. Physikalisch lässt dich dies zeigen, wenn die Fettpartikel durch makroskopische Kugeln mit Radius $R = D/2$, Masse m und einem bestimmten Gewicht $G = mg$ beschrieben werden; g ist dabei die Erdbeschleunigung. Die Masse m ergibt sich aus der Dichte ρ_P des Partikels und dessen Volumen V zu $m = (4\pi/3)R^3 \rho_P$. In der Molke erfahren die Fettpartikel eine Auftriebskraft F_A, die sich gemäß dem archimedischen Prinzip aus dem Gewicht der verdrängten Molkenmenge ergibt, $F_A = (4\pi/3)R^3 \rho \mathrm{Mg}$; ρ_M ist dabei die Dichte der Molke. Allerdings sind die Teilchen in Bewegung, sobald Gewicht und Auftrieb verschieden sind, wenn sich also Partikel- und Flüssigkeitsdichte unterscheiden. Folglich wirkt eine Reibungskraft, die wiederum durch die Partikelgröße R, die Viskosität η der Molke und die Partikelgeschwindigkeit v definiert ist und im einfachsten Fall durch die Stoke'sche Kraft $F_R = 6\pi\eta R$ beschrieben wird. Aus dem Kräftegleichgewicht ergibt sich die zeitunabhängige Aufrahmgeschwindigkeit der Partikel, v, zu

$$v = \frac{2}{9\eta} g (\rho_P - \rho_M) R^2$$

Wie erwartet, wird die Aufrahmgeschwindigkeit v mit zunehmender Viskosität geringer und hängt vom Vorzeichen der Differenz der Dichten ab. Ist das spezifische Gewicht der Partikel geringer als das der umgebenden Flüssigkeit, steigen die Partikel nach oben (Aufrahmen), im umgekehrten Fall sinken sie (Sedimentation). Von großer Bedeutung ist aber vor allem die quadratische Abhängigkeit der Geschwindigkeit vom Teilchenradius R. Große Fettpartikel bewegen sich überproportional schneller nach oben. Verdoppelt sich der Radius des Fettpartikels, nimmt die Aufrahmgeschwindigkeit um den Faktor 4 zu. Die Rahmschicht der Rohmilch besteht also aus den großen Fettpartikeln. Dieser Gedanke ist zwar richtig, stimmt aber dennoch nicht ganz, denn während des Aufrahmens kommt es zu einer Traubenbildung. Einzelne Fettpartikel lagern sich zusammen und bilden größere „Trauben". Deren effektiver (hydrodynamischer) Radius ist entsprechend größer, diese Trauben steigen schneller nach oben. Dies hat eine Zunahme des effektiven Tröpfchenradius mit der Zeit zur Folge, also geht das Aufrahmen schneller vonstatten, als man vermuten könnte und es die obige Gleichung vorhersagt. Auch das Lagern der Milch bei niedrigen Temperaturen (um 0 °C im Kühlschrank) beschleunigt das Aufrahmen. Die thermische Energie der Fettpartikel ist geringer, die Proteine in der Membranschicht unterschiedlicher Fettpartikel verbinden sich über ein Protein, das Immunglobulin M (IgM) der Molke [101]. Die Traubenbildung wird bei niedrigen Temperaturen noch stärker beschleunigt. Die Aufrahmgeschwindigkeit ist daher nicht mehr zeitlich konstant, sondern nimmt drastisch mit der Größe der wachsenden „Traube" zu (Abb. 4.48).

Bei der normalen Körpertemperatur der Kuh, sie liegt zwischen 38 °C und 39 °C, kommt es natürlich nicht zu dieser Traubenbildung, die Fetttröpfchen bewegen sich noch so schnell, dass sie sich aufgrund ihrer hohen Energie wegen ihrer Eigengeschwindigkeit nicht über die IgM-Wechselwirkung verbinden können. Auch aufgekochte und für längere Zeit erwärmte Rohmilch wird nicht mehr so rasch aufrahmen. Die Proteine des Immunglobulins IgM sind ab 78 °C denaturiert und dienen nicht mehr als Links für die Aggregation. Wird die Milch nur kurzzeitig pasteurisiert, reicht der Wärmepuls nicht aus, um IgM zu denaturieren, daher bildet sich in pasteurisierter und nicht homogenisierter Milch immer noch nach einem bis zwei Tagen eine dicke Rahmschicht.

Um dies zu vermeiden, kann die Milch homogenisiert werden (Abb. 4.49). Das Ziel der Hochdruckhomogenisierung der Milch ist, die Fettpartikel zu verkleinern. Dazu wird die Milch mit hohem Druck durch Düsen gedrückt, wobei starke Scherströmungen entstehen. Hierdurch werden maximale Partikelgrößen von etwa 1 μm angestrebt. Die Vorgänge dabei sind beachtlich. Wird der Radius der dem Prozess unterworfenen Partikel um 1/10 verkleinert, so ergibt sich dadurch wegen der Volumenkonstanz eine Vertausendfachung der Anzahl der Partikel. Demzufolge nimmt deren Oberfläche um das Zehnfache zu. Daraus lässt sich auf eine Veränderung der Mikrostruktur der Oberfläche und damit der Milch schließen. In der Tat werden Fetttröpfchen und Caseinmicellen dabei stark verändert. Die Membrandoppelschicht wird teilweise aufgerissen, die Caseinmicellen werden verkleinert. Caseinmicellen lagern sich um die Fetttröpfchen an, hydrophile Caseinsubmicellen an der Monoschicht nahe den Triacylglycerolen. Dabei können

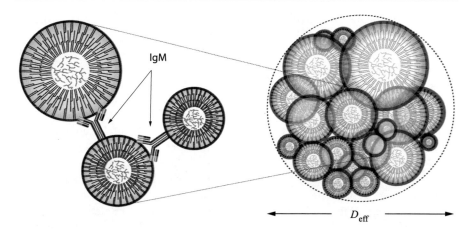

Abb. 4.48 Traubenbildung in der Milch beim Aufrahmen. Fettkügelchen lagern sich über die in der Lipiddoppelschicht eingelagerten Proteine IgM zusammen. Der effektive Durchmesser, D_{eff}, wächst mit zunehmender Traubenbildung stetig an und ist wesentlich größer als der mittlere Durchmesser der individuellen Fettpartikel. Folglich nimmt die Aufrahmgeschwindigkeit mit der Zeit zu

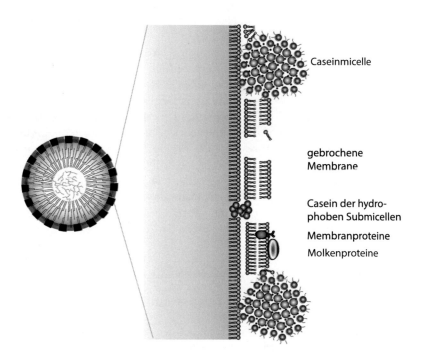

Abb. 4.49 Stark schematisierte (und nicht maßstabsgerechte) Darstellung der stark veränderten Oberfläche der Fettpartikel nach dem Homogenisieren. Die Lipiddoppelschicht (Membran) wird teilweise zerstört. Caseinsubmicellen und Caseinmicellen selbst lagern sich an der Oberfläche der Fetttröpfchen an

auch Molkenproteine an der veränderten Oberfläche der Fetttröpfchen adsorbieren [102].

Gleichzeitig werden Enzyme aus den natürlichen Plätzen gelöst, darunter Lipasen, deren katalytische Wirkung Fettsäuren aus den Triacylglycerolen abtrennt; diese werden dann wiederum zu Aromaverbindungen abgebaut, die der Milch einen fettig-ranzigen Geruch geben würden. Daher ist es eigentlich zwingend, Milch vor dem Homogenisieren zu erhitzen. Dabei werden nicht nur Keime, sondern auch Enzyme inaktiviert. Die Haltbarkeit der homogenisierten Milch wird daher aus zwei Gründen verlängert: durch die geringe Keimzahl und durch Verminderung der enzymatisch induzierten Fehlaromenbildung.

Das Anlagern von Proteinen aus den Caseinmicellen auf den Fettpartikeln nach dem Homogenisieren lässt sich mittels aufwendiger analytischer Methoden bestimmen [103]. Dabei zeigt sich, wie im Vergleich zur Rohmilch der relative Anteil der Proteine bezüglich Oberfläche und spezifische Gewicht der Fettpartikel zunimmt (Tab. 4.6).

Einige Teile der abgeplatzten Membran gehen dabei als Lecithin in Lösung. Sie helfen mit, homogenisierte Milch besser aufzuschäumen. Ein wichtiger, oft nicht beachteter Punkt betrifft die natürlichen kleinen Fettpartikel der Rohmilch, deren Größe zwischen 0,5 µm und 50 nm liegt. Diese Partikel, wie auch viele Casein-micellen, werden während des Homogenisierens nicht verändert. Auch Rohmilch weist eine hohe Zahl an Partikeln in Nanogröße auf, die jeden Homogenisierungs-prozess überstehen.

Die Oberflächen der Fettpartikel sind nach dem Homogenisieren mit kleinen Caseinmicellen belegt, somit sinkt die Dichtedifferenz der Partikel. Die mittlere Dichte der Fett-Casein-Partikel in der homogenisierten Milch ist höher als die der reinen Fettpartikel der Rohmilch und unterscheidet sich kaum von der Dichte der Molke. Die Dichtedifferenz liegt nahe bei null. Die Aufrahmgeschwindigkeit wird daher so gering, dass innerhalb der üblichen Lager- und Haltbarkeitszeiten der Milch kein Aufrahmen erkennbar wird. Gleichzeitig findet wegen der veränderten Oberfläche kaum noch eine Traubenbildung statt. Die thermische Vorbehandlung homogenisierter Milch lässt. Lactoglobuline und Immunglobuline partiell denaturieren. Auch IgM kann daher nicht mehr als Verbindungsbrücke zwischen noch intakten Membranen der Fett-Casein-Partikel in der homogenisierten Milch fungieren. Diese Effekte, die das Aufrahmen in der Rohmilch beschleunigen, sind

Tab. 4.6 Veränderung des Proteinanteils auf den Fettpartikeln. Dabei nimmt wegen der Verkleinerung des Partikelradius die Oberfläche stark zu. Gleichzeitig lagern sich Caseine auf den Fettpartikeln an. Der Anteil des gebundenen Proteins steigt, ebenso der Anteil des an das Fett gebundenen Proteins

Milch (4 % Fett-gehalt)	Oberfläche der Fett-partikel (m^2/ml Fett)	Anteil des an Fett gebundenen Proteins (g/100 g Protein)	Menge des an Fett gebundenen Proteins (mg/g Fett)
Rohmilch	1,2	3,8	28
Homogenisiert	4,8	39,8	345

nach der Homogenisierung nicht mehr vorhanden zudem ist die Dichtedifferenz zwischen Fettpartikeln und wässriger Phase geringer. Homogenisierte Milch rahmt daher auch im Kühlschrank nicht mehr auf.

4.10.6 Roh gegen homogenisiert bei der Verdauung

Die strukturellen Unterschiede zwischen Rohmilch und homogenisierter Milch werden oft im Zusammenhang mit gesundheitlichen Fragen thematisiert. Homogenisierte Milch wird dabei für gesundheitliche Probleme verantwortlich gemacht, vor allem in der pseudowissenschaftlichen Literatur [104]. Dabei lässt sich heutzutage in detaillierten *in-vitro*-Untersuchungen zeigen, wie Rohmilch und homogenisierte Milch auf molekularer Basis verdaut werden [105, 106]. Trinkt man frische Rohmilch, trifft sie im Magen auf die dort herrschende saure Umgebung mit pH-Werten zwischen 3 und 1. Dort wird die Milch „gerinnen", denn wie bei Zugabe von starker Säure in der Küche flockt die Milch aus, was nichts anderes bedeutet, als dass die Caseinmicellen zu größeren Aggregaten zusammenklumpen und somit eine hohe Resistenz für die Pepsine im Magen zeigen. Beim Weitertransport in den Dünndarm steigt allerdings der pH-Wert wieder an, die Aggregate können sich wieder lockern und werden durch Pankreasproteasen mit geeigneten Schnittstellen, wie Trypsin und Chymotrypsin, attackiert. Somit werden unterschiedlichen Caseinproteine der Caseinmicellen nach und nach aufgespalten.

Bei der Fettverdauung kann auf die generellen Aspekte, wie sie in Abschn. 4.9 und in Abb. 4.39 bereits ausführlich besprochen wurden, zurückgegriffen werden. Bei der nicht erhitzten Rohmilch sind die Fettpartikel von Membranproteinen und der Membrandoppelschicht umgeben. Die Fettpartikel treffen ebenfalls auf die Magensäure, dort werden die meisten Membranproteine denaturiert, die Membran wird löchrig und löst sich teilweise auf. Phospholipide lagern sich im Magen zu Micellen zusammen und stehen für die Emulgierung von freien Fetten zur Verfügung. Die Membranteile, die die Magenpassage überstanden haben, werden von den Gallensäuren aufgelöst. Danach attackieren die Gallensäuren die Monolayer der Phospholipide und machen den Weg für die Pankreaslipase frei, wie in Abb. 4.50 dargestellt.

Bei homogenisierter Milch ist der Verlauf ähnlich, nur erfolgt er in einer anderen Zeitstaffelung. Aber abgesehen von dem Verdauen von Caseinagglomeraten über Gallensäuren mit Unterstützung der gleichzeitigen Proteinverdauung im Dünndarm sind die enzymatischen Prozesse nicht besonders unterschiedlich (Abb. 4.51).

Die Milchfettpartikelmembran ist bereits aufgebrochen, stattdessen sind die Fettpartikel mit von Caseinmicellen belegt. Die Struktur der Caseinmicellen wird bei den niedrigen pH-Werten im Magen durch die Proteindenaturierung „aufgeweicht", Proteasen beginnen den Proteinverdau. Während im Falle der Rohmilch zunächst die Milchfettmembran beseitigt werden muss, ist die bei homogenisierter Milch nur an manchen Stellen der Fall. Die Oberfläche der Fettpartikel ist vor allem mit Caseinmicellen bzw. Caseinsubmicellen belegt, die

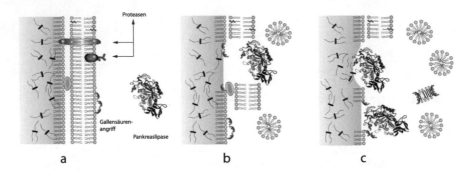

Abb. 4.50 Darstellung verschiedener Phasen (**a–c**) der Verdauung der Fetttröpfchen bei Roh-
milchverzehr

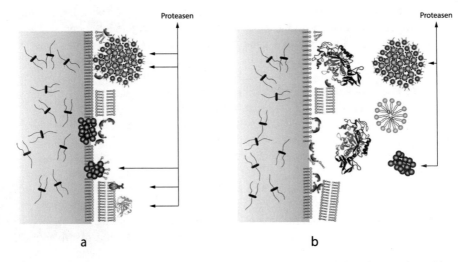

Abb. 4.51 Die Verdauung von Fettpartikeln in homogenisierter Milch. Die geänderte Oberfläche der Fettpartikel erfordert lediglich ein anderes Zeitmanagement zwischen Proteasen,
Gallensäuren und Lipasen. Die biophysikalischen Prozesse sind dennoch sehr ähnlich den Ver-
dauungsvorgängen aller Emulsionen und Dispersionen und beschränken sich nicht auf Milch

zuerst mittels Gallensäuren von den Fettpartikeln und Proteasen gelöst werden
müssen, bevor Lipasen die Fette verdauen können. Auch hier hilft die hohe Grenz-
flächenaktivität der Gallensäuren. Sie schieben sich zwischen den Phospholipid-
Monolayer und verringern dadurch die Adsorptionsenergie der Caseinmicellen.
Diese lösen sich ab und begeben sich in die wässrige Phase im Darm. Damit ist
der Weg für die Pankreaslipasen frei, die dann Triacylglycerole hydrolysieren. Wie
im Fall der Rohmilch werden freie Fettsäuren, Gallensäuren und Phospholipide
in Mischmicellen abtransportiert. Die verbleibenden Caseinmicellen bzw. Teile
davon stehen dann Proteasen zur Verdauung zur Verfügung. Nach und nach

werden die Proteine der Micellen zu Peptidstücken und Aminosäuren gespalten, die entsprechend wiederverwertet werden können.

In diesem Zusammenhang ist erwähnenswert, dass die *in-vitro*-Nachstellung solcher Verdauungsvorgänge weit realistischer durchgeführt werden kann, als gemeinhin angenommen wird. Mittlerweile gibt es Apparaturen, die Magen- und Darmbewegungen sehr genau nachbilden. Auch bei diesen dynamischen Untersuchungen verändern sich die bisher aufgeführten Resultate nicht [107].

So weit die molekularen Fakten. Bleiben noch die gängigen Märchen, die im Folgenden kurz angesprochen werden müssen.

4.10.7 Homogenisierte Milch und Atherosklerose

Seit den 1970er-Jahren gibt es die Hypothese [108], das durch den Homogenisierungsprozess freigelegte Enzym Xanthinoxidase an der Oberfläche der Fettpartikel sei für das Entstehen von Atherosklerose und von koronaren Herzkrankheiten mitverantwortlich. Die durch die Homogenisierung zerkleinerten Milchfettkügelchen könnten durch die Darmwand hindurchtreten und damit könnte das Enzym Xanthinoxidase in den Organismus gelangen. Das, so die Hypothese, könne im Herzen einen biochemischen Prozess in Gang setzen, an dessen Ende typische Schädigungen im Herzen und in den Arterien entstünden.

Dies ist allein aus physikalischen Gründen unmöglich. Die Fettpartikel sind keinesfalls so klein, dass sie ungehindert bzw. unverdaut die Darmschleimhaut passieren könnten. Sie sind dafür immer noch zu groß.

Mehr noch: Durch das Erhitzen, sei es Pasteurisierung oder Ultrahocherhitzung, wird in der homogenisierten Milch die Xanthinoxidase inaktiviert. Die Denaturierung, und damit die Inaktivierung der Xanthinoxidase, erfolgt rasch bei 69 °C [109]. Sie ist also weder in pasteurisierter noch in ESL-Milch aktiv, sie liegt demzufolge in denaturierter Form vor, quasi als Protein. Da homogenisierte Milch immer pasteurisiert ist, sind solche Behauptungen schlicht unwahr. Darüber hinaus kommt das Enzym Xanthinoxidase auch im menschlichen Organismus vor. Es unterscheidet sich weder in der Gestalt noch in der Funktion auf molekularer Ebene von dem Milchenzym. Dennoch hält sich diese nie bewiesene und aus molekular Sicht unschlüssige Aussage bis heute.

4.10.8 a1- und a2-β-Casein

Bisher wurde das Casein bis auf die unterschiedlichen hydrophilen und hydrophoben Fraktionen noch nicht genauer betrachtet. Dies war nicht zwingend notwendig, da alle Phänomene verstanden werden konnten, ohne genauer in die Details der Caseinmicellen zu blicken. Dies wird jetzt nachgeholt, denn dahinter verbirgt sich eine Kontroverse um das β-Casein, das mitunter rassenspezifisch eine Veränderung zeigt, die unter den Begriffen a1- und a2-β-Casein bekannt ist. Dies gibt reichlich Diskussionsstoff, wobei die molekularen Ursachen und Fakten meist nicht bekannt sind, aber wiederum mit dem Wissen und den bisher besprochenen Methoden gut verständlich sind.

Das β-Casein der ersten domestizierten Milchkühe im Neolithikum bestand aus reinem a2-β-Casein. Es ist heute bekannt [110], dass es bei dem Protein β-Casein eine ganze Reihe von spontanen, natürlichen Varianten bei Kühen an 14 Stellen der Proteinketten gibt, eine davon findet an der Aminosäure Nummer 67 statt. Das hydrophobe Prolin (in a2) wird gegen das hydrophile und essenzielle Histidin im a1-β-Casein ausgetauscht. Durch Migration, Nachkommen und Züchtung entstanden seit dem Neolithikum in Europa und Amerika Kuhrassen, bei denen sowohl die a1- als auch die a2-Variante vorkommt, während zum Beispiel bei den indischen Rassen nur a2-β-Casein gebildet wird, wie in Abb. 4.52 gezeigt ist.

Der Unterschied der Varianten im β-Casein verändert nicht die Struktur und Größe der Caseinmicellen, er zeigt sich lediglich in einem Punktdefekt der Proteinprimärstruktur. Allerdings führt dieses Detail bei der Verdauung zu einer Modifikation bei den Casomorphinen, und darauf bauen viele Fakten auf, aber auch Ängste, Ansichten und Meinungen; sogar ganze Geschäftsmodelle.

Bei der Verdauung von β-Casein spielen die Schnittstellen des Pepsins und die Pankreasenzyme Elastase und Leucin-Aminopeptidase eine Rolle [111], welche wegen der veränderten Aminosäure aus der a1-Variante ein bioaktives Peptid schneiden, Vorläufer des β-Casomorphin-7 (Abb. 4.53).

So ist das Enzym Elastase bei der a2-Variante (oben) an der angedeuteten Stelle nicht aktiv, das Prolin wird im Gegensatz zum Histidin nicht in diesem Stadium abgeschnitten. Daher ist die a2-Variation, die auch im humanen Casein vorliegt, in den enzymatischen Verdauungsprozessen ähnlich. Die Freisetzung von Casomorphinen lässt sich enzymatisch verfolgen [112] und in *in-vitro*-Modellen [113] systematisch studieren. Vor allem das β-Casomorphin-7 wird häufiger bei Patienten mit neurologischen Erkrankungen nachgewiesen [114]. So kam man zu

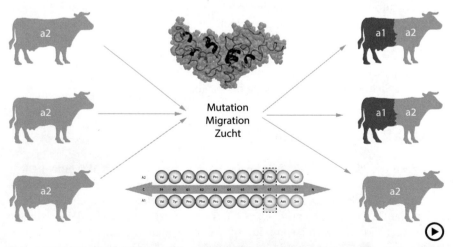

Abb. 4.52 Im Laufe der Zeit bildeten sich durch häufige Mutation, Migration und Zucht Kühe heraus, deren β-Casein (oben) sowohl die a1- als auch die a2-Variante zeigt. Der Unterschied ist an der Primärsequenz zu erkennen (unten) (▸ https://doi.org/10.1007/000-7rs)

dem Schluss, Milch stünde im Zusammenhang mit Autismus und dem plötzlichen Kindstod. Wegen der unterschiedlichen Peptidstücke während der Verdauung wird auch über stärker ausgeprägte Reaktionen bei Lactoseintoleranz spekuliert [82]. Harte wissenschaftliche Daten gibt es dazu nicht. Es gibt daher keinen Grund die Milch und Milchprodukte von a1-Kühen zu meiden. In absurd anmutenden Tierversuchen wurden Mäuse mit reinen Caseinen regelrecht überfüttert, aber es lassen sich trotzdem kaum signifikante Resultate ablesen [115]. Auch kann nach Milchgenuss kein β-Casomorphin-7 im Serum von Menschen nachgewiesen werden. Das kann zweierlei bedeuten: Entweder liegt die Konzentration unterhalb der Messgrenze, oder das Molekül kommt dort nie an, weil es zuvor auf anderem Wege abgebaut oder chemisch verändert wurde.

Bei diesen Diskussionen darf nicht vergessen werden, dass sich sowohl aus α- als auch aus β-Casein eine ganze Reihe bioaktiver Casomorphine bildet. Auch wird vergessen, dass die a1-/a2-Varianten lediglich ein winziger Teilaspekt sind. So bildet sich β-Casomorphin-7 aus auch den sogenannten Varianten B, C, F und G, bei denen ebenfalls ein Austausch der Aminosäuren Prolin und Histidin an der 67 [116]. Stelle vorliegt. Zum anderen ist mittlerweile auch bekannt, dass biogene Peptide tatsächlich funktionelle Aufgaben übernehmen, die sich im

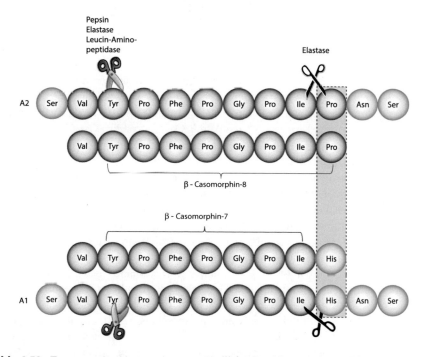

Abb. 4.53 Enzyme schneiden zwei unterschiedliche Peptide aus einem Teil der β-Casein-Sequenz. a1 und a2 bilden unterschiedliche Vorläufer für β-Casomorphine, die erst nach weiteren enzymatisch unterstützten Reaktionen gebildet werden. Der fundamentale Unterschied: Das hydrophile Histamin ist dafür chemisch verantwortlich

Laufe der Evolution und der Anpassung des humanen Stoffwechsels an die verfügbare Nahrung herausarbeiteten. Selbst β-Casomorphin-7 hat positive Effekte. Wie relevant diese aber tatsächlich im Zusammenspiel mit allen Peptiden ist, die während der Verdauung entstehen, sei dahingestellt. Es ist vollkommen legitim, sich auf ein ganz bestimmtes Molekül zu stürzen und dessen Funktion in allen Details zu erforschen, aber es bleibt aberwitzig, daraus Ernährungsregeln abzuleiten. Diese Bemerkung trifft selbst auf die Milch zu, denn nur die Milch weniger Rassen (Holstein) liefert ausschließlich a1- (und B, C, F, G)-Casein. Viele andere (Jersey, Brown Swiss, Guernsey) liefern vorwiegend a2-Casein, mit einem schwankenden a1-Anteil. Allein die hohe Zahl der ausschließlich positiv besetzten bioaktiven β-Casomorphine-5, -6 und -8 bis -11, die der alternierenden Prolinsequenz aus Abb. 4.53 zugrunde liegen, zeigen, wie unseriös es ist, allein der Nummer 7 unbewiesene negative Eigenschaften der Milch anzudichten. Ganz stimmt das ohnehin nicht, denn diese Casomorphine zeigen eine agonistisch opioide Wirkung und sind, wie in Abb. 4.53 angesprochen, resistent gegenüber den Schnittstellen vieler Verdauungsenzyme. Casomorphine verlängern daher sogar die Darmpassage und können dadurch zum Beispiel Diarrhö bekämpfen [117]. Beobachtungen, dass sie die Stuhlfrequenz oder die Stuhlkonsistenz verändern, sind daher nicht verwunderlich, sondern liegen in den physikalisch-chemischen Eigenschaften dieser Peptide begründet.

Wegen der speziellen hydrophoben Aminosäureprimärstruktur und der stückweise alternierenden Prolinsequenz treten diese biogenen Peptide auch häufig in fermentierten und gereiften Milchprodukten auf, wie in Tab. 4.7 zusammengefasst ist.

Tab. 4.7 zeigt die Systematik der wichtigsten Casomorphine und deren Hierarchie des enzymatischen Proteinabbaus. Dabei schwanken in Käsen und Joghurt die Werte erheblich. So finden sich hin und wieder in Cheddar, Blauschimmelkäse, Brie und Limburger gar keine Casomorphine. Die Gründe liegen im Enzymstatus der Milch (z. B. roh gegenüber pasteurisiert) wie auch in den pH-Werten und im Salzgehalt der Käse, die Enzymaktivitäten steuern [113]. Auch die jeweils verwendeten Starterkulturen und deren Enzyme spielen eine Rolle, zum Beispiel bauen die Peptidasen der Milchsäurebakterien des *Lactococcus lactis* ssp. *cremoris* Casomorphine vollständig ab [118]. Andere Milchsäurebakterien verfügen über prolinspezifische Peptidasen, die auch prolinreiche Sequenzen schneiden [119]. Auch deshalb ist von verallgemeinerten Behauptungen strengstens abzuraten.

In dieser Tabelle fallen aber noch zwei ernährungswissenschaftliche Zusammenhänge auf: Offenbar kommen die geradzahligen β-Casomorphine, die ein Prolin am Ende besitzen, nur in relativ frischen Produkten wie Joghurt, Buttermilch oder Dickmilch vor, wenn entsprechende Bakterienkulturen verwendet werden. In den meisten lang gereiften Käsen werden diese immunabwehrstärkenden Casomorphine über spezifische Enzyme offenbar enzymatisch abgebaut. Das β-Casomorphin-10, beim mittelalten Gouda entdeckt, spielt eine

Tab. 4.7 Ein Teil der nachgewiesenen β -Casomorphine in Milchprodukten

BCM n	Sequenzielle Primärstruktur	Vorkommen (nur analytisch nach-gewiesene Beispiele)
3	(Tyr)(Pro)(Phe)	Edamer, Joghurt
4	(Tyr)(Pro)(Phe)(Pro)	Buttermilch, Dickmilch, Joghurt
5	(Tyr)(Pro)(Phe)(Pro)(Gly)	Caprino, Cheddar, Fontina, Grana Padano, Gorgonzola, Edamer, Taleggio,
6	(Tyr)(Pro)(Phe)(Pro)(Gly)(Pro)	–
7	(Tyr)(Pro)(Phe)(Pro)(Gly)(Pro)(Ile)	Brie, Cheddar, Gouda, Gorgonzola, Grana Padano, Fontina, Rokpol, Taleggio
8	(Tyr)(Pro)(Phe)(Pro)(Gly)(Pro)(Ile)(Pro)	–
9	(Tyr)(Pro)(Phe)(Pro)(Gly)(Pro)(Ile)(Pro)(Asn)	Joghurt, Cheddar, Gouda
10	(Tyr)(Pro)(Phe)(Pro)(Gly)(Pro)(Ile)(Pro)(Asn)(Ser)	Gouda
11	(Tyr)(Pro)(Phe)(Pro)(Gly)(Pro)(Ile)(Pro)(Asn)(Ser)(Leu)	Milch, junger Käse

besondere Rolle. Es ist geschmacksrelevant, gilt als käsespezifisches Bitterpeptid [120] und ist somit unverzichtbar typisch für den *Flavour* mancher Käse, wie viele α- und β-Casein-Peptide, die durch hydrophobe (und essenzielle) Aminosäuren dominiert sind. Zur Erinnerung: die meisten essenziellen Aminosäuren schmecken bitter.

Neue Untersuchungen mit *ex-vivo*-Verfahren, gepaart mit hochgradig verfeinerten Analysemethoden zeigen sogar das Auftreten des β-Casomorphins-7 aus beiden a1- und a2-Caseinen [121]. Ganz anders als bei Reagenzglasverfahren (*in vitro*) werden lebenden Tieren Gewebe und Zellen entnommen und dem Casein beigefügt. Das funktioniert auch mit menschlichen Zellen, Schleimhäuten und Gewebe. So lassen sich die Verdauungsvorgänge *live* verfolgen und analysieren. Sollten sich diese ohnehin sehr gewissenhaft durchgeführten Experimente über andere Forschergruppen bestätigen lassen, wären viele Befürchtungen bezüglich des BCM-7 und der scheinbar signifikanten Unterschiede der a1- und a2-Caseine hinfällig. Daher lässt sich die Milch als das verwenden, was sie seit der neolithischen Revolution darstellt: als ein komplexes Lebensmittel, aus dem Enzyme, seien es jene der menschlichen Verdauung oder die aus der Biotechnologie der Joghurt- und Käseherstellung, viel Positives machen: Sie stellen aus den Proteinen eine ganze Reihe bioaktiver Substanzen her [122], die in der Summe gut für die Menschen sind, wie in Abb. 4.54 dargestellt.

4.10.9 Mikro-RNA in der Milch

Milch enthält allerdings noch mehr, nämlich sogenannte Wachstumsfaktoren, die dem Kalb einen guten Start ins neue Leben ermöglichen. Sie werden verdächtigt, sie könnten die Zellen älterer Kinder und Erwachsener zum ständigen Stress anregen, und gelten als Hauptverdächtige bei Entzündungsprozessen bis hin zu raschem Zellwachstum und Tumorneigung [123, 124]. Gesteuert werden diese Wachstumsfaktoren unter anderem über sogenannte Mikro-RNA (miRNA; kleine Ribonucleinsäuren). Derartige Meldungen werden rasch verbreitet [125], ohne die Hintergründe dieser Hypothesen zu betrachten oder sich gar tiefer in den Stand der molekularen Forschung zu begeben. Bei genauerem Hinsehen zeigt sich aber erst, wie komplex und vor allem unklar diese Fragen sind, sich aber dennoch lichten, wenn man einen genaueren Blick auf die molekularen Funktionen wirft.

Was also machen Mikro-RNAs? Vereinfacht gesprochen können mi-RNAs das Lesen und Kopieren der Information aus der DNA verantwortlichen RNA an ganz bestimmten Plätzen steuern bzw. hemmen und damit Einfluss auf die jeweils erforderliche Proteinproduktion nehmen. Genauer: Mikro-RNAs (miRNAs) bestehen aus 19 bis 24 Nucleotiden, die auch von der DNA bekannt sind (siehe Kap. 2). Sie können die Genaktivität blockieren, indem sie sich an bestimmte Bereiche von Boten- oder Messenger-RNAs (mRNA) anlagern.

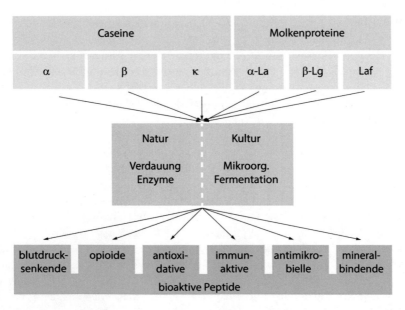

Abb. 4.54 Was aus den Proteinen der Milch entsteht, egal ob durch die Natur des Verdauungstrakts oder die Enzyme der Kulturtechniken aus der Biotechnologie (Joghurt, Käse), ergibt stets bioaktive Peptide. Das Potenzial aller Proteine, a1- und a2-Caseine, wie auch α-Lactalbumin, β-Lactoglobulin oder Lactoferrin, wird bei Menschen oder Mikrokulturen je nach Möglichkeit maximal genutzt

Damit steuern miRNAs grundlegende biologische Prozesse wie Entwicklung, Zelldifferenzierung, Zellwachstum und Vermehrung oder den Zelltod. miRNAs können auch den Abbau von Proteinen beschleunigen, wie auch die Proteinsynthese blockieren oder den Abbau der Messenger-RNAs (mRNA) fördern. Sie sind damit sinnvolle Regulatoren in den kleinsten Einheiten des biologischen Lebens der Zelle. Physikalisch-chemisch betrachtet sind sie nichts weiter als kleine funktionelle Schalter [126]. Das ist gut so, denn der Nachwuchs muss sich zügig entwickeln, die Immunabwehr muss gestärkt werden, spontane Zellveränderungen, wie sie auch bei Neugeborenen (egal welcher Spezies) ständig vorkommen, werden rasch repariert [127]. Auch der Zugang zum Gehirn muss gewährleistet sein, denn dort regeln offenbar manche miRNAs neurologische Funktionen der Angstbewältigung und regeln Stoffwechselprozesse [126].

Diese miRNAs befinden sich in der Milch aller Säugetiere, somit auch in der des Menschen. Die Vielfalt dieser miRNAs richtet sich nach den biologischen Funktionen und hängt auch vom Stadium der Laktation ab [128], wie dies auch bei der Nährstoffzusammensetzung der Fall ist (siehe Abb. 4.5). Die nächste Frage ist, wo genau sich diese miRNAs in der Milch befinden und was mit diesen während der Verdauung passiert. Wären sie verdaubar, könnten sie nicht aufgenommen werden und ihre Funktionen erfüllen. Daher werden miRNAs in nanometergroße Hohlkörper, sogenannte Exosomen, verpackt, vesikelartige Gebilde zwischen 30 nm und 90 nm Größe. Diese Exosomen werden in den Zellen der Milchdrüsen hergestellt, dann über Umstülpungsmechanismen aus den Zellmembranen geschleust, sodass sie in der Milch in biologischer Verpackung vorliegen. Das Verpackungsmaterial besteht allein zur Garantie eines reibungslosen Umstülpungsprozesses aus den membraneigenen Phospholipiden, Cholesterol und Membranproteinen und ähnelt einem Liposom, einem geschlossenen Nanokügelchen aus einer Phospholipiddoppelschicht, wie in Abb. 4.55 dargestellt.

Es ist mitnichten so, dass die miRNAs ausschließlich über die Nahrung aufgenommen werden, denn sie sind – wie bereits angesprochen – Grundlage jedes Organismus, egal ob tierisch (und damit menschlich) oder pflanzlich. miRNAs werden in den Zellen produziert, somit auch in jedem erwachsenen Menschen. So gibt es mehrere Hundert endogene miRNAs beim Menschen, die sich im menschlichen Körper nachweisen lassen und dort die ihnen durch die Anordnung der Nucleotide der DNA – U, G, A, C – exakt zugewiesenen Aufgaben übernehmen. Auch diese miRNAs schwimmen im menschlichen Körper nicht frei in den wässrigen Körperflüssigkeiten (das wäre in der Tat fatal), sondern werden von der Zelle über die bereits angesprochenen Umstülpungsprozesse in endogene Exosomen verpackt. Denn nur so können sie eingehüllt in die Membran (Abb. 4.55) über Rückstülpungsprozesse in die Zellen gelangen, um sich dort zu entleeren und den eingesperrten Inhalt freizugeben. Ihren Weg zu den relevanten Zellen finden sie über ganz bestimmte Rezeptorproteine, die Exosomen in ihrer Hülle mitführen. Diese universellen, zellphysikalischen Prozesse werden übrigens bei der Verabreichung von mRNA-Impfstoffen (Corona) ausgenutzt.

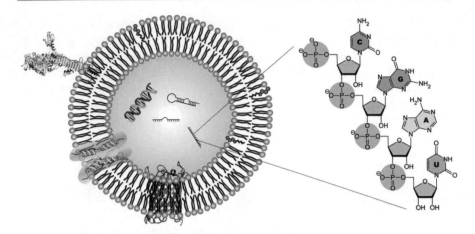

Abb. 4.55 Naive Darstellung eines Exosoms: Die Hülle besteht aus einer Membrandoppelschicht, in der Cholesterol und Proteine eingebaut sind. In dem wässrigen Innenraum befinden
sich miRNAs in verschiedenen Zuständen (Vorläufer, Argonauten, Dicer, gereifte miRNA).
Exosomen sind Paradebeispiele für „weiche Nanomaterie". Die wasserlöslichen miRNAs
(symbolisch rechts dargestellt) bestehen wie die DNA aus Nucleotiden, wobei Thymin nicht vorkommt, stattdessen Uracil. Die Hauptkette der miRNA besteht aus Phosphorsäure und Ribose,
somit sind alle RNAs stark wasserlöslich

4.10.10   Kuhmilch-Exosomen als Informations- und
Medikamententransporter

Seit einiger Zeit sind die miRNAs im Visier von Forschergruppen, zum Beispiel
bei der Frage, ob diese Nanopartikel aus der Kuhmilch aufgrund ihrer Nanogröße
und des Hohlraums in der Mitte sogar als Carrier für pharmakologisch relevante
Wirkstoffe dienen, um diese gezielter an den Ort ihres Wirkens zu transportieren
[129]. Milchkritiker hingegen fokussieren sich auf die Frage, ob die Exosomen
genverändernde miRNAs von Kuhmilch im Körper von Milchtrinkern verbreiten
und dann als Schalter oder Auslöser für bestimmte Erkrankungen, selbst Tumoren,
wirken. Andere Forschergruppen finden sogar positive Effekte bei Tumoren [130].
Diese Fragen stehen und fallen mit dem Verhalten der Exosomen (und der darin
eingeschlossenen Wirkstoffe, seien es miRNAs oder darin im Labor verkapselte
Wirkstoffe) während der Magen-Darm-Passage.

4.10.10.1 Kuhmilch-Exosomen im Verdauungstrakt
Die Liste der miRNAs, die kritisch gesehen werden, ist allerdings lang [131], insbesondere auch, da die Sequenz einer der Kuhmilch-miRNAs mit der humanen
miRNA übereinstimmt. Kann man daraus schließen, dass Milchtrinken menschliche Gene umprogrammiert? Die Frage ist im Detail offen, dennoch gibt es gute
physikalisch-chemische Gründe, die mit dem hier bereitgestellten Wissen verständlich werden, dass dies unwahrscheinlich ist.

Im Hohlraum der Exosomen befinden sich auch die miRNAs, von denen es eine große Zahl (mehrere Hundert) für die jeweils zugeteilte Aufgabe gibt. Die Frage, was mit den miRNAs während der Verdauung passiert, ist daher eine Frage der Stabilität der Exosomen. Die meisten Untersuchungen betreffen die *in-vitro*-Verdauung. Dazu werden Exosomen aus der Milch extrahiert (pH-Wert-provozierte Fällung der Caseine und anschließende Zentrifugation) und anschließend einer simulierten Verdauung mit den Verdauungsenzymen (Pepsin) aus dem Magen und den Pankreasproteasen unterzogen. Dabei stellt sich heraus, dass die Exosomen die Verdauung überstehen [132]. Das ist kein Wunder, denn die Proteasen verdauen lediglich die (relativ wenigen) Proteine, die in den Exosomen verankert sind. Die Lipiddoppelschicht ist aber dicht mit den Phospholipiden belegt. Der wenige Platz, der über die Proteinverdauung frei wird, kann sofort mit den Phospholipiden, wie aus der Membranphysik bekannt, durch Zusammen-rücken aufgefüllt werden [133]. Dies nennt man den Marangoni-Effekt. Die Phospholipide verteilen sich um und füllen die kleinen Lücken. Diese stehen im Prinzip zwar nicht mehr so eng zusammen, halten das Exosom dennoch stabil, wie in Abb. 4.56 schematisch angedeutet ist.

Wie ebenfalls in *in-vitro*-Experimenten gezeigt wurde [132], können diese intakten Exosomen an Darmzellen andocken und von diesen aufgenommen werden. Daraus wurde geschlossen, Exosomen würden die darin enthaltenen Informationen der Kuh-miRNAs im Körper von Milchtrinkern verteilen; mensch-liche Zellen könnten dadurch umprogrammiert werden. Diese Hypothese steht aber im Widerspruch zu Beobachtungen, denn ein direkter Zusammenhang zwischen den postulierten Erkrankungen ist nicht nachzuweisen.

4.10.10.2 Das Zürcher Experiment – der Schlüssel liegt in den Gallensäuren

Dieser Widerspruch lässt sich mit den *in-vivo*- und *ex-vivo*-Experimenten, die in Zürich durchgeführt wurden, beleuchten. Dort wurden die Exosomen nicht *in-vitro* verdaut, sondern *in-vivo* und *ex-vivo* [134], und damit genauer analysiert [135]. Dort wurde gezeigt, dass die Bestandteile der Exosomen, inklusive der miRNA, weitgehend verdaut werden und die Exosomen die Magen-Darm-Passage nicht überstehen. Ein Großteil dieser Beobachtungen lässt sich auf die Wirkung der Gallensäuren zurückführen, denn diese erstaunlichen Emulsionsbrecher können auch Lipiddoppelschichten aufbrechen, selbst bei dieser hohen Krümmung der nanometerkleinen Exosomen. Die Mechanismen wurden in diesem Kapitel bereits genauer definiert und sind in Abb. 4.57 dargestellt.

Der Angriff der Gallensäuren erfolgt zunächst auf die äußere Phospholipid-schicht, wenn sich deren hydrophile Seite auf den Exosomen anlagert (1). Die Veränderungen der polaren und elektrostatischen Wechselwirkungen erlauben es, einzelne Phospholipide zu entfernen (2). Das „Nachrutschen" und Füllen der Lücken wird aber durch die Gallensäuren verhindert, indem sich diese mit der

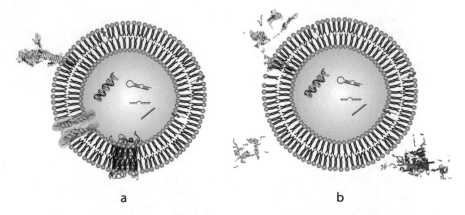

a   b

Abb. 4.56 Schematische Darstellung von Exosomen bei der Proteinverdauung. **a**) Ein intaktes Exosom mit eingelagerten Membranproteinen. **b**) Nach der *in-vitro*-Zugabe von Pepsin und Pankreasproteasen sind Proteine verdaut, die Phospholipide reorganisieren sich dort, wo Lücken entstanden sind

hydrophoben Seite zwischen die Fettsäureschwänze der Phospholipide sperren (3, 4). Damit gelingt es auch in den nächsten Schritten, die untere Phospholipid-schicht anzugreifen und Phospholipide zu entfernen (4). Das Exosom wird instabil und gibt den Inhalt frei. DNA, RNA und miRNAs können ebenfalls über die von der Pankreas ausgeschütteten Nucleotidasen und RNasen verdaut werden.

Auf diese Strukturänderungen wurde bisher nirgends in der Fachliteratur hingewiesen. Dies zeigt aufs Neue, wie viel Verständnis erst möglich wird, wenn die physikalisch-chemische Betrachtung und die Grundprinzipien der Physik der weichen Materie berücksichtig werden.

Ausdrücklich muss darauf verwiesen werden, dass diese Modelle für Erwachsene mit einem voll entwickelten (gesunden) Darm gelten. Bei Neugeborenen ist das Mikrobiom noch nicht vollständig entwickelt und die parazellulare Aufnahme von Exosomen und deren Inhalte ist ausdrücklich erwünscht [136]. Erst mit dem Abstillen ist der Darm der Nachkommen so weit entwickelt [137], dass Exosomen verdaut werden können. Auch aus dieser Sicht scheint daher ein Milchgenuss im Erwachsenenalter kein Problem darzustellen.

4.10.10.3 Endogene und exogene miRNAs

Andererseits wurden mit modernen Fluoreszenzmethoden im Labor bei Versuchstieren oder genauen Analysen des Bluts von Probanden (in der Untersuchung von Baier [138] waren es lediglich acht) nach Milchgenuss miRNAs nachgewiesen. Diese sind höchstwahrscheinlich endogen [139, 140], denn anders als angenommen bietet die Verkapselung der miRNAs in den Exosomen nur begrenzten Schutz. Zum einen sorgen die Gallensäuren für signifikante Instabilitäten in der Doppelschicht, wie in Abb. 4.57 angedeutet, zum anderen sind die Aufnahme und der Transport über die und in den Darmzellen bisher nur *in-vitro* mit von Proteasen verdauten Exosomen nachgewiesen [141] und wider-

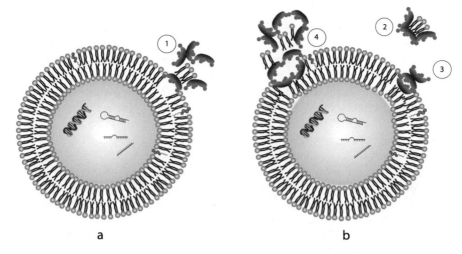

a   b

Abb. 4.57 Exosomen können während der *in-vivo*-Verdauung der Lipiddoppelschicht sukzessive instabil werden (Erläuterung siehe Text)

sprechen damit den *in-vivo* beobachteten Ergebnissen. Ein neuer Ansatz verspricht ebenfalls weitere Einsichten [142]. Dabei lassen sich Proteine und miRNAs mittels Fluoreszenzfarbstoffen anfärben, in Exosomen verpacken und somit mittels Fluoreszenzmikroskopie verfolgen. Die molekulare Forschung bleibt hoch spannend, selbst wenn sich daraus keine Ernährungsregeln ableiten lassen.

4.10.11   Die Milch macht's

Milch ist zunächst nichts weiter als eine wohlstrukturierte, höchst komplexe Flüssigkeit. Die Strukturbildung ergibt sich aus der Selbstorganisation und den biomolekularen Prozessen des Drüsenapparats der Tiere. Eines darf dabei nicht vergessen werden: Milch ist ein Naturprodukt. Daher schwanken die Zusammensetzung der Fettsäuren, der Proteingehalt und die sich bildenden Aromen je nach Rasse, Jahreszeit, Fütterung und dem Stadium der Laktation des Tieres. Diese feinen Unterschiede sind bei dem Genuss von Rohmilch deutlich zu schmecken. Gleich ob dies zu unterschiedlichen Jahreszeiten bei der gleichen Bezugsquelle ist, oder wenn Rohmilch unterschiedlicher Produzenten gegeneinander verglichen wird. In standardisierten, pasteurisierten und homogenisieren Produkten großer Molkereien sind diese feinen Unterschiede kaum noch zu entdecken.

Des Weiteren haben die unterschiedlichen Vorbehandlungen Einfluss auf eine ganze Reihe küchentechnischer Anwendungen. So zeichnen sich zum Beispiel selbst hergestellte Joghurts aus ultrahocherhitzter und pasteurisierter Kuhmilch durch eine deutlich bessere Wasserbindung aus als Joghurts aus unbehandelter Rohmilch. Selbst hergestellte und selbst gereifte Käse aus Rohmilch oder pasteurisierter Milch weisen wegen unterschiedlicher Enzymaktivität andere Aromacharakteristika auf. Die Schaumstabilität hängt ebenfalls vom Fettgehalt und von der Vorbehandlung ab. Nur mit dem Verständnis der Vorgeschichte des Produkts lässt sich somit eine gezielte Genusspraxis durchführen.

Auch ist, wie es leider oft geschieht, die generelle Verteufelung von kulturellen und industriellen Verfahren unsachlich. Immer dienen solche Verfahren der Lebensmittelsicherheit, denkt man an Pasteurisieren, Ultrahocherhitzen oder gar die gezielte Verlängerung der Haltbarkeit. Die damit einhergehenden physikalischen Änderungen – haben keine negativen gesundheitlichen Auswirkungen bezüglich Herz-Kreislauf-Erkrankungen, Allergien oder Diabetes bei objektiver Beurteilung, vor allem dann, wenn molekular-physiologische Wechselwirkungen betrachtet werden (siehe z. B. die Übersichtsarbeit von Michalski [143]). Auch wenn die Vitamine bei konsequent geführter Kurzzeiterhitzung zum Teil oxidiert werden, bleibt Milch ein wertvolles Nahrungsmittel. Ein einseitiger Blick zum Beispiel auf Vitamin C, das einzige wirklich hitzeempfindliche Vitamin, spiegelt nicht den nutritiven Wert der Milch wider. Milch ist lediglich ein kleiner Teil einer vielfältigen Ernährung. Kein vernünftiger Mensch würde Milch ausschließlich wegen deren Vitamin C trinken. Eher wegen ihrem Fettsäurespektrum, der darin vorkommenden Vitamin-D-Vorläufer, des höchstwertigen Proteingehalts oder schlicht mit Genuss, weil sie schmeckt und dann guttut. Wenn sie nicht schmeckt und nicht guttut, trinkt man sie eben nicht. Oder es liegen echte Milcheiweißallergien vor. Im Zweifelsfall ist es immer besser, auf die Mikrostruktur und molekulare Zusammensetzung, gepaart mit dem eigenen Körpergefühl, zu vertrauen, als sich von den unzähligen pseudowissenschaftlichen Aussagen verunsichern zu lassen.

Eine weitere Bemerkung ist an dieser Stelle vonnöten: Das Vorkommen von unzähligen miRNAs ist kein singuläres Problem der Milch, wie es hin und wieder dargestellt wird. Sie kommen in aller Vielfalt in allen Lebensmitteln vor: im Ei, im Fleisch, selbstverständlich auch im Obst und Gemüse, in Nüssen, Leguminosen und Saaten, wo alle Informationen für das Pflanzenwachstum gespeichert werden. miRNAs befinden sich in allen Zellen aller biologischen Systeme. Natürliche, genfreie und miRNA-freie natürliche Lebensmittel gibt es nicht. Insofern nehmen wir unzählige mRNAs über unsere täglichen Mahlzeiten zu uns.

Literatur

1. Bahr, B., Lemmer, B., & Piccolo, R. (2016). *Quirky quarks: A cartoon guide to the fascinating realm of physics.* Springer.
2. Gribbin, J., & Gribbin, J. (1995). *Am Anfang war…: Neues vom Urknall und der Evolution des Kosmos.* Birkhäuser.
3. Klein, S. (2014). *Die Tagebücher der Schöpfung: Vom Urknall zum geklonten Menschen.* Fischer.
4. Buchmüller, W. (2016). Das Higgs-Teilchen und der Ursprung der Materie. *Erkenntnis, Wissenschaft und Gesellschaft* (S. 209–223). Springer.
5. Hänsch, T. W. (2006). Sind die Naturkonstanten konstant? Zweiter Teil des Interviews mit Theodor W. Hänsch, Physiknobelpreisträger des Jahres 2005. *Physik in unserer Zeit, 37*(2), 62–63.

6. Granold, M., Hajieva, P., Toşa, M. I., Irimie, F. D., & Moosmann, B. (2017). Modern diversification of the amino acid repertoire driven by oxygen. *Proceedings of the National Academy of Sciences,* 115(1), 41–46.

7. Doig, A. J. (2017). Frozen, but no accident – Why the 20 standard amino acids were selected. *The FEBS journal, 284*(9), 1296–1305.

8. Mouritsen, o G. (2014). *Life – As a matter of fat: The emerging science of lipidomics.* Springer.

9. Galtier, N., Tourasse, N., & Gouy, M. (1999). A nonhyperthermophilic common ancestor to extant life forms. *Science, 283*(5399), 220–221.

10. Reisinger, B., Sperl, J., Holinski, A., Schmid, V., Rajendran, C., Carstensen, L., & Sterner, R. (2013). Evidence for the existence of elaborate enzyme complexes in the Paleoarchean era. *Journal of the American Chemical Society, 136*(1), 122–129.

11. Wunn, I. (2005). *Die Religionen in vorgeschichtlicher Zeit* (2. Aufl.). Kohlhammer.

12. Drennan, R. D. (1976). Religion and Social Evolution in Formative Mesoamerica. InThe Early Mesoamerican Village, edited by KV Flannery.

13. Pfälzner, P. (2001). *Auf den Spuren der Ahnen. Überlegungen zur Nachweisbarkeit der Ahnenverehrung in Vorderasien vom Neolithikum bis in die Bronzezeit.* Universitätsbibliothek Heidelberg.

14. Reimann, J. (2014). *Kreationismus vs. Evolution.* GRIN Verlag.

15. https://www.zeit.de/2016/06/ernaehrung-essen-palaeo-vegan;   https://www1.wdr.de/fernsehen/quarks/gesunde-ernaehrung-essen-als-religion-100.html.

16. Schubert, A. (2018). *Gott essen: eine kulinarische Geschichte des Abendmahls.* Beck

17. Harris, M. (2001). *Cultural materialism: The struggle for a science of culture.* AltaMira Press.

18. Blasi, D. E., Moran, S., Moisik, S. R., Widmer, P., Dediu, D., & Bickel, B. (2019). Human sound systems are shaped by post-Neolithic changes in bite configuration. *Science, 363*(6432), eaav3218.

19. Søe, M. J., Nejsum, P., Seersholm, F. V., Fredensborg, B. L., Habraken, R., Haase, K., Hald, M. M., Simonsen, R., Højlund, F., Blanke, L., Merkyte, I., Willerslev, E., Moliin, C., & Kapel, O. (2018). Ancient DNA from latrines in Northern Europe and the Middle East (500 BC–1700 AD) reveals past parasites and diet. *PLoS ONE, 13*(4), e0195481.

20. Vié, B. (2011). *Testicles: Balls in cooking and culture.* Prospect Books.

21. Schönberger, M., & Zipprick, J. (2011). *100 Dinge, die Sie einmal im Leben gegessen haben sollten.* Ludwig.

22. https://www.zeit.de/wirtschaft/2018-03/tierschutz-fleischproduktion-tierschutzgesetz-verbraucher-fleischkonsum-5vor8.

23. Ströhle, A., Wolters, M., & Hahn, A. (2015). Rotes Fleisch – vom gehaltvollen Nährstofflieferanten zum kanzerogenen Agens. *Ernährung im Fokus, 15*–09.

24. Hausen, H. (2012). Red meat consumption and cancer: reasons to suspect involvement of bovine infectious factors in colorectal cancer. *International Journal of Cancer, 130*(11), 2475–2483

25. Schoenfeld, J. D., & Ioannidis, J. P. (2012). Is everything we eat associated with cancer? A systematic cookbook review. *The American journal of clinical nutrition, 97*(1), 127–134.

26. Seiwert, N., Wecklein, S., Demuth, P., Hasselwander, S., Kemper, T A., Schwerdtle, T., Brunner, T., & Fahrer, J. (2020). Heme oxygenase 1 protects human colonocytes against ROS formation, oxidative DNA damage and cytotoxicity induced by heme iron, but not inorganic iron. *Cell death & disease, 11*(9), 1–16.

27. Corpet, D. E. (2011). Red meat and colon cancer: Should we become vegetarians, or can we make meat safer? *Meat Science, 89*(3), 310–316.

28. Bergeron, N., Chiu, S., Williams, P. T., King, M. S., & Krauss, R. M. (2019). Effects of red meat, white meat, and nonmeat protein sources on atherogenic lipoprotein measures in the context of low compared with high saturated fat intake: A randomized controlled trial. *The American journal of clinical nutrition., 110*(3), 24–33.

29. Kwok, R. H. (1968). Chinese-restaurant syndrome. *The New England Journal of Medicine, 278*(14), 796.
30. Rassin, D. K., Sturman, J. A., & Gaull, G. E. (1978). Taurine and other free amino acids in milk of man and other mammals. *Early Human Development, 2*(1), 1–13.
31. Baldeón, M. E., Mennella, J. A., Flores, N., Fornasini, M., & San Gabriel, A. (2014). Free amino acid content in breast milk of adolescent and adult mothers in Ecuador. *SpringerPlus, 3*(1), 104.
32. Li, X., Staszewski, L., Xu, H., Durick, K., Zoller, M., & Adler, E. (2002). Human receptors for sweet and umami taste. *Proceedings of the National Academy of Sciences, 99*(7), 4692–4696.
33. Behrens, M., Meyerhof, W., Hellfritsch, C., & Hofmann, T. (2011). Moleküle und biologische Mechanismen des Süß- und Umamigeschmacks. *Angewandte Chemie, 123*(10), 2268–2291.
34. Ninomiya, K. (2015). Science of umami taste: Adaptation to gastronomic culture. *Flavour, 4*(1), 13.
35. Kurihara, K. (2009). Glutamate: from discovery as a food flavor to role as a basic taste (umami). *The American Journal of Clinical Nutrition, 90*(3), 719S–722S
36. Dunkel, A., & Hofmann, T. (2009). Sensory-directed identification of β-alanyl dipeptides as contributors to the thick-sour and white-meaty orosensation induced by chicken broth. *Journal of Agricultural and Food Chemistry, 57*(21), 9867–9877.
37. Löffler, M. (2014). Pathobiochemie des Purin- und Pyrimidinstoffwechsels. *Löffler/Petrides Biochemie und Pathobiochemie* (S. 372–378). Springer.
38. Wolfram, G., & Colling, M. (1987). Gesamtpuringehalt in ausgewählten Lebensmitteln. *Zeitschrift für Ernährungswissenschaft, 26*(4), 205–213.
39. Wifall, T. C., Faes, T. M., Taylor-Burds, C. C., Mitzelfelt, J. D., & Delay, E. R. (2006). An analysis of 5′-inosine and 5′-guanosine monophosphate taste in rats. *Chemical Senses, 32*(2), 161–172.
40. Yamaguchi, S. (1967). The synergistic taste effect of monosodium glutamate and disodium 5′-inosinate. *Journal of Food Science, 32*(4), 473–478.
41. Mouritsen, O. G., Duelund, L., Bagatolli, L. A., & Khandelia, H. (2013). The name of deliciousness and the gastrophysics behind it. *Flavour, 2*(1), 9.
42. Mouritsen, O. G., & Khandelia, H. (2012). Molecular mechanism of the allosteric enhancement of the umami taste sensation. *The FEBS Journal, 279*(17), 3112–3120.
43. Grimm, H. U. (2011). *Die Ernährungslüge: Wie uns die Lebensmittelindustrie um den Verstand bringt.* EBook.
44. https://praxistipps.focus.de/ist-hefeextrakt-schaedlich-verstaendlich-erklaert_55558.
45. Nout, M. J. R. (1994). Fermented foods and food safety. *Food Research International, 27*(3), 291–298.
46. Linares, D. M., del Rio, B., Redruello, B., Ladero, V., Martin, M. C., Fernandez, M., & Alvarez, M. A. (2016). Comparative analysis of the in vitro cytotoxicity of the dietary biogenic amines tyramine and histamine. *Food Chemistry, 197,* 658–663.
47. Shalaby, A. R. (1996). Significance of biogenic amines to food safety and human health. *Food Research International, 29*(7), 675–690.
48. Brown, R. E., & Haas, H. L. (1999). On the mechanism of histaminergic inhibition of glutamate release in the rat dentate gyrus. *The Journal of Physiology, 515*(3), 777–786.
49. Marco, M. L., Heeney, D., Binda, S., Cifelli, C. J., Cotter, P. D., Foligné, B., Gänzle, M., Kort, R., Pasin, G., Pihlanto, A., Smid, E. J., & Hutkins, R. (2017). Health benefits of fermented foods: Microbiota and beyond. *Current Opinion in Biotechnology, 44,* 94–102.
50. Magerowski, G., Giacona, G., Patriarca, L., Papadopoulos, K., Garza-Naveda, P., Radziejowska, J., & Alonso-Alonso, M. (2018). Neurocognitive effects of umami: Association with eating behavior and food choice. *Neuropsychopharmacology, 43*(10), 2009–2016.

51. Lustig, R. H., Schmidt, L. A., & Brindis, C. D. (2012). Public health: The toxic truth about sugar. *Nature, 482*(7383), 27.
52. https://www.ugb.de/ernaehrungsberatung/zuckersucht/?zucker-sucht.
53. https://www.zentrum-der-gesundheit.de/zuckersucht-ausstieg-ia.html#toc-zucker-ist-eine-droge.
54. Shallenberger, R. S. (1963). Hydrogen bonding and the varying sweetness of the sugars. *Journal of Food Science, 28*(5), 584–589.
55. DuBois, G. E. (2016). Molecular mechanism of sweetness sensation. *Physiology & Behavior, 164,* 453–463.
56. Masuda, K., Koizumi, A., Nakajima, K. I., Tanaka, T., Abe, K., Misaka, T., & Ishiguro, M. (2012). Characterization of the modes of binding between human sweet taste receptor and low-molecular-weight sweet compounds. *PLoS ONE, 7*(4), e35380.
57. Jaitak, V. (2015). Interaction model of steviol glycosides from *Stevia rebaudiana* (Bertoni) with sweet taste receptors: A computational approach. *Phytochemistry, 116,* 12–20.
58. Leusmann, E. (2017). Stoff für Süßmäuler. *Nachrichten aus der Chemie, 65*(9), 887–893.
59. Yamazaki, M., & Sakaguchi, T. (1986). Effects of d-glucose anomers on sweetness taste and insulin release in man. *Brain Research Bulletin, 17*(2), 271–274.
60. Lim, J. S., Mietus-Snyder, M., Valente, A., Schwarz, J. M., & Lustig, R. H. (2010). The role of fructose in the pathogenesis of NAFLD and the metabolic syndrome. *Nature reviews gastroenterology and hepatology, 7*(5), 251.
61. Lustig, R. H. (2010). Fructose: Metabolic, hedonic, and societal parallels with ethanol. *Journal of the American Dietetic Association, 110*(9), 1307–1321.
62. Luo, S., Monterosso, J. R., Sarpelleh, K., & Page, K. A. (2015). Differential effects of fructose versus glucose on brain and appetitive responses to food cues and decisions for food rewards. *Proceedings of the National Academy of Sciences,* 201503358.
63. Rodeck, B., & Zimmer, K. P. (2008). *Pädiatrische Gastroenterologie, Hepatologie und Ernährung.* Springer Medizin.
64. McInnes, M. (2014). *The honey diet.* Hodder & Stoughton, London.
65. Woodroof, J. G. (1986). History and growth of fruit processing. *Commercial fruit processing* (S. 1–24). Springer.
66. Kappes, S. M., Schmidt, S. J., & Lee, S. Y. (2006). Mouthfeel detection threshold and instrumental viscosity of sucrose and high fructose corn syrup solutions. *Journal of Food Science, 71*(9), S597–S602.
67. Goyal, S. K., Samsher, G. R., & Goyal, R. K. (2010). Stevia (*Stevia rebaudiana*) a bio-sweetener: A review. *International Journal of Food Sciences and Nutrition, 61*(1), 1–10.
68. Hellfritsch, C., Brockhoff, A., Stähler, F., Meyerhof, W., & Hofmann, T. (2012). Human psychometric and taste receptor responses to steviol glycosides. *Journal of Agricultural and Food Chemistry, 60*(27), 6782–6793.
69. Golding, M., & Wooster, T. J. (2010). The influence of emulsion structure and stability on lipid digestion. *Current Opinion in Colloid & Interface Science, 15*(1–2), 90–101.
70. Mackie, A., & Macierzanka, A. (2010). Colloidal aspects of protein digestion. *Current Opinion in Colloid & Interface Science, 15*(1–2), 102–108.
71. Löffler, M. (2014). *Pathobiochemie des Purin- und Pyrimidinstoffwechsels* (S. 372–378). Springer.
72. Latocha, H. P., Kazmaier, U., & Klein, H. A. (2016). *Steroide* (S. 481–487). Springer Spektrum.
73. Armstrong, M. J., & Carey, M. C. (1982). The hydrophobic-hydrophilic balance of bile salts. Inverse correlation between reverse-phase high performance liquid chromatographic mobilities and micellar cholesterol-solubilizing capacities. *Journal of lipid research, 23*(1), 70–80.
74. Garidel, P., Hildebrand, A., Knauf, K., & Blume, A. (2007). Membranolytic activity of bile salts: Influence of biological membrane properties and composition. *Molecules, 12*(10), 2292–2326.

75. Carey, M. C., Small, D. M., & Bliss, C. M. (1983). Lipid digestion and absorption. *Annual Review of Physiology, 45*(1), 651–677.
76. https://www.youtube.com/watch?v=Kkc-SQsaOTk, bzw. https://www.uniklinik-freiburg. de/index.php?id=17950.   https://www.derstandard.de/story/2000086168642/expertin-entschuldigt-sich-fuer-kokosoel-ist-das-reine-gift.
77. Huang, A. H. (1996). Oleosins and oil bodies in seeds and other organs. *Plant Physiology, 110*(4), 1055.
78. Zielbauer, B. I., Jackson, A. J., Maurer, S., Waschatko, G., Ghebremedhin, M., Rogers, S. E., Heenan, R. K., Porcar, L., & Vilgis, T. A. (2018). Soybean Oleosomes studied by Small Angle Neutron Scattering (SANS). *Journal of Colloid and Interface Science*. https://doi. org/10.1016/j.jcis.2018.05.080.
79. Bresinsky, A., Körner, C., Kadereit, J. W., Neuhaus, G., & Sonnewald, U. (2008). *Lehrbuch der Botanik* (35. Aufl.). Spektrum.
80. Hsieh, K., & Huang, A. H. (2004). Endoplasmic reticulum, oleosins, and oils in seeds and tapetum cells. *Plant Physiology, 136*(3), 3427–3434.
81. Maurer, S., Waschatko, G., Schach, D., Zielbauer, B. I., Dahl, J., Weidner, T., Bonn, M., & Vilgis, T. A. (2013). The role of intact oleosin for stabilization and function of oleosomes. *The Journal of Physical Chemistry B, 117*(44), 13872–13883.
82. Woodford, K. (2009). *Devil in the milk: Illness, health and the politics of A1 and A2 milk.* Chelsea Green Publishing.
83. Grimm, H. U. (2016). *Die Fleischlüge: Wie uns die Tierindustrie krank macht.* Droemer.
84. Rätzer, H. (1998). *Wirtschaftlichkeit verschiedener Rindertypen: Vergleich von Milch- und Zweinutzungsrassen* (Doctoral dissertation, ETH Zurich).
85. Ternes, W. (2008). *Naturwissenschaftliche Grundlagen der Lebensmittelzubereitung.* Behr.
86. De Kruif, C. G., Huppertz, T., Urban, V. S., & Petukhov, A. V. (2012). Casein micelles and their internal structure. *Advances in Colloid and Interface Science, 171*, 36–52.
87. Walstra, P. (1999). *Dairy technology: Principles of milk properties and processes.* CRC Press.
88. Vilgis, T. (2010). *Das Molekül-Menü: Molekulare Grundlagen für kreative Köche.* Hirzel Verlag.
89. Gallier, S., Ye, A., & Singh, H. (2012). Structural changes of bovine milk fat globules during in vitro digestion. *Journal of Dairy Science, 95*(7), 3579–3592.
90. Overbeck, P. (2014). Freispruch für Kuhmilch. *MMW-Fortschritte der Medizin, 156*(13), 29
91. http://www.kern.bayern.de/wissenschaft/107510/index.php.
92. Grimm, H. U. (2016). *Die Fleischlüge – wie uns die Tierindustrie krank macht.* Droemer.
93. Reddy, I. M., Kella, N. K., & Kinsella, J. E. (1988). Structural and conformational basis of the resistance of beta-lactoglobulin to peptic and chymotryptic digestion. *Journal of Agricultural and Food Chemistry, 36*(4), 737–741.
94. Melnik, B. C. (2012). Leucine signaling in the pathogenesis of type 2 diabetes and obesity. *World Journal of Diabetes, 3*(3), 38–53.
95. Melnik, B. C. (2009). Milk – the promoter of chronic Western diseases. *Medical Hypotheses, 72*(6), 631–639.
96. Bruker, M. O., Jung, M., Gutjahr, I., & Gutjahr, I. (2011). *Der Murks mit der Milch: [Gesundheitsgefährdung durch Industriemilch; Genmanipulation und Turbokuh; vom Lebensmittel zum Industrieprodukt].* emu-Verlag.
97. http://www.realmilk.com/safety/safety-of-raw-milk/.
98. Grimm, H. U. (2016). *Die Fleischlüge – wie uns die Tierindustrie krank macht.* Droemer.
99. Marshall, K. (2004). Therapeutic applications of whey protein. *Alternative medicine review, 9*(2), 136–157.
100. Bounous, G., Batist, G., & Gold, P. (1989). Mice: Role of glutathione. *Clinical and Investigative Medicine, 12*(3), 154–161.
101. Töpel, A. (2007). *Chemie und Physik der Milch: Naturstoff, Rohstoff, Lebensmittel* (S. 386). BehrE.

102. Lopez, C. (2005). Focus on the supramolecular structure of milk fat in dairy products. *Reproduction, Nutrition, Development, 45*(4), 497–511.
103. Kielczewska, K., Kruk, A., Czerniewicz, M., & Haponiuk, E. (2006). Effects of high-pressure-homogenization on the physicochemical properties of milk with various fat concentrations. *Polish Journal of Food and Nutrition Science, 15*, 91–94.
104. Dahlke, R. (2011). *Peace Food. Wie der Verzicht auf Fleisch und Milch Körper und Seele heilt*. Gräfe und Unzer.
105. Ye, A., Cui, J., & Singh, H. (2010). Effect of the fat globule membrane on in vitro digestion of milk fat globules with pancreatic lipase. *International Dairy Journal, 20*(12), 822–829.
106. Berton, A., Rouvellac, S., Robert, B., Rousseau, F., Lopez, C., & Crenon, I. (2012). Effect of the size and interface composition of milk fat globules on their in vitro digestion by the human pancreatic lipase: Native versus homogenized milk fat globules. *Food Hydrocolloids, 29*(1), 123–134.
107. Miralles, B., del Barrio, R., Cueva, C., Recio, I., & Amigo, L. (2018). Dynamic gastric digestion of a commercial whey protein concentrate. *Journal of the Science of Food and Agriculture, 98*(5), 1873–1879.
108. Oster, K. A. (1973). Evaluation of serum cholesterol reduction and xanthine oxidase inhibition in the treatment of atherosclerosis. *Recent advances in studies on cardiac structure and metabolism, 3*, 73.
109. Sharma, P., Oey, I., & Everett, D. W. (2016). Thermal properties of milk fat, xanthine oxidase, caseins and whey proteins in pulsed electric field-treated bovine whole milk. *Food Chemistry, 207*, 34–42.
110. https://www.uniprot.org/uniprot/P02666.
111. Kamiński, S., Cieślińska, A., & Kostyra, E. (2007). Polymorphism of bovine beta-casein and its potential effect on human health. *Journal of applied genetics, 48*(3), 189–198.
112. Jinsmaa, Y., & Yoshikawa, M. (1999). Enzymatic release of neocasomorphin and β-casomorphin from bovine β-casein. *Peptides, 20*(8), 957–962.
113. De Noni, I. (2008). Release of β-casomorphins 5 and 7 during simulated gastro-intestinal digestion of bovine β-casein variants and milk-based infant formulas. *Food Chemistry, 110*(4), 897–903.
114. Kalaydjian, A. E., Eaton, W., Cascella, N., & Fasano, A. (2006). The gluten connection: The association between schizophrenia and celiac disease. *Acta Psychiatrica Scandinavica, 113*(2), 82–90.
115. Haq, M. R. U., Kapila, R., Sharma, R., Saliganti, V., & Kapila, S. (2014). Comparative evaluation of cow β-casein variants (A1/A2) consumption on Th 2-mediated inflammatory response in mouse gut. *European Journal of Nutrition, 53*(4), 1039–1049.
116. Nguyen, D. D., Johnson, S. K., Busetti, F., & Solah, V. A. (2015). Formation and degradation of beta-casomorphins in dairy processing. *Critical Reviews in Food Science and Nutrition, 55*(14), 1955–1967.
117. Meisel, H., & Schlimme, E. (1996). Bioactive peptides derived from milk proteins: Ingredients for functional foods? *Kieler Milchwirtschaftliche Forschungsberichte, 48*(4), 343–357.
118. Muehlenkamp, & Warthesen, J. J. (1996). β-Casomorphins: Analysis in cheese and susceptibility to proteolytic enzymes from *Lactococcus lactis* ssp. *cremoris*. *Journal of dairy science, 79*(1), 20–26.
119. Matar, C., & Goulet, J. (1996). β-casomorphin 4 from milk fermented by a mutant of *Lactobacillus helveticus*. *International Dairy Journal, 6*(4), 383–397.
120. Toelstede, S., & Hofmann, T. (2008). Sensomics mapping and identification of the key bitter metabolites in Gouda cheese. *Journal of Agricultural and Food Chemistry, 56*(8), 2795–2804.
121. Asledottir, T., Le, T. T., Petrat-Melin, B., Devold, T. G., Larsen, L. B., & Vegarud, G. E. (2017). Identification of bioactive peptides and quantification of β-casomorphin-7 from

bovine β-casein A1, A2 and I after ex vivo gastrointestinal digestion. *International Dairy Journal, 71,* 98–106.

122. Petrat-Melin, B., Andersen, P., Rasmussen, J. T., Poulsen, N. A., Larsen, L. B., & Young, J. F. (2015). In vitro digestion of purified β-casein variants A1, A2, B, and I: Effects on antioxidant and angiotensin-converting enzyme inhibitory capacity. *Journal of Dairy Science, 98*(1), 15–26.

123. Melnik, B. C., John, S. M., Carrera-Bastos, P., & Schmitz, G. (2016). Milk: A postnatal imprinting system stabilizing FoxP3 expression and regulatory T cell differentiation. *Clinical and translational allergy, 6*(1), 18.

124. Melnik, B. C., John, S. M., & Schmitz, G. (2013). Milk is not just food but most likely a genetic transfection system activating mTORC1 signaling for postnatal growth. *Nutrition journal, 12*(1), 103.

125. https://www.noz.de/deutschland-welt/gut-zu-wissen/artikel/949443/hat-milch-eine-krebsfoerdernde-wirkung.

126. Meydan, C., Shenhar-Tsarfaty, S., & Soreq, H. (2016). MicroRNA regulators of anxiety and metabolic disorders. *Trends in Molecular Medicine, 22*(9), 798–812.

127. Samuel, M., Chisanga, D., Liem, M., Keerthikumar, S., Anand, S., Ang, C. S., Adda, C. G., Versteegen, E., Markandeya, J., & Mathivanan, S. (2017). Bovine milk-derived exosomes from colostrum are enriched with proteins implicated in immune response and growth. *Scientific reports, 7*(1), 5933.

128. Alsaweed, M., Hepworth, A. R., Lefevre, C., Hartmann, P. E., Geddes, D. T., & Hassiotou, F. (2015). Human milk microRNA and total RNA differ depending on milk fractionation. *Journal of Cellular Biochemistry, 116*(10), 2397–2407.

129. Betker, J. L., Angle, B. M., Graner, M. W., & Anchordoquy, T. J. (2018). The potential of exosomes from cow milk for oral delivery. *Journal of Pharmaceutical Sciences.* https://doi.org/10.1016/j.xphs.2018.11.022.

130. Santiano, F. E., Zyla, L. E., Verde-Arboccó, F. C., Sasso, C. V., Bruna, F. A., Pistone-Creydt, V., Lopez-Fontana, C. M., & Carón, R. W. (2019). High maternal milk intake in the postnatal life reduces the incidence of breast cancer during adulthood in rats. *Journal of Developmental Origins of Health and Disease, 10*(4), 479–487.

131. Melnik, B. C., & Schmitz, G. (2019). Exosomes of pasteurized milk: Potential pathogens of Western diseases. *Journal of translational medicine, 17*(1), 3.

132. Liao, Y., Du, X., Li, J., & Lönnerdal, B. (2017). Human milk exosomes and their microRNAs survive digestion in vitro and are taken up by human intestinal cells. *Molecular Nutrition & Food Research, 61*(11), 1700082.

133. Panaiotov, I., Dimitrov, D. S., & Ter-Minassian-Saraga, L. (1979). Dynamics of insoluble monolayers: II Viscoelastic behavior and marangoni effect for mixed protein phospholipid films. *Journal of Colloid and Interface Science, 72*(1), 49–53.

134. Denzler, R., & Stoffel, M. (2015). Uptake and function studies of maternal milk-derived microRNAs. *Journal of Biological Chemistry, 290*(39), 23680–23691.

135. Title, A. C., Denzler, R., & Stoffel, M. (2015). Uptake and function studies of maternal milk-derived microRNAs. *The Journal of biological chemistry, 290*(39), 23680–23691.

136. Fujita, M., Baba, R., Shimamoto, M., Sakuma, Y., & Fujimoto, S. (2007). Molecular morphology of the digestive tract; macromolecules and food allergens are transferred intact across the intestinal absorptive cells during the neonatal-suckling period. *Medical molecular morphology, 40*(1), 1–7.

137. Patel, R. M., Myers, L. S., Kurundkar, A. R., Maheshwari, A., Nusrat, A., & Lin, P. W. (2012). Probiotic bacteria induce maturation of intestinal claudin 3 expression and barrier function. *The American Journal of Pathology, 180*(2), 626–635.

138. Baier, S. R., Nguyen, C., Xie, F., Wood, J. R., & Zempleni, J. (2014). MicroRNAs are absorbed in biologically meaningful amounts from nutritionally relevant doses of cow milk and affect gene expression in peripheral blood mononuclear cells, HEK-293 kidney cell cultures, and mouse livers. *The Journal of nutrition, 144*(10), 1495–1500.

139. Witwer, K. W. (2014). Diet-responsive mammalian miRNAs are likely endogenous. *The Journal of nutrition, 144*(11), 1880–1881.
140. Denzler, R., & Stoffel, M. (2015). Reply to diet-responsive microRNAs are likely exogenous. *Journal of Biological Chemistry, 290*(41), 25198.
141. Wolf, T., Baier, S. R., & Zempleni, J. (2015). The intestinal transport of bovine milk exosomes is mediated by endocytosis in human colon carcinoma caco-2 cells and rat small intestinal IEC-6 cells. *The Journal of Nutrition, 145*(10), 2201–2206.
142. Manca, S., Upadhyaya, B., Mutai, E., Desaulniers, A. T., Cederberg, R. A., White, B. R., & Zempleni, J. (2018). Milk exosomes are bioavailable and distinct microRNA cargos have unique tissue distribution patterns. *Scientific Reports, 8*(1), 11321.
143. Michalski, M. C. (2007). On the supposed influence of milk homogenization on the risk of CVD, diabetes and allergy. *British Journal of Nutrition, 97*(4), 598.

Physikalische Chemie der Ernährung und der Ernährungsformen

5

Zusammenfassung

Wie schädlich ist Essen, welche Nahrungsmittelbestandteile machen krank? Und was ist gesund? Was sollte nicht mehr gegessen werden? Was muss gegessen werden, damit ein langes, gesundes Leben möglich wird? Diese Fragen sind nahezu täglich zu hören und zu lesen. Antworten darauf gibt es aus wissenschaftlicher Sicht meist nicht. An typischen Beispielen wird diesen Fragen in diesem Kapitel aus physikalisch-chemischer und physiologischer Sicht auf den Grund gegangen.

5.1 Gesund? Schädlich? Wo sind die Trennlinien

Die Verunsicherung der Menschen in Ernährungsfragen ist groß. Ist das Lebensmittel gesund? Ist das Lebensmittel schädlich? Wenn die einen Lebensmittel krankmachen, muss es doch auch Lebensmittel geben, die heilen? Und was sind die richtigen Superfoods für mich? Zur Vorsicht ernähre ich mich lieber frei von Gluten, Lactose, Fructose. Im schlimmsten Fall ist sogar fast alles, was wir essen, krebsauslösend (vgl. Abb. 4.2) [1].

Manchmal hat es den Anschein, die Gesellschaft, die Nahrungsmittel im Überfluss besitzt, dümple unwissend durch einen kaum mehr zu durchschauenden Ernährungsdschungel. Der Glaube steht über dem Wissen. Essreligionen wurden die neuen Glaubensgemeinschaften und die jeweiligen Kostformen das heilige Mahl. Unrichtige Meinungen halten sich lange – sind sie erst einmal

Ergänzende Information Die elektronische Version dieses Kapitels enthält Zusatzmaterial, auf das über folgenden Link zugegriffen werden kann https://doi.org/10.1007/978-3-662-65108-7_5. Die Videos lassen sich durch Anklicken des DOI Links in der Legende einer entsprechenden Abbildung abspielen, oder indem Sie diesen Link mit der SN More Media App scannen.

in der Welt, bleiben sie für lange Zeit dort, denn die Dynamik der Verbreitung ist unkontrolliert. Die besten Beispiele sind Cholesterin und Ei, das China-Restaurant-Syndrom und Glutamat wie auch die Meinung, dass tierische Fette „ungesund", pflanzliche hingegen „topgesund" seien.

Diese eher gesellschaftlichen Prozesse scheinen wiederum soziologisch universell zu sein, denn sie beschränken sich nicht nur auf den Bereich des Essens und der Ernährung. Aus wissenschaftlichen Fakten und deren komplexen Zusammenhängen bilden sich über zu starke Vereinfachungen Phrasen heraus, die sich über unkontrollierte dynamische Kommunikationssysteme mehr oder weniger zu postfaktischen Theorien, Verschwörungstheorien oder neuen Ideologien entwickeln. Heutzutage sind die dynamischen Systeme über soziale Medien wie Twitter oder Facebook besonders schnell. Innerhalb kürzester Zeit verbreiten sich unreflektierte Meinungen um die ganze Welt. Dies ist sicher eines der globalsten Probleme, denn gute und schlechte Nachrichten verbreiteten sich zu Zeiten des Neolithikums deutlich langsamer und während des Überbringens zu Fuß oder mit den ersten von Tieren gezogenen Wagen hatten die Menschen Zeit, über ihre Erkenntnisse nachzudenken. Logisches Nachdenken scheint auf den sozialen Medien Facebook & Co nicht überall vorzuherrschen, es geht lediglich um schnelle Likes, Aufmerksamkeit oder Selbstbestätigung, die meist nur für kurze Zeit das Belohnungszentrum erfreut, denn das nächste Posting folgt kaum Sekunden später. So ist es zwangsläufig, wenn sich unkorrekte und irrige Meinungen verfestigen, wie in Abb. 5.1 dargestellt, und die Filter, angedeutet durch die gestrichelte Linie,

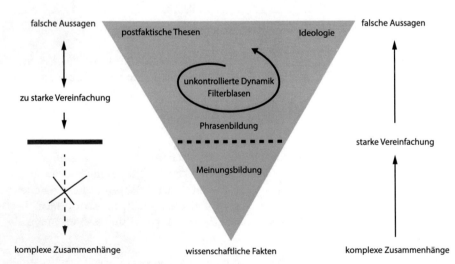

Abb. 5.1 Das Meinungsbildungsdreieck mit undurchlässigen Filtern und unkontrollierter Dynamik in Meinungsschleifen und Filterblasen. Die rote Linie (links) ist bei zu starker Vereinfachung und zu fortgeschrittener Phrasenbildung nicht mehr zu den komplexen Zusammenhängen überschreitbar

sich schließen, sodass sich Meinungen, postfaktische Ansichten und Ideologien nicht mehr mit den wissenschaftlichen Fakten abgleichen lassen.

Stattdessen wäre es besser, bei den Naturwissenschaften nachzuschauen, um sich eine fundierte Meinung zu bilden. Vereinfachungen sind bei der durchaus hohen Komplexität vieler wissenschaftlicher Fragen notwendig, allerdings dürfen diese nicht beliebig sein, denn sonst landet die Meinungsbildung rasch im Teufelskreis der unkontrollierten Dynamik, aus dem es kaum ein Entkommen gibt.

Vordergründige Assoziationen förderten eine stark negative Einstellung zu Naturwissenschaften mit der Folge einer starken Technikfeindlichkeit. Konkret wird Physik eher mit stark prägenden Begriffen wie Kernspaltung und Atomphysik verknüpft, die infolge der Quantenmechanik hervorgegangen sind. Dabei hat diese mit zahllosen Nobelpreisen bedachte Grundlagenforschung erst ermöglicht, was heutzutage als selbstverständlich wahrgenommen wird. Trotz täglichen Umgangs mit modernster Technik, etwa den kaum hinterfragten Smartphones, wird vergessen, dass alle Fortschritte der Menschheit von A wie Antibiotika bis Z wie Zener-Diode auf soliden Grundlagen der Naturwissenschaften und Mathematik basieren und sich nicht über philosophische, historische oder kulturwissenschaftliche Gedanken aus dem Nichts ergeben haben.

Vor allem das Fach Chemie wird für Krankheiten und Umweltschäden verantwortlich gemacht. Als Standardbeispiel gilt „Seveso-Dioxin", ein vermeintlich menschengemachtes Industriegift. Auch diese Ansicht ist grundlegend falsch, denn es befindet sich länger auf der Erde, als es die chemische Industrie gibt. Es entsteht häufig ohne menschliches Zutun beim Verbrennen von organischem, daher natürlichem Material bei hohen Temperaturen, sprich Waldbränden oder Vulkanausbrüchen. Immer wieder sorgen Funde von Dioxinen in der Nahrung, darunter auch in Bioeiern, für angstauslösende Schlagzeilen. Ein weiteres Synonym für den Zustand der Angst rund ums Essen [2], der eine zunehmende Genussfeindlichkeit und Genussunfähigkeit zur Folge hat [3].

Allein, um solche Meldungen sicher zu interpretieren, ist ein tieferes naturwissenschaftliches Grundverständnis angebracht. Wie soll dies aber erbracht werden, wenn Wissenschaftler in einer für Laien unverständlichen Fachsprache an die Öffentlichkeit gehen – und viele Kommunikatoren und Influencern aus Gründen der Übervereinfachung Fakten nicht mehr im korrekten Zusammenhang wiedergeben? Wie das Weglassen von Fakten den Sinn verfälschen und wie es zu Fehlinterpretationen kommen kann, ist in Abb. 5.2 symbolisiert. Werden aus der realen, detaillierten Information „wissenschaftliche Fakten" lediglich die Vokale weggelassen (wssnschftlch Fktn), lässt sich die ursprüngliche Information trotz der Vereinfachung praktisch ohne Sinnverfälschung wieder rekonstruieren. Das Weglassen der Konsonanten hingegen ist nicht möglich. Der verbleibende Rest (ieaieae) lässt einen unendlich großen Spielraum für vollkommen beliebige Interpretation, etwa „die Angst in dem Knaben". Im schlimmsten Fall entsteht dabei ein Gemisch von Fehlinterpretation und Angst.

Eines der wesentlichen Probleme ist daher, eine Sprache zu finden, die immer komplexer werdende wissenschaftliche Zusammenhänge einfach erklärt, ohne

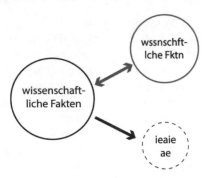

Abb. 5.2 Vereinfachung ist eine Kunst. Nur wenn trotz starker Vereinfachung wesentliche Informationen mittransportiert werden, können aus der weitergegebenen Information (rechts) die ursprünglichen Details rekonstruiert werden (grüner Kreis). Bei zu starker Vereinfachung ist dies nicht mehr möglich (roter Kreis)

dabei wesentliche Informationen wegzulassen, damit Zusammenhänge erkannt – und eingeordnet werden – können [4].

Beim Thema Ernährung und gesundes Essen ist es noch schlimmer. Ähnlich wie beim samstäglichen Fußballgucken, wenn etwa 15 Mio. Männer die besseren Trainer und Experten sind (nicht selten adipös und sichtbar unsportlich), gibt es auch beim Thema Ernährung viele, sogar noch mehr Experten und Expertinnen. Schließlich isst jeder etwas, vom Supermarkprodukt über vegane Rohkost bis zum Demeter-Gebäck und Paleo-Smoothie. Man hat eigene Erfahrungen, die einen schnell zum Meinungsführer, zur Meinungsführerin machen. Gepaart mit der neuesten Meldung in der Tageszeitung und den Artikeln in der Illustrierten sorgt die eigene Essbiografie dafür, dass es etwa so viele Ansichten zur „gesunden Ernährung" gibt wie Erwachsene. Folgt man allen Meinungen, darf man wirklich nichts mehr essen: Alles erscheint „irgendwie ungesund", nicht ausgewogen und mindestens zweimal im Jahr wahlweise pestizid- oder dioxinbelastet. Zu viel Zucker, Salz und Glutamat – der rasche Tod naht. Aber nicht alle, die eine Meinung vehement vertreten, kennen auch die Faktenlage und die wissenschaftlichen Hintergründe.

5.2   Von Beobachtungsstudien und populären Interpretationen

Stark vereinfachende Ernährungsbücher werden zu Bestsellern, nicht nur die bereits mehrfach angesprochene Fraktion mit dem Tenor „alles Gift, böse Industrie", sondern auch solche, die auf vermeintlich wissenschaftlicher Basis allen ein X für U vormachen. Bestes Beispiel ist: *Der Ernährungskompass – das Fazit aller wissenschaftlichen Studien zum Thema Ernährung* [5]. Ein zugkräftiger Titel, der bereits zum Erscheinen des Buchs falsch war und mit jedem Tag falscher wird, denn täglich erscheinen in der Fachliteratur weltweit zig neue Studien zum

Thema. Die Hauptempfehlungen dieses Buches sind gemäß Wenzel [6] rasch zusammengefasst:

- Essen Sie echtes Essen – möglichst unverarbeitete Nahrungsmittel (Gemüse, Obst, Hülsenfrüchte, Nüsse, Samen, Kräuter, Weizenkeime, in moderaten Mengen Fisch und Fleisch). An verarbeiteten Lebensmitteln sind in Ordnung: Vollkornprodukte, Haferflocken, Joghurt, Olivenöl extra vergine, kalt gepresstes Rapsöl, Tee, Kaffee, kleine Mengen Wein und Bier.
- Machen Sie Pflanzen zu Ihrer Hauptspeise – roh, gekocht, gedünstet (nur nicht zu viel Kartoffeln und Reis).
- Lieber Fisch als Fleisch.
- Joghurt: ja; Käse: auch in Ordnung; Milch: so lala.
- Praktizieren Sie „Zeitfenster-Essen", z. B. von 8.00 bis 20.00 Uhr. Den Großteil der Kalorien in der ersten Tageshälfte verzehren, mindestens zwei bis vier Stunden vor dem Zubettgehen nichts mehr essen.
- Genießen Sie!

Dieses Fazit wirkt zum einen wie ein einziger Gemeinplatz, zum anderen findet sich genau das wieder, was irgendwann im Neolithikum Brauch und Usus wurde und bis zu Beginn der Wohlstandsphase der westlichen Welt nach dem Zweiten Weltkrieg gelebt wurde, soweit es jeweils ging.

Das Buch hat, wie sehr viele anderen aus der Laienliteratur auch, ohnehin einen fundamental fragwürdigen Ansatz. Es beruft sich weitgehend auf assoziative Beobachtungsstudien, die selbst dann, wenn sie zu großen Metastudien zusammengefasst werden, nicht dem aktuellen Stand der Forschung entsprechen; daher müssen die Aussagen kritisch gesehen werden. Beobachtungsstudien passen schließlich in jedes Weltbild (siehe Kap. 4 und Abb. 4.2). Oder auch nicht. Oder bestätigen genau die eigene Essbiografie. Auch der Erkenntnisgewinn ist gering, selbst bei so manchen Metastudien. Denn damit ist genau das passiert, was in Abb. 5.1 dargestellt ist. Die Meinung „große Metastudien spiegeln die Wahrheit wider", hat sich verselbstständigt und wird nicht mehr im Detail hinterfragt [7]. Ioannidis [8] diskutiert diese Problematik der Resultate aus solchen assoziativen Studien sehr klar und deutlich mit den Methoden der mathematischen Statistik und fordert eine Reform der Publikationsweise für Beobachtungs- und sogar manche randomisierte Metastudien [9]. Der Grund ist sehr einfach: Die Qualität jeder Metaanalyse hängt empfindlich von der Qualität und Systematik der Statistik der ausgewerteten Einzelstudien ab. Selbst kleine, statistisch nicht signifikante Versuchsstudien werden in der Metastudie teils überbewertet übernommen. Nicht selten wird versäumt, die Daten korrekt aus den Veröffentlichungen zu extrahieren und hinsichtlich ihrer Aussagekraft entsprechend zu gewichten. Damit werden auch die Aussagen der Metastudien stark fehlerhaft, die Bandbreite der Gültigkeit wird sehr groß und es bleibt beim klassischen „nichts Genaues weiß man nicht" – trotz riesiger Computerleistungen, die für derartige übergeordnete Auswertungen bestehender Studien notwendig sind.

Manchmal scheint es, als wären die Beobachtungsstudien die beste Grundlage für große Ernährungsirrtümer. Ein erhellendes Beispiel ist die Interpretation der Resultate um Acrylamid.

5.3   Die Unvermeidbarkeit des Acrylamids

5.3.1   Acrylamid – brandneu und doch uralt

Die Meldung „Acrylamid erzeugt Krebs" schlug seinerzeit hohe Wellen bis hinauf in die Politik. Lange bevor die EU-Verordnung in Kraft trat, titelte die Ärztezeitung: „Acrylamid gefährlicher als Stickoxide" [10]. Weiter wurde darauf hingewiesen, dass oberhalb von 160–180 °C die Konzentration des Acrylamids in gebratenen, gebackenen und frittierten Lebensmitteln schlagartig zunehme. Vor allem betroffen sind Lebensmittel, in denen viel Stärke und Protein enthalten sind. Daher gelten nach der EU-Verordnung von 2018 für verzehrfertige Pommes frites von nun an Richtwerte von 500 µg/kg, für Kekse von 350 µg/kg und für Röstkaffee von 400 µg/kg. Damit nicht genug, denn vor allem bei selbst zubereiteten Lebensmitteln sei die Belastung sehr hoch, da man zu Hause die Temperaturen nicht besonders gut kontrollieren kann. Somit ist klar: Selbst Braten, Frittieren oder Brotbacken muss offenbar sehr gefährlich sein. Werden das beim Frittieren aufgesogene gesättigte Fett und der viele Zucker in Form von Kohlenhydraten (Stärke) in der Kartoffel hinzugezählt, könnte man, überspitzt formuliert, mit Fritten Selbstmord auf Raten begehen. Kann man in der Tat, wenn man sich jahrelang nur von Pommes und nichts anderem ernährt. Aber dann weiß man noch längst nicht mit Sicherheit, ob der Tod jetzt vom Acrylamid, vom Fett oder von der vielen Stärke verursacht wurde – oder vielleicht doch eher von der etwas einseitigen, mikronährstoffarmen Ernährung.

Im Übrigen muss an dieser Stelle hinterfragt werden, wie die Menschheit vor den Jahren 2000 [11] und 2002 [12], als die erste Studie gleich zweimal publiziert wurde, überlebten. Seit dem Paläolithikum wird über dem Feuer geröstet, gebraten und gegrillt, was die Menschheit für sich als essbar definiert. Seien es stärkereiche Knollen und Wurzeln, sei es Fleisch. Niemand, außer ein paar Polymerwissenschaftlern, kannte den Begriff Acrylamid, es ist schlicht ein Baustein des Werkstoffs Polyacrylamid. Schlagartig wurde es zum „Pommes-, Toast-, Keks-, Kaffee-, Lebkuchen- und Biergift". Um das wirklich zu verstehen, muss man ein paar Jahrzehnte in der Originalliteratur zurückblättern.

Zunächst zu den Experimenten der schwedischen Arbeitsgruppe, die als erste Hinweise zur Acrylamidproblematik publizierte. Dazu wurden in zwei verschiedenen Experimenten je sechs und acht (vier männliche und vier weibliche) Laborratten mit Rattenstandardnahrung gefüttert. Standardisiertes Futter ist für die Vergleichbarkeit von Laborergebnissen wichtig. Die Zusammensetzung richtet sich nach dem typischen Nahrungsprofil der Tiere und ist nach Kohlenhydraten, Zuckern, Aminosäuren, Fettsäuren wie auch nach Mikronährstoffen exakt austariert. Diese Nahrung ist in Pellets erhältlich. Aus diesen Pellets

wurde zunächst mit Wasser ein teigartiger Brei hergestellt, der für die Kontrollgruppe lediglich getrocknet und für die andere Gruppe goldbraun gebraten
wurde. Damit wurden die Ratten dann 102 Tage lang gefüttert und anschließend
wurden die Blutwerte gemessen. In der Kontrollgruppe wurden etwa 20 pg
Acrylamidstoffwechselprodukte im Serum nachgewiesen, in der mit gebratener
Standardnahrung gefütterten Gruppe hingegen 160 pg. Die Einheit pg bedeutet
dabei Pikogramm, also ein Billionstel Gramm. In einem weiteren Experiment
hatten die Forscher die Brattemperatur geändert. Einmal wurde mit 180–200 °C
gebraten, die anderen Proben mit 200–220 °C, und die eine Gruppe für 30 Tage
damit gefüttert und wieder mit der Kontrollgruppe verglichen. Dort ließen sich in
der Kontrollgruppe 5 pg Stoffwechselprodukte nachweisen, in der „Frittengruppe"
65 pg (±15 pg). Signifikante Unterschiede zwischen männlichen und weiblichen
Tieren ergaben sich keine. Die Tiere zeigten keine Karzinome, sondern lediglich
die erhöhten Werte der Abbauprodukte des Acrylamids. Die Tierversuche verdeut-
lichten aber, wie Acrylamid im lebenden Organismus der Ratten verstoffwechselt
wird.

Was kann man aber daraus wirklich für die Wirkung des Acrylamids auf
Menschen ableiten? Das ist zunächst vollkommen unklar, wie das folgende
Gedankenexperiment zeigt. Um eine Vergleichbarkeit herzustellen, müsste
eine vergleichbare Zahl Menschen, quasi „Homo laborrattis", in ausreichend
große Laborkäfige gesperrt werden. Zuvor müsste eine menschliche Standardernährung definiert werden, die etwa der geriatrischen Brei- oder Trinknahrung
entspricht. Diese Standardernährung – ein Gemisch aus Proteinen, Fetten, Kohlenhydraten, Vitaminen, Mineralstoffen und Spurenelementen – müsste zu einem
Brei angerührt werden. Die Kontrollgruppe in Käfig 1 würde ausschließlich den
gekochten Brei zu essen bekommen, die andere den in der Pfanne gebratenen.
Keinen Apfel zwischendurch, keinen Salat, kein Fleisch, ausschließlich diesen
Standard. Zu trinken gäbe es ausschließlich Wasser. Die Bewegungsmuster der
Labormenschen müssten darüber hinaus standardisiert werden. Dieses unmensch-
liche Menschenexperiment würde umgerechnet auf die Lebensdauer der echten
Laborratten etwa zehn bis 15 Jahre dauern. Zudem müssten sich die Versuchs-
menschen regelmäßigen ausreichenden Kontrollen unterziehen. Und doch wäre
die Aussagekraft gering, denn die Acrylamidgruppe müsste gleichzeitig definiert
supplementiert werden. Durch das Anbraten der Standardnahrung gingen natürlich
Makro- und Mikronährstoffe verloren, weil manche Vitamine hitzeempfindlich
sind, freie Zucker beim Erhitzen karamellisieren und somit nicht mehr als energie-
spendender Makronährstoff zur Verfügung stehen, wie auch Aminosäuren, die mit
Zuckern zu Aromen reagieren und somit keinen Nährwert haben und im Gesamt-
ernährungsplan fehlen. Selbst wenn es nur kleine Mengen sind, schlagen sie im
Laufe der Versuchsdauer gewaltig zu Buche. Dieses Gedankenexperiment zeigt
rasch, wie wenig übertragbar solche Tierversuche sind, bei aller Nützlichkeit für
die Grundlagenforschung.

Mit Sicherheit wäre auch die acrylamidfreie Kontrollgruppe nach diesem
Experiment nicht gesund, denn es fehlt Entscheidendes in der menschlichen
Ernährung: Abwechslung, Lebensfreude, Genuss. Also alles, was die Biografie

der Ernährung des *Homo sapiens* seit über einer Million Jahren ausmacht, von roh über gekocht bis zu fermentiert. Lebensmittelvielfalt und Ernährungsformen, die sich eben nicht durch standardisierte Ernährungsformen abdecken lassen. Der *Homo sapiens* nimmt im Gegensatz zu Versuchstieren eine Mischkost zu sich, die eine ganze Reihe Makro- und Mikronährstoffe enthält. Ganz im Sinne von roh, gekocht und fermentiert, den Basispfeilern der Ernährung seit Menschengedenken. Eine direkte Vergleichbarkeit aus standardisierten Tierversuchen abzuleiten ist daher schlicht unlogisch und nicht statthaft.

Kein Tierversuch und keine Metastudie liefern also absolute Gewissheit über die Wirkung von einzelnen Stoffen oder die Sinnhaftigkeit und Qualität bestimmter Ernährungsformen. Allerdings wurde im Fall von Acrylamid seit 2002 eine politische Maschinerie in Gang gesetzt wie selten zuvor. Ziemlich rasch hatte man sich von den Resultaten der Originalstudie verabschiedet und war in den Kreis der unkontrollierten Dynamik geraten, wie er in Abb. 5.1 dargestellt ist. Die Ergebnisse der Veröffentlichungen bleiben im Kern wahr und werden nicht im Geringsten geschmälert, aber die Reaktionen darauf dienten der Politik.

Auch von Wissenschaftlern, denn schaut man heute in die Originalliteratur, entdeckt man auf dem wissenschaftlichen Datenserver (bis Anfang 2020) *Web of Science* über 3000 wissenschaftliche Arbeiten zu diesem Thema. Das Thema boomt in der Wissenschaft, und es ist fast unmöglich, analog zum Ernährungs-kompass ein Fazit aller Studien allein zu diesem Thema zu ziehen, zumal sich nicht alle Veröffentlichungen im Detail auf die tatsächlichen analytischen Methoden überprüfen lassen. Daher ist es wie immer notwendig, sich auf die elementaren molekularen Fakten zu beschränken, die es erlauben, das Problem unter anderen Blickwinkeln einzuschätzen. Dann lassen sich durchaus relevante Schlussfolgerungen ziehen. Vor allem für die Zubereitungstechniken und den kulinarischen Kontext.

Genau deswegen sind Versuche mit Laborratten wie diese sinnvoll, denn sie liefern einen kleinen Teil eines weit komplexeren Puzzles. Im Gegensatz zu reinen Beobachtungsstudien, die keinen Aufschluss über kausale Zusammen-hänge liefern können, lassen sich in solchen *in-vivo*-Tierexperimenten, Ursache und Wirkung sehr genau beobachten. Wenn dann noch genmanipulierte Versuchs-tiere herangezogen werden, lassen sich die Ergebnisse noch deutlicher erhärten. Dennoch sind Rückschlüsse auf den Menschen kaum möglich. Tierexperimente können daher nur sehr schwache Hinweise auf eventuelle Zusammenhänge geben. Ganz abgesehen von der unterschiedlichen Physiologie der Versuchstiere im Ver-gleich zu Menschen sind die Lebensbedingungen der Versuchstiere nie mit denen der Menschen im Alltag vergleichbar. Im letzten Teil des Buches (Kap. 7) werden diese Ideen noch einmal in einen größeren, naturwissenschaftlicheren Zusammen-hang gebettet.

5.3.2 Acrylamid und nicht-enzymatische Bräunungsreaktion

Acrylamid entsteht immer beim nicht-enzymatischen Bräunen, also der Maillard-Reaktion [13], und ist somit praktisch nicht vermeidbar, wenngleich sich die prozessbedingte Konzentration steuern lässt. Prinzipiell gibt es zwei universelle Wege für die Entstehung von Acrylamid: den „Carbonylweg" und den „Fett-weg" [14]: Es müssen also Fette mit Aminosäuren oder Zucker mit Aminosäuren reagieren. Für den wichtigsten Reaktionsweg müssen eine Carbonylver-bindung, meist Glucose in Lebensmitteln, und die Aminosäure Asparagin zusammenkommen und höheren Temperaturen ausgesetzt werden. Unweiger-lich reagieren beide zu Acrylamid. Unter Beteiligung von Fett werden über die hohen Temperaturen zunächst Fettsäuren von den Triacylglycerolen (Tri-glyceriden) abgespalten, dabei entsteht neben den freien Fettsäuren Glycerol sowie aus den Fettsäuren die Verbindung Acrolein, die wiederum mit anderen Komponenten zu Acrylamid reagiert (Abb. 5.3). Acrolein kennt man auch als 2-Propenal, ein Geruchsstoff, der von Kerzen bekannt ist, vom Rauchpunkt von Ölen oder auch als typischen Frittiergeruch, er wird somit den Fetten wie auch den Paraffinen zugeschrieben.

Ohne dass man umfassende Kenntnisse der einzelnen Reaktionsprozesse haben muss, wird aus Abb. 5.3 ersichtlich, woraus Acrylamid entstehen kann. Nicht nur aus der Aminosäure Asparagin, die mit Zucker (reaktive Carbonylverbindung aus der Maillard-Reaktion) reagiert, sondern auch aus Fettsäuren und Glycerol aus Fetten, sofern die Aminosäureabbauprodukte β-Alanin und Carnosin beim Brat-

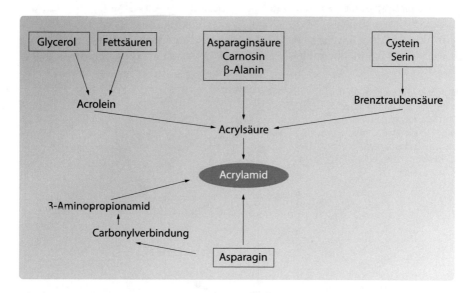

Abb. 5.3 Verschiedene Wege aus manchen Bestandteilen von Makronährstoffen (in kleinen Kästen) führen zum Acrylamid. Carnosin und β-Alanin entstehen bereits beim Kochen bei 100 °C und werden als Geschmacksverstärker wahrgenommen

prozess bereits vorhanden sind. β-Alanin kennen wir bereits aus den biogenen Aminen, es entsteht aus der Aminosäure Alanin. Carnosin, eine Verbindung aus den Aminosäuren Alanin und Histidin, ist ein typischer Bestandteil von Fleischbrühen. Es entsteht bei niedrigen Temperaturen während des Kochens und ist geschmacklich im Bereich süßlich und säuerlich verstärkend. Zudem entsteht es sogar schon beim Reifen von Fleisch bei niedrigen Temperaturen. Bestimmte Vorläufer und Vorstufen des Acrylamids entstehen also immer. Die Unvermeidbarkeit des Acrylamids liegt also an den Lebensmitteln selbst, denn alle bestehen aus Proteinen, Zuckern und Fetten. Selbst wenn Zucker und Fett nicht offensichtlich vorhanden sind, kommen sie reichlich in allen natürlichen Lebensmitteln vor: Glucose aus Stärke, Zucker aus den Glykoproteinen der Zellmembran; auch Fettsäuren sind in den Phospholipiden der Zellmembran reichlich präsent. Das Acrylamidproblem ist somit schon länger in der Welt, als der Mensch das Feuer kontrolliert. Es entsteht immer dann, wenn biologisches Material mit Temperaturen deutlich oberhalb von 100 °C behandelt wird, sei es bei Bränden, sei es bei den Lebensmitteln über den Feuern der Hominiden, sei es auf dem Grill beim Bierfest.

5.3.3   Acrylamid – Aminosäuren und Zucker

Wenn aber Acrylamid bei höheren Gartemperaturen prinzipiell gar nicht vermeidbar ist, so ist es erstrebenswert, etwas über die Reaktionswege zu lernen. Das einfachste Experiment ist, Glucose und Asparagin bei verschiedenen Temperaturen zu erhitzen und die daraus entstehende Konzentration von Acrylamid zu messen, wie in Abb. 5.4 dargestellt.

In diesem Modellexperiment [13] wurden Asparagin (0,1 mmol) und Glucose (0,1 mmol) in 0,5 molarem Phosphatpuffer (100 ml, pH 5,5) in einem versiegelten

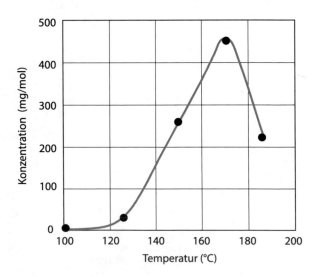

Abb. 5.4 Konzentration des aus Asparagin und Glucose gebildeten Acrylamids als Funktion der Temperatur. In diesem Modellexperiment ist die Konzentration bei 170 °C am höchsten [13]

Glasrohr für 20 min erhitzt. Danach wurde mit verschiedenen Analyseverfahren die Acrylamidkonzentration bestimmt. Dabei zeigte sich bereits ab 130 °C ein deutlicher Anstieg der Konzentration, die bei 170 °C ein Maximum erreichte, bevor bei höheren Temperaturen dieser Reaktionsweg in der wässrigen Lösung wieder weniger Acrylamid produzierte.

Dieser Reaktionsweg weist darauf hin, dass stärkereiche Lebensmittel, die während des Erhitzens über die Hydrolyse einen hohen Anteil an Glucose zur Verfügung stellen, deutlich messbare Konzentrationen an Acrylamid freisetzen. Dies zeigt sich deutlich, wenn reale Lebensmittel verwendet werden. Am Beispiel von im Ofen gebackenen Pommes frites wird dies deutlich. Dieses Modellexperiment ist deshalb aufschlussreich, weil es die Fettkomponente von Abb. 5.3 ausschließt und vorwiegend den Einfluss der Aminosäuren und Carbonylverbindungen aufzeigt [15]. Aus chemischer Sicht zeigt sich dabei eine systematische Korrelation zwischen Zeit und Temperatur für die Acrylamidbildung, wie in Abb. 5.5 verdeutlicht wird.

Dabei wird deutlich, wie sich Backzeit und Temperatur auswirken. Bei 195 °C stagniert die Bildung von Acrylamid sogar mit zunehmender Zeit im Bereich von 24 min Backzeit bei etwa 300 µg/kg Pommes frites. Die Acrylamidkonzentration bleibt also insgesamt sehr gering. Bei höheren Temperaturen oberhalb von 200 °C steigt sie mit der Backzeit überproportional an.

Die Erklärung ist relativ einfach, denn: Je höher die Temperatur ist, desto rascher verdampft Wasser aus den vorgefertigten (und partiell vorgebackenen) Kartoffelstäbchen. Die Maillard-Reaktion ist aber direkt mit dem Wassergehalt bzw. der Wasseraktivität korreliert. Je rascher das Wasser verdampft, desto rascher setzt an den weniger feuchten Stellen an der Oberfläche die Maillard-Reaktion ein. Dort, wo sich gebräunte Stellen mit ihren köstlich duftenden Röstaromen zeigen,

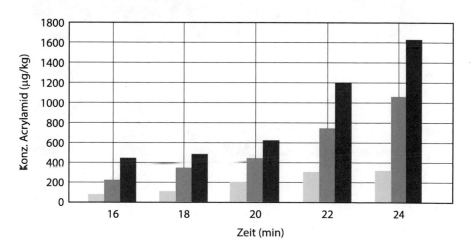

Abb. 5.5 Acrylamidbildung bei im Ofen gebackenen Pommes frites. Bei einer Ofentemperatur von 195 °C (gelb) ist die Zunahme sehr gering, bei 210 °C (orange) deutlich höher, bei 225 °C steigt sie von Anfang an überproportional an

bildet sich auch unvermeidlich Acrylamid. Bei niedrigen Temperaturen ist die Verdampfungsrate geringer, folglich kühlt das langsam verdampfende Wasser über
dessen (latente) Verdampfungswärme den Prozess über die gesamte Dauer, schon
bildet sich weniger Acrylamid.

Dies zeigt sich auch bei Anwendung von verschiedenen Garmethoden deutlich
[15]. Verglichen wurde der Acrylamidgehalt von vorgefertigten Kartoffelpuffern
aus dem Convenience-Bereich, die mit verschiedenen Methoden fertiggestellt
wurden. Dazu gehörten Pfannengarungen bei verschiedenen Temperaturen wie
auch das Fertigbacken im Ofen sowie ein Frittiervorgang. Zwar sind die Mess-
ergebnisse nicht direkt miteinander vergleichbar, da in dieser Untersuchung zu
viele Parameter gleichzeitig verändert wurden, aber dennoch zeigen sich Trends
für die entsprechenden haushaltsüblichen Zubereitungstechniken (Abb. 5.6).

Dabei zeigt sich, dass niedrige Temperaturen in der Pfanne und selbst 220 °C
im Umluftofen das Acrylamid kaum ansteigen lassen. Hohe Temperaturen in der
Pfanne liefern Werte, die sogar über den Konzentrationen liegen, die beim kurz-
zeitigen Frittieren entstehen. Obwohl die Farbe der Kartoffelgalette nach dem
Frittieren deutlich dunkler erscheint. Der Grad der Bräunung ist daher nicht immer
ein sichtbares Maß für die Acrylamidkonzentration. Das ist auch klar, denn das
heiße Öl umschließt alle Bereiche des Kartoffelpuffers, während das Pfannenbraten nur die direkten Kontaktstellen stärker bräunt. Folglich ist beim Frittieren
die gesamte, also deutlich größere Oberfläche der hohen Temperatur ausgesetzt,
während das Pfannenbraten nur die direkten Kontaktstellen mehr bräunt.

Abb. 5.6 Die Acrylamidbildung im direkten Vergleich. Durch das Vorbacken ist bereits eine
geringe Konzentration vorhanden. Das Braten in der Pfanne wie auch das Garen bei Umluft
(UL) im Ofen führen nur zu einem geringen Anstieg

5.3.4 Acrylamid – Aminosäuren und Fette

Der Vergleich zwischen dem Pfannenbraten (180 °C/12 min) und dem Frittieren (180 °C/3,5 min) zeigt aber einen deutlichen Einfluss des Öls auf die Bildung des Acrylamids, wie bereits aus Abb. 5.3 zu ersehen. Fette werden unter großer Hitze instabil, es bilden sich freies Glycerol und aus den freien Fettsäuren Abbauprodukte, die wiederum als Vorläufer zur Bildung von Acrylamid dienen können [14], wie in Abb. 5.3 angedeutet. Dies ist nicht nur beim Frittieren von Relevanz, sondern auch bei fettreichem Gebäck wie Keksen oder Mürbeteigprodukten, die unter hohen Temperaturen in kurzer Zeit gebacken werden [15]. Wenn Öl auf Temperaturen über dem Rauchpunkt erwärmt wird, spalten sich die Fettsäuren vom Glycerol ab. Ein Teil des freien Glycerols wird anschließend über Dehydratisierung zu Acrolein abgebaut. Aber auch Bruchstücke von Fettsäuren wirken sich auf die Bildung von Acrylamid aus, sobald Asparagin vorhanden ist (Abb. 5.3). Somit ist klar, dass sich mehr Acrylamid bildet, je mehr ungesättigte Fettsäuren im Bratöl vorhanden sind. Im Umkehrschluss ist ebenso klar, dass stabile, langkettige gesättigte Fette (dominierend in der Fettsäure C 18:0), etwa tierischen Ursprungs, die Bildung von Acrylamid deutlich weniger unterstützen.

Diese Tatsache zeigt aufs Neue, dass sich ohne Erkennen der übergeordneten Zusammenhänge nicht immer valide Empfehlungen ergeben. Traditionelle belgische Pommes frites (sie gelten bis heute als die besten der Welt) wurden jahrhundertelang in Rindertalg zubereitet. Dann kam die Ernährungswissenschaft zu dem Schluss, tierische Fette seien weitgehend gesättigt und damit ungesund. Fritten sollten also nicht mehr in Rindertalg ausgebacken werden. Dafür wurden pflanzliche Fette gehärtet, man kaufte sich wirklich ungesunde *trans*-Fette ein. Der Geschmack der Pommes frites litt, also wurden Frittierfettmischungen entwickelt, um das *trans*-Fettsäure-Problem zu umgehen, mit niedrigerem Rauchpunkt als der traditionelle Rindertalg. Die Folge: Die Acrylamidkonzentration stieg, worauf die Empfehlung erging, Pommes frites, Bratkartoffeln und Toast nicht mehr knusprig zu backen, sondern, zulasten von Aroma und Geschmack, lediglich zu „vergolden". Politik und Verbraucher sind mit einfachen Maßnahmen zufriedengestellt, haben allerdings vergessen, dass traditionelles Frittieren in Rindertalg nicht nur besseren Geschmack erzielt, sondern auch die Bildung des gefürchteten Acrylamids im Zaume hält. Ohne wissenschaftlichen Grund ist somit eine traditionelle Methode aus der Esskultur verschwunden. Wie oft, wenn molekulare Zusammenhänge außer Acht gelassen werden.

5.3.5 Glycidamid – fettiger Partner des Acrylamids

In diesem Zusammenhang sind auch die Sekundäreffekte des Acrylamids erwähnenswert, insbesondere, wenn es beim Erhitzen auf ungesättigte Fettsäuren trifft [16, 17]. Hier kann es unter Beteiligung von Sauerstoffs zu Glycidamid reagieren, einer Verbindung, deren Wirkung als hoch gesundheitsschädlich einzustufen ist. Dabei

lässt sich in Modellexperimenten zeigen, wie sich aus Acrylamid in einer Fett-
matrix aus ungesättigten Fettsäuren Glycidamid bildet. Dabei wurde einmal die
Acrylamidkonzentration konstant gelassen und die Temperatur variiert, während das
andere Mal die Temperatur konstant gelassen wurde und die Acrylamideinwaage
variiert wurde. In beiden Fällen wurde die sich bildende Menge an Glycidamid
gemessen. Die Ergebnisse sind in Abb. 5.7 zusammengefasst.

Wie dieses Modellexperiment zeigt, bildet sich aus Acrylamid ein sekundärer
Stoff, sobald ungesättigte Fette im Spiel sind. Ein weiterer Grund dafür, dass die
zum Frittieren, Backen oder Braten verwendeten Fette gesättigt sein sollten. Dies
wurde auch in dieser Untersuchung gezeigt, denn es wurden die Glycidamidwerte
von Pommes frites bestimmt, die in unterschiedlichen Fetten zubereitet wurden.
Vorgefertigte, handelsübliche Kartoffelstäbchen wurden in Sonnenblumenöl (reich
an C 18:2 Fettsäuren) und Kokosöl (vorwiegend gesättigte mittelkettige Fettsäuren) zubereitet. Und wiederum korrelierte die Bildung von Glycidamid mit der
ebenfalls gebildeten Menge an Acrylamid.

Somit scheint klar zu sein: „Pommes sind Gift". Denn Acrylamid wird während
der gastrointestinalen Phase aufgenommen und im ganzen Körper verteilt. In der
Leber und in den Zellen wird ein Teil davon unter Beteiligung von Glutathion
während des Stoffwechsels in Glycidamid umgewandelt. Insofern ist es durchaus vernünftig, auf Brot, Pommes und Chips dauerhaft zu verzichten. Oder doch
nicht?

5.3.6   Wie hoch ist die Relevanz des Glycidamids?

Diese Frage zu klären, ist nicht einfach, denn die chemische Reaktion von Acrylamid zu Glycidamid ist nicht nur in Kartoffelprodukten zu finden, sondern auch

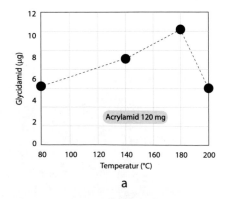

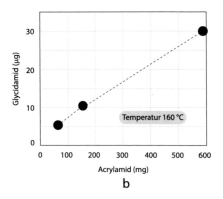

a   b

Abb. 5.7 Die Menge des Glycidamids, das sich in der Umgebung von ungesättigten Fetten
bildet: **a** bei konstanter Einwaage von 120 mg Acrylamid; **b** bei konstanter Temperatur unter
Erhöhung der Acrylamidkonzentration [17]

in Brot und Backwaren [18], insbesondere in Kuchenkrusten und Keksen, wenn sie mit reichlich Fett zubereitet sind; aber auch in Kaffee, Frühstückscerealien, gerösteten Nüssen oder Toastbrot, das auf klassischen Butterrezepturen beruht. Dennoch ist die tatsächliche Gefährlichkeit in allen Bereichen unklar [15, 19], sodass sich bestimmte Erkrankungen nicht auf Acrylamid und Glycidamid zurückführen lassen. Dazu ist die menschliche Ernährung zu vielfältig.

Die EFSA (Europäische Behörde für Lebensmittelsicherheit) kam zu dem Schluss [15], dass die derzeitige Höhe der Exposition gegenüber Acrylamid im Hinblick auf Krebserkrankungen nicht von Belang ist. Obwohl epidemiologische Studien bisher nicht nachgewiesen haben, dass Acrylamid beim Menschen als Karzinogen wirkt, deuten die Margen der Exposition auf eine Besorgnis über neoplastische Effekte hin, die auf Tierversuchen basieren. Mit anderen Worten: Nichts Genaues weiß man nicht, besonders, wenn standardisierte Tierexperimente mit der Humanernährung direkt verglichen werden (siehe Abschn. 5.3.1). Sicher ist aber auch, dass sich der *Homo sapiens* trotz weit kruderer Zubereitungsmethoden in der Vergangenheit als heute üblich prächtig entwickelte.

Aber einen großen Vorteil hatten das Acrylamidergebnis und der dadurch ausgelöste politische Aktivismus: Die Forschung profitierte. Plötzlich wurden Verfahren entwickelt, die es erlaubten, Maillard-Prozesse genauer zu betrachten und den Einfluss der Mechanismen auf die Bildung von Verbindungen wie Acrylamid zu studieren. Dies ist tatsächlich ein großer Fortschritt für die Forschung, denn viel neues und relevantes, physikalisch-chemisches Wissen wurde generiert. Darunter eben auch, wie sich die Bildung von Acrylamid etwas eindämmen (wenn auch nie ganz vermeiden) lässt.

5.3.7   Der Einfluss von pH-Wert, Wasseraktivität und Fermentation auf die Acrylamidbildung

Es ist bekannt, dass die Bräunungsreaktion stark vom pH-Wert abhängt [14, 15] und wie sie sich über den pH-Wert steuern lässt. Lebensmittel bräunen rascher, wenn der pH-Wert erhöht wird, also ins alkalische geschoben wird [20]. Dies lässt sich leicht in der eigenen Küche nachprüfen, denn werden zum Beispiel Röstzwiebeln mit etwas Natron bestreut, werden sie rascher dunkel. Die Röstung setzt rascher ein, es bilden sich schneller erwünschte Röstaromen wie auch Melanoide, die für das bräunliche Schimmern der Oberflächen von Brot, Pommes frites oder Fleisch verantwortlich sind. Die physikalische Chemie dahinter ist klar: Je hoher der pH-Wert ist, desto rascher erfolgt eine Deprotonierung (die Abspaltung von Protonen von einer Verbindung) der unter Hitze frei werdenden Aminosäuren: Sie geben ihren Wasserstoff in einer alkalischen Umgebung viel leichter ab und stehen für chemische Reaktionen der Aromabildung zur Verfügung.

Wie aber steht es dabei um die Acrylamidbildung? Dieser Mechanismus ist ebenfalls für die Reaktion von Asparagin mit Zuckern relevant. Also müsste sich bei höherem pH-Wert ebenfalls die Acrylamidbildung beschleunigen. Umgekehrt müsste sich bei sauren Lebensmitteln weniger Acrylamid bilden. Um einen klaren

Zusammenhang herauszuarbeiten, müssen wieder eindeutig kontrollierte Modell-experimente durchgeführt werden, die möglichst wenig Messfehler verursachen. Dazu wurden Kartoffelpräparationen aus Kartoffelpulver mit verschiedenem pH-Wert geröstet und das resultierende Acrylamid gemessen [21].

Das „Kartoffelmodell" bestand aus einem getrockneten und gesiebten Kartoffelpulver mit 0,03 g Fructose/100 g, 0,03 g Glucose/100 g und 0,89 g Asparagin/100 g. Letzteres wurde hinzugefügt, um eine kontrollierbare und signi-fikante Acrylamidkonzentration messen zu können. Das Kartoffelpulver wurde mit Wasser vermischt und auf eine homogene Masse aus 41 % Kartoffelpulver, 38 % Wasser und 21 % Öl standardisiert. Vor dem Erwärmen wurde der pH-Wert eingestellt. Dieser lässt sich dabei mit verschiedenen Säuren, etwa Ascorbin-, Zitronen-, Essig- und Milchsäure, aber auch Salzsäure in entsprechenden Konzentrationen exakt einstellen. Auch diverse Mineralsalze aus Calcium und Magnesium lassen sich verwenden, um eine möglichst breite Variation an pH-Werten mit unterschiedlichsten Methoden zu erhalten. Natriumhydroxid (Laugen) oder diverse Kalium- und Phosphorverbindungen, wie sie auch in Lebensmitteln vorkommen, eignen sich ebenfalls, um eine gute Übersicht mit statistischer Relevanz zu erhalten. Dabei ergibt sich unabhängig von der Methode, wie die pH-Werte eingestellt werden, ein vom Produkt unabhängiges und damit universelles Bild. Die Ergebnisse sind in Abb. 5.8 zusammengefasst.

Ein Maß für die Maillard-Reaktion und damit die Aromabildung und Bräunung von Lebensmitteln sind die reaktiven Aminosäuren. Die Konzentration des sich bildenden Acrylamids steigt, wie erwartet, mit dem pH-Wert rasch an. Bei pH-Werten um 4 erfolgt demnach die Bräunung eher zaghaft, während sie bei pH-Werten um 8, also leicht im Alkalischen, stark ansteigt (Abb. 5.8a). Bei der Bildung des Acrylamids ist es ähnlich (Abb. 5.8b). Bei pH-Werten um 4 ist die Konzentration des Acrylamids in dem Kartoffelmodell eher verhalten, allerdings

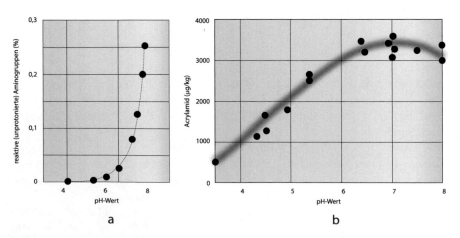

a   b

Abb. 5.8 Reaktive Aminosäuren (**a**) und die Bildung von Acrylamid (**b**) als Funktion des pH-Werts

steigt sie quasi linear mit dem pH-Wert zwischen 4 und 6. Bei pH-Werten um 7 (neutral) scheint sich eine Sättigung einzustellen, während sie bei noch höheren pH-Werten wieder leicht sinkt. Der grundlegende Mechanismus hierfür ist auch, stark vereinfacht ausgedrückt, das Blockieren von chemischen Zwischenstufen (Schiff-Basen) während der Maillard-Reaktion.

Ascorbin- und Zitronensäure wie auch Phosphate als Hilfsmittel in industriell gefertigten Backwaren haben also durchaus mehr Funktionen, als üblicherweise gedacht wird. Sie helfen auch, die Acrylamidbildung einzudämmen. Somit wird klar, dass zum Beispiel in Sauerteigpräparationen weniger Acrylamid vorkommt als in vergleichbaren ungesäuerten Broten. Die Sauerteigfermentation senkt den pH-Wert stärker ab und reduziert über die Mikroorganismen auch freies Asparagin. Somit ist die Acrylamidbildung in Sauerteigbroten deutlich geringer [22].

Die niedrige Acrylamidkonzentration bei der Sauerteigfermentation gibt aber auch noch einen Hinweis in eine ganz andere Richtung, nämlich auf Enzyme, Asparaginasen, die freies Asparagin abbauen können. In manchen Hefen und anderen Mikroorganismen, die an der Sauerteigfermentation beteiligt sind, werden Asparaginasen in geringen Mengen produziert [23].

5.3.8 Asparaginase – ein neues enzymatisches Werkzeug zur Acrylamidreduktion?

In der Medizin wird das Enzym Asparaginase schon seit Längerem zur Behandlung von Leukämie und anderen Krebsarten angewandt. Asparaginase wirkt dabei katalytisch auf freies Asparagin und lässt dies zur Asparaginsäure reagieren. Wenn daher freies Asparagin bei Tumoren an pathologischen Prozessen beteiligt ist, wird eine Behandlung mit Asparaginase eingeleitet [24]. So lag es nahe, diese Enzymklasse versuchsweise zum Ausschalten einer der an der Acrylamidproduktion beteiligten Komponenten anzuwenden, nämlich der Aminosäure Asparagin.

Daher kommt dieses Enzym auch in der Lebensmittelindustrie [25] zur Anwendung, etwa bei Plätzchen, Keksen, Frühstücksflocken oder Kartoffelchips, um die Acrylamidbildung stark einzuschränken [26]. Da Asparaginsäure gemäß Abb. 5.3 nur auf sekundären Reaktionswegen beteiligt ist, ist die Hoffnung auf eine reduzierte Acrylamidbildung berechtigt.

Für die Reaktion der Aminosäure Asparagin mit Zuckern ist es zwingend, dass die Aminosäure frei vorliegt. Daher kann vor dem Backen zumindest freies, nicht in Proteinen gebundenes Asparagin über die katalytische Wirkung der Asparaginase zu Asparaginsäure reagieren. Gebundenes Asparagin kann, solange es während des Backens, Bratens oder Grillens gebunden bleibt, nicht zu Acrylamid reagieren. Wird den Teigen Asparaginase zugegeben, reduziert sich die Acrylamidbildung. Wichtig ist dabei eine ausreichende Wasseraktivität. Teig- und Kartoffelpräparationen müssen daher ausreichend Wasser enthalten, damit die Reaktion von Asparagin zu Asparaginsäure am Laufen gehalten werden kann.

Für die medizinische Anwendung wird Asparaginase aus Mikroorganismen fermentiert. Die biotechnische Ausbeute des Enzyms aus Pilzen ist für die Lebensmittelindustrie gering, der biotechnologische Aufwand zu hoch. So bleibt die Frage, welche leichter verfügbaren pflanzlichen Quellen von Asparaginase für die Acrylamidreduktion identifiziert werden können. Dazu gibt es Hinweise, dass manche Saaten von Leguminosen, wie Lupinen oder Erbsen, nennenswerte Mengen an Asparaginase aufweisen, deren Aktivität sich während der Keimung steigern lässt. Gibt man zum Weizenmehl fein gemahlenes Erbsenmehl in drei verschiedenen Stufenanteilen (1 %, 3 % und 5 %), können daraus Brote gebacken und die Acrylamidkonzentration bestimmt werden. In diesen Experimenten wurden Brote bei 220 °C für 22–25 min gebacken. Die Acrylamidreduktion hängt dabei stark vom verwendeten Mehl ab. In einem Weizenbrot mit hellem Mehl zeigte sich für alle Konzentrationen der Beimischung von Erbsenmehl lediglich eine Acrylamidreduktion unter 10 %, bei Kleie- und Vollkornbroten wurde mit einer Beimischung von 5 % Erbsenmehl eine Reduktion des Acrylamidspiegel in der Kruste um 57 % und 68 % erreicht. Allein dabei zeigt sich wieder das Zusammenspiel von verschiedenen physikalischen Parametern. Kleie und Vollkornmehle mit höherer Wasserbindung über lösliche Ballaststoffe und Mineralien kühlen während des Backens über latente Wärme das Brot, die Asparaginase bleibt länger aktiv und kann mehr Asparagin in Asparaginsäure umwandeln.

Eine gezielte Anwendung der Asparaginase hat sogar noch positive sensorische Effekte, nämlich einen Beitrag zur Aromabildung. Zum einen reagiert zwar nicht jedes freie Asparagin zu Acrylamid, sondern bildet zu einem geringen Teil Furane [27] und Pyrazine [28], ganz bestimmte Aromatypen, die im Geruch röstig wirken. Wird freies Asparagin zu Asparaginsäure umgewandelt, gibt es mit der Asparaginsäure ebenfalls diesen geringen Anteil an Aromen, der in die fruchtig, süßliche und karamellartige Geruchsrichtung weist [29]. Ein wichtiger Aspekt ist aber die Trägheit der Asparaginsäure bei der Maillard-Reaktion, wie sie bei der Glutaminsäure bereits angesprochen wurde. Damit bleibt ein erheblicher Teil der Asparaginsäure nach dem Backen, Frittieren oder Braten erhalten und trägt zusammen mit den freien Glutaminsäuren zum Umamigeschmack bei. Diese Ideen sind in Abb. 5.9 zusammengefasst.

5.3.9 Die andere, gute Seite der Maillard-Reaktion

Entgegen der allgemeinen Auffassung, die Maillard-Reaktion würde nur gesundheitsschädliche und karzinogene Substanzen erzeugen, gibt es noch die Kehrseite dieser Medaille, die allerdings weniger bekannt ist. Die Maillard-Reaktion bringt neben als Karzinogene verdächtigten Verbindungen auch antioxidativ wirkende Substanzen hervor [30]. Der bekannteste Vertreter davon dürfte die Verbindung Pronyl-Lysin sein, dessen starke positive Wirkung bekannt ist [31]. Es entsteht in Brotkrusten [32], in Kaffee beim Rösten oder auch beim Mälzen von Getreide [33] und ist schon länger im Fokus der Forschung als positives Maillard-Produkt

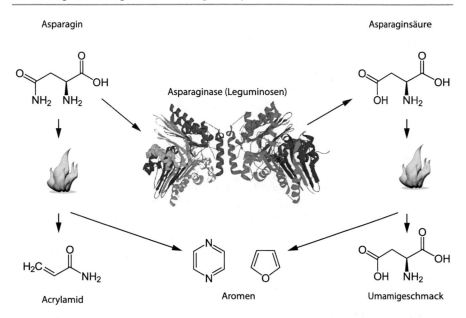

Abb. 5.9 Die Asparaginase (Mitte) wandelt Asparagin (links oben) in Asparaginsäure (rechts oben). Unter Hitzeeinwirkung entsteht aus Asparagin letztlich Acrylamid (Reaktionsweg links), aus Asparaginsäure entstehen diverse Aromaverbindungen, etwa Pyrazine und Furane (Reaktionsweg rechts)

[34]. Pronyl-Lysin geht unter Erhitzen aus der Aminosäure Lysin hervor, und zwar genauso unvermeidlich wie Acrylamid.

Darüber hinaus zeigen vor allem wasserlösliche und schwach wasserlösliche Produkte, die während der Maillard-Reaktion entstehen, in Laborexperimenten ein deutliches antioxidatives und entzündungshemmendes Potenzial [35]. In einer Reihe von Experimenten wurde dies auch an Modellsystemen gefunden [36], ebenso in Substanzen, die bei Milchprodukten (etwa Gratins) aus dem Casein der Milch und Zuckern entstehen [37]. Es gibt noch viele weitere Beispiele der aktuellen Originalliteratur, die in diese Richtung weisen, und es wurde auch gezeigt, in welch hohem Maß diese Produkte während der Magen-Darm-Passage wirken [38].

Nicht alles, was gebacken, gebraten oder frittiert ist, darf sollte ausschließlich als gesundheitsschädlich klassifiziert werden. Die unterschiedlichen Essbio-grafien der Vertreter des *Homo sapiens* in den verschiedensten Kulturkreisen, die sich seit der neolithischen Revolution bildeten, zeugen davon auf ganz besondere Weise. Hätten sich diese Methoden als ungesund erwiesen, wäre dies Grund genug gewesen, Feuer zu löschen und auf Zubereitungstechniken unter hohen Temperaturen zu verzichten. Erst Dank hochauflösender analytischer Methoden wurde Acrylamid erst bekannt. Tatsächlich wurde die Lebensmittelindustrie dadurch aufgeschreckt und begann mit gezielten Maßnahmen, Produktionsmethoden zu erforschen und zu verändern [39]. Wie real eine wirkliche Gefahr für den vielfältig essenden Menschen ist, bleibt bis dato ungeklärt.

5.4 Biologische Wertigkeit und Nahrungsmittelproteine

5.4.1 Biologische Wertigkeit

Wie bereits in Kap. 1 deutlich angesprochen wurde, ist eine ausreichende Protein-menge in der Ernährung von entscheidender Bedeutung. Nur mit einer aus-reichenden und ausgewogenen Zufuhr an Protein, besser Aminosäuren, kann die Physiochemie Proteine für den physiologischen Bedarf herstellen. Damit ist klar, was ausgewogen bedeutet: Es müssen vor allem die essenziellen Aminosäuren über die Nahrung zugeführt werden, damit Funktionsproteine wie Muskelproteine ständig repariert, aufgebaut und erneuert werden können. Denn diese Funktions-proteine benötigen ebenfalls diese essenziellen Aminosäuren. Nun ist es kein Wunder, dass tierische Proteine den Proteinen des *Homo sapiens* am ähnlichsten sind. Menschen sind physiologisch und biologisch Tiere, sie müssen Muskeln auf-bauen, und unser Gehirn muss ausreichend mit Energie versorgt werden, damit es überhaupt funktionieren kann. Deshalb wird tierischen Proteinen eine hohe bio-logische Wertigkeit zugeschrieben. Auch ohne ins Detail zu gehen, ist bei etwas Nachdenken klar, dass Fleisch in der Tat ein Stück Lebenskraft ist, wie es ein viel zu kurz greifender Werbespruch einst suggerierte. Denn beim Verzehr von Fleisch, ohne Beilagen und ohne Wein, erhalten wir ein hohes Maß an Protein, das Menschen bis zu 95 % verwerten können, weil nichts den Stoffwechsel stört. Kein Tannin, kein Polyphenol bindet Protein und verlangsamt oder verhindert die quasi vollständige Verwertung.

Natürlich ist gleichzeitig klar, dass diese Auffassung, so biomolekular sie auch begründet ist, zwar für reine Carnivoren wie Katzen, Hunde usw. sinnvoll ist, aber nur zum Teil für das komplexe System Mensch, dessen Nährstoffbedarf sich bereits seit der Evolution unglaublich an die jeweiligen lokalen Gegeben-heiten und das vorliegende Nährstoffangebot anpassen konnte – im Gegensatz zu anderen Lebewesen. Bekannte Beispiele sind Pandabären, die sich trotz des Magen-Darm-Trakts eines Carnivoren ausschließlich von proteinarmem Bambus ernähren. Dazu sind lange Magen-Darm-Passagen notwendig, um jede essenzielle Aminosäure zu verwerten, oder aus anderen Nahrungsbestandteilen herzustellen. Mangels fehlender Quellen und Umweltveränderungen kann der Panda nur noch mit menschlicher Hilfe überleben.

Wie biologisch wertvoll ein Protein ist, lässt sich anhand von (hypothetischen) Referenzproteinen feststellen [40]. Bereits in den vorhergehenden Kapiteln wurden die essenziellen Aminosäuren genannt und ihr Geschmack und ihre vor-wiegende Hydrophobizität (Wasserunlöslichkeit) wurden beschrieben. Essenzielle Aminosäuren lassen sich übrigens mit einer Eselsbrücke merken: Die Anfangs-buchstaben der einzelnen Wörter des wahren Satzes „Leider Fehlen Wichtige

Moleküle **I**m **K**örper **V**ieler **T**iere" (L, F, W, M, I, K, V, T) ergeben im Einbuch-
stabencode die essenziellen Aminosäuren: Leucin, Phenylalanin, Tryptophan,
Methionin, Isoleucin, Lysin, Valin und Threonin. Kommen diese Aminosäuren in
einem Protein in ausreichenden Mengen vor, ist es ein hochwertiges Protein.

Was passiert mit Proteinen, wenn sie verdaut werden? In Kap. 4 wurde bereits
auf die Wirkung der Enzyme eingegangen und die Proteinverdauung wurde
angesprochen. Die Proteinverdauung geht sukzessive vonstatten.

Bereits im Magen werden Proteinketten über die Säure während des Unter-
schreitens des isolektrischen Punkts denaturiert, d. h. aus der Form gebracht,
und von dem säureresistenten Enzym Pepsin in Peptide gespalten. Weiteres Zerschneiden dieser Peptide erfolgt durch die Pankreasenzyme im Dünndarm. Sie
zerlegen sie – im Idealfall – in einzelne Aminosäuren. Diese können im Darm
resorbiert werden und ihren verschiedenen Funktionen zugeführt werden, wie in
Abb. 5.10 schematisch dargestellt ist. Danach entscheidet die Biochemie anhand
bestimmter Signalträger, was passiert. Wo müssen wann welche Proteine repariert,
ausgetauscht oder erneuert werden? Welche Botenstoffe müssen synthetisiert
werden? Dann werden neue Proteine mittels Enzymen zusammengebaut und

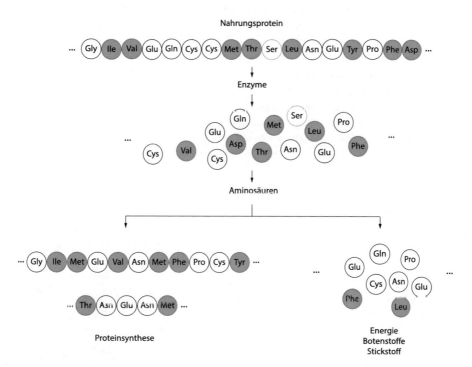

Abb. 5.10 Verdauung und Funktion von Proteinketten im Körper. Proteinketten (oben) werden
von Enzymen in ihre Aminosäuren zerlegt. Essenzielle Aminosäuren (farbig unterlegt) werden
sowohl zum Aufbau körpernotwendiger Proteine als auch zur biochemischen Synthese von
funktionellen Stoffen (Botenstoffen) benötigt. (Nicht-essenzielle) Aminosäuren liefern auch
Energie (Sättigung)

entsprechend gefaltet; vorwiegend werden dazu essenzielle Aminosäuren aus der Nahrung verwendet. Selbstverständlich sind die Annahmen, aus Muskelprotein des Rindersteaks würde ein Muskelprotein des Bizeps oder gar aus den geschmorten Beinscheiben eines Ossobucco ein körpereigenes Mulskelprotein nicht richtig. Sondern dort, wo Not am Protein ist, wird aus dem zur Verfügung stehenden Grundstock von Aminosäuren eben das benötigte Protein zusammengebaut. So wandert z.B. auch manches Leucin aus einem Molken- oder Haferprotein als Aminosäure in ein Membranprotein oder in Hämoglobin.

Daher ist es vonnöten, ein möglichst breites Spektrum an verschiedenen hochwertigen Proteinen über die Nahrung aufzunehmen, damit die Proteinsynthese im notwendigen Umfang vonstattengehen kann. Dazu hat die Ernährungswissenschaft schon seit Langem versucht, Proteinwertigkeiten zu definieren.

5.4.2 Liebigs Minimumtheorie

Die einfachste Definition wird aus Liebigs Minimumhypothese abgeleitet, die eigentlich für das Pflanzenwachstum aufgestellt wurde [41]. Eine Pflanze könne nur so lange wachsen, bis der limitierende Stoff (z. B. Mineralien im Boden) aufgebraucht ist. Grob wurde dieser Ansatz auf die körpereigene Proteinsynthese übertragen. Proteine können nur so lange vollständig synthetisiert werden, bis die essenzielle Aminosäure, die mit der geringsten Konzentration im Körper vorliegt, bereits eingebaut ist. Dies lässt sich anschaulich an einem „unfertigen" Fass darstellen, das aus unterschiedlichen Dauben besteht, wie in Abb. 5.11 dargestellt. Die Füllhöhe ist durch die niedrigste Daube bestimmt.

Dieses Fassmodell betrifft ausschließlich essenzielle Aminosäuren, denn die nicht-essenziellen können selbst in entsprechenden Zellen synthetisiert werden. Fehlen jedoch essenzielle Aminosäuren, so können Proteine gemäß dem

Abb. 5.11 Limitierende Aminosäuren in einem Fassmodell. In diesem Beispiel liegt die Aminosäure Histidin als limitierende Aminosäure vor. Selbst wenn die anderen Aminosäuren in hohen Konzentrationen vorliegen, können keine weiteren Proteine mehr synthetisiert werden, die Histidin benötigen

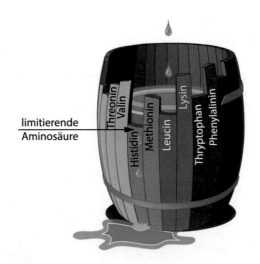

erforderlichen Bauplan nicht fertig synthetisiert werden, sondern bleiben unvollständig und damit ohne biologische Funktion. Würde zum Beispiel Methionin fehlen, könnten die beiden Proteine in Abb. 5.10 nicht vollständig aufgebaut werden. Es verblieben Peptidstücke oder einzelne Aminosäuren, die dann Energie liefern oder als Botenstoffe verwendet werden.

Seit einiger Zeit häufen sich in der wissenschaftlichen Literatur deutliche Hinweise auf molekulare Details der hohen Biofunktionalität von Peptiden [42], zum Beispiel beim Verzehr von Fleisch [43], Milchprodukten [44], vielen verschiedenen tierischen Produkten [45] und auch von Pflanzen [46]. Diese funktionellen Peptide haben eine Länge von etwa drei bis 30 Aminosäuren und wirken auf vielfältige Weise in der Zellphysiologie. Sie wirken vorbeugend gegen Herz-Kreislauf-Erkrankungen, haben eine antioxidative Wirkung, weisen positive Eigenschaften für das Immunsystem auf und vieles mehr. Zwar sind die meisten wissenschaftlichen Untersuchungen auf Peptide bezogen, die bei der Verdauung entstehen, aber es wäre nur logisch, wenn in den Zellen gebildete Peptide dort bereits entsprechende Funktionen haben, falls die Prolongationsphase nicht immer vollzogen werden kann. In der Natur und der Evolution geschieht nie etwas umsonst, nicht einmal auf kleinsten Längenskalen, der *Homo sapiens* zeugt bis heute davon. Mangelernährung haben Menschen während Naturkatastrophen und langen Kriegsjahren nahezu problemlos weggesteckt. Unsere Großväter, die zwei Weltkriege in Hungersnöten durch- und überlebt haben, zeugen bis heute davon.

Die Minimumhypothese kann daher nur eine grobe Richtlinie sein und nur bei wirklichem Mangel im Sinne von Mangelernährung, etwa im Alter [47], bei extrem einseitiger Ernährung oder selbst auferlegten, dauerhaften Spezialdiäten wie vegane Rohkost [48], die schon allein aus physikalisch-chemischen Gründen zu einer Mangelversorgung führen muss. Aber es ist nicht so, dass die anderen Aminosäuren keinen sinnvollen Beitrag lieferten. Sie tragen zumindest zur Energieaufnahme bei.

5.4.3 Klassische Definitionen der biologischen Wertigkeit

Prinzipiell lesen sich Lehrbuchsätze zur Definition des Begriffs der biologischen Wertigkeit folgendermaßen: Die biologische Wertigkeit (*BW*) ist ein Maß für die Beurteilung von Nahrungseiweiß. Je höher die biologische Wertigkeit eines Nahrungseiweißes ist, desto mehr körpereigenes Eiweiß kann daraus aufgebaut werden. So schlägt das als Standard dienende Eiweißgemisch des Hühnereis, das die höchste biologische Wertigkeit besitzt, mit 100 % zu Buche, während Proteine aus Getreide mit lediglich 50–70 % aufwarten können. Die Ernährungswissenschaft hat deshalb versucht, den Begriff der biologischen Wertigkeit genauer zu definieren, und es gibt verschiedene Möglichkeiten, ihn quantitativ zu erfassen. Die biologische Wertigkeit eines Proteins wurde über das Produkt der Verhältnisse aus den Konzentrationen der essenziellen Aminosäuren bezogen auf ein Referenzprotein, in der klassischen Definition über das Ovalbumin im Hühnereiweiß, definiert:

$$BW = \sqrt[n]{\prod_{i=1}^{n} \frac{i - \text{te essenzielle Aminosäure (Protein)}}{i - \text{te essenzielle Aminosäure (Referenzprotein)}}}$$

In dieser Definition wird zum Beispiel deutlich, wie schwerwiegend sich ein sehr kleiner Anteil einer Aminosäure auf das Produkt auswirkt: Käme eine Aminosäure in einem Protein gar nicht vor, wäre einer der Faktoren null. Folglich wäre das ganze Produkt null. Die biologische Wertigkeit wäre $BW = 0$, etwa beim Kollagen, dem zum Beispiel die essenzielle Aminosäure Tryptophan fehlt.

Eine alternative Definition der biologischen Wertigkeit wird über die Stickstoffbilanz getroffen.

$$BW = 100 \frac{\text{retinierte Stickstoffkonzentration}}{\text{aufgenommene Stickstoffkonzentration}}$$

Es erscheint einsichtig, dass jedes Protein, das in seinem Aminosäuremuster und seinen Sequenzen dem Hühnereiweiß am nächsten kommt, durch seine biologische Wertigkeit besticht. Andererseits heißt das aber auch, dass viele unserer körpereigenen Proteine, die dem Albumin ähnlich sind, einfach besonders gut von Enzymen erkannt werden können. Aus diesem Grund wird also Nahrungsmitteln wie Ei, Milch und Fleisch eine hohe biologische Wertigkeit zugeschrieben. Generell folgt daraus, dass Proteine tierischen Ursprungs biologisch hochwertiger sind als Proteine aus pflanzlichen Nahrungsmitteln, weil sie in der Regel mehr essenzielle Aminosäuren enthalten.

Denn treten in bestimmten Proteinen bestimmte essenziellen Aminosäuren nicht oder nur in geringem Maße auf, so limitiert dies die biologische Wertigkeit gemäß den zitierten Formeln. So kommt etwa ein geringerer Proteinwert in Reis, Weizen und Roggen durch einen geringen Anteil von Lysin in den Getreideproteinen zustande; verglichen mit Vollei liegt er dort lediglich bei 40 %. Bei Mais ist es der geringe Anteil an Tryptophan und in Hülsenfrüchten an der Aminosäure Methionin. Für Mais wurde an anderer Stelle bereits darauf hingewiesen, welche Kulturtechnik, die Nixtamalisation, schon die Inkas entwickelten, um Mais überhaupt zu einem wertvollen Lebensmittel zu machen (siehe Abschn. 3.4.10).

Derartige limitierende Aminosäuren bestimmen die biologische Wertigkeit BW mitunter dramatisch, bei Kollagen zum Beispiel kommt das Tryptophan gar nicht vor. Das Produkt ist somit gleich null, folglich haben Kollagen bzw. Gelatine eine biologische Wertigkeit von null.

5.4.4   Kollagengetränke – Kollagen gegen Orangenhaut?

An dieser Stelle ist ein kleiner Ausflug angebracht, der gängige Fehlinterpretationen nicht besser zum Ausdruck bringen könnte. Es werden kollagen-/gelatinehaltige Getränke angeboten und dabei werden deren hautstraffende

Wirkung herausgestellt wie auch ein wissenschaftlich nachgewiesener „Anti-Aging-Effekt". Diese Idee greift aus wissenschaftlicher Sicht zu kurz: Das ist eher Wunschdenken, wie allein an Abb. 5.10 zu erkennen ist. Die Proteinsynthese wird nicht nach gegenwärtig aktuellen Beauty-Anforderungen, sondern nach biologischen Kriterien geregelt. Die lebenserhaltende Funktion und die jeweiligen Baupläne in den Zellen haben Vorrang.

Oral zugeführtes natives Kollagen liegt in einer Tripelhelix vor und ist, sofern es nicht thermisch behandelt wird und dabei zu Gelatine denaturiert wurde, ohnehin nur schwer verdaulich. Natives Bindegewebe ist lediglich zu einem geringen Prozentsatz verwertbar, 40 % durchlaufen die gastrointestinale Phase unverdaut [49]. Kein Wunder, denn diese Tripelhelix, drei Gelatineketten, nativ selbst in Helixform, sind wie ein Drahtseil geflochten [50, 51] und ist somit Proteasen nur wenig zugänglich. Zusammen mit dem Protein Elastin ist Kollagen der Grund für die hohe Stabilität, Zugfestigkeit und Elastizität des Bindegewebes und damit auch für die glatte Haut im Gesicht oder an anderen Körperstellen. Egal, ob bei Tier oder Mensch: Es ist nahezu das identische Protein. Die Idee ist also naheliegend, dem Menschen tierisches Kollagen zu verabreichen, damit er ständig Bindegewebe aufbauen kann. Dass diese simple „Gleichung" wissenschaftlich kaum begründbar ist, lässt sich in mehreren Schritten klären.

Damit Kollagen überhaupt in die physiologisch erforderliche stabile Dreifachhelix geflochten werden kann, muss sich über weite Strecken entlang der Ketten ein ganz bestimmtes Aminosäuremuster wiederholen, wobei das Windungsgerüst über die polare Aminosäure Glycin (Gly) erfolgt, die in den repetitiven Sequenzen genau (Gly) an jeder dritten Stelle der Proteinkette vorkommt (Abb. 5.12).

Die kollagentypischen Muster sind Gly-Pro-Hyp (10,5 %), wobei die Aminosäuren Prolin und Hydroxyprolin (Hyp) zur Stabilität der Tripelhelix beitragen. Andere häufige Dreiersequenzen sind: Gly-Leu-Hyp (5,5 %), Gly-Pro-Ala (3,4 %), Gly-Ala-Hyp (3,4 %), Gly-Glu-Hyp (2,8 %), Gly-Pro-Lys (2,7 %), Gly-Glu-Arg (2,7 %), Gly-Pro-Arg (2,6 %), Gly-Glu-Lys (2,5 %), Gly-Phe-Hyp

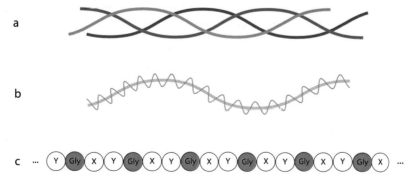

Abb. 5.12 Das universelle Grundmuster aller Kollagene (Bindegewebe). **a** Die Grundeinheit von Kollagenfasern ist eine Tripelhelix. **b** Jeder Proteinstrang der Tripelhelix ist selbst wieder eine Helix. **c** Die Aminosäurestruktur jeder Einzelkette folgt einem Muster mit repräsentativen repetitiven Sequenzen, bei denen Glycin (Gly) an jeder dritten Stelle vorkommt

(2,5 %), Gly-Pro-Gln (2,5 %) und Gly-Ser-Hyp (2,3 %). Diese Sequenzbildung ist also zwingend, damit Funktion und Eigenschaften des Kollagens gewährleistet sind.

Nimmt man also Kollagen in nativer und seiner den Enzymen zugänglichen Form Gelatine zu sich, so erfolgt eine Spaltung in Aminosäuren und entsprechenden Peptide. Dass diese in der für Kollagen erforderlichen Sequenz wieder in der Dermis zusammengeführt werden, ist mehr als unwahrscheinlich. Allerdings gibt es Hinweise, dass manche dieser Peptide aus der Gelatine biofunktional sind und die Synthese von Bindegewebe stimulieren. Daher wird versucht, über oral zugeführte Peptide mit Aminosäuren des Kollagenmusters, vor allem Gly-Pro-Hyp, Gly-X-Hyp, Gly-Pro, diese Stimulation auszulösen. Tatsächlich lassen sich diese Peptide im Blut nachweisen. Kleine Effekte auf die Bindung an entsprechenden Liganden sind zu beobachten, sind aber in klinischen Tests sehr gering. So liegt der Faktor des *ex vivo* aufgebauten Kollagens unter Einnahme solcher Spezialpräparate gegenüber Placebos lediglich bei 1,1. Der Effekt ist damit statistisch wenig relevant [52]. Hautstraffung mittels Kollagendrinks bleibt damit aus wissenschaftlicher Sicht ein sehr zweifelhaftes Geschäft. Weit wichtiger als die nicht-essenziellen Aminosäuren Glycin, Prolin und Hydroxyprolin scheinen andere Cofaktoren die zelleigene Kollagensynthese anzuregen. Dazu gehören Vitamine, Omega-3-Fettsäuren, Mineralien [53] und Phytochemikalien [54] wie Polyphenole. All das klingt aus der Sicht der Mikro- und Makronährstoffe eher nach einer vielseitigen und genussreichen Ernährung als nach Pillen und Drinks mit unklaren Resultaten.

5.4.5   Biologische Wertigkeit und biologische Verfügbarkeit sind zwei Paar Stiefel

Die biologische Wertigkeit ist allerdings nur ein Kriterium, denn sie drückt das Vorhandensein von essenziellen Aminosäuren aus. Nahrungsmittelproteine bzw. deren Aminosäuren haben nicht nur die Funktion, wieder zu körpereigenen Proteinen zusammengebaut zu werden, sondern sie liefern auch Energie und führen damit zu einer lang anhaltenden Sättigung, [55] wie am Protein-Hebel (siehe Abb. 1.11) zu erkennen ist.

Diese Information reicht aber nicht, denn ob und wie weit diese Proteine für den Menschen während der gastrointestinalen Passage verfügbar sind, steht auf einem ganz anderen Blatt. Mais ist ein perfektes Beispiel für den Unterschied zwischen Wertigkeit und Verfügbarkeit. Wie bereits in Kap. 2 angesprochen wurde, ist eines der Hauptproteine im Mais das Zein, das aufgrund seiner starken Hydrophobizität und seiner Resistenz gegenüber thermischer Denaturierung nur schwer denaturiert wird. Auch die pH-Werte während der Magen-Darm-Passage steigen nie so hoch, dass die Proteine entfaltet werden könnten. Enzyme haben keine Chance, ihre aktiven Zentren an die entsprechenden Schnittstellen zu bringen. Das war letztlich der Hauptgrund, warum bereits die Inkas, deren Hauptgetreide Mais war, erkannten, wie sich Mais durch eine Behandlung mit Asche veränderte, bearbeitbar wurde und besser verdaulich war. Die Makronährstoffe dieses Proteins wurden erst nach diesem physikalisch-chemischen Trick, der Nixtamalisation, verfügbar (siehe Abschn. 3.4.10).

Auch hatten wir in Abschn. 4.10.4 ausführlich dargelegt, wie resistent Molkenproteine gegenüber Verdauungsprozessen sein können. Erst das Schneiden der Cysteindoppelbindungen erlaubt eine deutlich raschere Verdauung und Aufnahme der darin enthaltenen essenziellen Aminosäuren, zum Beispiel Leucin. Wenn also ein Lebensmittel Proteine und damit Aminosäuren aufweist, ist das noch lange kein Kriterium dafür, dass diese auch der Physiologie zur Verfügung stehen.

Nun ist es in der klassischen Ernährungslehre durchaus üblich, mit den unterschiedlichen biologischen Wertigkeiten zu argumentieren und bei bestimmten Ernährungsformen, etwa bei Vegetarismus oder Veganismus, Vorschläge zu unterbreiten, mit welchen Kombinationen man die fehlenden essenziellen Aminosäuren nachreichen kann. Die bekannteste davon ist etwa Kartoffeln mit Quark, da die fehlenden bzw. niedrig konzentrierten essenziellen Aminosäuren im geringwertigeren Kartoffelprotein durch das hochwertige Spektrum der Proteine in Milchprodukten ergänzt werden. Vor allem beim Veganismus ist eine ausreichende Zufuhr vom essenziellen Aminosäuren aus Gemüse und Früchten nicht trivial, daher sind hier die naheliegenden Vorschläge, Leguminosen, Nusssaaten und Getreide entsprechend zu kombinieren, durchaus verständlich. Deshalb werden Vorschläge aus der medizinischen Forschung übernommen und „gesundheitlich relevante" Kombinationen aus tierischen und pflanzlichen Proteinquellen vorgeschlagen, die zumindest gemäß Beobachtungsstudien Herz-Kreislauf-Krankheiten vorbeugen sollen [56]. Im Übrigen zeigen diese – wie bei derartigen Beobachtungsstudien zu erwarten – keine eindeutigen Ergebnisse. Auch eine positive Wirkung einer rein pflanzlichen Ernährung konnte (wie in sehr vielen anderen Interventionsstudien auch), im Widerspruch zu den vielen Thesen, nicht auf wissenschaftlicher Basis nachgewiesen werden.

In dieser Studie [56] wurden die Defizite von verschiedenen exemplarischen pflanzlichen Proteinen anhand der limitierenden Aminosäuren berücksichtigt: Bei Hülsenfrüchten sind dies häufig die schwefelhaltigen Aminosäuren Cystein und Methionin, bei Getreide sind es Lysin, Isoleucin, Threonin, Leucin und Histidin, bei Nüssen und anderen Ölsaaten sind es Tryptophan, Threonin sowie Isoleucin, Lysin und wiederum die schwefelhaltigen Aminosäuren. Obst und Gemüse sind ohnehin relativ proteinarm und eignen sich allein nicht für eine ausreichende Proteinversorgung. Selbst wenn Unmengen davon gegessen würden, limitieren Methionin, Lysin, Leucin und Threonin eine ausreichende Proteinsynthese in den Zellen. Einzig die Speicherproteine der Sojabohne haben eine breite Verteilung der essenziellen Aminosäuren. Auch ein Grund, warum Tofu in vielen Teilen der asiatischen Esskultur in vielen Gerichten einen großen Anteil hat und für Veganer zusammen mit Lupinenprotein empfohlen ist. In industriellen Verfahren werden hochprozessierte Kombinationsprodukte aus Tofu, Erbsen-, Lupinen- und Sojaproteinen als vegane Convenience-Produkte hergestellt, die in den Supermärkten zu finden sind und als Ersatz für tierische Lebensmittel dienen.

Aus diesen ergänzenden Kombinationen zur Erhöhung der biologischen Wertigkeit eines Essens wird dann gern geschlossen, die Zufuhr und Versorgung mit essenziellen Aminosäuren sei sichergestellt. Die Zufuhr schon, die Versorgung aber nicht, denn diese Ansätze setzen voraus, dass die Konzentrationen der Aminosäuren während der gastrointestinalen Passage additiv wirken, wie symbolisch in Abb. 5.13 veranschaulicht.

Darin sind die Konzentrationen der essenziellen Aminosäuren über die Länge der Balken zweier Lebensmittel, LM1 und LM2, dargestellt. Dabei ist LM1 arm an Leucin, während LM2 ein eher ausgewogenes Verhältnis an Aminosäuren aufweist. Die Hoffnung ist gemäß dem Ansatz der biologischen Wertigkeit, mit Kombinationen des LM1 mit LM2 die Defizite des LM1 an dessen limitierender Aminosäure auszugleichen, damit eine ausgewogene Versorgung mit Aminosäuren gewährleistet ist. Zwar sind formal die Konzentrationen der Aminosäuren auf einem Teller aus LM1 und LM2 zwar so, wie in Abb. 5.13 dargestellt, aber dies gewährleistet noch lange nicht die Additivität in der biologischen Verfügbarkeit. Die Aminosäuren sind in den Proteinen gebunden, sie sind in dem geschluckten Lebensmittelbrei eingebettet. Die Struktur der Proteine hängt von der Zubereitung ab. All dies sind Faktoren, die den enzymatischen Abbau, dessen Kinetik und den zeitlichen Verlauf der Verdauung bestimmen.

Tatsächlich ist eine schlichte Additivität der essenziellen Aminosäurekonzentrationen nach der Verdauung selbst bei einfachen Proteinkombinationen im Blut nicht nachweisbar, wie sich eindrucksvoll an einfachen Modellexperiment *in vivo* zeigen lässt [57]. In der Arbeit von Revel et al. wurden in einem

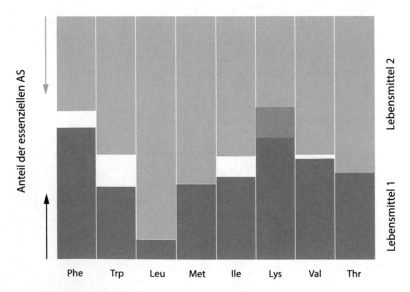

Abb. 5.13 Zwei (hypothetische) Lebensmittel mit ihren (hypothetischen) essenziellen Aminosäuren. Lebensmittel 1 ist arm an Leucin (Leu), Lebensmittel 2 reich an Leucin. (Mit der Kombination von LM1 und LM2 hofft man, die Lücke an Leucin in LM1 schließen zu können)

Tiermodell Minischweine mit den typischen Milchproteinen Molkenprotein und Casein gefüttert und im Vergleich dazu andere mit einer auf den Leucingehalt abgestimmten Mischung von Molkenprotein mit Weizen- und Erbsenproteinen. Danach wurden der im Blut messbare Gehalt der speziellen essenziellen Aminosäuren Leucin und Phenylalanin sowie die Gesamtkonzentration aller essenziellen Aminosäuren bestimmt, wie auch der zeitliche Verlauf der Verdauung. Untersucht wurde auch die daraus resultierende anabole Reaktion der Muskeln über Leucin. Dabei stellte sich heraus, dass zwar unabhängig von der Proteinquelle eine Muskelreaktion ausgelöst wurde, aber mit beobachtbaren Unterschieden. Selbst wenn die Proteinmischung aus Pflanzen- und Milchproteinen auf die gleiche Leucinzufuhr eingestellt wurde wie bei der Molkenproteinquelle, war die Konzentration des Leucins im Plasma geringer. Die Proteinmischung hat damit nicht denselben Effekt wie der Verzehr des reinen Molkenproteins. Dies zeigt, dass offenbar verschiedene Komponenten der Lebensmittelmatrix die Bereitstellung der essenziellen Aminosäuren beeinflussen und verändern können. Bei Minischweinen, die an Muskelschwund litten, zeigte sogar nur die Molkenproteinzufuhr eine ausreichende Wirkung, alle anderen Proteinmischungen blieben ineffizient. Offenbar spielt die Matrix bereits bei der Verdauung eine große Rolle. Dies war bereits anhand von Abb. 4.36 intuitiv erkennbar. Insbesondere für ältere Menschen ist daher in der Geriatrie auch auf eine wirksame Proteinzufuhr zu achten, die sich abseits von veganen Glaubensregeln abspielen muss, wenn die vorhandene Muskelmasse mit zunehmendem Alter bestmöglich erhalten werden soll.

Um es an dieser Stelle ausdrücklich zu betonen: Diese Diskussion ist kein Plädoyer für die übermäßige Zufuhr von tierischen Proteinen. Es ist physiologisch nicht notwendig, täglich große Portionen Fleisch zu essen. Fakt ist aber auch, dass tierisches Protein nun mal dem Protein des *Homo sapiens* am nächsten kommt. Deshalb ist es nicht verwunderlich, dass wir a) diese Proteine am effektivsten verwerten und dass diese Proteine b) alles bieten, was wir benötigen.

Die Ergebnisse dieses gerade besprochenen Modellexperiments an Minischweinen haben aber direkte und weitreichende Konsequenzen für eine neue nachhaltige Lebensmittelproduktion im großen Maßstab, wenn tierische durch pflanzliche Proteine ersetzt werden sollen, selbst in kleineren Mengen [58]. Bei alternativen „Zukunftsproteinen" aus Bioreaktoren, künftigen Lebensmitteln und nachhalten Ersatzprodukten muss mehr berücksichtigt werden, als es vielerorts den Anschein hat. Die wichtigsten Probleme liegen weder im guten Willen noch in der Machbarkeit, sondern wie immer tief in der Nanoskala und den molekularen Wechselwirkungen verborgen.

5.5   Unverträglichkeiten und glutenfreie Backwaren

Seit einiger Zeit finden sich in den Supermarktregalen viele „Frei-von"-Lebensmittel, denen ein gewisses Gesundheitspotenzial anhaftet. Der Grund für dieses zunehmende Angebot liegt in mancherlei Thesen wie, Gluten mache krank, es verklebe den Darm. Die Liste „frei von" lässt sich verlängern: frei von Histamin, frei von Glutamat, frei von raffiniertem Zucker, frei von raffiniertem Salz, frei von Fett usw. Immer wieder zeigt sich dabei ein gemeinsames und grundlegendes Problem. Wird ein Stoff aus Lebensmitteln entfernt, z. B. Fett aus Käse, dann muss wegen fehlendem Genuss nachgelegt mit Alternativen werden. Fett wird z. B. mittels trickreicher Emulsionen, durch Ballaststoffe wie Cellulosefasern, Oligofructosen sowie über Bindemittel wie Guarkernmehl, Xanthan oder unverdauliche Wachse ersetzt. Damit ist das Prinzip klar: In den meisten Fällen wird ein Makronährstoff durch einen Nichtnährstoff ersetzt. Zwangsläufig sinken mit der reduzierten Energie auch der Nährwert und Nährstoffgehalt der modifizierten Lebensmittel.

5.5.1 Ab sofort glutenfrei

Einer der aus wissenschaftlicher Sicht fragwürdigsten Hypes sind glutenfreie Backwaren und Lebensmittel. Zumindest für Menschen, die nicht an Zöliakie und von Gluten ausgelösten und immer wiederkehrenden Entzündungen des Darms leiden. Auslöser dieser Leiden ist in vielen Fällen das Gliadin (Kap. 3), jener mit sich selbst vernetzte Teil des Glutens. Vor allem dessen Aminosäuresequenzen an manchen Stellen der Gliadin-Molekülkette führen zu Fehlinformationen, wenn Antikörper (ebenfalls Proteine) daran andocken und diese erkennen [59]. Die daraus entstehende und fehlgeleitete Autoimmunreaktion ruft massive Entzündungen der Dünndarmschleimhaut hervor, da die vom Immunsystem produzierten Antikörper wiederum körpereigene Proteine der Darmschleimhaut angreifen. Wie sich neuerdings mittels moderner Sequenzanalysen (Proteomik) zeigt, kommen Zöliakie relevante Sequenzen vor allem im α-Gliadin vor [60]. Die gängigsten Getreide (Abb. 5.14) haben aber genau diese Aminosäuresequenzen eingebaut und können daher von Betroffenen ebenfalls nicht konsumiert werden.

   Auch die Proteine des Hartweizenvorläufers Emmer nutzen Gluten als Speicherprotein. Insofern ist Emmer keine Alternative zu Weizen. Allenfalls Hafer könnte als Ersatz gelten, dieser überzeugt allerdings nicht mit seiner Wasserbindefähigkeit und ermöglicht keine dehnbaren Teige. Auf derartige physikalische Probleme werden wir später zurückkommen müssen, wenn es zum Beispiel um den Nachbau der texturellen Eigenschaften bei glutenfreien Backwaren geht.

   Neben den in Kap. 3 angesprochenen FODMAPs spielen bei Nicht-Zöliakie-Weizensensitivität ganz bestimmte Proteine eine große Rolle. Diese Problematik scheint bisher nicht in allen Details erforscht zu sein. Fest steht allerdings, dass abgesehen von FODMAPs die Unverträglichkeiten auf Proteinstrukturen zurückzuführen sind. Grob lassen sich diese für Weizen wie in Abb. 5.15 zusammenstellen.

   Den Hauptanteil des Weizenproteins macht mit im Durchschnitt 85 % der Kleber aus, den man wiederum in Glutenine und Gliadine unterteilen kann. Aminosäuremuster, die in diesen Eiweißen vorkommen, scheinen für das Auslösen der Entzündungen bei vorliegender Zöliakie verantwortlich zu sein.

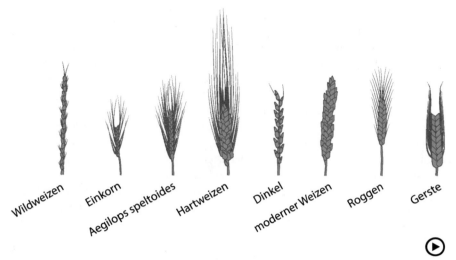

Abb. 5.14 Die gängigen Getreide sind nicht glutenfrei, Roggen und Gerste ebenfalls nicht (► https://doi.org/10.1007/000-7rw)

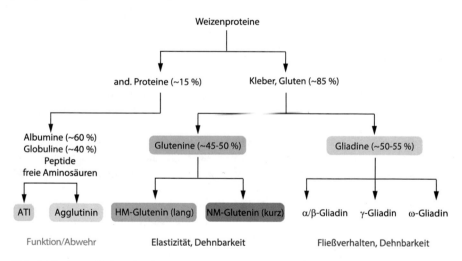

Abb. 5.15 Auswahl der wichtigsten Proteine im Weizen und ihre Funktion

5.5.2 Weizenkeimlektine

Für weitere proteinbedingte Unverträglichkeiten wurden Lektine, wie Weizenkeim-Agglutinine (oft auch WGA, *wheat germ agglutinins*), verantwortlich gemacht. Lektine kommen im arterhaltenden Keim des Weizens vor, aber auch in den äußeren Schichten des Korns, also in jenen Teilen, die als erste Angriffsfläche für Insekten und Mikroorganismen wie Bakterien oder wilde Hefen dienen. WGAs dienen dem Korn als Abwehrmechanismus für Fressfeinde. Die Struktur und die Funktion der WGAs wurden weitgehend aufgeklärt [61]. Beim Weizen sind drei Variationen relevant, Agglutinin-Isolektin 1 bis 3, die ähnliche Strukturen aufweisen. WGAs, die drei genannten Lektine, bestehen aus 186, 212 und 213 Aminosäuren [62] und kommen immer als Dimere vor. Das bedeutet, dass sich zwei dieser Lektine – nicht notwendigerweise die gleichen – zusammenlagern.

Ihre Aufgabe ist es zum Beispiel, an das Chitin der Insekten zu binden und somit deren Appetit auf das Korn zu drosseln. Bei Mikroorganismen binden Lektine an bestimmte Zellmembranen und verhindern damit deren Vermehrung auf der Pflanze. In Säugetieren binden WGAs an N-Acetyl-D-glucosamin, zum Beispiel in der Bindehaut im Auge, oder auch in der Matrix des Bindegewebes, wenn sie sich an Sialinsäure in den Schleimhäuten binden.

Die bei allen Pflanzen üblichen Lektine, zum Beispiel in Bohnen, Kartoffeln, Sojabohnen, Hülsenfrüchten usw., werden daher als „Gift" angesehen. Mittlerweile existieren von Populärmedizinern geschriebene Bücher [63] darüber, wie schädlich diese Molekülklasse sei und dass der Mensch diese Stoffklasse tunlichst vermeiden müsse. Natürlich sorgen Nachahmer weiterhin für die Verbreitung von wissenschaftlich unklaren Geschichten [64].

Was aber sind die Fakten über WGAs? Fakt ist: Die Proteine müssen, um ihrer Funktion gerecht zu werden, extrem stabil sein, damit sie bei pH-Wert-Änderungen, Temperaturschwankungen oder in unterschiedlichen wässrigen Umgebungen ihre Gestalt nicht ändern. Dies kann in der Natur nur über den Einbau einer hinreichend großen Zahl von Schwefelbrücken (über die Aminosäure Cystein) gewährleistet werden. Viele Lektine gelten daher als schwer zerstörbar. Ist daher das Vollkornbrot oder das als hochwertig angesehene Weizenkeimöl [65] (für das man übrigens über 1 t Weizen benötigt, um 1 l Öl daraus zu gewinnen) ungesund?

Darauf ließe sich tatsächlich vorschnell schließen, denn die hohe Zahl der Disulfidbrücken, 16 bei Agglutinin-Lektinen, lässt auf eine hohe Resistenz gegenüber Magen- und Pankreasenzymen schließen, auch wenn im Dünndarm der pH-Wert auf etwa 8 ansteigt und darüber Disulfidbrücken gelöst werden können. In der Fachliteratur ist trotz intensiver Forschung und Recherche nichts über negative Effekte zu finden. In einem neueren, ausführlichen Übersichtsartikel ist der Stand der Forschung zusammengefasst [66]. Es stellt sich heraus, dass es keine Daten aus seriösen Studien gibt, die den Verdacht erhärten, WGAs führten nach dem Verzehr von Vollkornprodukten zu gesundheitlichen Auswirkungen. Trotz zahlreicher Vermutungen, dass WGAs Darmschäden und -krankheiten verursachen, gibt es bis dato weder Belege dafür noch einen Grund, der normal gesunden Bevölkerung zu empfehlen, auf Vollkornprodukte zu verzichten. Im Gegensatz zu den Aminosäuren der Proteinsequenzen des Glutens sind WGAs auch nicht für Entzündungen im Zusammenhang mit Zöliakie verantwortlich. Schlicht und ergreifend ist letztlich die Menge der aufgenommenen WGAs beim Verzehr von Vollkornbrot viel zu gering, als dass sich ein gesundheitliches Problem daraus manifestieren könnte.

5.5.3 Amylase-Trypsin-Inhibitoren

Sogenannte ATI, Amylase-Trypsin-Inhibitoren, ebenfalls Proteine, scheinen allerdings bei vielen Beschwerden sensitiver Menschen eine Rolle zu spielen. Dies ist in einem sehr empfehlenswerten Buch im Detail und dennoch verständlich dargelegt [67]. Die Autoren dieses Buchs legen auf wissenschaftlicher Grundlage den aktuellen Kenntnisstand dar, denn sie forschen aktiv an diesen Fragen und nutzen die naturwissenschaftlichen Methoden der molekularen Medizin. Ganz im Gegensatz zu der weitverbreiteten Populärliteratur [68–70] zu diesem Thema, von deren Autoren kaum Originalliteratur in referierten Fachzeitschriften zu finden ist. Allein deshalb gibt es wenige Gründe, irgendetwas aus diesen Büchern zu glauben, geschweige denn, die unbegründeten Inhalte ernst zu nehmen.

Der Name der ATI-Proteine steht für deren molekulares Programm: Sie verhindern die Aktivität der Enzyme Amylase und Trypsin. Das Weizenkorn baut diese Inhibitoren ein, um die Aktivität der Verdauungsenzyme zu regulieren. Während der Keimung werden die Speicherproteine (Gluten) von Trypsin (und anderen Proteasen) verdaut, um daraus Aminosäuren und Energie zu gewinnen. Auch die Stärke, also Amylose und Amylopektin, werden von Amylasen verdaut, um den Zelltreibstoff Glucose daraus zu gewinnen. Die Energie- und Aminosäurensprecher dürfen aber wegen nicht genau planbarer Keimzeiten (unklare Feuchtigkeit, Temperatur, Klima) nicht zu rasch verbraucht werden. Daher regulieren ATI die Aktivität der Enzyme. Vorrangiges Ziel ist immer das Überleben des Korns, damit daraus neuer Weizen entstehen kann, deshalb sind Inhibitoren (ATI) kein Produkt der Industrie oder der Züchtung, sondern bereits im Wildweizen, den Grassamen, vorhanden, und zwar aus guten biochemischen Gründen. Denn sie verhindern durch ihr molekulares Management eine vorzeitige Entleerung der Energiespeicher bei ungünstigen Keimbedingungen. Die ATI befinden sich vermehrt in den äußeren Schichten des Korns, also außerhalb des Mehlkörpers, um dort, wo es wichtig ist, eingesetzt werden zu können. Von diesen ATI gibt es bis zu acht Variationen im Weizen, sie besitzen zwischen 124 und 186 Aminosäuren, weitere zwei lediglich 27 und 44 Aminosäuren. Die Strukturen sind extrem kompakt und weder durch Erhitzen noch Änderungen des pH-Werts veränderbar, was auch den vier Disulfidbrücken im Protein geschuldet ist. Auch aufgrund ihrer biophysikalischen und biochemischen Anforderungen erweisen sich diese Inhibitorproteine über entsprechende Sekundärstrukturen als extrem stabil, wie die Struktur in Abb. 5.16 bereits veranschaulicht.

Kein Wunder also, wenn ATI über die üblichen Proteasen im Laufe der starken Änderungen des pH-Werts während der Magen-Darm-Passage nicht verändert oder enzymatisch abgebaut werden. Als weiterer Punkt kommt hinzu: Humane Pankreasamylasen und Trypsin müssen ähnliche Anforderungen erfüllen wie die Amylasen und Proteasen des Weizenkorns während der Keimung, Proteine und Stärke so weit wie möglich schneiden.

Abb. 5.16 Die Struktur
eines Vertreters der Familie
der Amylase-Trypsin-
Inhibitoren (ATI). Die
hohe Stabilität wird an
den gelb eingefärbten
Bereichen sichtbar. Auch
die Helices sind über
Disulfidbrücken stabilisiert

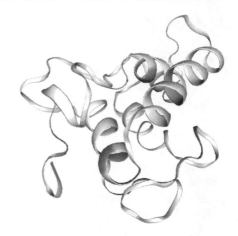

Daher können die ATI in ihrer nativen Form in den Dünn- und Dickdarm ein-strömen. Sie erreichen über Weizenprodukte (vorwiegend aus dem vollen Korn) die Schleimhäute und lösen unspezifische Entzündungen aus, die weder endo-skopisch noch mit Gewebeproben eindeutig nachweisbar sind [66] und bei Ver-zicht auf Weizen nach einigen Tagen wieder verschwinden. Allerdings nicht bei allen Menschen, sondern nur bei solchen mit vorliegender Disposition. *Ex-vivo*-Gewebeuntersuchungen weisen auf eine Reaktion des angeborenen Immun-systems hin. Die Nicht-Zöliakie-Weizensensitivität ist daher nicht mit Allergien oder der Zöliakie verwandt [71]. Die Proteine der ATI-Klasse binden dabei an bestimmte Rezeptoren, die in den Membranen von Immunzellen verankert sind. Die Reaktionen darauf sind die gleichen, wie sie im Grunde bei Bakterien oder anderen Keimen erfolgen. Offenbar wird eine Fehlinformation im Immunsystem verbreitet, die für die Unverträglichkeitsreaktionen verantwortlich ist.

In diesem Zusammenhang ist aus physikalisch-chemischer Sicht ein weiterer Punkt wichtig: Wenn ATI ungehindert alle Bereiche des Magen-Darm-Trakts erreicht, was passiert dann mit den ausgeschütteten Pankreasenzymen Amylase und Trypsin? Im Grunde müssten dann die über Weizen und andere Getreide auf-genommenen ATI auch die im Dünndarm freigesetzten Pankreasenzyme hemmen und daran hindern, ihre Arbeit zu verrichten. Dazu gibt es ein eindrucksvolles Experiment, das detaillierte Computersimulationen einschließt [72]. Es stellte sich heraus, wie Weizen-ATI Trypsin und Amylase zu inaktiven Komplexen verbindet. Ein Beispiel ist in Abb. 5.17 dargestellt. Diese Komplexbildung ist eine Folge der physikalischen Wechselwirkung bestimmter Aminosäurensequenzen, die attraktiv sind. Wenn aber die Enzyme in derartigen Komplexen (schwach) gebunden sind, bleiben sie inaktiv. Bei der Bildung dieser Komplexe können die aktiven Zentren der Verdauungsenzyme Proteine bzw. Stärke nicht mehr spalten. Ein Teil der Makronährstoffe bleibt unverdaut, schreitet weiter im Darm fort und muss wohl oder übel im Dickdarm teilweise vergoren werden.

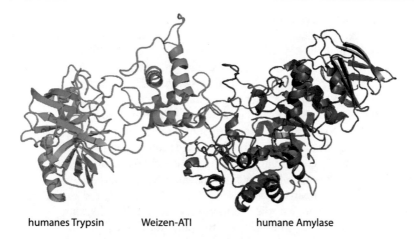

humanes Trypsin   Weizen-ATI   humane Amylase

Abb. 5.17 Komplexbildung zwischen den menschlichen Enzymen Trypsin und Amylase im Verdauungstrakt und im über die Nahrung zugeführten ATI über Weizen. Durch die Komplexbildung sind die Enzyme inaktiviert

Derartige Prozesse sind insofern von grundsätzlicher Bedeutung, als die Wirkung der ATI nicht nur physiologisch über das Andocken an bestimmen Rezeptoren (Toll-like-Rezeptor-4, TLR4) Reaktionen auslöst, sondern bereits zuvor im Darm Pankreasenzyme inaktivieren kann. Vieles, was also auch bei der Nicht-Zöliakie-Weizenunverträglichkeit geschieht, lässt sich somit wieder auf die ATI zurückführen. Damit gilt auch für dieses Phänomen: Grundlegend sind stets die molekularen Wechselwirkungen, die Prozesse steuern.

Ein weiterer Gesichtspunkt offenbart sich über diese Betrachtung ebenfalls: Anders als kleine Oligozucker (FODMAPs) sind ATI nicht einfach durch Mikroorganismen, wie sie in der bisherigen Teigführung über Hefen und Sauerteigkulturen eingesetzt werden, vorverdaubar. Auch die von den Mikroorganismen während der Teigführung freigesetzten Enzyme bauen ATI nicht ab. Für die Forschung wäre es im Übrigen eine Herausforderung, die ATI einzudämmen, also Enzyme biotechnologisch zu entwickeln, die ATI partiell zerlegen. Es wäre allerdings keine gute Idee, die ATI über gentechnische Modifikationen oder andere Züchtungsverfahren aus den Körnern zu eliminieren, denn sie sind das natürlichste Insektizid, das die Pflanzen im Programm haben. Weizen ohne ATI erbrächte weit weniger Erträge.

5.5.4 Warum nimmt die Weizenunverträglichkeit zu?

In diesem Zusammenhang muss auf einen wesentlichen Punkt hingewiesen werden: Diese in den letzten Jahrzehnten abseits der genetisch bedingten Erkrankung an Zöliakie auftretenden Unverträglichkeiten sind offenbar nicht die Folge von „Überzüchtung" oder gar „industrieller Manipulation", sondern auch zum Teil dem vermehrten Verzehr von Vollkornprodukten geschuldet. Mit Sicherheit liefern Vollkornbrote deutlich mehr Mineralien und Ballaststoffe als Weißmehle, und dies ist für einen großen Teil der Bevölkerung ein kernig-körniger Genuss. Deftige Brote aus vollem Korn, unter langer Sauerteigführung hergestellt, präzise gebacken, schmecken exzellent. Die Kehrseite der Medaille ist allerdings eine dauerhafte Mehreinnahme an nicht-nutritiven und unverdau-lichen Stoffen wie FODMAPs, Weizenkeim-Agglutininen oder eben ATI. In den frühen Jahren des Neolithikums aßen die Menschen nicht zu viel des vollen Korns. Wohlweislich wurden in Jahrtausenden Getreidekultur Techniken und Methoden entwickelt, nicht nur die Spreu vom Weizen zu trennen, sondern auch das Korn so aufzubereiten, dass möglichst nur Protein und Stärke übrigblieben. Die lange Brotgeschichte Frankreichs, Italiens und Deutschlands zeigt dies. Erst in den 1970er-Jahren, als plötzlich die Vollkornverwertung, Frischkornbrei inklusive, in die „Vollwertesskultur" der breiten Bevölkerungsschichten einzog, sah man plötzlich auf den Frühstückbüffets dunkle Brote mit Kleie & Co oder rohes geschrotetes Vollkorngetreide. Bald darauf grummelten Magen und Darm mancher sensitiver *Homo sapiens*.

Die Lösung wäre ganz einfach: Alle Menschen, die Brote und Backwaren aus Vollkorn nicht vertragen, essen das einfach nicht. Ganz ohne Verbreitung von Thesen ohne wissenschaftlichen Hintergrund.

5.5.5   Ist glutenfrei gesund?

Glutenfrei ist für Gesunde nicht gesund. Viele Vorteile des Weizens wurden bereits in den Kap. 2 und 4 angesprochen. Seit dem Neolithikum züchten Menschen Getreide, das sich gut verarbeiten lässt und den Menschen nährt. Beide Aspekte sind aus molekularer Sicht unabdingbar miteinander verknüpft. Wäre dies nicht so, wären die Zuchtanstrengungen vor 8000 bis 10.000 Jahren nicht weitergeführt worden. Die durch diese Mühen erreichten Vorteile sind durchaus vergleichbar mit den Mühen der Jagd und der Kontrolle des Feuers.

Der Weizen vereint als einziges Getreide sowohl Ernährungs- als auch back-technologische Effekte. Er bildet hochmolekulares Glutenin (siehe Abschn. 3.4.5), das Backtrieb und Teiglockerung sichert, und darüber hinaus hat Gluten als Speicherprotein alle essenziellen Aminosäuren verfügbar. Dass dies eine Aus-nahmesituation ist, wird deutlich, wenn man die Speicherproteine der ver-schiedenen Getreidearten vergleicht, die sich seit dem Neolithikum in den verschiedenen klimatischen Regionen aus Süßgräsern entwickelten. Dies ist in Tab. 5.1 zusammengefasst.

Dabei zeigt sich die Stärke des Weizens im Vergleich zu anderen Cerealien und Pseudocerelaien. Deren Speicherproteine haben grundsätzlich andere Eigen-schaften. Wie bereits aus dem Abschn. 3.4.9 bekannt, muss Mais vorbehandelt werden, damit überhaupt damit gebacken werden kann. Weizen bringt als ein-zige Spezies ausreichend hochmolekulares Glutenin hervor, das für die aus-gezeichneten Backeigenschaften sorgt (Abschn. 3.4.11.3) Die Speicherproteine

Tab. 5.1 Gängige Cerealien aus der Familie der Süßgräser. Die wichtigsten Speicherproteine (Prolamine), das maximale Molekulargewicht der Proteine wie auch die Stärke der Vernetzungseigenschaft über das vorhandene Cystein sind aufgeführt (+++ sehr stark, – nicht vorhanden). AS = Aminosäure

Familie	Süßgräser								
Unterfamilie	Bambusoideae	Pooideae				Panicoideae		Chlorodoideae	
Stamm	Oryzeae	Triticeae			Avenae	Andropogoneae		Chlorideae	
Spezies	Reis	Weizen	Gerste	Roggen	Hafer	Mais	Sorghum	Hirse	Teff
Prolamin	Oryzein Cupincin	Gliadin HM-Glutenin LM-Glutenin	Hordein	Secalin	Avenin	Zein	Kafirin	Zein Kafirin	Eragrostin
Max. Anzahl AS	470	800	305	477	242	240	269	270	400
Cys	+	+++	–	++	–	+	–	–/+	++

des Reises erreichen etwas mehr als die Hälfte der Länge der hochmolekularen (HM) und niedermolekularen (LM) Glutenine, haben aber weit weniger vernetzungsfähiges Cystein. Teffmehl (Teff ist ein seit dem Neolithikum in Afrika bekanntes Getreide) besitzt ebenfalls etwa nur die halbe Länge des hochmolekularen Glutenins, seine Vernetzungseigenschaften liegen aber deutlich über denen der Speicherproteine des Reises. Dafür befinden sich jedoch die Cysteingruppen anders als beim Glutenin nicht vorwiegend am Ende der Proteinketten, was ebenfalls die Backeigenschaften stark einschränkt. Dies ist auch vom Roggen bekannt, der zwar Gliadin enthält, aber kein Glutenin, und wegen der schlechteren Vernetzungseigenschaften oft einen „Breitlauf" beim Backen zeigt. Hobbybäcker kennen das Phänomen: Roggenbrot läuft beim Backen oft auseinander, wird flacher und zeigt eine Tendenz zum Fladenbrot, wie es zu Beginn des Neolithikums Standard war, bevor die Weizeneigenschaften erkannt wurden. Auch die Form von Hirsebroten in Teilen Afrikas und von Reisbroten in Indien (die lediglich als dünne Fladen oder Papadams existieren) hat ihre tiefere Ursache in den molekularen Eigenschaften der Speicherproteine, die letztlich die Form der Brote über die Backeigenschaften vorgeben. Wieder einmal definieren Physik und Chemie die Kultur – und die Ernährung. Denn die Wertigkeit der Speicherproteine bestimmt auch die Versorgung der Ethnien, die genau dieses Getreide verzehren. Es sei an dieser Stelle an die Problematik um die schlechte biologische Verfügbarkeit von Mais (Abschn. 3.4.9 und 3.4.10) erinnert, die erst gelöst werden konnte, nachdem die entsprechenden Kulturtechniken, die Alkalisierung über das Nixtamilisieren, entwickelt wurden.

5.5.6   Glutenfrei – oft nährstoffarm

Glutenfreie Backwaren und Teigwaren herzustellen, stellt eine physikalisch-technische Herausforderung dar – in mehrfacher Hinsicht. Die physikalische Konsequenz ist: Lässt man Gluten weg, muss es durch etwas anderes ersetzt werden. Ein glutenfreies Landbrot besteht zum Beispiel aus [73]:

Wasser, Maisstärke, Sauerteig 16 % (Reismehl, Wasser), Buchweizenmehl 6,5 %, Reismehl, Sorghummehl, pflanzliche Faser (Psyllium), Reisstärke, Reissirup, Sonnenblumenöl, Sojaprotein, Hefe, Verdickungsmittel Hydroxypropylmethylcellulose, Salz, natürliches Aroma.

Für ein glutenhaltiges handwerkliches Landbrot hingegen reicht für eine einfache Grundrezeptur:

Wasser, Weizenmehl, Sauerteig, Salz.

Ein direkter Vergleich der Zutaten zeigt wertfrei einen großen Teil der physikalisch-chemischen Misere, in die man bei Glutenfreiheit gezwungen wird. Um die physikalischen Eigenschaften des Weizenklebers zu erreichen, müssen verschiedene Zutaten kombiniert werden. Aus Tab. 5.1 ist bereits ersichtlich, dass dies nur bedingt gelingen kann. Kein anderes Speicherprotein zeigt ein ähnlich hohes Molekulargewicht wie Glutenin. Die Vernetzungseigenschaft über Cystein, das sich beim hochmolekularen Glutenin an dessen Kettenenden befindet (siehe

Abschn. 3.4.6), kann von keinem der anderen Proteine aufgefangen werden. Eine hohe Dehnung und eine ebenso hohe Reißfestigkeit können nur über die Kombination vieler glutenfreier Zutaten erreicht werden. Die hohe Wasserbindung, die Gluten bereits im kalten Zustand beim Kneten liefert, ist bei den alternativen Proteinen nicht gewährleistet. Daher werden oft Hydrokolloide, Bindemittel (meist Xanthan, Guarkernmehl oder Ähnliches) oder gar, wie in dem genannten Beispiel, hochviskose Sirups zugefügt (die gleichzeitig als Bräunungs- und Aromahilfe dienen). Auch Methylcellulosen unterschiedlicher Methylierung, Carboxylmethylcellulosen oder Hydroxypropylmethylcellulosen kommen zum Einsatz, um einen „Breitlauf" der Brote beim Backen zu verhindern und Brote bei Trieb, Krumen- und Bläschenstruktur sowie dem Volumen der Backwaren unterstützen [74]. Während beim Gluten die Schwefelbrückenbindungen relativ zügig bei 60–70 °C gebildet werden, geschieht dies bei den Glutenalternativen nicht bzw. wesentlich schlechter, wie aus Tab. 5.1 ersichtlich ist. Andererseits nimmt die Molekularbewegung, die mittlere Geschwindigkeit der Moleküle, bei Temperaturerhöhung im Backofen zu. Die Folge ist ein Auseinanderfließen der Teiglinge im Ofen, bevor sie fest werden können. Mit Methylcellulosen lässt sich dies verhindern, da sie unter Erwärmung, je nach Anzahl und Verteilung der (wasserunlöslichen) Methylgruppen zwischen 45 °C und 55 °C, „gelieren" und somit den Breitlauf verhindern. Zur Unterstützung der Wasserbindung kommen auch Psylliumfasern hinzu. Hinter diesem Begriff verbergen sich Flohsamenschalen, die aufgrund der darin vorkommenden Nicht-Stärke-Kohlenhydrate eine extrem hohe Wasserbindung aufweisen [75] und die ebenfalls unter bestimmten Voraussetzungen Gele bilden können [76]. Verantwortlich dafür sind die als Schleimstoffe bekannten Zellmaterialien, die für die Stabilität und Flexibilität der Pflanzenzellen sorgen.

Abb. 5.18 zeigt somit anschaulich die Stärke des Glutens. Wasser, Sauerteig und Salz sind in beiden Landbroten enthalten, sind also in beiden Zubereitungen äquivalent. Um die physikalischen Eigenschaften von Weizenmehl, die sich bei der Teigbereitung und dem Backen offenbaren, aufzuwiegen, ist allerdings eine ganze Reihe von Zutaten erforderlich.

Die technische Seite der glutenfreien Backwaren, Brote und Pasta offenbart aber auch die Schwäche seitens der Ernährung. Werden wie in Tab. 5.2 die Konzentrationen der essenziellen Aminosäuren (inklusive des Vernetzers Cystein) für das Beispiel des glutenfreien Brots verglichen, zeigt sich die Stärke des Glutens auch in dieser Hinsicht. Es ist bis auf zwei Ausnahmen, Lysin und Threonin, selbst dem Sojaprotein überlegen. Gluten ist führend bei den Vernetzungseigenschaften, da sich das Cystein an den richtigen Stellen im Protein befindet.

Es ist allein deswegen aus wissenschaftlicher Sicht wenig ratsam, wenn Erwachsene ohne Glutenunverträglichkeit ohne Not auf dieses hochwertige Protein verzichten. Darüber hinaus darf nicht vergessen werden, dass alle weiteren Zutaten wie Psylliumfasern, Xanthan, Methylcellulose vollkommen nährstofffrei sind. Sie tragen somit nur als lösliche Ballaststoffe bei.

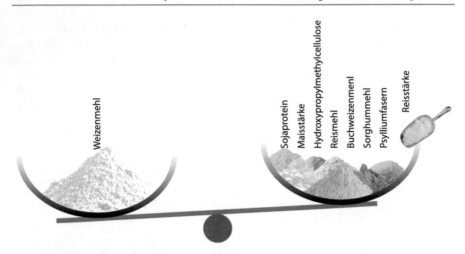

Abb. 5.18 Es ist eine ganze Reihe unterschiedlicher Zutaten notwendig, um die physikalischen Eigenschaften des Weizens aufzuwiegen. In allen Facetten gelingt dies ohnehin nicht, sodass die molekulare Balance mit allerlei technischen Kunstgriffen einigermaßen hergestellt werden muss

Tab. 5.2 Essenzielle und semi-essenzielle Aminosäuren aus Getreide, Pseudogetreide und Soja im Vergleich (Werte aus nährwertrechner.de, bis auf Teff). Gluten schneidet mit essenziellen Aminosäuren am besten ab, Reis und das Knöterichgewächs Buchweizen am schlechtesten

	Gluten	Sojaprotein	Sorghum	Reisprotein	Buchweizen	Teff
Aminosäure	Anteil (mg)					
Isoleucin	**3240**	3105	462	**321**	336	500
Leucin	**5508**	4968	1151	587	**535**	1007
Lysin	1134	**4278**	226	260	499	380
Methionin	**1296**	897	207	**123**	154	430
Cystein	**1539**	1104	128	**82**	181	240
Phenylalanin	**4050**	3105	384	342	345	700
Tyrosin	**2835**	2415	226	307	**181**	460
Threonin	1944	**2691**	344	266	354	510
Tryptophan	**810**	759	148	**68**	127	140
Valin	**3321**	3243	512	458	499	690
Arginin	2349	**5244**	305	396	717	520
Histidin	**1620**	1587	167	**109**	190	300

Diese Überlegungen zeigen erneut, wie eng die Entwicklung kultureller Techniken, die jeweilige molekulare Zusammensetzung der Lebensmittel und die Humanernährung miteinander verknüpft sind. Diese starke Kopplung wird in den meisten Diskussionen zu vielen Fragen komplett ignoriert. Daher sind Meinungsschleifen, die in Ideologien enden, wie in Abb. 5.1 dargestellt, leider zwangsläufig.

Natürlich lässt sich glutenfrei backen, auch ganz ohne Getreide: mit Stärke, egal aus welchem Lebensmittel, mit Eiweiß, sei es aus Eiern, Erbsen, Lupinen, Soja oder Nussmehlen oder Kartoffeln. Etwas Triebmittel und natürlich Hydrokolloide wie Xanthan, Methylcellulosen, Guarkernmehl für das jeweilige Wassermanagement und die Krumenstabilität im Teig wie auch während des Backens. Kneten, Empirie und Hoffen. Das funktioniert technisch und technologisch mal mehr mal weniger gut. Nur haben die Resultate nur noch wenig mit dem Kulturgut Brot zu tun. Es ist im Grunde Analogbrot. Für gesunde Menschen bleibt der Verzehr zur Vorbeugung unnötig. Einen wirklichen Vorteil bietet glutenfreies Brot ausschließlich für die wenigen wirklich kranken Menschen [77].

5.5.7 Superkorn Teff?

Teff, die Zwerghirse aus Äthiopien und anderen Regionen Afrikas, bekam durch die Glutenfrei-Welle ebenfalls hohen Auftrieb. Sie entstand (Tab. 5.1) wie die Hirse aus dem Süßgrasstamm Chlorideae. Prädestiniert für heiße, trockene Landstriche, die keinen Weizen und kaum andere Gattungen erlauben, erweist sich die Zwerghirse als extrem anpassungs- und widerstandsfähig und kann selbst in den Bergen des tropischen Afrikas problemlos angebaut werden, wie auch in den Tälern. Aus dem glutenfreien Samen lassen sich Fladenbrote backen und Biere brauen. Des Weiteren ist das Stroh ein willkommenes Futter für die Nutztiere der dortigen Landwirtschaft.

Tatsächlich weist die Zwerghirse ein sehr breites Spektrum an Speicherproteinen auf [78], die ihr erst diese Flexibilität im Anbau und Wachstum erlauben. Die Verarbeitung von Teff ist einfach, fällt aber wegen der Glutenfreiheit in die Rubrik, die bereits in den Kap. 2 und 3 angesprochen wurde: Es lassen sich kaum Brote damit backen, die einen hohen Trieb, eine hohe Wasserbindung oder eine stabile Krume zeigen, sofern Teff nicht mit anderen Proteinen gemischt wird. Teff für sich eignet sich daher für Fladenbrote, wie es bis heute in der Esskultur seiner Anbaugebiete gepflegt wird. In einer Reihe von systematischen Untersuchungen konnte dies auch auf wissenschaftlicher Basis gezeigt werden [79]. Tatsächlich ist seine Klebereigenschaft wenig ausgeprägt, wie in Abb. 5.19 im Vergleich mit anderen glutenfreien Broten und Weizen dargestellt ist. Das Backtriebmittel war in diesen Modellversuchen jeweils Hefe.

Dabei zeigt sich visuell genau das, was sich bereits aus Tab. 5.1 erahnen ließ. Unangefochten an der Spitze steht das weiße Weizenmehl, gefolgt von Vollkornweizen, Buchweizen und Gerste. Deren Krumenstruktur ist stabil, dem Backtrieb wird aus unterschiedlichen Gründen (Stärke-Protein-Verhältnis) sehr gut standgehalten. Gerste zeigt bereits die schlechtere Bindung an der Oberfläche, dort wirkt das Brot brüchig. Weil die Temperatur beim Backen (in der Form) sehr

Abb. 5.19   Vergleich von
Broten aus unterschiedlichen
Mehlen, unten rechts
Weizenbrot; als Triebmittel
wurde Hefe verwendet

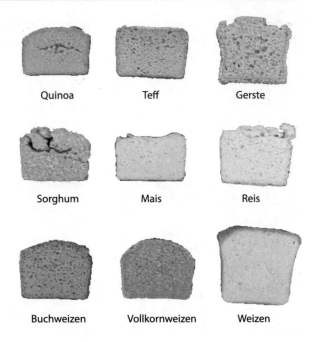

hoch ist, trocknet das Brot bereits beim Backen aus und wird brüchig. Mais zeigt aus bekannten Gründen kaum ein stabiles Volumen und Sorghum wird selbst im Inneren des Brots rasch brüchig. Die Proteine können dem Teigtrieb und den hohen Backtemperaturen nicht standhalten. Ähnlich ist die Sachlage bei Reis. Auch Quinoa zeigt deutliche Backfehler aufgrund der fehlenden hochelastischen Proteine. Teffbrote befinden sich eher am unteren Ende. Die Krume ist gemäß der Verteilung der Backtemperatur uneinheitlich. Die Bläschen sind oben wegen der höheren Verdampfungsrate größer als unten, ein signifikanter Trieb ist nicht zu erkennen. Diese Ergebnisse wurden in der Publikation sowohl durch systematische Untersuchungen zu den Fließeigenschaften der Teige wie auch über Raster-elektronenmikroskopie untermauert. Ähnliche Probleme des Zusammenhalts zeigen sich bei der Herstellung von Pasta aus diesen Zutaten [80]. Physikalisch-chemisch bleibt Teffmehl dem Weizen deutlich unterlegen. Woher kommt aber der Hunger der westlichen Gesellschaft nach Teff?

Das Getreide ist, wie mehrfach erwähnt, glutenfrei, reich an wertvollen Fett-säuren (mit allen Limitierungen, die für alle Pflanzen gelten, siehe Kap. 2) und besitzt ein breites Mineralienspektrum. „Frei von", aber inklusive wertvoller Makro- und Mikronährstoffe, das muss eine Art Superfood sein. Sehr zum Leid-wesen der Bevölkerung in Äthiopien, Eritrea und anderen afrikanischen Land-strichen, denn dort ist Teff das wichtigste Grundnahrungsmittel überhaupt. Und es wäre im Sinne der Nachhaltigkeit, Regionalität und Ethik, wenn es dort gegessen würde, wo es angebaut wird, statt von fragwürdigen Persönlichkeiten aus Film und Funk als Allheilmittel ihrer unklaren Zipperlein gepriesen zu werden.

Bereits beim ähnlichen Boom der Quinoa aus Südamerika waren ähnliche Auswirkungen zu erkennen: Das Pseudogetreide wurden nach Nordamerika und Europa exportiert, die Preise stiegen. Wer davon nichts hatte, waren die Bauern, weder wirtschaftlich noch kulturell. Der Bevölkerung fehlte ein wichtiges Grundnahrungsmittel, auf das sie angewiesen ist. Hunger und Mangelernährung waren die Folge. Fatal für Länder und Landstriche, die nur mit Mühe und Not ihren Nährstoffbedarf decken können.

Ein Blick auf Tab. 5.2 zeigt sofort: Die Backeigenschaften von Teff mehl sind vollkommen überschätzt. An Gluten kommt das vermeintliche Superfood nicht heran, zumindest, was die Aminosäurekomposition anbelangt. Im Weizengürtel dieser Welt bleibt damit der Weizen mit seinem Gluten allen anderen Getreiden überlegen. Auch in den vermeintlich wertvollen Fettsäuren kommt Teff über das Manko nicht hinaus, wie alle Pflanzen keine langkettigen, ungesättigten Fettsäuren zu bilden (siehe Kap. 2 und Abb. 2.6) Außer der α-Linolensäure (ALA) gibt es keine Omega-3-Fettsäuren, die es rechtfertigen würden, die äthiopischen Bauern auszubeuten. Genau das wussten bereits unsere Vorfahren seit dem Neolithikum, die Weizen züchteten, ganz ohne moderne Analysenverfahren. Sonst hätten sie den Weizenanbau nicht weiterverfolgt, um sich mit ihrem Züchtungsgedanken auf andere, wertvollere Nahrungsmittel zu konzentrieren, um das Überleben zu sichern.

5.6   Kohlenhydrate: Struktur und Verdauung

5.6.1   Komplexe Kohlenhydrate

Die gestiegene Motivation, das volle Korn zu verzehren, stammt unter anderem von der Idee, dass „langsame und komplexe Kohlenhydrate" einen langsameren Anstieg des Blutzuckers bedingen als „einfache Kohlenhydrate" wie Glucose oder Zucker und dass dadurch von der Bauchspeicheldrüse nicht zu rasch Insulin ausgeschüttet wird und so eine längere Sättigung anhält als bei Weißbrot. Als Maß dafür dient der glykämische Index (GI), wie er in Abschn. 4.8.4 und Abb. 4.25 bereits angesprochen wurde. Glucose kann sofort aufgenommen werden, der Glucosespiegel im Blut (Serum) steigt rasch an und fällt nach Ausschüttung des Insulins rasch wieder ab. Bei komplexen Lebensmitteln steigt der Blutzuckerspiegel hingegen langsamer, er ist weniger hoch und bleibt auch länger auf einem höheren Level, was ein indirektes Maß für die Sättigung sein soll. Aufgekommen sind diese Ideen in den 1980er-Jahren [81], als man begann, die Glucosespiegel als Reaktion auf Nahrung zu bestimmen [82]. So stellte man zum Beispiel Unterschiede im Anstieg des Blutzuckers beim direkten Vergleich von einem Hackfleischgericht einmal mit Kartoffelpüree („schnell") und das andere Mal mit Bohnenpüree („langsam") fest [83], woraus auf das Zusammenspiel mit Ballaststoffen, Verpackung der Stärken und komplexen Kohlenhydraten während der Verdauung geschlossen wurde.

5.6.2   Vollkornmehl im Darm

Nach den Ausführungen um die molekularen Aspekte der sukzessiven Verdauung (vgl. Abb. 4.36) klingt diese Annahme plausibel. Die Stärke in den Bohnen ist zwar gekocht und dabei ist die Struktur des Amylopektins geschmolzen, sie bleibt aber noch in Zellen verpackt und ist den Amylasen nicht unmittelbar zugänglich. Bei Kartoffeln hingegen liegen die Stärkekörner frei, sie platzen beim Kochen. Amylose und Amylopektin treten aus und können sich dem raschen Zugriff der Enzyme nicht verwehren.

Wie verhält sich dies bei Brot? Die Vielfalt der Brote ist immens, sodass genau definiert werden muss, welche Brote verglichen werden. Vergleicht man typische (deutsche) Backwaren unterschiedlichen Mahlgrads der Mehle mit Broten aus ganzen Körnern, so ergeben sich bezüglich des glykämischen Indexes erstaunliche Resultate [84], die in Abb. 5.20 zusammengefasst sind.

Dieses Ergebnis ist insofern erstaunlich, als die Unterschiede zwischen Vollkorn und Mahlgrad des Vollkorns kaum hervorstechen, vor allem, wenn man die statistischen Abweichungen berücksichtigt, die in Abb. 5.17 der Übersicht halber nicht eingetragen sind. Nur der glykämische Index von Vollkornroggenbrot mit sichtbaren intakten Körnern und Sonnenblumenkernen wurde in der Publikation als niedriger identifiziert. Sowohl das Vollkorn-Dinkelweizen- als auch das Roggenweizen-Sauerteigbrot (der Übersicht halber nicht dargestellt) weisen lediglich einen mittleren glykämischen Index auf, während bei herkömmlichen Brezeln ein vergleichsweise hoher glykämischer Index vorliegt. Bemerkenswert sind aber die sehr nahe beieinanderliegenden Werte der Brote, sie unterscheiden sich kaum. Werden die Fehlerbalken noch berücksichtigt, lässt sich praktisch kein Unterschied im Verlauf der Messwerte feststellen.

Dies zeigt sich auch in anderen, unabhängigen Experimenten. Zwischen Broten aus Vollkornschrot, Vollkornmehl und Weißbrot sind im Rahmen der Fehlergenauigkeit keine Unterschiede hinsichtlich des glykämischen Indexes zu erkennen, wie in Abb. 5.21 zu sehen ist. Der Verzehr von Vollkornbackwaren führt also nicht zwingend zu einer langsamen Kohlenhydratverdauung. Bezüglich des glykämischen Indexes und der Insulinbelastung der Bauchspeicheldrüse ist es vollkommen unerheblich, ob man Vollkorn oder Weißmehl isst. Lediglich bei Pumpernickel scheint es einen geringen Vorteil zu geben.

Aus physikalischer Sicht ist dieses Ergebnis indes weniger erstaunlich, denn Stärke bleibt Stärke. Sobald die Stärke frei und gelatinisiert vorliegt und damit auch im gemahlenen und geschroteten Korn, wird die Geschwindigkeit der Verdauung nur durch die Enzymaktivität bestimmt. Da sich die Stärke im Mehlkörper des Korns befindet, ist die zu verdauende Menge gleich, egal ob Vollkorn oder Weißmehl vorliegt. Einzig ganze Körner lassen die Enzyme nicht an die Stärke.

Abb. 5.20 Veränderungen des glykämischen Indexes (**a**) und Insulinreaktion (**b**) beim Essen von verschiedenen Vollkornbroten. Blau: Referenz-Glucose, braun: Brezel, rot: Dinkelbrot, grün: Vollkornroggenbrot, fein gemahlen, gelb: Vollkorndinkelbrot mit ganzen Körnern

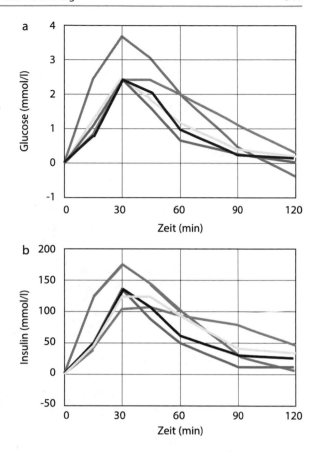

Dann ist der glykämische Index etwas geringer: Die darin eingeschlossene Stärke bleibt unverdaulich.

Die Annahme der „langsamen, komplexen Kohlenhydrate" entpuppt sich damit als nicht allgemeingültig. Die Kohlenhydrate sind im Vollkornmehl und im gesiebten Weißmehl gleich simpel oder – je nach Sichtweise – gleich komplex. Wichtig für die Verdauung ist lediglich, ob Amylopektin in gequollener und geschmolzener und damit den Amylasen zugänglicher Form vorliegt.

5.6.3 Ballaststoffe

Dies bedeutet nicht, dass deswegen auf Vollkornbrote verzichtet werden sollte. Deren Ballaststoffanteil ist durchaus schätzenswert und die andere Seite der Medaille der FODMAPs und der ATI. Für Menschen, die Vollkorn vertragen und davon keine Beschwerden bekommen, tragen Ballaststoffe und enzymatisch

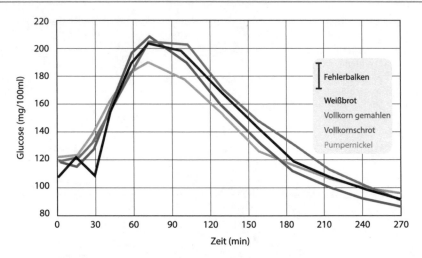

Abb. 5.21 Glucose im Blut nach dem Genuss von Weißbrot (schwarz), Brot aus fein gemahlenem Vollkornweizen (blau), Weizenvollkornschrotbrot (grün) und Pumpernickel (gelb). Der rote Balken ist der typische statistische Messfehler, mit dem alle Kurven behaftet sind. Da Vollkornmehl, Vollkornschrot und sogar Weißbrot innerhalb des Messfehlers liegen, gibt es keine statistische Relevanz für systematische Unterschiede in den glykämischen Indices

unverdauliche Bestandteile zum Training des Mikrobioms und der Peristaltik des Darms durchaus bei. Typische Fermentationsprodukte aus Ballaststoffen, wie Butyrate, scheinen entzündungshemmend zu sein [85], sofern die in dieser Studie unter extremen Laborbedingungen ausgeführten Experimente auf die realen Gegebenheiten überhaupt übertragbar sind. Erste Arbeiten in der Humanmikrobiologie deuten allerdings darauf hin [86].

Auch sekundäre Pflanzenstoffe, Fettsäuren aus dem Keim, Mineralien und andere Mikronährstoffe usw. mögen alle irgendwie „gut" und „positiv" mit unklaren Fakten sein. Sie werden durch den Verzehr des vollen Korns aber nur zu einem geringen Teil in die Gesamternährung eingetragen. Als universelles Allheilmittel, wie von so manchen Ernährungsfachleuten empfohlen, taugen die vollen Körner eher nicht. Die Nebenwirkungen sind allerdings klar auf molekularer Ebene beschreibbar: Mindestens ATI und FODMAPs tragen bei manchen Menschen mit entsprechender genetischer Disposition zum Unwohlsein bei. Das Motto „gesund ist, was schmeckt" trägt daher immer noch einen Funken Wahrheit. Insbesondere dann, wenn es sich um natürliche, handwerkliche Produkte und selbst gekochtes Essen handelt.

5.7   Nitrat und Nitrit

5.7.1   Nitrat, Nitrit und geschürte Angst

Nitrit und Nitrat sind weitere Stichworte mit hohem Reizpotenzial, die z. B. Ängste vor gepökeltem Fleisch oder Stuckstoff belastetes Gemüse schüren (siehe Abb. 4.4). Diese Stickstoffverbindungen werden mit Krebsrisiken assoziiert. Schlüssige Beweise gibt dafür gibt aber nicht, selbst bei intensiver Suche in den Wissenschaftsdatenbanken wird man nicht fündig. Auch an dieser Stelle beruhen viele der populären Aussagen auf Vermutungen und Annahmen. Dennoch hat sich der Zusammenhang zwischen Nitrat und Krebsentstehung in den Köpfen festgesetzt, sodass regelmäßig Warnungen vor gepökelten Fleisch- und Wurstwaren oder gar vor eigentlich gesunden Gemüsesorten wie Rote Bete, Rettich, Feldsalat, Kopfsalat oder Spinat ausgesprochen werden. Die Folge ist, dass die Begriffe Nitrat, Nitrit und vor allem Nitrosamin, das sich daraus unter bestimmten Voraussetzungen bilden kann, Ängste auslösen, ohne dass wiederum die chemischen Zusammenhänge erkannt werden. Dabei liegt so mancher positive Aspekt dieser Stickstoffverbindungen auf der Hand. Bei Herz-Kreislauf-Problemen und vor allem bei Angina Pectoris wird für den Notfall „Nitrospray" gegeben, das aus Glyceroltrinitrat (besser bekannt als Nitroglycerin) besteht. An einem Glycerolmolekül, das wir von den Fetten, den Triacylglycerolen, kennen, befinden sich drei Stickstoffdioxide, NO_2. Wird dies abgespalten, bildet sich Nitrit (NO_2^-), dessen gefäßerweiternde Wirkung schon lange bekannt ist und bis heute in der Medizin genutzt wird [87, 88]. Die Bildung von Nitraten und Nitriten ist im Stoffwechsel alltäglich. Sie fallen als Zwischenprodukte beim Zellstoffwechsel an und sind daher nicht giftig oder gar krebserregend.

Darüber hinaus kommt Nitrat (NO_3^-) in der Natur zuhauf vor und ist die wichtigste Stickstoffquelle für Pflanzen. Ohne Nitrat können sie nicht wachsen, geschweige denn ihre Aminosäuren aufbauen, denn in jeder Aminosäure befindet sich Stickstoff (N). Daher wird in der landwirtschaftlichen Produktion Nitrat als Dünger verwendet, was bei einem intensiven Einsatz zu hohen Nitratkonzentrationen im Grundwasser und damit auch im Trinkwasser führen kann. Dabei ist dies keine Frage von Kunstdüngern, sondern – wie bekannt – auch der klassischen und ursprünglichsten Form der Düngung über die stickstoffreichen landwirtschaftlichen Abfallprodukte wie Gülle und Kot aus der Tierhaltung, die seit Tausenden von Jahren auf die Felder getragen werden.

Auch viele Pflanzen speichern Nitrate in den Blättern und Wurzeln als Vorrat für ihren Stoffwechsel. So gelangt „natürliches" Nitrat mit der Nahrung in den Menschen und addiert sich zu dem „künstlichen" Nitrat aus Wurst, Schinken und Käse auf. Hier gibt es ebenfalls keinen Unterschied zwischen natürlich und künstlich. Die relevanten Moleküle und korrespondierenden molekularen Prozesse sind identisch, bislang ist nichts davon schädlich. Die größte Nitratquelle für Vegetarier sind Gemüse und pflanzliche Nahrung, von denen einige, wie Blattgemüse, Rettich, Radieschen und Rote Bete, aufgrund ihres Stoffwechsels sehr viel Nitrat speichern können. Doch in bisherigen Untersuchungen sind Nitrate, die durch die Nahrungsmittel aufgenommen werden, vollkommen unauffällig. Selbst beim Verzehr von Fleischwaren und tierischen Produkten mit Pökelsalz ist ein Zusammenhang mit der Krebsentstehung bisher weder beobachtbar noch nachweisbar [89]. Das darf nicht verwundern, da Nitrat und Nitrit an jedem Zellstoffwechsel beteiligt sind. Selbst beim Verzehr von Pökelwaren sind bei Nichtvegetariern keine negativen Effekte zu erkennen [90].

Die Hypothese der kanzerogenen Aktivität von Stickstoffverbindungen beruht auf der Möglichkeit, dass sich aus Nitrit in saurer Umgebung – potenziell somit auch im Magen mit seinen niedrigen pH-Werten – Nitrosamine bilden können. Einige Vertreter dieser Stoffgruppe werden als höchst karzinogen eingestuft, und zwar nicht wegen direkter molekularer Wechselwirkungen, sondern wegen des Einwirkens der Nitrosamine über längere Zeiträume. Zur Reaktion von Nitrit-verbindungen zu Nitrosaminen in saurer Umgebung sind, wie der Name verrät, Aminosäuren, Amine, notwendig, die in der Nahrung selbst vorkommen. Daher findet die Hypothese scheinbar logische Nahrung: Pökelsalze und Nitrat aus Fleisch und Gemüse, dazu die Spaltung der gleichzeitig mit der Nahrung auf-genommenen Proteine im Magen über die säuretoleranten Enzyme, Pepsin, und schon reagieren manche freien Aminosäuren mit Nitrit zu den gefürchteten Nitros-aminen, besonders bei verarbeitetem Pökelfleisch, Rohwürsten oder Schinken, denn über Kochen und Fermentation findet bereits im Verarbeitungsprozess eine gewisse Hydrolyse der Proteine statt.

5.7.2 Nitrat, Nitrit – eine Spurensuche

Auf der Suche nach dem Beweis für diese Hypothese finden sich aber ganz andere Mechanismen, nicht immer tritt das Naheliegende ein. Seit zehn Jahren erhärtet sich zunehmend der Verdacht, dass die bioaktiven Vorteile des Nitrats dessen Nachteile dominieren [91]. Und selbst Untersuchungen, an denen Nitrat-Kritiker beteiligt sind, zeigen die physiologische Bedeutung selbst des „künstlichen" Nitrats [92].

Im unserem Körper stammt Nitrat aus zwei Hauptquellen: aus der Ernährung (hauptsächlich grünes Blattgemüse und Pökelwaren) und aus der Oxidation von NO-Synthase-abgeleitetem NO, wie in Abb. 5.22 sehr vereinfacht dargestellt ist. Das über die Nahrung eingetragene Nitrat wird rasch von den Speichel-drüsen aktiv aufgenommen und über den Speichel wieder ausgeschieden. Im Mund wird das Nitrat durch dort vorhandene Bakterien auf das reaktivere Nitritanion (NO_2^-) reduziert. In Blut und Gewebe wird Nitrit dann weiter zu einer Reihe von bioaktiven Stickoxiden metabolisiert, darunter NO, sowie zu schwefelhaltigen S-Nitrosothiolen (Thionitriten) und weiteren nitrierten Ver-bindungen. Die Reduktion von Nitrit zu NO wird durch mehrere Proteine und Enzyme katalysiert, einschließlich desoxygeniertem Hämoglobin/Myoglobin und Xanthinoxidoreductase (XOR). Daher sind auch Nucleotide wie beim Purinstoff-wechsel (Abb. 4.10) daran aktiv beteiligt.

Über diese bioaktiven Stoffe ergibt sich eine ganze Reihe positiver Effekte auf den menschlichen Stoffwechsel (Abb. 5.22). Nitrate und deren Derivate wirken unterschiedlich und zeigen daher eine große Bandbreite. Wie bereits angesprochen, ist das Stickoxid NO, das aus der Aminosäure L-Arginin und Sauer-stoff durch NO-Synthasen endogen erzeugt wird, ein Signalmolekül, das an der kardiovaskulären und metabolischen Regulation beteiligt ist. Dazu gehören Blut-drucksenkung, verbesserte Endothelfunktion, erhöhte Trainingsleistung und Ein-

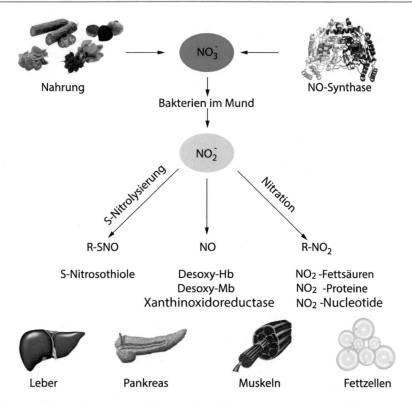

Abb. 5.22 Die Aufnahme von Nitrat und Nitrit führt zu einer ganzen Reihe bioaktiver Verbindungen, die sich positiv auf die Leberfunktion, die Bauchspeicheldrüse, Muskeln und Fettzellen auswirken [94]

dämmung des metabolischen Stoffwechselsyndroms. Diese Prozesse wirken somit Diabetes entgegen. Es zeigt sich weiter, wie sich unter Wirkung der S-Nitrosothiole die Fettakkumulation in den Fettzellen der Leber verlangsamt und sich dabei Entzündungswerte verbessern.

Verschiedene Reaktionsprodukte der Nitrite erhöhen die Anzahl der braunen Fettzellen [93]. Hierunter versteht man eine Klasse der Fettdepots, die sich durch einen hohen Energieverbrauch und Wärmeproduktion zur Wärmeregulation auszeichnen. Braunes Fett dient praktisch als interne Heizung. Es zeigt sich in diesem Zusammenhang, dass braunes Fett auch die Insulinproduktion verbessert [94]. Gleichzeitig nimmt die Konzentration der freien Triacylglycerole im Blut ab. Auch bei der Funktion der Bauchspeicheldrüse sind positive Effekte zu verzeichnen: Die Insulinproduktion wird über eine bessere Durchblutung der sogenannten Langerhans-Inselzellen stimuliert. Selbst in den Muskelzellen der Skelettmuskulatur wirken sich Nitrate positiv aus. Glucose (und damit die Energie) kann rascher aufgenommen werden, was direkt an die Leistung der Muskeln koppelt und damit Beachtung in der Sportmedizin findet.

Aus diesen Resultaten werden in der molekularen Medizin sogar Wirkstoffe erdacht, die diese Stimulanz gezielt aus den verschiedenen NO-Verbindungen (siehe Abb. 5.22, untere Reihe) herstellen. Dies liegt auf der Hand und der Vorteil ist evident, denn sie sind den physiologischen Vorgängen in den Zellen nachempfunden [95].

5.7.3 Nitrosamine

Welche Rolle spielen die karzinogenen Nitrosamine? Sie werden in den Studien kaum in relevanten Konzentrationen nachgewiesen. Vor allem nicht in Studien, die normal Gesunde und ausgewogen Essende untersuchten. Die seit Jahrtausenden gepflegte Mischernährung – roh, gekocht und fermentiert – liefert ausreichend Vitamin C und E sowie Spurenelemente wie Selen, die zusammen mit sekundären Pflanzenstoffen die Nitrosaminbildung stark hemmen. Spezies, die diese Ernährungsform nicht pflegen, auch die Affen, an denen ähnliche Experimente durchgeführt wurden, haben diese Schutzwirkung nicht. Dann ergeben sich in bestimmten Fällen Krebserkrankungen, die sich möglicherweise auf Nitrosamine zurückführen lassen. *In-vitro*-Experimente zeigen hingegen eine kanzerogene Wirkung der Nitrosamine bei für den täglichen Verzehr irrelevant hohen Konzentrationen. Des Weiteren scheint sich immer mehr ein wesentlicher Punkt zu erhärten: Nitrat und Nitrit kommen selten isoliert vor, niemand nimmt reines Nitrat oder Nitrit zu sich. Jedes Lebensmittel trägt unzählige andere Komponenten bei, erst recht bei einer kompletten Mahlzeit. Laborversuche in Tiermodellen leiden daher an mangelnder Vergleichbarkeit. Zusammen mit einer ganzen Reihe lebensmitteltypischer Inhaltsstoffe wird offenbar *in vivo* die Bildung von Nitrosaminen unterdrückt [96], wie in Abb. 5.23 zusammengefasst ist.

Die Resultate der bisherigen Studien lassen sich daher unter durchaus positiven Aspekten zusammenfassen. Eine reale Gefahr geht aus dem Nitrat bei üblicherweise verzehrten Mengen nicht aus. Auch hier gilt wieder: Wer im Übermaß gepökelte Nahrung zu sich nimmt und sonst weiter nichts, hat garantiert ein höheres Risiko. Sofern derjenige nicht zuvor ganz andere Probleme wegen einseitiger Ernährung bekommt. Dabei ist es nach gegenwärtigem Stand der Forschung unerheblich, aus welcher Quelle das Nitrat stammt. Selbst die viel gescholtenen, in der Lebensmittelindustrie eingesetzten Pökelsalze wie Kaliumnitrat oder Calciumnitrat, die für die Konservierung in höheren Dosen eingesetzt wurden, unterziehen sich identischen Stoffwechselprozessen. Es ist daher mitnichten so, dass der *Homo sapiens* erst seit der Industrialisierung der Nahrung Nitrat und Nitrit aufnahm. Seit dem Neolithikum verzehrte der Mensch gedüngte Pflanzen, also seit Menschen Ackerbau und Viehzucht betrieben. Später, im Mittelalter, kamen natürliche Konservierungsmethoden über Salpeter hinzu [97]. Diese durch Salpetersieder gewonnenen Nitrate erlaubten erst eine systematische Konservierung. Die historischen Salpeter waren im Übrigen weit ungesünder als alle industriellen Nitrate, denn sie enthielten Blei und Bariumanteile in ihrem Gemisch. Dagegen sind die Nitrate, die heute noch zugelassen sind und vor denen wir heute irrationale Ängste entwickeln, geradezu Edelkonservierungsstoffe.

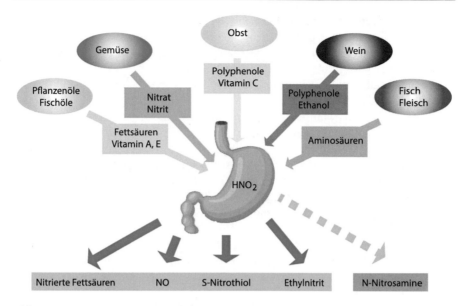

Abb. 5.23 Neben Vitamin C wirkt eine ganze Reihe anderer Inhaltsstoffe der Lebensmittel einer starken Nitrosaminbildung entgegen

Unsere Ernährung ist nun einmal molekular und unsere Physiologie reagiert mit funktionellen Biomolekülen und biochemischen Prozessen darauf, die ausschließlich über molekulare Wechselwirkungen gesteuert werden.

Auch wenn sich Nitrat und Nitrit nicht als schädlich entpuppten, ist diese Tatsache natürlich kein Freibrief zum Überdüngen der Felder und Äcker. Erst recht kein Freibrief für das bedenkenlose Ausfahren von Gülle und Fäkalien aus einer unvernünftigen und nicht nachhaltigen Massentierhaltung.

5.8   Rohkosternährung: physikalisch-chemische Konsequenzen

5.8.1   Nur Rohkost ist gesund? Geschichten vom *Homo non sapiens*

Rohköstler vertreten die Ansicht, dass wertvolle Inhaltsstoffe in Lebensmitteln bereits zerstört werden, wenn sie über 42 °C erhitzt werden. Die Lebensmittel wären damit bereits tot gekocht. Daher wird weitgehend jedes Lebensmittel roh verzehrt, wenngleich der Nutzen dieser Ernährungsform aus wissenschaftlicher Sicht nicht überzeugt. Die Rohkostform legt sich daher auf den oberen Teil des kulinarischen Dreiecks (siehe Abb. 2.29) fest, die anderen Basispfeiler der Humanernährung werden ignoriert. Kulturtechniken, die über das Feuer entstanden sind, werden damit abgelehnt, während die Fermentationstechniken zugelassen werden. Fermentierte Lebensmittel werden demnach als roh betrachtet, auch wenn dies nicht den Tatsachen entspricht. Die Rohkostideologie beruht damit auf dem strikten Ausschluss des Temperaturbereichs oberhalb von 42 °C. Woher diese strikte Temperaturgrenze tatsächlich stammt, ist aus wissenschaftlicher Sicht unklar unklar. Wie bereits in Kap. 1 angesprochen wurde, sind für die gute Verwertung der Rohkost gute Zähne und eine auf Ausdauer ausgelegte Kaumuskulatur notwendig, um möglichst viele Makro- und Mikronährstoffe aus dem Rohgemüse, den Wurzeln und den Beeren bereits im Mund herauszuholen (vgl. Abb. 1.18), denn die Bioverfügbarkeit ist in Rohkost allein aus physikalisch-chemischen Gründen gering. Selbst bei solch einfachen Systemen wie (Roh-) Milch und deren Molkenprotein wurde offensichtlich, wie ungleich stärker die biologische Verfügbarkeit der Aminosäuren über die enzymatische Verdauung des β-Lactoglobulins mit der Erwärmung (inklusive Pasteurisierung) zunimmt. Es kommt daher immer auf die Verpackung, die Struktur der Proteine oder Kohlenhydrate, den Zellaufbau und die physikalische Umgebung an, wie genau die Verdauung abläuft. Denn nur die jeweilige Foodmatrix und die Zusammensetzung des Nahrungsbreis während der intestinalen Passage definiert die biologische Verfügbarkeit auf exakte Weise.

Alle Lebensmittel bestehen zwar aus Makro- und Mikronährstoffen (Abb. 5.24), die auch in entsprechenden Tabellen zu finden sind; das sagt aber, wie bereits erläutert, gar nichts über deren biologische Verfügbarkeit aus. Diesen Tabellen ist nicht zu entnehmen, ob diese Nährstoffe auch die physiologisch verwertbar sind. Wie in diesem Kapitel schon angesprochen, erhöht das Kochen die biologische und physiologische Verfügbarkeit der Proteine und damit der essenziellen Aminosäuren. Viele der in den Pflanzenzellen und Zellwänden verankerten Mikronährstoffe können nur über Erhitzen und Zermahlen ihre physiologische Wirkung entfalten. Bekannte Beispiele sind die Carotinoide in Karotten oder Tomaten. Dies zeigt aber sofort, dass die hypothetische 42 °C-Grenze keine Allgemeingültigkeit hat. Die tägliche Erfahrung in der Küche und am Herd lehrt

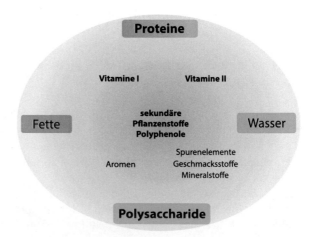

Abb. 5.24 Die Bestandteile aller Lebensmittel. Das Vorhandensein der Inhaltsstoffe sagt weder etwas über die thermischen Eigenschaften noch über deren biologische Verfügbarkeit aus

dies ebenso. Die Gartemperatur vieler im Fischmuskel vorhandenen Proteine liegt bei sehr niedrigen 35 °C, während Hühnerfleisch zwischen 60 °C und 78 °C benötigt, um signifikante Denaturierungseffekte zu zeigen. Gemüse müssen auf mindestens 78 °C erhitzt werden; unter 78 °C zeigen Gemüse weder Struktur- noch Texturveränderungen. Die Zellen der Gemüse bleiben fest und das Gemüse knackig, selbst wenn es für längere Zeit unter dieser Temperatur gehalten wird. Offenbar gibt es eine klare Struktur-Temperatur-Beziehung zu diesen Phänomenen, die sich nur auf der molekularen Ebene erkennen lässt. Genau das ist die nebenbei erledigte Aufgabe der Makronährstoffe, Proteine und Kohlen- hydrate sowie der unverdaulichen Ballaststoffe.

5.8.2 Struktur und Mundgefühl – Makronährstoffe und Ballaststoffe

Alle natürlichen Lebensmittel bestehen aus Wasser, Fett, Proteinen und Poly- sacchariden wie Stärke sowie anderen Kohlenhydraten. Da Fett und Wasser sich nicht mischen, kommt noch eine Vielzahl von Emulgatoren wie Lecithin (Phospholipide) hinzu. Das Verhältnis dieser molekularen Bestandteile definiert im Groben die Struktur und die Eigenschaften aller Lebensmittel. Protein- reiche Lebensmittel wie Eier, Fleisch und Fisch enthalten zum Beispiel einen hohen Anteil von Muskelprotein, Bindegewebsprotein und je nach Gattung Fett sowie ca. 80 % Wasser. Polysaccharide sind in Membranproteinen als Glyko- proteine gebunden. Die Konsistenz eines Stückes Fleisch, eines Fischfilets oder eines Krustentiers wird vor allem durch das Zusammenspiel dieser Inhalts- stoffe definiert, insbesondere aber durch die Strukturproteine der Muskeln. Diese Konsistenz definiert beim Essen von Carpaccio, Sushi oder rohem Meeres- getier das charakteristische Mundgefühl und den Biss. Gemüse weist einen weit geringeren Proteinanteil auf. Dafür dominieren Zellmaterialien (unlösliche und lösliche Ballaststoffe) wie Cellulose, Hemicellulose oder Pektin in Früchten, Gemüse oder Kräutern sowie Carrageenan, Alginat oder Agarose in Algen oder anderen Meerespflanzen. Der hohe Wassergehalt von oft über 90 %, also die straffe Spannung der Pflanzenzellen, bestimmt auch hier das Mundgefühl, das beim knackigen Gemüse empfunden wird. Vegetarier schätzen knackiges Gemüse, Rohköstler, die sich tierischen Lebensmitteln nicht verschließen, schätzen hauch- dünne Carpaccios mit der schmelzenden Textur, Sushi-Liebhaber die erstaunlich knackige Textur des rohen Fischs, der nach der Ikejime Methode geschlachtet ist, die sich signifikant auf die Textur auswirkt [98]. All das hat ausschließlich molekulare Ursachen. Darauf wird in Kap. 6 noch näher eingegangen.

Beim Erwärmen sowohl von eiweißreichen als auch von zellstoffreichen Lebensmitteln verändert sich die Textur und damit das Mundgefühl. Durch diesen Wandel von „roh" in Richtung „gar", meist durch Temperaturänderungen oder Einwirken von Säuren ausgelöst, verändert sich die Textur über molekulare Umgestaltungen bei diesen Strukturmolekülen: Proteine denaturieren, Zellmaterial wird weich. Da die Lebensmittel unterschiedlich zusammengesetzt sind, wie bei

Fisch, Fleisch, Gemüse oder Obst ersichtlich, muss der Zustand „roh" auf eine an die molekularen Eigenschaften angepasste Weise definiert werden. Dies ist klar in Abb. 5.25 zu erkennen. Dort sind für typische Lebensmittelgruppen die Bereiche der Denaturierung der Strukturproteine bei tierischen Produkten bzw. der Proteine und Polysaccharide des Zellmaterials bei Gemüse dargestellt.

Die Definition „roh" benötigt daher nicht nur aus kulturwissenschaftlicher Sicht (Abb. 2.31), sondern auch aus naturwissenschaftlicher Sicht eine klare, molekulare Definition, die sich nicht über eine hypothetisch postulierte Temperaturgrenze erfassen lässt.

5.8.3 Mikronährstoffe

Lebensmittel, die erhitzt werden, seien „tote Lebensmittel". Für die Roh-kostbewegung sind daher die Veränderungen der Mikronährstoffe eines der wichtigsten Kriterien. Diese allgemeine Aussage ist aus wissenschaftlicher Sicht nicht haltbar, vor allem, was Spurenelemente und Mineralien betrifft. Eine

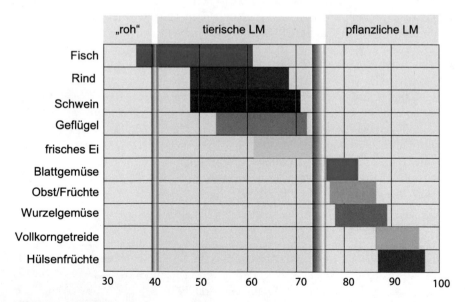

Abb. 5.25 Signifikante Texturveränderungen und Gartemperaturen von unterschiedlichen Lebensmittelgruppen. Tierische und pflanzliche Lebensmittel (LM) sind klar getrennt. Die obere Grenze bei tierischen Lebensmitteln bilden Ovalbumine im Ei mit 71 °C bzw. das Strukturprotein Aktin in Muskelzellen. Zellmaterialien bei Pflanzen beginnen sich erst ab ca. 80 °C signifikant zu verändern. An der Obergrenze der üblichen Rohdefinition bei 41 °C denaturieren manche Muskelproteine von Fischen

gesonderte Betrachtung ist notwendig, denn auch nicht alle Vitamine verändern sich unter Hitzeeinwirkung. Kritisch ist vor allem Ascorbinsäure (Vitamin C).

Wichtiger ist aber das Bereitstellen der Nährstoffe durch das Erhitzen und damit die Senkung des Energieaufwands bei Verdauungsprozessen (siehe Abschn. 1.16.1). All diese evolutionären Vorteile kommen bei einer reinen Rohkosternährung weniger vor. Ein Teil davon lässt sich über die bei niedrigen Temperaturen ablaufenden molekularen Kochprozesse wie Fermentieren und Keimen auffangen [99]. Dies betrifft indirekt auch auf viele Mikronährstoffe und Spurenelemente zu. Calcium ist in den meisten Fällen funktionell in Zellpolymeren wie Pektin oder Alginaten ionisch gebunden. Die Calciumionen liegen erst frei und biologisch vor, wenn sie zuvor ausreichend erhitzt werden, höher ist als ionische Bindung. Ähnliches gilt für Magnesium und andere zwei- und höherwertige Ionen, die aufgrund der Ladung biologische Funktion erfüllen. Beim Verzehr von Rohkost sind diese Bestandteile nur beschränkt verfügbar. Ähnliches gilt auch für Schwefel, der zum Beispiel auch in der Aminosäure Cystein vorkommt.

In ähnlicher Weise gilt dies für die meisten Spurenelemente außer Natrium, Kalium, Iod, Chlorid und Fluor, die als einwertige Ionen keine Bindungseigenschaft an Strukturproteine oder Polysaccharide haben, sondern lediglich mit unterschiedlichen Ionenradien die ionische Stärke einstellen und für den Transport von Ladungen durch Membranen notwendig sind. Spurenelemente wie Chrom (Cr), Cobalt (Co), Eisen (Fe), Kupfer (Cu), Mangan (Mn), Molybdän (Mo), Selen (Se), Zink (Zn) oder Silicium (Si) treten bei der Strukturbildung und Komplexierung von metallbindenden Proteinen auf. Diese Metallatome befinden sich häufig in den Zentren von Proteinen eingesperrt und müssen erst freigelegt werden, damit sie biologisch verfügbar sind.

5.8.4 Temperatur und Nährstoffe

Die Temperaturgrenze wird ausschließlich mit der Zerstörung der Nährstoffe, meist der Vitamine und Enzyme, begründet. Verschiedene Molekültypen werden mit einer pauschalen Temperaturgrenze über einen Kamm geschoren, was aus physikalisch-chemischer Sicht unzulässig ist. Bei Enzymen ist diese Argumentation ohne wissenschaftliche Bedeutung, denn wie bekannt sind Enzyme nichts weiter als Proteine mit speziellen Faltungen, die unter Umständen noch Metallatome in sich tragen. Die meisten dieser Enzyme werden über den niedrigen pH-Wert im Magensaft denaturiert, da der isoelektrische Punkt unterschritten wird. Daher tragen Enzyme nur geringfügig zu den Makronährstoffen in Lebensmitteln bei, einen messbare Gewinn für die Ernährung gibt es nicht, zumal die meisten Enzyme in Pflanzen Aufgaben haben, die sich beim Menschen nicht stellen.

Bei den Vitaminen ist die Sachlage komplizierter, wie in Tab. 5.3 zusammengefasst ist. Dabei zeigt sich Vitamin C als ein sehr empfindliches Vitamin, während sich bei allen anderen der Verlust bzw. die Oxidation in Grenzen halten.

Tab. 5.3 Empfindlichkeit der Vitamine bezüglich Sauerstoff (Oxidation), Licht und Temperatur. Das einzige Vitamin, das unter allen Einwirkungen Schaden nimmt, ist Vitamin C

Mikronährstoff	Löslichkeit	Verlust bei Einwirkung von		
		Sauerstoff	Licht	Temperatur
Vitamin A	Fett	Partiell	Partiell	Nein
Vitamin D	Fett	Nein	Nein	Nein
Vitamin E	Fett	Ja	Ja	Nein
Vitamin K	Fett	Nein	Ja	Nein
Thiamine	Wasser	Nein	Nein	>100 °C
Riboflavin	Wasser	Nein	Partiell	Nein
Niacin	Wasser	Nein	Nein	Nein
Biotin	Schwach in Wasser	Nein	Nein	Nein
Pantothensäure	Ja	Nein	Nein	Ja
Folsäure	Ja	Nein	Nein	>80 °C
Vitamin B_6	Ja	Nein	Ja	Nein
Vitamin B_{12}	Ja	Nein	Ja	Nein
Vitamin C	Ja	Ja	Ja	Ja

Die Aussage, alle Lebensmittel seien „tot", wenn sie über 42 °C erwärmt werden, ist nicht haltbar, was die Fakten angeht.

Dieser Vitamin-C-Abbau bei höherer Temperatur hängt allerdings stark vom pH-Wert, also vom Säuregehalt des Lebensmittels, ab. Der Abbau von Vitamin C bei niedrigen pH-Werten, also im stark sauren Bereich, verlangsamt sich deutlich, wie in Abb. 5.26 gezeigt ist. Im alkalischen Bereich ebenso, dieser ist allerdings weniger für die Kulinarik, sondern eher für lebensmitteltechnologische Prozesse relevant.

Im Bereich der pH-Werte zwischen 3 und 5 (Abb. 5.26) ist der Abbau am höchsten. Vitamin C baut sich sehr schnell zu wenig wirksamen Verbindungen ab. Bei geringeren pH-Werten unter 3 erfolgt der Abbau stark verzögert [100], selbst beim Kochen, wie man es zum Beispiel vom Sauerkraut kennt. In gekochtem Sauerkraut befindet sich noch deutlich mehr Vitamin C als in gekochtem Kohl. Diese Tatsache wird bei allen milchsäurevergorenen Produkten relevant. Bei der Fermentation mit Milchsäurebakterien werden bei Fermentationszeiten ab ca. vier Wochen durchaus pH-Werte zwischen 5 und 4 erreicht. Auch in Früchten mit höheren Säuregehalten baut sich Vitamin C deutlich langsamer ab. Daraus ergeben sich spannende Einsichten für „Pseudorohkost": Marinieren bei niedrigen pH-Werten verändert den Vitamin-C-Gehalt unwesentlich und fügt neue Geschmacksrichtigen hinzu. Auch für die Fermentation sind dies gute Nachrichten. Da beim Fermentieren der pH-Wert deutlich sinkt, nimmt der Vitamin-C-Gehalt auch beim längeren Lagern von fermentiertem Gemüse nur unwesentlich ab.

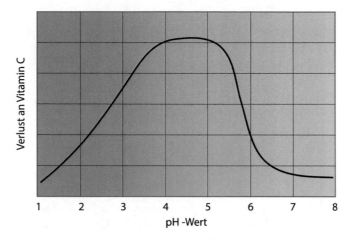

Abb. 5.26 Der Abbau von Vitamin C (in Testlösungen) in Abhängigkeit von Säure. Im roten Bereich ist der Vitaminverlust am höchsten

5.8.5   Schnittstellen zwischen Enzymen und Vitaminen

Werden Gemüse unerhitzt verarbeitet, wird die Schnittstelle zwischen Enzymen und Vitaminen relevant. Viele Enzyme befinden sich in den meisten Fällen in den Zellmembranen direkt unter den Zellwänden; dort sind sie verankert und warten auf ihre Aufgaben. Beim Schneiden, Raspeln oder Pürieren werden Zellen durch Messer zerstört, die Enzyme werden frei. Darunter befindet sich bei Obst und Gemüse zum Beispiel auch Ascorbinsäureoxidase, bei deren Einwirken sich Vitamin C, die Ascorbinsäure, zu Dehydroascorbinsäure umbaut. Beide haben zwar ein hohes Antioxidanspotenzial, allerdings ist Dehydroascorbinsäure sehr instabil und reagiert rasch zu neuen chemischen Verbindungen weiter, deren Nutzen im Vergleich zu Vitamin C vernachlässigbar oder gar nicht mehr vorhanden ist. Wie komplex die Vorgänge sind, zeigt das Beispiel Brokkoli, dessen Vitamin-C-Gehalt ganz beachtlich ist. Die biologische Verfügbarkeit und die Beständigkeit von Vitamin C hängen allerdings stark von der Vorgeschichte und der Behandlung des Gemüses ab. Gleichwohl ist die rohe Verarbeitung nicht immer von Vorteil. Wird in frisch zerkleinerten, rohen Brokkoliröschen der Gehalt an Ascorbinsäure, der nativen Form des Vitamin C, bestimmt, so nimmt dieser rasch ab. Aus der Ascorbinsäure bildet sich rasch Dehydroascorbinsäure. Bei blanchiertem Brokkoli hingegen nicht. Dort bleibt das Vitamin C als Ascorbinsäure erhalten.

Der Grund dafür ist die hohe Aktivität des Enzyms Ascorbinsäureoxidase, das native Ascorbinsäure rasch in die wenig stabile Dehydroascorbinsäure umwandelt. Das Enzym ist in den Wänden der Pflanzenzellen fest verankert, während sich die Ascorbinsäure im Inneren der Pflanzenzellen befindet. Beide sind damit voneinander separiert. Erst beim Schneiden, Quetschen oder Hacken der Brokkoliröschen – und damit dem Zerstören der Zellwände – werden die Enzyme freigesetzt. Gleichzeitig ergießt sich der Zellsaft mit dem nativen Vitamin C aus dem Inneren der Zellen. Kommen sich Enzyme und Vitamin C nahe, wird die Ascorbinsäure oxidiert. Dies geht sehr rasch vonstatten, schon nach kürzester Zeit ist das native Vitamin C zu der weniger wirksamen Dehydroascorbinsäure umgewandelt.

5.8.6   Blanchieren, Enzyminaktivierung und Vitamin C

Um das Vitamin C in seiner nativen Form zu erhalten, muss das Enzym inaktiviert werden. Wie immer in der Küchenpraxis geschieht dies durch kurzes Blanchieren in kochendem Wasser. Dies ist in der reinen Lehre der Rohkost bereits verwerflich. Allerdings lässt sich durch systematische Experimente zeigen, dass sich zwischen 55 °C und 70 °C die Enzyme inaktivieren lassen. Bei einem Blanchieren der Brokkoliröschen bei 65 °C ist ein Großteil der Enzyme bereits inaktiviert, das Vitamin C bleibt in seiner nativen Form zum Großteil erhalten. Wird bei 70 °C blanchiert, ist die Oxidation der Ascorbinsäure weitgehend unterdrückt. Gleichwohl finden bei einer Temperaturbehandlung unter 78 °C keine Strukturänderungen statt. Diese Temperatur reicht nicht aus, um die harten Zellwände zu erweichen. Die rohe Textur und, wie Tab. 5.3 zeigt, alle Vitamine, bleiben somit weitgehend erhalten und die Enzyme sind inaktiv (Abb. 5.27). So liegt es nahe, den Temperaturbereich zwischen der willkürlich angenommenen Rohkostgrenze von 42 °C und der Erweichungstemperatur des Zellmaterials, der je nach Gemüse ab 78 °C einsetzt, als „pseudoroh" zu bezeichnen. In diesem Temperaturbereich bleibt das Vitamin C weitgehend als hochaktive Ascorbinsäure erhalten [101].

Der Erhalt von Vitamin C in seiner nativen Form lässt sich analytisch nachweisen. Aus Abb. 5.28 geht die Veränderung des Vitamin-C-Gehalts hervor. Im oberen Teil der Abbildung zeigt sich, dass beim Zerkleinern der rohen Brokkoliröschen   die   gesamte   Ascorbinsäure   (dunkelgrau   dargestellt)   in

Abb. 5.27 Ein Blanchieren des Brokkolis um 60 °C vor dem Schneiden, Hacken und Zerkleinern inaktiviert Enzyme, die das Vitamin C in eine weniger stabile Form abbauen. Den Bereich zwischen 42 °C und 70 °C nennt man „pseudoroh". Die rohe Textur bleibt erhalten, lediglich die Enzyme werden inaktiviert (schwarze Kurve). Die graue Kurve deutet die schwächere Enzymaktivität in den Brokkolistrünken an

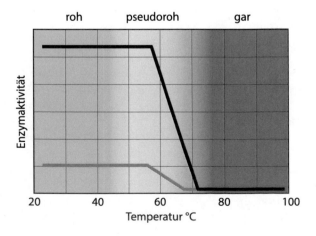

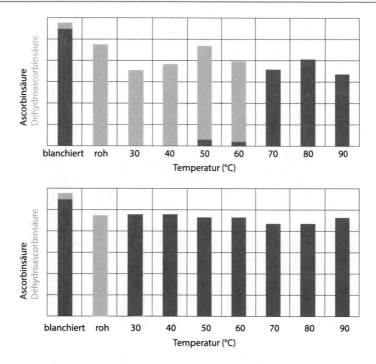

Abb. 5.28 In roh zerkleinertem Brokkoli wandelt sich Ascorbinsäure (dunkelgrau) rasch zu Dehydroascorbinsäure (hellgrau) um (oben). Wird der Brokkoli zwischen 70 °C und 80 °C blanchiert, bleibt Ascorbinsäure auch beim Kochen erhalten

Dehydroascorbinsäure (hellgrau) umgewandelt wird. Erst beim Erwärmen der Röschen beginnt sich der Abbau ab 50 °C etwas zu verzögern. Ab 70 °C sind die Enzyme weitgehend inaktiviert. Dann bleibt der Vitamin-C-Gehalt erhalten.

Wird der Brokkoli bei 70 °C blanchiert, findet keine Umwandlung der Ascorbinsäure statt. Dieses Beispiel veranschaulicht klar den Irrglauben, eine Erwärmung würde ausschließlich gesundheitliche Nachteile mit sich bringen. In vielen Fällen ist eher das Gegenteil der Fall. Blanchieren bringt hier einen Vorteil: Ascorbinsäure mit ihrem hohen Radikalfängerpotenzial bleibt praktisch erhalten.

In der vielfältigen Gourmetküche sind derartige Aspekte allerdings zweitrangig, dennoch ist es wichtig, den Temperaturbereich „pseudoroh" im Auge zu behalten. Im Übrigen sind Brokkoliröschen, roh verzehrt, kleine Köstlichkeiten. Sie liefern dezent schweflige Duftnoten und steuern auf genussreichen Tellern mit vielen verschiedenen Komponenten einen leicht bitteren Geschmack bei. Diese einzigartige Geschmackskomponente, Textur und Farbe sind allein Grund genug, Brokkoli oder anderes Gemüse öfter roh oder pseudoroh bewusst zu zelebrieren.

Blanchieren bleibt trotz der offensichtlichen Vorteile einer Enzymdeaktivierung und der sich daraus ergebenden Vorteile bei Rohkosternährung untersagt. Eine Methode einer effektiven Enzymdeaktivierung bietet allerdings die Mikrowelle.

Ein kurzes Einstrahlen bei hoher Leistung hat den Vorteil einer raschen kurz-zeitigen Erwärmung auf 60 °C-70 °C im Inneren des wasserreichen Obsts und Gemüses, sodass zwar die Enzyme deaktiviert werden, die Strukturpolymere wie Pektin und Hemicellulose aber nicht verändert werden. So behandeltes Gemüse kann dann ohne großen Vitamin-C-Verlust zu Rohpürees verarbeitet werden, ohne dass ein enzymatisch bedingter Nährstoffverlust und eine signifikante enzymatische Bräunung stattfinden.

Auch lassen sich dadurch enzymatische Bräunungen wie zum Beispiel bei Äpfeln vermeiden. Wird ein ganzer ungeschälter Apfel für fünf bis zehn Sekunden bei 1000 W in die Mikrowelle gegeben, werden die meisten Enzyme deaktiviert, von seiner Struktur her bleibt der Apfel roh. Er kann dann ohne zu bräunen und ohne Beigabe von Zitronensaft oder Ascorbinsäure zu einem Roh-püree mit klarem, unverfälschtem Apfelgeschmack verarbeitet werden. Genial zu rohem Lachs oder Carpaccio. Ebenso lässt sich diese Methode bei allem Obst und Gemüse anwenden, das nach dem Anschneiden und dem damit verbundenen Frei-setzen von Enzymen braun und unansehnlich wird: Topinambur, Schwarzwurzeln oder Artischocken. Polyphenole und andere Stoffe oxidieren unter Präsenz der aus den Zellwänden und Zellmembranen freigelegten Enzyme. Die daraus ent-stehenden enzymatischen Bräunungsstoffe absorbieren Licht in anderen Wellen-längen, die Schnittflächen werden rasch braun oder grau. Die Textur bleibt trotz des Wärmeimpulses knackig pseudoroh, die Mikronährstoffe bleiben erhalten.

Diese Resultate haben auch Konsequenzen für die Zubereitung von Smoothies, hier wäre die Anwendung dieser Methode nur konsequent. Moderne Hoch-leistungsmixer, die gerade für ihre hohe Zerkleinerung konzipiert sind, um mög-lichst viele Nährstoffe aus Obst und Gemüse biologisch verfügbar zu machen, legen besonders viele Enzyme frei, da eine hohe Zahl an Zellen geschädigt wird. Die Idee, Obst und Gemüse morgens zu pürieren, um sie mit zur Arbeit zu nehmen und dann als „gesunde Rohkost" zum Mittagessen zu trinken, ist nicht grundsätz-lich richtig. Während der Lagerzeit laufen die gerade beschriebenen Prozesse ab, die Enzymaktivität ist hoch, Vitamin C wird abgebaut. In solchen Fällen ist es in der Tat ratsamer, Enzyme zuvor zu inaktivieren und statt des üblichen Rohkost-Smoothies besser ein „pseudorohes" Smoothie zur Arbeit mitzunehmen.

5.8.7   Pseudoroher Genuss – eine Frage von Lebensmittel, Zeit und Temperatur

Diese Überlegungen erlauben eine ganz neue Art und Weise, rohe und pseudorohe Lebensmittel zu genießen, und zwar angepasst an die jeweiligen Typen Fleisch, Fisch sowie Obst und Gemüse.

Beginnen wir mit dem Gemüse. Die gerade gewonnene Erkenntnisse lassen sich in einem Verzehrdiagramm (Abb. 5.29) zusammenfassen. Die horizontale Zeitachse ist hierbei in einen Zeitbereich und einen Temperaturbereich unter-teilt. Dabei zeigt sich, dass in beiden Teilen zwischen roh und pseudoroh unter-

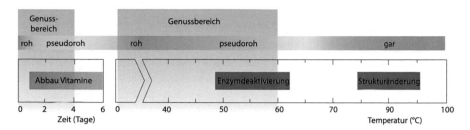

Abb. 5.29 Zeit und Temperaturbereiche für den Genuss von Gemüse und Obst unter Berücksichtigung des Ascorbinsäuregehalts und der Änderung der Struktur der Pflanzenzellen

schieden werden muss, die mit Enzymaktivität und Temperatur gekoppelt werden müssen.

Bei tierischen und damit proteinreichen Lebensmitteln ist die Sachlage deutlich verschieden. Wird heutzutage vom Verzehr von rohem Fleisch gesprochen, sind stets eine ganze Reihe kultureller Handlungen gemäß Lévi-Strauss vorgeschaltet (siehe Abschn. 2.13). Das Nutztier wird geschlachtet, Wild wird gejagt und geschossen. Nach dem Ausbluten lässt man das Fleisch „reifen". Bei all diesen postmortalen Schritten verändert sich das Fleisch. Die Totenstarre wird gelöst. Durch das entsprechend lange Reifen im Kühlhaus bilden sich Aromen, das Wasser der Fleischsäfte verdampft, der pH-Wert sinkt, Geschmack prägt sich aus, Aromen bilden und intensivieren sich. Die komplizierten Fermentationsprozesse der Reifung finden statt, ebenso verändern die in dem Sarkoplasma vorhandenen tiereigenen Enzyme die harte Muskelstruktur. Das Muskelfleisch wird zart und schmackhaft und eignet sich jetzt für den rohen Verzehr, etwa als sehr dünn geschnittene Scheiben. Wegen der vielen Verarbeitungsprozesse wird es präziser als pseudoroh bezeichnet. Roh im Sinne der Kulturwissenschaft wäre lediglich das warme Fleisch frisch erlegter oder frisch geschlachteter Tiere. Mit der heutigen Kaumuskulatur wäre dies aber kaum zu bewältigen. Zum pseudorohen Verzehr eignet sich daher nur Muskelfleisch, etwa aus der Lende oder dem Rücken. Bindegewebsreiches Fleisch aus Schulter oder Bein ist kaum für den rohen oder pseudorohen Genuss geeignet.

Der Genuss von pseudorohem Fleisch (Tatar) beginnt daher erst nach einer gewissen Reifezeit, dem Abhängen im Kühlhaus. Aber selbst unter einem 35–40 °C warmen Pass im Restaurant oder unter Wärmelampen, um den Geschmack zu betonen, verändert Fleisch seine Struktur nicht. Als erstes Protein des schieren Muskels denaturiert stets Myosin. Bei Rind oder Lammfleisch, den beiden wichtigsten Kandidaten für den Rohverzehr als Tatar oder Carpaccio, beginnt Myosin je nach Fleischreifung und pH-Wert zwischen 48 °C und 52 °C seine Struktur zu verändern, während Kollagen und Aktin vollkommen unverändert bleiben. Allerdings verändert das Fleisch in diesem Temperaturbereich bereits seinen Biss. Es wird gelartiger, noch etwas zarter und sehr angenehm zu essen. Da die Vitamine im Fleisch nicht stark temperaturempfindlich sind, kann

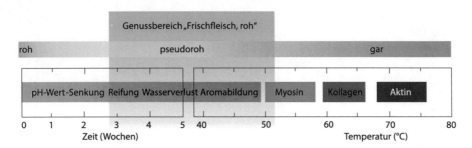

Abb. 5.30 Der Genussbereich von pseudorohem Fleisch. Mit der Zeit findet die Reifung statt, aufgrund von Temperaturveränderung kommt es zu Strukturveränderungen

auch der Bereich bis zu 52 °C noch zu dem Genussbereich pseudoroh hinzugefügt werden. In Abb. 5.30 ist dies zusammengefasst.

Für den Genuss von pseudorohem Rindfleisch ist der Faktor Zeit entscheidend. Erst die Fleischreifung bedingt einen guten Geschmack und schafft eine angenehme, zarte Textur. Fleisch kann somit bis zur Denaturierungstemperatur des Muskelproteins Myosin (bei Rind, Schwein und Lamm etwa 48 °C) erwärmt werden, um als pseudoroh zu gelten. Die leichte Texturveränderung ohne temperaturbedingten Wasserverlust, der erst mit dem Beginn der Denaturierung von Kollagen etwa ab 58 °C und dem Schrumpfen des Fleischs einsetzt, kommt dem Genuss sehr entgegen. Die Änderung der Fleischfarbe zwischen 56 °C und 58 °C liegt oberhalb des pseudorohen Bereichs.

Fische bewegen sich im Wasser und müssen wegen der Auftriebskräfte nicht die gesamte Last ihres Gewichts selbst tragen. Zwar sind die winzigen Muskelzellen analog aufgebaut wie bei Landtieren – es greifen die Muskelproteine Myosin und Aktin ineinander und ermöglichen somit Muskelbewegungen – aber die Anordnung der Muskeln verläuft direkt vom Skelett zur Außenhaut. Fischmuskeln weisen daher lediglich zwischen den parallel verlaufenden Lamellen ein wenig Bindegewebe (Kollagen) auf. Daher sollte Fisch direkt nach dem herkömmlichen Töten roh verzehrt werden und muss im Gegensatz zu Rindfleisch nicht abhängen. Auch ist das Fleisch bei vielen Fischen eher weißlich. Der rote Muskelfarbstoff Myoglobin, der für den Sauerstofftransport bei starker Muskelbeanspruchung notwendig ist, ist in vielen Fischen wenig vorhanden. Lediglich bei Fischen, die weite Strecken schwimmen, etwa Thunfisch, wird die Muskulatur rot.

Wegen dieser anatomischen Gegebenheiten muss herkömmlich geangeltes und geschlachtetes Fischfleisch nicht reifen. Schnell nach dem herkömmlichen Töten bilden sich Fehlaromen, fischartige Aromen, die häufig unangenehm auffallen. Ein Grund hierfür sind unter anderem die größeren Mengen an mehrfach ungesättigten Fettsäuren im Fett der Meerestiere, die leicht oxidieren und dabei Aromastoffe bilden, welche für den typisch muffig-ranzigen Fischgeruch verantwortlich sind. Anders ist es hingegen bei der Schlachtung nach der japanischen Ikejime-Methode. Damit werden die Reifeprozesse in ganz andere Bahnen gelenkt. Fische können dabei bis zu 15 Tage gereift werden, sogar unter Zunahme des

Geschmacks und der Aromen. Auch leidet die Textur nicht darunter (siehe [98]), wie in Kap. 6 noch genauer angesprochen wird.

Die Körpertemperatur der Meeresbewohner ist deutlich niedriger als die der Landtiere. Daher denaturieren die Muskelproteine bei weitaus geringeren Temperaturen. Myosin beginnt bei Fischen bereits ab 33–35 °C zu denaturieren, während der Denaturierungsprozess von Kollagen je nach Fischart bei 48–50 °C beginnt. Davon macht man in der Gastronomie Gebrauch: Viele Fische, vor allem Lachs oder Lachsforelle, werden lediglich im Sous-vide-Verfahren (Vakuumverfahren) kaum weiter als 45 °C erwärmt. Die Farbe bleibt erhalten, die Textur wird gelartiger, es tritt kein Wasserverlust auf. Einen zusammenfassenden Überblick über den rohen und pseudorohen Genuss bietet Abb. 5.31. Allerdings haben manche Genießer Fischeiweißallergien und Unverträglichkeiten, die den Genuss von rohem oder nur schwach gegartem Fisch (auch Meeresfrüchten) unmöglich machen.

An dieser Stelle ist noch eine Bemerkung zum kulinarischen Dreieck notwendig. Im Sinne der kulturwissenschaftlichen Definition von „roh" ist der rohe Verzehr von Fisch und Fleisch praktisch unmöglich, da immer eine kulturelle Handlung, nämlich das Schlachten, erfolgt ist. Am nächsten dran wäre der Verzehr von schlachtwarmem Fleisch und Innereien durch unsere Jäger und Sammler – vor dem regelmäßigen Gebrauch des Feuers.

Zwei Aspekte dürfen auch nicht vergessen werden: Roh ist nie keimfrei, pseudoroh hingegen schon. Roh hat daher ein höheres Allergiepotenzial. Beim Erhitzen geraten Proteine, die für die meisten Allergien verantwortlich sind, außer Form und verlieren ihre allergische Wirkung, wie zum Beispiel bei Äpfeln, Sellerie und Nüssen wohlbekannt ist, die nach dem Erhitzen ohne allergische Reaktion verzehrt werden können. Des Weiteren ist es auch gut, sich hin und wieder bewusst zu werden, dass der echte Rohkostverzehr unserer Vorfahren natürlich ohne Messer und Gabel, ohne Blitzhacker und Hochleistungsmixer vonstattenging. Alle, die einmal in einem Selbstexperiment versucht haben, eine Lauchstange (mit Grün und Wurzeln), einen Blumenkohl (natürlich mit Blättern und Strunk) oder einen ungeschälten Knollensellerie (mit Schale und Blättern) ohne jegliches Küchenwerkzeug zu verzehren, wissen, welche Anstrengung

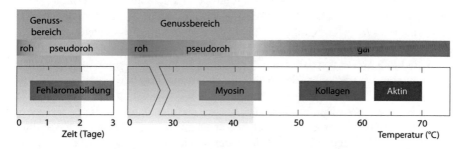

Abb. 5.31 Das Genussdiagramm von Fischen für den Rohgenuss ist komplizierter. Normal geschlachteter Fisch darf nach dem Fang und Ausnehmen nicht/nur kurz „reifen"

und wie viel Zeit dafür notwendig sind. Auch die Verdauung bereitet dann bei manchen Zeitgenossen größere Probleme. Was beim Zuchtapfel, der Zuchtgurke oder den Tomaten ganz einfach ist, wird bei vielen Gemüsen zur Qual. Weder unser Gebiss noch die Kaumuskulatur oder unser Verdauungstrakt ist für diese Urkost heute noch ausgelegt.

Daher ist unsere heutige Rohkost ein großer und sinnvoller Teil der heutigen menschlichen Ernährung, ganz im Sinne der Basis roh, gekocht und fermentiert. Für sich allein genommen und als vollwertige und alleinige Ernährungsform ist sie nicht besonders empfehlenswert. Schon allein aus physikalisch-chemischen Gründen.

5.9   Paleo-Diät

5.9.1   Zurück in die Steinzeit

Ist also Paleo-Ernährung eine bessere Lösung? Da sich seit 30.000 Jahren unsere Gene nicht veränderten, müssen wir uns so ernähren wie in der Altsteinzeit, so die Idee. Müssen wir daher Kohlenhydrate, Milch, Käse und alle weiteren Errungenschaften des Neolithikums wie Leguminosen über Bord werfen und jagen und sammeln? Ein Blick in die Populärliteratur zeigt, welche aus naturwissenschaftlicher Sicht kaum vertretbaren Vorstellungen beschrieben werden. Klar ist dagegen nur: Jede Paleo-Diät geht mit einer erheblichen Einschränkung des Nahrungsangebots einher, und negiert die Essbiographie des Homo sapiens der letzten 10000 Jahre.

Was sagen die Fakten. Fassen wir die Entwicklung zum Homo sapiens aus dem *Australopithecus* unter Berücksichtigung dessen Nahrung (soweit aus archäologischen Befunden gesichert) in Tab. 5.4 zusammen.

Dabei werden die Ernährungsformen so weit wie möglich nach archäologischen Befunden und Genanalysen von Knochen und Zahnschmelzfunden quantifiziert. So lässt sich auf das Verhältnis von pflanzlicher zu tierischer Nahrung (P:T-Verhältnis) schließen wie auch auf den DQ-Wert, der für den englischen Fachbegriff *„dietary quality"* steht. Der DQ-Wert folgt dabei einem Schlüssel, der über die biologische Verfügbarkeit der Lebensmittelbestandteile festgelegt wird [102]. In Tab. 5.4 liegen relativ einfache Schlüssel zugrunde, wenn die Anteile A an tierischer Nahrung (Fleisch, Insekten), B an nährstoffreichen Pflanzenteilen (Wurzeln, Knollen, Früchte) und C an ballaststoffreichen Pflanzenteilen (Blätter) an der Gesamtnahrung gewichtet werden: $DQ = C + 2B + 3,5A$. Dann sind DQ-Werte von 100 bis 350 möglich. In Tab. 5.4 zeigen sich damit die systematische Verschiebung der Nahrung zugunsten der tierischen Anteile und ein steigender DQ-Wert mit der zunehmenden Entwicklung der Spezies zum modernen Menschen. Der Einfluss des Feuers und der damit geringer werdende Anteil an Rohfasern werden in dieser besser quantifizierten Darstellung ebenfalls evident. Eine sich entwickelnde Mischkost sowie die Anpassungsfähigkeit der frühen Menschen und die damit einhergehende Entwicklung verschiedener Kulturtechniken zur Nahrungsbereitung erwiesen sich als entscheidender Überlebensvor-

Tab. 5.4 Übersicht der Entwicklungsstufen zum modernen Menschen, *Homo sapiens,* und dessen Ernährungsformen und -strategien (nach Ströhle [104]). Stehen Fragezeichen hinter bestimmten Lebensmitteln, ist der archäologische und allgemeingültige Nachweis unklar. DQ-Wert = *dietic quality* (s. u.), P:T-Verhältnis: Verhältnis von pflanzlicher zu tierischer Nahrung

Spezies	Gebiet	Zeitraum (Mio. Jahre vor heute)	Ernährungs-strategie	Typische Nahrung
Australopithecus	Afrika	4,5–2,5	Sammeln von pflanzlicher, teils auch tierischer Nahrung	Blätter, Früchte, Samen, Speicherwurzeln (?), Insekten und Wirbellose (?), hoher Rohfaseranteil, geringer DQ-Wert
Homo habilis, Homo erectus, Homo ergaster	Afrika	2,5–1,5	Sammeln von pflanzlicher und tierischer Nahrung, (Aas?) in Kombination mit Jagd	Früchte, Samen, Nüsse, Speicherwurzeln (?), Aas (?), Fleisch von Säugern, Verwendung von Feuer (?), sinkender Rohfaseranteil, steigender DQ-Wert, P:T-Verhältnis ungeklärt
Pleistozäner *Homo sapiens*	Afrika	0,2–0,05	Sammeln von pflanzlicher und tierischer Nahrung in Kombination mit Jagd	Früchte, Samen, Nüsse, Speicherwurzeln, Fleisch von Säugern, Verwendung von Feuer, hoher DQ-Wert, P:T-Verhaltnis analog zu rezenten (ost-) afrikanischen Jägern und Sammlern (etwa 60–80: 20–40 Energieprozent)
Pleistoholozäner *Homo sapiens*	Afrika, Asien, Europa	0,05–0,03	Sammeln von pflanzlicher und tierischer Nahrung in Kombination mit Jagd	Früchte, Samen, Nüsse, Speicherwurzeln, Fleisch von Säugern, Verwendung von Feuer, hoher DQ-Wert, P:T-Verhältnis analog zu rezenten Jägern und Sammlern in Gebieten mit effektiven Temperaturen von < 13 °C der alten Welt (Varianzbreite 0–90: 0–90 Energieprozent)

(Fortsetzung)

Tab. 5.4 (Fortsetzung)

Spezies	Gebiet	Zeitraum (Mio. Jahre vor heute)	Ernährungs-strategie	Typische Nahrung
Jung-paläo-lithischer *Homo sapiens*	Weltweit	>0,03–0,008	Sammeln von pflanzlicher und tierischer Nahrung in Kombination mit Jagd und Fischfang	Früchte, Samen, Nüsse, Speicherwurzeln, Fleisch von kleinen und großen Säugern sowie aquatische Ressourcen (Süß- und Salzwasser-fische, Muscheln), Verwendung von Feuer, hoher DQ-Wert. P:T-Verhältnis analog zu rezenten Jägern und Sammlern weltweit (Varianzbreite 0–85: 6–100 Energiepro-zent)

teil [103]. Diese Anpassungsfähigkeit erlaubte es dem modernen Menschen, die bereits in Kap. 2 beschriebene Nischenbildung in der gegebenen ökologischen Umgebung zu betreiben und mit den lokalen Bedingungen nicht nur zu überleben, sondern sich sogar weiterzuentwickeln.

Diese Nischenbildung war ebenfalls die Grundlage für die Sesshaftigkeit und den Anbau und vor allem sie sich daraus ergebende Entwicklung neuer Lebens-mittel, wie dies in Tab. 5.5 zusammengefasst ist.

Tab. 5.5 Die wichtigsten Errungenschaften im Neolithikum. Lebensmittel, die Menschen bis ins späte Paläolithikum nicht kannten

Lebensmittel		Zeitraum (v. Chr.)
Getreide	Emmer, Einkorn	10.000–11.000
	Gerste	10.000
	Reis	10.000
	Mais	9000
	Schafe	11.000
Milchprodukte	Ziegen/Rinder	10.000
	Leguminosen	7000–6000
	Öle, Ölsaaten	6000–5000
	Salz	6200–5600
Sonstige	Zucker	500
	Wein	5400
	Bier	5000
Alkohol	Brände	800–1300

5.9.2 Die Paleo-These – Anpassung, Fehlanpassung

Die Paleo-These lautet, dass der Mensch aus dem frühen Paläolithikum genetisch nicht auf diese Lebensmittel programmiert ist. Daher sei es gesünder, diese Lebensmittel erst gar nicht zu essen. Die Ursachen vieler unserer Zivilisationskrankheiten seien damit bereits in den Kulturleistungen des Neolithikums verborgen, denn dort fand eine Fehlanpassung des ursprünglichen Metabolismus statt.

Schon die Erfahrung lehrt aber das Gegenteil, die Lebensweise des Neolithikums war für den *Homo sapiens* im Vergleich zu der des Paläolithikums deutlich vorteilhafter. Zwar traten im Neolithikum neue Krankheitsbilder auf, aber die Lebenserwartung stieg, die Lebensmittelverfügbarkeit war kontrollierbar, die Lebensmittelsicherheit war besser gewährleistet. Handel wurde ermöglicht, frühe Wirtschaftsformen kristallisierten sich heraus. Die Reproduktionsfähigkeit nahm zu, der Bestand der Stämme und Sippen war gesichert, der Nachwuchs geborgen (vgl. Kap. 3).

Für eine objektivere Einschätzung ist es daher sinnvoll, die Ernährungsextreme des Neolithikums zu betrachten und deren Ernährungs- und Gesundheitsdaten mit denen der Jäger und Sammler zu vergleichen. Beispiele für diese Extreme waren Gartenbauer (eher Pflanzenkost), Ackerbauern (höherer Getreideanteil) und Hirten (vorwiegend Milchprodukte). Bei nüchterner Betrachtung wird bereits deutlich, wie gering die Unterschiede sein müssen. Natürlich wurden in der Esskultur die Erkenntnisse der Jäger und Sammler nicht weitgehend über Bord geworfen, die Bewirtschaftung von Feldern und Weiden bedeuteten lediglich mehr Nahrungssicherheit, aber noch lange keinen Überfluss (wie wir ihn heute kennen). Körperliche Arbeit auf den Äckern war notwendig und führte zur raschen Verbrennung der Kohlenhydrate. Vergleichen lassen sich somit wiederum Daten aus Erkenntnissen von Funden. Dabei zeigt sich bereits, auf welch tönernen Füßen die Paleo-Hypothese steht. Die körperlichen Daten unterscheiden sich marginal, die körperliche Leistungsfähigkeit ist ähnlich hervorragend, selbst Cholesterinwerte weichen nicht voneinander ab [104]. Nur bei Diabetes-mellitus-Prävalenz zeigten Jäger und Sammler geringfügig höhere Werte als Pflanzer und Ackerbauern. Hirten zeigten keine Anzeichen von Krankheitsmarkern. Allerdings alles innerhalb der Datenunsicherheit. Die Paleo-Hypothese wäre damit streng genommen vom Tisch. Doch immer wieder gibt es neuere Beobachtungsstudien, die das Gegenteil nachzuweisen versuchen. Auch in neuester Zeit, wie im nächsten Abschnitt dargestellt wird.

5.9.3 Für oder gegen Paleo? Was sagt die Wissenschaft?

In einer sehr gefeierten Metaanalyse wurden Evidenzen vorgelegt, die viele Vorteile der Paleo-Ernährung belegen sollten [105]. Die Autoren kamen zum Schluss, dass die moderne Ernährungswissenschaft die metabolischen Vorteile einer (moderaten) Einschränkung der Kohlenhydrate, des Fehlens von Produkten mit hohem glykämischem Index, eines niedrigen Verhältnisses der n-6-/n-3-Fettsäuren und einer Verringerung der Salzaufnahme bei Patienten mit Insulinresistenz und dem metabolischen Syndrom leicht erklärt. Dagegen ist weniger klar, ob die Vermeidung von Getreide- und Milchprodukten eine Voraussetzung für die optimale Steuerung des Stoffwechsels darstellt. Obwohl zahlreiche wenig repräsentative pathophysiologische Studien die potenziellen negativen Auswirkungen von Getreide- und Milchprodukten auf die Gesundheit aufgezeigt haben, deuten große epidemiologische Daten darauf hin, dass der Konsum von Vollkorn und (fermentierter) Milch vor Diabetes schützt. Zwar ist die Zusammenfassung der Publikation vage optimistisch zugunsten der Paleo-Diät formuliert, beim genauen Betrachten der Daten relativiert sich dies aber stark. Tatsächlich steht auch diese Metaanalyse auf schwachen Beinen, wenn man die harten mathematischen Gesetze der Statistik und Dateninterpretation anwendet [106]. Bereits die Zusammenfassung der Studie übertreibt ihre Ergebnisse so sehr, dass sich rasch der Eindruck einstellt, die Paleo-Diät würde Menschen mit dem metabolischen Syndrom deutlich besser helfen als Kontrolldiäten ohne spezifische Paleo-Ausrichtung. Allerdings lässt sich aber die statistische Insignifikanz der Interpretationen zeigen. So sind zum Beispiel die durchschnittlichen Unterschiede für die meisten der primären Ergebnisse in der Metastudie von Manheimer et al. [105] ernüchternd. Es wird eine Senkung des diastolischen Blutdrucks um 2,5 mmHg, eine Senkung des HDL-Cholesterols um 0,12 mmol/l, ein Absenken des Nüchternblutzuckers um 20,16 mmol/l sowie eine Senkung des systolischen Blutdrucks um 3,6 mmHg ermittelt. Diese Werte sind weder von klinischer noch von praktischer Bedeutung im Alltag, sie unterliegen den üblichen Schwankungen. Darüber hinaus lassen sich noch systematische Fehler in der Auswertung erkennen [107]. Die Ergebnisse sind daher, wie die vieler anderer Beobachtungsstudien, statistisch wenig überzeugend. Die Schlussfolgerungen wurden herausgelesen, weil man sie herauslesen wollte, weil sie falsch gewichtet wurden, weil die statistische Relevanz nicht gewährleistet ist [108, 109].

Diese Metastudie reiht sich damit in die bereits in früheren Kapiteln erwähnte Kritik von Ioannidis [8, 9] zu derartigen Beobachtungsstudien ein [110]. Damit bleibt aber im Gegenzug auch offen, ob es tatsächlich gesundheitsfördernd ist, wie in populär definierten Paleo-Ratschlägen behauptet, auf Milchprodukte als hervorragende Protein-, Calcium- und Phosphorquellen, auf ballaststoff- und proteinreiche Hülsenfrüchte und auf Getreide zu verzichten und stattdessen ausschließlich Nüsse, Fleisch und Gemüse zu essen. In den meisten Paleo-Kochbüchern passt sich die westliche Ernährung lediglich an die Einschränkungen der Paleo-Diät an; zum Beispiel Desserts, die mit vermeintlich „paleo-gerechten" Alternativen wie Mandelmehl und Honig anstelle von Zucker und Weizenmehl hergestellt werden. Wie schon in Abschn. 4.8 dargestellt wurde, ist der Ersatz von Zucker durch Honig reine Augenwischerei. Auch sind die meisten pflanzlichen Proteine dem Gluten des Weizens in vielerlei Hinsicht unterlegen, wie bereits in diesem Kapitel gezeigt wurde. Es ist daher äußerst unwahrscheinlich, dass die Philosophie der Paleo-Diät die Bevölkerungsgesundheit signifikant verbessert.

Das eigentliche Problem ist daher die Unklarheit der Aussagen: Ein bisschen „gutes" Fleisch, Fisch, Eier, viel Gemüse, viel Obst und Früchte und wenig Zucker und „Sättigungsbeilage", das klingt doch bereits sehr nach der viel gelobten (und oft fehlinterpretierten) Mittelmeerdiät. Zeitgemäße Paleo-Ernährung scheint also auch nichts grundsätzlich anderes zu sein als die üblichen Empfehlungen [111].

5.10   Vegan – exklusiver Ausschluss und Missing Links

5.10.1   Die radikale Ess-Elite

Eine sehr elitäre und gleichzeitig radikale Ernährungsform ist der vollkommene Verzicht auf tierische Produkte. Mit einer strikt veganen Ernährung geht eine starke Einschränkung des Nahrungsangebots einher, sodass nicht selten eine Unterversorgung mit bestimmten Nährstoffen und Mikronährstoffen die Folge ist [112].

Die Radikalität der Denkweise bringt hin und wieder absurde, menschenverachtende Formen der Lebensphilosophien hervor [113], wie sie in Religionen, wenn es um den einzig richtigen Glauben geht, hinreichend bekannt sind [114]. Keine Frage: Es gibt heutzutage viele sehr gute Gründe, wenig oder gar kein Fleisch zu essen: die Spirale der westlichen Ernährung, des immer gedankenloseren Fleischkonsums, des Überflusses und der daraus sich zwangsläufig ergebenden Massentierhaltung, die sich seit der Nachkriegszeit immer schneller dreht. Tierische Produkte werden immer billiger, was sich in der sinkenden Fleischqualität genauso ausdrückt wie in der ständigen Anonymisierung des abgepackten Supermarktfleisches aus nicht akzeptabler Massenproduktion. Die Konsequenzen sind klar: Fleischskandale, Zusätze in Fleischwaren zur besseren Wasserbindung, rasche Reifemethoden für Schinken, Wurst und Käse. Verfahren, die uns immer weiter von den handwerklichen Techniken entfernten, die heute Organisationen wie „Slow Food" propagieren.

Auf der anderen Seite möchten nur wenige Verbraucher die echten Preise bezahlen, welche Bauern für Zucht, Haltung und Fütterung von Tieren kompensieren und darüber hinaus deren Lebensunterhalt sichern. Handelskonzerne diktieren schamlos die Preise. Skandalös niedrige Fleisch- und Milchpreise sind die Folge, kein Landwirt kann davon leben. Subventionen sind notwendig; Vorschriften und Verordnungen, die das Leben kleiner Bauern schwer bis unmöglich machen. Damit Landwirtschaft sich überhaupt lohnt, war die Flucht in die Massenerzeugung für so manchen Betrieb alternativlos.

Die Geschichte des Veganismus begann zwischen den beiden Weltkriegen. Im Jahr 1924 verzichtete Donald Watson auf Fleisch. Die Gewalt an den Tieren beim Schlachten in einer Fabrik machte ihn zum ersten Aktivisten für Tierrechte. Er führte 1944 den Begriff „vegan", abgeleitet aus dem englischen *„vegetarian"*, ein und begründete somit den Lebensstil, der konsequent jede Nutzung von tierischen Produkten und Erzeugnissen ablehnt. Über den Vegetarismus hinaus werden damit auch Eier, Milch und Milchprodukte, Honig und konsequenterweise auch Leder und Erzeugnisse, die tierische Produkte enthalten, abgelehnt.

Dafür werden allen Lebewesen Rechte eingeräumt, die Diskriminierung von Lebewesen allein aufgrund ihrer Artzugehörigkeit ist unzulässig. Moralische Würde steht nicht nur den Menschen, sondern auch den Tieren zu. Lebewesen

Leid zuzufügen, ist moralisch und ethisch verwerflich. „Der Veganismus stellt eine Ausprägung des ethischen Rationalismus dar, dem jede mystische oder religiöse Anwandlung fremd ist. Der Vorteil dieses Selbstverständnisses liegt auf der Hand. Er erlaubt den konsequenten Veganern, sich von allem Sektiererischen und Modischen zu distanzieren. Sie glauben vielmehr ein verallgemeinerbares ethisches System zu vertreten. Nach ihren Prämissen gilt darum im Umkehrschluss auch: Wer Proteine tierischen Ursprungs zu sich nimmt, obwohl er nicht muss, handelt ethisch verwerflich. Damit wäre bewiesen: Veganer sind ethischer als andere Menschen", schreibt Cantone in der *NZZ* [115].

Diese Haltung ist mutmaßlich der Grund für die stark missionarische, fundamentalistisch anmutende Haltung von Veganern, und vermutlich auch die Ursache, warum manche Veganer sich stark radikalisieren lassen, den Tod vom Menschen bejubeln, wie es im Rassismus [116] oder Salafismus [117] nicht anders ist, wenn „Andersartige" und „Ungläubige" zu Opfern werden.

Diese Haltung ist aber auch die Ursache für den Widerspruch, der im praktizierten Veganismus liegt. Der ursprüngliche, heroische Ansatz der veganen Ernährung [118] begründet sich in einer leidfreien Welt, einem friedvollen Nebeneinander von Tieren, darunter die Art *Homo sapiens*. Dies steht im krassen Widerspruch zum radikalen Veganismus, wenn Metzgereien verwüstet werden. Der Widerspruch geht noch tiefer, denn ein leidfreies Leben ist grundsätzlich nicht möglich. Das Leben an sich ist geprägt von Leid, Krankheit und Tod, bei Pflanze, Tier und Mensch. Das hatten bereits herkömmliche Religionen erkannt und versprachen den Menschen ewiges, paradiesisches Leben nach dem Tod. Der Veganismus will eine Art Paradies im Hier und Jetzt, was seit der Entstehung des Lebens auf dieser Erde weder möglich war noch existierte. Weder im Tierreich noch in der Pflanzenwelt, ganz so, wie Evolution und Menschheitsgeschichte schon vor dem Erscheinen der ersten Hominiden lehren.

5.10.2 Gesundheitliche Vorteile?

Ob gesundheitlichen Vorteile bei einer veganen Ernährung vorliegen, ist höchst umstritten. Die Datenlage ist dünn, auch wegen der Kürze der bisher möglichen Beobachtungszeit des vergleichsweise jungen Trends und der noch geringen Anzahl der vegan lebenden Menschen. Geringe Zahlen von Probanden erschweren die ohnehin unsicheren Auswertungen der Beobachtungsstudien um ein Vielfaches. Vordergründig scheint die vegane Ernährungsform überlegen zu sein [119]. Vegetarier und Veganer zeigen durchschnittlich niedrigere Cholesterinspiegel. In einer Studie wiesen sie nur einen Spiegel von 172 mg/dl auf gegenüber 206 mg/dl bei Fleischessern und immerhin noch grenzwertigen 190 mg/dl bei Vegetariern [120]. Die Relevanz ist unklar, der ohnehin willkürlich festgelegte Grenzwert von 200 mg/dl wird unter Kardiologen nicht mehr als zwingend relevant angesehen, sofern keine anderen Risikofaktoren vorliegen. Veganer sind im Durchschnitt schlanker und haben gemäß einer britischen Studie einen sehr günstigen Body-

Mass-Index, weit unterhalb des Bevölkerungsdurchschnitts [121]. Auch der Blutdruck erweist sich in dieser Publikation im Durchschnitt bei Veganern als günstiger.

Laborwerte sind allerdings nur ein Punkt, die andere Seite der Medaille sind Beobachtungen aus der klinischen Praxis [122], die auf eine Unterversorgung mit ganz bestimmten Nährstoffen schließen. So kommt eine klinische Studie zu dem Schluss, dass Vegetarier im Vergleich zu Omnivoren ein deutlich höheres Risiko an Knochenbrüchen aufweisen [123]. Zwar betrifft diese Studie vorwiegend Vegetarier, sie kann aber auf Veganer übertragen werden. Sollte der völlige Verzicht auf tierische Produkte der Grund dafür sein, wäre das Resultat bei Veganern zumindest gleich oder sogar schlimmer.

Bei Herz-Kreislauf-Erkrankungen sind aufgrund der deutlich besseren Laborwerte geringere Risiken zu erwarten. Außerdem sollte sich die höhere Zufuhr an sekundären Pflanzeninhaltsstoffen positiv auf die Sterblichkeit auswirken. In einer Studie wurden 73.308 Teilnehmer der fünf Gruppen Fleischesser, Flexitarier, Ovo-lacto-Vegetarier, Pesco-Vegetarier und Veganer auf das Sterberisiko untersucht. Dabei wurde das Risiko für eine bestimmte Erkrankung bei Omnivoren auf den relativen Wert 1 festgelegt und die Risiken der anderen Gruppen wurden damit verglichen [124]. Dabei stellte sich heraus, dass die Veganer beim Herztod keinen Vorteil gegenüber omnivoren Menschen hatten, sondern mit einer fast 39 % höheren Wahrscheinlichkeit am Herzinfarkt zu Tode kamen, wobei Unterschiede zwischen Männern und Frauen zu beobachten waren, was aber wegen der Unsicherheit und der statistischen Relevanz nicht genauer zu bewerten ist. Vegetarier, die noch Fisch aßen, lagen bei einer etwa halbierten Herzinfarktquote am besten. Selbst das Risiko von reinen Vegetariern war signifkant höher als das von Pesco-Vegetariern. Die gleiche Studie untersuchte auch das Risiko für Krebserkrankungen. Dabei zeigte sich kein Unterschied zwischen Omnivoren und Veganern, während bei Vegetariern, die noch Milchprodukte oder Fisch auf den Speiseplan stellten, die Sterblichkeit durch Krebs leicht verringert war.

Diese Beobachtungen verwirren tatsächlich, denn laut allgemeiner Annahmen schützen sekundäre Pflanzenstoffe wie Anthocyane, Flavonoide oder Polyphenole hochgradig vor Krebs. Zumindest lässt sich deren antioxidative Wirkung in Laborexperimenten *in vitro* zeigen. Bei Veganern ist die Zufuhr von sekundären Pflanzenstoffen deutlich höher als bei Fleischessern und Vegetariern. Infolgedessen müssen *in vivo* beim *Homo sapiens* weitere Faktoren eine große Rolle spielen, die nicht auf veganen Speiseplänen stehen [120]. Dies können nur Mikro- und Makronährstoffe sein, die in tierischen Lebensmitteln vorkommen und seit mehreren Hunderttausend Jahren die menschliche Ernährung definieren. Alles andere wäre unlogisch. Obzwar die im letzten Abschnitt genannten Publikationen zu den wenig zuverlässigen Beobachtungsstudien zählen und daher nur grobe Hinweise geben und kritisch hinterfragt werden müssen, lassen sich die beobachteten Ergebnisse mit molekularen Überlegungen unterstützen.

In einer frühen Studie wurde der Ernährungsstatus bezüglich der Mikronährstoffe bei 15 Schwedinnen und 15 Schweden untersucht, die sich vegan und fleischessend ernährten [125]. Zwar war bei den Veganern eine höhere Aufnahme von Gemüse, Hülsenfrüchten und Nahrungsergänzungsmitteln und niedrigere

Zufuhr von Lebensmitteln wie Kuchen, Keksen, Süßigkeiten und Schokolade zu verzeichnen als bei den „Allesfressern", dennoch lagen viele Werte für Mikronährstoffe im Serum unter dem durchschnittlichen Bedarf, etwa bei Riboflavin, Vitamin B_{12}, Vitamin D, Calcium und Selen. Die Zufuhr von Calcium und Selen blieb auch bei der Behandlung mit Nahrungsergänzungsmitteln niedrig. Es gab keinen signifikanten Unterschied in der Prävalenz des niedrigen Eisenstatus bei Veganern (20 %) und Allesessern (23 %). Die Autoren zogen daraus die Schlussfolgerung: Die Ernährungsgewohnheiten der Veganer entsprechen nicht den durchschnittlichen Mindestanforderungen für eine ganze Reihe von Mikronährstoffen. Die groben Unterschiede sind in Tab. 5.6 zusammengefasst.

Selen wird in tierischen Lebensmitteln meist anstatt des Schwefels in der Aminosäure Cystein eingebaut (Selenocystein), während es in Pflanzen eher bei Methionin (Selenomethionin) den Schwefel ersetzt (Abb. 5.32). So sind (in dieser Reihenfolge) Rind-, Kalb- und Geflügelfleisch, Eigelb, Hering, Hummer, Thunfisch, Rotbarsch und Forelle gute Selenquellen, während dahinter Vollkornweizen, Paranüsse, Kokosnüsse und Kokosflocken, Sesam und Steinpilze das Spurenelement in sich tragen. Damit ist bereits aus chemischen Gründen klar, warum Omnivoren eine höhere Selenversorgung haben: Zum einen liegt in tierischen Lebensmitteln *per se* eine höhere Proteinmenge vor, zum anderen sind sie leichter verfügbar. Da Selen in ganz bestimmen Aminosäuren eingebaut ist, müssen diese Proteine enzymatisch so weit verdaut werden, bis kleine Peptide oder gar freie Aminosäuren vorliegen. Erst dann können weitere chemische Reaktionen Selen freilegen. Bei Pflanzen, besonders bei rohen Pflanzen und Nüssen, sind die immer noch nativen Proteine den Enzymen nur wenig zugänglich.

Tab. 5.6 Einige Beispiele für die unterschiedlichen Anteile der Mikronährstoffe bei Veganern und Omnivoren. Für Selen und Vitamin D werden in keiner der Ernährungsformen die derzeit gültigen täglichen Anforderungen erreicht

Mikronährstoff	Omnivoren (mg/Tag)	Veganer (mg/Tag)	Empfehlung (mg/Tag)
Vitamin B_{12}	5,0–6,0	0,0–0,1	3
Vitamin D	5,1–7,7	2,0–3,7	20
Zink	11,0–16,5	7,8–10,0	7–10
Selen	27–40	10–12	60–70

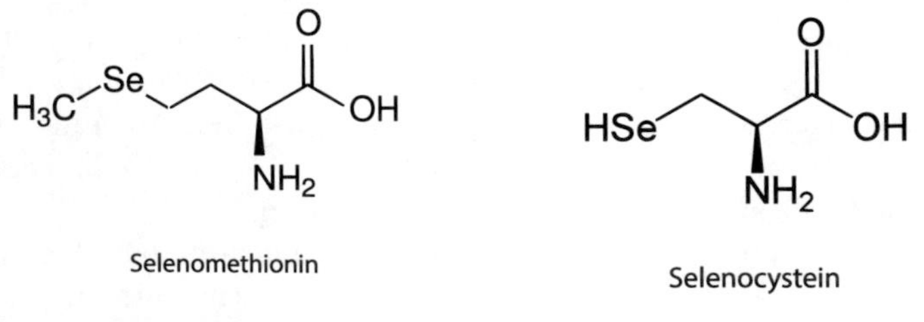

Selenomethionin   Selenocystein

Abb. 5.32 In Selenomethionin und Selenocystein ist Schwefel durch Selen (Se) ersetzt. Die Bioverfügbarkeit wird daher über die enzymatische Spaltung der Proteine mitbestimmt

5.10.3 Vitamin D

Wenn von Vitamin D die Rede ist, ist im Grunde nur die aktive Form Cholecalciferol (manchmal auch Vitamin D_3 genannt) gemeint. Dass in Pflanzen kein Vitamin D vorkommt, liegt an deren Physiologie: Es ist dort, anders als bei Tieren und Menschen, nicht notwendig und kann daher „gespart" werden. Die Natur ist mehr als ökonomisch, nichts geschieht, was nicht notwendig ist. Die Chemie der Bildung von aktivem Vitamin D im menschlichen und tierischen Körper offenbart allerdings tiefe Einsichten in die Ernährung, die meist vergessen werden, zum Beispiel, warum bei veganer Ernährung Vitamin D supplementiert werden sollte.

Wie bereits mehrfach angesprochen, ist die Biochemie des Menschen ökonomisch ausgerichtet. Es gibt nur wenige Basismoleküle, aus denen sich verschiedene Funktionen ableiten lassen. Eines davon ist Cholesterol, das neben seiner Funktion in Zellmembranen (Abschn. 3.1.2) auch perfekte Dienste bei den Gallensäuren leistet und somit entscheidend für die Fettverdauung (Abschn. 4.9) ist. Darüber hinaus ist Cholesterol die Grundlage für Vitamin D, wenn es in mehreren Organen die Chancen dafür bekommt, wie in Abb. 5.33 schematisch dargestellt.

Die Bildung von Vitamin D_3 ist damit an das Vorhandensein von 7-Dehydrocholesterol (Provitamin D_3) gekoppelt, das direkt aus dem Cholesterol entsteht. Damit kann es nur Bestandteil eines tierischen Stoffwechsels sein. Phytosterole, pflanzliches Cholesterol, können diese Vorstufen des Vitamin D nicht bilden. Wirkt die ultraviolette Strahlung des Sonnenlichts über die Haut auf das Provitamin D_3, entsteht eine dem wirksamen Vitamin D strukturell bereits nähere Vorstufe, das Cholcalciferol. Dieses Molekül wird in der Leber zu Calcifediol (oder 25-Hydroxy-Vitamin-D) umgebaut. Erst im letzten Schritt entsteht in der Niere das wirksame Vitamin D_3, Calcitriol, auch $1\alpha,25(OH)_2$-Cholecalciferol. Diese Prozesse sind den Menschen und allen Säugetieren gemein.

Diese in den Organen stattfindende Synthese zeigt aber noch etwas ganz anderes, nämlich die Hochwertigkeit von Leber und Niere als Nahrungsmittel. Diese heute immer noch von manchen zu Unrecht als „hoch belastete Entgiftungsorgane" bezeichneten Organe sind in Wahrheit hochwertige Lebensmittel. Sie sind die besten Lieferanten von Vorläufern zu Vitamin D und gehören schon deshalb wieder vermehrt auf den Speiseplan. Kein anderes Lebensmittel, weder Milchprodukte noch Eigelb, reichen an Leber und Niere heran. Tatsächlich liegen Fischlebern diesbezüglich an der Spitze, doch dazu später mehr.

Allein diese Punkte zeigen, dass Veganer nicht selten eine Unterversorgung an Vitamin D aufweisen (siehe Tab. 5.6). Selbst Omnivoren und Carnivoren könnten mehr für ihre Vitamin-D-Versorgung tun, würden sie öfter zu Leber und Niere greifen statt zu Nackensteak und Lende. Leider sind Innereien als wertvolle Lebensmittel aus der Mode gekommen und werden nicht mehr selbstverständlich verspeist. Ganz anders war das noch bei unseren Vorfahren, den Jägern und Sammlern (Kap. 1 und 3). Da Vitamin D in eine ganze Reihe biochemischer und

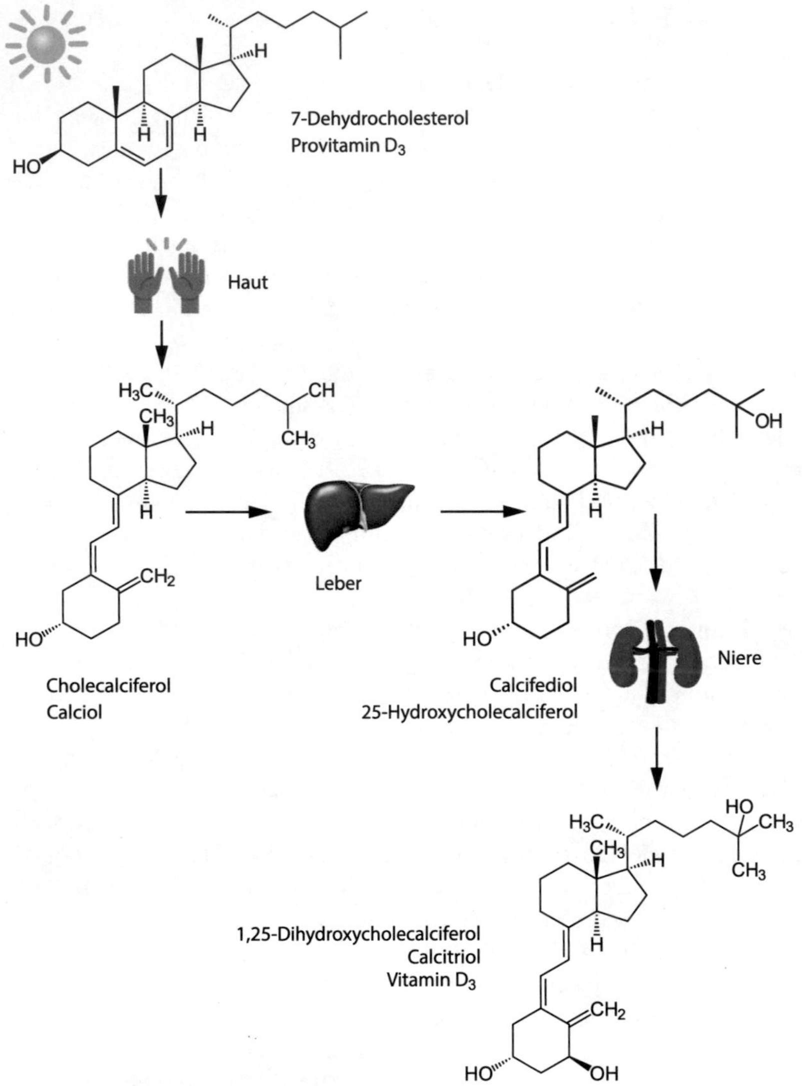

Abb. 5.33 Aus 7-Dehydrocholesterol, Provitamin D$_3$, entsteht über Sonneneinstrahlung auf der Haut Cholecalciferol, daraus Calcifediol oder 25-Hydroxy-Vitamin-D in der Leber und erst dann das wirksame Vitamin D$_3$, Calcitriol, in der Niere

physiologischer Prozesse eingebunden ist, war eine gute Versorgung damit auch eine Grundlage zur Menschwerdung auf dem Weg zum *Homo sapiens.*

5.10.4   Essenzielle Fettsäuren: EPA und DHA

Auch bei den essenziellen langkettigen Fettsäuren ist bei Veganern die Versorgungslage wegen des Ausschlusses tierischer Nahrung kritisch. Aus den bereits in Abb. 2.6 dargestellten Gründen kann keine Landpflanze die wirklich essenziellen Omega-3-Fettsäuren Decosahexaensäure (DHA) und Eicopentaensäure (EPA) in ihre Zellmembran einbauen. In der Landpflanzenphysiologie kommen diese Fettsäuren nicht vor, denn diese würden während des Pflanzenlebens rasch oxidiert werden und der Pflanze unnötigen Stress auferlegen. Derartige Fehlleistungen wurden, sofern sie spontan auftraten, während der Evolution beim Landgang der Organismen aus dem Meer rechtzeitig beseitigt. Das erklärt auch, warum in den meisten Algen diese essenziellen Fettsäuren nicht vorkommen. Viele Algen wachsen nicht permanent im Wasser, sondern am Strand oder in wärmeren Gefilden. Nur Mikroalgen und Nori-Algen in kleinen Mengen schaffen diesen Spagat. Manche Mikroalgen erreichen über den Kohlendioxidstoffwechsel und hohe Fotosyntheseraten eine hohe Effizienz in der Synthese von EPA und DHA. Daher werden Anstrengungen unternommen, die Biomasse von Mikroalgen systematisch für eine Fettsäureproduktion zu nutzen [126].

Tatsächlich sind diese Punkte für die vegane Ernährungsform von hoher Relevanz, denn entgegen der alten Annahme kann der Mensch diese beiden wirklich essenziellen Fettsäuren EPA und DHA nicht in ausreichender Menge aus der pflanzlichen α-Linolensäure (ALA) konvertieren, weder gesunde Menschen noch bei hoher Gabe von ALA, wie in klinischen Studien gezeigt wurde [127, 128]. Die Ausbeute in der menschlichen Physiologie bleibt viel zu gering.

Betrachtet man den dafür erforderlichen Prozess [129], wird deutlich, warum: Die C 18:3-Fettsäure müsste in den Zellen im endoplasmatischen Reticulum zum einen verlängert, zum anderen an mehreren Stellen umgesättigt werden, wie in Abb. 5.34 schematisch gezeigt ist. Für jeden dieser Schritte sind viele Enzyme notwendig und jeder Schritt kostet relativ viel Energie in Form von Adenosintriphosphat (ATP). Dieser Aufwand lohnt sich für die menschliche Physiologie nicht, da Hominiden bereits früh zu Omnivoren wurden. Dann wurden die essenziellen Fettsäuren über die Nahrung zugeführt, die Physiologie musste diesen energetischen Aufwand nicht mehr leisten. Andere Spezies, zum Beispiel Primaten, die sich ausschließlich von Pflanzen ernähren, können dies nicht. Daher sind diese Organismen darauf angewiesen, aus ALA EPA und DHA herzustellen.

5.10.5   Supplementation nötig

Eine vegane Ernährung ohne Supplementation mit entsprechenden Präparaten ist allein aus den bisher genannten Gründen nicht vernünftig, insbesondere vor und während der Schwangerschaft. Dies entspräche einer dauerhaften Mangelernährung, denn nicht nur Vitamin B_{12}, sondern auch bioverfügbares Eisen oder eben die langkettigen Omega-3-Fettsäuren EPA und DHA fehlen in diesem Fall

Abb. 5.34   Der lange und energiereiche Weg von ALA zu EPA und DHA. Jeder Schritt der Verlängerung (über Elongasen) und Umsättigung (Desaturasen) kostet Energie

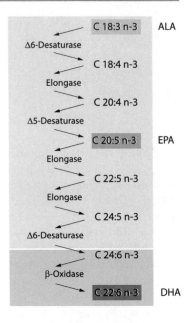

bei der Versorgung und Entwicklung des Fötus [130]. Vor allem eine ausreichende Entwicklung des Gehirns und die Ausbildung der erforderlichen kognitiven Fähigkeiten sind dann nicht gewährleistet [131]. Dies wäre zeitlebens eine Qual für die Nachkommen, wie die Folgen aus Zeiten der Mangelernährung der Menschheit lehren. Auch dies widerspricht fundamental dem leid- und qualfreien Ansatz, der bei den Grundprinzipien der veganen Idee an oberster Stelle steht. Keine Frage, ein wohlgenährter, individueller Mensch, der im Überfluss aufgewachsen ist, kann den Mangel für lange Zeit überstehen. Den Mangel aber für den Nachwuchs auszugleichen, ist aus elementaren biologischen Gründen nicht möglich. Die Körperphysiologie ist voll und ganz auf den eigenen Lebenserhalt und das eigene Überleben ausgerichtet.

Die vegetarische Ernährung kennt diese Defizite nicht in diesem Umfang. Über Milch, Milchprodukte und Eier werden genügend essenzielle Makro- und Mikronährstoffe geliefert, selbst wenn diese Nahrungsmittel nicht täglich zugeführt werden. Genau das macht auch den Unterschied zu Flexitariern aus. Der geringfügige Konsum an hochwertigen tierischen Lebensmitteln aus nachhaltiger Produktion, wie Fisch und Fleisch, reicht vollkommen, um sich das Notwendige einzuverleiben. Grundsätzlich abzulehnen ist die Propagation falsch verstandener „peganer" Ernährung (pegan = paleo + vegan) [132]. Unterversorgung und mangelnde Nährstoffausbeute sind ähnlich wie bei roh-veganer Ernährung vorprogrammiert [133].

5.10.6 Fermentation und Keimen als systematische Methoden bei pflanzenbasierter Ernährung

Fermentation gehört auch bei der veganen Ernährung zum wesentlichen Programm, zumal über Fermentation antinutritive Stoffe, die im rohen Gemüse vorhanden sind, abgebaut und zu nutritiven Stoffen umgebaut werden, etwa Chlorogensäure oder die bereits angesprochenen FODMAPs. Ebenfalls werden nicht-nutritive Substanzen der Pflanzenabwehr wie Saponine, Lektine und Alkaloide abgebaut bzw. stark vermindert. Diese Methoden sind nicht nur bei veganer Ernährung von Interesse, sondern auch für Genießer, die abseits von den klassischen Produkten gern neue Lebensmittel ausprobieren, Tofu oder andere Nuss- und Mandelpräparationen selbst fermentieren, um daraus käseähnliche Produkte herzustellen. Im Veganismus sind somit Keimen und Fermentieren unbedingt notwendig, um den Bedarf an Makro- und Mikronährstoffen wenigstens teilweise zu decken. Wie bereits in Abschn. 2.10 dargelegt, steigt die Anzahl essenzieller Aminosäuren über die Bildung von Enzymen, gleichzeitig bilden sich wesentliche sekundäre Pflanzenstoffe, die in den Ölsaaten, den Leguminosen usw. noch nicht vorhanden sind. Egal welche Ernährungsform und persönlicher Diät präferiert wird: Fermentiertes gehört dazu.

Davon profitierten bereits unsere Vorfahren, nur aus anderen Gründen. In der Vergangenheit waren die positiven Auswirkungen fermentierter Lebensmittel auf die Gesundheit unbekannt, sodass die Menschen die Fermentation in erster Linie zur Konservierung von Lebensmitteln und zur Verbesserung des Geschmacks nutzten. Heute weiß man mehr, die molekularen Vorgänge bei der Fermentation werden immer besser verstanden [134]. Während der Fermentation synthetisieren die daran beteiligten Mikroorganismen nicht nur die bereits genannten Vitamine [135], sondern Proteasen produzieren auch bioaktive Peptide [136], die nicht nur in vielerlei Hinsicht zum Geschmack beitragen, sondern auch manchen gesundheitlichen Nutzen bringen.

Manche Mikroorganismen können noch mehr. Sie erzeugen konjugierte Linolsäuren (CLA) (Kap. 1), denen eine blutdrucksenkende Wirkung zugeschrieben wird, Milchsäurebakterien produzieren Verdickungsmittel, sogenannte Exopolysaccharide [137]; diese wirken als Ballaststoffe, mutmaßlich mit präbiotischen Eigenschaften [138]. Sphingolipide, sie werden unter anderem mit Phospholipiden in die Zellmembran eingebaut, können antikanzerogene und antimikrobielle Eigenschaften aufweisen. Bioaktive Peptide zeigen antioxidative, antimikrobielle oder antiallergische Wirkungen, und selbst für opoide Antagonisten (Kap. 4.10.8) haben blutdrucksenkende Eigenschaften. Viele dieser Vermutungen sind nicht im Detail bewiesen und können daher lediglich als Hinweise gewertet werden. Allerdings zeigt die lange Tradition der Fermentation, dass fermentierte Produkte der Entwicklung des *Homo sapiens* nicht schadeten. Genauso wenig wie das Kochen.

5.10.7 Beispiel Nattō

Die in Japan beliebte fermentierte Sojabohne, Nattō, ist ein Paradebeispiel für die Nährstoffverstärkung, denn in diesem Beispiel werden die Kulturtechniken Kochen und gezielte Fermentation in Kombination angewandt, um den Nährwert der Sojabohne zu erhöhen und die entstehenden Mikro- und Makronährstoffe, inklusive bioaktiven Peptiden, verfügbar zu machen [139]. Für die Herstellung von Nattō werden die Sojabohnen zuerst gekocht. Die Speicherproteine denaturieren, die Stärke die Bohnen quillt auf, dann wird als Starterkultur *Bacillus subtilis* zugegeben, der unter aeroben Bedingungen seine Endosporen entwickelt. Traditionell wurde Nattō über Reisstroh hergestellt, auf dem sich dieses Bakterium vorwiegend ansiedelt. Nach dem Impfen mit dem *Bacillus subtilis* beginnt der Fermentationsprozess. Speicherproteine werden abgebaut, daraus entstehen Peptide, die den Geschmack verändern. So bilden sich Bittergeschmack und ein für ein fermentiertes Produkt auffallend schwacher Umamigeschmack. Dieser rührt hauptsächlich von umami schmeckenden Peptiden her, während die Glutaminsäure einen der wenigen andere Wege nimmt.

Insgesamt zeigt Nattō ein in der westlichen Ernährung weniger kulturell verankertes Geschmacksbild, auch wenn die Präparation an wenig an sehr reife Käse erinnert. Hauptverantwortlich dafür ist eine spezielle Protease aus dem Bakterium, die Nattokinase, die Proteine an der Aminosäure Serin schneidet. Gleichzeitig entsteht ein Aromagemisch aus pilzig-erdigen, joghurtartigen Gerüchen und intensiven Röstnoten, die eher an Schokolade und Toast erinnern, ebenfalls eine sehr ungewöhnliche Aromakombination, die sich einzig und allein der Genetik und daraus resultierenden Aktivität des Bakteriums zuschreiben lässt [140]. Typisch für den *Bacillus* ist auch die hohe Produktion von Vitamin K, sodass dieser mikrobiologische Prozess für die Herstellung dieses Vitamins Modell steht [141].

Allerdings bildet Nattō eine Art Schleim (Abb. 5.35), der zumindest in der westlichen Welt als unangenehm empfunden wird, aber wieder sehr tiefe Einblicke in die Funktion der Fermentation und der Lebensmittel gewährt. Diese schleimige Konsistenz wird von einem ganz besonderen Biopolymer erzeugt, der Poly-γ-glutaminsäure. Dies ist ein langes Kettenmolekül, dessen einziger Baustein die Glutaminsäure ist. Das Polymer besteht also ausschließlich aus dem Geschmacksgeber für umami.

Der tatsächlich verhaltene Umamigeschmack von Nattō lässt sich an der durchschnittlichen Konzentration der freien Glutaminsäure nachweisen: Von den meisten (asiatischen) fermentierten Produkten hat sie den kleinsten Wert, wie in Tab. 5.7 zu erkennen ist. Dies spiegelt sich in dem Schleim wider, denn die über die Fermentation freigesetzte, extrazelluläre Glutaminsäure wird zu Poly-γ-glutaminsäure polymerisiert [142]. Aber nur freie Glutaminsäure löst den Geschmack umami aus, während die in den langen Polymerketten gebundenen Glutaminsäuren die Rezeptoren nicht mehr reizen können. Nattō schmeckt daher deutlich weniger herzhaft als andere fermentierte Produkte.

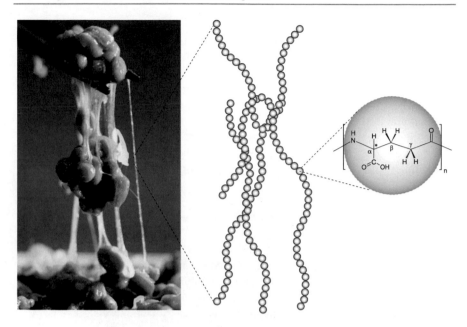

Abb. 5.35 Nattō bildet einen fadenziehenden, viskoelastischen Biofilm (links), der aus Poly-γ-glutaminsäure besteht. Die elektrisch geladenen Polyelektrolyte bilden ein schwach verhaktes Netzwerk (Mitte). Der Grundbaustein (rechts) besteht aus γ-verknüpften Glutaminsäuren. (Fotoquelle: Vicky Wasik https://phinemo.com/wp-content/uploads/2018/05/natto.jpg)

Tab. 5.7 Durchschnittlicher Anteil an freier Glutaminsäure in verschiedenen fermentierten Produkten. Nattō hat den geringsten Anteil, somit fehlt der grundsätzliche Auslöser des Umamigeschmacks	Fermentiertes Lebensmittel	Freies Glutamat (%)
	Fischsoße	1,383
	Sojasoße, koreanisch	1,264
	Anchovi	1,200
	Douchi	1,080
	Tempeh	0,985
	Sojasoße, chinesisch	0,926
	Sojasoße, japanisch	0,782
	Garum	0,623
	Miso	0,5–1
	Schinken	0,340
	Sake	0,186
	Nattō	0,136

Die Poly-γ-glutaminsäure erklärt die spezielle, schleimige Textur: Die Molekülketten sind negativ geladen, da die OH-Gruppe (Hydroxylgruppe) in Abb. 5.35 deprotonieren kann, der Wasserstoff wird als Proton abgegeben. Über die entstehenden negativen Ladungen an den Sauerstoffen, O^-, entlang der Molekülkette kann viel Wasser gebunden werden, denn wie die Glutaminsäure ist auch die Poly-γ-Glutaminsäure gut wasserlöslich. Gleichzeitig wird während der Fermentation Zellwasser aus den Sojabohnen frei. Darin befinden sich Salze, die die Ladungen abschirmen. Die Ketten werden nicht so stark abgestoßen, sondern bilden ein dynamisches und viskoelastisches Netzwerk, wie es in Abb. 5.35 in dem molekularen Modell (Mitte) schematisch dargestellt ist.

5.10.8 Frei von Tier – vegane Ersatzprodukte

Surrogatprodukte, die Fleisch oder tierischen Lebensmitteln gleichen, sind im Trend. Burger, Fleischpflanzerl, Grillwürste, Münchner Weißwürste, selbst Garnelen, Shrimps und Käse sind tierfrei in Supermärkten zu erwerben, auch in Bioqualität. Dazu werden Proteine aus Getreide, Erbsen, Soja, Kartoffeln oder Lupinen genutzt. Viele dieser Rohstoffe stammen aus industriellen Nebenströmen, wenn z.B. bei der Stärkeproduktion Proteine abfallen, etwa bei Kartoffeln, oder bei der Ölgewinnung aus Ölsaaten und Nüssen. Prinzipiell ist dagegen nichts einzuwenden, im Gegenteil. Jeder Schritt weg von der Mast- und Massentierhaltung ist ein Schritt in die richtige Richtung. Vor allem, wenn es um Massenverpflegung geht. Viele achtlos und aus Gewohnheit gegessenen Fleischprodukte lassen sich ohne Probleme durch pflanzliche Produkte ersetzen. Auch sind Beyond Meat-, *impossible meat-*,, Soja-, Erbsen- oder Lupinen-Burger gewiss nicht fehl am Platz – letztlich ganz unabhängig davon, ob man sich fleischfrei ernährt oder mit Genuss ab und zu ein gutes Stück eines Weiderinds verzehrt.

Die Defizite der pflanzenbasierten, mit technologischen Methoden produzierten Surrogate sind oft deutlich spürbar. Die vegane Chorizo mit simulierten Fettstückchen zeigt hohe und unangenehme Elastizität, vegane Shrimps sind weder vernünftig kaubar, noch erinnern sie an das Original, der vegane Scheiblettenkäse ist oft fettarm und elastisch oder ledrig. Oft haben vegane Ersatzprodukte und Convenience-Produkte einen größten gemeinsamen Nenner: Sie benötigen zur Textur- und Flavour-Anpassung eine Reihe von Hilfsstoffen, die mit E-Nummern versehen sind, ebenso viele Clean-Label-Zusätze, die der Geschmacks- und Aromasteuerung dienen. Es ist nicht lange her, als Analogkäse auf Pizzen, Gratins oder anderen Convenience-Produkten angeprangert wurden. Statt Parmesan wurde auf Fertigpizzen der Käseersatz „Gastromix" verwendet, ein aus physikalischem Blickwinkel fast perfekt industriell konstruiertes Produkt aus Wasser, Fett, Stärke, Pflanzen- oder Molkenproteinen, Emulgatoren, Salzen, Geschmacksverstärkern und Aromen. Die Austarierung der Komponenten erlaubte z. B. beim Backen bei hohen Temperaturen im Ofen einen sanften Schmelz, ohne dass sich Fett und Wasser, wie bei Käsen, trennten.

Dass dies trotzdem nicht schmeckt, dass Textur und Flavour nicht stimmen, liegt an mehreren grundsätzlichen, physikalisch-chemischen Problemen, die in der Lebensmitteltechnologie wenig beachtet werden. Weder Geschmack noch

Aroma oder die Textur können ohne Weiteres simuliert und nachgestellt werden, wenn bereits die Grundprodukte, die Proteine aus denen sie nachgemacht werden, auf molekularer Skala nicht passen. Besonders trifft dies im veganen Bereich zu. Erbsenproteine sind mit den Proteinen aus Muskeln nicht zu vergleichen. Ihre biologische Funktion ist vollkommen verschieden. Aus Pflanzenbestandteilen nachgebaute Meeresfrüchte und Fischersatzprodukte enthalten keine langkettigen, mehrfach ungesättigten Fettsäuren. Daher riechen Vische nie nach Fisch [143]. Der Fischgeruch oder generell der typische Geruch und damit das Aroma eines Lebensmittels, dessen Geschmack und dessen Textur sind das Ergebnis einer langen Geschichte, die mit Pflanzen- und Tiergenetik zu tun hat, den Lebensumständen, den Schlacht- und Erntemethoden und der Zeit danach. Geschmack und Aroma können nur aus dem gebildet werden, was im lebenden Organismus vorhanden ist: Aminosäuren, Fettsäuren, Zucker, Enzyme. Selbst wenn äußere, fremde Enzyme hinzukommen, wie zum Beispiel bei Fleischreifung oder Fermentation, kann nur das als Substrat dienen, was vorhanden ist. Daher riecht Fisch nach Fisch, Hühnchen nach Hühnchen und Kohlrabi nach Kohlrabi. Deshalb riecht und schmeckt auch ein Schinken von einem spanischen Iberico-Schwein deutlich anders als der Schwarzwälder Schinken, selbst wenn alle makroskopischen Prozessparameter identisch gefahren werden. Es liegt am Tier, der Spezies, der Haltung, der Fütterung (Kap. 2). Iberico-Schinken im Detail aus einer Keule des Pietrain-Schweins aus Massentierhaltung nachzubauen, ist eine derzeit unlösbare technische Herausforderung. Iberico-Schinken aus texturierten Pflanzenproteinen hinreichend nachzubauen, erfordert ein hohes Maß an Technologie. Wäre dann eine dicke, gut gekochte Suppe aus den intakten Erbsen ohne Speck nicht besser? Dies auch vegan und frei vom Energieaufwand der Nebenströme und des Wiederzusammenfügens, damit ein pflanzlicher Formschinken aus Erbsen daraus wird. Esskultur ist das eher nicht, nachhaltig noch viel weniger.

5.10.9 Industrielle Verfahren für Surrogatprodukte

Ersatzprodukte für tierische Lebensmittel erfordern eine ganze Reihe von komplizierten Schritten. Bei pflanzlichen Würsten oder pflanzlichem Fleisch ist die Sachlage komplex, besonders dann, wenn die Nährstoffe ins Spiel kommen. Wie beim Gluten bereits dargestellt, kann keine Proteinmischung aus Nicht-Weizen-Proteinen die nutritiven (und physikalischen) Eigenschaften des Glutens ohne großen Aufwand erreichen. Ungleich schwieriger ist es beim Nachbau von tierischem Protein aus pflanzlichen Rohstoffen. Das ist schlicht unmöglich, allein schon wegen der völlig unterschiedlichen biologischen Funktion von tierischem und pflanzlichem Protein und demzufolge auch eine ganze Reihe anderer Eigenschaften. In Abb. 5.36 sind exemplarisch zwei Albumine verglichen: das Ovalbumin des Hühnereis und das Speicherprotein 2S-Albumin der Sojabohne. Die Kügelchen zeigen je eine Aminosäure, wobei lediglich die geladenen Aminosäuren dargestellt sind. Auch in ihrer Gesamtlänge unterscheiden sie sich deutlich. Während das Ovalbumin des Hühnereiweißes immerhin beachtliche

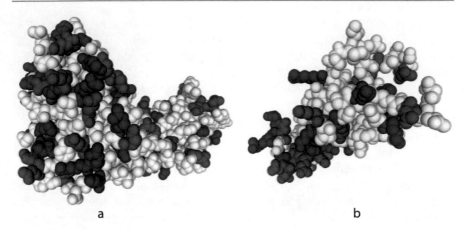

a   b

Abb. 5.36 Das Hühnereiweiß Ovalbumin (**a**) und ein Sojabohnenspeicherprotein 2S-Albumin (**b**) im direkten Vergleich. Nur die geladenen Aminosäuren sind farblich gekennzeichnet (rot = minus, blau = plus)

386 Aminosäuren aufweist, kommt das 2S-Albumin der Sojabohne lediglich auf 158. Ovalbumin besitzt lediglich eine Cysteindoppelbindung, dafür drei freie, zur Vernetzung taugliche Cysteinstellen. 2S-Albumin besitzt acht freie Cysteine entlang seiner Kette. Diese sind alle vernetzungstauglich, was einerseits für eine gute Festigkeit sorgt, aber andererseits wegen der Kurzmaschigkeit daraus resultierender Netzwerke zu sehr geringen Dehnbarkeiten führt, wie hin und wieder an Tofu zu erkennen ist.

Das Hühnerprotein Ovalbumin hingegen ist im denaturierten Zustand deutlich länger und bindet an weniger Stellen entlang seiner Molekülkette. Die daraus entstehenden Netzwerke werden weitmaschiger und damit dehnbarer, wie es an Eiklargelen (nicht überhitztes, gestocktes Eiweiß) aus der Küche bekannt ist.

Allein daraus ergeben sich die Unterschiede in Textur, Geschmack und Aroma. Somit sind moderne industrielle Verfahren auf allen Ebenen notwendig, um das Problem ansatzweise anzugehen. Daher ist es daher technisch viel leichter, vegetarische Ersatzprodukte mit Eiklar herzustellen, als vegane ohne Eiklar. Die Ursache liegt wie immer auf der molekularen Ebene und den dort vorgegebenen Eigenschaften verborgen.

Vegane Ersatzprodukte müssen deshalb mit einem Mix aus Stärke, Proteinen, Wasser, Fetten, Emulgatoren, Binde- und Geliermitteln, Pflanzenfasern usw. versehen werden, bis die Textur einigermaßen stimmig wird. Ohne Techniken, wie sie in der Lebensmittelindustrie möglich und üblich sind, hat man kaum Chancen. Daher sind viele Analogprodukte wie Vleisch und Visch kaum noch als handwerklich zu bezeichnen – im Gegensatz zu klassischen Würsten, die auf einer Jahrtausende alten Kulturtechnik beruhen.

So wundert es auch nicht, dass sich klassische, handwerkliche Brühwürste (wie Fleischwurst oder Lyoner), auf die wir in Kap. 6 noch einmal detaillierter zurückkommen, von ihren bisherigen veganen Analoga so deutlich unterscheiden.

Die Vielzahl der Muskelproteine und deren vielfältige molekulare Eigenschaften lassen ganz andere Texturen zu als die beschränkte Zahl der tauglichen Pflanzenproteine. Vor allem zeigen die tierischen Proteine beim Herstellungsprozess außergewöhnliche Eigenschaften über ihre Denaturierungstemperaturen [144], die wir aus der Küche kennen. Denn darauf sind die Herstellungsprozesse bei Würsten ziemlich genau abgestimmt [145]. Eine herkömmliche Brühwurstrezeptur lebt von einem ausgewogenen Spiel zwischen Fleisch (Protein), Fett (Rückenspeck vom Schwein) und Wasser, das in Form von Eis zur Kühlung während des Kutterns dazugegeben wird, damit während der Reibungswärme den Proteinen nichts geschieht, die ab 48 °C zu denaturieren beginnen. Die Muskelproteine verlieren daher nur bedingt ihre Gestalt, binden Wasser und emulgieren das tierische Fett während des Kutterprozesses. Diese Proteinstrukturen bleiben somit bis zum Brühprozess erhalten. Auch bleibt das Fett, meist Schweineschmalz, während des Kutterns fest. Diese Emulgierung kalter, fester Fette ist ganz entscheidend für das finale Mundgefühl. Gebrüht wird bei 70 °C, die Disulfidbrücken werden gebildet, die Fette verflüssigen sich, bleiben aber an den über die beim Kuttern festgelegten Plätzen in der Fleisch-Wasser-Matrix. Nach dem Abkühlen rekristallisieren die Fette, die elastisch knackige Struktur stellt sich ein.

Das Mundgefühl ist bekannt: Brühwürste sind leicht elastisch, brechen beim Beißen auf, geben Geschmack und Aromen frei. Gleichzeitig erwärmen sich die Wurststücke beim Beißen und Kauen, dann erst schmilzt der bis dahin noch feste Teil des Schweinefetts, etwa bei 28–32 °C. Die darin gelösten Aromen werden frei, Fett belegt Zunge und Gaumen, die Sensorik wirkt länger nach, bis sich der Fettfilm auf der Zunge auflöst und die meisten Aromen daraus entschwunden sind.

Bei Analogwürsten funktioniert dies in vielen Fällen nicht. Pflanzliche Proteingemische werden unter Druck in Extrudern unter thermodynamischen Nichtgleichgewichtsbedingungen zusammengefügt, damit sich eine elastische Struktur einstellt. Das Pflanzenöl ist bei diesen Temperaturen bereits flüssig, es kann daher bei den hohen Temperaturen extrem schlecht emulgiert werden. Somit wird bei den technischen Prozessen nur wenig eingesetzt, auch weniger Wasser, da viele Pflanzenproteine dieses schlechter binden können. Was bleibt, ist eine in vielen Fällen fettarme, viel zu elastische, gummiartige Struktur, und zwar aus rein physikalischen Gründen.

Bei Geschmack und Aroma muss wegen der nicht tierischen Ausgangsprodukte nachgeholfen werden. Natürlich müssen Geschmack und Aromen beigefügt werden, damit das Produkt dem echten Fleisch nahekommt. Daher müssen rekonstruierte Fleischaromen veganen Ursprungs hergestellt werden. Dazu werden naturidentische Aromagemische verwendet, und die sich zwangsläufig ergebenden Unterschiede werden mit Gewürzen übertüncht. Somit landet man unweigerlich bei den Methoden des industriell gefertigten Convenience-Foods, aber immerhin handelt es sich um vermeintlich politisch korrektes „Fake-Food". Der Wandel vom Industriezeitalter zum Anthropozän hat sich auch auf den Vespertellern vollzogen.

Hierdurch entsteht ein starker Widerspruch auf der Metaebene und der Philosophie, die Trennlinien zwischen „Gut" und „Böse" verschieben sich. Denn die Geschmacksgeber der Fake-Produkte sind altbekannt und triggern hauptsächlich den Umamigeschmack, der uns Menschen seit Beginn unserer Evolution fasziniert. Waren aber bis vor Kurzem Glutamat, Hefeextrakt und Aromen der Nahrungsmittelindustrie, werden diese Zusätze bei der veganen Ernährung als Segen erkoren. Früher wurden wir „vergiftet" und „krankgemacht" [146], wenn nicht gar um den Verstand gebracht [147].

Aber eine Frage ist durchaus berechtigt: Wäre es nicht einfach besser, einen Sojabohnen oder noch besser heimische Bohnen zu essen, als Curry, als Eintopf, als Püree? Fermentiert? Um von den Nährstoffen (Makro- wie Mikronährstoffen) der ganzen Bohne zu profitieren? Das ist immer noch vegan und garantiert vollwertig. Wenn Bohnen in weiser Voraussicht auf Vorrat gekocht werden, sind sie auch ein Stück weit convenient und nach der Lagerzeit noch umamiger, also deftiger und schmackhafter. Auch heute lässt uns der Geschmack Umami nicht los. Derartigem „Plant-Based Food", Vleisch, veganer Wurst oder texturiertem Protein fehlt im Vergleich zur ganzen Leguminose das, was man gemeinhin Foodmatrix [148] nennt, die einen erheblichen Beitrag zur Nahrungsausbeute leistet [149], selbst in rekonstruierten Lebensmitteln [150].

5.10.10   Strukturieren von Proteinen

Beim Texturieren von Proteinen werden diese in Extrudern unter Druck und Temperatur zusammengefügt (*extrusion cooking* [151]). Dazu werden, vereinfacht gesprochen, Pflanzenproteine mit Wasser in eine Formmaschine (Extruder) mit Schneckengewinde gegeben. Damit lassen sich Proteine und Wasser effizient zu einem Brei vermischen. Das Schneckengewinde hat jedoch eine variable Windungszahl, Windungssteigung und Windungstiefe. So entsteht nach dem Mischen an bestimmten Prozessschritten eine hohe Reibung, die Temperatur nimmt zu und kann gleichzeitig extern kontrolliert werden. Beim Transport durch den Extruder werden die Proteinfäden orientiert und anschließend über die ausreichend hohe Temperatur meist über Cystein vernetzt. Es entstehen Fasern, die mit dem bloßen Auge betrachtet eine fleischähnliche Struktur aufweisen [152], wie in Abb. 5.37 exemplarisch gezeigt ist.

Diese Verfahren können für unterschiedliche Proteine und Proteinmischungen [153] angewandt werden, die Resultate hängen aber unter anderem von den mikroskopischen Eigenschaften, der Primärstruktur, der Anzahl und Verteilung der Aminosäure Cystein und der Ladung der Proteine ab [154]. Das Ziel ist dabei, Texturen zu entwickeln, die den Fleischfasern möglichst nahekommen. Dies ist allerdings nur bis zu einer bestimmten Längenskala möglich, denn innerhalb der sichtbaren Fasern sind die Verhältnisse vollkommen unterschiedlich. Aber vor allem auf diesen Längenskalen von $100\,\mu m$ bis $10\,nm$ spielt sich ein Großteil der Sensorik ab, sowohl was die Textur als auch die Freigabe von Geschmack und Aroma angeht.

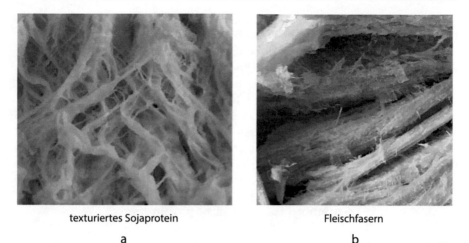

texturiertes Sojaprotein   Fleischfasern

a   b

Abb. 5.37 Im makroskopischen Vergleich lassen sich Ähnlichkeiten zwischen texturiertem Pflanzenprotein (**a**) und Fleisch (**b**) feststellen. Das Fleisch ist in diesem Fall eine gefriergetrocknete Hühnerbrust. Die unterschiedlichen Strukturmerkmale zwischen (**a**) und (**b**) sind selbst auf der makroskopischen Skala deutlich zu erkennen (▶ https://doi.org/10.1007/000-7rv)

Muskelfleisch ist faserig, denn unter der ständigen Bewegung wachsen aus einzelnen Muskelzellen, dem Sarkomer, ganze Fasern, die je nach biologischer Funktion länger oder kürzer sein können. Diese Muskelfasern wiederum sind von sehr spezieller Struktur, denn sie werden von verschiedenen fibrillär angeordneten Proteinen aufgebaut, die erst die Muskelbewegung ermöglichen. Daher ist Muskelfleisch hierarchisch aufgebaut, wie in Abb. 5.38 dargestellt.

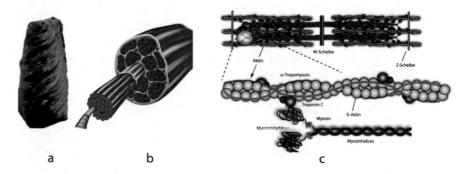

a   b   c

Abb. 5.38 Fleisch (**a**) ist faserig. Muskeln besten aus Muskelfasen (**b**), diese wiederum aus Myofibrillen (**c**), die im Wesentlichen aus den Proteinen Aktin und Myosin aufgebaut sind. Rechts oben ist eine Muskelzelle, Sarkomer, gezeigt. Aktin und Myosin greifen ineinander. Das Myosinköpfchen kann an bestimmten Stellen an die Aktinstränge greifen und diese dadurch bewegen

Diese natürlich gewachsene und einzigartige funktionsbedingte Struktur von Fleisch lässt sich nicht mit technologischen Verfahren in allen Details mit pflanzlichen Proteinen nachbauen, weil diese vollkommen andere Eigenschaften haben. Daher wird Vleisch aus physikalisch-chemischen Gründen sensorisch auf allen relevanten Zeit- und Längenskalen nie Fleisch sein können. Derartige Verfahren der Texturierung eignen sich somit eher für bestimmte kleinteilige Anwendungen, etwa für den Nachbau von Burgern, Bratlingen oder Bolognese-Soße. In diesen Zubereitungen kommt es auf die Faserstruktur weniger an, zudem gelingt es sehr einfach, aromatische Defizite der pflanzenbasierten Proteine mit Soßen, Würzen oder Ölen auszugleichen.

5.10.11   Leghämoglobin als Hämoglobinersatz

Große Anstrengungen werden unternommen, um vegane Burger auch optisch an Fleisch anzugleichen. Beim herkömmlichen Fleisch-Burger ist es unter anderem der rote Fleischsaft, Sarkoplasma, der für die entsprechende Optik sorgt und für Omnivoren beim Genuss ein Muss ist. Der Fleischsaft ist natürlich auch Geschmacksträger, denn viele wasserlösliche Geschmackskomponenten wie Natriumionen, Calciumionen, freie Aminosäuren, Peptide, Nucleotide, Zucker oder das süßlich stimulierende Adenosin sind darin gelöst und runden das Geschmacksbild ab. Gleichzeitig sorgt das im Fleischsaft gelöste Myoglobin für die rote Farbe der Muskeln und des Fleisches. Myoglobin, das wir vom Hämeisen bereits kennen, ist ein speziell gefaltetes Protein, das die Hämgruppe (Abb. 4.3) einbindet. Es ist dem Hämoglobin des Bluts nicht unähnlich. Allerdings besteht Hämoglobin aus vier zusammengelagerten Einzelproteinen, die sich zu einer Vierergruppe verbinden, damit ein ausreichender Sauerstofftransport über das Blut gewährleistet ist. Die identisch strukturierte Hämgruppe mit dem Eisenion sorgt damit für die rote Farbe der Muskeln und des Bluts.

Die rote Fleischfarbe in veganen Burgern ist nicht das Problem, sie ist z.B. mit dem Saft von Roter Bete und anderen Farbstoffen pflanzlichen Ursprungs leicht einzustellen. Schwieriger wird es bei den blutartigen sensorischen Eindrücken. Dabei hilft pflanzliches Häm. Das Eisenion im Zentrum der tierischen Hämgruppe bindet Sauerstoff und trägt somit zur Sauerstoffversorgung der Muskeln bei (Abb. 5.39). Bei einigen Pflanzen wird dieser Mechanismus ebenfalls eingesetzt, um Sauerstoff mittels Leghämoglobin in die Zellen zu bringen [155].

Besonders bei Wurzelgemüse [156] und Saaten wie Leguminosen [157] ist dieser Mechanismus für den Sauerstoffhaushalt der sich im Boden befindlichen Pflanzenteile wichtig. Dazu besitzen Leguminosen sogenannte Leghämoglobine (LHb), die wegen der vollkommen anderen Primärstruktur völlig anders gefaltet sind als Myoglobin, aber eine Hämgruppe tragen, wie in Abb. 5.39 dargestellt ist. Ein weiteres auffallendes Merkmal ist dabei, dass Myoglobin und Leghämoglobin trotz unterschiedlicher Faltung und Primärstruktur die identischen Metallbindungsstellen an der Aminosäure Histidin aufweisen.

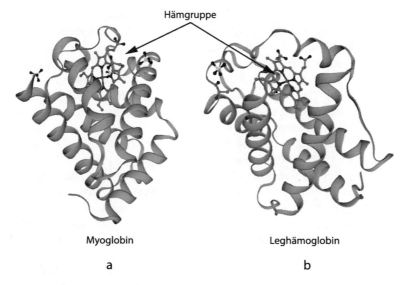

Hämgruppe

Myoglobin   Leghämoglobin

a   b

Abb. 5.39 Ein tierisches Myoglobin (**a**) und ein pflanzliches Leghämoglobin (**b**) binden die
Hämgruppe ein

Mit dem Einsatz von Leghämoglobin lässt wird versucht, auch vom Mundgefühl
näher an Hackfleisch zu kommen, wenn auch nur begrenzt [158]. Dieser blutähn-
liche Flavour ergibt sich aus der Kombination von Salzen, Häm und bestimmten
Hydrolyseprodukten der hämtragenden Proteine. Anstatt Leghämoglobine mühsam aus Sojabohnen und anderen Leguminosen zu extrahieren, lassen sich
diese in größeren Mengen biotechnologisch herstellen, etwa über genetisch veränderte Mikroorganismen, bestimmte Hefen [159, 160], die zur Synthese des
Leghämoglobins verwendet werden. Die Struktur der Leghämoglobine sind natürlich identisch, egal ob sie aus dem Hefereaktor oder der Sojabohne stammen.
Man muss lediglich geeignete Hefen dazu bringen, dass sie nur diese Proteine und
nichts anderes fermentieren. Das gelingt eben nur, wenn man in die Genetik dieser
Mikroorganismen eingreift, und entsprechende Gene der Sojapflanze in die DNA
der Hefen eingebracht werden. Das ist besser für die Umwelt und nicht zusätzlich
gesundheitsmindernd beim Verzehr von Pflanzenburgern.

5.10.12   Das modifizierte kulinarische Dreieck der modernen Industriekultur

Ganz abgesehen von den bereits angesprochenen unterschiedlichen Nährwerten
von Pflanzen- und Tierproteinen fehlt Vleisch die natürliche Foodmatrix von
Fleisch mit all seinen Makro- und Mikronährstoffen. Dazu gehören nicht nur
die Vielzahl der Proteine der Skelettmuskulatur, sondern auch die unzähligen
Komponenten im Fleischsaft, die darin gelösten Proteine und Enzyme, das
Eisen, die Mineralien und die (metallischen) Spurenelementen, die als Komplex-

und Strukturbildner für Enzyme und Proteine dort vorzufinden sind. Die besten Surrogatprodukte stoßen damit an die Grenzen der Basis des kulinarischen Dreiecks (siehe Kap. 2), biotechnologische Methoden überschreiten es sogar.

Somit stellt sich die Frage, ob sich derartige Surrogatprodukte mit der hohen Zahl an molekularen Manipulationen überhaupt im kulinarischen Dreieck verorten lassen. Die erforderlichen technologischen Schritte, wie das Extrahieren von Lebensmittelbestandteilen, deren hohe Aufreinigung und Behandlung, die Rekonstruktion zu artifiziellen Lebensmittelmatrices und das Beifügen der Flavour-Komponenten abseits des Würzens sprechen für eine systematische Erweiterung des Lévi-Strauss'schen Ansatzes. Dazu müssen neue Dimensionen und Ebenen eingeführt werden, die Verarbeitungsgrade und die lebensmitteltechnologischen Schritte, etwa Extrudieren, Neuformen und Flavorisieren, berücksichtigen. In Abb. 5.40 wird eine Erweiterung vorgeschlagen. Das originale kulinarische Dreieck liegt dabei mit der kulinarischen Basis roh, gekocht und fermentiert in der Ebene. Diese Kulturtechniken nutzen ausschließlich die natürliche Foodmatrix, um die erwünschten Veränderungen zu erzielen. Die modernen Technologien erweitern das Dreieck um eine Dimension. Aus dem Dreieck wird eine Pyramide, deren oberste Spitze für die Biotechnologie steht und damit auch für Verfahren, wie sie nur in Bioreaktoren angewandt werden, z. B. für *in-vitro*-Fleisch. Die Erweiterung wird aber bereits durch die Rekonstruktion von Lebens-

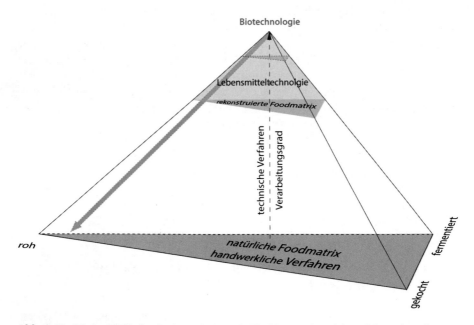

Abb. 5.40 Die neuen Technologien erfordern die Einführung einer dritten Dimension, die neue Technologien erfasst. Das originale Dreieck liegt in der Ebene, die Erweiterung zeigt sich in der „kulinarischen Pyramide". Der blaue Pfeil deutet die künftige Möglichkeit der neuen Stammzellen-/3D-Bioprinttechnik an, neue, „rohe" Lebensmittel mit natürlichen Foodmatrices zu schaffen, die den handwerklichen Kulturtechniken unterzogen werden können

mitteln notwendig, wenn z. B. für Fleischanaloge neue Lebensmittelmatrices geschaffen werden, indem Proteine aus verschiedenen Pflanzen, Verdickungs- und Geliermitteln usw. kombiniert werden. Diese Matrices haben keine Entsprechung mehr in der Natur und sind daher auch kaum auf handwerklicher Basis herzustellen.

5.11 Clean Meat – Fleisch aus der Petrischale

5.11.1 Fleisch ohne Tier

Angesichts der Defizite, die Surrogatprodukte im Flavour und in den Nährstoffen zeigen, scheint aus Stammzellen und Nährstofflösungen gezüchtetes Fleisch aus dem Bioreaktor eine gangbare Alternative zu sein. Kein Tier müsste sterben, der volle Nährstoffgehalt wäre gewährleistet. Fleisch, nicht nur von hoher Qualität, sondern auch von höchster ethischer Reinheit, wäre für alle sozialen Schichten verfügbar. Hinsichtlich der Akzeptanz scheint die Gesellschaft gespalten [161, 162]. Die grundlegenden Entscheidungen und Motivationen sind in dem Diagramm in Abb. 5.41 zusammengefasst.

Die Haltung in der Gesellschaft ist ambivalent. Zwar sprechen Umweltschutz, Klimawandel, die Sorge ums Tierwohl und die Massentierhaltung für einen Rückgang des Fleischkonsums, unterstützt von den daraus resultierenden Gesundheitsbedenken, dennoch ist für eine Akzeptanz des Laborfleischs ein Mindestvertrauen

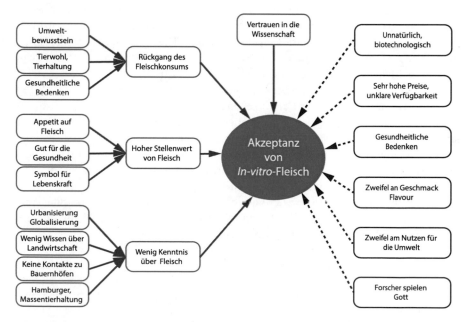

Abb. 5.41 Die Argumente für und wider *in-vitro*-Fleisch haben unterschiedliche Ursachen

in die Wissenschaft und die Biotechnologie notwendig. Auch bei Bevölkerungsschichten, die Fleisch schätzen, weil es – siehe Evolution – seit dem Paläolithikum
dem Menschen guttat, liegt eine höhere Akzeptanz vor, Laborfleisch auf den
Speiseplan zu nehmen. Für Menschen, für die aufgrund der Urbanisierung Fleisch
zu einer abgepackten anonymen Ware wurde und die wenige bis gar keine Kenntnisse über Fleischerzeugung oder Tierhaltung haben, wäre *in-vitro*-Fleisch ebenfalls kein Problem.

Auf der anderen Seite herrschen große Bedenken, vor allem bei technik- und
wissenschaftsfeindlichen Gruppen. Besonders, wenn aus der biotechnologischen
Herstellung gesundheitliche Bedenken abgeleitet werden und Zweifel am
Geschmack für den (noch) verhältnismäßig hohen Preis aufkommen. Mit Sicher-
heit wirkt es für eine breite Bevölkerungsschicht befremdlich, wenn im Labor
Muskeln wachsen, ohne dass ein Organismus erkennbar ist. Vor allem, wenn
Laborfleisch im Tonnenmaßstab produziert würde, wenn die Reaktoren die Anmut
einer chemischen Anlage bekämen, könnte die Akzeptanz leiden.

5.11.2 Technische Probleme und Lösungen

Ganz so einfach funktioniert dies allerdings nicht, denn Muskeln sind sehr
kompliziert aufgebaut (siehe Abb. 5.38). Unzählige Strukturproteine und
sarkoplasmische Proteine müssen synthetisiert und vor allem an die richtigen
Stellen gebracht werden. Darüber hinaus muss der Muskel unter Bewegung
wachsen, wie beim Tier. Dazu sind aber ganz bestimmte Vorrausetzungen notwendig. Hefen oder noch so kompliziert veränderte Mikroorganismen können
dies bisher nicht. Dafür sind, wie im Fötus und im lebenden Tier, Stammzellen
als Ausgangszellen und Nährlösungen vonnöten. Diese kommen immer noch
vom frisch geschlachteten Kalb. Ein Schmutzfleck befindet sich auch im Clean
Meat. Allerdings zeichnen sich in der nahen Zukunft Lösungen dafür ab.

Um eine Vorstellung davon zu bekommen, wie derartige Produktionsanlagen
für die Fleischproduktion vor Ort aussehen könnten, ist in Abb. 5.42 ein Flussdiagramm gezeigt [163]. Aus den Stammzellen müssen zunächst in kleinen Schritten
stabile Starterkulturen entwickelt werden, mit denen ein industrielles „Upscaling"
(Hochskalierung) in große Chargen gelingt. Die Bioreaktoren müssen dabei stets
bewegt, geschüttelt und gerührt werden. Erst dann kann die Fleischproduktion
in einer sterilen Umgebung unter Sauerstoffzufuhr über das Zellwachstum
beginnen. Muskelzellen bilden sich, die nach einer gewissen Zeit verbunden und
aus der flüssigen Lösung gefällt werden müssen. Daher werden Transglutaminase
und andere Bindungsproteine zugegeben. Die Aggregate der Muskelzellen
sedimentieren, der klare Überstand wird abgenommen und das Fleisch zu einem
Kuchen gepresst. Anschließend wird das Fleisch zum Beispiel zerkleinert und
gewolft, bis es zum Endverbraucher gelangt. Weitere, etwas abgewandelte
Produktionsverfahren sind möglich [164], die aber im Kern ähnlich ablaufen, wie
es in Abb. 5.42 dargestellt wurde.

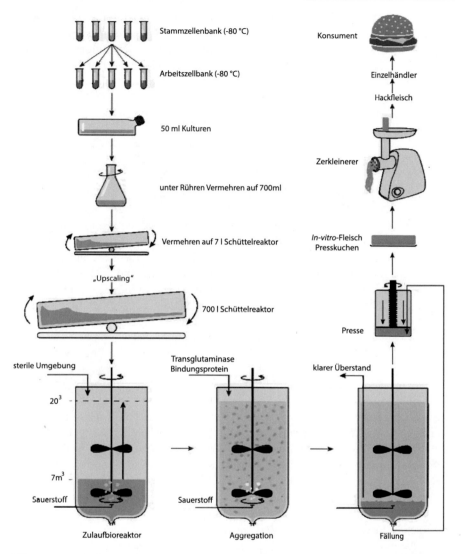

Abb. 5.42 Typisches Flussdiagramm einer Produktionsanlage für *in-vitro*-Fleisch. (Nach van der Weele und Tramper [163])

Damit ist klar: Um die gegenwärtige Fleischversorgung aufrechtzuerhalten, müsste Clean Meat an vielen Orten im industriellen Maßstab in großen Bioreaktoren hergestellt werden, die mehr als 20 Kubikmeter Nährlösung enthalten. Klar ist aber auch, dass die Muskelfasern bei den gegenwärtigen Verfahren relativ kurz sind und sich im Wesentlichen nur für Burger, Hackfleisch oder Bolognese-Soße eignen. Ohne Transglutaminase oder andere Fleischkleber, wie sie z. B. vom Formschinken oder Formfleisch bekannt sind, können die Myofibrillen nicht ausgefällt werden.

Die bisher verwendeten Verfahren lassen den Einbau von intramuskulärem Fett nicht zu. Das ist mit embryonalen Stammzellen in diesen Reaktoren nicht möglich. Des Weiteren lassen sich, entgegen manchen Vorstellungen, natürlich weder Beinscheiben noch Flankensteaks oder die allseits beliebten Lenden biotechnisch herstellen. Ein Rührreaktor mit embryonalen Stammzellen und Aminosäurelösungen ersetzt nicht die Tierphysiologie, damit nicht das Wachstum eines Kuhembryos und simuliert auch nicht das lange Leben eines Weideochsen.

5.12 Insekten

Insekten sind tatsächlich eine hervorragende Nahrungsquelle für den modernen Menschen [165]. Schon unsere Vorfahren haben von den im Vergleich zu Pflanzen höherwertigen Proteinen und den vielen Mikronährstoffen der Insekten [166] profitiert (siehe Kap. 2). Wie dort bereits angesprochen, bieten Insekten die essenziellen mehrfach ungesättigten Fettsäuren DHA und EPA, die der Pflanzenphysiologie vorenthalten sind (Abb. 2.6). Insektenproteine sind auch im Vergleich zu rein pflanzlichen Proteinen mit mehr essenziellen Aminosäuren ausgestattet und aufgrund ihrer Struktur für menschliche Verdauungsenzyme leichter zugänglich und damit besser biologisch verfügbar.

Der Proteingehalt von Insekten ist mit dem von tierischen Produkten gleichauf, wenn er auf die Trockenmasse und auf die verzehrbare Masse bezogen wird [167], wie in Abb. 5.43 zu erkennen ist. Das verdeutlicht auch noch einmal den Vorteil der Insektennahrung in der Evolution. Problematisch ist lediglich, auf die Gesamtmasse an Protein zu kommen.

So werden immer wieder Burger mit einem hohen Anteil an Insekten, zum Beispiel Mehlwürmern (die Larven der Mehlkäfer), angeboten [168]. Gleichzeitig wird die Nachhaltigkeit der Produktion beworben, was sowohl den Platzbedarf als auch den Wasserverbrauch, die Treibhausgase und den CO_2-Abdruck anbelangt [169]. Viele Argumente sprechen daher für aus Insekten hergestellte Nahrung.

Nachteilig in der europäischen und westlichen Ernährungskultur ist lediglich der Ekel vor Insekten, der sich allerdings wiederum umgehen lässt, wenn die Proteine aus Insekten isoliert werden, um sie anschließend wieder zu „texturieren" [170]; das bedeutet jedoch wieder einen höheren Energieaufwand, als zum Beispiel Mehlwürmer zu braten, zu frittieren oder zu Burgern zu verarbeiten. Oder sie werden erhitzt, getrocknet und zu Pulver verarbeitet. Dieses Proteinmehl lässt sich beispielsweise als hochwertige Komponente in glutenfreien Backwaren oder glutenfreier Pasta bestens verarbeiten. Nicht nur die Steigerung des Nährstoffgehalts im Vergleich zu Nicht-Weizen-Getreiden oder Pseudogetreide wäre ein Gewinn, sondern auch die verbesserten Eigenschaften beim Prozessieren und der Wasserbindung böten Vorteile.

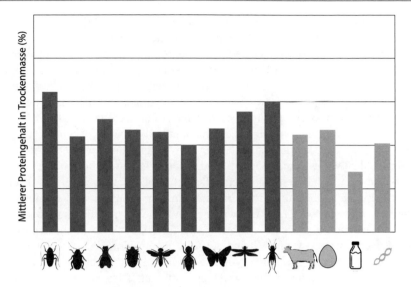

Abb. 5.43 Der relative Proteingehalt unterschiedlicher Insekten im Vergleich zu Rindfleisch, Hühnereiern, Milch und Sojabohnen

In diesem Sinne sind auch Ansätze modernen Regionalmenüs in der sich stark entwickelnden Gastronomie Dänemarks zu sehen [171]. Immer wieder werden Insekten, z. B. Ameisen, beigefügt [172], sogar lebendig. Oft aber auch als Paste, die das einzigartige kulinarische Potenzial der darin enthaltenen Ameisensäure zeigt. Spätestens dann lohnt es sich, wie immer beim Essen mit Genuss, Ekelgefühle zu überwinden. Auch gehört der Verzehr von Insekten zum konsequenten Schritt, wenn über Paleo-Ernährung gesprochen wird.

Bleibt nur noch eine Frage der Bioethik zu klären: Ist ein Insektenleben weniger wert als das eines Weiderinds? Was also ist ethisch vertretbarer? Für einen Insekten-Burger Tausende von Mehlwürmern und Insekten zu töten oder für 1000 Burger ein Rind zu schlachten?

5.13 Pilzproteine – Neues aus der Forschung

Es ist durchaus fragwürdig, unter großem Aufwand Lebensmittel zu zerlegen und unter weiterem Energieaufwand wieder zu Plant-Based Food zu rekonstruieren. Das mag in manchen Fällen nützlich sein, wenn tatsächlich nachhaltige Nebenströme der Industrie genutzt werden können. Besser wäre es, Proteine für Lebensmittel zu gestalten und mittels Mikroorganismen zu fermentieren. Quorn, das Mykoprotein bestimmter Pilzsporen, ist ein Beispiel dafür [173]. In letzter Zeit wurden neue Systeme entwickelt, die ein vielversprechender Anfang ganz neuer Ideen sein können. Aus ganz bestimmten Pilzsporen lassen sich Mykoproteine fermentieren [174], die dann mit einer Mischung aus Verdickungs- und Geliermitteln wie κ- und ι-Carrageen, Johannisbrotkernmehl, Reisstärke, Konjakgummi, Zitronensäure, modifizierter Stärke, Natriumcitrat, Süßkartoffelkonzentrat sowie Gewürzen und Salzen nach dem Mixen mit Wasser zu sensorisch akzeptablen veganen Brühwürsten verarbeitet werden können, welche sensorisch einer herkömmlichen, tierischen Brühwurst im Vergleich zu herkömmlichen Analogwürsten aus Sonnenblumenproteinen oder Sojaproteinen näherkommen. Ein großer Vorteil ist, dass diese Würste wieder unter Handwerk fallen. Die Würste für die sensorische Prüfung wurden in einem Standardküchengerät, einem Thermomix®, gekocht und können somit sogar selbst hergestellt werden, sofern das Protein-Kohlenhydrat-Gemisch, das Mycel, aus den Pilzen vorliegt.

Des Weiteren sind Seitlinge generell von großem Interesse: Das Proteingemisch (bisher 17 bekannte Proteine und Enzyme) wurde aus Seitlingssporen gewonnen *(Pleurotus sapidus)*. Die wichtigsten Proteine sind die kupferbindenden Enzyme Laccase und Laccase2, Proteine aus 521 bzw. 531 Aminosäuren [175]. Beide Proteine weisen fünf Cysteine auf, die für ein hinreichend weitmaschiges und elastisches Netzwerk sorgen. Vor allem auch deshalb, weil sich ein Teil des Cysteins an den Enden der Molekülketten befindet. Dies ist auch beim hochmolekularen Glutenin einer der entscheidenden Vorteile beim Brotbacken und der damit einhergehenden Netzwerkbildung für die Krumenstruktur. Laccasen vernetzen sich auch mit Polysacchariden, etwa Hemicellulose und den in Getreiden vorkommenden Arabinoxylanen, sodass künftig diese Seitlingsproteine in einigen der in diesem Buch besprochenen Anwendungen, wie glutenfreien Backwaren, vegetarischen und veganen Surrogaten u. a., ihren funktionellen Platz finden werden. Die Pilze bzw. deren Sporen zeigen biophysikalische Synergien zwischen dem Zellmaterial β-Glucan und Proteinen. Die daraus abgeleiteten Lebensmittel weisen hohe Stabilität und sehr gute Texturen auf.

Weiterhin vorteilhaft sind die starke Wasserlöslichkeit und Funktion der Laccase, die durch eine hohe Zahl der geladenen Aminosäuren gesichert ist (Abb. 5.44). Die positiven und negativen Aminosäuren sind quasi gleichmäßig entlang der Proteinketten verteilt, die sich auf ausgewählte Weise mit den negativ geladenen Geliermitteln κ- und ι-Carrageen arrangieren.

Die sich daraus ergebende lockere Netzwerkstruktur lässt zusammen mit dem eingebundenen Wasser eine knackige, brühwurstähnliche Textur zu. Aufs Neue zeigt sich auch hier, dass sich Funktion und Sensorik stets über die physikalischen Eigenschaften auf der molekularen Ebene definieren.

5.14   Fast Food, hochprozessierte Lebensmittel – Fluch oder Segen?

Egal, von welchem Blickwinkel es betrachtet wird: Analogprodukte sind auf industriellem Wege hochverarbeitete Produkte, und immer wieder stellt sich in der Wissenschaft die Frage: Schadet der hohe Verarbeitungsgrad, egal ob im Convenience-Food-Bereich, bei Fast Food oder bei den rekonstruierten Lebensmitten, auf irgendeine Art und Weise der Gesundheit? Die Ernährungswissenschaften

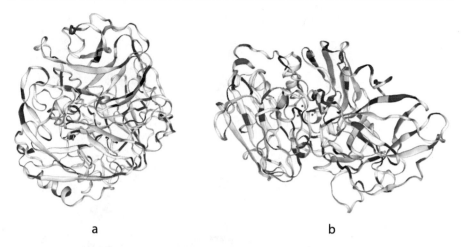

a   b

Abb. 5.44   Laccase (**a**) und Laccase2 (**b**) aus Seitlingssporen. Die elektrisch geladenen Bereiche der beiden Enzyme sind rot (minus) und blau (plus) gekennzeichnet

gaben bisher darauf nur Vermutungen aus Beobachtungsstudien ab. Erst kürzlich wurde eine aufsehenerregende und sorgfältig durchgeführte Untersuchung an einem Mausmodell publiziert [176]. Dabei wurden Mäuse mit einer westlichen Diät gefüttert, d. h. zuckerreich, fettreich und vor allem zu viel davon. Die Tiere entwickelten daraufhin deutliche Entzündungen, die sich über den ganzen Körper ausbreiteten und die eher an eine Infektion durch gefährliche Bakterien als an schlechtes Essen erinnerten. Es war ein unerwarteter Anstieg mancher Immunzellen im Blut zu verzeichnen, was als Hinweis auf die Beteiligung von Vorläuferzellen des Knochenmarks bei der Mäusegruppe gedeutet wurde, die damit gefüttert wurde. Daher wurde das Knochenmark untersucht und es zeigte sich, dass die starke Abwehraktivität genetisch aktiviert wurde. Betroffen waren unter anderem Erbanlagen für die Vermehrung und Reifung der Immunzellen. Bei den Mäusen führte Fast Food zu einer starken Abwehrreaktion, die nicht durch Infektionen ausgelöst wurde. Auf lange Sicht werden sogar Immunzellen in der DNA quasi umprogrammiert. Bestimmte Bereiche in der Sequenz der DNA lassen sich dann vermehrt ablesen, die Immunabwehr wird dauerhaft aktiviert (Abb. 5.45). Die molekulargenetischen Wege dieser Mechanismen lassen sich im Detail aufklären. Parallel dazu wurden Blutuntersuchungen bei Menschen durchgeführt, dabei zeigten sich ähnliche Mechanismen über das Serum.

In Abb. 5.45 sind die Verhältnisse stark vereinfacht zusammengefasst. Bei einer Mischkost ohne Überangebot an Fett, Zucker und Kohlenhydraten lassen sich keine Anomalitäten in den Entzündungswerten feststellen. Eine außergewöhnliche Abwehrreaktion wird nicht ausgelöst. Anders beim übermäßigen Verzehr von Fast Food und dem damit verbundenen Übermaß an Fett und Zucker. Das Abwehrsystem, insbesondere Inflammasome, cytosolische Proteinkomplexe in Makrophagen und neutrophilen Granulocyten, werden offenbar über Fast Food bzw.

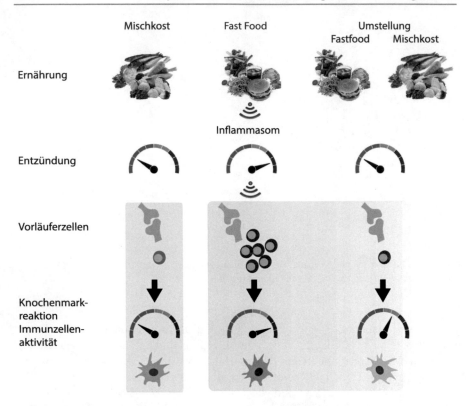

Abb. 5.45 Der Unterschied zwischen einer Mischkost, wie sie zum Beispiel aus einer Mittelmeerküche bekannt ist, zum Fast Food, reich an Zucker, Fett und Kohlenhydraten, lässt sich auf quantitative Weise messen

das Zuviel an Zucker oder Fett angeregt. Dadurch werden im Knochenmark Vorläuferzellen gebildet, die sich über eine Umprogrammierung bzw. Veränderung der Gestalt der DNA äußern. Auch dies gehört wiederum zu den physikalischen Eigenschaften, denn um die etwa 1 m lange DNA in die Chromosomen der Zellen zu packen, muss sie trickreich aufgewickelt werden, wie in Abb. 5.46 schematisch dargestellt.

Im Chromosom liegt eine detaillierte Hierarchie in Struktur und Längenskalen vor, die zeigt, wie sich die Doppelhelix um Histon und Nucleosomen wickelt. Dadurch wird Länge gespart. In diesem Ruhezustand sind allerdings viele der Stücke der DNA nicht lesbar, da sie eng auf den Proteinen des Histons liegen. Offenbar werden diese Stücke zum Ablesen gelockert, sodass nun Teile der Information in den freigelegten Sequenzen der Basenpaare abgelesen werden können, was letztlich zum Umprogrammieren der Zellen führt.

Erwähnenswert ist auch, dass selbst nach einer Umstellung der Ernährung die Entzündungsmechanismen für eine geraume Zeit erhalten bleiben (rechts in Abb. 5.45). Dies ist nicht verwunderlich, denn die Änderungen eines komplexen

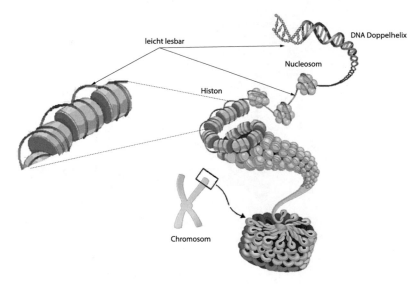

Abb. 5.46 Die hierarchische Struktur der DNA

Makromoleküls wie der DNA wie auch der hochgradig komplizierten Wechselwirkungen sind nicht innerhalb kürzester Zeit zu bewerkstelligen.

Dies ist in der Tat bemerkenswert, denn zum ersten Mal scheinen die Auswirkungen von „schlechter Ernährung" oder gar „ungesundem Essen" auf molekularer Ebene messbar zu sein. Zuvor gab es lediglich Meinungen dazu, die sich kaum begründen bzw. nachprüfen lassen. Allerdings muss noch überprüft werden, inwieweit die Mengen, mit denen die Mäuse und die Kontrollgruppe gefüttert wurden, auf Menschen übertragbar ist und auch, über welchen Zeitraum Fast Food und nur Fast Food gegessen werden muss, bis Effekte auftreten. Eine Burger-Mahlzeit mit Pommes frites im Monat erzeugt garantiert keine Entzündung, dauerhafter Konsum von Süßgetränken, Süßwaren und Convenience-Mahlzeiten schon eher. Fast Food und so manches Convenience-Food ist daher nur bedingt ein Segen für den modernen Menschen. Ob es allerdings einen echten kausalen Zusammenhang zu einer erhöhten Sterberate gibt, ist bislang nicht bekannt, auch wenn es deutliche epidemiologische Hinweise dafür gibt [177].

Unser Gehirn spielt dabei ebenfalls eine große Rolle, denn wenn wir gut essen, werden wir belohnt. Dafür ist das Belohnungszentrum verantwortlich – und vereinfacht gesprochen die Biochemie der Botenstoffe. Schymanski [178] hat dafür ein sehr anschauliches Schema entwickelt, das sich nahtlos in die hier immer wieder angesprochenen nützlichen Dreiecksbeziehungen (siehe Abb. 2.29–2.32, 4.1, 5.1 und 5.40) wie in Abb. 5.47 einordnet.

Bereits anhand dieser stark vereinfachten Darstellung wird klar, wie rasch man in der Überflussgesellschaft mit einem Überangebot von Nahrungsmitteln in den Teufelskreis gelangt, ständig essen zu müssen. Im Supermarkt lockt die bunte Süßigkeitpackung, an der Bäckerei der Brotduft, am Wurststand der Geruch

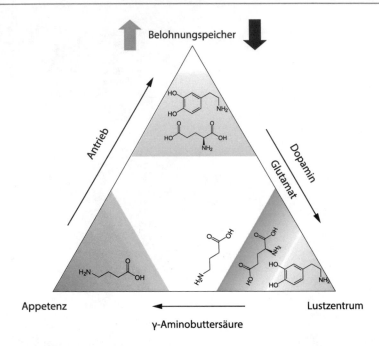

Abb. 5.47 Das Belohnungsdreieck nach Schymanski mit der Appetenz, dem Antrieb (links), dem Speicher für Botenstoffe (Neurotransmitter) wie Glutamat (Glutaminsäure) und Dopamin (oben) sowie dem Lustzentrum (Belohnungszentrum), in dem Glutaminsäure chemisch zu GABA, der γ-Aminobuttersäure, umgewandelt und zum Appetenzzentrum überführt wird. Die Glutamat-/Dopaminspeicher werden nur in Ruhezeiten (ohne Reize) ausreichend aufgefüllt

nach Brühen. Ein wenig Hunger ist vorhanden, der Appetit ist groß. Also wird gekauft und gegessen. Der volle Erwartungs- und Belohnungsspeicher gibt recht, schüttet Dopamin aus, das Belohnungszentrum reagiert positiv. Der Mensch ist glücklich. Dopamin wird aus dem Belohnungszentrum abgebaut, Glutamat zu γ-Aminobuttersäure (GABA) abgebaut. GABA ist ein endogener Botenstoff, der als biogenes Amin durch Decarboxylierung der Glutaminsäure gebildet wird und ins Appetenzzentrum überführt wird. Übersteigt dort die Konzentration an GABA eine Schwelle, erhöht sich die Appetenz, man wird wieder hungrig und gierig, der Ansporn steigt. Die Aktivität steigt, wenn andere Anreize fehlen, seien es die Jagd bei Jägern und Sammlern, lohnenswerte Arbeit bei Pflanzern, Bauern und Hirten, sportliche Erfolge, dankenswerte Geschäfte bei Kaufleuten, aussichtsreiche Forschungsaufgaben bei Wissenschaftlern. Fehlen äußere Anreize oder Erfolge, bleibt der Ausweg, sich mit Essen zu belohnen. Der Griff zum Snack, zur Süßigkeit folgt. Der Kreislauf beginnt von Neuem. Sofern der Dopamin-/Glutamatspeicher in der Zwischenzeit gut gefüllt wurde, ist das kein Problem. Die Befriedigung wird durch den kleinen Snack, das Bonbon oder das kleine Stück Schokolade erreicht. Ist der Speicher nicht ausreichend gefüllt, fällt der Snack größer aus, gleichzeitig werden die zeitlichen Abstände der Snacks kleiner, besonders, wenn andere Reize dieser schelllebigen Zeit hinzukommen, Likes in den sozialen Medien, die Lieblingsmusik im Radio, die SMS des geliebten Lebenspartners. All diese Belohnungen zehren am Speicher, leeren ihn. Nur in Ruhephasen kann dieser stetig und reichlich gefüllt werden. Fehlen die Ruhephasen, wird die Selbstbelohnung mit dem Griff zu Fast Food, Convenience-Riegeln immer wahrscheinlicher. Dabei ist es unerheblich, ob bio, vegan, mit „Honig-statt-Zucker" gelabelt oder gar als Superfood, all das liefert letztlich vollkommen unnötig viel Energie. Anfällige Menschen werden in diesen Kreislauf hineingezogen. Mit Glucose und glucose-reichen Lebensmitteln funktioniert dies besonders gut. Damit werden aber nur jene wirtschaftlich belohnt, die derartige überflüssige Produkte herstellen, auch die-jenigen, die solche Produkte aus Weizengras, Haferflocken, Sonnenblumenkernen, *Spirulina,* Gojibeeren und antikarzinogener Kurkumaanreicherung herstellen. Eine der einfachsten banalsten Möglichkeiten, diesen Teufelskreis zu durchbrechen, wäre, den aufkeimenden Hunger zu genießen. und ihn als Luxus zu erkennen. Lebensmittel gibt es in der westlichen Welt im Überfluss, genau das ist auch ein Problem.

Das „künstliche" Glutamat im Essen ist nicht schuld. Der Neurotrans-mitter Glutamat, und damit die Glutaminsäure, wird im Gehirn gemäß den bio-chemischen Gesetzen aus Glutamin hergestellt, wann immer es nötig ist. Der Ursprung der strukturidentischen funktionellen Teile der Molcküle Glutamat und Glutaminsäure ist unerheblich. Ganz nebenbei ergibt sich hier eine neue Idee einer Erkenntnis: Alles, was wir denken und fühlen, unsere Stimmungen, sind letztlich nichts weiter als feinst abgestimmte, individuelle Biochemie und somit die Folge chemischer Reaktionen im Gehirn. Dies zeigt sich auch gleich noch an einer ganz anderen Stelle.

Auf der neurologischen Ebene gibt es ebenfalls bemerkenswerte Erkennt-nisse [179], die sich mit den Wegen beschäftigen, mit denen wir Essen überhaupt einschätzen. Zentrale Fragen sind, wie das Essen, das wir schlucken und der Magen-Darm-Passage übergeben, über die gustatorische Wahrnehmung hinaus signaltechnisch verarbeitet wird. Vieles deutet darauf hin, dass zwei voneinander getrennte unterschiedliche Systeme die Lebensmittelauswahl beeinflussen. Das eine System koppelt direkt an den Nährwert von Lebensmitteln und beruht auf Stoffwechselsignalen, die das Gehirn erreichen. Dieses Nährstoffsensorsystem scheint eine entscheidende Rolle bei der Regulierung des Botenstoffs Dopamin, der Bestimmung des Werts von Lebensmitteln und der Auswahl von Lebens-mitteln zu spielen. Im zweiten System sind auch bewusste Wahrnehmungen wie Geschmack und Überzeugungen hinsichtlich des Kaloriengehalts, der Kosten und der Gesundheit von Lebensmitteln bei der Auswahl wichtig.

Wie tomografische Untersuchungen ergaben, aktivieren kalorienreiche Lebens-mittel das Striatum im Großhirn beim Menschen und die Stärke dieser Reaktionen wird durch metabolische Signale reguliert. Der Blutzuckerspiegel steigt ins-besondere nach dem Konsum von kohlenhydrathaltigen Getränken und Lebens-mitteln – die Intensität der Reaktion lässt sich mit dem Anblick und erhofften süßen Geschmack des Getränks oder des Lebensmittels korrelieren. Glucose als notwendiger Treibstoff der Zellen ist somit notwendigerweise mit einem meta-bolischen Signal verbunden, nämlich der Freisetzung des Dopamins.

Die Beobachtungen beim Menschen deuten darauf hin, dass die Stärke der Stoffwechselsignale im Gehirn unabhängig von bewussten Wahrnehmungen ist, zum Beispiel, wie echt das Lebensmittel ist. Die gleichen striatalen Reaktionen auf den kalorienversprechenden Geschmack, die so eng mit Veränderungen des Plasmaglucosespiegels gekoppelt waren, standen allerdings in keinem Zusammenhang mit den Vorlieben der Studienteilnehmer. Dies steht wiederum im Einklang mit zusätzlichen Kernspinuntersuchungen, die zeigen, dass die tatsächliche Energiedichte und nicht die geschätzte Energiedichte zusammen mit der Belohnungsreaktion die Kaufbereitschaft für Lebensmittel bestimmt. Bei fetthaltigen Produkten ist die Sachlage ähnlich.

Die Unabhängigkeit der neuronalen Bewertungssysteme, des gustatorischen und des stoffwechselbedingten, lässt sich an Versuchen mit Ratten sehr eindrucksvoll zeigen: Wird Glucose oder Fett direkt in den Darm gegeben, steigt die Dopaminausschüttung genauso stark an wie bei der oralen Gabe der entsprechenden Nährstofflösung, was für eine direkte Kommunikation über physiologische Signalwege zwischen Darm und Neuronen im Gehirn spricht. Wird aber nun in den Tieren der Vagusnerv durchtrennt, der unter anderem für die Geschmacksempfindungen und die taktilen Reize auf der Zunge verantwortlich ist, so wird dadurch lediglich der Appetit auf Fett gebremst, während der Appetit auf Kohlenhydrate davon nicht betroffen und somit unabhängig ist.

Die Entdeckung, dass eine nicht konditionierte, stimulierende Nahrungsaufnahme aus einem Signal hervorgeht, das unabhängig vom sensorischen Genuss ist, wirkt nur auf den ersten Blick überraschend. Alle Organismen müssen sich schließlich mit Energie versorgen, um zu überleben, selbst wenn manche Gehirnfunktionen nicht mehr arbeiten, die eine bewusste Nahrungsaufnahme unterstützen. Dann greift das Gehirn auf Signale zurück, die Informationen über die Eigenschaften der Nahrung vom Darm an zentrale Schaltkreise im Gehirn weiterleiten. Die Ernährung ist dann unabhängig vom Bewusstsein reguliert, sodass zumindest die Versorgung mit dem Haupttreibstoff der Zellen, Glucose, möglich ist. Informationen vom Darm zum Gehirn sind folglich entscheidend für eine genaue Wertschätzung und eine plausible Einschätzung der Energie der Nahrung. Diese neuen Erkenntnisse aus der Forschung sind in Abb. 5.48 zusammengefasst.

Dies sind schlechte Nachrichten für den Verzehr hochprozessierter Lebensmittel. Diese sind in vielen Fällen im Vergleich zu bekannten natürlichen Lebensmitteln viel zu energiedicht. Gleichzeitig sind sie so präsentiert und konstruiert, dass Menschen kaum widerstehen und dem Belohnungskreislauf (Abb. 5.47) entfliehen können. Die Nährstoffdichte treibt die neuronalen Signale weiter an, es wird deutlich mehr verzehrt, als dem Energiebedarf tatsächlich entspricht. Die Folge ist Übergewicht aufgrund fehlinterpretierter Signalübermittlung.

Darüber hinaus legen Teile der Convenience-Industrie großen Wert auf Geschmack, Textur und Mundgefühl, die über Kombinationen von kalorischen und nichtkalorischen Zusätzen gesteuert werden. Getränke oder Milchprodukte enthalten damit Energieträger wie Glucose und Fructose, kalorienfreie Süßstoffe wie Sucralose und Acesulfam K oder Steviaextrakte (vgl. Abschn. 4.8.1). Energiegehalt und Geschmack sind vollkommen außer Balance. Damit wird, entsprechend

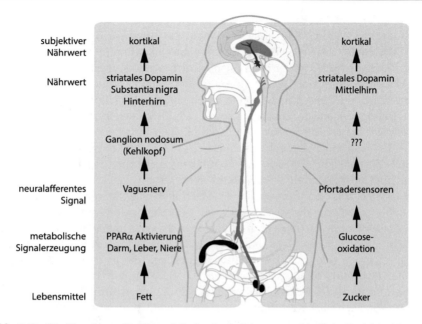

Abb. 5.48 Die Signalwege für Fett und Zucker laufen über unterschiedliche Systeme [177]

der Signalwege, mehr davon verzehrt und getrunken, als physiologisch notwendig ist, das Gehirn wird überstimuliert, das ständig ausgeschüttete Dopamin veranlasst längerfristig eine Umprogrammierung der Nahrungsmittelauswahl. Der Gesamtkalorieneintrag steigt, Fettleibigkeit und Folgeerscheinungen werden immer wahrscheinlicher. Eine striktere Zurückhaltung bei Fertigprodukten ist daher kein Fehler.

5.15 Superfoods

Was steckt aus Sicht der Wissenschaft hinter Superfoods? Scheinbar unverzichtbare Lebensmittel mit außergewöhnlichen Nährstoffinhalten, die Gesundheit und langes Leben versprechen [180]. Chia aus Südamerika wird heimischem Leinsamen vorgezogen [181], Beeren aus fernen Ländern bekommen schon fast Medikamentenstatus [180], sodass heimische Waldheidelbeeren dagegen verblassen – trotz eines ähnlich hohen Gehalts an Anthocyanen. Selbst der schlichte Grünkohl wird im Sommer unter seinem angelsächsischen Namen als „Kale" angeboten, nur weil Glucosinolate als scheinbar funktionelle Inhaltsstoffe bekannt wurden, die aber in jedem Kohl und allen Zwiebelgewächsen ebenfalls reichlich vorhanden sind.

In diesen Superfoods geht es somit vorwiegend um jene sekundären Pflanzenstoffe, denen offenbar Superkräfte angedichtet werden. Diese Idee ist allerdings im Grunde und im Lichte der Evolution nicht verkehrt. Bereits die Vorfahren der

Hominiden aßen wilde Beeren und Früchte der jeweiligen Saison, sofern sie der Geschmackssinn daran nicht hinderte. Waren die Beeren und Früchte zu sauer, waren sie unreif. Der Gehalt an Pflanzenabwehrstoffen (FODMAPs) war in diesem Stadium noch viel zu hoch, also nicht besonders gesund, denn diese im Übermaß wirken wie viele dieser Stoffe toxisch, zumindest im hohen Maße anti-nutritiv. Waren die Beeren und Früchte bitter, taugten sie nicht für die Ernährung. Dieser Teil der saisonalen Ernährung setzte sich bis zu den Jägern und Sammlern fort. Neben der Nahrung aus der Jagd bildeten Früchte und Beeren einen großen Bestandteil der sich entwickelnden Esskultur. Erst im Neolithikum gelang es, über Züchtungserfolge das Angebot dieser Lebensmittel zu steigern. Der Bestand und die Versorgung wurden deutlich besser.

Im Grunde geht es, abgesehen von Mineralien und Spurenelementen, beim sogenannten Superfood vorwiegend um die antioxidativen Eigenschaften mancher Substanzen, die in Beeren, Früchten und Samen enthalten sind. Auch das geschieht in der Natur mit System, denn in Beeren, Früchten, Knollen und Samen befindet sich der Nachwuchs der Pflanze und damit die am schützenswertesten Teile der Pflanzen. Woraus sich sofort der tiefere Sinn der Standardsätze „viele Inhaltsstoffe im Apfel befinden sich in und direkt unterhalb der Schale" (Poly-phenole) wie auch „bei Kartoffeln sollte die Schale wegen deren Giftigkeit nicht gegessen werden" (Solanine, Lektine, Agglutinine) ergibt. Dort greifen Fress-feinde zuerst an. Die sekundären Pflanzenstoffe sind zunächst nichts weiter als die Chemiewaffen von Obst und Gemüse gegen Insekten und andere Herbivoren. Bei Beeren und Früchten kommt noch hinzu, dass sie der Sonne und damit der energiereichen ultravioletten (UV) Strahlung ausgesetzt sind, die bei hellhäutigen Menschen rasch einen Sonnenbrand verursacht. Daher müssen Moleküle ein-gebaut werden, die harte UV-Strahlung vorher absorbieren, bevor die der Sonne ausgesetzten Pflanzenteile geschädigt werden.

Da jede Zelle, jedes Leben aus sich selbst organisierenden Molekülen besteht, spielt in der Tat die Oxidation – chemische Elektrontransferprozesse – die ent-scheidende Rolle. Daher kann praktisch alles oxidiert werden, was in den Zellen vorhanden ist, Lipide, Proteine und natürlich die DNA im Zellkern. Verantwortlich dafür sind freie Radikale, wie sie sich unter spontan ablaufenden und praktisch unvermeidbaren Prozessen bilden können (vgl. Abb. 1.5). Diese freien Elektronen oder Molekülteile, bei denen z. B. ein Elektron fehlt, sind hochreaktiv, denn sie streben nach Bindung und Neutralisierung. Die fehlenden Ladungen müssen rasch ersetzt werden. Diese freien Radikale haben daher eine hohe Affinität und nehmen sich Ladungen aus benachbarten, Aminosäuren, Phospholipiden in den Zellen, DNA, die geschädigt werden können. Mitunter entstehen dadurch neue freie Radikale, eine ganze Kaskade des Elektronaustauschs beginnt – mit schlimmen Folgen, wenn den Oxidationsprozessen nicht Einhalt geboten wird (Abb. 5.49). Treten derartige Ladungstransferprozesse zu häufig auf, reichen die Reparatur-mechanismen nicht mehr aus. Die betroffenen Zellen verlieren ihre Funktion.

Derartige Oxidationsprozesse spielen auch bei der Alterung eine große Rolle [182]. Davor haben Menschen Angst und greifen nach Antioxidantien. Diese stellen sich bildlich gesprochen den freien Radikalen in den Weg und stoppen

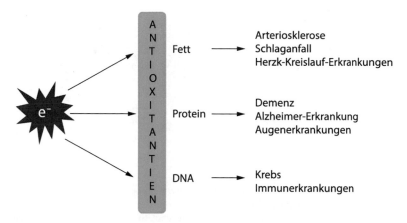

Abb. 5.49 Oxidationsprozesse in unterschiedlichen funktionellen Systemen bedingen Erkrankungen und lösen Entzündungsprozesse aus

deren Aktivität. Zu den typischen Antioxidantien zählen Polyphenole und Terpene, denn mit diesen Molekülen schützen sich Pflanzen ebenfalls vor Oxidation, energiereicher UV-Strahlung und manchmal sogar vor Fressfeinden, da Polyphenole auf eine vielfältige Art und Weise wirken – und auf unserer Zunge einen bitteren Geschmack auslösen. Wenn die Chemie stimmt, wird auch Adstringenz ausgelöst, jenes „trockene" und „zusammenziehende" Mundgefühl, das wir vom Rotwein, Tee, Walnüssen sehr gut kennen.

5.16   Sekundäre Pflanzenstoffe

5.16.1 Polyphenole

Phenole und Polyphenole sind eine Stoffklasse in der Chemie. Ihr Name leitet sich von dem einfachsten Phenol, dem Benzolring, ab, wie in Abb. 5.50 gezeigt.

Das Besondere an dieser typischen Phenolstruktur zeigt sich im Verhalten der Elektronen [183]. Die π-Elektronen, die in den Hanteln in Abb. 5.50b angedeutet sind, werden bei mehreren sukzessiven konjugierten Doppelbindungen (im Strukturmodell, Abb. 5.50a) delokalisieren und oben und unten in ringförmigen Schläuchen ihre höchste quantenmechanische Aufenthaltswahrscheinlichkeit zeigen. Der anschauliche Grund für diese Delokalisierung ist einfach: Die Positionen der Doppelbindungen können beliebig vertauscht werden, solange die Konjugation erhalten bleibt. Der Benzolring zeigt damit bereits eine chemische Grundvoraussetzung für die Aktivität als Radikalfänger: Er besitzt Elektronen, die in einem π-Orbitalsystem delokalisiert sind und daher, sehr naiv gesprochen, leichter verfügbar sind als quantenmechanisch fest eingebundene Elektronen in einem Atom oder Molekül. Das einfachste Phenol (Carbol, Hydroxybenzol) ist übrigens trotz des „alkoholischen" Namens (-ol als Endung) chemisch eine Säure

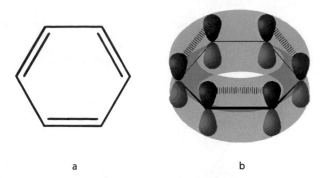

a   b

Abb. 5.50 Ein Benzolring – **a** Strukturformel, **b** Orbitalmodell – zeigt bereits das Grundprinzip der antioxidativen Wirkung (auch wenn die dargestellte Verbindung Benzol aus anderen Gründen karzinogen wirkt). Eine große quantenchemische Rolle spielt dabei das delokalisierte π-Elektronensystem (blaue und grüne „Ringe")

des Benzols, weil sich an einem der Kohlenstoffe eine Hydroxylgruppe (OH) befindet.

Polyphenole, es gibt davon mehrere Tausend verschiedene Strukturen bei Pflanzen, besitzen nun in ihrer Struktur mehrere dieser Benzolringe und haben alle ein hohes Potenzial an π-Elektronen. Daher sind Polyphenole perfekte Radikalfänger oder Antioxidantien. In der Naturstoffchemie der Pflanzen [184] lassen sich unter diesem Dach alle phenolischen sekundären Pflanzenstoffe klassifizieren, wie in dem Schema in Abb. 5.51 angedeutet ist.

Die pflanzlichen Polyphenole, die in Nahrungsmitteln nach wie vor als starke Antioxidantien wirken, haben in der Pflanze im Grund ganz andere Aufgaben: Wegen des Elektronenreichtums werden sie vor allem als leicht oxidierbare Metaboliten genutzt. Damit lassen sich zum einen Metallionen binden und metabolische Prozesse in der Zelle präzise steuern. Allerdings wurden für viele dieser Stoffe *in-vitro*-Wirkungen nachgewiesen und daraus geschlossen, deren Konsum helfe den Menschen, gesund zu bleiben [185]. Unzählige Studien über die positiven Wirkungen von Obst, Gemüse und Tee sind publiziert, die an dieser Stelle nicht zitiert werden können, ohne den Rahmen zu sprengen. Daran ist viel Richtiges, das muss im Grunde gar nicht verifiziert werden, denn bereits vor der Menschwerdung waren diese Lebensmittel in der unmittelbaren Umgebung des Sammelns Grundlage der Ernährung von Hominiden und deren Ahnen. Und die Chemie gibt recht: Die Bereitschaft dieser phenolischen Strukturen, ihre π-Elektronen zur Verfügung zu stellen, hilft Oxidationsprozesse, sogar Verderbprozesse, aufzuhalten, zumindest zu verlangsamen. Genau deshalb dienen viele Antioxidantien auch als natürliche Konservierungsstoffe. Denn sie oxidieren zuerst, bevor freie Radikale die Lebensmittelmoleküle oxidieren – und konservieren daher die Lebensmittel [186]. Polyphenolreicher Rosmarinextrakt (Rosmanol, siehe Abb. 3.38) schützt sogar vor Bakterienbefall in Rohwürsten, Ascorbinsäure im Mehl, nur um zwei Beispiele zu nennen.

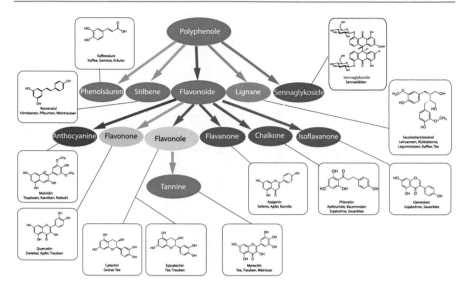

Abb. 5.51 Beispiele, Vorkommen und Klassifizierung der verschiedenen Polyphenole. Die angedeuteten Farben zeigen auch den Beitrag zur Färbung der Früchte und Gemüse

Das Erlernen des Bittergeschmacks ist damit von großer Bedeutung, denn viele dieser Polyphenole schmecken bitter und sind bei bestimmter chemischen Struktur (siehe Abb. 5.52) adstringierend. Erst die Akzeptanz und die Einschätzung des Bittergeschmacks, abseits vom Alarmsignal, ermöglicht es, Gemüse und bitter schmeckende Wurzeln zu essen. Dieser Geschmack musste erlernt werden, um eine Einschätzung zwischen Gift und Wohlergehen treffen zu können. Bis heute ist dies bei kleinen Kindern so: Der Bittergeschmack wird als letzte Geschmacksichtung erst im späteren Alter der Kindheit und Jugend erlernt.

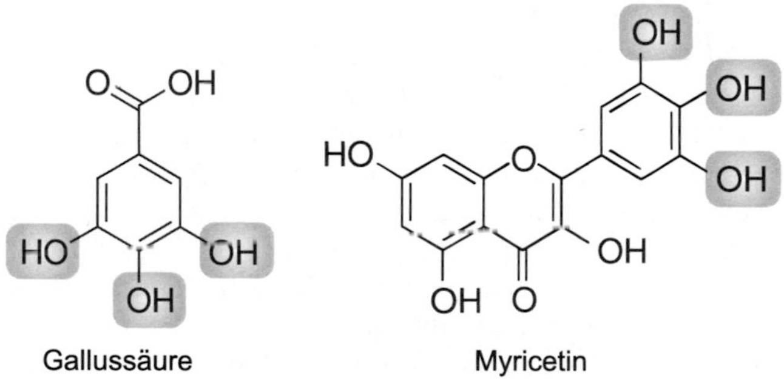

Gallussäure   Myricetin

Abb. 5.52 (Poly-)Phenolische Verbindungen mit einer Gruppe, die aus einem Benzolring mit drei OH-Gruppen bestehen, sind für die (chemische) Adstringenz verantwortlich. Am stärksten adstringierend wirkt die Gallussäure, als weiteres Beispiel ist die Verbindung Myricetin gezeigt. Sie gehören zu den Tanninen

Bitter und Adstringenz sind grundsätzlich verschiedene Wahrnehmungen, auch wenn beide Ursachen auf Polyphenole zurückzuführen sind. Dabei spielen erst feine Unterschiede in der Molekülstruktur die zentrale Rolle [187–190]. Adstringenz, das „trockene Zusammenziehen im Mund" bei Genuss von manchen Gemüsen, Tee, Rotwein oder Schokolade, ist kein Geschmacksreiz. Diese Empfindung wird chemisch über eine Stimulation des Trigeminusnervs ausgelöst, ebenfalls durch spezielle Phenole, die Tannine. Der Unterschied zwischen Bitterreizen und Adstringenz drückt sich durch die Anzahl der benachbarten OH-Gruppen an den Phenolringen aus. Während für den Bittergeschmack jeweils lediglich zwei OH-Gruppen maßgeblich sind, müssen für die adstringierende Trigeminusstimulation drei OH-Gruppen an mindestens einem Benzolring vorhanden sein, wie in Abb. 5.52 gezeigt.

Bittergeschmack und Adstringenz lassen sich daher aus molekularer Sicht exakt unterscheiden. Auch physiologisch, denn die Reize werden auf vollkommen unterschiedlichen Rezeptoren und bei verschiedenen physiologischem Systemen ausgelöst. Bei Rotweinen, die lang auf der Maische lagen und im Barrique ausgebaut wurden, lässt sich dieser Unterschied zwischen Bitternoten und der Adstringenz am einfachsten erfahren. Aber auch in vielen Gemüsesorten kommt die Gallussäure als Hauptverursacher der chemosensorischen Adstringenz vor, etwa in Gemüse wie Auberginen, Cardy, Gurken, Papaya, Portulak und sogar in der Sojabohne. So geben die chemischen Sinneserfahrungen Geschmack und Adstringenz gezielt Hinweise auf die Inhaltsstoffe von Lebensmitteln.

5.16.2 Carotinoide: delokalisierte π-Elektronensysteme

Wie universell diese Idee der konjugierten π-Elektronen ist, zeigt sich auch an den Carotinoiden, deren Hauptaufgabe bei Blattgemüsen die Unterstützung bei der Fotosynthese ist. Die Energie des Lichts muss von der Pflanze eingesammelt werden, damit sie in eine andere Energieform umgewandelt werden kann, die der Pflanze zugutekommt. Dazu werden elektronenreiche Moleküle bereitgestellt, die gerade für die Wellenlängen des Sonnenlichts, also des sichtbaren Lichts, empfänglich sind und somit die Energie der Lichtwellen in chemische Energie zum Pflanzenwachstum umwandeln können. In der Zellmembran sind eine ganze Reihe von Proteinen eingelagert, darunter auch sogenannte Lichtsammlerproteine – bekannt als Lichtsammelkomplex (LHC, *light-harvesting complex;* s. u.) –, die aufgrund ihrer speziellen Gestalt sehr viele verschiedene Farbstoffmoleküle einlagern können, wie in Abb. 5.53 dargestellt ist [188]. Es nützt aber nicht viel, wenn die Moleküle nicht in hohen Konzentrationen vorliegen oder gar in wahlloser Anordnung, denn das (mitunter schwache) Licht für den Stoffwechsel der Pflanze muss effektiv eingesammelt werden. Daher müssen diese elektronenreichen Farbstoffe wohlausgerichtet und hoch konzentriert in den Blättern und Früchten vorliegen. Diese Ausrichtung schaffen Proteine, deren natürliches Design vollkommen auf die Einbindung von Farbstoffen ausgerichtet ist.

Abb. 5.53 Die Antennen eines Lichtsammelkomplexes in der Membran in Seitenansicht (unten) und Draufsicht (oben). Die Membran ist durch die beiden waagrechten Linien angedeutet. Das Protein kann durch seine Gestalt viele Farbstoffmoleküle einfangen. Die planaren Strukturen (in der Draufsicht erkennbar) symbolisieren die verschiedenen Chlorophylle, die linearen die verschiedenen Carotinoide

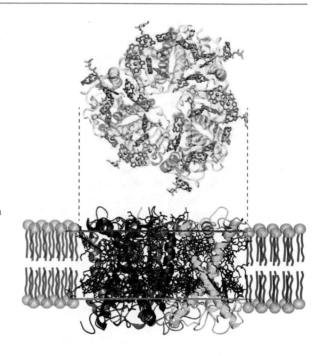

Damit die Ausbeute maximal wird, organisieren sich mehrere einzelne Lichtsammlerproteine in der Membran zu einem ringförmigen Komplex in der Zellmembran, sodass sich eine deutliche Verstärkung der Antennenwirkung einstellen kann. Sechs bis acht dieser Einzelproteine lagern sich zu Komplexen in der Membran zusammen und erhöhen dabei lokal die Konzentration der Farbstoffmoleküle zu einer sehr hohen Dichte, wie sie ohne das Zusammenspiel der Lichtsammlerproteine in der Membran gar nicht möglich wäre. Der Durchmesser des Lichtsammelkomplexes beträgt 7,3 nm. Er gruppiert sich aus drei gleichen Proteinen, die verschiedene Chlorophylle, Lutein, Neoxanthin, Violaxanthin, Antheraxanthin oder Zeaxanthin, β-Carotin und Lycopin in hoher Dichte enthalten, um ein breites Lichtwellenspektrum mit hoher Effizienz zu sammeln. Über die spezielle Anordnung der Proteine, wie in Abb. 5.53 angedeutet, lassen sich damit die farbaktiven Moleküle in einer sehr hohen Dichte packen.

Natürliche Gemüsefarben sind daher durch das Verhalten von Lichtsammelkomplexen (LHC II) in der Zellmembran bestimmt. Die hohe Konzentration der Farbstoffmoleküle in den Pflanzenblättern ist für die Pflanze lebensnotwendig [189]. In diesem Fotosyntheseapparat wird die Energie des Lichts, die proportional zur Frequenz ist, über die Elektronen der Farbstoffe gesammelt und in komplizierten Prozessen in chemische Energie umgewandelt, die für das Pflanzenwachstum benötigt wird.

Damit die Lichtwellen bzw. Lichtquanten überhaupt von diesen Farbstoffantennen empfangen werden können, müssen die Carotinoide wie die Chlorophylle elektronenreich sein. Wie aus der Quantenphysik ist bekannt ist, finden

die Absorption und Emission von Licht über die Veränderung von Elektronen-
zuständen statt [190]. Licht (Photonen unterschiedlicher Energie, bzw. Lichtwellen mit unterschiedliche Wellenlänge) regt Elektronen in Zuständen höherer
Energie an; fallen sie wieder zurück, emittieren sie Licht. Wird dieses absorbiert,
kann diese Energie von den Zellen verwendet werden, um die Pflanzenchemie und
Zellphysiologie am Laufen zu halten. Daher schimmern Carotinoide (und damit
Obst und Gemüse) in typischen Farben, da verschiedene Carotinoide unterschiedliche Wellenlängen/Energien (von Rot bis Blau) absorbieren. Dies gelingt den
Carotinoiden und Chlorophyllen mit winzigen Unterschieden in der Elektronen-
struktur, wie beispielhaft in Abb. 5.54 gezeigt ist.

Die winzigen Strukturänderungen in den Carotinoiden lassen das Gemüse (wie
auch Blüten) in bunten Farben leuchten. Ernährungschemisch sind diese Farbstoffmoleküle höchst willkommen. Die vielen konjugierten Doppelbindungen
lassen die Elektronen entlang der Molekülstruktur delokalisieren, sie wirken
daher, ganz ähnlich wie Polyphenole, stark antioxidativ. Hinter diesen unterschiedlichen Systemen steckt also das gleiche physikalisch-chemische Prinzip. Buntes

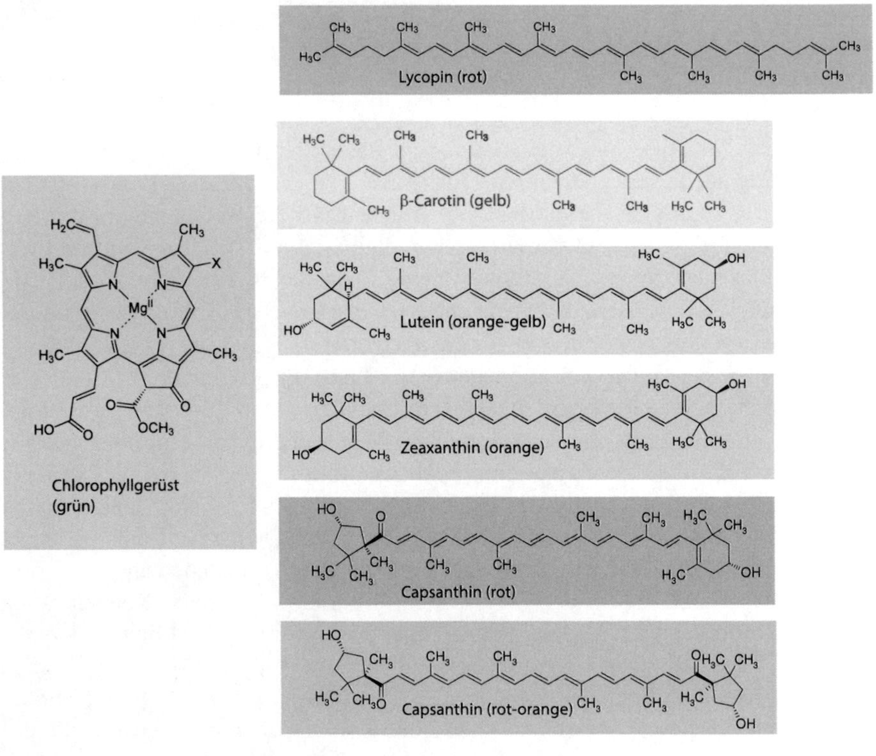

Abb. 5.54 Schimmernde Obst- und Gemüsefarben als Folge elektronenreicher Carotinoide
und Chlorophylle im Lichtsammelkomplex und in den Chloroplasten, den Farbstoffcontainern
von Wurzelgemüsen und Früchten. Die vielen konjungierten Doppelbindungen erlauben es den
Elektronen, entlang des Moleküls zu delokalisieren

Obst und Gemüse sind also die prädestinierten Lebensmittel für die grundsätzliche Versorgung mit Antioxidantien. Tierische Lebensmittel weisen diese Stoffklassen gar nicht bzw. nur sehr beschränkt auf, haben dafür andere Vorzüge. Es ist ausschließlich die originäre biologische Funktion im Organismus von Pflanze und Tier, die genau diese besonderen Eigenschaften der jeweiligen Makro- und Mikronährstoffe ergibt. Diese Eigenschaften sind im gesamten molekularen Kontext zu sehen. Wichtig ist beim β-Carotin nicht nur, dass es unter Sauerstoffreaktion zu zwei Vitamin-A- (Retinol-)Molekülen reagiert, sondern das ganze Umfeld. Als dicht gepackter Kristallverband in den Chloroplasten, wie es in der rohen Karotte oder generell in der Rohkost vorliegt, ist es schwer biologisch verfügbar. Aus dem Provitamin A bildet sich nach dem Genuss von rohen Karotten kaum Vitamin A.

Aber auch die Foodmatrix spielt in der Physiologie mit: Daher ist es auch nicht verwunderlich, wenn β-Carotin isoliert als Supplement eingenommen wenig bis keine Wirkung entfaltet, manchmal sogar kontraproduktiv wirkt [191]. Die Wechselwirkungen sind deutlich komplizierter, wie sich in Modellexperimenten eindrucksvoll zeigt [192]. Die molekularen Zusammenhänge, und nur diese, sollten als Leitfaden einer gesunden Ernährung dienen.

5.16.3 Warum Pflanzen und Samen also kein Superfood sein können

Die zu Superfood erkorenen Pflanzen und Früchte bleiben das, was sie sind: Obst und Gemüse. Grünkohl wird nicht besser, wenn er zu Kale umbenannt wird. Aus fernen Ländern herangekarrter Chiasamen ist dem heimischen Leinsamen mitnichten überlegen. Selbst wenn Chiasamen einen geringfügig höheren Anteil der α-Linolensäure aufweisen, ist dies für die Ernährung in der Gesamtbilanz unerheblich. Die Konversion zu den lebensnotwendigen langkettigen, vielfach ungesättigen n-3-Fettsäuren DHA oder EPA, wird nicht effektiver. Auch ist deren Speicherprotein nie so hochwertig wie tierische Proteine aus Ei oder Molke, allein wegen deren völlig unterschiedlichen molekularen und biologischen Funktion. „Super" können sie also lediglich in einen etwas höheren Anteil an Mineralien oder Mikronährstoffen sein. Aber das fällt bei einer abwechslungsreichen und vor allem genussreichen Ernährung nicht ins Gewicht. Die natürlichen Schwankungen der Werte gehen im Rauschen der anderen zu sich genommenen Lebensmittel unter.

Lebensmittel sind keine Medizin. Gesundes Essen heilt weder Schnupfen noch Masern noch Krebs, es beugt auch nicht in aller Allgemeinheit schweren Erkrankungen vor. Gesundes Essen verhindert auch nichts davon, wenngleich eine vielfältige, abwechslungsreiche Nahrung deutliche Vorteile hat. Sonst müssten wir uns fragen, wie viel der gesunden Walnüsse, Aroniabeeren oder Grünkohlblätter müssen wir täglich einnehmen? Drei? Vier? Oder 20? Vor oder nach dem Essen? Diese Fragen sind natürlich Unfug.

Viel einfacher ist es, wenn wir natürliche Lebensmittel vom Baum, Strauch, Feld, Acker, See, Meer und Stall zu uns nehmen. Sie verhalfen dem *Homo*

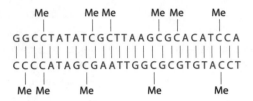

Abb. 5.55 Die Methylierung verhindert das korrekte Ablesen der DNA-Sequenzen, gleichzeitig wird die DNA hydrophober, je mehr Methylgruppen sind daran befinden

sapiens zu seiner unglaublich prächtigen Entwicklung mit heute traumhaften Lebenserwartungen.

Die einzige Chance liegt allerdings in der ernährungsbedingten Verlangsamung einer starken Methylierung der DNA [193]. Diese Methylierung (Abb. 5.55) kann verschiedene Ursachen haben: Dauerstress, Hochleistungssport, Hunger oder ständige Überernährung – Einflüsse aller Art. Verantwortlich sind dafür bestimmte Enzyme, DNA-Methyltransferasen, die Methylgruppen (CH_3) chemisch an die Basen binden. Einmal methyliert, können epigenetisch umprogrammierte Säugetierzellen ihre Funktionsweise dauerhaft verändern. Die DNA wird hydrophober und die Sequenzen können beispielsweise nicht mehr richtig abgelesen werden. Durch die starke Hydrophobizität lagern sich DNAs zusammen und bilden im Zellkern über hydrophobe Zusammenlagerung Aggregate; dadurch werden die DNA-Moleküle physikalisch immobiler und weniger lesbar. All das ist am Ende wieder, auf physikalisch-chemischen Wechselwirkungen basierende Biophysik.

Das ist daher durchaus ein Grund, so weit wie möglich natürliche Lebensmittel zu sich zu nehmen und auch sonst eine vernünftige Lebensweise zu führen. Die Spuren in der DNA bleiben selbst im Gehirn sichtbar [194].

Nur lässt sich das individuelle, in der DNA über unsere Erbanlagen festgelegte genetische Programm in Form der Sequenzen der Nucleotide jedes Einzelnen nicht mit gesundem Essen austricksen. „Schlechte Gene" wiegen leider weit mehr als die Ernährung. Dagegen ist tatsächlich kein Kraut gewachsen.

5.17   Der Wert der Naturwissenschaft in der Ernährung

Die Diskrepanz zwischen Wissenschaft, Wahrnehmung und Glaube begleitet den Menschen seit langer Zeit. Glaube braucht unverrückbare Dogmen, so unlogisch und unwissenschaftlich sie sein mögen. Manche absurden Thesen während der Coronapandemie zeigten dies deutlich. Aber seit Menschengedenken ist dies ein Problem. Bei keinem Geringeren als Galilei Galileo wird dies offensichtlich. Galileo, einer der Begründer der modernen Naturwissenschaften, Beobachtungen, Experimente und der Suche nach logischen und mathematischen Zusammenhängen, wurde von der damals vorherrschenden katholischen Kirche schließlich mit einem Inquisitionsverfahren geächtet. Der Wissenschaftler wurde erst 1992 rehabilitiert, und selbst im Jahre 2008 sah sich die Kirche gezwungen, sich nochmals vom eigenen Vorgehen der letzten 400 Jahre zu distanzieren. Das war das Ende, könnte man meinen, aber weit gefehlt, wie die immer zahlreicher werdenden Anhänger des Kreationismus in einem Hightech-Land wie den Vereinigten Staaten zeigen. Bei all den wissenschaftlichen Fortschritten und Erkenntnissen –vom experimentellen Hinweis auf den Urknall über die kosmische Hintergrundstrahlung [195] und den Nachweis des Higgs-Bosons [196, 197] als Beweis für das Standardmodell für unser Universum [198], ergänzt durch die gemessenen Gravitationswellen, den ersten für alle sichtbaren Beweis eines schwarzen Lochs [199] und sogar den Nachweis [201] des ersten Moleküls nach dem Urknall, des Heliumhydridions (HeH^+) – zu behaupten, die Welt sei der Mittelpunkt eines 6000 Jahre alten Universums, muss mit Dreistigkeit gepaart sein, um mit solchen Ideen „Politik zu machen". Die Evolution und deren Resultate werden schlicht geleugnet [202].

Was haben diese Bermerkungen mit Essen und Ernährung zu tun? Zunächst wenig, wären es nicht ähnliche Mechanismen, die zurzeit beim Thema Ernährung und Gesundheit offensichtlich sind. Die Thesen, „Bio ist gesünder", „Vegan rettet die Welt", „Gemüse ist gesund", „gesättigte Fettsäuren und Cholesterol sind ungesund" usw. wurden zu Dogmen. Wie zu Beginn dieses Kapitels erwähnt, bewegen sich diese Dogmen in Meinungsschleifen und sind damit unverrückbar, nicht korrigierbar. Deren wissenschaftlicher Kern oder gar der Ursprung dieser Thesen wird nicht mehr hinterfragt. Dabei stehen die meisten dieser Thesen auf ähnlich schwachen wissenschaftlichen Beinen wie die heiligen Schriften dieser Welt.

Grund dafür sind meist Fehlvorstellungen, die bereits von wissenschaftlichen Erkenntnissen abgekoppelt sind. Diese sind bereits nahe der Meinungsschleife an der Grenze des einseitig durchlässigen Filters (vgl. Abb. 5.1). Werden sie entweder zu einem faktischen Missverständnis oder zu einer „wahren" Erklärung aus einer alternativen Weltsicht (alternative Fakten), spalten sich die Wege. Bei faktischen Missverständnissen bildet sich zum Beispiel Uninformiertheit. Kommt noch eine fehlerhafte Instruktion hinzu, wird die Uninformiertheit bestätigt und weitgehend unverrückbar, je nach Autorität der Instruktion (siehe Schema in Abb. 5.56).

Wird die Weltanschauung auf alternativen Fakten aufgebaut, gibt es drei Möglichkeiten. Die schlimmste davon ist die aktive Behinderung des Verstehens, des Hinterfragens durch Autoritäten oder solche, die dafürgehalten werden. Der Schritt zu unumkehrbaren Meinungsschleifen ist unabdingbar. Dies ist auch der Fall, wenn etwas „verstanden" wurde, aber ohne auf Fakten einzugehen, neue Erkenntnisse oder eine Änderung der Faktenlage zu berücksichtigen. Die Mär vom langsamen Kohlenhydrat, vom bösen Cholesterin im Ei oder von dauerschädlichen gesättigten Fettsäuren sind nur die bekanntesten Beispiele. Der Glaube an Superfood erscheint im Lichte dieser Meinungsbildung besonders eindrucksvoll. Die Hartnäckigkeit des Glaubens daran zeigt absurde Züge. Ob Biolebensmittel wirklich gesünder sind als konventionell angebaute, ist bis heute unklar und nur sehr schwer zu beweisen. Man denke an die vielen Kleinbauern, deren Höfe den Aufwand der Zertifikation wirtschaftlich gar nicht zulassen, oder den Großbiohof,

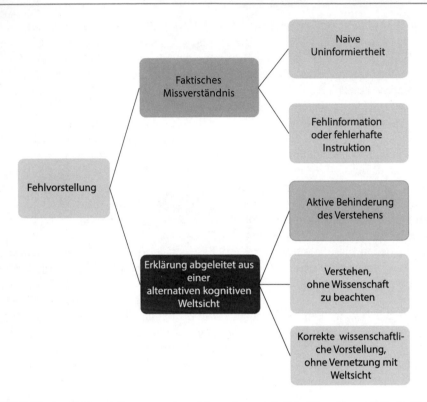

Abb. 5.56 Aus Fehlvorstellungen ergeben sich zwei grundsätzliche Wege für zweifelhafte Welt-anschauungen (Aus Williams [200])

der seine Anbaugebiete mit dem toxischen, aber zugelassenen Kupfer „spritzt",
das in den Pflanzenmetabolismus Einzug hält. Pauschale Dogmen sind weder
Lösung noch Wahrheit, besonders angesichts der experimentellen Schwierigkeiten,
diese Behauptungen nachzuprüfen. Selbst die unendliche Metastudie mit unendlich vielen Daten würde keine Klärung bringen. Schon allein wegen der *per se* ein-
gebauten Fehler in Beobachtungsstudien.

5.18   Was bedeutet eigentlich „gesund"?

Am Schluss dieses Kapitels stellt sich die zentrale Frage, was ist eigentlich
gesund? Kann dies klar definiert werden? Oder ist das eher Ansichtssache. Um es
vorwegzunehmen: Eine klare Definition im Sinne der Naturwissenschaften und
Medizin ist unmöglich. Die in der Allgemeinmedizin üblichen Kriterien zwischen
„krank" und „gesund", zum Beispiel nach dem einfachen Fiebermessen oder einer
schlimmen, eindeutigen Diagnose, lassen sich auf Lebensmittel kaum anwenden.
Ob Lebensmittel als gesund oder ungesund eingeschätzt werden, ist eine sehr

individuelle und subjektive Angelegenheit [203]. Die Lebensmittelauswahl erfolgt gemäß vorgefertigter und trainierter Meinungen [204], die davon abhängen, aus welchen Informationsquellen die Studienteilnehmer gespeist wurden, ob sie Diäten durchführten oder nicht. Gesellschaftliche Strömungen [205] und Körperideale spielen immer mehr eine Rolle. Messbar im Sinne von analytischen Verfahren ist der Begriff „gesund" in keiner Weise – und das, obwohl alle Lebensmittel und Menschen nur aus Molekülen bestehen.

Nur ein Punkt ist klar: Einseitige Ernährung ist nicht besonders gesund. Egal, ob man sich jahrelang von gesunden Nüssen ernährt oder täglich dreimal Gegrilltes auf den Teller kommt. Damit stellt sich schleichend eine Unterversorgung an Makro- und Mikronährstoffen ein. Dann wird die ungesunde Ernährung auch auf vielen Ebenen messbar.

Literatur

1. Schoenfeld, J. D., & Ioannidis, J. P. (2012). Is everything we eat associated with cancer? A systematic cookbook review. *The American Journal of Clinical Nutrition, 97*(1), 127–134.
2. Siehe https://www.eufic.org/article/de/lebensmittelsicherheit-qualitat/sichere-lebensmittel-handhabung/artid/angst-vor-dem-essen/.
3. Schmidbauer, W. (2005). *Lebensgefühl Angst: Jeder hat sie. Keiner will sie. Was wir gegen Angst tun können.* Herde.
4. https://www.sprachaktivierung.de/index.php/grundlagen.html
5. Kast, B. (2018). *Der Ernährungskompass: Das Fazit aller wissenschaftlichen Studien zum Thema Ernährung.* Bertelsmann.
6. Wenzel, S. (2018). Der Ernährungskompass. *Ernährung & Medizin, 33*(04), 184–186.
7. https://www.medpagetoday.com/blogs/revolutionandrevelation/75045.
8. Ioannidis, J. P. (2018). The challenge of reforming nutritional epidemiologic research. *JAMA, 320*(10), 969–970.
9. Ioannidis, J. P. (2013). Implausible results in human nutrition research. *British Medical Journal, 14*(4), 401–410.
10. https://www.aerztezeitung.de/panorama/ernaehrung/article/961348/neue-eu-regelung-acrylamid-gefaehrlicher-stickoxide.html.
11. Tarcke, E., Rydberg, P., Karlsson, P., Eriksson, S., & Törnqvist, M. (2000). Acrylamide: A cooking carcinogen? *Chemical Research in Toxicology, 13*(6), 517–522.
12. Tareke, E., Rydberg, P., Karlsson, P., Eriksson, S., & Törnqvist, M. (2002). Analysis of acrylamide, a carcinogen formed in heated foodstuffs. *Journal of Agricultural and Food Chemistry, 50*(17), 4998–5006.
13. Mottram, D. S., Wedzicha, B. L., & Dodson, A. T. (2002). Food chemistry: Acrylamide is formed in the Maillard reaction. *Nature, 419*(6906), 448.
14. Krishnakumar, T., & Visvanathan, R. (2014). Acrylamide in food products: A review. *Journal of Food Processing & Technology, 5*(7), 1.
15. EFSA Panel on Contaminants in the Food Chain (CONTAM). (2015). Scientific opinion on acrylamide in food. *EFSA Journal, 13*(6), 4104.
16. Daniali, G., Jinap, S., Hajeb, P., Sanny, M., & Tan, C. P. (2016). Acrylamide formation in vegetable oils and animal fats during heat treatment. *Food chemistry, 212*, 244–249.
17. Granvogl, M., Koehler, P., Latzer, L., & Schieberle, P. (2008). Development of a stable isotope dilution assay for the quantitation of glycidamide and its application to foods and model systems. *Journal of Agricultural and Food Chemistry, 56*(15), 6087–6092.

18. Mustaţeă, G., Ppoa, M. E., & Negoiţă, M. (2015). A case study on mitigation strategies of acrylamide in bakery products. *Scientific Bulletin. Series F. Biotechnologies, 19*, 348–353.
19. Dybing, E., Farmer, P. B., Andersen, M., Fennell, T. R., Lalljie, S. P. D., Müller, D. J. G., et al. (2005). Human exposure and internal dose assessments of acrylamide in food. *Food and Chemical Toxicology, 43*(3), 365–410.
20. Martins, S. I., Jongen, W. M., & Van Boekel, M. A. (2000). A review of Maillard reaction in food and implications to kinetic modelling. *Trends in Food Science & Technology, 11*(9–10), 364–373.
21. Mestdagh, F., Maertens, J., Cucu, T., Delporte, K., Van Peteghem, C., & De Meulenaer, B. (2008). Impact of additives to lower the formation of acrylamide in a potato model system through pH reduction and other mechanisms. *Food Chemistry, 107*(1), 26–31.
22. Fredriksson, H., Tallving, J., Rosen, J., & Åman, P. (2004). Fermentation reduces free asparagine in dough and acrylamide content in bread. *Cereal Chemistry, 81*(5), 650–653.
23. Arima, K., Sakamoto, T., Araki, C., & Tamura, G. (1972). Production of extracellular l-asparaginases by microorganisms. *Agricultural and Biological Chemistry, 36*(3), 356–361.
24. Hill, J. M., Roberts, J., Loeb, E., Khan, A., MacLellan, A., & Hill, R. W. (1967). l-asparaginase therapy for leukemia and other malignant neoplasms: Remission in human leukemia. *JAMA, 202*(9), 882–888.
25. Xu, F., Oruna-Concha, M. J., & Elmore, J. S. (2016). The use of asparaginase to reduce acrylamide levels in cooked food. *Food Chemistry, 210*, 163–171.
26. Alam, S., Pranaw, K., Tiwari, R., & Khare, S. K. (2019). Recent development in the uses of asparaginase as food enzyme. In S. Alam, K. Pranaw, R. Tiwari, & S. K. Khare (Hrsg.), *Green bio-processes* (S. 55–81). Springer.
27. Cho, I. H., Lee, S., Jun, H. R., Roh, H. J., & Kim, Y. S. (2010). Comparison of volatile Maillard reaction products from tagatose and other reducing sugars with amino acids. *Food Science and Biotechnology, 19*(2), 431–438.
28. Koehler, P. E., Mason, M. E., & Newell, J. A. (1969). Formation of pyrazine compounds in sugar-amino acid model systems. *Journal of Agricultural and Food Chemistry, 17*(2), 393–396.
29. Wong, K. H., Abdul Aziz, S., & Mohamed, S. (2008). Sensory aroma from Maillard reaction of individual and combinations of amino acids with glucose in acidic conditions. *International Journal of Food Science & Technology, 43*(9), 1512–1519.
30. Delgado-Andrade, C. (2014). Maillard reaction products: Some considerations on their health effects. *Clinical Chemistry and Laboratory Medicine, 52*(1), 53–60.
31. Selvam, J. P., Aranganathan, S., Gopalan, R., & Nalini, N. (2009). Chemopreventive efficacy of pronyl-lysine on lipid peroxidation and antioxidant status in rat colon carcinogenesis. *Fundamental & Clinical Pharmacology, 23*(3), 293–302.
32. Michalska, A., Amigo-Benavent, M., Zielinski, H., & del Castillo, M. D. (2008). Effect of bread making on formation of Maillard reaction products contributing to the overall antioxidant activity of rye bread. *Journal of Cereal Science, 48*(1), 123–132.
33. Somoza, V., Lindenmeier, M., Wenzel, E., Frank, O., Erbersdobler, H. F., & Hofmann, T. (2003). Activity-guided identification of a chemopreventive compound in coffee beverage using in vitro and in vivo techniques. *Journal of Agricultural and Food Chemistry, 51*(23), 6861–6869.
34. Wang, H. Y., Qian, H., & Yao, W. R. (2011). Melanoidins produced by the Maillard reaction: Structure and biological activity. *Food Chemistry, 128*(3), 573–584.
35. Yilmaz, Y., & Toledo, R. (2005). Antioxidant activity of water-soluble Maillard reaction products. *Food Chemistry, 93*(2), 273–278.
36. Benjakul, S., Lertittikul, W., & Bauer, F. (2005). Antioxidant activity of Maillard reaction products from a porcine plasma protein–sugar model system. *Food Chemistry, 93*(2), 189–196.

37. Gu, F. L., Kim, J. M., Abbas, S., Zhang, X. M., Xia, S. Q., & Chen, Z. X. (2010). Structure and antioxidant activity of high molecular weight Maillard reaction products from casein–glucose. *Food Chemistry, 120*(2), 505–511.

38. Tagliazucchi, D., & Bellesia, A. (2015). The gastro-intestinal tract as the major site of biological action of dietary melanoidins. *Amino Acids, 47*(6), 1077–1089.

39. Raters, M. & Matissek, R. (2012). The big bang acrylamid: 10 Jahre Acrylamid – Rückblick und Status quo, LCI, 184–189. https://www.lci-koeln.de/download/dlr-acrylamid-raters-matissek.

40. Lee, W. T., Weisell, R., Albert, J., Tomé, D., Kurpad, A. V., & Uauy, R. (2016). Research approaches and methods for evaluating the protein quality of human foods proposed by an FAO expert working group in 2014. *The Journal of Nutrition, 146*(5), 929–932.

41. Bossel, H. (1990). Nährstoffbedarf, Nährstoffkreisläufe, Boden. In H. Bossel (Hrsg.), *Umweltwissen* (S. 55–68). Springer.

42. Sharma, S., Singh, R., & Rana, S. (2011). Bioactive peptides: A review. *International Journal of Bioautomation, 15*(4), 223–250.

43. Lafarga, T., & Hayes, M. (2014). Bioactive peptides from meat muscle and by-products: Generation, functionality and application as functional ingredients. *Meat Science, 98*(2), 227–239.

44. Pihlanto-Leppälä, A. (2000). Bioactive peptides derived from bovine whey proteins: Opioid and ace-inhibitory peptides. *Trends in Food Science & Technology, 11*(9–10), 347–356.

45. Bhat, Z. F., Kumar, S., & Bhat, H. F. (2015). Bioactive peptides of animal origin: A review. *Journal of Food Science and Technology, 52*(9), 5377–5392.

46. Maestri, E., Marmiroli, M., & Marmiroli, N. (2016). Bioactive peptides in plant-derived foodstuffs. *Journal of Proteomics, 147*, 140–155.

47. Vilgis, T. A., Lendner, I., & Caviezel, R. (2014). *Ernährung bei Pflegebedürftigkeit und Demenz: Lebensfreude durch Genuss.* Springer.

48. Volm, C. (2010). *Rohköstliches Gesund durchs Leben mit Rohkost und Wildpflanzen.* Ulmer.

49. Harkness, M. L., Harkness, R. D., & Venn, M. F. (1978). Digestion of native collagen in the gut. *Gut, 19*(3), 240–243.

50. Knupp, C., & Squire, J. M. (2005). Molecular packing in network-forming collagens. In J. P. Richard (Hrsg.), *Advances in protein chemistry* (Bd. 70, S. 375–403). Academic Press.

51. Shigemura, Y., Akaba, S., Kawashima, E., Park, E. Y., Nakamura, Y., & Sato, K. (2011). Identification of a novel food-derived collagen peptide, hydroxyprolyl-glycine, in human peripheral blood by pre-column derivatisation with phenyl isothiocyanate. *Food Chemistry, 129*(3), 1019–1024.

52. Asserin, J., Lati, E., Shioya, T., & Prawitt, J. (2015). The effect of oral collagen peptide supplementation on skin moisture and the dermal collagen network: Evidence from an ex vivo model and randomized, placebo-controlled clinical trials. *Journal of Cosmetic Dermatology, 14*(4), 291–301.

53. Raj, U. L., Sharma, G., Dang, S., Gupta, S., & Gabrani, R. (2016). Impact of dietary supplements on skin aging. *Textbook of Aging Skin, 1*–13. Springer-Verlag Berlin Heidelberg 2015M.A. Farage et al. (eds.), Textbook of Aging Skin, DOI https://doi.org/10.1007/978-3-642-27814-3_174-1

54. Roh, E., Kim, J. E., Kwon, J. Y., Park, J. S., Bode, A. M., Dong, Z., & Lee, K. W. (2017). Molecular mechanisms of green tea polyphenols with protective effects against skin photoaging. *Critical Reviews in Food Science and Nutrition, 57*(8), 1631–1637.

55. Felixberger, J. K. (2018). Proteine – Essenzieller Bestandteil unserer Ernährung. In A. Ghadiri, T. A. Vilgis, & T. Bosbach (Hrsg.), *Wissen schmeckt* (S. 169–195). Springer.

56. Richter, C. K., Skulas-Ray, A. C., Champagne, C. M., & Kris-Etherton, P. M. (2015). Plant protein and animal proteins: Do they differentially affect cardiovascular disease risk? *Advances in Nutrition, 6*(6), 712–728.

57. Revel, A., Jarzaguet, M., Peyron, M. A., Papet, I., Hafnaoui, N., Migné, C., et al. (2017). At same leucine intake, a whey/plant protein blend is not as effective as whey to initiate a

transient post prandial muscle anabolic response during a catabolic state in mini pigs. *PLoS One, 12*(10), e0186204.

58. Boland, M. J., Rae, A. N., Vereijken, J. M., Meuwissen, M. P., Fischer, A. R., van Boekel, M. A., et al. (2013). The future supply of animal-derived protein for human consumption. *Trends in Food Science & Technology, 29*(1), 62–73.

59. Li, Y., Xin, R., Zhang, D., & Li, S. (2014). Molecular characterization of α-gliadin genes from common wheat cultivar Zhengmai 004 and their role in quality and celiac disease. *The Crop Journal, 2*(1), 10–21.

60. Bromilow, S., Gethings, L. A., Buckley, M., Bromley, M., Shewry, P. R., Langridge, J. I., & Mills, E. C. (2017). A curated gluten protein sequence database to support development of proteomics methods for determination of gluten in gluten-free foods. *Journal of proteomics, 163,* 67–75.

61. Schwefel, D., Maierhofer, C., Beck, J. G., Seeberger, S., Diederichs, K., Möller, H. M., et al. (2010). Structural basis of multivalent binding to wheat germ agglutinin. *Journal of the American Chemical Society, 132*(25), 8704–8719.

62. https://www.uniprot.org/uniprot/?query=AGGLUTININ&sort=score.

63. Gundry, S. R. (2017). *Böses Gemüse.* Beltz.

64. Schaufler, M., & Drössler, W. A. (2017). *Lektine – Das heimliche Gift.* Riva.

65. https://praxistipps.focus.de/weizenkeimoel-wirkung-und-tipps-zur-anwendung_101131.

66. van Buul, V. J., & Brouns, F. J. (2014). Health effects of wheat lectins: A review. *Journal of Cereal Science, 59*(2), 112–117.

67. Schuppan, D., & Gisbert-Schuppan, K. (2018). *Tägliches Brot: Krank durch Weizen.* Springer.

68. Strunz, U. (2015). *Warum macht die Nudel dumm?: Leichter, klüger, besser drauf: No Carbs und das Geheimnis wacher Intelligenz.* Heyne.

69. Perlmutter, D., & Loberg, K. (2014). *Dumm wie Brot: Wie Weizen schleichend Ihr Gehirn zerstört.* Mosaik.

70. Davis, W. (2013). *Weizenwampe: Warum Weizen dick und krank macht.* Goldmann.

71. Schuppan, D., & Gisbert-Schuppan, K. (2018). *Tägliches Brot: Krank durch Weizen* (S. 61). Gluten und ATI: Springer.

72. Cuccioloni, M., Mozzicafreddo, M., Ali, I., Bonfili, L., Cecarini, V., Eleuteri, A. M., & Angeletti, M. (2016). Interaction between wheat alpha-amylase/trypsin bi-functional inhibitor and mammalian digestive enzymes: Kinetic, equilibrium and structural characterization of binding. *Food Chemistry, 213,* 571–578.

73. https://www.schaer.com/de-de/p/landbrot.

74. Schober, T. J., Bean, S. R., Boyle, D. L., & Park, S. H. (2008). Improved viscoelastic zein-starch doughs for leavened gluten-free breads: Their rheology and microstructure. *Journal of Cereal Science, 48*(3), 755–767.

75. Fischer, M. H., Yu, N., Gray, G. R., Ralph, J., Anderson, L., & Marlett, J. A. (2004). The gel-forming polysaccharide of psyllium husk (Plantago ovata Forsk). *Carbohydrate Research, 339*(11), 2009–2017.

76. Thakur, V. K., & Thakur, M. K. (2014). Recent trends in hydrogels based on psyllium poly-saccharide: A review. *Journal of Cleaner Production, 82,* 1–15.

77. Reese, I., et al. (2018). Nicht-Zöliakie-Gluten-/Weizen-Sensitivität (NCGS) – ein bislang nicht definiertes Krankheitsbild mit fehlenden Diagnosekriterien und unbekannter Häufig-keit. *Aktuelle Ernährungsmedizin, 43*(06), 479–483.

78. Zhang, W., Xu, J., Bennetzen, J. L., & Messing, J. (2016). Teff, an orphan cereal in the chloridoideae, provides insights into the evolution of storage proteins in grasses. *Genome Biology and Evolution, 8*(6), 1712–1721.

79. Hager, A. S., Wolter, A., Czerny, M., Bez, J., Zannini, E., Arendt, E. K., & Czerny, M. (2012). Investigation of product quality, sensory profile and ultrastructure of breads made from a range of commercial gluten-free flours compared to their wheat counterparts. *European Food Research and Technology, 235*(2), 333–344.

80. Zhu, F. (2018). Chemical composition and food uses of teff *(Eragrostis tef)*. *Food Chemistry, 239,* 402–415.
81. Hadji-Gerogoloulus, A., Schmidt, M. I., Margolis, S., & Kowarski, A. A. (1980). Elevated hypoglycemic index and late hyperinsulinism in symptomatic postprandial hypoglycemia. *The Journal of Clinical Endocrinology & Metabolism, 50*(2), 371–376.
82. Tappy, L., Würsch, P., Randin, J. P., Felber, J. P., & Jequier, E. (1986). Metabolic effect of pre-cooked instant preparations of bean and potato in normal and in diabetic subjects. *The American Journal of Clinical Nutrition, 43*(1), 30–36.
83. Leathwood, P., & Pollet, P. (1988). Effects of slow release carbohydrates in the form of bean flakes on the evolution of hunger and satiety in man. *Appetite, 10*(1), 1–11.
84. Goletzke, J., Atkinson, F. S., Ek, K. L., Bell, K., Brand-Miller, J. C., & Buyken, A. E. (2016). Glycaemic and insulin index of four common German breads. *European Journal of Clinical Nutrition, 70*(7), 808.
85. Zimmerman, M. A., Singh, N., Martin, P. M., Thangaraju, M., Ganapathy, V., Waller, J. L., et al. (2012). Butyrate suppresses colonic inflammation through HDAC1-dependent Fas upregulation and Fas-mediated apoptosis of T cells. *American Journal of Physiology-Heart and Circulatory Physiology, 302,* G1405–G1415.
86. Vital, M., Karch, A., & Pieper, D. H. (2017). Colonic butyrate-producing communities in humans: An overview using omics data. *MSystems, 2*(6), e00130-e217.
87. Mathes, P. (2012). Hilfen durch Medikamente. *Ratgeber Herzinfarkt* (S. 167–189). Springer.
88. Gehring, J., & Klein, G. (2015). Mobilität nach Herzinfarkt oder Bypass-Operation. In J. Gehring & G. Klein (Hrsg.), *Leben mit der koronaren Herzkrankheit* (S. 154–158). Urban und Vogel.
89. Schmid, A. (2006). Einfluss von Nitrat und Nitrit aus Fleischerzeugnissen auf die Gesundheit des Menschen. *Ernährungsumschau, 53*(12), 490–495.
90. Martin, H. H. (2008). Vom Saulus zum Paulus? UGB Forum, 5, 245.
91. Bedale, W., Sindelar, J. J., & Milkowski, A. L. (2016). Dietary nitrate and nitrite: Benefits, risks, and evolving perceptions. *Meat Science, 120,* 85–92.
92. Habermeyer, M., Roth, A., Guth, S., Diel, P., Engel, K. H., Epe, B., Fürst, P., Heinz, V., Knorr, D., de Kok, T., Kulling, S., Lampen, A., Marko, D., Rechkemmer, G., Rietjens, I., Stadler, R.H., Vieths, S., Vogel, R., Steinberg, P., & Eisenbrand, G. (2015). Nitrate and nitrite in the diet: How to assess their benefit and risk for human health. *Molecular Nutrition & Food Research, 59*(1), 106–128.
93. Li, Y., et al. (2018). Secretin-activated brown fat mediates prandial thermogenesis to induce satiation. *Cell, 175*(6), 1561–1574.
94. Stanford, K. I., Middelbeek, R. J., Townsend, K. L., An, D., Nygaard, E. B., Hitchcox, K. M., et al. (2012). Brown adipose tissue regulates glucose homeostasis and insulin sensitivity. *The Journal of Clinical Investigation, 123*(1), 215–223.
95. Lundberg, J. O., Carlström, M., & Weitzberg, E. (2018). Metabolic effects of dietary nitrate in health and disease. *Cell metabolism, 28*(1), 9–22.
96. Lundberg, J. O., & Weitzberg, E. (2017). Nitric oxide formation from inorganic nitrate. In J. O. Lundberg & E. Weitzberg (Hrsg.), *Nitric oxide* (S. 157–171). Academic Press.
97. Williams, A. R. (1975). The production of saltpetre in the middle ages *Ambix, 22*(2), 125–133.
98. Vilgis, T. A. (2018). Ikejime versus karashi jukusei (dry aging): Vielfältige molekulare Umami-Phasen. *Journal Culinaire, 27,* 56–84.
99. Vilgis, T. (2013). Fermentation – Molekulares Niedrigtemperaturgaren. *Journal Culinaire, 17,* 38–53.
100. Bognár, A. (2003). Vitaminveränderungen bei der Lebensmittelverarbeitung im Haushalt. *Ernährung im Fokus, 11,* 330–335.

101. Munyaka, A. W., Makule, E. E., Oey, I., Van Loey, A., & Hendrickx, M. (2010). Thermal stability of l-ascorbic acid and ascorbic acid oxidase in broccoli (*Brassica oleracea* var. *italica*). *Journal of Food Science, 75*(4), C336–C340.
102. Burggraf, C., Teuber, R., Brosig, S., & Meier, T. (2018). Review of a priori dietary quality indices in relation to their construction criteria. *Nutrition Reviews, 76*(10), 747–764.
103. Ströhle, A., & Hahn, A. (2011). Diets of modern hunter-gatherers vary substantially in their carbohydrate content depending on ecoenvironments: Results from an ethnographic analysis. *Nutrition Research, 31*(6), 429–435.
104. Ströhle, A., Wolters, M., & Hahn, A. (2009). Die Ernährung des Menschen im evolutionsmedizinischen Kontext. *Wiener klinische Wochenschrift, 121*(5–6), 173–187.
105. Manheimer, E. W., van Zuuren, E. J., Fedorowicz, Z., & Pijl, H. (2015). Paleolithic nutrition for metabolic syndrome: Systematic review and meta-analysis. *The American Journal of Clinical Nutrition, 102*(4), 922–932.
106. Fenton, T. R., & Fenton, C. J. (2016). Paleo diet still lacks evidence. *The American Journal of Clinical Nutrition, 104*(3), 844–844.
107. Bland, J. M., & Altman, D. G. (2015). Best (but oft forgotten) practices: Testing for treatment effects in randomized trials by separate analyses of changes from baseline in each group is a misleading approach. *The American Journal of Clinical Nutrition, 102*(5), 991–994.
108. Ioannidis, J. P. (2005a). Why most published research findings are false. *PLoS Medicine, 2*(8), e124.
109. Ioannidis, J. P. (2005). Contradicted and initially stronger effects in highly cited clinical research. *JAMA, 294*(2), 218–228.
110. Zinkant, K. (2019). „Wir müssen die Forscher befreien" (Interview in der Süddeutschen Zeitung, 3. April 2019). https://www.sueddeutsche.de/wissen/wissenschaft-meta-research-ioannidis-1.4394526?reduced=true.
111. Ströhle, A., Behrendt, I., Behrendt, P., & Hahn, A. (2016). Alternative Ernährungsformen. *Aktuelle Ernährungsmedizin, 41*(02), 120–138.
112. Leitzmann, C., & Behrendt, I. (2015). Vegane Ernährung. *Erfahrungsheilkunde, 64*(02), 76–83.
113. https://www.spiegel.de/panorama/gesellschaft/bulle-toetet-bauer-radikale-veganer-erklaeren-das-tier-zum-helden-a-1015210.html und https://www.morgenpost.de/berlin/article212340909/Nach-Pumpgun-Foto-Koch-Hildmann-von-der-Polizei-vorgeladen.html.
114. https://www.sueddeutsche.de/panorama/frankreich-veganer-tiere-speziesismus-1.4193393.
115. Cantone, D. (2017). Veganer glauben moralisch überlegen zu sein. *Essay, Neue Zürcher Zeitung, 26*(04), 2017.
116. Hund, W. D. (2015). *Rassismus*. Transcript.
117. Bauknecht, B. R. (2015). *Salafismus-Ideologie der Moderne*. Bundeszentrale für Politische Bildung.
118. Potts, A., & Armstrong, P. (2018). VEGAN 27. *Critical Terms for Animal Studies, 395*.
119. Dinu, M., Abbate, R., Gensini, G. F., Casini, A., & Sofi, F. (2017). Vegetarian, vegan diets and multiple health outcomes: A systematic review with meta-analysis of observational studies. *Critical Reviews in Food Science and Nutrition, 57*(17), 3640–3649.
120. Bradbury, K. E., Crowe, F. L., Appleby, P. N., Schmidt, J. A., Travis, R. C., & Key, T. J. (2014). Serum concentrations of cholesterol, apolipoprotein AI and apolipoprotein B in a total of 1694 meat-eaters, fish-eaters, vegetarians and vegans. *European Journal of Clinical Nutrition, 68*(2), 178.
121. Spencer, E. A., Appleby, P. N., Davey, G. K., & Key, T. J. (2003). Diet and body mass index in 38 000 EPIC-Oxford meat-eaters, fish-eaters, vegetarians and vegans. *International Journal of Obesity, 27*(6), 728.
122. https://www.dr-schmiedel.de/macht-vegan-krank/.

123. Appleby, P., Roddam, A., Allen, N., & Key, T. (2007). Comparative fracture risk in vegetarians and nonvegetarians in EPIC-Oxford. *European Journal of Clinical Nutrition, 61*(12), 1400.

124. Orlich, M. J., Singh, P. N., Sabaté, J., Jaceldo-Siegl, K., Fan, J., Knutsen, S., et al. (2013). Vegetarian dietary patterns and mortality in adventist health study 2. *JAMA Internal Medicine, 173*(13), 1230–1238.

125. Larsson, C. L., & Johansson, G. K. (2002). Dietary intake and nutritional status of young vegans and omnivores in Sweden. *The American Journal of Clinical Nutrition, 76*(1), 100–106.

126. Sastre, R. R., & Posten, C. (2010). Die vielfältige Anwendung von Mikroalgen als nachwachsende Rohstoffe. *Chemie Ingenieur Technik, 11*(82), 1925–1939.

127. Greupner, T., Kutzner, L., Nolte, F., Strangmann, A., Kohrs, H., Hahn, A., et al. (2018). Effects of a 12-week high-α-linolenic acid intervention on EPA and DHA concentrations in red blood cells and plasma oxylipin pattern in subjects with a low EPA and DHA status. *Food & Function, 9*(3), 1587–1600.

128. Egert, S., Baxheinrich, A., Lee-Barkey, Y. H., Tschoepe, D., Stehle, P., Stratmann, B., & Wahrburg, U. (2018). Effects of a hypoenergetic diet rich in α-linolenic acid on fatty acid composition of serum phospholipids in overweight and obese patients with metabolic syndrome. *Nutrition, 49*, 74–80.

129. Ferdinandusse, S., Denis, S., Mooijer, P. A., Zhang, Z., Reddy, J. K., Spector, A. A., & Wanders, R. J. (2001). Identification of the peroxisomal β-oxidation enzymes involved in the biosynthesis of docosahexaenoic acid. *Journal of Lipid Research, 42*(12), 1987–1995.

130. Sutter, D. O. (2017). *The impact of vegan diet on health and growth of children and adolescents–Literature review*. Doctoral dissertation, University of Bern.

131. Masana, M. F., Koyanagi, A., Haro, J. M., & Tyrovolas, S. (2017). n-3 Fatty acids, Mediterranean diet and cognitive function in normal aging: A systematic review. *Experimental Gerontology, 91*, 39–50.

132. Zoe, J., & Weyer, F. Pegan: Paleo + Vegan. (2016). Hyman, M. (2015). Why this health expert recommends a Paleo-Vegan diet. https://www.elephantjournal.com/2015/06/why-this-health-expert-recommends-a-paleo-vegan-diet/.

133. Eisenhauer, B. (2019). Vegane Influencerin outet sich: Wer weiß schon, was sich hinter der digitalen Maske verbirgt? *Frankfurter Allgemeine Zeitung*. https://www.faz.net/aktuell/stil/leib-seele/fans-der-veganen-influencerin-rawvana-fuehlen-sich-verraten-16104911.html. Zugegriffen: 30. März 2019.

134. Şanlier, N., Gökcen, B. B., & Sezgin, A. C. (2017). Health benefits of fermented foods. *Critical Reviews in Food Science and Nutrition, 2017*, 1–22.

135. Tarvainen, M., Fabritius, M., & Yang, B. (2019). Determination of vitamin K composition of fermented food. *Food Chemistry, 275*, 515–522.

136. Daliri, E., Oh, D., & Lee, B. (2017). Bioactive peptides. *Foods, 6*(5), 32.

137. Schmid, J. (2018). Recent insights in microbial exopolysaccharide biosynthesis and engineering strategies. *Current Opinion in Biotechnology, 53*, 130–136.

138. Lynch, K. M., Zannini, E., Coffey, A., & Arendt, E. K. (2018). Lactic acid bacteria exopolysaccharides in foods and beverages: Isolation, properties, characterization, and health benefits. *Annual Review of Food Science and Technology, 9*, 155–176.

139. Sanjukta, S., & Rai, A. K. (2016). Production of bioactive peptides during soybean fermentation and their potential health benefits. *Trends in Food Science & Technology, 50*, 1–10.

140. Liu, Y., Song, H., & Luo, H. (2018). Correlation between the key aroma compounds and gDNA copies of *Bacillus* during fermentation and maturation of natto. *Food Research International, 112*, 175–183.

141. Mahdinia, E., Mamouri, S. J., Puri, V. M., Demirci, A., & Berenjian, A. (2019). Modeling of vitamin K (Menaquinoe-7) fermentation by *Bacillus subtilis natto* in biofilm reactors. *Biocatalysis and Agricultural Biotechnology, 17*, 196–202.

142. Hsueh, Y. H., Huang, K. Y., Kunene, S., & Lee, T. Y. (2017). Poly-γ-glutamic acid synthesis, gene regulation, phylogenetic relationships, and role in fermentation. *International Journal of Molecular Sciences, 18*(12), 2644.

143. Hafner, U. (2014). Vische stinken nicht. *Neue Zürcher Zeitung.* https://www.nzz.ch/wissenschaft/bildung/vische-stinken-nicht-1.18327936.

144. Zielbauer, B. I., Franz, J., Viezens, B., & Vilgis, T. A. (2016). Physical aspects of meat cooking: Time dependent thermal protein denaturation and water loss. *Food Biophysics, 11*(1), 34–42.

145. Vilgis, T. A. (2016). Brühwurst Warm- und Kaltfleischverarbeitung. *Journal Culinaire, 22,* 50–70.

146. Grimm, H. U. (2012). *Vom Verzehr wird abgeraten: Wie uns die Industrie mit Gesundheitsnahrung krank macht.* KnaureBook.

147. Grimm, H. U. (2003). *Die Ernährungslüge: Wie uns die Lebensmittelindustrie um den Verstand bringt.* Droemer HC.

148. Capuano, E., Oliviero, T., Fogliano, V., & Pellegrini, N. (2018). Role of the food matrix and digestion on calculation of the actual energy content of food. *Nutrition reviews, 76*(4), 274–289.

149. Palzer, S. (2009). Food structures for nutrition, health and wellness. *Trends in Food Science & Technology, 20*(5), 194–200.

150. Turgeon, S. L., & Rioux, L. E. (2011). Food matrix impact on macronutrients nutritional properties. *Food Hydrocolloids, 25*(8), 1915–1924.

151. González, R. J., Drago, S. R., Torres, R. L., & De Greef, D. M. (2016). 12 Extrusion Cooking of. *Engineering Aspects of Cereal and Cereal-Based Products, 269.*

152. Lin, S., Huff, H. E., & Hsieh, F. (2002). Extrusion process parameters, sensory characteristics, and structural properties of a high moisture soy protein meat analog. *Journal of Food Science, 67*(3), 1066–1072.

153. Palanisamy, M., Franke, K., Berger, R. G., Heinz, V., & Töpfl, S. (2019). High moisture extrusion of lupin protein: Influence of extrusion parameters on extruder responses and product properties. *Journal of the Science of Food and Agriculture, 99*(5), 2175–2185.

154. Osen, R., Toelstede, S., Eisner, P., & Schweiggert-Weisz, U. (2015). Effect of high moisture extrusion cooking on protein–protein interactions of pea (Pisum sativum L.) protein isolates. *International Journal of Food Science & Technology, 50*(6), 1390–1396.

155. Wilson, D. O., & Reisenauer, H. M. (1963). Determination of leghemoglobin in legume nodules. *Analytical Biochemistry, 6*(1), 27–30.

156. Appleby, C. A. (1984). Leghemoglobin and *Rhizobium* respiration. *Annual Review of Plant Physiology, 35*(1), 443–478.

157. Hyldig-Nielsen, J. J., Jensen, E. Ø., Paludan, K., Wiborg, O., Garrett, R., Jørgensen, P., & Marcker, K. A. (1982). The primary structures of two leghemoglobin genes from soybean. *Nucleic Acids Research, 10*(2), 689–701.

158. Fu, Y., Bak, K. H., Liu, J., De Gobba, C., Tøstesen, M., Hansen, E. T., et al. (2019). Protein hydrolysates of porcine hemoglobin and blood: Peptide characteristics in relation to taste attributes and formation of volatile compounds. *Food Research International., 121,* 28–38.

159. Robinson, C. (2018). The impossible burger: Boon or risk to health and environment? *GMO Science,* https://gmoscience.org/2018/05/16/impossible-burger-boon-risk-health-environment/

160. Dance, A. (2017). Engineering the animal out of animal products. *Nature Biotechnology, 35*(8), 704–707.

161. Hinzmann, M. (2018). *Die Wahrnehmung von In-Vitro-Fleisch in Deutschland.* TU-Berlin.

162. Siegrist, M., Sütterlin, B., & Hartmann, C. (2018). Perceived naturalness and evoked disgust influence acceptance of cultured meat. *Meat Science, 139,* 213–219.

163. van der Weele, C., & Tramper, J. (2014). Cultured meat: Every village its own factory? *Trends in biotechnology, 32*(6), 294–296.

164. Arshad, M. S., Javed, M., Sohaib, M., Saeed, F., Imran, A., & Amjad, Z. (2017). Tissue engineering approaches to develop cultured meat from cells: A mini review. *Cogent Food & Agriculture, 3*(1), 1320814.

165. Shockley, M., & Dossey, A. T. (2014). Insects for human consumption. In M. Shockley & A. T. Dossey (Hrsg.), *Mass production of beneficial organisms* (S. 617–652). Academic Press.

166. Rumpold, B. A., & Schlüter, O. K. (2013). Potential and challenges of insects as an innovative source for food and feed production. *Innovative Food Science & Emerging Technologies, 17,* 1–11.

167. Churchward-Venne, T. A., Pinckaers, P. J., van Loon, J. J., & van Loon, L. J. (2017). Consideration of insects as a source of dietary protein for human consumption. *Nutrition Reviews, 75*(12), 1035–1045.

168. Fiebelkorn, F. (2017). Insekten als Nahrungsmittel der Zukunft: Entomophagie. *Biologie in unserer Zeit, 47*(2), 104–110.

169. Holst, K. (2019). Von Entomophobie zu Entomophagie. *Hamburger Journal für Kulturanthropologie (HJK), 8,* 85–98.

170. Smetana, S., Pernutz, C., Toepfl, S., Heinz, V., & Van Campenhout, L. (2019). High-moisture extrusion with insect and soy protein concentrates: Cutting properties of meat analogues under insect content and barrel temperature variations. *Journal of Insects as Food and Feed, 5*(1), 29–34.

171. Dicke, M., & van Huis, A. (2015). Six-legged protein. *Oxygen, 26,* 68–71.

172. Tresidder, R. (2015). Eating ants: Understanding the terroir restaurant as a form of destination tourism. *Journal of Tourism and Cultural Change, 13*(4), 344–360.

173. McIlveen, H., Abraham, C., & Armstrong, G. (1999). Meat avoidance and the role of replacers. *Nutrition & Food Science, 99*(1), 29–36.

174. Stephan, A., Ahlborn, J., Zajul, M., & Zorn, H. (2018). Edible mushroom mycelia of Pleurotus sapidus as novel protein sources in a vegan boiled sausage analog system: Functionality and sensory tests in comparison to commercial proteins and meat sausages. *European Food Research and Technology, 244*(5), 913–924.

175. Linke, D., Bouws, H., Peters, T., Nimtz, M., Berger, R. G., & Zorn, H. (2005). Laccases of *Pleurotus sapidus:* Characterization and cloning. *Journal of Agricultural and Food Chemistry, 53*(24), 9498–9505.

176. Christ, A. K., et al. (2018). Western diet triggers NLRP3-dependent innate immune reprogramming. *Cell, 172*(1–2), 162–175.

177. Schnabel, L., Kesse-Guyot, E., Allès, B., Touvier, M., Srour, B., Hercberg, S., et al. (2019). Association between ultraprocessed food consumption and risk of mortality among middle-aged adults in France. *JAMA internal Medicine.* https://doi.org/10.1001/jamainternmed.2018.7289.

178. Schymanski, I. (2015). *Im Teufelskreis der Lust: Raus aus der Belohnungsfalle!* Schattauer.

179. Small, D. M., & DiFeliceantonio, A. G. (2019). Processed foods and food reward. *Science, 363*(6425), 346–347.

180. Hancock, R. D., McDougall, G. J., & Stewart, D. (2007). Berry fruit as 'superfood': Hope or hype. *Biologist, 54*(2), 73–79.

181. Cassiday, L. (2017). Chia: Superfood or superfat. *Inform, 28*(1), 6–13,

182. Berlett, D. S., & Stadtman, E. R. (1997). Protein oxidation in aging, disease, and oxidative stress. *Journal of Biological Chemistry, 272*(33), 20313–20316.

183. Federle, S., Hergesell, S., & Schubert, S. (2017). Aromaten. In S. Federle, S. Hergesell, & S. Schubert (Hrsg.), *Die Stoffklassen der organischen Chemie* (S. 43–65). Springer Spektrum.

184. Quideau, S., Deffieux, D., Douat-Casassus, C., & Pouységur, L. (2011). Pflanzliche Poly-phenole: Chemische Eigenschaften, biologische Aktivität und Synthese. *Angewandte Chemie, 123*(3), 610–646.

185. Pandey, K. B., & Rizvi, S. I. (2009). Plant polyphenols as dietary antioxidants in human health and disease. *Oxidative Medicine and Cellular longevity, 2*(5), 270–278.
186. Papuc, C., Goran, G. V., Predescu, C. N., Nicorescu, V., & Stefan, G. (2017). Plant polyphenols as antioxidant and antibacterial agents for shelf-life extension of meat and meat products: Classification, structures, sources, and action mechanisms. *Comprehensive Reviews in Food Science and Food Safety, 16*(6), 1243–1268.
187. Schöbel, N., Radtke, D., Kyereme, J., Wollmann, N., Cichy, A., Obst, K., et al. (2014). Astringency is a trigeminal sensation that involves the activation of G protein-coupled signaling by phenolic compounds. *Chemical Senses, 39*(6), 471–487.
188. Kühlbrandt, W., Wang, D. N., & Fujiyoshi, Y. (1994). Atomic model of plant light-harvesting complex by electron crystallography. *Nature, 367*(6464), 614–621.
189. Liu, Z., Yan, H., Wang, K., Kuang, T., Zhang, J., Gui, L., An, X., & Chang, W. (2004). Crystal structure of spinach major light-harvesting complex at 2.72 Å resolution. *Nature, 428*(6980), 287–292.
190. Haken, H., & Wolf, H. C. (2013). *Atom-und Quantenphysik: Einführung in die experimentellen und theoretischen Grundlagen.* Springer.
191. Goralczyk, R. (2009). ß-Carotene and lung cancer in smokers: Review of hypotheses and status of research. *Nutrition and Cancer, 61*(6), 767–774.
192. Vrolijk, M. F., Opperhuizen, A., Jansen, E. H., Godschalk, R. W., van Schooten, F. J., Bast, A., & Haenen, G. R. (2015). The shifting perception on antioxidants: The case of vitamin E and β-carotene. *Redox Biology, 4,* 272–278.
193. Hahne, D. (2012). Epigenetik und Ernährung. Folgenreiche Fehlprogrammierung. *Deutsches Ärzteblatt, 109*(40), A-1986/B-1614/C-1586.
194. Bittner, N., Jockwitz, C., Mühleisen, T. W., Hoffstaedter, F., Eickhoff, S. B., Moebus, S., et al. (2019). Combining lifestyle risks to disentangle brain structure and functional connectivity differences in older adults. *Nature Communications, 10.* https://doi.org/10.1038/s41467-019-08500-x.
195. Fabris, J. C., Piattella, O. F., Rodrigues, D. C., Velten, H. E., & Zimdahl, W. (2016). The cosmic microwave background. *Astrophysics and Space Science Proceedings, 45,* 369.
196. Patrignani, C., Weinberg, V., et al. (2016). Review of particle physics. *Chinese Physics B, 40,* 100001.
197. Anastasiou, C., Duhr, C., et al. (2016). High precision determination of the gluon fusion Higgs boson cross-section at the LHC. *Journal of High Energy Physics, 2016*(5), 58.
198. Cheng, T. P., & Li, L. F. (1984). *Gauge theory of elementary particle physics.* Clarendon Press.
199. https://eventhorizontelescope.org/.
200. Güsten, R., Wiesemeyer, H., Neufeld, D., Menten, K. M., Graf, U. U., Jacobs, K., et al. (2019). Astrophysical detection of the helium hydride ion HeH⁺. *Nature, 568*(7752), 357.
201. Graf, D. (Hrsg.). (2010). *Evolutionstheorie-Akzeptanz und Vermittlung im europäischen Vergleich.* Springer.
202. Williams, J. D. (2010). Evolution und Kreationismus im Schulunterricht aus Sicht Großbritanniens. Ist Evolution eine Sache der Akzeptanz oder des Glaubens?. In *Evolutionstheorie-Akzeptanz und Vermittlung im europäischen Vergleich* (S. 99–118). Springer.
203. Bucher, T., Müller, B., & Siegrist, M. (2015). What is healthy food? Objective nutrient profile scores and subjective lay evaluations in comparison. *Appetite, 95,* 408–414.
204. Laska, M. N., Hearst, M. O., Lust, K., Lytle, L. A., & Story, M. (2015). How we eat what we eat: Identifying meal routines and practices most strongly associated with healthy and unhealthy dietary factors among young adults. *Public Health Nutrition, 18*(12), 2135–2145.
205. Cairns, K., & Johnston, J. (2015). Choosing health: Embodied neoliberalism, postfeminism, and the "do-diet". *Theory and Society, 44*(2), 153–175.

Genuss und Ernährung

6

Zusammenfassung

Die Rolle des Genusses in der Ernährung spielt eine größere Rolle, als bisher angenommen. Dabei sind Einstellung und Umgang mit den Lebensmitteln, aber auch deren Wertschätzung von zentraler Bedeutung für den Genuss. Auch diese Parameter sind letztlich durch die Zusammensetzung der Lebensmittel bedingt, denn sie bestimmen deren Genusspotenzial, aber auch deren Nährwert.

6.1   Hygiene und Genuss

Verglichen mit unseren Vorfahren leben wir in einer sterilen Welt. Strenge Hygienevorschriften machen Erzeugern und Verbrauchern das Leben hin und wieder schwer. Keine Frage, eine hohe Lebensmittelsicherheit ist notwendig, vor allem bei Massenprodukten aus industrieller Erzeugung. Denn es ist fatal, wenn regelmäßig ganze Chargen von Käse Listerien enthalten [1], abgepackte Hühner aus Massentierhaltung mit Campylobacter belastet sind [2] und Waren zuhauf rückgerufen und vernichtet werden müssen. Diese Meldungen gibt es immer wieder und die Aussagen setzen sich im Gehirn fest. Die Schlussfolgerung, Lebensmitteln sei nicht zu trauen, ist schnell getroffen. So wundert es sich nicht, wenn Lebensmittel wie Rohmilch und Rohmilchkäse ins Visier der Aufsichtsbehörden geraten und deren Verbot angestrebt wird. Auch Rohwurstprodukte werden immer kritischer gesehen, und wilde Fermentationen sind nur noch unter strengen Auflagen möglich oder in Eigenverantwortung zu Hause. Diese Maßnahmen haben allerdings starke Konsequenzen für den Genuss. Dort macht sich der Unterschied in Geschmack und Aroma, in der Textur und im Flavour deutlich bemerkbar. Dies ist objektiv verständlich, denn die z. B. in Rohmilch vorhandenen Mikroorganismen emittieren Enzyme, die für ein deutlich breiteres Aromaspektrum und einen deutlich besseren und tieferen Geschmack sorgen,

© Springer-Verlag GmbH Deutschland, ein Teil von Springer Nature 2022, korrigierte Publikation 2022

T. Vilgis, *Biophysik der Ernährung*, https://doi.org/10.1007/978-3-662-65108-7_6

wie es in Rohmilchbutter und Rohmilchquark [3] sowie Rohmilchkäse [4] erfahrbar ist. Auch die Anzahl der bioaktiven Peptide unterscheidet sich zugunsten der Rohmilch und der daraus hergestellten Produkten deutlich [5]. Daraus folgt, Rohmilchkäse haben eine höhere Biofunktionalität als vergleichbare Produkte aus pasteurisierter, weitgehend keimfreier Milch.

Natürlich weist Rohmilch hat eine höhere Keimzahl (siehe Kap. 4) auf, solange sich die Keime aber unterhalb einer kritischen Konzentration halten, sind sie für den *Homo sapiens* in aller Regel nicht gefährlich. Im Gegenteil: Es gibt deutliche Hinweise aus klinischen Studien, dass Kinder, die im sehr frühen Stadium nach dem Abstillen Rohmilch trinken oder gar auf Bauernhöfen aufgewachsen sind, im Vergleich zu stärker behüteten Kindern eine deutlich höhere Resistenz gegen die Bildung von Allergien oder Erkrankungen der Atemwege aufweisen [6–8].

Dieser „Bauernhofeffekt" kann Kinder davor schützen, allergische Reaktionen zu entwickeln. Im Rahmen dieser Untersuchungen lässt sich zeigen, dass sich Kinder mit und ohne Allergien deutlich in ihrem Mikrobiom, in der Gesamtheit der Mikroorganismen, die jeden menschlichen Körper besiedeln und seine Immunabwehr mitbestimmen, unterscheiden. Das Mikrobiom wird von den Lebensbedingungen und der Ernährung beeinflusst (vgl. Abschn. 4.6.1 und 5.6.3). Verantwortlich dafür sind offenbar auch bestimmte Bestandteile der Atemluft, wie sie auf Bauernhöfen vorkommen [9]. Kinder werden über diese Allergene trainiert und entwickeln bessere Abwehrkräfte. Offenbar macht „Dreck" immun bzw. immuner, wie auch das Verabreichen von anderen typischen Lebensmitteln mit hohem Allergiepotenzial, etwa Erdnüssen, an Kleinkinder [10].

Nun kann man wegen des natürlichen Keimbestands das Trinken von Rohmilch nicht generell empfehlen. Daher wurden in einer neuen Studie zusammen mit einer Molkerei aufwendige Verfahren entwickelt, um die Keime zu entfernen, aber den Rohmilchcharakter zu erhalten. Unter anderem scheint der Anteil an den langkettigen, mehrfach ungesättigten Omega-3-Fettsäuren EPA und DHA wieder eine entscheidende Rolle zu spielen, und es ist klar, dass ein Teil davon bei thermischen Verfahren oxidiert wird (vgl. Abb. 1.5) und damit nicht mehr vorhanden ist. Ein wichtiger Aspekt dieser Ideen ist es also, die Milch möglichst natürlich zu belassen und nur die Krankheitserreger, etwa vom Euter, von den Melkanlagen oder von Kontaminationen vom Stallboden, zu entfernen, aber ansonsten die Milch so roh wie möglich zu lassen – und damit auch alle Exosomen und Boten- oder Messenger-RNAs (mRNA, siehe Abschn. 4.10.9) zu erhalten.

Diese Ergebnisse und Ideen stehen in diametralem Gegensatz zu Meldungen, Rohmilch sei ein hochbrisanter Cocktail, von dem allerlei Gefahren ausgingen [11], die in Abschn. 4.10.9 teilweise angesprochen wurden. Über die Signalwirkungen der mRNAs gibt es allerdings auch gegenteilige Ideen [12], sodass diese kontroversen Fragen überhaupt nicht geklärt sind, nicht in Beobachtungsstudien [13] und schon gar nicht die einzelnen molekularen Vorgänge die zu einem grundsätzlichen Verständnis notwendig wären.

Leider werden auch zu diesem Thema unklare Aussagen in der Populärliteratur [14] wiedergegeben und fördern das statische Verharren in Meinungsschleifen (vgl. Abb. 5.1). Mit „mehr Genuss" hat dies gar nichts mehr zu tun. Mit einer

ausgewogenen und vielseitigen Ernährung erst recht nicht. Für einige ist dies ein
weiterer Schritt in den Zwang, sich ausschließlich gesund ernähren zu müssen.
Genau dies macht aber krank.

6.2   Ein Dilemma der Lebensmittelproduktion

Ein Großteil der westliche Welt lebt in einer Phase des Überflusses. Die Menschen
sind dank hoher Produktivität, Globalisierung des Handels, Transport und Kühl-
möglichkeiten vollkommen überversorgt mit Lebensmitteln. Bevorratung mit
den modernen Kühlschränken ist auch für Privathaushalte kein Problem. Viele
sind geneigt, mehr als notwendig zu kaufen, ein erster Schritt zur Lebensmittelverschwendung. Der dem *Homo sapiens* ureigene Drang nach Lebensmittel-
versorgung wirkt stärker als die rationale Abwägung, was für die nächsten Tage
ausreichen würde. Im Grunde ist dies nicht neu, denn mit der Entwicklung von
Konservierungsmethoden, aber auch der Konservierung zu Hause, dem Einkochen
von Früchten, Konfitüren, dem Sauer-Einlegen von Gemüse, haben Menschen
immer mehr konserviert, als nötig war. So gelang es, den Erntereichtum guter
Jahre für Ernteausfälle in schlechten Jahren zu nutzen.

Dies ist seit dem Wirtschaftswunder nach dem Zweiten Weltkrieg nicht mehr
nötig. In den Supermärkten werden so viele Lebensmittel angeboten, dass gar
nicht mehr alle gegessen werden können. Die Lebensmittelverschwendung hat
ihre erste Ursache in der Überproduktion und in der Produktion von mitunter
fragwürdigen Lebensmitteln. Es drängt sich hin und wieder der Eindruck auf,
manche Lebensmittel dienten nicht mehr zum Verzehr, sondern lediglich der
Lebensmittelwirtschaft für die Jahresbilanzen. Dies betrifft nicht nur die Lebensmittelindustrie, sondern auch viele im Biobereich angesiedelte Unternehmen,
die sich so mancher Produktion widmen, die frei von Esskultur ist und sich über
Superfood, Körperoptimierung und kaum einlösbare Gesundheitsversprechen
definiert. Bio-Fitness-Riegel, Bio-Smoothie-Pulver und andere Produkte mit
hohem Verarbeitungsgrad unterscheiden sich nicht wesentlich von vergleichbaren
konventionellen Produkten. Lebensmittelanaloge funktionieren nur mit dem Einsatz von industriellen Technologien und sind vom Handwerk ebenso weit entfernt wie Convenience-Produkte konventioneller Art. Vegane Ersatzprodukte (oft
positiv besetzt) und Convenience-Produkte (oft negativ beurteilt) unterscheiden
sich nur wenig im Fertigungsprozess – außer dem Ursprung der Zutaten, der eine
immer geringer werdende Rolle spielt, je höher der Verarbeitungsgrad ist. Auch
bei Lebensmitteln des Labels „Bio" sind die Verarbeitungsschritte so hoch (siehe
Abb. 5.37), dass sie von Convenience-Produkten kaum unterscheidbar sind.

Ein Grund dafür ist die Standardisierung der (industriellen) Lebensmittel.
Brötchen kommen aus Großbäckereien, Würste aus industriell arbeitenden
Großbetrieben, Fertigpizzen müssen nicht nur schmecken, sondern immer gleich
sein. Heute wie gestern, morgen wie heute usw. Dies funktioniert nicht auf natürlichem Wege; jeder Handwerksbetrieb, der natürliche Rohstoffe einsetzt, kann
ein Lied von den schwankenden Eigenschaften von Naturprodukten singen. Aber

jeder Handwerker kann darauf individuell reagieren. Der Teig aus schlechten Weizenjahren kann mit Wasser, Salz und Mehl angepasst werden, bis die Teigeigenschaften wieder stimmen. Eine Maschine, ein Industrieroboter kann das heute noch nicht. Der Rohstoff muss identisch sein, damit der Prozess verlässlich funktioniert. Rezepturen müssen daher bis auf alle Details standardisiert werden, bis zur Reproduzierbarkeit des Flavours [15].

Sollen Convenience-Lebensmittel billiger werden, muss an hochwertigen Rohstoffen gespart werden. Statt teurerem Fleischprotein kommt immer dann günstigeres Protein, etwa Milchprotein, zum Einsatz, wenn es möglich ist und zugelassen wird. Zwar stimmt der erforderliche Proteingehalt, er ist aber zusammengemischt aus unterschiedlichen Proteinquellen. Auf diese Weise entsteht ein Surrogatprodukt zum günstigen Preis. Dies geht Schritt für Schritt. Im Bio-/Veganbereich ist das ähnlich. Es kommt Erbsenprotein dazu, etwas Sojaprotein, und damit die Bindung stimmt, noch Lupinenprotein, das bis zu einem gewissen Teil in der Lage ist, Eiproteine, Milcheiweiße wie Molkenprotein und Casein im veganen Convenience-Food technologisch zu ersetzen. Zwar stammen diese Proteine aus einem biologisch erzeugten Produkt, aber den extrahierten und hochgereinigten Molekülen ist das nicht mehr anzusehen. Wie bereits an früherer Stelle gesagt, schade um jede Erbse und jede Bohne, die nicht mehr als Ganzes mit allen Inhaltsstoffen gegessen wird, sondern deren wertvolle Teile zu Rohstoffen für fragwürdige Produkte regelrecht verkommen. Einer vollwertigen naturnahen Ernährung entspricht dies nicht mehr.

Erst eine Vielzahl dieser Hightech-Verfahren erlaubt den Überfluss und das damit einhergehende Überangebot an Lebensmitteln. Oft sind es Essmaterialen, die bezüglich des Nährwerts, des Flavours und der Textur wenig mit ihrem Original zu tun haben, abgesehen der Optik. Diese Probleme sind hausgemacht. Bleibt die Hoffnung, dass sich diese Technologien für die Herausforderung der Ernährung der ständig wachsenden Menschheit als nützlich erweisen.

Dieses Überangebot überfordert viele Menschen, die Produktionsverfahren sind wenig transparent, Zusatzstoffdeklarationen enthalten chemische Begriffe, die gefährlich klingen, das aber nicht sind. Nur Spezialisten verstehen deren tiefe molekulare Funktion auf Nanoskalen, deren dort zu erledigende Aufgaben; aber noch nicht einmal mehr alle Lebensmitteltechnologen, wie die manchmal widersprüchliche Liste der Hydrokolloide, Emulgatoren, Pflanzenfasern usw. erahnen lässt. Die grenzenlose Produktvielfalt, die sich aus diesen technologischen Möglichkeiten ergibt, ist ein weiteres Problem: Viele Menschen wissen heutzutage nicht mehr, was sie essen wollen. Die Wahl zwischen mehreren, quasi identischen Produkten macht die Entscheidung schwierig bis unmöglich. Die Flucht in den Bio-Supermarkt macht es kaum besser. Anonyme Produkte mit Auslobungen aller Art (frei von, *clean label*, ohne Zusatzstoffe), dazu darf man das abgepackte Fleisch trotz Herkunftsnachweis durchaus zählen, beruhigen lediglich das Gewissen, auch wenn die Preise dort immer noch so niedrig sind, dass man sich im Grunde beim Bioproduzenten entschuldigen muss. Der Preis spiegelt den technologischen und landwirtschaftlichen Aufwand nicht mehr wider.

6.3 Essen detoxieren und ein paar Widersprüche

Es ist kein Wunder, dass Essen in den letzten Jahrzehnten einen immer schlechteren Ruf bekam, sodass sich die Vorstellung erhärtete, der Mensch müsse sich davon entgiften. Es ist somit wiederum kein Wunder, wenn viele Vorschläge zu Detoxtherapien kommen, bei denen die Grenze zwischen Wissenschaft und Glaube verschleiert wird. Detox ist auch als Entschlackung oder Entgiftung bekannt [16, 17], und diese Methoden erweisen sich tatsächlich als fragwürdig und genussunwürdig.

Daher sei nochmals an die Grundgeschmacksrichtungen erinnert [18], die durch Zucker, Salz, Säuren, Glutamat und Bitterstoffe ausgelöst werden (Abb. 6.1) und die den *Homo sapiens* bis heute bestens durch die Jahrtausende geleiteten.

Die Folgen der These, Fett sei schädlich, Protein aber gut, sind deutlich sichtbar: Fette Schweinerassen wurden verbannt, magere Schweine gezüchtet. Das Fleisch wurde wegen des geringeren Fettgehalts als gesünder deklariert. In der Folge stieg die Nachfrage, die Überproduktion nahm überhand. Die Fleisch-

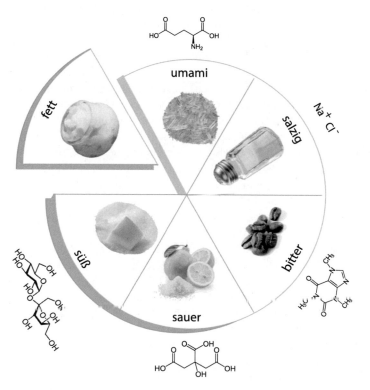

Abb. 6.1 Die für die fünf Grundgeschmacksrichtungen verantwortlichen Grundzutaten sowie Fette wurden zu vermeintlichen Giften: Saccharose (süß), Glutaminsäure (umami), dissoziiertes Natriumchlorid (salzig), Coffein (bitter) und Zitronensäure (sauer)

produktion musste schneller gehen, die Tiere wurden mit proteinreichem Getreide gemästet, in vielen Fällen wurde mit Futterzusätzen nachgeholfen. Das Problem der sogenannten „Western Diet" [17] nahm seinen Lauf.

Die Annahme, rotes Fleisch erzeuge Krebs, ließ die Nachfrage nach weißem Fleisch rasant steigen. Die Folgen sind Hühner und Masthähnchen in Massenhaltung, völlig überzüchtete Puten und Truthähne. Das extrem magere Brustfleisch wurde begehrt, das Restfleisch der Tiere war weniger gefragt. Fütterung und Züchtung ließen die Brüste wachsen, die Biomechanik der Tiere geriet aus dem Gleichgewicht, das Geflügel kann weder stehen noch laufen. Dafür ist das Fleisch billig und für alle verfügbar. Nur lehrt die Evolution erst recht, dass wir nicht täglich Fleisch benötigen, um zu überleben. Im Gegenteil, lange und unregelmäßige Phasen des Hungers und des Mangels machten den *Homo sapiens* zu dem, was er ist: Als omnivorer Esser konnte er sich an die jeweilige gegenwärtige Ernährungssituation anpassen. Dies war mitentscheidend, entsprechende Kulturtechniken abseits der Kontrolle des Feuers zu entwickeln, um Makro- und Mikronährstoffe der jeweiligen Lebensmittel biologisch verfügbar zu machen. Nur diese Fähigkeit ist das Unterscheidungsmerkmal zu anderen Kreaturen, die diesen Schritt nicht gingen und gehen konnten.

Unter diesem Gesichtspunkt ist jeder Ausschluss von Nahrung und Nahrungsmitteln, die sich seit dem Neolithikum bewährten, ein Schritt zurück in der Evolution. In der gesamten Ernährungsgeschichte kamen stets Lebensmittel hinzu, sofern sie dem Menschen dienten und ihn sättigten. Es gibt daher keinen Grund, Schweineschmalz, das seit Jahrtausenden neben Pflanzenölen Grundlage der Ernährung war, infrage zu stellen und das köstliche Schmalzbrot mit Salz vom Speiseplan zu verbannen. Ein großer Nachteil des Überflusses ist es, dass wir beginnen, reale Nahrungsmittel zu verbannen. Dennoch ist die Suche nach neuen Lebensmitteln unerlässlich, aber wir sollten uns davor hüten, das physiologisch Bewährte nicht zu bewahren. Der Fähigkeit, alles essen zu können, erlaubte dem *Homo sapiens* ein breiteres das Spektrum der Nahrungsaufnahme als vielen anderen Spezies. Erst diese Fähigkeit ermöglichte es, Emotionen, und damit Genuss beim Essen zu empfinden.

Wie widersprüchlich und irrational wir mit den „giftigen Lebensmitteln" umgehen, lässt sich am Beispiel Alkohol bestens erkennen. Wir wissen um die Gefahr des Nervengifts Alkohol und kennen die Zahl der alkoholbedingten Todesfälle. Ganz im Gegensatz zu den rein theoretischen, hinzugerechneten Glutamattoten, den Acrylamidtoten, der E-Nummern-Toten. Auf Grundlage dieser werden komplette Forschungsprogramme entwickelt, gesetzliche Grenzwerte eingerichtet, Verbote gefordert. Einen Ruf, Alkohol zu begrenzen oder gar zu verbieten, gibt es hingegen kaum. Würde das Molekül Ethanol erst heute entdeckt werden, bekämen Alkoholika keine behördliche Zulassung als Lebensmittel. Somit ist es widersprüchlich, wenn Autoren einerseits die Industrieküche schelten [19], zeitgleich jedoch Bücher über starke Alkoholika [20] publizieren – ein Problem des Messens mit unterschiedlichen Maßstäben. Trotz dieses Wissens genießen wir dennoch Alkohol, verdammen Fett, Salz, Zucker und Glutamat. Während die Evolution uns über die Funktion von Salz, Zucker, Glutamat und Fett aufklärt (Abschn. 1.7), zeigt sie auch für manche Menschen die Möglichkeit des extrem maßvollen Genusses von Alkohol (Abschn. 1.8) – weit vor der neolithischen Revolution und der damit einhergehenden selektiven Lactosetoleranz.

6.4   Das Verständnis für Forschung schwindet

6.4.1   Zusammenhänge erkennen

Zu den großen Problemen gehören die systematischen Ungenauigkeiten der assoziativen Beobachtungsstudien. Sie geben viel Raum für Interpretationen und Spekulationen. Je nach Auffassung und Ansicht lassen sich daraus Interpretationen ableiten, die zur eigenen Glaubensüberzeugung passen. Daraus ergeben sich unschlüssige und leider oft pseudowissenschaftliche Meinungen, die, obwohl gut gemeint, viele Missverständnisse und Unwahrheiten bedingen. Diese zu widerlegen ist oft schwierig, da zum einen viele Beobachtungsstudien großen Raum lassen, zum anderen Überzeugungen schwerer wiegen als Fakten.

Die vielen Unklarheiten, die Schwächen der Daten, sich aufschaukelnde statistische Fehler und die sich daraus ergebenden Widersprüche und Mehrdeutigkeiten von Beobachtungsstudien der Ernährungswissenschaften und Medizin schaffen in den meisten Fällen für die breite Masse kaum Grundverständnis, sondern nähren eher Zweifel. Einfacher und für jeden nachvollziehbar wäre es, einen Blick in die auf die Essbiographie des Homo sapiens. Der Schluss ist ganz einfach: Unsere Vorfahren seit den ersten Hominiden haben bei ihrer Ernährung und ihrem Speiseplan wenig falsch gemacht. Denn wie wir mittlerweile wissen, stimmt der „Giftalarmismus" in den wenigsten Fällen oder nur mit starken Einschränkungen. Meist betreffen diese Diskussionen Fertigprodukte, Convenience-Food und industriell erzeugte Lebensmittel.

Tatsächlich könnte man die Vergiftungsdiskussionen nahezu stoppen und einfach diese Produkte in den entsprechenden Regalen im Supermarkt stehen lassen und stattdessen zum Wochenmarkt gehen und direkt bei den Erzeugern einkaufen. Viele kaufen diese Produkte jedoch, weil es ihnen egal ist, was sie essen (vermutlich die Mehrzahl), weil die Produkte günstig sind (ebenso die Mehrzahl), oder weil es im Supermarkt zur Verfügung steht.

Daraus folgt aber auch: Nicht „die Industrie", die Analog-Food, übersüßte Getränke, Würste aus dem angeprangerten Separatorenfleisch [21] und wasserbindenden Hydrokolloiden herstellt, ist letztlich die gescholtene Alleinschuldige, sondern auch „die Verbraucher" selbst sind schuld. Solange diese Produkte wie selbstverständlich in den Einkaufswagen landen, kann Gewinn damit gemacht werden; solange Kapital erwirtschaftet wird, gibt es für die Hersteller keinen Anlass, diese Produkte nicht herzustellen.

6.4.2 Warum Separatorenfleisch im Grunde gut ist

An dieser Stelle lohnt es sich, über das viel gescholtene Separatorenfleisch nachzudenken. Es ist das Fleisch, das alle, die ihre Brühen und Fonds selbst herstellen, bereits kennen. Separatorenfleisch ist jenes Gewebe, das Muskelfleisch an die Knochen bindet, vereinfacht ausgedrückt sind es Proteine, die den Übergang zwischen Muskeln und Knochen definieren (Abb. 6.2). Es ist etwas anders strukturiert als der Muskel, was sich allein schon aus der Funktion ergibt. Separatorenfleisch ist reicher an Bindegewebe, das als Gelatine bzw. dessen bioaktive Peptide dem Aging der Haut vorbeugen sollen (vgl. Abschn. 5.4.4). Aber es ist immer noch Fleisch, es besteht aus Protein, es kommt vom geschlachteten Tier und dessen Verwendung ist Nose-to-Tail im besten Sinne, und aus dieser Sicht gibt es nichts daran zu beanstanden.

Im ungekochten Zustand muss es wegen der hohen Zugfestigkeit des Kollagens mechanisch mit dafür geeigneten maschinellen Verfahren abgelöst werden. Das ist nicht eklig, sondern Fleisch, das sich auch als Bestandteil von Rezepturen für Würste verwenden lässt, sofern es entsprechend des Lebensmittelrechts deklariert wird. Es enthält bis auf die geringen Anteile der Aminosäure Tryptophan (siehe Kollagen, Abschn. 5.4.3) dennoch einen deutlichen Gehalt an essenziellen Aminosäuren [22] und lässt sich in Brühwürste [23] ohne Qualitätsverlust einarbeiten. Es wäre im Sinne unseren Vorfahren im Paläolithikum geradezu verwerflich, diesen Proteinanteil nicht zu essen. Der einzige Unterschied zur damaligen Zeit liegt in den industriellen Techniken, um das Fleisch heute vollständig und ohne vorheriges Kochen vom Knochen abzulösen.

Will man günstige Brühwürste für den Discountersektor aus reinem Separatorenfleisch herstellen, funktioniert das aufgrund des mangelnden Muskelanteils weniger gut. Dann muss mit weiteren Proteinen, Hydrokolloiden, Bindemittel, Stärke oder Transglutaminasen (siehe „Laborfleisch", Abschn. 5.11.1) nachgeholfen werden.

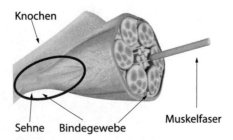

Abb. 6.2 Das Separatorenfleisch befindet sich im Übergang zwischen Muskeln und dem Kollagen der Sehnen, die fest am Knochen angebunden sind (rot markiert). Es besteht somit aus Muskelfleischansätzen und Bindegewebe

6.5 Tradition und Genuss: Fleisch und Wurst aus Hausschlachtungen

6.5.1 Was wissen wir von Fleisch und Wurst

Gutes Fleisch ist teurer, denn es stammt nicht aus Massentierhaltung, wurde auch nicht durch die Lande transportiert, und das Schlachttier starb weitgehend stressfrei, im besten Fall sogar bei einer Hausschlachtung in einem kleinen Metzgereibetrieb. Manchmal dürfen sogar noch Bauern selbst schlachten und zusammen mit einem Metzger das Tier vor Ort verarbeiten. Schweine durften vor nicht allzu langer Zeit noch in kleinen Betrieben ohne strenge Hygienemaßnahmen gehalten werden und wurden direkt am Hof geschlachtet und verwertet. Danach wurden kräftige, intensiv umamige Wurstsuppen aus Fleischabschnitten, Häuten, Knochen, Kopffleisch, Schnuten und Schwänzen gekocht, Blutwürste hergestellt, während das Fleisch für die Brühwürste noch schlachtwarm verarbeitet wurde. Diese traditionelle Kulturtechnik der Warmfleischverarbeitung lieferte Qualitäten, wie sie heute kaum noch zu bekommen sind, vor allem nicht bei industriell arbeitenden Schlachtbetrieben. Der Geschmack der Warmfleischpräparationen ist mit intensiven Umamipotenzial ausgestattet, die Textur ist unbeschreiblich knackig, das Fett ist in kleinen Tropfen vollständig emulgiert, was zu einem hervorragenden Mundgefühl führt. Vor allem kann mit der Warmfleischverarbeitung auf alle Hilfsmittel wie Phosphate verzichtet werden. Für all diese positiven sensorischen Aspekte gibt es handfeste physikalisch-chemische Argumente, die sich aus den bisher besprochenen Zusammenhängen leicht ableiten und verstehen lassen.

Handwerkliche Brühwürste enthalten neben Fett und Wasser einen hohen Anteil an Muskelfleisch. Fett dient vor allem dem Mundgefühl und als Aromaträger. Das Wasser wird aus biophysikalischen Gründen in Form von Eis dazugegeben und dient der Kühlung, das Muskelfleisch der Bindung. Jede Muskelfaser besteht aus Myofibrillen (vgl. Abschn. 5.10.10, Abb. 5.38). Die für das Folgende wesentlichen Merkmale sind in Abb. 6.3 nochmals vereinfacht dargestellt.

Fibrilläres Aktin (blaue verwundene Kugelstränge in Abb. 6.3) besteht aus helixförmig aneinandergereihten globulären F-Aktin-Proteinen (hellgraue Kugeln, die von α-Tropomyosin umgeben sind. ATP bewirkt die Freischaltung von Bindestellen, an die das Myosinköpfchen binden und die Muskelbewegung bewirken kann. Myosin selbst besteht im Wesentlichen aus zwei Helices, die wiederum zu Helices mit größerer Windungslänge gewunden sind. Sie enden in den Myosinköpfchen. Die verschiedenen Proteine denaturieren, also „kochen", zu unterschiedlichen Temperaturen im Bereich von 48 °C und 75 °C.

Tatsächlich ist das Myosin der molekulare Hauptakteur im Unterschied zwischen der Warm- und Kaltfleischverarbeitung. Um dies genauer zu verstehen, müssen zunächst die postmortalen Vorgänge im Fleisch betrachtet werden, wie sie vereinfacht in Abb. 6.4 dargestellt sind.

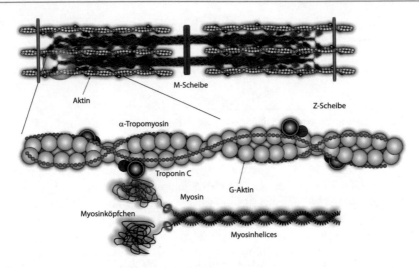

Abb. 6.3 Stark vereinfachte Darstellung des Zusammenspiels von Aktin und Myosin in der Myofibrille einer Muskelzelle (Sarkomer)

Beim Schlachten wird die Blutzufuhr gestoppt und damit die Sauerstoffversorgung. Dennoch bleibt das Adenosintriphosphat (ATP) noch wenige Zeit bestehen, bevor es gemäß des Purinstoffwechsels (siehe Abschn. 4.4.3) zerfällt und enzymatisch zu Geschmacksverstärkern umgebaut wird. Daher sind bis zu drei, vier Stunden nach dem Schlachten Myosin und Aktin noch im physiologischen Zustand, sie sind noch getrennt. Nach und nach setzt aber eine sauerstoffarme Gärung ein, der pH-Wert beginnt zu sinken und ATP wird abgebaut, wodurch sich Myosin und Aktin an den Köpfchen irreversibel verbinden. Die Totenstarre bildet sich aus, der Muskel wird fest.

Die Spaltung des Glykogens („tierische Stärke", Kohlenhydratenergiespeicher des Muskels) in Glucose und anschließend zur Milchsäure senkt den pH-Wert des Fleischs auf etwa pH 5. Dies verändert zwar leicht die Form der Proteine, aber der Aktin-Myosin-Komplex bleibt bestehen. Genau diese Verhältnisse definieren den physikalischen Unterschied zwischen der Warmfleisch- und der heute weitverbreiteten Kaltfleischverarbeitung.

Wird das Fleisch schlachtwarm verarbeitet, können alle physikalisch-chemischen Eigenschaften des intakten Muskels vor der Totenstarre genutzt werden. Biophysikalisch bedeutet dieser Begriff, der Aktin-Myosin-Muskelmotor ist noch funktionsfähig, folglich sind die Aktin- und Myosinfibrillen, wie im Falle der ausgebildeten Totenstarre, noch nicht starr miteinander verbunden. Myosin und Aktin lassen sich daher separieren. Die Muskelproteine Myosin und Aktin kommen beim Warmfleisch weitgehend separiert zum Einsatz. Daher kann das Myosin seine emulgierenden Aufgaben in den Brühwürsten übernehmen. Bei der

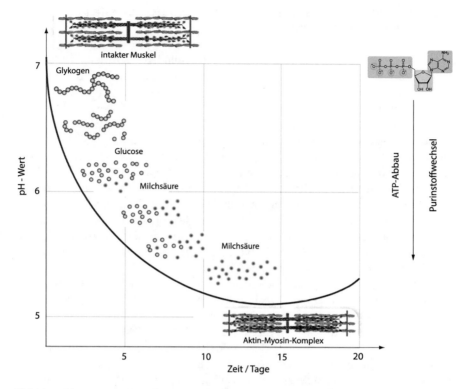

Abb. 6.4 Die postmortalen Prozesse beim Fleisch nach dem Schlachten äußern sich makroskopisch vor allem im zeitlichen Verlauf des pH-Werts und der anaeroben Milchsäuregärung im Inneren des Tierkörpers

Kaltfleischverarbeitung sind beide in jeder Myofibrille zu einem Aktin-Myosin-Komplex fest verbunden. Genau dies ist die Hauptursache für den notwendigen Einsatz von Kutterhilfsmitteln.

Für die Brühwürste muss das Fleisch zusammen mit Fett unter Eiszugabe zu einem Brät zerkleinert (gekuttert) werden. Die Kuttergeschwindigkeiten (und damit die Scherraten) bestimmen in erster Linie die dabei entstehende Partikelgröße des Muskelfleischs und Fetts, sowie deren Größenverteilung. Feine Brühwürste erfordern hohe Scherraten ebenso längere Zeiten für eine gute Homogenisierung. Bei den durch die Eiskühlung tief gehaltenen Temperaturen (< 10–12 °C) bleibt Fett quasi fest, Fleisch wird zerkleinert, Muskelproteine setzen sich dabei frei und können zur Emulgatorwirkung beitragen. Das Brät muss dabei sowohl das zugefügte Wasser (als Eis) als auch das Fett stabil einbinden [24]. Diese Stabilität muss während des Brühens sichergestellt sein. Bleibt diese Struktur der Emulsion unter der Verfestigung während der Temperaturerhöhung erhalten, ist die Wursttextur perfekt [25].

6.5.2 Warmfleischverarbeitung: fundamentale Vorteile auf molekularer Skala

Das Adenosintriphosphat (ATP) ist bis zu sechs Stunden nach dem Schlachten kaum abgebaut, also reichlich vorhanden. Die Proteine sind quasi noch in ihrem nativen Zustand, der feste Aktin-Myosin-Komplex hat sich daher noch nicht ausgebildet. Myosin und Aktin können leicht getrennt werden. Der pH-Wert des Fleischs liegt nach wie vor bei pH 7 und beim Kuttern mit Salz löst sich ausreichend Myosin, das neben den aus den Zellmembranen freigesetzten Emulgatoren (Phospholipide, Lecithin) eine hervorragende Emulgatorwirkung entfaltet. Die Myosinköpfchen zeigen eine deutliche Hydrophobizität, daher sind sie eher dem Fett zugeneigt, während die helicalen Teile des Myosins eher hydrophil sind und daher in die wasserreichen Teile des Bräts ragen. Jedes Myosin ist somit ein Emulgator. Die Köpfchen des freien Myosins lagern sich daher beim Kuttern weitgehend auf den Fettoberflächen der nach wie vor festen Fettpartikel an. Des Weiteren weist Myosin in hoher Zahl bindungsfähiges Cystein auf (Abb. 6.5), das in der Lage ist, Disulfidbrücken zu bilden.

Da das Myosin beim Warmfleisch nicht an das Aktin gebunden ist, steht nach dem Kuttern genügend freies Myosin zur Verfügung, um die Fettpartikel wie ein größerer Emulgator zu umkleiden, wie in Abb. 6.6 schematisch dargestellt. Gleichzeitig werden durch das Zerschneiden vieler Muskelzellen globuläre Proteine des Sarkoplasmas frei. Unzerstörte Muskelbruchstücke und je nach Kuttergeschwindigkeit mehr oder weniger kleine feste Fleischpartikel befinden sich nach dem Kuttern ebenfalls im Brät. Kollagen wird teilweise aus den Muskelfasern in das Brät transportiert, wie auch fibrilläres Aktin, da beim Warmfleisch keine gebundenen Aktin-Myosin-Komplexe vorhanden sind. Wasser aus dem geschmolzenen Eis verteilt sich im Brät.

Beim Brühen (meist in mehreren Temperaturstufen von 50 °C bis zu abschließenden 75–80 °C) beginnt zunächst das Fett zu schmelzen. Dadurch können die hydrophoben Aminosäuren des Myosinköpfchens weiter ins

Abb. 6.5 Darstellung der Struktur eines Myosinköpfchens. An den gelb markierten Stellen befindet sich die Aminosäure Cystein. Dieses Cystein steht nach der Entfaltung des Köpfchens für die Bildung von Disulfidbrücken zur Verfügung

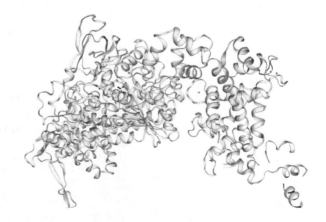

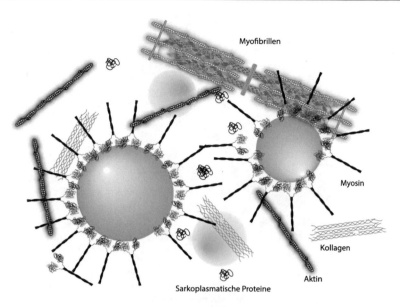

Abb. 6.6 Schematisches Modell eines warm verarbeiteten Bräts für eine Brühwurst. Durch die unmittelbare Verarbeitung nach dem Schlachten und die starke Kühlung mit Eis während des Kutterns bleiben die meisten Proteine weitgehend nativ

Fett tauchen, sobald die Köpfchen beginnen zu denaturieren. Während der Denaturierung des Myosinköpfchens legen sich die Cysteinstellen frei (in Abb. 6.5 gelb eingefärbt). Da beim Warmfleisch die Konzentration des freien Myosins hoch ist, sind die Fetttropfen dicht mit Myosin belegt, sodass sich an der Grenzfläche der Fetttröpfchen die sich langsam entfaltenden Myosinköpfchen unterschiedlicher Ketten nahekommen können. Steigt die Temperatur weiter, bilden sich damit zügig Disulfidbrücken (vgl. Abschn. 3.4.6, Abb. 3.26). Myosin übernimmt damit die Hauptaufgabe der Stabilisierung der komplexen Emulsion, denn wie in   Abb. 6.7 über die schwarzen Kreise angedeutet, vernetzen die Myosinköpfchen an den Oberflächen der Fetttröpfchen und „fixieren" die Emulsion. Der Rest ist reine Strukturkosmetik: Bei höheren Brühtemperaturen denaturieren sarkoplasmatische Proteine, die mit denaturierenden Myosinhelices verschlaufen und vernetzen, Kollagen denaturiert zu Gelatine und bindet Wasser.

Nach dem Abkühlen kristallisiert das fest eingebundene Fett wieder teilweise aus, die Struktur ist über eine vielfältige Netzwerkbildung zwischen Myosin-Myosin und den sarkoplasmatischen Proteinen fixiert. Die frische Brühwurst zeigt daher ihren charakteristischen elastisch-knackigen Biss.

Des Weiteren ist bei der Warmfleischverarbeitung das Glykogen nach wie vor vorhanden. Dieses große, verzweigte Stärkemolekül sorgt für eine hohe Viskosität des Bräts. Die einzelnen Bestandteile können nur sehr langsam diffundieren, da die typischen Diffusionskoeffizienten umgekehrt proportional zur Viskosität und damit klein sind. Das fleischeigene Hydrokolloid Glykogen trägt damit in deut-

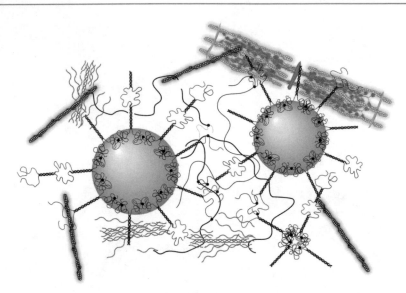

Abb. 6.7 Schematische Darstellung der Brühwurststruktur nach dem Brühen. Das Fett ist wieder fest, es bilden sich Netzpunkte (schwarze Kreise) aus. Bindegewebe (blaue Helices) denaturiert ebenso, wie die Helices des Myosins

lich höherem Maß als die Gelatine sowohl zur Wasserbindung als auch zur hohen Viskosität der wässrigen (kontinuierlichen) Phase bei, Fetttropfen diffundieren erheblich langsamer. Die Bildung freier, unstrukturierter Fetttropfen sowie deren Koagulation zu großen, nicht emulgierten Fetttropfen, sind dabei ausgeschlossen.

Darüber hinaus liegt der pH-Wert im schlachtwarmen Fleisch nahe pH 7, das Myosin ist weit von seinem isoelektrischen Punkt entfernt und hat deswegen eine höhere Gesamtladung. Die einzelnen Myosinproteine stoßen sich in der wässrigen Phase über ihre Helixteile ab: Sie ordnen und organisieren sich in etwa gleichen Abständen um die Fetttropfen als effektiver Emulgator. Bei weiter steigenden Temperaturen in der nächsten Brühstufe beginnen die Myosinköpfe, die sich in der Grenzfläche zu den Fetttropfen befinden, zu vernetzen. Dadurch bilden Myosinköpfe eine fest vernetzte und damit fixierte Emulgatorstruktur, Fett kann auch bei weiter steigenden Temperaturen nicht mehr aus den Tröpfchen austreten, es bilden sich kaum freie, nicht-emulgierte Fette.

Auch ist der Geschmack der mit der Warmfleischmethode hergestellten Brühwürste wenig sauer, da der pH-Wert des Warmfleischbräts bei pH 7 liegt. Kurze Glucoseketten und bereits enzymatisch im lebenden Tier entstandene Glucose aus dem Glykogen verleihen einen leicht süßlichen Geschmack, das Aroma der Gewürze wird dadurch intensiv wahrgenommen.

6.5.3   Kaltfleischverarbeitung: systematische physikalische Defizite in der Mikrostruktur

Werden Brühwürste, wie heute üblich, über die Kaltfleischverarbeitung hergestellt, unterscheiden sich diese allein aus physikalisch-chemischen Gründen erheblich in Textur und Geschmack. Die Totenstarre ist bereits eingetreten, Myosin und Aktin liegen in einem festen, unauflösbaren Komplex verbunden vor. Daher steht kaum freies Myosin als multifunktionaler Emulgator zur Verfügung. Außerdem sinkt der pH-Wert mit der Lagerung stark ab, was den Geschmack der Brühwürste verändert, sie wirken sensorisch wesentlich säuerlicher. Auch ein Teil der Texturunterschiede im Vergleich zu Warmfleischwürsten ist dem niedrigen pH-Wert zuzuschreiben, wenn sich Myosin und verschiedene Sarkoplasmaproteine in der Nähe des isoelektrischen Punkts befinden. Sie sind schon vordenaturiert, befinden sich bereits in nicht mehr nativer Konformation und zeigen daher ein deutlich abweichendes Vernetzungsveralten. Auch die Wasserbindungseigenschaften verändern sich, nicht zuletzt auch wegen des nicht mehr vorhandenen Glykogens, der tierischen Stärke, weshalb es naheliegt, dem Wurstbrät hin und wieder physikalisch modifizierte (z. B. vorgequollene) Kartoffel- oder Maisstärke oder andere Bindemittel zuzufügen, die die Rolle des Glykogens in der Verdickung, sprich Viskositätsanpassung, des Bräts übernehmen.

Wie bereits angemerkt, ist im Kaltfleisch der Aktin-Myosin-Komplex voll ausgebildet. Da aber Myosin in der Warmfleischverarbeitung eine zentrale strukturbildende Rolle bei der Emulsion übernimmt, ist es notwendig, den Aktin-Myosin-Komplex zu trennen. Die naheliegende Idee ist daher der Einsatz von Diphosphat (Abb. 6.8), das ein vierwertiges Ion ist und die elektrostatischen Wechselwirkungen des ATPs im erstarrten Muskel nachstellen kann.

Allerdings nicht vollständig, der Grund dafür sind die unterschiedlichen Molekülformen: Das vierwertige Ion Diphosphat entspricht lediglich dem ionischen Teil des Adenosintriphosphats (ATP) von der Ladungsstärke (siehe Abschn. 4.4.3, Abb. 4.10). Der nicht-ionische Teil des ATPs, also die hydrophile Ribose und das hydrophobe Adenin, können damit nicht simuliert werden. Diphosphat hat demzufolge eine andere lokale (quantenchemische) Wechselwirkung mit den Aminosäuren im Myosinköpfchen. Die Diffusion des Moleküls entspricht ebenfalls nicht der des ATPs. Im lebenden Muskel (und daher auch im schlachtwarmen Fleisch) spielt aber diese detaillierte chemische

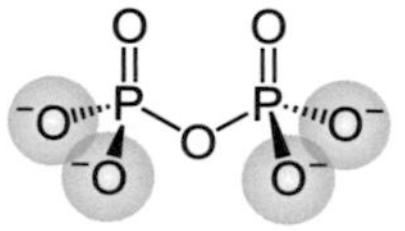

Abb. 6.8 Die Struktur des vierwertigen Diphosphations kann ATP nur sehr beschränkt simulieren, daher ist die Wirkung von Phosphaten, was die Auflösung des Aktin-Myosin-Komplexes anbelangt, eher gering

Struktur dieser Gruppe bei der Wechselwirkung mit den entsprechenden, pass-genauen Aminosäuren in den Myosinköpfen eine wesentliche Rolle. Es steht demnach weniger freies, emulgierfähiges Myosin der Wurstmatrix zur Verfügung. Des Weiteren ist der pH-Wert des Kaltfleisches deutlich niedriger. Die Myosin-köpfchen denaturieren leichter, erste Micellen bilden sich. Die Struktur des Kalt-fleischbräts ist somit weniger homogen, weniger klebrig und durch schlechtere Wasserbindung gekennzeichnet. Fett ist weniger gut in die Brätmatrix ein-gebunden. Die Emulgierfähigkeit wird allerdings durch die beim Kuttern frei-gesetzten Aktin-Myosin-Komplexe und die damit verbundene Viskositätserhöhung unterstützt, die im Warmfleisch durch Glykogen zustande kommt; allerdings nicht dessen Wasserbindungskapazität. Daher kann Kaltfleischprodukten etwas Stärke (oder Maltodextrin, und damit hydrolysierte Stärke) zugefügt werden, um eine höhere Wasserbindung im Kaltfleisch zu erzielen. Die Mikro- und Nanostruktur der Brühwürste aus Kaltfleisch sind daher spür- und schmeckbar anders als die von Warmfleischwürsten, wie in Abb. 6.9 angedeutet.

Unter der Temperaturerhöhung des Brühens kann das schmelzende Fett nicht vollständig von dem wenigen Myosin emulgiert werden. Somit werden die Tröpf-chen trotz Erhöhung der Oberfläche kleiner, und überschüssiges Fett wird aus den Tröpfchen gequetscht, freies Fett entsteht, wie in Abb. 6.10 dargestellt.

Trotz der reduzierten Wirkung, ausreichend Myosin aus dem Aktin-Myosin-Komplex zu lösen, hat Diphosphat aufgrund seiner vierfach negativen Ladung eine positive Eigenschaft auf Kaltfleisch. Es löst und verbindet sich mit den zweifach

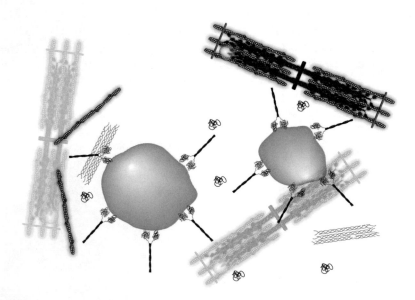

Abb. 6.9 Stark schematisierte und nicht maßstabsgerechte Darstellung einiger Elemente des Kaltfleischbräts. Die Myofibrillen sind wegen der fixierten Aktin-Myosin-Komplexe zahlreicher. Zur Emulgierung des Fetts steht weniger freies Myosin zur Verfügung

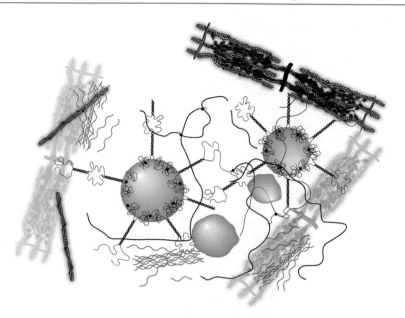

Abb. 6.10 Schematische Struktur einer kaltfleischverarbeiteten Brühwurst. Es entsteht freies, nicht-emulgiertes Fett. Nicht alle emulgierenden Myosinköpfchen können mit anderen an der Fettoberfläche vernetzen (linker Fetttropfen). Die Struktur ist instabiler

positiv geladenen Calciumionen, die für die Kaltverkürzung der Muskeln verantwortlich sind [26, 27]. Die durch die Kaltverkürzung verminderte Quellbarkeit der Muskelproteine wird durch den Einsatz von Diphosphat zum Teil wieder aufgehoben.

Dies ist ein weiteres Beispiel dafür, wie bestentwickelte, traditionelle Kulturtechniken aufgrund industrieller Kriterien verloren gehen. Geschmack und Sensorik leiden unter Preisdruck, Hygienevorschriften und Handwerkssterben. Ein partielles Zurück zu kleineren Betrieben und Warmfleischverarbeitung wäre damit ein großer Schritt zu mehr Genuss, abseits des weitgehend vereinheitlichten Massengeschmacks. Ganz abgesehen von der damit einhergehenden Nachhaltigkeit in Tierhaltung, Schlachtung und lokaler Verarbeitung.

An dieser Stelle wird nochmals besonders deutlich, wie verschieden Brühwurstsurrogate von Brühwürsten aus Fleisch und tierischem Fett wirklich sind. Wenn bereits die Unterschiede zwischen Warm- und Kaltfleischverarbeitung auf der Skala von Mikro- und Nanometern derart groß sind, kann eine Strukturierung und Texturierung von Pflanzenproteinen oder Eiklar nie derart analog nachgebaut werden. Dazu sind die Proteine in Primär-, Sekundär-, Tertiär- und Quartärstruktur viel zu verschieden.

6.6 Eigener Herd ist Goldes wert

6.6.1 Control it, do it yourself

Dann gibt es die andere Fraktion von Menschen, die in der Küche stehen und Essen selbst zubereiten. Diese Genussmenschen kämen nicht auf die Idee, Zucker, Salz und Fett als gesundheitsschädlich zu bezeichnen. Zucker, Salz und Fett sind willkommene Geschmacksgeber, und die Kontrolle über die beigefügte Menge behält die Zunge über den Geschmack. Jegliche Diskussion über die Schädlichkeit von Salz, Zucker oder Fett erübrigt sich, denn wer selbst saisonal und regional kocht, behält die Kontrolle über alles in seinem Essen: nicht nur über den Einsatz von Fett, Salz und Zucker, sondern auch über die Produktqualität, Produktherkunft und über seinen Lebensstil. Wenn man nicht sicher ist, ob die Ware ausreichend frisch ist, schlecht gelagert war oder der Bauer bekannt dafür ist, dass er mit Pestiziden nicht geizt, hat man die Wahl: Der nächste Stand befindet sich nur ein paar Meter weiter. Kann aber sein, dass die Sellerieknolle dann ein paar Cent mehr als beim Discounter kostet. Im Supermarkt gibt es diese Kontrolle nicht. Der Handel diktiert vielen Erzeugern Preise und Bedingungen, den Zuschlag bekommt meist das niedrigste Angebot, denn der Verbraucher will günstig einkaufen, der Handel agiert nach dem maximalen Profit.

Selbst zu kochen macht im Grunde jeden Ratgeber, alle Ernährungsberater und sämtliche Gesundheitsbücher (inklusive dieses) überflüssig. Mehr braucht es im Grunde nicht. Die schönste Belohnung ist darüber hinaus die eigene Kreativität, mit der es auch gelingt, den Belohnungskreislauf (siehe Abb. 5.47) auf eine sehr simple Weise zu durchbrechen, statt immer weiter zu essen und zu knabbern und dabei immer weniger Befriedigung und Belohnung zu bekommen.

6.6.2 Vergessene Gemüse, Second Vegetable Cuts, Root-to-Leaf

Teurer ist ein Marktbesuch im Vergleich zum Supermarkteinkauf nicht, im Gegenteil. Vor allem, wenn man alles isst, was Radieschen, Sellerie, Kohlrabi usw. hergeben. Ganz wie beim Fleisch lassen sich beim Gemüse „Second Cuts" (wie der modernen Genusszeitschriftenleser in diesen modernen Zeiten vorgekauderwelscht bekommt) entdecken, die ganze Mahlzeiten für ein paar Tage hergeben. Es ist ganz einfach: Schon mal Suppengrünpüree probiert? Ein Suppengrün auf dem Markt kostet wenig. Darin befinden sich ein viertel bis halber Sellerie mit Grün, etwas Petersilie, eine Karotte, eine Stange Lauch – man kann die Gemüsesuppe schon beim Anblick des Bunds riechen. Meist ist das Suppengemüse B-Ware, Second Vegetable Cuts sozusagen, welche beim Ernten angeknackst wurde, aber das macht nichts, es schmeckt trotzdem.

In der Tat lässt sich mit Suppengrün und ein wenig kulinarischer Kompetenz ein wunderbares Püree herstellen, das für viele Gelegenheiten vegetarischer

Hauptgänge oder Vorspeisen reicht. Es ist nicht einmal zeitaufwendig: Man säubert das Suppengrün mit einer Bürste, schneidet es klein, gibt es mit Brühe, ein bis zwei Teelöffeln Salz und etwa einem Drittel des Gewichts des Gemüses an guter Süßrahmbutter und zur Strukturbildung noch drei bis fünf Esslöffeln Sonnenblumenkerne (alternativ Macadamianüsse) in den allseits präsenten Thermomix®, kocht es dort für 45 min und püriert es sehr fein durch. Das Resultat ist ein cremiges, sättigendes Püree, das gut und sicher für die nächsten Tage mit großer Anpassungsfähigkeit die folgenden Menüs begleitet. Ohne Aufwand, zum günstigen Preis, mit viel Geschmack und hohem Sättigungspotenzial. Es ist nebenbei Low Carb, hat mit der verwendeten Butter eine der besten Fettsäureverteilungen, die die Natur bietet, und einen extrem intensiven Gemüsegeschmack. Das Provitamin A der Karotte ist durch den langen Kochprozess biologisch zum Großteil verfügbar, die Polyphenole der Gemüse ebenfalls. Das Püree passt zu dem Rest vom Tafelspitz, der Leber oder den Kichererbsen genauso wie zu einem pochierten Ei, dem halbwarmen Ziegenkäse oder einem Klecks Vollfettjoghurt. Und wer das Püree am nächsten Tag umamiger braucht, gibt beim Wiedererwärmen je nach Präferenz etwas Glutamat, etwas Sojasoße oder etwas Austernsoße dazu, dann begleitet es die Forelle aus dem heimischen Bach wie auch das Stück kurz angegrillten Räuchertofu. Kalt, die Butter ist jetzt teilkristallin, streicht es sich sogar auf Canapées und schlägt in vielerlei Hinsicht zahlreiche vegetarische Aufstriche aus dem Bio-Supermarkt. So hat man sieben Tage um das Suppengrünpüree „herumgegessen", ganz ohne Langeweile zu empfinden, und vermisst auch keine Fertigpizza oder gar den Lieferservice.

Die extra vegane Variante funktioniert auch mit extra verginem Olivenöl, wenn das Püree im Kühlschrank gelagert wird. Das Öl ist dann kristallin, über die Gemüsebestandteile hervorragend emulgiert und die Grundlage für selbst hergestellte vegetarische und vegane Gemüseaufstriche. Die Lerneffekte sind garantiert, der Grundstein für den nächsten Schritt des Selbermachens ist gelegt.

6.6.3   Genuss pur

Sollte der Metzger des Vertrauens einmal ein wunderbar abgehangenes, von weißer Fettmaserung dicht durchzogenes Wagyū-Rind haben, das er nur ein oder zweimal im Jahr bekommt, kann es richtig teuer werden – sofern Herkunft, Qualität und Fettszusammensetzung stimmen. Dann ist das Geld sehr gut angelegt: in guten Geschmack und beste Qualität. Vor allem birgt das Fleisch einiges an Lernpotenzial.

Streicht man mit dem Finger über die Fettmaserung, wird bei echtem Wagyū- oder Koberind das intramuskuläre Fett bereits unter der leichten Temperaturerhöhung der Fingerkuppe rasch schmelzen. Das ist ein untrügliches Zeichen für einen hohen Anteil an ungesättigten Fettsäuren, denn normaler Rindertalg schmilzt erst oberhalb der Temperatur an den Extremitäten des menschlichen Körpers, die ein paar Grad unter der Körpertemperatur liegt. Damit schmilzt das intramuskuläre Fett vieler fettreicher Rinderrassen (das Angus gehört auch dazu) bei vergleichbaren Temperaturen wie Gänse- oder Schweineschmalz, was auf einen hohen Anteil von ungesättigten Fettsäuren im Fett deutet.

Wem diese empirischen Beobachtungen noch nicht reichen, der richte seinen Blick in das Fachmagazin *Science* [28]. Dort wurde mittels epidemiologischer Verfahren anhand von Beobachtungsstudien der Anteil der verschiedenen Fettsäuretypen an der Mortalität statistisch abgeschätzt. Natürlich sind die Ergebnisse mit großen Fehlern behaftet, sie sagen auch nichts über das Individuum aus, geben aber zumindest Trends wieder, wie in Abb. 6.11 dargestellt ist.

Dabei zeigt sich ganz klar der starke Einfluss von *trans*-Fettsäuren (siehe Abb. 3.12). Auch bei gesättigten Fettsäuren zeigt sich ein leichter Anstieg, der sich allerdings mit dem positiven Beitrag der einfach ungesättigten Fettsäuren praktisch aufhebt, wie anhand der Pfeile in Abb. 6.11 ersichtlich ist. Dies verwundert nicht, wenn wir die Diskussion um Zellmembranen in Abschn. 2.4 im Zusammenhang mit den Abb. 2.8 bis 2.10 in Erinnerung rufen. Gesättigte und einfach ungesättigte Fettsäuren in den Phospholipiden stellen die Grundflexibilität der Zellmembran und damit deren Funktion ein.

Das sind insofern gute Neuigkeiten, als alle natürlichen Fettquellen, egal ob tierisch oder pflanzlich, eine ausgewogene Balance zwischen gesättigten und einfach ungesättigten Fettsäuren aufweisen, wie sie z. B. beim Olivenöl zu finden ist. Der sehr positive Einfluss der mehrfach ungesättigten Fettsäuren ist offensichtlich und ergibt sich auch physikalisch-chemisch anhand der Diskussionen aus den Kap. 2 und 3.

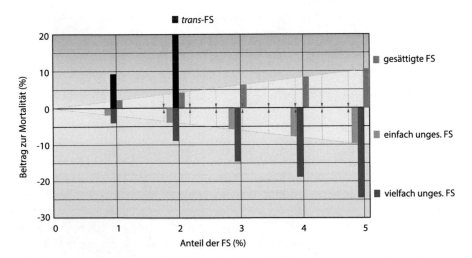

Abb. 6.11 Der herausgerechnete Beitrag bestimmter Fettsäureklassen zur Mortalität (unter Berücksichtigung von Alter, Ernährung, Geschlecht, Raucher/Nichtraucher etc.). Bemerkenswert ist, dass sich der schwach negative Einfluss der gesättigten Fettsäuren (FS), mit der schwach positiven Wirkung der einfach ungesättigten praktisch über den ganzen Bereich aufhebt (Darstellung auf Basis der Daten von Wang [29])

Bei derartigen Modellrechnungen ist natürlich der Unterschied zwischen Omega-3- und Omega-6-Fettsäuren schwer herauszurechnen, weshalb sich dazu keine objektive Aussage treffen lässt. Des Weiteren sei an dieser Stelle noch einmal darauf hingewiesen, dass es für die Physiologie keinen Unterschied macht, welchen Ursprungs die Fettsäuren sind: ob tierisch oder pflanzlich macht keinen Unterschied (vgl. Abschn. 1.3.4, Abb. 1.6).

Beim Wagyū-Fett wurde die mittlere Fettsäurezusammensetzung analysiert und dabei bestätigte sich auf eindrucksvolle Weise das breite Spektrum an gesättigten und ungesättigten Fettsäuren [30], wenn z. B. dort allein der prozentuale Anteil der einfach ungesättigten Fettsäuren (C 14:0, C 16:0, C 18:0) im Mittel höher ist als der Anteil der gesättigten Fettsäuren (C 14:1, C 16:1, C 18:1) (Tab. 6.1).

Dies soll natürlich keinesfalls bedeuten, dass täglich ein fettreiches Rindersteak auf dem Teller landen soll. Dennoch zeigt auch dieser Aspekt, dass es keinesfalls „ungesund" ist, etwas davon ab und zu zu essen. Natürlich hat dieses Fleisch seinen außergewöhnlich hohen Preis, dafür sind die Tiere mehr als artgerecht aufgewachsen, weder übermästet noch unter Stress geschlachtet. Dieser Genuss ist daher rar und ist somit Teil der artgerechten Ernährung des *Homo sapiens*.

6.6.4 Intramuskuläres Fett: Flavour Enhancer pur

Ohne Fett schmeckt Essen meist fad – bestens bekannt aus dem Magerfleisch der fettfreien Schweine, des Zuchtgeflügels oder aus fettarmem Käse. Schieres, mageres Muskelfleisch bleibt ganz unabhängig von der Zubereitungsart stets ein

Tab. 6.1 Die mittlere Zusammensetzung der Fettsäuren beim Wagyū-Rind. Die essenziellen langkettigen mehrfach ungesättigten Fettsäuren EPA und DHA sind in deutlichen Anteilen vertreten

Fettsäure	Bezeichnung	Anteil (%)
C 14:0	Myristinsäure	4,1
C 14:1	Myristiolensäure	1,3
C 16:0	Palmitinsäure	29,8
C 16:1	Palmitoleinsäure	5,1
C 18:0	Stearinsäure	9,2
C 18:1	Oleinsäure	41,1
C 18:2	Linolsäure	1,1
C 18:2 9c 11t	CLA	
C 18:3 (n–3)	ALA	0,3
C 20:3 (n–6)	Eicosatriensäure	0,1
C 20:4 (n–6)	AA	4,0
C 20:5 (n–3)	EPA	0,2
C 22:4 (n–6)	Adreninsäure	0,5
C 22:5 (n–3)	DPA	0,7
C 22:6 (n–3)	DHA	0,5

wenig langweilig und bildet kaum spezifische Aromen. Der Unterschied zum fettdurchzogenen Fleisch ist gewaltig. Bereits beim orthonasalen Riechen lassen sich die aromatischen Unterschiede erkennen, besonders, wenn das Fleisch, z. B. bei Rind, lange gereift ist: Aus Fettsäuren bilden sich durch Oxidation deutlich grüne, grasige, leicht käsige und vor allem pilzartige Noten, die jedem mageren Stück fehlen. Auch nach der Zubereitung wird der Unterschied eklatant: Während Fleisch mit hohem Marmorierungsgrad zwischen Zunge und Gaumen wegschmilzt, müssen magere Stücke, je nach Muskelfaserlänge deutlich mehr gekaut und bearbeitet werden. Marmoriertes Fleisch setzt während des Kauens eine Vielzahl von darin gelösten Aromen frei. Wie bereits angemerkt, erleichtert es auch das Kauen und Schlucken. Fett wirkt im Mund als Schmiermittel [31]. Die Reibung zwischen Zunge und Gaumen vermindert sich, das „orale Prozessieren" wird zum Genuss [32].

Bei Tieren mit hohem Anteil an intramuskulärem Fett (IMF) entstehen feinfaserige Muskelbündel, eine langfaserige Fleischstruktur wird zugunsten der Zartheit bereits beim Wachstum verhindert. Weiter umgibt das intramuskuläre Fett die Muskelfasern. Fleischsäfte können während des Garens weniger stark austreten, da die Fleischsäfte die Fettbarrieren um die Fasern kaum durchdringen können. Wasserverluste sind daher geringer, die Saftigkeit bleibt erhalten. Die Zartheit wird somit durch das Wechselspiel zwischen intramuskulärem Fett und Fleischsäften gewährleistet. Mehr noch, auch die beim Braten oder Grillen entstehenden Röstaromen lösen sich in hohem Maße im Fett. Sie bleiben im Fleisch und landen beim Genuss im Mund.

Das intramuskuläre Fett befindet sich in den Muskelbündeln und wird als letztes Fettdepot während des Wachstums und der Bewegung der Tiere angelegt. Für Sensorik und Fleischgenuss ist das IMF entscheidend, es bestimmt einen Großteil von Textur und Aromafreigabe. In Japan wird der prozentuale Gehalt des IMF nach japanischen Maßstäben in zwölf Marmorierungsgraden gemessen. Aus diesen werden in den USA fünf Qualitätsstufen abgeleitet. Mageres deutsches Rindfleisch liegt nach diesen Maßstäben durchwegs unter dem Durchschnitt, was Textur, Geschmack und Aroma betrifft (Abb. 6.12).

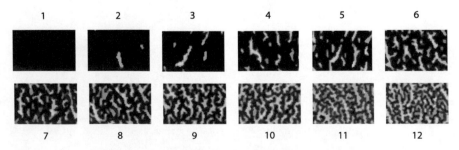

Abb. 6.12 Die zwölf in Japan gebräuchlichen Marmorierungsgrade bei Rindern. Rot: Muskel, weiß: intramuskuläres Fett

Das IMF eines gut marmorierten Stücks Beef besteht aus einer Mischung von Triacylglycerolen (Triglyceriden), gesättigten, einfach und mehrfach ungesättigten sowie Omega-3-Fettsäuren unterschiedlicher Länge, deren genaue Zusammensetzung rassen- und fütterungsabhängig ist. Da IMF als rasch zur Verfügung stehender Energiespeicher im Muskel dienen muss, ist sein Anteil an kürzeren, einfach und mehrfach ungesättigten Fettsäuren verglichen mit Talg deutlich höher: Es schmilzt daher bei deutlich niedrigeren Temperaturen. Deshalb schmilzt das Fett des Wagyū-Tatars bereits auf der Zunge.

Nicht jede Rinderrasse ist *per se* für die Einlagerung eines hohen IMF-Anteils geeignet. Natürlich steht Wagyū mit an der Spitze, aber auch Angus, Murray Grey oder Shorthorns zeichnen sich durch höhere IMF-Anteile aus. Typische Fleischrassen, wie Charolais, Holsteiner oder Simmentaler stehen deutlich zurück. Generell lässt sich auch ein Vorteil von weiblichen Tieren feststellen. Färsen weisen stets einen deutlich höheren Anteil an IMF als Bullen auf. Auch sind Färsen erkennbar feinfaseriger als Bullen. Ochsen liegen beim IMF-Einbau aufgrund der hormonellen Veränderung dazwischen.

Einen ganz entscheidenden Einfluss hat der hohe Fett- und IMF-Anteil auf die Fleischreifung und die damit einhergehende Aromabildung. Dort spielen insbesondere die ungesättigten Fettsäuren eine große Rolle. Die Doppelbindungen sind chemisch instabiler, weshalb während der Reifung mit höherer Wahrscheinlichkeit einige davon aufbrechen. Kleine Bruchstücke spalten sich ab, bilden wohlduftende Aromaverbindungen und tragen in hohem Maß zu dem typischen Aroma des gereiften Fleischs bei. Fettreiches Fleisch, insbesondere, wenn mehr ungesättigte Fettsäuren wie bei Wagyū oder anderen Rassen mit hohem IMF-Anteil eingelagert werden, hat einen deutlich intensiveren, spezifischen *dry aged* „Beef-Duft" als mageres Fleisch. Das Fett steigert dabei auch indirekt die Mundfülle, kokumi, von der bereits beim Reifen und Fermentieren als ständiger Begleiter des Umamigeschmacks die Rede war. Langkettige ungesättigte Fettsäuren sind daher noch viel mehr als nur gesund, sie erzeugen Genuss auf eine ganz andere Art und Weise.

Aus den sich während der Fleischreifung abspaltenden langkettigen Fettsäuren bilden sich sogenannte Oxylipine, die ähnlich wie Schmor- und Fermentationstechniken für eine deutliche Steigerung des Kokumi-Effekts sorgen. Die Oxidation von Fettsäuren bildet nicht nur willkommene und charakteristische Aromen [33], sondern trägt auch zur Mundfülle bei [34, 35] (Abb. 6.13).

Derartige Oxylipine tragen auch zur außergewöhnlichen Mundfülle von in Ölen eingelegten Sardinen und Sardellen oder Anchovis bei. Die kleinen Fische werden kurz frittiert und anschließend in qualitativ hochwertigen Ölen gelagert, bei Jahrgangssardinen sogar über viele Jahre. Mit zunehmender Zeit bilden sich während der Lagerjahre über Oxidationsprozesse diese für kokumi verantwortlichen Fettsäurederivate. Die Mundfülle nimmt wie die Geschmacksintensität deutlich zu.

Fett hat noch einen ganz besonderen und neben den reibungsverminderten Textureinflüssen bisher weitgehend unbekannten und unberücksichtigten sensorischen Nebeneffekt: Es wirkt als „Mundraumaromaspeicher". Fett kleidet Teile von Zunge und Gaumen in einem dünnen Film aus (*oral coating*) und hält

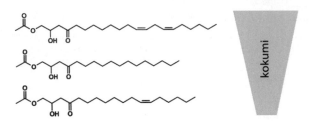

Abb. 6.13 Beispiele für Oxylipine, Fettsäurederivate, die für den Eindruck kokumi verantwortlich sind. Die wahrgenommene Kokumi-Intensität ist strukturabhängig. Die Intensität (gemäß objektivierten Sensoriktests) nimmt von unten nach oben zu

darin noch gelöste Aromen für eine gewisse Zeit gefangen, die den nächsten Bissen, sei es Fleisch, Brot oder Gemüse, nachwürzen. In vielerlei Hinsicht wirkt Fett als nachhaltiger und molekularer „Flavour Enhancer" und Genusssteigerer. Und das alles bei höherer Sättigung, selbst bei sehr kleinen Fleischportionen.

6.7   Nose-to-Tail, ernst genommen

Allerdings sollte nicht ausschließlich den Edelteilen der Tiere Aufmerksamkeit geschenkt werden. Es ist auch im Sinne der Nachhaltigkeit dringend an der Zeit, sich um alle essbaren Teile des Tiers kümmern. So wie das bis vor Kurzem Usus war. Es ist weit mehr essbar, als generell angeboten wird. Hierbei treten auch regionale Unterschiede zutage, denkt man beispielsweise an die sauren Kutteln, also die Teile des Pansens von Rindern und Schafen, die im Süden Deutschlands weitverbreitet sind, nördlich des Mains jedoch kaum noch gegessen werden. In Frankreich (*Tripes*); in Italien (*Trippa*), in Polen (*Flaki*), in der Türkei (şkembe çorbası) und in weiteren Ländern stehen sie nach wie vor als Delikatesse zur Verfügung. Die Rezepte variieren je nach Region und stehen für einfache Landküche bis hin zu Edelversionen, die von Sterneköchen wie Paul Bocuse kreiert wurden [36]. Hoch dekorierte Köche verleihen damit einfachen Kutteln die höchsten kulinarischen Weihen. Es gibt keinen Grund, sie nicht zu verspeisen.

Neben den gängigen essbaren Innereien wie Herz, Leber und Niere, deren Vorzüge bereits gepriesen wurden, findet sich auch Milz. Ein kostbares Stück, an dem sich unsere Vorfahren labten. Sie wird lediglich noch in Bayern in Form von Milzwurst gegessen, in Teilen des Languedocs in Frankreich ist sie Hauptbestandteil einer Wurst, der Mèlsa, deren Konsistenz in etwa der Konsistenz der groben Leberwurst entspricht. Der Name Mèlsa bedeutet in okzitanischen Regionalsprache Milz.

Selbst kollagenreiche Teile, wie Kopffleisch (*tête de veau*) und das Ochsenmaul waren (und sind) Teil der Ernährung. Der berühmte Ochsenmaulsalat, die Sülzen, das eingelegte stark gesäuerte Fleisch sind in vielen Regionen vergessen. Niemand kam auf die Idee, Kollagen und Gelatine wären biologisch minderwertige Proteine mit limitierenden Aminosäuren (siehe Abschn. 5.4.2). Der Widerspruch ist ohnehin offensichtlich: Heutzutage trinkt man lieber Tinkturen mit bioaktiven Peptiden aus dem Bindegewebe zur Hautstraffung. In diesen Gerichten bekäme man sie, bei hohen Sättigungsgrad und Genusswert, frei Haus.

Die Zungen der Tiere sind wunderbare, kostbare, ebenfalls weitgehend in Vergessenheit geratene und hochwertige Fleischstücke. Die Zunge eines ausgewachsenen Rinds sättigt eine Familie an mehreren Tagen. Wohlgemerkt, in diesen Tagen wären keine anderen Fleischteile als Mahlzeit nötig, d. h., Schnitzel oder andere vermeintliche Edelteile bräuchte man nicht zu kaufen. Ebenso schmecken lang geschmorte Ochsenschwänze, Beinscheiben oder Schulterstücke deutlich intensiver als kurz gebratene oder gegrillte Lenden. Auch das wussten bereits unsere Vorfahren, denn der sich dabei bildende Umamigeschmack war eine entscheidende Triebfeder der Evolution und der sich immer weiter entwickelnden Kochkultur. Kein Wunder also, wenn sich bis heute in den mediterranen Ländern Gerichte wie *pieds et paquets,* lang geschmorte, in Lammkutteln gepackte Lammfüßchen, auf den Speisekarten der Bistros und Sternerestaurants halten [37]. Der tiefe Umamigeschmack, die Säure der Tomaten, die feine, kollagendominierte Konsistenz der Soße, die zarten Kutteln und das Fleisch der Füßchen sind kulinarische Erfahrungen, die die Augen öffnen können, für ein Stück weit alte neue Ernährung der Zukunft. Ein Schritt zurück vom Industriellen hin zum Handwerklichen wäre ein guter Anfang.

In Österreich werden von Sterne- und Haubenköchen um Wien köstliche kulinarische Kreationen namens Wiener Bruckfleisch zelebriert; dieses besteht aus allen Teilen des Tiers, die beim Schlachten als Erstes verarbeitet werden müssen [38]. Darunter befindet sich alles, was hohen Geschmack und Nährwert birgt: Innereien, herzhafte Baisers und Macarons aus Blut, Knochenmark und sogar die Hauptschlagader, die Aorta des Rinds, lange geschmort und in dünne Scheiben geschnitten erinnert sie optisch und texturell an Tintenfischringe, die den Teller zieren.

Dann wären auch wieder Köstlichkeiten wie Bries (Thymusdrüse) und die schon lange vergessenen Hoden ein Thema. Beide sind unweigerliche Folgen des Neolithikums und der sich daraus ergebenen Milch- und Käsewirtschaft, egal ob sie von Bulle, Schaf- oder Ziegelbock stammen. Die Teile männlicher Tiere sind heute ungern auf den Tellern gesehen, dabei liefern sie bestes Fleisch. Auch das Verspeisen der Testikel gehört zum Nose-to-Tail dazu. Ganze Kochkulturen haben sich sogar um die Testikelküche gebildet [39].

Selbst die bravourösen *andouilles* und *andouillettes,* die Würste aus Mägen und Därmen von Schweinen und Kälbern, die zur Esskultur in ganz Frankreich gehören, ausgehend aus dem Lyonnais und der Gegend um Troyes sind Köstlichkeiten, die ihresgleichen suchen. Ganz eng verwandt ist der Pfälzer Saumagen. Der Magen des Schweins dient im Grunde lediglich als Behältnis des Bräts und der Gemüse, wenn man aber davon kostet, offenbart sich ein weiterer Schritt in die essbaren Teile der Tiere [40]. Dazu gehört auch das Gehirn. Neben Leber eine Hauptquelle der wirklich essenziellen Fettsäuren, die Menschen in keinem Fall ausreichend selbst herstellen können (siehe Abschn. 5.10.4, Abb. 5.34). Unseren

Vorfahren tat das Verspeisen der Gehirne der gejagten und erlegten Tiere gut. Eine sehr empfehlenswerte und lehrreiche Übersicht über alle essbaren Teile findet sich auf der Webpage eines dafür spezialisiertes Fleischereiunternehmens [41], die zum intensiven Studium vor der Küchenpraxis dringendst empfohlen wird.

6.8   Wild, Biofleisch aus dem Wald

6.8.1   Natürlicher geht's nicht

Der Wald bietet seit Jahrtausenden mit die besten und natürlichsten Lebensmitteln und ist bis heute bei Jägern und Sammlern die Vorratskammer Nummer 1 für Pilze, Beeren, Kräuter und natürlich Wildfleisch. Das Fleisch wilder Tiere zeichnet sich durch hohe Nährwerte aus, überzeugt durch seinen natürlichen Geschmack und ist garantiert „bio". Die Qualität ist sehr hoch, sofern das Wild vom Ansitz geschossen wurde und nicht über unsinnige Bewegungsjagden durch die Wälder gehetzt und damit Stress ausgesetzt wurde. Die Fleischqualität wird über Stresshormone, die dadurch bedingte höhere Enzymaktivität und raschere pH-Wert-Senkung merkbar schlechter.

Das Fleisch von geschossenem Wild ist im Gegensatz zu dem von Schlachttieren nicht immer vollständig ausgeblutet (wie man es auch bei erstickten Tauben und Wildgeflügel findet). Ausbluten können Tiere nur, solange das Herz schlägt. In den Muskeln ist noch mehr Blut vorhanden, der Flavour-Eindruck ist dadurch leicht metallisch bis „leberig", was zu dem typischen Wildgeschmack dazugehört. Außerdem ist im Blut über das Hämeisen (siehe Abschn. 4.3.4) noch Sauerstoff gebunden, was je nach verbleibendem Blut in den Muskeln eine Oxidation bedingt. Wildfleisch muss daher im Gegensatz zum Rind nicht lange gereift werden. Diese Vorteile machten sich schon die frühen Jäger und Sammler zunutze. Das Fleisch konnte praktisch unmittelbar verzehrt und weitgehend über den Rauch des Feuers konserviert werden. Lagermöglichkeiten waren ohnehin kaum gegeben. Daher achten erfahrene Jäger heute darauf, den Schuss so zu setzen, dass noch eine gewisse Herzaktivität vorhanden ist und dass die Adern so rasch wie möglich geöffnet werden, um ein weitgehendes Ausbluten zu gewähren. Bei einem gezielten Blattschuss bleiben Herz und Gehirn für eine kurze Zeit aktiv, das Tier blutet weitgehend aus.

Ein wichtiger Unterschied liegt aber in der Muskelstruktur. Wildtiere sind sowohl Flucht- als auch Ausdauertiere, während domestizierte Tiere kaum Fluchtreflexe haben müssen. Diese unterschiedlichen Bewegungsmuster bedingen einen grundsätzlich verschiedenen Aufbau der Muskelfasern, wie es sich z. B. an Haus- und Wildschweinen verstehen lässt.

6.8.2 Von roten und weißen Muskelfasern

Diese unterschiedliche Freisetzung der Bewegungsenergie aus den Muskeln wird über den Aufbau der Muskelfasern und Myofibrillen geregelt. Rote Muskelfasern (auch Typ-I-Fasern oder *slow-twitch fibres* (*ST fibres*) genannt) sind auf Ausdauer und Haltearbeit ausgelegt, etwa bei Weide- oder Mastrindern, und reagieren auf Bewegung langsam. Typische Zeitskalen für die Kontraktion liegen etwa bei langsamen 80 Millisekunden, dafür ermüden sie weniger rasch. Rote Fasern, der Name kommt nicht von ungefähr, weisen mehr Blutgefäße auf (Abb. 6.14), sind weitaus stärker durchblutet, denn sie müssen ständig über das Hämoglobin (vier miteinander verhakte Proteine mit je einer Hämgruppe) mit an das Eisenion der Hämgruppe gebundenem Sauerstoff versorgt werden. Auch Myoglobin, ein einzelnes Protein und einem einzelnen Hämoglobin sehr ähnlich, ist verstärkt in den roten Muskelfasern vorhanden. Es speichert ebenfalls Sauerstoff, der rasch in den Muskeln freigegeben werden kann. Myoglobin nimmt, vereinfacht ausgedrückt, den Sauerstoff über das im Blut gelieferte Hämoglobin auf und speichert diesen im Muskel. Rote Muskelfasern decken somit ihren Energiebedarf aus einem aeroben Stoffwechsel. Daher kommt in den roten Fasern weitaus weniger Glykogen vor, auch ist die Fähigkeit der Lactatbildung (Milchsäurebildung) gering. Die Aktivität des Enzyms LDH (Lactatdehydrogenase) ist in diesen roten Fasern gering. Diese ausdauernde und lang anhaltende Muskelaktivität über die roten Fasern erfordert einen hohen Energieumsatz, daher befindet sich in den ST-Fasern eine hohe Zahl an Mitochondrien (Abb. 6.14), die eine ausreichende Produktion des Muskeltreibstoffs Adenosintriphosphat (ATP) in konstanten Konzentrationen garantieren.

Weiße Fasern sind auf rasche, schnelle und starke Kontraktion ausgerichtet, sind also für den *fast twitch* verantwortlich. Andererseits ermüden sie rasch und werden daher in der Fachliteratur auch als *fast-fatigue*-Fasern (*FF-fibres*) bezeichnet. Typische Zeitskalen der Kontraktion betragen 30 ms. Die rasche

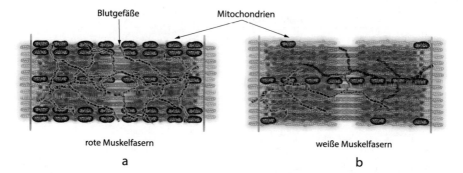

Abb. 6.14 Schematische Darstellung von roten und weißen Muskelfasern. Rote Fasern (**a**) enthalten weit mehr Mitochondrien als weiße (**b**), die Fasern sind dünner und über Blutgefäße weit starker durchblutet

Kontraktions- und Dehnfähigkeit werden durch einen besonders raschen Abbau des ATPs über das entsprechende Enzym ATPase an den Myosinköpfchen garantiert. Myosin und Aktin verbinden und lösen sich dadurch extrem schnell. Weiße Fasern sind weniger stark durchblutet und weisen deutlich weniger Mitochondrien auf (Abb. 6.14). Der dadurch weit höhere ATP-Bedarf wird in weißen Muskelfasern hauptsächlich aus der anaeroben Glykolyse gewonnen: Glucose wird enzymatisch aus dem stärkeartig polymerisierten Energie-speicher Glykogen gewonnen, das über entsprechende Enzyme, wie die bereits angesprochene LDH, zu ATP synthetisiert wird. Weiße Fasern besitzen daher hohe Glykogenvorräte, sowie Kreatin und Kreatinphosphat, das zusammen dem Enzym Kreatinkinase aus dem Abbauprodukt ADP rasch wieder ATP in den weißen Muskeln herstellen kann. Dafür sind die weißen Fasern aber nur mit geringen Mengen des Sauerstoffspeicherenzyms Myoglobin ausgestattet. Mitochondrien kommen in weißen Muskelfasern wegen des komplett unterschiedlichen Stoff-wechsels deutlich weniger vor. Die unterschiedlichen Muskeltypen und deren Merkmale sind der Übersicht halber nochmals in Tab. 6.2 zusammengefasst.

Somit wird klar, dass (Weide-)Rinder mit ihrem Gewicht und der damit ver-bundenen Ausdauer einen hohen Anteil an roten Muskelfasern haben. Gleiches gilt auch für Wild, dessen Leben eine hohe Ausdauer erfordert. Bei Stallvieh und Hausschweinen, die nur geringen Auslauf benötigen, bilden sich mehr inter-mediäre Fasern, die grob gesprochen zwischen den beiden Extremen liegen. Wild benötigt aber auch einen Anteil an schnellen weißen Fasern für Fluchtreflexe bei Gefahren. Daher sind Wildtiere sowohl mit roten als auch mit weißen Fasern gut bestückt [42, 43]. Die genaue Verteilung der Fasern hängt stark von der Tierart ab, so ist bei Springböcken der Anteil der weißen Fasern höher als z. B. bei Wild-schweinen [44].

Tab. 6.2 Übersicht über die wichtigsten Eigenschaften der roten und weißen Muskelfasern. Die geschmacksrelevanten Eigenschaften sind rot unterlegt. Die Textur wird über die blau unterlegten Eigenschaften bestimmt

	Rote Fasern (*slow twitch*)	Weiße Fasern (*fast* twitch)
Funktion	Haltearbeit, Ausdauer	Rasche Bewegung
Zeitskala des Muskelmotors	80 ms	30 ms
Stoffwechsel	Oxidativ	Glykolytisch
Mitochondrien	Viele	Wenige
Myoglobingehalt	Hoch	Niedrig
Glykogengehalt	Niedrig	Hoch
ATP	Niedrig	Sehr hoch
Kreatingehalt	Niedrig	Hoch
Durchmesser	Klein	Größer
Kollagengehalt	Hoch	Niedrig

In diesen Details der Unterschiede zwischen den Muskelfasern verbergen sich allerdings auch viele Genussparameter, wie sich aus Tab. 6.2 und den Erkenntnissen aus Kap. 4 ablesen lässt. Die für den Geschmack relevanten Parameter sind in der Tabelle rot eingefärbt. Mehr Myoglobin bedeutet jenen metallisch wirkenden „Blut-Flavour" über das Hämeisen, der z. B. bei veganen Burgern und anderen „Fakealien" über Leghämoglobin zugefügt werden muss, der Glykogengehalt beschreibt das Potenzial zur Milchsäurebildung und entscheidet zwischen säuerlich und süßlich, je nach Zeitdauer zwischen Schuss und Verzehr. Fleischstücke mit *fast-twitch*-Fasern wirken daher häufig etwas süßlicher. Am wichtigsten ist aber der ATP-Gehalt, denn dieser definiert über den Purinstoffwechsel das Umamipotenzial des Fleischs. Genau das ist bei weißen (*fast-twitch*-)Fasern bedeutend höher als bei den roten Fasern, da aus dem ATP der Geschmacksverstärker IMP (Inosinmonophosphat) entsteht. Geht der Purinstoffwechsel weiter, entsteht aus dem IMP das Adenosin, das wiederum dann für seine Verstärkung des Süßgeschmacks bekannt ist [45]. Kreatin hingegen ist für sein Bitterpotenzial in heißen Brühen, Suppen und Soßen bekannt [46], während es bei kühleren Temperaturen leicht süßlich wirkt [47].

Doch auch Textur und mögliche Zubereitungstechniken lassen sich aus Tab. 6.2 ablesen: Die unterschiedliche Faserdicke zwischen weißen und roten Fasern gibt Auskunft über die Textur, vor allem über Bisskraft und Zartheit. Die dünneren roten Fasern benötigen beim Durchbeißen [48] weniger Kraft als die dickeren *slow-twitch*-Fasern. Andererseits haben die vielen dünnen Fasern insgesamt eine höhere Oberfläche, der Kollagenanteil ist daher höher. Bei Ausdauertieren wie Wildschwein, Hirsch und Reh ist das deutlich zu spüren, das Fleisch ist zart und benötigt nur sehr kurze Garzeiten. Selbst die zum Schmoren geeigneten Stücke sind rascher gar als ähnliche Stücke von Rindern oder Schafen. Der hohe Kollagengehalt über den hohen Anteil der roten Muskelfasern bei Wildhasen erlaubt dann das lange Schmoren, das die kleinen Geschmacks- und Texturwunder, wie *lièvre à la royale* (etwa „königliches Wildhasenragout") entstehen lässt, einen echten Klassiker der französischen Wildküche. Der tiefe Umamigeschmack wird perfekt: Die hohe Enzymaktivität bedingt eine ausgeprägte Proteinhydrolyse und damit viel freie Glutaminsäure, die hohe Konzentration des ATPs aus den weißen Fasern pusht den Umamigeschmack deutlich in die Höhe.

Natürlich wird auch beim Wild alles aufgegessen: Den Aufbruch (Herz, Leber und Nieren) bekommt nach langer Tradition immer der Jäger, der das Tier erlegte. Sollten diese Raritäten einmal frisch angeboten werden, ist unbedingt zuzugreifen. Ganz abgesehen von dem exzellenten und feinen Geschmack und den betörenden Aromen bieten auch die Innereien von Wild alles was der *Homo sapiens* benötigt: essenzielle langkettige, mehrfach ungesättigte Fettsäuren, Vorläuferstufen des Vitamin D_3, rasch biologisch verfügbare Aminosäuren, bioaktive Peptide, hohe Mengen des Kreatins für den Muskelstoffwechsel, und zwar in hohen Mengen, wie sie nur die Innereien von Tieren auf natürlichem Wege liefern können.

Damit gibt es viele Gründe, Wild auch auf den Speiseplan des *Homo sapiens* der Zukunft zu setzen, zumal die Pflege der Wälder einen gewissen Teil der Jagd zwingend erfordert.

6.9 Die Salzproblematik

6.9.1 Salzen in der Küche

„Ilsebill salzte nach." Mit diesem bemerkenswerten Satz beginnt der im Jahr 1977 erschienene Roman *Der Butt* von Günter Grass [49]. Ein Jahr zuvor erschien in Frankreich Paul Bocuses *La cuisine du marché*, das etwa zeitgleich zu *Der Butt* in deutscher Übersetzung auf den Markt kam. Im Jahr 1972 veröffentlichte L. K. Dahl in der Zeitschrift *The American Journal of Clinical Nutrition* eine zusammenfassende Arbeit zu Blutdruck und Salzkonsum [50], die der Autor in den 1960er-Jahren begonnen hatte [51, 52]. Die Diskussion um Salz begann, Salz wurde in den letzten Jahrzehnten schleichend zum Gift, verantwortlich für Herz-Kreislauf-Krankheiten. Beging Ilsebill einen großen Fehler? Schließlich empfiehlt die Deutsche Gesellschaft für Ernährung (DGE) 6 g Salz pro Tag, die Weltgesundheitsorganisation (WHO) 5 g pro Tag. Nachsalzen wäre daher schwierig.

Da Salz den Geschmack vieler Lebensmittel verstärkt, geraten viele Genussprodukte auf eine schwarze Liste der gefährlichen Lebensmittelprodukte. Dazu gehören viele Alltagsprodukte wie Chips, Pommes frites, Burger und die meisten Convencience-Produkte, aber auch natürliche Produkte wie Brot, Käse, Würste, Sauerkraut oder Würzsoßen, ganz gleich, ob sie „bio" sind oder nicht. In all diesen Produkten übernimmt das Salz wesentliche funktionelle Aufgaben, die mangels Kenntnisse der Prozesse und der Herstellungsverfahren in Vergessenheit geraten sind. Keine Käsereifung, keine sichere Fermentation, keine Wasserbindung können ohne Salz und die dadurch veränderten Wechselwirkungen mit Proteinen stattfinden. Daher wird neben „versteckten Fetten" auch über in Lebensmitteln „verstecktes Salz" gesprochen. Salz ist weit mehr als eine Geschmackszutat, es wirkt funktionell auf molekularer Ebene, wie diese kurze Aufzählung bereits zeigt.

Wie viel Salz tatsächlich über die Nahrung aufgenommen wird, wurde über die Auswertung von weltweiten Daten publiziert [53]. Als verlässliches Maß kann dazu die über den Urin ausgeschiedene Konzentration an Natriumionen gelten, die auch in der aufsehenerregenden epidemiologischen Studie herangezogen wurde [54]. Dabei zeigt sich rasch, wie hoch der Salzverbrauch wirklich ist. In allen Ländern, in allen Kulturen liegt er deutlich höher als die empfohlenen 5–6 g/ Tag, wie in Abb. 6.15 angedeutet ist. Das veranschaulicht sehr deutlich, wie die Realität von den Vorgaben abweicht. Nicht einmal in den Ländern und Regionen, in denen traditionell wenig Kochsalz verwendet wird, sind die durchschnittlichen Zahlen geringer als die Vorgabe der Weltgesundheitsorganisation (WHO). Dies ist nur zum geringen Teil eine Folge der zunehmenden Industrialisierung, wie in den sehr sorgfältig ausgeführten Studien [53, 54] dargelegt ist, sondern zum Großteil kulturhistorisch bedingt. In vielen Teilen Asiens werden seit mehr

äquivalente Salzaufnahme (g/Tag)

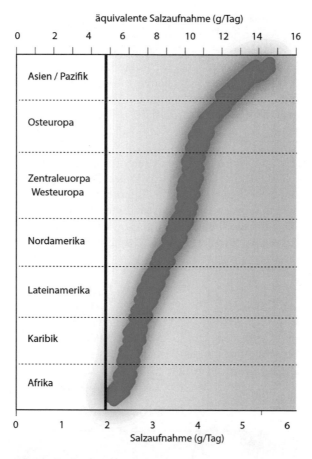

Abb. 6.15 Der Salzkonsum in verschiedenen Regionen und Kulturen ist überall höher als die von der WHO vorgeschlagene Grenze von maximal 5 g Kochsalz pro Tag. Der äquivalente Kochsalzkonsum ist höher, wenn alle natriumhaltigen Speisen (im Durchschnitt) auf reines Kochsalz umgerechnet werden (obere Skala)

als 1000 Jahren fermentierte Produkte verzehrt, die hochgradig gesalzen sind. Die japanischen fermentierten Umeboshi-Birnen, die derzeit in Deutschland vermehrt ihren kulinarischen Einsatz finden, enthalten über 10 % Salz und übertreffen das traditionelle Sauerkraut mit den fermentationsbedingten 1,5–2 % bei Weitem. Auch Osteuropa an der Grenze zu Asien verwendet mehr Salz als die Nachbarn im Westen. Zentral- und Westeuropa (damit auch Deutschland) liegen im Vergleich zu vielen asiatischen Regionen beim Pro-Kopf-Salzverbrauch im unteren Mittelfeld. Dennoch ist die Sterblichkeit nicht unbedingt mit diesem Salzgehalt korreliert, da die Lebenserwartung in vielen asiatischen Ländern vergleichbar ist und höher liegt als in Westeuropa. Grund genug, um genauer auf die Wirkung des Salzes auf unsere Gesundheit zu schauen.

Andererseits untermauern viele Studien seit Jahren, dass ein permanent hoher, exzessiver Salzkonsum den Blutdruck ansteigen lässt und damit das Risiko von Schlaganfall und Herz-Kreislauf-Erkrankungen zunimmt [55]. Auch ein vollkommener Verzicht oder eine zu starke Salzreduktion ist offenbar nicht besonders förderlich. Dies äußert sich über eine J-förmige Kurve von Salzkonsum und Blutdruck [56], wie sie schematisch in   Abb. 6.16 gezeigt ist. Die Frage, welcher Bereich für den Salzkonsum wirklich angemessen ist, lässt sich daher nicht exakt definieren. Schon gar nicht, was für Individuen zu viel oder „exzessiv" bedeutet.

Dabei zeigt sich, dass sich der mittlere Blutdruck beim Menschen zwischen 4 g und etwa 6–7 g Natriumchlorid pro Tag im grünen Bereich befindet. Hochdruckpatienten erreichen diese idealen Werte des Blutdrucks rein über die Variation des Salzkonsums eher kaum. Auch ein extrem niedriger Salzkonsum von weniger als 5 g pro Tag ist der mittleren Lebenserwartung nicht dienlich, da sich auch dann wieder ein Anstieg ergibt, der allerdings bei Hochdruckpatienten etwas schwächer ausfällt.

6.9.2   Salz und Osmose

Nun kann man im Allgemeinen nicht so leicht feststellen, wie viel Natrium wirklich aufgenommen wird. Natrium ist fester Bestandteil des innerzellulären Stoffwechsels in allen Zellen, tierisch wie pflanzlich. Das einwertige und gleichzeitig kleine Natriumion dient daher physikalisch als Ladungstransporter und Ladungsschalter

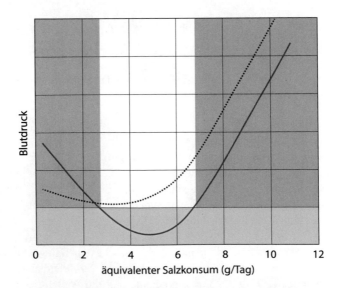

Abb. 6.16 Die J-Kurve beim Salzkonsum für normal Gesunde (grüne Kurve) und für Menschen mit Bluthochdruck (gestrichelte rote Kurve)

auf allen Skalen unterhalb der Zellgröße. Damit ist Natrium in jedem Lebensmittel in den jeweils physiologisch erforderlichen Konzentrationen vorhanden. Auch lassen bereits einfache Schulversuche zum osmotischen Druck die Blutdruckidee plausibel erscheinen: Wenn Kochsalz, NaCl, im Wasser zu seinen Ionen Na^+ und Cl^- dissoziiert, erzeugen diese einen osmotischen Druck, wie in Abb. 6.17 dargestellt ist.

Werden Natriumchloridkristalle (links oben in Abb. 6.17) in eine Seite der mit einer semipermeablen Membran getrennten Röhren gegeben, lösen sich die Kristalle in positive Natrium- und negative Chloridionen auf. In der linken Röhre steigt die Ionenkonzentration. Gemäß den Gesetzen der Thermodynamik wird ein Konzentrationsausgleich gesucht, der osmotische Druck steigt. Dabei können die Wassermoleküle die Membran durchdringen und von der einen auf die andere Seite wandern. Die Ionen können das nicht, denn sie führen eine gebundene Hydrathülle mit sich, sodass diese Gebilde viel zu groß für eine Passage durch die Membran sind. Wasser passiert daher die Membran, um die Salzkonzentration auf der anderen Seite durch Verdünnung herabzusetzen. Dabei baut sich ein osmotischer Druck auf, der als Höhenunterschied der Wassersäulen direkt messbar ist.

6.9.3 Salz und Mensch

Ganz so einfach ist es in Blutgefäßen natürlich nicht. Es ist keineswegs der Fall, dass ein hoher Salzkonsum die Konzentration von Natrium- und Chloridionen im Blut ansteigen lassen. Das darf aus biophysikalischen Gründen gar nicht sein, denn die Salzionen würde Wasser aus dem Blutserum binden und sogar mit den elektrisch geladenen Aminosäuren der Proteine im Blut in Wechselwirkung treten können. Dadurch würden die gelösten Proteine ihre Gestalt verändern, die Fließeigenschaften des Bluts ebenso. Daher ist die Konzentration der Ionen im

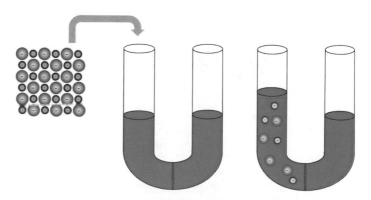

Abb. 6.17 Osmotischer Druck in zwei verbundenen Röhren, die mit einer halbdurchlässigen Membran getrennt sind (unten), nur Wasser kann durch diese Membran gelangen

Blut bis auf winzige Schwankungen praktisch konstant und der erforderlichen Physiologie angepasst. Überschüssige, nicht benötigte Natrium- und Chloridionen müssen daher möglichst effektiv über die Nieren ausgeschieden werden. Daher ist, wie bereits angemerkt, die Konzentrationen dieser Ionen im Urin ein verlässliches Maß und damit ein klar definiertes medizinisches Kriterium für den Salzkonsum.

Deshalb wundert es auch nicht, wenn man lediglich einen geringen Anstieg von 2,8 mm Quecksilbersäule bei 1 g Salz mehr pro Tag findet, und dies nur bei Personen, die ohnehin bereits mehr als 5 g Salz pro Tag zu sich nahmen. Nur ein sehr hoher Salzkonsum führte zu einem größeren Schlaganfallrisiko, was hauptsächlich in China der Fall war, wo der durchschnittliche Konsum bei 14 g/Tag und mehr liegt. Wird allerdings die Lebenserwartung mit dem Salzkonsum korreliert, relativiert sich diese Aussage deutlich [57], wie sich in Abb. 6.18 zeigt.

Wie sich zeigt, ist der höhere Salzkonsum im statistischen Mittel bis äquivalent über 10 g/Tag nicht mit einer niedrigen Lebenserwartung korreliert. In Japan liegt, trotz einer mittleren äquivalenten Salzaufnahme von über 11 g/Tag die Lebenserwartung von den eingezeichneten Beispielen am höchsten, während die Lebenserwartung in China geringer ist. USA und Deutschland liegen bei der Lebenserwartung mit einem aus dieser Sicht noch moderaten Salzkonsum oberhalb der in China, aber deutlich unter der durchschnittlichen Lebenserwartung in

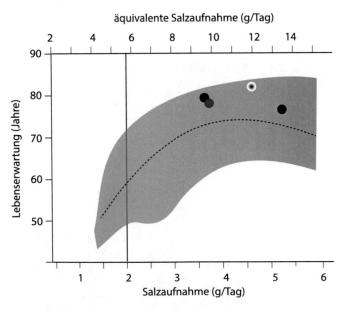

Abb. 6.18 Länder- und kulturspezifische Salzaufnahme und Lebenserwartung (nach Messerli et al. [57], Lebenserwartung auf 2018 aktualisiert). In dem schraffierten Bereich befinden sich alle in Abb. 6.15 und der zugehörigen Studie untersuchten Regionen, gestrichelt: statistischer Mittelwert. Speziell genannt sind: Deutschland (schwarz), USA (blau), Japan (rot-weiß), China (rot). Die WHO-Grenze: senkrechte rote Linie

Japan. Ob diese Resultate letztlich ausschließlich dem Salzkonsum zuzuschreiben sind, ist ohnehin vollkommen unklar.

Was sich aber als offensichtlicher Fehler herausstellt, ist, ausschließlich Natriumionen zu berücksichtigen und Kaliumionen dabei außer Acht zu lassen, denn die zitierten Arbeiten untersuchten auch die Korrelation der beiden einwertig positiv geladenen Natrium- und Kaliumionen mit Herz-Kreislauf-Krankheiten. Dabei zeigte sich, dass unabhängig von der Salzaufnahme, Kalium alle Risiken für Herzinfarkt, Schlaganfall und Gesamtmortalität senkt. Selbst bei Patienten mit einer hohen Salzaufnahme lässt sich mit Kalium das Risiko vermindern. Kalium kommt hauptsächlich in Obst und Gemüse sowie Nüssen vor. Der alleinige Blick auf einen einzigen Parameter ist bei Ernährungsfragen im Grunde nicht genügend und lässt keine schlüssigen Aussagen zu. Konsequenzen können daraus also nicht abgeleitet werden. Strikte Vorschriften zur Salzreduktion wären daher nicht notwendig. Allerdings sind zur Natriumreduktion Mischungen, bei denen ein Teil des Natriumchlorids durch Kaliumchlorid ersetzt ist, durchaus ein Schritt in die richtige Richtung zur besseren Versorgung mit Kalium.

6.9.4   Salz und Wechselwirkungen auf atomarer und molekularer Ebene

Dies sind tatsächlich gute Nachrichten, denn wie bereits mehrfach angedeutet, ist Salz nicht nur eine Geschmackszutat, sondern übernimmt physikalische Aufgaben in allen Lebensmittelzubereitungen, bei denen Proteine wichtig sind: Brot, Wurst, Käse, Tofu, Ersatzprodukte. Proteine bestehen aus Aminosäuren, die elektrisch positiv und negativ geladen sein können. Genau diese elektrischen Ladungen wechselwirken aber mit Natrium- und Chloridionen: Gegensätzliche Ladungen ziehen sich an, gleiche Ladungen stoßen sich ab; natürlich auch dann, wenn diese Ladungen in Proteinen an den jeweiligen Aminosäuren sitzen. So scharen sich positiv geladene Natriumionen um die negativ geladenen Aminosäuren, während die negativ geladenen Chloridionen eher die positiv geladenen Aminosäuren suchen. Beim Weizenprotein im Brot ist dies sogar von technischer Bedeutung, wenn die Ladungen der Aminosäuren die Form von Glutenin und damit die Verarbeitbarkeit der Teige mitbestimmen. Salz spielt dabei eine ganz entscheidende Rolle, wie anhand von Abb. 6.19 offensichtlich wird.

Wie gerade erwähnt: Die positiven Natriumionen sammeln sich bevorzugt um die negativ geladenen Aminosäuren (Glutaminsäure, Asparaginsäure) während sich die negativen Chloridionen bevorzugt um die positiv geladenen Aminosäuren (Arginin, Histidin und Lysin) sammeln. Die Ladungen auf den Proteinen werden daher neutralisiert. Die Dehneigenschaften der Teige werden mit Salz besser, ebenso die Fließeigenschaften von Wurstbrät oder Prozesseigenschaften der Präparationen von texturierten Proteinen für vegane Produkte.

Auch auf den Wassergehalt der Lebensmittel hat Natriumchlorid eine ganze Reihe von Auswirkungen. Wasser selbst ist polar, es weist einen Dipol auf und ist am Sauerstoffatom leicht negativ geladen, an den beiden Wasserstoffen leicht

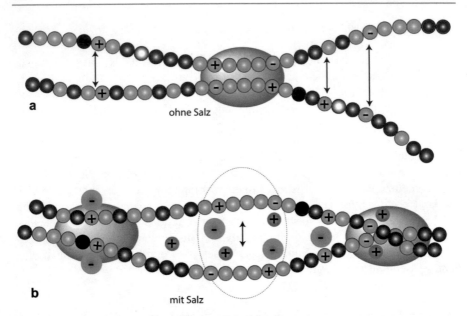

Abb. 6.19 Salz hat einen entscheidenden Einfluss auf die Struktur von Proteinen. Ohne Salz ziehen sich negative und positive Ladungen an, sie bilden Komplexe oder stoßen sich stark ab (**a**). Mit Salz werden Ladungen auf den Proteinen (z. B. Gluten) abgeschirmt (**b**). Die Struktur des Proteinnetzwerks verändert sich

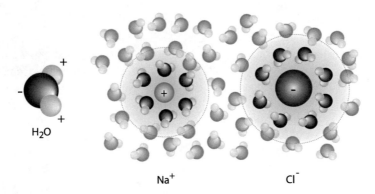

Abb. 6.20 Die Polarität des Wassers (links) und die unterschiedlichen Ladungen der Natrium- und Chloridionen sorgen für die Bildung von starken Hydrathüllen um die Ionen (rechts). Dabei orientiert die Ladung im Mittel die Wassermoleküle entsprechend der Polarität. Die Wassermoleküle in der unmittelbaren Umgebung sind hervorgehoben dargestellt

positiv. Daher können Ionen gemäß ihrer Ladung Wasser auf sehr kleinen Zeitskalen binden und entsprechend der Polarität orientieren, wie in Abb. 6.20 angedeutet.

Diese Hydrathüllen, in Abb. 6.20 mit den blauen Schattierungen gekennzeichnet, sind für Natrium und Chlorid relativ stark und können nur mit einer etwas höheren Energie gelöst werden. Das Wasser ist daher „gebunden". Kochsalz in Lebensmitteln bindet also Wasser, verlängert die Haltbarkeit und verhindert das zu schnelle Austrocknen oder das zu rasche Altbackenwerden von Brot und anderen Backwaren. Salz dient damit weit mehr als nur dem Geschmack. Eine Forderung nach konsequenter Salzreduktion, ohne tiefer über die physikalischen Konsequenzen nachzudenken, wäre für die Teig-, Back- und Broteigenschaften kontraproduktiv.

Die in Abb. 6.20 dargestellte Physik der Hydrathülle ist letztlich auch der Grund, warum Kalium im Vergleich zu Natrium trotz gleicher Ladung (+1) eine schwach, aber messbar unterschiedliche Wirkung auf den Blutdruck wie auch andere physiologische Eigenschaften hat. Die Hydrathülle ist trotz größerem Ionenradius schwächer [58], wie in Abb. 6.21 dargestellt.

Somit lässt sich auch die unterschiedliche Wirkung von Natrium und Kalium auf banale physikalische Eigenschaften zurückführen. Vielen Ansichten über Ernährung und Gesundheit lässt sich damit der esoterische Boden leicht unter den Füßen wegziehen, wie sich im nächsten Abschnitt zeigt.

6.9.5 Salz ist nicht gleich Salz

Um Salz ranken sich viele Märchen, die darin gipfeln, raffiniertes Natriumchlorid (NaCl) wäre „totes Salz", während Meersalze, *fleur de sel*, oder nicht raffinierte Steinsalze besser seien [59]. Dem hin und wieder ausgelobten Himalajasalz [60] werden geradezu heilende Eigenschaften nachgesagt, es speichere Lichtquanten aus der Urzeit und allerlei anderer pseudowissenschaftlicher Unsinn.

Alle diese Salze bestehen zu mehr als 97 % aus Natriumchlorid. Der Rest sind eingelagerte Mineralien, die sich als Fehlstellen und andere Kristalldefekte zeigen

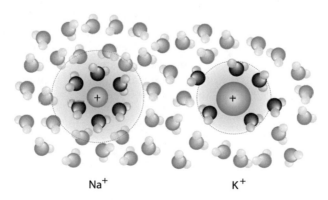

Na⁺   K⁺

Abb. 6.21 Natriumionen (Na⁺) und Kaliumionen (K⁺) unterscheiden sich bei gleicher Ladung deutlich in ihrem Durchmesser und der Fähigkeit, Wasser in Hydrathüllen zu binden

[61]. Ernährungsphysiologisch fallen diese nicht nennenswert ins Gewicht, wenn man an die vergleichsweise hohen Mineraliengehalte aller Lebensmittel denkt. Bei den üblichen geringen Salzmengen beim Abschmecken liegt deren Mineraliengehalt weit unter denen der Lebensmittel die damit gesalzen werden.

Behauptungen, Salze könnten Lichtenergie, Photonen oder gar kosmische Lebenskraft speichern [62], können aus physikalischen Gründen nicht stimmen, wie ein kurzer Blick in ein Lehrbuch der Festkörperphysik [63] zeigt.

6.9.6 Salz ist kein Gift

Bei dieser Art von Diskussion vergisst man gern die elementaren Fakten: Die Niere von gesunden Menschen ist in der Lage, bis zu 20 g Natrium- und Chloridionen pro Tag auszuscheiden [64]. Sowohl Natrium- als auch die Chloridionen sind für den Zellstoffwechsel und die Zellfunktion notwendig, und zwar seit der Existenz der ersten biologischen Zellen, die es auf dieser Erde gab. Daher gibt es für alle Zellen ein ganz spezielles Filter- und Regulationssystem, das den Wasser- und Ionenhaushalt (über alle Mineralien hinweg) über weite Bereiche unabhängig von der aufgenommenen und angebotenen Salz- und Flüssigkeitsmenge konstant hält. Die Nieren sind in der Lage, einen Wasser- und/oder Elektrolytmangel relativ schnell auszugleichen sowie einen Wasser- oder Salzüberschuss schnell zu beheben und zwar in beide Richtungen, bei zu wenigen und zu vielen Ionen. In die untere Richtung funktioniert das nur beschränkt, denn rasch sind Speicher aufgebraucht, daher der Anstieg der Risiken bei zu geringer Natriumzufuhr.

Im Gegensatz zu vielen Ansichten ist NaCl chemisch weder giftig noch aggressiv. Die Ionen zirkulieren in allen physiologischen Körperflüssigkeiten mit nahezu konstanter Konzentration. Über thermodynamische Gleichgewichte dienen Na^+ und Cl^- – neben vielen anderen Aufgaben – auch zur Aufrechterhaltung des Zelldrucks, über Osmose sorgen sie für die richtigen Volumenverhältnisse von Zellen und ein Gleichgewicht zwischen intrazellulärem und extrazellulärem Wasser. Gemäß   Abb. 6.16 sollte die tägliche Zufuhr an Natriumchlorid die Grenze von 2,5 g/Tag keinesfalls unterschreiten, um die lebensnotwendigen Körperfunktionen aufrechtzuerhalten. Nach oben sind die physiologischen Grenzen hoch. Erst ab einer Salzaufnahme von 0,5 g/kg Körpergewicht und Tag wird es wirklich kritisch. Bei einem Körpergewicht von 70 kg entspräche dies extrem unkulinarischen 35 g/ Tag. Gemäß   Abb. 6.15 und 6.19 liegt die Salzaufnahme in Deutschland etwa bei 6–8 g Kochsalz pro Tag, also noch unterhalb der genannten Gefahren.

6.10   Viel macht satt, komplex macht „satter"!

6.10.1 Viel ist nicht gleich viel

Manchmal ergibt sich der Eindruck, viel auf Tellern mache satter. Manche Teller werden bei Büffets bis zum Rand vollgeladen, bei Aktionen wie *All you can eat* stehen Menschen in langen Schlangen, die an Lebensmittelausgabestellen nach dem Krieg erinnern. Nur waren die Menschen zu dieser Zeit nicht adipös. Hunger kann in den heutigen Zeiten nicht der Antrieb sein; Menschen sind in aller Regel satt, auch wenn die letzte Mahlzeit „schon" vier Stunden zurückliegt. Das Gefühl der Sättigung nach Nahrungsaufnahme scheint gestört, Signale funktionieren nicht mehr (vgl. Abschn. 5.14, Abb. 5.45). Letztlich ist das Verhalten kaum verwerflich, es ist ein Urinstinkt des *Homo sapiens*, vorhandene Nahrung zu verspeisen.

Interessant sind Essverhalten und Nahrungspräferenzen. In vielen Fällen wird das Bekannte und Geliebte gewählt, Speisen also, die man ohnehin gerne isst, und davon eben reichlich, was der viel gepriesenen Vielfalt widerspricht. Die Folge ist, die meisten Happen, die ausgewählt werden, sind sich sehr ähnlich. Wie bei einem Teller Suppe, wenn jeder Löffel gleich schmeckt; wie beim Burger, wenn sich jeder Bissen von vorhergehenden nur marginal unterscheidet. Die Schichten (der Fast-Food-Burger) sind genau so konzipiert. Dadurch geht aber eine starke Variation an sensorischen Eigenschaften verloren. Aromatik und Geschmack ändern sich in vielen gängigen Präparationen von Löffel zu Löffel kaum. Das Essen erfolgt mechanisch, ohne darüber zu reflektieren, was genau gegessen wird. Die Wiederholungen erlahmen das Belohnungszentrum. Die Ausschüttung von Dopamin, Glutamat und anderen Biomarkern [65] erfolgen zögerlicher (vgl. Kap. 5, Abb. 5.47). Ein Erlebnis war das Essen nicht. Schon hat man wenig später angeblich wieder Hunger. Ein Ansatz, um diese Essschleife zu durchbrechen, wären mehr Komponenten, mehrere Gänge, dafür deutlich kleinere Portionen. Ein Mehr an verschiedenen Komponenten schafft mehr Belohnung, mehr Aufmerksamkeit für das Essen und, ganz nebenbei, eine deutlich bessere Versorgung mit Makro- und Mikronährstoffen.

6.10.2 Abwechslung und Kombinatorik – Komplexität auf die Teller

Die Möglichkeit, eine höhere Sättigung bei weniger Energieeintrag zu erzielen, wäre eine ganz andere Art der Tellergestaltung, als dies bei klassischen Darreichungen der Fall ist [66]. Es ergibt sich für den Genießer eine Vielzahl von Möglichkeiten, die sich mathematisch fassen lässt. Liegen zum Beispiel nur zwei Elemente auf dem Teller, gibt es lediglich die Möglichkeit, jede dieser Komponenten einzeln oder beide zusammen zu verkosten. Der Esser hat somit genau drei Möglichkeiten.

Befinden sich drei unterscheidbare Komponenten – a, b, c – auf dem Teller, liegt die theoretische Anzahl bereits bei sieben Möglichkeiten: Jedes Element für sich ergibt drei Zweierkombinationen – ab, ac und bc – sowie alle drei Komponenten abc zusammen, macht zusammen schon $n = 7$ Möglichkeiten, die Tellerkomponenten auf Löffel oder Gabel zu kombinieren.

Bei einer Zahl von n Elementen, kann demzufolge stets eine Teilmenge aus $1 \leq k \leq n$ Elementen daraus gemeinsam verkostet werden. Die jeweilige Anzahl ist durch den Binomialkoeffizienten $\binom{n}{k}$ gegeben. Die mathematische Definition ist durch

$$\binom{n}{k} = \frac{n!}{(n-k)!k!} = \frac{1 \cdot 2 \cdot 3 \cdot \ldots \cdot n}{(1 \cdot 2 \cdot 3 \cdot \ldots \cdot (n-k))(1 \cdot 2 \cdot 3 \cdot \ldots \cdot k)}$$

gegeben. Diese Binomialkoeffizienten sind z. B. auch vom Lottospiel „6 aus 49" bekannt, wobei es $\binom{49}{6}$ Möglichkeiten der unterscheidbaren Zahlenkombination gibt. Das Ausrufezeichen hinter einer natürlichen Zahl $n!$ ist dabei die Fakultät dieser Zahl, d. h., $n! = 1 \cdot 2 \cdot 3 \cdot \ldots \cdot n$, das Produkt aller natürlichen Zahlen, von 1 bis n.

Diese verschiedenen Teilmengen auf Löffeln angerichtet spiegeln mit ihren unterschiedlichen Kombinationen die Vielfalt des Tellers wider. Die Löffel sind sensorisch unterscheidbar und bieten dem Gehirn viele Möglichkeiten, auf die Belohnung zu reagieren. Der Esser hat demzufolge eine mit der Anzahl der Tellerelemente steigende Anzahl der Möglichkeiten, seinen Genuss zu vervielfachen. Diese Komplexität lässt sich daher über die Summe aller verschiedenen Möglichkeiten der Binomialkoeffizienten

$$N = \binom{n}{1} + \binom{n}{2} + \binom{n}{3} + \ldots \binom{n}{n} = \sum_{k=1}^{1} \binom{n}{k} = 2^n - 1$$

darstellen. Mit modernen Kochtechniken in der Hochgastronomie ist es daher kein Problem, $n = 10$–15 und mehr Elemente auf Tellern zu arrangieren. Dies bedeutet daher zwischen $N = 1023$ bis $N = 32.767$ theoretische Möglichkeiten, die Teller zu verkosten, für manchen eine wahrliche Überforderung.

Derart große Zahlen legen die Definition einer neuen logarithmischen Größe nahe, der „entropischen Tellerkomplexität" K

$$K = \ln N \approx n \ln 2$$

wie dies in der Physik üblich ist (und der Informationsentropie entspricht). Dabei wurde der natürliche Logarithmus (ln) zur Basis der Euler'schen Zahl (e $= 2{,}718.$ $281.828.459.045.235\ldots$) gewählt, wie es in der statistischen Thermodynamik und der Informationstheorie üblich ist.

Doch auch schon bei wenigen Komponenten, die gezielt ausgewählt werden können, gibt es mehr Abwechslung, wie das einfache Beispiel in Abb. 6.22 zeigt.

Abb. 6.22 Die vollständige kulinarische Kombinatorik eines einfachen Tellers aus vier Komponenten: Brokkoli, Champignons, Soße und ein knuspriger Tomatenbisquit. Jeder der 15 möglichen Löffel hat sein eigenes kulinarisches, aromatisches und texturelles Spiel. Die Komplexität wäre $K = \ln 15 \approx 2{,}7$

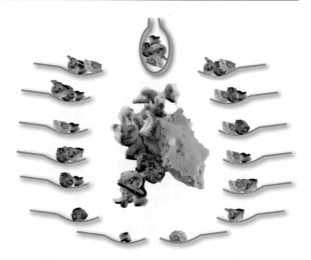

Das gesamte Gericht [67] ist im Zentrum der Abbildung dargestellt; es besteht aus Brokkoliröschen, Champignons, Soße und einem knusprigen Tomatenbisquit. Die Portionierung und Textur der Elemente lassen das Probieren verschiedener Kombinationen pro Löffel zu, die um den Teller gruppiert dargestellt sind. Jeder dieser Löffel zeigt ein anderes Geschmacks- und Aromabild, auch die Texturen sind unterschiedlich. Innerhalb eines Tellers ergibt sich eine hohe Variation des Flavours. Genau das ist aber für unsere Rezeptoren ein Gewinn, denn sie „messen" keine konstanten Reize, sondern deren zeitliche Änderungen. Es gibt im Gehirn mehr zu verarbeiten, das Belohnungszentrum erhält verschiedene Reize, eine sättigende Befriedigung stellt sich ein. Ein Gewöhnen an einen bei jedem Löffel immer gleichen Geschmack, wie z. B. beim Teller Suppe, ist daher weniger wahrscheinlich.

Ein wichtiger Aspekt ist also die Unterscheidbarkeit der Komponenten. Sie müssen daher für diese Definition insofern unterscheidbar sein, dass sie einen unterschiedlichen Geschmack, eine unterschiedliche Textur oder eine unterschiedliche Aromatik aufweisen, aber noch mit dem Essbesteck, einer Gabel oder einem Löffel aufgenommen werden können. Pulvrige Komponenten z. B. bestehen zwar aus einer großen Zahl individueller granularer Partikel, die aber alle einen einheitlichen Geschmack sowie eine einheitlich Textur und Aromatik besitzen. Die Portionierung der individuellen Komponenten und die jeweilige Gesamtzahl definieren daher Komplexität und Wiederholbarkeit der Löffel. Kleinteilige Arrangements sind also ein zusätzlicher Komplexitätsfaktor, der in einer folgenden Arbeit genauer untersucht wurde. Intuitiv wird allerdings bereits deutlich, dass zwei oder drei eingebettete Kaviarperlen in einem Teller hoher Komplexität eine weit tiefer gedachte sensorische Funktion haben als eine großzügige Portion Kaviar auf einem klassischen Teller mit Edelfischen niedriger Komplexität.

6.10.3 Spannung und Abwechslung

In einer modernen, genussreichen Küche, wie sie in der Gastronomie üblich ist, ist es erstrebenswert, Teller mit größerer Komplexität zu gestalten. Die verfügbaren Kochtechniken aus klassischer Küche, Molekularküche oder avantgardistischer Küche bieten dafür alle Möglichkeiten. Selbst Komponenten der gleichen Gattung, etwa eines Gemüses, die nach den Eckpunkten des originären kulinarischen Dreiecks roh, gekocht oder fermentiert serviert werden, erhöhen die entropische Komplexität bei einer Gesamtzahl von n Komponenten um den Faktor $(n+2)$. Werden zusätzlich Techniken der Avantgardeküche, etwa Cremes, Gele unterschiedlicher Textur oder Schäume, eingesetzt, lässt sich die Komplexität ohne Verwendung einer weiteren Zutat steigern. Die unterschiedlichen Projektionen durch Kosten von unterschiedlichen Stellen des Gerichts ergeben immer andere Aspekte. Genießer haben somit die Wahl zwischen ihren eigenen Kompositionen, die sie pro Gabel oder Löffel zum Mund führen. Allerdings ist dieses Beispiel immer noch sehr einfach strukturiert. Die drei möglichen Kombinationen dieses Arrangements sind wiederholbar. Wird eine der Kombinationen als besonders spannend empfunden, kann sie ohne Weiteres nochmals so zusammengestellt und gegessen werden. Daher lässt sich dieses Gericht letztlich immer noch auf die klassischen Formen homogener Strukturen reduzieren.

Ein sehr komplexes Gericht des Patissiers Christian Hümbs, das von praktisch allen Elementen des kulinarischen Dreiecks Gebrauch macht, ist in Abb. 6.23 aufgeführt [68]. Keiner der exemplarisch dargestellten Löffel lässt sich aufgrund des Arrangements wiederholen. Jeder Löffel ist somit beim Genuss endgültig, und zwar in Textur, Temperatur und Aggregatzustand sowie der sich daraus ergebenden

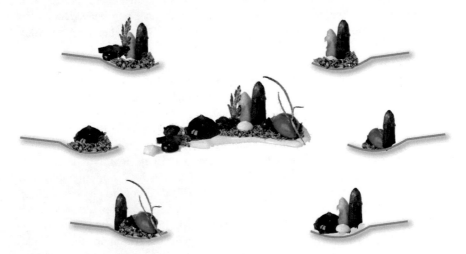

Abb. 6.23 Wenige exemplarische Beispiele von nicht wiederholbaren Löffeln eines hochkomplexen Gerichts (im Zentrum dargestellt) aus Erdbeeren (in Gelform), Spargel und Petersiliencreme, angerichtet auf einer hellen Creme. Weitere Elemente sind Rosmarin und Nusspulver

unterschiedlichen Aromen-, Geschmacks- und Texturbilder. Daher stellt sich für die Esser die Frage, welcher Weg der „richtige" ist. Eine Antwort darauf gibt es allerdings nicht, da dabei persönliche Präferenzen und kulturelle Prägungen eine große Rolle spielen. Genussvolles Essen kann daher sehr spannend werden. Das Belohnungszentrum ist beschäftigt, die Anzahl der Komponenten bei einem mehrgängigen Menü stellt den kompletten Nährstoffbedarf bei hohem Genusswert sicher.

Dass dies auch physiologisch von Vorteil ist, wurde in einer ersten Untersuchung nachgeprüft [69]. Dazu wurden freiwilligen Probanden zwei bekannte Gerichte vorgesetzt, einmal in der klassischen Anordnung und einmal in einer avantgardistischen und somit komplexeren Darstellung, wie in   Abb. 6.24 veranschaulicht: einmal ein vegetarisches Gericht, einmal ein klassisches Fleischgericht mit Hähnchen.

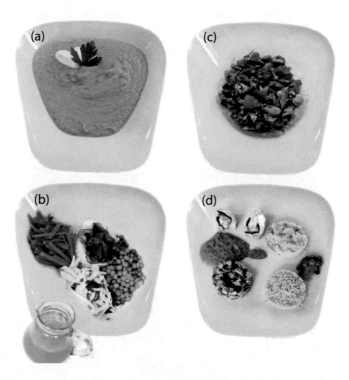

Abb. 6.24 Vegetarisch (Erbsensuppe): „einfach" (**a**), „komplex" (**b**). Bestehend aus 100 g Kartoffeln, 100 g Karotten, 100 g grünen Erbsen, 100 g Selleriewurzel, 50 g Zwiebeln, 50 g Crème fraîche, 20 g Butter, 200 ml Gemüsebrühe, 1 Esslöffel gehackte Petersilie, Salz, Pfeffer. Hähnchen: einfach (**c**) und komplex (**d**). Die Grundzutaten sind zwei gleich große Hühnerkeulen, Öl zum Braten, 100 g Tomaten (gewürfelt), 50 g Zwiebeln (gewürfelt), 10 g Knoblauch (gewürfelt), 40 g Couscous, 5 g Minzeblätter, 5 g Korianderblätter, 20 g Zitronenfrüchte (gewürfelt), 10 g Zitronenschale, 80 mL Olivenöl, Gewürze

Für die einfache Version des vegetarischen Gerichts wurde das gesamte Gemüse mit der Brühe in einem Schnellkochtopf gekocht. Anschließens wurde das gekochte Gemüse in einem Mixer zusammen mit dem Gemüse püriert und mit Sahne, Butter verfeinert, dann mit Pfeffer und Salz gewürzt. Der Teller wurde garniert mit Petersilie.

Die komplexe Version der Gemüsemahlzeit bestand aus vier Elementen. Für das Kartoffelpüree wurden die Kartoffeln gewürfelt und in Wasser gekocht, dann mit Teilen der Brühe und einem kleinen Teil der Creme zu einem Püree gemixt und mit Pfeffer und Salz abgeschmeckt. Die Zwiebeln wurden in Ringe geschnitten und langsam mit der Butter in einer kleinen Pfanne angebraten. Die Erbsen wurden lediglich gedämpft und abgeschmeckt. Karotten und Sellerie wurden in Julienne geschnitten und in der restlichen Gemüsebrühe blanchiert. Die restliche Sahne wurde mit etwas Salz und Pfeffer vermischt und mit der Petersilie zu einem „Dip" verrührt. Ein Dessertring wurde verwendet, um eine Schicht aus Kartoffelpüree zu legen. Darauf wurden die in Butter angebratenen Zwiebeln angerichtet. Das Julienne-Gemüse wurde darum herum angeordnet. Die Petersiliencreme wurde ebenfalls auf dem Teller angerichtet. Ein kleiner, mit Gemüsebrühe gefüllter Krug fügte eine flüssige Komponente hinzu. Alle Teller des jeweiligen Gerichts hatten den identischen Energieeintrag wie auch die gleiche Menge an allen Würzzutaten.

Nach dem Essen der beiden Gerichte wurden mit den Probanden psychologische Tests durchgeführt, die jeweils eine unterschiedliche Reaktion hervorrufen sollten. Zwar litten die Ergebnisse bei der kleinen Probandenzahl an der statistischen Reproduzierbarkeit, dennoch zeigten sich statistisch schwache Zusammenhänge in messbaren Parametern wie der Esszeit, dem Glucosespiegel im Serum und dem Cortisolspiegel im Speichel. Cortisol dient als Marker für die Insulinproduktion. Die markantesten Ergebnisse sind in Abb. 6.25 zusammengefasst.

Dabei stellte sich heraus, dass das Essen von komplex angerichteten Speisen deutlich langsamer erfolgt, was natürlich den Genuss steigert, da komplex angerichtete Teller zu langsamem und bewussterem Essen zwingen. Ein rasches

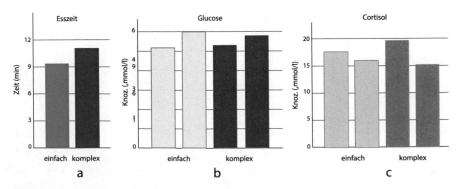

Abb. 6.25 Die Unterschiede zwischen einer einfachen und komplexen Mahlzeit (**a**) sind in der Esszeit, dem Glucose- (**b**) und dem Cortisolspiegel (**c**) zu erkennen

„Schlingen" wie bei einfachen Tellern bewirkt eher ein schnelleres Essen. Da sich die ersten Sättigungssignale erst nach und nach einstellen, ist bei komplexen Tellern während des Essens bereits eine Sättigung zu vermerken, während bei einfachen Tellern gleicher Energie die Sättigung erst nach dem Essen bemerkbar wird. Zu erkennen ist auch der etwas langsamere Anstieg des Blutzuckerspiegels bei der komplexen Darreichungsweise. Auch die längere Esszeit kann dazu beitragen. Der Cortisolspiegel lässt bei dieser Untersuchung keine eindeutige Beurteilung zu, sodass Studien mit höherer Zahl von Probanden notwendig wären, um auch die anderen Ergebnisse zu bestätigen. Dennoch lassen sich Trends deutlich ablesen.

6.11 Hunger – hier ein Luxus

6.11.1 Der verlernte Hunger

Der Überfluss und die Industrialisierung der Lebensmittel in der westlichen Ernährung, gepaart mit der Macht der Werbung und des Marketings, der Wunsch nach Körperoptimierung, der Zwang nach der einzig wahren gesunden Ernährung lassen ein fundamentales Gefühl unserer Vorfahren nicht mehr zu: Hunger. Selbst nach üppigem, gewissenhaft optimiertem Frühstück (im Lichte der Evolution ohnehin die unsinnigste Mahlzeit für Erwachsene), werden Zwischenmahlzeiten eingenommen, wie auch wenige Zeit nach dem Mittagessen, manchmal, weil der Magen knurrt, oder aus übertriebener Angst normal Gesunder vor Unterzuckerung [70]. Die bis vor Kurzem noch ausgesprochene Empfehlung „lieber fünf kleine Mahlzeiten als drei große" förderte diese wenig allgemeingültige Ansicht. Dabei gab es für lange Zeit Gegenbeispiele. In vielen mediterranen Ländern ist das Frühstück klein geschrieben, besonders in Spanien, wo das Abendessen kaum vor 22 Uhr eingenommen wird. Man isst hier praktisch nur zweimal am Tag, dafür abends oder/und mittags mindestens drei Gänge, Vorspeise, Hauptspeise, Dessert, mit eher kleinen, keinesfalls zu üppigen Portionen. Dazwischen gibt es nichts, auf ein ausgiebiges Frühstück wird verzichtet. Obst wird ins Dessert integriert, Gemüse (roh, gekocht, fermentiert) in die Vorspeise und den Hauptgang. Berge von kohlenhydratreichen Sättigungsbeilagen sind nicht notwendig, ein bisschen Kohlenhydrate kommen in Frankreich über das Baguette, in Italien über die *primi piatti*, die Pastagänge. Zwickt der Hunger zwischen 10 und 11 Uhr, gibt es keinen Powerriegel, sondern einen Espresso. Spätestens dann freut man sich über den leeren Magen und die Aussicht auf ein dreigängiges Mittagsmenu abseits von Sandwich, Smoothie & Co.

Zwischen den Hauptmahlzeiten wird „gefastet", es gibt keine Zwischenmahlzeit, keine Riegel, keine Knabbereien. Das Verdauungssystem ist noch beschäftigt. Was dort schon vor einiger Zeit normal war, bekam die Bezeichnung Intervallfasten.

Die Esspausen und damit das tägliche Intervallfasten, wie es bei den Frühmenschen zwangsläufig der Fall war, sind heute weit besser verstanden. Die

Menschen mussten damals mit der ständigen Nahrungsknappheit zurechtkommen, wobei sich dies nicht auf die makroskopisch sichtbaren Ereignisse beschränkte, sondern bis in die elementarsten Einheiten des Lebens hineinreichte. Der zentrale Begriff dazu ist die Autophagie, das ausgeklügelte molekulare Recyclingsystem auf Nano- und Mikroskalen in den Zellen.

6.11.2 Autophagie

Die Autophagie ist ein Mechanismus, der molekulare Materialien in der Zelle analysiert, recycelt, der Wiederverwendung zurückführt und, sollte das nicht möglich sein, als „Abfall" gefahrenfrei entsorgt; der Mechanismus ist sehr grob in Abb. 6.26 dargestellt. Dieser Mechanismus war und ist entscheidend für das Leben von Pflanzen, Tieren und Menschen und somit essenziell für alle Zellen. Keine (essenzielle) Aminosäure, kein chemisches Molekül oder Molekülgruppe, die noch für den menschlichen Organismus wichtig oder für Proteine oder Botenstoffe verwendet werden kann, wird verschwendet. Ausgelöst wird die Autophagie unter anderem durch Spermidin [71], ein biogenes Polyamin, das als Signalstoff wirkt, aber auch an verschiedenen Prozessen physiologisch beteiligt ist. Seinen Namen

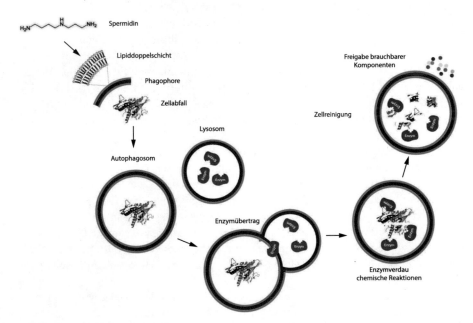

Abb. 6.26 Einfache Darstellung der wichtigen Schritte der Autophagie, ausgelöst mitunter durch Spermidin: von „Einkapseln" des Restmaterials über dessen enzymatische Umwandlung zu physiologisch brauchbarem Material, das wiederum an die Zelle zur Weiterverwertung abgegeben wird

erhielt das Molekül wegen seiner hohen Konzentration im Sperma, dort wurde es entdeckt.

Abfälle innerhalb der Zelle, in Abb. 6.26 als Protein dargestellt, werden von sich bildenden Phagophoren langsam umhüllt. Diese Phagophoren bestehen aus einer Lipiddoppelschicht, wie sie von Zellmembranen oder z. B. auch Exosomen (siehe Abschn. 4.10.9, Abb. 4.56) bekannt sind. Sie schließt sich nach und nach, hüllt dabei die zu verarbeitenden Moleküle und Molekülreste ein und bildet geschlossene Autophagosomen. In der Zelle befinden sich auch die Enzymcontainer in Form von Lysosomen, die ebenfalls von einer Lipiddoppelschicht umgeben sind. So können Autophagosomen und Lysosomen sich über physikalische Mechanismen in den Lipiddoppelschichten verbinden, die Enzyme dringen in die Autophagosomen ein. Dort beginnen sie mit der systematischen Aufarbeitung der darin vorhandenen Moleküle und bauen diese um. Proteasen spalten z. B. Proteine in Aminosäuren, aus denen wiederum neue Proteine synthetisiert werden können. Der umfassende Prozess der Autophagie ist daher ein umfassendes (bio-)chemisches Programm und ermöglicht der Zelle auch in mageren Zeiten ein Überleben durch Recycling und Abfallbeseitigung. Diese Prozesse werden übrigens auch beim ständigen Austausch von verbrauchtem (oxidierten) Zellmaterial, wie Phospholipiden oder Membranproteinen, aber auch bei der Beseitigung von Geruchsstoffen in Riechzellen in Gang gesetzt.

Tatsächlich lassen sich die Vorteile eines Intervallfastens und längerer Pausen zwischen den Mahlzeiten nachweisen und mit harten Messdaten belegen [72, 73]. Für die Erstellung dieser Daten werden im Tierversuch Mäuse systematisch zweimal am Tag, um 11 Uhr vormittags und um 19 Uhr abends, isokalorisch gefüttert und über Analyseverfahren werden verschiedene Parameter in den Organen bestimmt. In Abb. 6.27 sind die wichtigsten Effekte grafisch zusammengefasst.

Gesteuert wird vor allem über bestimmte Proteine und Neuronen (Proopiomelanocortin) im Gehirn. Für die Fragen um die Ernährung sind zunächst die Prozesse in der Leber von Bedeutung. Es zeigt sich, dass sich mehr Mitochondrien, die Kraftwerke aller Zellen, bilden. Gleichzeitig nimmt der Abbau von (überschüssigen) Fettsäuren über eine Erhöhung der β-Oxidation zu, die Fettsynthese nimmt ab, das Fett in der Leber reduziert sich. In den Fettzellen werden dabei mehr braune Fettzellen angelegt, die für die Regulierung der Körpertemperatur verantwortlich sind. Gleichzeitig erhöht sich die Sensitivität gegenüber Leptin, das Sättigung und Hunger reguliert. Infolgedessen nimmt die Tendenz zur Fettleibigkeit ab. Im Muskel nimmt die Muskelmasse zu, vornehmlich bilden sich deutlich mehr *fast-twitch*-Fasern (weiße Muskelfasern, siehe Kap. 5), deren glykolytischer Stoffwechsel mehr Glucose in Glykogen einlagert. Diese Glucose ist daher nicht mehr frei, der Blutzucker sinkt. Die Daten ergeben auch positive Effekte bei Diabetespatienten.

Eine ganz spezielle Rolle kommt der Fettverdauung zu, der Lipophagie [74]. Diese fettspezifischen Verdauungsprozesse (in der Leber) nehmen einen ähnlichen Verlauf wie die Autophagie, zielen aber mehr auf die Fette (Triacylglycerole bzw. Triglyceride) ab. Diese werden ebenfalls in Autophagosomen eingesperrt. Lipasereiche Lysosomen, also reichlich mit fettverdauenden Lipasen bestückte

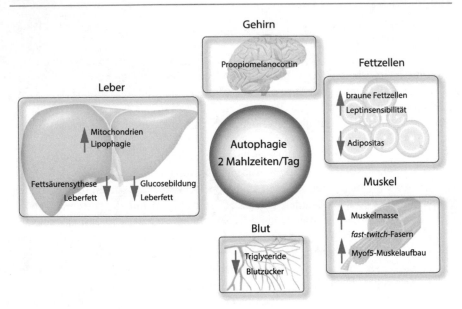

Abb. 6.27 Die Autophagie wirkt sich positiv auf Muskelbildung, Blutwerte und Fettstoffwechsel aus

Organellen, verbinden sich in ähnlicher Weise und verdauen gezielt Fett. Überschüssige Fettsäuren werden in der Leber durch β-Oxidation abgebaut. In diesem Zusammenhang ist es bemerkenswert, dass dieser Prozess rein physikalisch abläuft und über nichts weiter als die Wechselwirkung von Lipiddoppelschichten funktioniert. Die Grundlage dieser Prozesse ist daher nichts Weiteres als die Physik von Fetttröpfchen und Kolloiden [75].

Das biogene Polyamin Spermidin, das die Autophagie beschleunigt, wird während des Verdaus im Dickdarm über das Mikrobiom gebildet, und wirkt sich offenbar auf die Zellalterung aus, es bremst den raschen Zellabbau und könnte somit Alterungsprozesse verlangsamen [76]. Der Prozess scheint sich auch auf die Gedächtnisleistung im Alter positiv auszuwirken [71], ebenso wirkt Spermidin herzschützend [77].

Da der Prozess der Autophagie universell ist und in jeder Zelle, egal ob tierisch oder pflanzlich, aus guten biologischen Gründen vonnöten ist, kommt Spermidin auch in unserer Nahrung vor. So liegt es nahe, auch die Wirkung von oral zugeführtem Spermidin zu untersuchen, und es wurden deutliche Hinweise auf positive Effekte in vielen systematisch durchgeführten Tierversuchen gefunden [78]. Wie sich dabei zeigte, lässt sich bei Mäusen die Spermidinkonzentration im Mikrobiom durch orale Zufuhr von Spermidin erhöhen. Daher liegt es nahe, auf die Spermidinkonzentrationen von Lebensmitteln zu achten. In Abb. 6.28 sind die wichtigsten Kulinarien nach steigender Spermidinkonzentration dargestellt.

Abb. 6.28 Die Konzentration des biogenen Polyamins Spermidin in natürlichen Lebensmitteln. Die Konzentration nimmt von links nach rechts zu

Sofort lassen sich die üblichen gesunden Lebensmittel wiedererkennen: grüne Gemüse wie Brokkoli, Äpfel und Birnen, Nüsse, die Umamilieferanten Erbsen und Pilze sowie fermentierte und gereifte Produkte wie reife Käse. Die Sojabohne liefert ebenso gute Mengen an Spermidin, die durch ihre Fermentation zu Nattō noch gesteigert wird. Auch gekeimter Weizen ist reich an Spermidin.

Damit die Zellreinigungsprozesse im Menschen aber reibungslos möglich sind, darf nicht pausenlos Nachschub in die Zellen gelangen. Genau an dieser Stelle setzt das Intervallfasten an. Ausreichende Esspausen zwischen den Hauptmahlzeiten sind dafür unerlässlich. Eine ständige Knabberei und funktionsfreie Esserei ist damit genau das Falsche für diesen Autophagieprozess. Die Zellen werden durch die ständige Nahrungszufuhr überlastet und kommen, anschaulich gesprochen, mit dem Zellreinigen gar nicht mehr nach. Das bedeutet aber letztlich auch, dass der beim Intervallfasten und bei den Nahrungspausen ablaufende Prozess nicht durch Zufuhr von spermidinreichen Lebensmitteln unterbrochen werden sollte, denn all die in Abb. 6.28 aufgeführten Lebensmittel liefern auch andere Bestandteile, die wiederum ihre molekularen Spuren in den Zellen hinterlassen, bevor die Zellreinigung abgeschlossen ist. Daher ist die Integration dieser Bestandteile in die Mahlzeiten wichtig. Nüsse zum Aperitif, Keime oder Sojabohnen in die Vorspeise oder Hauptspeise, den Käse nach dem Hauptgang, das Obst schließlich in das Dessert. Dann ist gleichzeitig auch wieder die Vielfalt gewährleistet und der Hunger bis zur nächsten Mahlzeit, viele Stunden später, gestillt.

6.12   Was wir in Zukunft essen werden

6.12.1 Wir essen, was wir aßen

Was wir künftig essen werden oder müssen, ist die am häufigsten gestellte Frage in diesen Tagen. Die Antwort wird derzeit in vielen Novel Foods, in rekonstruierten Ersatzprodukten oder alternativen Proteinen gesucht. Mag sein, dass diese Ideen hin und wieder zielführend sind. Ein Schritt zurück ist aber auch ein Schritt in die Zukunft. Viele haben heute das Essen von vielen ausgezeichneten Nahrungsmitteln verlernt. Gerichte wie Kutteln, saure Lüngerl, *rognon blanc*, Bries, Berliner Leber, Nieren werden nicht mehr gegessen. Wie bereits im beim Thema „Nose-to-Tail" (Abschn. 6.7) besprochen, müssen diese wieder in der künftigen, vor allem regionalen Nahrung integriert werden, wenn man von Ethik beim Schlachten und der Ernährung spricht. Diese seit einigen Jahrzehnten verachteten und als Schlachtabfälle deklarierten Fleischteile sind nahrhaft und haben eine höhere biologische Wertigkeit als manche Pflanzennahrung.

In diesem Zusammenhang gilt es aber auch, längst vergessene Genüsse bei Pflanzen wieder neu entdecken. Wurzeln, die nach dem Kochen ihre Stärke biologisch verfügbar machen. Nur langsam finden sich auf dem heimischen Markt wieder Knollen wie Kerbelwurzeln, Steckrüben aller Art, Hülsenfrüchte, die eine tägliche Ernährung genussreich ergänzen. Auch dort gilt für viele Gemüse Root-to-Leaf. Würde alles Essbare tatsächlich gegessen, stellte sich rasch heraus, es ist viel mehr Nahrung da, als die Gemüseabteilung des Standardsupermarkts suggeriert. All diese Ansätze sind für alle und jeden in jedem Haushalt jederzeit machbar. Dies wären kleine, aber wirksame Schritte, auch im Sinne der Ess- und Kochkultur.

Diese Schritte sind natürlich mit dem „Selbstkochen" verbunden. Keine Standardproduktion könnte diese kleinen Maßnahmen im Convenience-Bereich übernehmen. Aber sie wären weit nachhaltiger und der erste Schritt in einer Kette von Maßnahmen, um das Ernährungsproblem zu lösen, bevor man über neue Nahrungsquellen diskutiert, bei denen ethische Fragen unklar sind, etwa Insekten.

6.12.2 Insekten, aber nicht nur

Wie bereits aus den Betrachtungen in Kap. 1 und 2 bekannt, waren Insekten (und Weichtiere) ein wesentlicher Schritt auf dem Weg zum *Homo sapiens*, auch wegen der essenziellen langkettigen Fettsäuren. Insekten weisen aber auch hochwertige Proteine mit allen essenziellen Aminosäuren auf, und zwar in einem Mix und der biologischen Verfügbarkeit, der Pflanzenproteinen überlegen ist. Vor allem die Larven der Mehlkäfer (Mehlwürmer) sind ins Zentrum der Lebensmittel und Proteinproduzenten gerückt. Sie sind leicht zu züchten, auch auf Nährboden auf engstem Raum, ohne dass die Population leidet. Ihr Wasserverbrauch ist gering, der CO_2-Abdruck ist passabel. Vor allem könnten alle zu Hause ihre Mehlkäferlarven selbst züchten und durch Kochen, Braten, Frittierend oder Pürieren verarbeiten. Das ist in den meisten westlichen Kulturen nicht mehr vorgesehen. Dabei gab es einmal Maikäfersuppe als Standardgericht in Deutschland – besonders in Jahren der Maikäferplage. Bevor die „Schädlinge" die Ernte vernichten, werden sie gegessen – wie die Heuschrecken in anderen Teilen der Welt. Das wäre im übertragenen Sinn keineswegs anders, als die Wildschweine zu essen, deren Zahl durch Jagd begrenzt werden muss, bevor die Population zu hoch wird.

Die Vorstellung, Larven für den Eigenbedarf zu züchten, erzeugt trotz aller Vorzüge eher Ekel und Abneigung. So wird Insektenpulver anonym abgepackt

eher gekauft, eben wie das Fleisch, das sich im Supermarkt und an den Laden-
theken völlig losgelöst vom Tier und vom Schlachtprozess problemlos verkauft.
Oder man entschließt sich gleich für das Proteinpulver, das industriell gewonnene
Isolat aus Insekten, die Unterschiede zum Lupinenproteinisolat sind optisch
marginal. Somit bleibt nur die industrielle Produktion. Die Verwendung von
Insekten als wichtige menschliche Lebens- und Futtermittelquelle bringt damit
zwei große Herausforderungen mit sich: erstens, wie sich Insekten in sichere,
sozialverträgliche Nahrungsmittel verwandeln lassen; und zweitens, wie man bei
angemessenem Preis und doch nachhaltig genügend Insekten produzieren kann
[79]. Auch die Kriterien der Lebensmittelsicherheit bei der erforderlichen Massen-
insektenzucht müssen geklärt und gewährleistet sein [80].

Die zweite Herausforderung ist eher ethischer Natur. Die Frage, ob Insekten
Schmerz empfinden können [81] und damit das Recht auf Würde im Sinne der
Tierethik haben, stellt man sich in den gegenwärtigen Diskussionen daher nicht.
Dabei wäre das durchaus lohnenswert, darüber nachzudenken, denn man kann sich
nicht so richtig vorstellen, wie viele Mehlkäferlarven getötet werden müssen, um
damit den weltweiten Bedarf an Burgern aus Rindern zu decken. Bei der nach der
Zunahme des Insektensterbens [82] neu entdeckten Liebe zu diesen nützlichen
Wesen [83] stellt sich durchaus die Frage, ob ein Insektenleben weniger Wert
ist als das eines Weiderinds. Stellt es kein Problem dar, für den Proteinbratling
eines Insekten-Burgers 2000 Mehlkäferlarven, Grillen oder Motten zu töten oder
für 2000 Burger ein Rind zu schlachten? Haben Insekten weniger Würde als Landtiere und Fische? Spricht niemand von „Massenwurmhaltung", wenn Mehlkäferlarven auf engstem Raum in ihren eigenen Ausscheidungen gezüchtet werden?
Es ist in der Tat unklar, ob es möglich sein wird, den derzeitigen Fleischkonsum
mittels Insektenproteinen zu decken. Dabei ist die Frage, ob Insekten Schmerz
empfinden, bis heute unklar [84, 85] und diese Frage ist nicht nur rein philosophisch [86].

Fragwürdig sind allerdings Ansätze, Insekten zu züchten, um sie als Mastfutter
für riesige Aquakulturen oder gar Schweine in Massenhaltung zu verwenden [87].
Dies wäre ethisch tatsächlich verkehrt, denn der jetzige unwürdige Kreislauf von
steigender Nachfrage und Massentierhaltung und deren Ressourcenverbrauch
würden weder verändert, geschweige denn durchbrochen.

6.12.3   Neue Lebensmittel finden: Wasserlinsen

Wasserlinsen, auch Entengrütze genannt, sind rasch wachsende Pflanzen auf
Wasseroberflächen, etwa auf Seen. Die Wasserlinsen sind anspruchslos, wachsen
überall unter nahezu sämtlichen klimatischen Bedingungen und sind daher in allen
Kontinenten anzutreffen. Es gibt viele verschiedene Arten davon, wie in Abb. 6.29
zu erkennen ist. Die Vermehrungs- und Wachstumsraten sind extrem hoch, sodass
eine ausreichende Ernte sichergestellt werden kann. Nötig ist lediglich sauberes
Wasser zum Anbau, denn die Wasserlinsen können auch Schadstoffe ansammeln.

Abb. 6.29 Unterschiedliche
Wasserlinsenarten auf einer
Wasseroberfläche.

**(Quelle: Wikipedia,
Christian Fischer)**

Die Pflanzen leiden darunter nicht, aber sie könnten dann nicht mehr verzehrt werden.

Für die Voraussetzungen eines gezielten und kontrollierten Anbaus sind einige Kriterien wichtig. Wasserlinsen bevorzugen stehende Gewässer, große Strömungsgeschwindigkeiten an der Oberfläche behindern das Wachstum. Das Wasser muss ausreichend Mineralien enthalten. Besonders bei geringem Eisengehalt bildet sich kaum die satte Grünfärbung, wie in Abb. 6.29 dargestellt. Die Wasserlinse gedeiht bei Lufttemperaturen von $-15\,°C$ bis $33\,°C$. Sie ist säuretolerant und wächst auch bei pH-Werten bis 4. Durch die hohe Bedeckung der Wasseroberfläche ist eine weitere Nutzung des Wassers kaum möglich, da nur wenig Licht unter die Oberfläche gelangt.

Seit einiger Zeit wird die Wasserlinse auch als mögliche Nahrungsquelle für Menschen diskutiert [88, 89] und in aufwendigen Studien wird intensiv über Anwendungen und Akzeptanz geforscht [90]. In der Tat sind sowohl die Makro- als auch die Mikronährstoffe der Wasserlinsen interessant. Die Fettsäuren umfassen ein sehr breites Spektrum [91] an gesättigten und ungesättigten Fettsäuren, die den breiten Temperaturbereich der Lebensbedingungen von Wasserlinsen widerspiegeln. Von den gesättigten Fettsäuren sind auch sehr kurze zu finden, etwa C 10, wobei C 16:0 in allen Wasserlinsenarten dominiert. Da die Wasserlinsen auch unter Temperaturen um $30\,°C$ gut wachsen und gedeihen, sind einige der gesättigten Fettsäuren sehr lang. So kommen Fettsäuren bis zu 28 Kohlenstoffatomen, C 28:0 (sie ist z. B. Bestandteil des Bienenwachses) vor. Bei den einfach ungesättigten Fettsäuren ist die Ölsäure C 18:1 lediglich mit 2–3 % vertreten, während die α-Linolensäure (ALA) mit 35–42 % extrem prominent vorhanden ist. Die Linolsäure C 18:2 kommt mit 19–27 % ebenfalls sehr häufig vor.

Bei den Aminosäuren sind Glutaminsäure und Asparaginsäure mit etwa 9–11 % gleich stark vertreten. Damit zeigt sich das außerordentlich hohe Umamipotenzial der Wasserlinsen, wenn etwa an Fermentationen oder andere Formen der Proteinhydrolyse gedacht wird. Von den essenziellen Aminosäuren liegen Leucin und Lysin an der Spitze mit 6–8 %, gefolgt von Valin und Phenylalanin, die mit 5 % zu Buche schlagen.

Bei den Mikronährstoffen ist ein ausgewogener Mineralgehalt hervorzuheben, der natürlich bei Züchtung in Becken über den Mineralgehalt des Wassers gesteuert werden kann. So steht Calcium mit Phosphor gleichauf bei je 15–20 %, je nach Sorte, und entspricht grob den Verhältnissen beider Mineralien in der Milch, Kalium liegt mit 67 % im Durchschnitt an der Spitze. Wegen der hohen Fotosyntheserate der Wasserlinsen sind Carotinoide in nennenswerten Mengen vorhanden: In allen Arten finden sich daher sowohl *trans*- als auch *cis*-β-Carotin (20–30 %) sowie Zeaxanthin. Das am häufigsten vorkommende Carotinoid ist bei den meisten Wasserlinsenarten das Lutein, das 40–80 % des Anteils der Carotinoide im Lichtsammelkomplex ausmacht. Auch das Vitamin E, α-Tocopherol, ist reichlich in die hydrophoben Teile der Zellmembran (Lipiddoppelschicht) eingebaut.

Trotz dieser vielen positiven Eigenschaften muss der insgesamt geringe Fett- und Proteinanteil in Rechnung gestellt werden. Vollwertige Mahlzeiten aus Wasserlinsen sind demnach nicht möglich. Wasserlinsen können daher nur als Ergänzung angesehen werden [92], wobei ihr Vorteil mit Sicherheit im raschen Wachstum und einer damit bedingten vielfachen Ernte in allen Jahreszeiten liegt.

6.12.4   Spirulina: Hype oder Chance?

Spirulina, ein multizelluläres und filamentöses Cyanobakterium, wird ebenfalls als neues Superfood angepriesen, dem wahre Wunderkräfte zugeschrieben werden [93]. Es soll z. B. das Immunsystem aktivieren, bei Allergien (allergischer Rhinitis) helfen [94] oder das Leistungsvermögen steigern [95]. Bei genauerer Betrachtung sind diese Studien wieder haltlos. Wie meist, sind trotz Doppelblind- und Placebo-Tests die statistischen Schwankungen höher als die gemessenen Effekte, zum andern kann eine Studie mit neun Probanden keine signifikante Aussage ergeben [96, 97].

Spirulina wird schon seit geraumer Zeit als Lebensmittel betrachtet [98], da sie nennenswerte Makro- und Mikronährstoffe enthält [99]. Ihr Proteingehalt und der Anteil an essenziellen Aminosäuren ist relativ hoch [100]. Die Proteinisolate und Extrakte sind für die Lebensmitteltechnologie von großer Bedeutung. Die Proteine haben ein hohes Wasserbindevermögen, binden aufgrund hoher hydrophober Proteinsequenzen (über die essenziellen Aminosäuren und in manchen Proteinen Prolin-Leucin-Isoleucin-Sequenzen) sogar Öl, sie sind daher in hohem Maß grenzflächenaktiv und können Schäume und Emulsionen stabilisieren [101]. Ein Grund dafür ist die hohe Anzahl der unterschiedlichsten Proteine, die in der Biomasse der *Spirulina* enthalten sind.

Aus wirtschaftlichen Gründen wundert es daher nicht, wenn *Spirulina* im Gesundheitssektor, in der Lebensmittelindustrie und in Aquakulturen bereits

hohe Beachtung fand [102]. Sie wächst im Wasser, kann leicht geerntet und verarbeitet werden. Sie hat einen sehr hohen Gehalt an Makro- und Mikronährstoffen, essenziellen Aminosäuren, Proteinen, Lipiden, Vitaminen, Mineralien
und Antioxidantien [103]. Darunter befinden sich eine ganze Reihe von
Carotinoiden. *Spirulina* gilt als Nahrungsergänzungsmittel zur Bekämpfung
von Mangelernährung in Entwicklungsländern. Zudem erfüllt *Spirulina* alle
Anforderungen der Lebensmittelsicherheit, sodass eine ganze Reihe von
Anwendungen geprüft wird [104]. So denkt man wegen des ausgeprägten Algen-
aromas von Spirulina und der daraus abgeleiteten Produkte an neuartige Formen
von veganem Sushi, gefüllten Ravioli oder getrockneten Produkten, die von der
Textur an „Beef Jerky" erinnern [105], um sie in groß angelegten europaweiten
Studien auf Akzeptanz zu prüfen. Die Entwicklungen an fleischfreien Alternativ-
produkten stehen erst am Anfang, aber dies nach gegenwärtigem Wissensstand in
eine gangbare Richtung [106].

6.13 *Ikejime* – schonende, nachhaltige und umamifördernde Kulturtechnik

6.13.1 Geschmacksgetriebene Kulturtechnik

Ganz zu Anfang dieses Buches, in Kap. 1, wurde die zentrale Frage gestellt,
welche Motive die frühen Hominiden antrieben, mit bescheidener Ausrüstung das
Risiko der Jagd einzugehen, anstatt trotz Feuer bei Wurzeln und weitgehend ohne
Risiko gesammelter Nahrung zu bleiben. Offenbar war es der Umamigeschmack,
der die Menschwerdung einleitete. Ohne Zweifel stand bei den meisten Kulturtechniken zur Veredelung des Essens dieser Proteingeschmack Pate. Bis heute ist
dies in der fischreichen japanischen Küche, die im weitesten Sinne von ihrer Einfachheit lebt [108], und ihren Zubereitungstechniken erkennbar.

Die Qualität und damit auch der Geschmack und die Textur hängen bei
getöteten Tieren sehr stark von der Tötungsart und der Behandlung der Tierkörper
nach dem Tode ab. Besonders bei Fischen ist dies deutlich zu erkennen. Nach
landläufiger Meinung verderben Fische rasch, werden ranzig und bekommen einen
unangenehm „fischigen" Geruch. Besonders bei konventionellen Fangmethoden,
mit Schleppnetzen, haben die Fische keine Chance auf einen stressfreien Tod,
erst recht nicht, wenn sie zappelnd an der Luft ersticken oder mit Kohlendioxid bewusst erstickt werden. Unter dieser Stressbelastung leidet das Fleisch mit
zunehmender Zeit nach dem Töten [109], wie in Abb. 6.30 gezeigt ist.

Bei den Experimenten zeigte sich eine stark stressabhängige Absenkung des
pH-Werts sowie eine stressabhängige Ablösung der Myofilamente, wie es in
den Pfeilen in Abb. 6.30 angedeutet ist. Die Ablösung der Myofilamente in den
Muskelzellen voneinander nimmt naturgemäß mit der Reifezeit zu, ist aber bei
zunehmenden Stressfaktoren deutlich stärker ausgeprägt. Der Grund dafür liegt
nicht ausschließlich in den pH-Wert-bedingten lokalen Veränderungen der Protein-
wechselwirkungen (Abb. 6.4), sondern vor allem in einer durch Stress gesteigerten

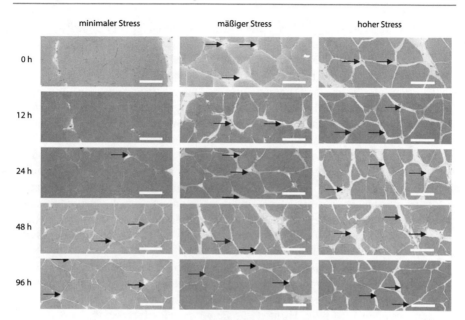

minimaler Stress   mäßiger Stress   hoher Stress

0 h

12 h

24 h

48 h

96 h

Abb. 6.30 Der Einfluss von Stress auf die Veränderung der Struktur der Muskulatur, wie er sich in der Lichtmikroskopie zeigt. Von oben nach unten: Reifezeiten der Filets (von direkt nach der Schlachtung bis 96 Stunden danach. Von links nach rechts: unterschiedlich starke Stressbelastung. Der weiße Balken je rechts unten entspricht 100 μm)

Aktivität des Enzyms Cathepsin B, das Peptidbindungen schneidet, welche für das Myofibrillen-Attachement verantwortlich sind. Es werden dadurch texturelle Veränderungen und ein „Softening" der Muskelstruktur nach der Totenstarre ausgelöst, die bei Fischen nicht, beim (Rind-)Fleisch und dessen Reifung hingegen sehr erwünscht sind, wie in Abb. 6.31 angedeutet ist.

Durch die rasche pH-Wert-Senkung bei vermehrten Stressfaktoren vor dem Schlachten wird das Enzym rascher aktiviert, die Myobrillen werden auch am Aktin geschnitten, der Zusammenhalt der Muskelfasern wird dabei schwächer. Die

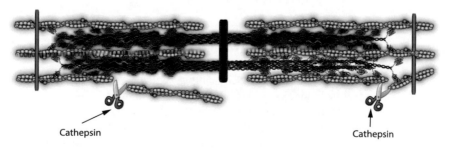

Cathepsin   Cathepsin

Abb. 6.31 Ein einfaches Modell für die Wirkung des muskeleigenen Enzyms Cathepsin B, das hier zur Vereinfachung als „molekulare Schere" dargestellt ist

Fischfilets werden weicher und verlieren an „Biss", das Fischfleisch wird weich und verliert seine Elastizität. Erhöhte Stressfaktoren sorgen daher für eine rasche Degradation des myofibrillären Zusammenhalts.

Für die Ergebnisse, die in Abb. 6.30 dargestellt sind, wurden die Lachse vor dem Eintreten der Totenstarre filetiert, um die Unterschiede zwischen dem *pre-rigor*- und dem *post-rigor*-Filetieren zu erkennen. Bei konventionellen Fang- und Tötungsmethoden kommt noch ein weiterer Punkt hinzu: Der Fisch kann nicht am schlagenden Herzen ausbluten, die Muskelzuckungen sind stark ausgeprägt und dauern aufgrund der bestehenden Nervenverbindungen zum Rückenmark auch nach dem Tod noch an. Was dies bedeutet, ist in Abschn. 4.3 und 4.4 ausführlich besprochen worden. Das Adenosintriphosphat (ATP) wird rasch abgebaut, der Purinstoffwechsel wird eingeleitet und der Umamigeschmack vermindert sich stark. Durch konventionellen Fischfang und Massentötungen gehen damit Textur und Geschmack verloren. Der Fisch kann nur frisch gegessen werden oder wird sofort auf den Schiffen schockgefrostet.

Genau hier setzt die japanische Schlachtmethode Ikejime an: Die Fische werden einzeln und von Hand getötet, was als „humanste" Schlachtung bezeichnet wird. Den frisch geangelten Fischen wird von geübter Hand ein Dorn ins Hirn gestoßen, was den sofortigen Hirntod zur Folge hat, das Herz schlägt aber noch weiter. Dann werden sofort die Kiemen und die Halsschlagadern geöffnet, der Fisch beginnt auszubluten. Unmittelbar anschließend wird der Fisch am Schwanz eingeschnitten und ein langer dünner Draht durch den Kanal des Rückenmarks geschoben. Die Verbindungen der Nerven zu den Muskeln werden getrennt. Alle postmortalen Muskelaktivitäten wie Zuckungen hören dadurch sofort auf. Die physiologischen Prozesse stoppen ebenfalls sofort. Zum finalen Ausbluten wird der Fisch noch in Eiswasser gelegt. Die Fischmuskeln verharren so für längere Zeit in dem dadurch fixierten Istzustand, der jene Textur und jenen Geschmack definiert, die Liebhaber der japanischen Küche schätzen, wenn sie Fisch in exzellenten Restaurants genießen. Bemerkenswert ist, dass sich diese, durch die Ikejime-Methode fixierte Zustand der Muskeln selbst nach mehreren Tagen Lagerung kaum merklich verändert, während von Fischfilets aus herkömmlichen Quellen kaum lagerfähig sind. Der Geschmack wird sogar bei Lagerung bis zu 15 Tagen intensiver. Es entwickeln sich keine Fehlaromen, und vor allem bleibt die Textur der Fische knackig, sie werden nicht weich und faserig.

6.13.2 Die molekularen Aspekte der *Ikejime*-Schlachtung

Somit sind die Vorteile der Ikejime-Schlachtung evident. Der Tötungsprozess ist keine Massenschlachtung, jeder der Fische, die in kleinen Wasserbehältern angeliefert werden, wird individuell geschlachtet. Die Fische ersticken nicht an der Luft, der Stress wird minimiert. Durch den gezielten Stich tritt der Hirntod sofort ein, durch die Trennung der Rückenmarksnerven von den Muskeln des Filets wird jede mechanische Bewegung der Muskeln sofort eingestellt. ATP wird nicht durch unkontrollierte Zuckungen verbraucht, sondern wird sogar noch über den weiterlaufenden Stoffwechsel weiter gebildet. Es bildet sich daraus mehr Inosinmonophosphat (IMP) (siehe Abb. 4.10). Durch das Lagern bei kühlen Temperaturen bleibt IMP lange erhalten, während die Konzentration der freien Glutaminsäure steigt.

Die ATP-Konzentration steigt, eine starke Säuerung über eine Akkumulation von Protonen während des Purinstoffwechsels unterbleibt. Das Eintreten der Totenstarre wird wegen der nach wie vor hohen ATP-Konzentration weit hinausgezögert. Der verlangsamte Abbau des ATPs in AMP bedingt eine hohe Konzentration des IMP. Auch die IMP-Konzentration bleibt während der Lagerung im Vergleich zu herkömmlich geschlachteten Fischen hoch. Geschmack und Textur sind auch nach mehreren Tagen exzellent, wie es sich bei herkömmlich getöteten Fischen aus chemischen Gründen nie einstellen kann.

Für die Lagerung von Fischen, egal ob sie nach der Ikejime-Methode oder auf herkömmlichen (möglichst stressfreiem) Wege geschlachtet wurden, bleibt die Lagertemperatur ein weiterer Parameter, auf den bisher noch nicht eingegangen wurde [109]. Der Erhalt des IMP ist bei niedrigen Temperaturen naturgemäß besser, denn die Enzymaktivität ist schwächer. In Abb. 6.32 sind die relativen (normierten) Konzentrationen von IMP (Inosinmonophosphat) und Hypoxanthin (Hx) (siehe Abschn. 4.4.3) bei Lachsfilets bei Lagertemperaturen von 4 °C und 0 °C gezeigt. Die Unterschiede sind eklatant: Im Vergleich zu einer Lagerung bei 4 °C ist bei 0 °C die IMP-Konzentration selbst bei einer Lagerung von sieben bis acht Tagen vergleichsweise hoch, während bei 4 °C die IMP-Konzentration bereits in den ersten vier Tagen stark abnimmt.

Die Bestimmung des IMP- und Hx-Gehalts, der in   Abb. 6.32 dargestellt ist, erfolgte über Methoden der nuklearmagnetischen oder Kernspinresonanz (NMR; *nuclear magnetic resonance*), einem sehr aufwendigen Verfahren, das jedoch über eine sehr hohe Genauigkeit verfügt. Ein wesentliches (aber in der Arbeit nicht weiter thematisiertes) Ergebnis ist die Bestimmung freier Aminosäuren in den Muskeln. Diese sind für den Geschmack von großer Bedeutung, insbesondere die

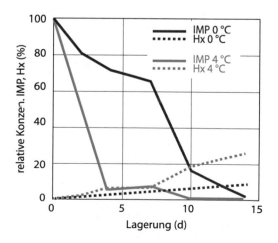

Abb. 6.32 Der Verlauf der Konzentration von IMP (durchgezogene Linien) und Hx (gepunktete Linien) als Funktion von der Lagerdauer (in Tagen) und als Funktion der Lagertemperatur (dunkelblau 0 °C, hellblau 4 °C)

Glutaminsäure, die neben IMP (und anderen Nucleotiden) als Auslöser für den Umamigeschmack verantwortlich ist. Freie Aminosäuren befinden sich in jedem lebenden Muskel, denn die Proteine müssen an Ort und Stelle der Zellen ständig erneuert und repariert werden (wofür bestimmte der im Sarkoplasma vorhandenen Enzyme zuständig sind), so auch die Glutaminsäure. Im Laufe der Lagerung wird aber über die bereits angesprochenen enzymatischen Schneideprozesse mehr Glutaminsäure freigesetzt. Der Verlauf ist, im Rahmen der Messgrenzen, in Abb. 6.33 dargestellt.

Direkt nach der Schlachtung liegt der Wert der Glutaminsäure (Glu) bei ca. 7 mg pro 100 g Fischmuskel, nach sieben Tagen Lagerung verdoppelt sich der Wert, während nach weiterer Lagerung die Konzentration wieder abnimmt. Da beide Daten, sowohl die Konzentration des IMP als auch die der Glutaminsäure, aus der gleichen Messmethode (und simultan) gewonnen wurden, wird das Konzentrationsverhältnis berechnet und über die Lagerdauer aufgetragen (Abb. 6.34). Daraus ergibt sich ein Maß für den Umamigeschmack der Lachsfilets als Funktion der Lagerdauer.

Betrachtet man in diesem Licht die Verhältnisse der Reifung von Fischfilets, wird rasch deutlich, was den geschmacklichen Reiz der Ikejime-Schlachtung ausmacht. Nach Ikejime geschlachtete Fische bestechen nach längerer Lagerdauer nicht nur mit ihrer Textur, sondern auch mit einem deutlich ausgeprägten Umamigeschmack, wie sich aus der Synergiekurve aus Abb. 4.11 ergibt. Somit ist klar: Nach der Ikejime-Methode geschlachteter Fisch verlässt für einen langen Zeitraum nie den den intensiven Umami-Geschmacksbereich, wie in Abb. 6.35 gezeigt ist.

Damit ist das Geheimnis der japanischen Kulturtechnik gelüftet und zeigt aufs Neue: Die Entwicklung bestimmter Kulturtechniken ist immer geschmacks- und qualitätsgetrieben. Ein weiter, nicht-physikalischer Lerneffekt aus dieser Ikejime-

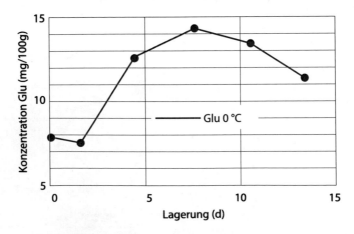

Abb. 6.33 Die Konzentration der freien Glutaminsäure im Lachsmuskel während der Lagerung bei 0 °C. (Daten nach [109])

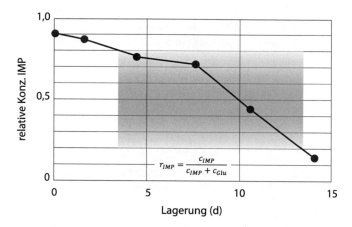

Abb. 6.34 Das Konzentrationsverhältnis des IMP bei den Lachsfilets als Funktion der Lagerdauer. Es nimmt kontinuierlich ab. Allerdings ist der Umamigeschmack in dem braun schraffierten Bereich am höchsten, wenn das IMP-Konzentrationsverhältnis gemäß Abb. 4.11 zwischen 20 % und 80 % liegt

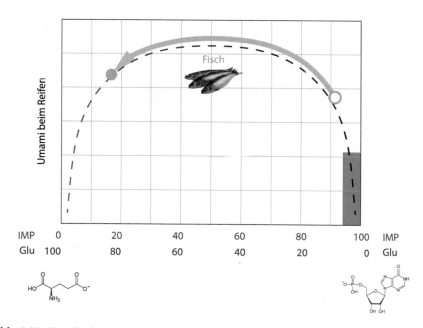

Abb. 6.35 Der Reifungsverlauf von nach der Ikejime-Methode geschlachtetem Atlantikseelachs: Der Umamigeschmack bleibt hoch, wie das Verhältnis von Glutaminsäure und IMP zeigt. Der offene Kreis zeigt den Umamiwert unmittelbar nach der Schlachtung. Der geschlossene Kreis nach 15 Tagen Reifezeit. Konventionell behandelnde Fische verharren nur für kurze Zeit in dem roten Bereich

Technik ist fundamental: Wir *Homo sapiens* müssen unseren Lebensmitteln, insbesondere Tieren, sorgsam, achtsam und mit Würde begegnen. Erst recht, wenn wir sie töten, um sie zu essen. Aber dies ist dem Geschmack dienlich.

Literatur

1. https://www.produktwarnung.eu/2019/04/12/oeffentliche-warnung-listerien-riesiger-rueckruf-von-vielen-franzoesischen-kaese/13521.
2. https://www.aerzteblatt.de/nachrichten/100295/In-jedem-zweiten-Haehnchen-im-Handel-befinden-sich-Campylobacter.
3. Rombaut, R., Camp, J. V., & Dewettinck, K. (2006). Phospho-and sphingolipid distribution during processing of milk, butter and whey. *International Journal of Food Science & Technology, 41*(4), 435–443.
4. Beuvier, E., Berthaud, K., Cegarra, S., Dasen, A., Pochet, S., Buchin, S., & Duboz, G. (1997). Ripening and quality of Swiss-type cheese made from raw, pasteurized or microfiltered milk. *International Dairy Journal, 7*(5), 311–323.
5. Pisanu, S., Pagnozzi, D., Pes, M., Pirisi, A., Roggio, T., Uzzau, S., & Addis, M. F. (2015). Differences in the peptide profile of raw and pasteurised ovine milk cheese and implications for its bioactive potential. *International Dairy Journal, 42*, 26–33.
6. Braun-Fahrländer, C., & Von Mutius, E. (2011). Can farm milk consumption prevent allergic diseases? *Clinical and Experimental Allergy, 41*(1), 29–35.
7. Loss, G., et al. (2015). Consumption of unprocessed cow's milk protects infants from common respiratory infections. *Journal of Allergy and Clinical Immunology, 135*(1), 56–62.
8. Wyss, A. B., et al. (2018). Raw milk consumption and other early-life farm exposures and adult pulmonary function in the Agricultural Lung Health Study. *Thorax, 73*(3), 279–282.
9. Stebbins, N., von Mutius, E., & Sasisekharan, R. (2019). *Analytics on farm dust extract for development of novel strategies to prevent asthma and allergic disease. The science and regulations of naturally derived complex drugs* (S. 79–90). Springer.
10. Fisher, H. R., Keet, C. A., Lack, G., & du Toit, G. (2019). Preventing peanut allergy: Where are we now? *The Journal of Allergy and Clinical Immunology Practice, 7*(2), 367–373.
11. https://www.welt.de/politik/deutschland/plus190797629/Ernaehrungswissenschaftler-Milch-ist-ein-hochbrisanter-Cocktail.html.
12. Sozańska, B. (2019). Raw cow's milk and its protective effect on allergies and asthma. *Nutrients, 11*(2), 469.
13. Swanson, K., Kutzler, M., & Bionaz, M. (2019). Cow milk does not affect adiposity in growing piglets as a model for children. *Journal of dairy science.* https://doi.org/10.3168/jds.2018-15201.
14. Bas Kast. *Der Ernährungskompass: Das Fazit aller wissenschaftlichen Studien zum Thema Ernährung.* C. Bertelsmann.
15. Berk, Z. (2018). *Food process engineering and technology.* Academic.
16. Jentschura, P., & Lohkämper, J. (2003). *Gesundheit durch Entschlackung.* Jentschura.
17. Neu: Carrera-Bastos, P., Fontes-Villalba, M., O'Keefe, J. H., Lindeberg, S., & Cordain, L. (2011). The western diet and lifestyle and diseases of civilization. *Research Reports Clinical Cardiology, 2*(1), 15–35.
18. Chaudhari, N., & Roper, S. D. (2010). The cell biology of taste. *The Journal of cell biology, 190*(3), 285–296.
19. Zipprick, J. (2012a). *In Teufels Küche: Ein Restaurantkritiker packt aus.* Bastei Lübbe.
20. Zipprick, J. (2012). *Die Welt des Cognac.* Neuer Umschau Verlag.
21. Stiebing, A. (2002). Separatorenfleisch im Kreuzfeuer der Kritik. *Fleischwirtschaft, 82*(2), 8.

22. Negrão, C. C., Mizubuti, I. Y., Morita, M. C., Colli, C., Ida, E. I., & Shimokomaki, M. (2005). Biological evaluation of mechanically deboned chicken meat protein quality. *Food Chemistry, 90*(4), 579–583.

23. Pereira, A. G. T., Ramos, E. M., Teixeira, J. T., Cardoso, G. P., Ramos, A. D. L. S., & Fontes, P. R. (2011). Effects of the addition of mechanically deboned poultry meat and collagen fibers on quality characteristics of frankfurter-type sausages. *Meat Science, 89*(4), 519–525.

24. Acton, J. C., Ziegler, G. R., Burge, D. L., Jr., & Froning, G. W. (1983). Functionality of muscle constituents in the processing of comminuted meat products. *CRC Critical Reviews in Food Science and Nutrition, 18*(2), 99–121.

25. Jones, K. W., & Mandigo, R. W. (1982). Effects of chopping temperature on the microstructure of meat emulsions. *Journal of Food Science, 47*(6), 1930–1935.

26. Vilgis, T. A. (2011). *Das Molekül-Menü*. Hirzel.

27. Vilgis, T. A. (2015). Soft matter food physics – The physics of food and cooking. *Reports on Progress in Physics, 78*(12), 124602.

28. Ludwig, D. S., Willett, W. C., Volek, J. S., & Neuhouser, M. L. (2018). Dietary fat: From foe to friend? *Science, 362*(6416), 764–770.

29. Wang, D. D., Li, Y., Chiuve, S. E., Stampfer, M. J., Manson, J. E., Rimm, E. B., Willet, W. C., & Hu, F. B. (2016). Association of specific dietary fats with total and cause-specific mortality. *JAMA Internal Medicine, 176*(8), 1134–1145.

30. O'Fallon, J., Busboom, J., & Gaskins, C. *Fatty acids and wagyu beef*. https://www. researchgate.net/profile/Jan_Busboom/publication/265932588_Fatty_Acids_and_Wagyu_ Beef/links/54caafa60cf2c70ce5237b4c.pdf.

31. Pradal, C., & Stokes, J. R. (2016). Oral tribology: Bridging the gap between physical measurements and sensory experience. *Current Opinion in Food Science, 9*, 34–41.

32. Vilgis, T. A. (2015). Lebensmittelkonsistenzen und Genusssteigerung. *Ernährung bei Pflegebedürftigkeit und Demenz* (S. 137–150). Springer.

33. Vierich, T., & Vilgis, T. (2017). *Aroma Gemüse: Der Weg zum perfekten Geschmack*. Stiftung Warentest.

34. Degenhardt, A. G., & Hofmann, T. (2010). Bitter-tasting and kokumi-enhancing molecules in thermally processed avocado (*Persea americana* Mill.). *Journal of Agricultural and Food Chemistry, 58*(24), 12906–12915.

35. Feng, T., Zhang, Z., Zhuang, H., Zhou, J., & Xu, Z. (2016). Effect of peptides on new taste sensation: Kokumi-review. *Mini-Reviews in Organic Chemistry, 13*(4), 255–261.

36. Rao, H., Monin, P., & Durand, R. (2004). Crossing enemy lines: Culinary categories as constraints in French gastronomy. *Organizational Ecology and Strategy Conference, Washington University in St Louis, April* (S. 23–24).

37. Zubillaga, M. (2008). Pourquoi j'aime les plats canailles. *La pensee de midi, 4,* 216–219.

38. https://alacarte.at/essen/rindfleischkueche-20-20153/.

39. Vié, B. (2011). *Testicles: Balls in cooking and cultur*. Prospect Books.

40. Louis-Sylvestre, J., Krempf, M., & Lecerf, J. M. (2010). Les charcuteries. *Cahiers de nutrition et de diététique, 45*(6), 327–337.

41. https://www.cds-hackner.de/productoverview.aspx?site=cdsschlachtnebenprodukteuebersi cht.

42. Sales, I., & Kotrba, R. (2013). Meat from wild boar (*Sus scrofa* L.): A review. *Meat science, 94*(2), 187–201.

43. Bogucka, J., Kapelanski, W., Elminowska-Wenda, G., Walasik, K., & Lewandowska, K. L. (2008). Comparison of microstructural traits of Musculus longissimus lumborum in wild boars, domestic pigs and wild boar/domestic pig hybrids. *Archives Animal Breeding, 51*(4), 359–365.

44. North, M. K., & Hoffman, L. C. (2015). The muscle fibre characteristics of springbok (*Antidorcas marsupialis*) longissimus thoracis et lumborum and biceps femoris muscle. *Poster presented at the 61st international congress of meat science and technology*.
45. Dando, R., Dvoryanchikov, G., Pereira, E., Chaudhari, N., & Roper, S. D. (2012). Adenosine enhances sweet taste through A2B receptors in the taste bud. *Journal of Neuroscience, 32*(1), 322–330.
46. Schlichtherle-Cerny, H., & Grosch, W. (1998). Evaluation of taste compounds of stewed beef juice. *Zeitschrift für Lebensmitteluntersuchung und Lebensmittelforschung A, 207*(5), 369–376.
47. Panić, J., Vraneš, M., Tot, A., Ostojić, S., & Gadžurić, S. (2019). The organisation of water around creatine and creatinine molecules. *The Journal of Chemical Thermodynamics, 128*, 103–109.
48. Bocuse, P. (1977). *La cuisine du marché*. Flammarion.
49. Grass, G., Mayer, C., & Neuhaus, V. (1977). *Der Butt*. Luchterhand.
50. Dahl, L. K. (1972). Salt and Hypertension. *The American Journal of Clinical Nutrition, 25*(2), 231–244.
51. Dahl, L. K. (1961). Possible role of chronic excess salt consumption in the pathogenesis of essential hypertension. *The American Journal of Cardiology, 8*(4), 571–575.
52. Dahl, L. K., Heine, M., & Tassinari, L. (1962). Effects of chronic excess salt ingestion: Evidence that genetic factors play an important role in susceptibility to experimental hypertension. *Journal of Experimental Medicine, 115*(6), 1173–1190.
53. Powles, J., Fahimi, S., Micha, R., Khatibzadeh, S., Shi, P., Ezzati, M., Engell, R. E., Lim, S. S., Danaei, G., & Mozzafarian, D. (2013). Global, regional and national sodium intakes in 1990 and 2010: A systematic analysis of 24 h urinary sodium excretion and dietary surveys worldwide. *BMJ open, 3*(12), e003733.
54. Mente, A., et al. (2018). Urinary sodium excretion, blood pressure, cardiovascular disease, and mortality: A community-level prospective epidemiological cohort study. *The Lancet, 392*(10146), 496–506.
55. Graudal, N. (2016). A radical sodium reduction policy is not supported by randomized controlled trials or observational studies: Grading the evidence. *American Journal of Hypertension, 29*(5), 543–548.
56. Stanhewicz, A. E., & Larry Kenney, W. (2015). Determinants of water and sodium intake and output. *Nutrition Reviews, 73*(2), 73–82.
57. Messerli, F. H., Hofstetter, L., & Bangalore, S. (2018). Salt and heart disease: A second round of „bad science"? *The Lancet, 392*(10146), 456–458.
58. Carrillo-Tripp, M., Saint-Martin, H., & Ortega-Blake, I. (2003). A comparative study of the hydration of Na^+ and K^+ with refined polarizable model potentials. *The Journal of Chemical Physics, 118*(15), 7062–7073.
59. https://www.volkskrankheit.net/news/ernahrung/raffiniertes-salz.
60. Hendel, B., & Ferreira, P. (2001). *Wasser & Salz: Urquell des Lebens; über die heilenden Kräfte der Natur*. Ina-Verlag.
61. Mendelson, S. (1961). Dislocation etch pit formation in sodium chloride. *Journal of Applied Physics, 32*(8), 1579–1583.
62. http://www.naturecke.li/himalayasalz.html.
63. Hellwege, K. H. (2013). *Einführung in die Festkörperphysik* (Bd. 34). Springer.
64. https://www.ugb.de/exklusiv/fragen-service/was-ist-himalaya-salz-wie-ist-es-zu-bewerten/?kristallsalz.
65. De Graaf, C., Blom, W. A., Smeets, P. A., Stafleu, A., & Hendriks, H. F. (2004). Biomarkers of satiation and satiety. *The American Journal of Clinical Nutrition, 79*(6), 946–961.
66. Vilgis, T. (2013). Komplexität auf dem Teller – ein naturwissenschaftlicher Blick auf das kulinarischen Dreieck von Lévi-Strauss. *Journal Culinaire, 16*, 109–122.
67. Caviezel, R., & Vilgis, T. (2012). *Foodpairing: Harmonie und Kontrast*. Fona.

68. Hümbs, C. (2012). http://www.sternefresser.de/restaurantkritiken/2012/aromenmenu-huembs-la-mer-sylt/.
69. Schacht, A., Łuczak, A., Pinkpank, T., Vilgis, T. A., & Sommer, W. (2016). The valence of food in pictures and on the plate: Impacts on brain and body. *International Journal of Gastronomy and Food Science, 5,* 33–40.
70. Pfeiffer, E. F. (1990). Unterzuckerung und Stoffwechselentgleisung. *Das Ulmer Diabetiker ABC* (S. 57–61). Springer.
71. Sigrist, S. J., Carmona-Gutierrez, D., Gupta, V. K., Bhukel, A., Mertel, S., Eisenberg, T., & Madeo, F. (2014). Spermidine-triggered autophagy ameliorates memory during aging. *Autophagy, 10*(1), 178–179.
72. Mattson, M. P., Longo, V. D., & Harvie, M. (2017). Impact of intermittent fasting on health and disease processes. *Ageing Research Reviews, 39,* 46–58.
73. Martinez-Lopez, N., Tarabra, E., Toledo, M., Garcia-Macia, M., Sahu, S., Coletto, L., Bastia-Gonzales, A., Barzilai, N., Pessin, J. E., Schwarz, G. J., & Kersten, S. (2017). System-wide benefits of intermeal fasting by autophagy. *Cell Metabolism, 26*(6), 856–871.
74. Singh, R., & Cuervo, A. M. (2012). Lipophagy: Connecting autophagy and lipid metabolism. *International Journal of Cell Biology, 282041,* 12. https://doi.org/10.1155/2012/282041.
75. Thiam, A. R., Farese, R. V., Jr., & Walther, T. C. (2013). The biophysics and cell biology of lipid droplets. *Nature Reviews Molecular Cell Biology, 14*(12), 775.
76. Madeo, F., Tavernarakis, N., & Kroemer, G. (2010). Can autophagy promote longevity? *Nature Cell Biology, 12*(9), 842.
77. Tong, D., & Hill, J. A. (2017). Spermidine promotes cardioprotective autophagy. *Circulation Research, 120*(8), 1229–1231.
78. Madeo, F., Eisenberg, T., Pietrocola, F., & Kroemer, G. (2018). Spermidine in health and disease. *Science, 359*(6374), eaan2788.
79. Gjerris, M., Gamborg, C., & Röcklinsberg, H. (2016). Ethical aspects of insect production for food and feed. *Journal of Insects as Food and Feed, 2*(2), 101–110.
80. EFSA Scientific Committee. (2015). Risk profile related to production and consumption of insects as food and feed. *EFSA Journal, 13*(10), 4257.
81. Eisemann, C. H., Jorgensen, W. K., Merritt, D. J., Rice, M. J., Cribb, B. W., Webb, P. D., & Zalucki, M. P. (1984). Do insects feel pain? – A biological view. *Cellular and Molecular Life Sciences, 40*(2), 164–167.
82. Landwirtschaft, Bundesinformationszentrum. „Insektensterben in Deutschland." *Bundesanstalt für Landwirtschaft und Ernährung (BLE).* https://www.landwirtschaft.de/diskussion-und-dialog/umwelt/insektensterben-in-deutschland/.
83. Settele, J. (2019). Insektenrückgang, Insektenschwund, Insektensterben? *Biologie in unserer Zeit, 49*(4), 231–231.
84. Adamo, S. A. (2016). Do insects feel pain? A question at the intersection of animal behaviour, philosophy and robotics. *Animal Behaviour, 118*, 75–79.
85. Tye, M. (2016). Are insects sentient? *Animal Sentience: An Interdisciplinary Journal on Animal Feeling, 1*(9), 5.
86. Fischer, B. (2016). What if Klein & Barron are right about insect sentience? *Animal Sentience: An Interdisciplinary Journal on Animal Feeling, 1*(9), 8.
87. Veldkamp, T., & Bosch, G. (2015). Insects: A protein-rich feed ingredient in pig and poultry diets. *Animal Frontiers, 5*(2), 45–50.
88. Appenroth, K. J., Sree, K. S., Böhm, V., Hammann, S., Vetter, W., Leiterer, M., & Jahreis, G. (2017). Nutritional value of duckweeds (Lemnaceae) as human food. *Food Chemistry, 217*, 266–273.
89. Sree, K. S., Dahse, H. M., Chandran, J. N., Schneider, B., Jahreis, G., & Appenroth, K. J. (2019). Duckweed for human nutrition: No cytotoxic and no anti-proliferative effects on human cell lines. *Plant Foods for Human Nutrition, 74*(2), 223–224.

90. de Beukelaar, M. F., Zeinstra, G. G., Mes, J. J., & Fischer, A. R. (2019). Duckweed as human food. The influence of meal context and information on duckweed acceptability of Dutch consumers. *Food Quality and Preference, 71*, 76–86.
91. Appenroth, K. J., Sree, K. S., Bog, M., Ecker, J., Seeliger, C., Böhm, V., Lorkowsky, S., Sommer, K., Vetter, W., Tolzin-Banasch, K., Kirmse, R., Leiterer, M., Dawcynzki, C., Liebisch, G., & Jahreis, G. (2018). Nutritional value of the duckweed species of the genus *Wolffia* (Lemnaceae) as human food. *Frontiers in chemistry, 6*. https://doi.org/10.3389/fchem.2018.00483
92. Yaskolka Meir, A., Tsaban, G., Zelicha, H., Rinott, E., Kaplan, A., Youngster, I., Rudich, A., Shelef, I., Tirosh, A., Pupkin, D. B. E., Sarusi, B., Blüher, M., Stümvoll, M., Thiery, J., Ceglarek, U., Stampfer, M. J., & Shai, I. (2019). A green-mediterranean diet, supplemented with mankai duckweed, preserves iron-homeostasis in humans and is efficient in reversal of anemia in rats. *The Journal of Nutrition.* https://doi.org/10.1093/jn/nxy321.
93. https://www.zentrum-der-gesundheit.de/spirulina-immunsystem-ia.html.
94. Mao, T. K., Water, J. V. D., & Gershwin, M. E. (2005). Effects of a *Spirulina*-based dietary supplement on cytokine production from allergic rhinitis patients. *Journal of Medicinal Food, 8*(1), 27–30.
95. Kalafati, M., Jamurtas, A. Z., Nikolaidis, M. G., Paschalis, V., Theodorou, A. A., Sakellariou, G. K., Koutedakis, Y., & Kouretas, D. (2010). Ergogenic and antioxidant effects of spirulina supplementation in humans. *Medicine and Science in Sports and Exercise, 42*(1), 142–151.
96. Goodman, S. N., Fanelli, D., & Ioannidis, J. P. (2016). What does research reproducibility mean? *Science Translational Medicine, 8*(341), 341ps12.
97. Benjamin, D. J., et al. (2018). Redefine statistical significance. *Nature Human. Behaviour, 2*(1), 6.
98. Ciferri, O. (1983). *Spirulina*, the edible microorganism. *Microbiological Reviews, 47*(4), 551.
99. Sánchez, M., Bernal-Castillo, J., Rozo, C., & Rodríguez, I. (2003). *Spirulina* (*Arthrospira*): An edible microorganism: A review. *Universitas Scientiarum, 8*(1), 7–24.
100. Lupatini, A. L., Colla, L. M., Canan, C., & Colla, E. (2017). Potential application of microalga *Spirulina platensis* as a protein source. *Journal of the Science of Food and Agriculture, 97*(3), 724–732.
101. Bashir, S., Sharif, M. K., Butt, M. S., & Shahid, M. (2016). Functional properties and amino acid profile of *Spirulina platensis* protein isolates. *Biological Sciences-PJSIR, 59*(1), 12–19.
102. Soni, R. A., Sudhakar, K., & Rana, R. S. (2017). *Spirulina* – From growth to nutritional product: A review. *Trends in Food Science & Technology, 69*, 157–171.
103. Wu, H. L., Wang, G. H., Xiang, W. Z., Li, T., & He, H. (2016). Stability and antioxidant activity of food-grade phycocyanin isolated from *Spirulina platensis*. *International Journal of Food Properties, 19*(10), 2349–2362.
104. Mobin, S., & Alam, F. (2017). Some promising microalgal species for commercial applications: A review. *Energy Procedia, 110*, 510–517.
105. Grahl, S., Strack, M., Weinrich, R., & Mörlein, D. (2018). Consumer-oriented product development: The conceptualization of novel food products based on spirulina (*Arthrospira platensis*) and resulting consumer expectations. *Journal of Food Quality.* https://doi.org/10.1155/2018/1919482.
106. Grahl, S., Palanisamy, M., Strack, M., Meier-Dinkel, L., Toepfl, S., & Mörlein, D. (2018). Towards more sustainable meat alternatives: How technical parameters affect the sensory properties of extrusion products derived from soy and algae. *Journal of Cleaner Production, 198*, 962–971.
107. Härtig, M. (2013). *Einfachheit: Kulturreflexion der Kaiseki-Küche Kyōtos.* Doctoral dissertation, Universität Witten.

108. Bahuaud, D., Mørkøre, T., Østbye, T. K., Veiseth-Kent, E., Thomassen, M. S., & Ofstad, R. (2010). Muscle structure responses and lysosomal cathepsins B and L in farmed Atlantic salmon (*Salmo salar* L.) pre-and post-rigor fillets exposed to short and long-term crowding stress. *Food Chemistry, 118*(3), 602–615.
109. Shumilina, E., Ciampa, A., Capozzi, F., Rustad, T., & Dikiy, A. (2015). NMR approach for monitoring post-mortem changes in Atlantic salmon fillets stored at 0 and 4 °C. *Food Chemistry, 184,* 12–22.

Fazit – oder: Was bleibt?

7

Zusammenfassung

Die Einbeziehung von naturwissenschaftlichen Aspekten aus der Physik und Chemie der weichen Materie trägt zu mehr Verständnis bei. Es genügt nicht, die Zusammenfassungen der Studien zu lesen. Die Resultate müssen in Zusammenhang mit dem Studiendesign gebracht werden, denn oft sind die Ergebnisse davon abhängig. Studien dürfen nie isoliert betrachtet werden, sondern immer im Zusammenhang mit bestehenden Resultaten. Sofern sie nicht mit unabhängigen Methoden verifiziert sind, bleiben sie ergebnisoffener Diskussionsstoff.

7.1 Studien kritisch lesen und besser verstehen

Die Verunsicherung im Zusammenhang mit vielen Ernährungsstudien offenbarte sich bereits in Abb. 4.2. Lebensmittel können je nach Studiendesign „gesund" oder „ungesund" sein. Derartige Ergebnisse einzuordnen scheint schwierig. In solchen Fällen hilft ein evidenzbasierter Blick in neue Ansätze der Ernährungsforschung. Rasch zeigt sich aber bei einem breit angelegten Sichten der gegenwärtigen wissenschaftlichen Fachliteratur, auf welch tönernen Füßen manche daraus abgeleiteten Auffassungen und Behauptungen stehen. Beim Thema Fleisch erweist sich die Datenlage als vollkommen unklar, und zwar unabhängig davon, ob das Fleisch verarbeitet ist oder nicht [1]. Manche Autoren empfehlen zum Beispiel, den Verzehr von Fleisch und Wurst beizubehalten, wenn es bereits zur persönlichen und langjährigen Essbiografie gehört. Für diese Beurteilung abseits des Mainstreams werden die neuen Methoden und Kriterien der evidenzbasierten Forschung herangezogen, die erst kürzlich in die Ernährungsforschung Einzug hielten [2] (Abb. 7.1).

Dabei wird sehr deutlich, wie Evidenzen und Relevanzen verschiedener Methoden eingestuft werden müssen. Es zeigt sich, dass weder *in-vitro*-Forschung

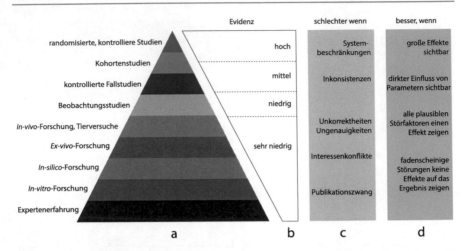

Abb. 7.1 Die herkömmliche Hierarchie in der evidenzbasierten Ernährungsforschung (**a**) mit ihren Evidenzbewertungen (**b**). Harte Kriterien (**c**) für eine Entscheidungsfindung für Empfehlungen wurden im Laufe der Zeit nach und nach ergänzt (**d**)

gepaart mit *in-vivo*-Experimenten, Tierversuchen und Computersimulationen (*in silico*) noch Beobachtungsstudien ausreichende Evidenz besitzen, um daraus irgendwelche strikten Ernährungsempfehlungen auszusprechen. Werden diese gepaart mit randomisierten Untersuchungen, erhöhen sich die Evidenzen – allerdings nur, wenn es möglichst wenig Einschränkungen in der untersuchten Gruppe gibt. Negativ wirken sich auch Inkonsistenzen in den Methoden aus, ebenso unkorrekte Auswertungen sowie falsche Datenerhebung, mangelnde Statistik und, eines der größten Probleme, Ungenauigkeiten bei Befragungsstudien. Die Auswahl von Studienteilnehmern ist ein weiteres Problem.

Als sehr negativ erweist sich der Publikationszwang von Forschern. Immer wieder werden unter Zeitdruck und zum Eintreiben von Forschungsgeldern Studien publiziert, die im Grunde ungenügend oder „unfertig" sind. Wie stark sich Veröffentlichungsdruck, Publikationszwang und Interessenkonflikte oder gar ein in der Wissenschaft oft vorhandener Profilierungswunsch auswirken können, wird gerade bei der Frage deutlich, ob Fleisch für Krankheiten verantwortlich ist oder nicht [3].

Tatsächlich „gut" können finale Ernährungsempfehlungen nur sein, wenn im Idealfall alle Methoden der Pyramide in Abb. 7.1 widerspruchsfrei in dieselbe Richtung weisen. Die Kriterien für die Bewertung von randomisierten Metastudien und erst recht von Beobachtungsstudien gehen damit weit über die Interpretation der blanken Daten hinaus.

Des Weiteren müssen Signifikanz, Fehlerbalken und die Methoden der Datenerfassung genau analysiert werden – gepaart mit den detaillierten Betrachtungen zu statistischen Analysen von Benjamin [3] und Ioannidis, dessen Arbeitsgruppe immer wieder auf nicht glaubwürdige Resultate in der Ernährungsforschung mittels mathematischer Analysen hinweist [4]. Insgesamt bleibt so von vielen Studien nicht mehr viel an harten Resultaten übrig, und sie dürften weniger ernst genommen werden. Selbst wenn die Korrelationen klar sind, bleibt nach geprüfter Evidenz und eindeutiger Signifikanz immer noch die noch nicht beantwortete Kausalität.

Kausale Zusammenhänge können aus randomisierten Metastudien kaum abgeleitet werden, was nicht nur an den nach wie vor hohen Fehlerbalken liegt, sondern an den prinzipiellen Methoden. Kausalitäten lassen sich nur direkt über molekulare Zusammenhänge erstellen. Genau deswegen sind Untersuchungen *in vitro*, *in vivo* und *ex vivo* notwendig. Mit den Entwicklungen in der Bioinformatik und den Methoden der Künstlichen Intelligenz (KI) und des *machine learning* [5] rücken Computersimulationen [6] (*in silico*) immer mehr als weitere Möglichkeiten in den Vordergrund. Diese betreffen auf der molekularen Skala Laborexperimente am Computer, aber auch zur Datenerfassung und -auswertung lassen sich randomisierte Metastudien deutlich besser einordnen [7]. Molekulare Methoden liefern damit eine immer wichtiger werdende Basis zum Verständnis vieler Zusammenhänge auf molekularer Ebene, für sich allein genommen liefern sie aber keine Evidenz für den Menschen, wie es in der klassischen Pyramide in der Abbildung evidenzbasiert dargestellt ist. Daher ist für eine weitreichende Interpretation stets eine Rückkopplung zwischen molekularen Methoden und randomisierten, kontrollierten Studien notwendig. Nur Molekularbiologie, Biophysik und Chemie liefern als einzige Methoden direkte Beweise, z. B. für die Wirkung von Molekülen mit lebenden Zellen und Biosystemen, wie es in der Pharmazie unabdingbar notwendig ist, um die Wirkung eines bestimmten Moleküls exakt in allen Facetten und unter allen molekularen Bedingungen zu testen.

Aber ein ganzes Lebensmittel und dessen Wirkung auf ein paar isolierte menschliche Zellen unter Laborbedingungen zu untersuchen und genau zu analysieren ist schlicht unmöglich. Für Ernährungsempfehlungen für komplexe Lebensmittel oder gar Mahlzeiten geben Rückschlüsse von den molekularen Untersuchungen *in vitro*, *in silico*, *in vivo* und *ex vivo* gute Hinweise auf Kausalitäten, müssen aber eng gekoppelt mit den evidenzbasierten Methoden stehen. Ein gutes und lehrreiches Beispiel dafür sind die in der *Ernährungs Umschau* erschienenen neue Arbeiten zum Effekt des Verzehrs von Eiern auf Herz-Kreislauf-Erkrankungen [26, 27]. Zu diesem Thema findet *Google Scholar* unter den Suchbegriffen „*egg intake risk*" 205.000 Veröffentlichungen. Schränkt man die Suche auf das Jahr 2021 ein, findet man über 200 Arbeiten, die sich mit diesem Thema beschäftigen und zu der Beurteilung kommen, es fände sich überwiegend kein Zusammenhang zwischen Eierverzehr und Erkrankungen. Dabei sorgt der Begriff „überwiegend" für Verwirrung, denn alle Beobachtungsstudien nach vielen Jahren Ei-, Fett- und Herz-Kreislauf-Problematik und Schlaganfällen finden nicht überwiegend nichts, sondern rein gar nichts, wie es in der zuletzt publizierten, randomisierten Kohortenstudie (PURE) aufs Neue zusammenfasst ist [28]. Nun wäre die Frage angebracht, ob es nicht endlich reicht, Forschungsmittel, Forschergeist und Zeit für dieses Thema aufzubringen, denn neue Ergebnisse oder Paradigmenwechsel sind nicht zwingend zu erwarten. Es gäbe weitaus dringendere Fragen im Bereich der Ernährung.

Dabei schreitet die molekulare Forschung längst weiter. In einer ebenfalls neuen Arbeit wird das Ei als ein nährstoffreiches Lebensmittel beschrieben, dessen Proteine und Lipide hervorragende funktionelle Eigenschaften und biologische Aktivitäten aufweisen [29]. In den letzten Jahren wurden Eigelblipide wie Eigelbfette, Phospholipide und Fettsäuren getrennt und untersucht, die eine entzündungshemmende oder antioxidative Wirkung haben oder einen Schutz des Herz-Kreislauf-Systems und eine Verbesserung des Gedächtnisses bewirken, was die Regulierung der Zellfunktion und des physiologischen homöostatischen Gleichgewichts mit sich bringt.

7.2   Es geht nicht nur um die Aminosäurebilanz

Die Lehrmeinung der Ernährungswissenschaften ist klar: Wir benötigen ausreichend Makro- und Mikronährstoffe von vollwertigen Lebensmitteln mit der gesamten Lebensmittelmatrix, denn darin verbergen sich Mikronährstoffe, Polyphenole, sekundäre Pflanzenstoffe, Antioxidantien, Ballaststoffe usw. [8]. Dies ist (bei Gesunden) immer einer Nahrungsergänzung vorzuziehen. Daraus wurde bisher abgeleitet, dass bei den Makronährstoffen eben alle essenziellen Aminosäuren und alle essenziellen Fettsäuren in ausreichenden Mengen zugeführt werde müssen, egal wo sie herkommen. Daran ist nicht zu rütteln, dafür gibt es viele Gründe, wie im Laufe dieser Ausführungen auch deutlich wurde. Allerdings sind Menschen und ihr molekularer Stoffwechsel hochgradige „Nichtgleichgewichtssysteme" und es kommt doch auf etwas mehr an, als es bisher erscheint.

Allerdings geht der tatsächliche Bedarf weit darüber hinaus. Immer mehr stellt sich in der aktuellen Forschung heraus, dass es eben nicht nur auf die Aminosäuren selbst ankommt, sondern auf bioaktive Peptide, die weitreichende Funktionen haben, wie in Abb. 4.54 bereits angedeutet wurde und sich im Detail in der Fachliteratur nachlesen lässt [9]. Diese Proteinbruchstücke, die bei fermentierten Lebensmitteln, Rohwurstreifung, Fleischreifung oder Käsereifung bereits entstehen, bilden sich auch während der enzymatischen Verdauungsprozesse oder der Fermentation über das Mikrobiom während der Magen-Darm-Passage. Bioaktive Peptide werden resorbiert, schalten und triggern Rezeptoren und entfalten vielerlei Funktionen, wie in Abb. 7.2 nur schematisch angedeutet ist.

Damit ist also klar, Proteine sind deutlich mehr als pure Aminosäuren und reine Energielieferanten. Ganz bestimmte Bruchstücke, deren Aminosäuresequenz über die Primärstruktur der Proteine vorgegeben ist und die bei der Verdauung entstehen, wirken auf verschiedenen Ebenen auf das physiologische Wohlbefinden und physiologische Funktionen ein. Dabei stellt sich heraus, dass besonders Peptide mit den aromatischen Aminosäuren Phenylalanin, Tryptophan und Tyrosin sowie den verzweigten Aminosäuren Valin, Leucin und Isoleucin eine hohe Bioaktivität aufweisen. Solche Peptide haben einen hohen Fischer-Quotienten [10], der mit zur Definition des Ernährungsstatus herangezogen wird.

Was dies konkret für die Humanernährung bedeutet, lässt sich an dem gegenwärtigen Beispiel des Booms der Surrogatprodukte verdeutlichen. Optisch und

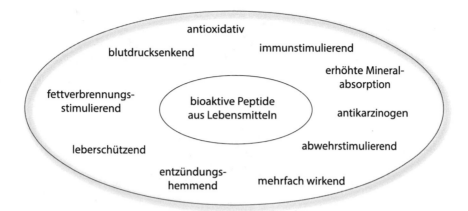

Abb. 7.2 Proteinbruchstücke aus Lebensmitteln übernehmen eine ganze Reihe positiver physiologischer Funktionen

geschmacklich müssen Fleisch-, Fisch- und Käseersatzprodukte dem Original gleichen. Wie in früheren Kapiteln gezeigt, ist dies kein unüberwindbares Problem. Gegen pflanzenbasierte Produkte ist nichts einzuwenden, im Gegenteil, denn sie sind künftig ein wichtiger Schritt, die unsägliche Massentierhaltung zur Fleischproduktion einzudämmen. Vor allem, wenn es um den Massenkonsum geht, der täglich an Burger-Buden, in Schnellrestaurants und Discountern zu beobachten ist.

Achtlos verspeiste Fleischprodukte lassen sich ohne Probleme durch pflanzliche Produkte ersetzen, vermutlich sogar, ohne dass so mancher Esser überhaupt realisieren würde, dass es sich um ein Ersatzprodukt handelt. Erst recht, wenn der Eigengeschmack des Bratlings durch überwürzte Soßen und Cremes ohnehin vollständig maskiert ist. Dann sind Beyond-Meat-, Soja-, Erbsen-, oder Lupinen-Burger gewiss nicht fehl am Platz. Das ist logisch und letztlich unabhängig davon, ob man sich fleischfrei ernährt oder Fleisch verzehrt. Im Sinne der Soziologie lassen sich damit die gesellschaftlichen [11], ethischen [12] und politischen [13] Herausforderungen des Essens der Zukunft zumindest beschreiben.

Ob diese Aspekte allerdings der Weisheit letzter Schluss aus Sicht der molekularen Ernährung sind, sei dahingestellt. Aus molekularer Sicht jedenfalls nur zu einem gewissen Teil. Nach wie vor sind die bekannten Probleme vorhanden, die nur durch Supplementation zu lösen sind, als da wären langkettige essenzielle Fettsäuren, wie sie lediglich in tierischen Produkten oder Mikroalgen vorkommen, Vitamin B_{12}, das in tierischen Produkten zu finden ist, wie auch Vorläuferverbindungen von Vitamin D, die als Cholesterolabkömmlinge ausschließlich im tierischen Organismus Präsenz zeigen, und so weiter und so fort. Aber es gibt noch einen ganz anderen Aspekt, der bisher in der Ernährungswissenschaft noch gar nicht in vollem Umfang verstanden wurde, nämlich die Rolle der bioaktiven Peptide.

Tab. 7.1 Mittlere Aminosäurezusammensetzung von Soja- und Erbsenprotein sowie von Rindfleisch, jeweils auf die Trockenmasse bezogen

(semi-)essenzielle Aminosäure	Sojaprotein (mg/100 g) in Trockenmasse	Erbsenprotein (mg/100 g) in Trockenmasse	Rindfleisch (mg/100 g) in Trockenmasse
Arginin	2360	3910	3630
Histidin	830	2800	2380
Isoleucin	1780	3800	3630
Leucin	2840	6580	5670
Lysin	1900	6320	6090
Methionin	580	6210	1760
Phenylalanin	1970	1620	1880
Threonin	1490	2670	3080
Tryptophan	450	570	770
Tyrosin	1250	4040	2380
Valin	1760	7510	3980

Zwar lässt sich mit den meisten pflanzlichen Proteinen, z. B. Soja und Erbsen, das Aminosäurespektrum sehr gut darstellen, wenn sie wie in verschiedenen pflanzenbasierten Burgern gemischt werden, wie sich in Tab. 7.1 zeigt.

Gemäß dem vereinfachten Ansatz der Ernährungswissenschaft ist es laut Tab. 7.1 kein Problem, tierische Lebensmittel ohne Nährstoffverlust, was Aminosäuren betrifft, durch pflanzliche zu ersetzen. Ganz so einfach ist es allerdings nicht, denn man weiß inzwischen, wie wichtig sogenannte bioaktive Peptide [14, 15] für das Funktionieren der Physiologie sind [16].

7.3 Bioaktive Peptide: kleine, aber wesentliche Merkmale des Proteinursprungs

Das Spektrum der physiologischen Effekte, die auf den Konsum von über die Nahrung zugeführten bioaktiven Peptiden und Proteinen zurückzuführen sind, ist vielfältig. Sie modulieren das Immunsystem, regulieren den Blutdruck, wirken entzündungs- und krebshemmend. Der Verzehr von Lebensmitteln, die ein hohes Potenzial an bioaktiven Peptiden haben, ist daher für die Gesundheit und das Wohlbefinden von besonderer Bedeutung. Bioaktive Peptide helfen, die Gesundheit zu optimieren und direkt oder indirekt Infektionen und sogar Krankheiten vorzubeugen. Dabei bieten Lebensmittel diese bioaktiven Peptide auf eine ganz besondere Weise, egal ob von proteinreichen Pflanzen wie der Sojabohne [17], von Milch oder Milchprodukten [18] oder Fleisch [19].

Die Peptide entstehen aus den Lebensmittelproteinen durch enzymatische Spaltung, etwa bei der Reifung (Fleisch, Käse), durch Fermentation (Joghurt,

Miso, Sojasoße, Rohwürste, Schinken). Vor allem aber entstehen sie *in vivo* bei der menschlichen Verdauung, wenn die Proteine aus Lebensmitteln von den Proteasen der Bauchspeicheldrüse gespalten werden. Und genau hier offenbart sich plötzlich ein ganz neuer Aspekt der vielfältigen Ernährung. Bioaktive Peptide sind wohldefinierte Bruchstücke von ganz bestimmten Proteinen, die zwischen drei und 20 Aminosäuren tragen und deren Abfolge ganz bestimmten Mustern folgt. Diese Muster können z. B. ganz bestimmte Funktionsproteine auf Zellen stimulieren, durch ihre Ladung molekulare Schaltvorgänge auslösen oder durch ihre stark wasserunlöslichen Sequenzen Schaltvorgänge blockieren. Das zeigt, wie wichtig ihre genaue Struktur ist, und vor allem, wo genau sie herkommen. Je länger die bioaktiven Peptide sind, desto mehr Information der Primärstruktur des Ursprungsproteins steckt in dem jeweiligen Peptid und dessen Bioaktivität. Peptide, die nur aus zwei oder drei Aminosäuren bestehen, können von vielen Proteinen abstammen. Bei Peptiden ab sieben Aminosäuren steigt die Wahrscheinlichkeit, dass dieses Peptid nur aus einem bestimmten Proteintyp stammen kann, stark an, bei Peptiden aus 20 Aminosäuren in einem ganz bestimmten Muster ist die Wahrscheinlichkeit schon praktisch 100 %, denn über die Aminosäuresequenz eines Proteins wird dessen biologische Funktion exakt festgelegt.

Es ist daher instruktiv, sich die wichtigsten bioaktiven Peptide aus Erbsen-, Soja- und Muskelprotein zu betrachten und im Lichte von Tab. 7.1 hinsichtlich ihres Funktionsmusters zu vergleichen. Selbst wenn man nur die fundamentalsten Eigenschaften der Aminosäuren betrachtet – hydrophil, hydrophob und ihre elektrische Ladung – lassen sich völlig unterschiedliche Wirkungsmuster erkennen.

Ein anschauliches Beispiel ist ein Peptid aus neun Aminosäuren in der Abfolge Isolcucin-Valin-Glycin-Arginin-Prolin-Arginin-Histidin-Glutamin-Glycin   (siehe Peptid in Abb. 7.3c), das bei der Verdauung aus dem Muskelprotein Aktin ent-

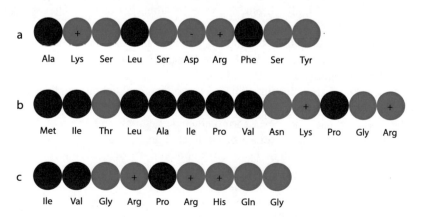

Abb. 7.3 Typische bioaktive Peptide aus unterschiedlichen Lebensmitteln zeigen vollkommen verschiedene Muster in den Aminosäuren (AS). Rot: hydrophobe AS, blau: hydrophile AS (polar; mit ± der jeweiligen elektrischen Ladung): **a)** aus Erbsenprotein, **b)** aus Sojaprotein, **c)** aus Muskelprotein

steht, aber auch während der Fleisch- und Rohwurstreifung. Dieses Peptid ist über die Aminosäuren Agrinin und Histamin dreifach positiv geladen und ist über die weiteren polaren Aminosäuren Glycin und Glutamin hochgradig wasserlöslich. Dieses Muster kommt ausschließlich im Muskelprotein Aktin vor, also in den Muskeln von Tieren und Insekten. Es existiert keine einzige pflanzliche Quelle für dieses bioaktive Peptid. Die einzigen alternativen Quellen wären manche Hefen, etwa *Candida intermedia*, die im Weinbau zu finden ist, *Candida mogii*, ein Xylitol produzierender Pilz bei manchen Misogärungen, *Mucor ambiguus*, ein Schimmelpilz oder die Hefe *Hanseniaspora uvarum*, bei Winzern unter dem Synonym *Kloeckera apiculata* bekannt und auf Beerenhäuten zu finden. Diese Hefen produzieren sehr geringe, ernährungsphysiologisch irrelevante Mengen des Muskelproteins Aktin. Auch manche Erreger, wie *Cryptococcus neoformans*, der fast immer bei Patienten mit massiver Immunschwäche auftritt. Dies zeigt, wie exklusiv dieses Protein nur aus tierischen Quellen zu erhalten ist.

Das Peptid Alanin-Lysin-Serin-Leucin-Serin-Asparaginsäure-Arginin-Phenyl-alanin-Serin-Tyrosin stammt exklusiv aus Erbsen- und Kichererbsenspeicher-protein [20]. Diese Sequenz (das Peptid in Abb. 7.3a) ist im Legumin A der Erbse und dem sehr ähnlich aufgebauten Legumin der Kichererbse enthalten. Beide Proteine dienen den Leguminosen als Energie- und Aminosäurespeicher für die Keimung. Dieses wasserlösliche Peptid ist insgesamt einfach positiv geladen, denn die benachbarten Aminosäuren Arginin (+) und Asparaginsäure (−) neutralisieren sich gegenseitig, was aber nicht bedeutet, dass beide Ladungen nicht in ganz bestimmten Rezeptortaschen stark wechselwirken können.

Des Weiteren befindet sich das bioaktive Peptid mit der Abfolge Methionin-Iso-leucin-Threonin-Leucin-Alanin-Isoleucin-Prolin-Valin-Aspagarin-Lysin-Prolin-Glycin-Arginin (das Peptid in Abb. 7.3b) exklusiv nur in Sojabohnenprotein, nicht einmal in den Proteinen anderer Leguminosen wie Erbsen oder Lupinen. Es zeichnet sich aufgrund des Blocks aus fünf wasserunlöslichen Aminosäuren in der Mitte des Peptids durch eine stärkere Hydrophobizität aus. Dieses Peptid besitzt auf einer Seite noch zwei positive Landungen durch Lysin und Arginin, ist daher auch an hydrophil-hydrophoben Grenzflächen aktiv und kann darüber hinaus im Vergleich zu den anderen beiden Beispielen nur an vollkommen anders strukturierten Rezeptoren aktiviert werden.

In diesen Peptiden spiegeln sich stark die ursprünglichen Funktionen der Proteine wider. Es ist klar, dass Muskelproteine wie Aktin ganz andere physio-logische Aufgaben haben als Speicherproteine wie Legumin in Erbsen und Kicher-erbsen. Bioaktive Peptide ab einer bestimmten Länge sind also eindeutig ganz bestimmten Nahrungsmitteln und Nahrungsmittelklassen zuzuordnen.

Allein diese drei exemplarischen Beispiele zeigen zwei wichtige Sachverhalte: Es reicht nicht, nur auf die Aminosäuren zu blicken und daraus zu schließen, es wären ja alle essenziellen Aminosäuren z. B. in Surrogatprodukten vorhanden. Das wäre auf lange Sicht ein fataler Trugschluss, denn die Sequenzen längerer bioaktiver Peptide sind von mindestens ebenso großer Bedeutung. Ein Aus-schluss bestimmter Nahrungsmittel ist letztlich kontraevolutionär. Das Vermeiden tierischer Produkte hat damit weiter reichende Konsequenzen, als vordergründig angenommen. Jede selbst auferlegte und langfristige Restriktion bestimmter Lebensmittel ist aus Sicht der molekularen Aspekte der Ernährung fragwürdig.

In letzter Zeit stellt sich immer mehr über moderne Methoden der Protein- und Peptidanalyse (Proteomik) heraus, dass gerade längere Peptide ebenfalls hohe Funktionalität haben [21]. Peptide also, die mehr als nur drei, vier oder fünf Aminosäuren besitzen, sondern aus zehn bis 20 Aminosäuren bestehen. Diese entstehen etwa beim Reifen von Fleisch aus ganz bestimmten Proteinen des Muskels [21], aus Fischprodukten [22, 23], in fermentierten Milchprodukten und Käse [15], also generell in proteinreichen, tierischen Produkten [24–29].

Genau das ist der Knackpunkt, denn diese langen Peptide, deren Sequenzen aus tierischen Proteinen stammen, lassen sich nicht wie einzelne Aminosäuren durch pflanzliche Sequenzen ersetzten – allein der unterschiedlichen Funktion des Proteins wegen. Kurze bioaktive Peptide schon, aber je mehr Aminosäuren in bestimmter Abfolge die bioaktiven Peptide aufweisen, desto einzigartiger werden sie. Dies kann auch ein weiterer, molekular begründeter Grund sein, warum eine supplementfreie vegetarische Ernährung, bei der Eier und Milchprodukte verzehrt werden, vorteilhafter ist als eine rein vegane – trotz Supplementierung.

7.4   Besser alles essen?

Das Fazit ist relativ einfach: alles essen und rationaler über Essen, Trinken und Genuss nachdenken, anstatt zu glauben. In diesem Buch wurde gezeigt, wie sich die Antworten auf kontrovers und an vielen Stellen irrational diskutierte Ernährungsfragen in vielen Fällen auf klare molekulare Zusammenhänge zurückführen lassen. Das, und nur das, ist eine Basis für alle weiteren Diskussionen und Schlussfolgerungen. An vielen Stellen zeigt sich, und das ist beruhigend, vor allen ideologischen Statements spielen die Physik und die Chemie die Hauptrolle, weit vor Ökotrophologie und Physiologie. Unser Essen besteht nun mal aus einem breiten Sammelsurium von Molekülen, die nur über weitere funktionelle Moleküle, wie Enzyme oder Bioreaktoren wie Mikroorganismen erkannt und verarbeitet werden. Mehr ist es nicht. Was mit unserem Essen nach dem Schlucken geschieht, ist wohldefiniert und sehr genau festgelegt. Die zweite Erkenntnis daraus ist mehr als banal: Wir *Homo sapiens* sind im Grunde nichts weiter als hochkomplexe Biomaschinen. Alles, was in uns geschieht, basiert auf fundamentalen Wechselwirkungen zwischen zellrelevanten Molekülen, trickreicher Selbstorganisation über konkurrierende Wechselwirkungen und über das Wechselspiel von Entropie und Energie, so wie das in der Physik der weichen Materie üblich und verständlich ist, selbst wenn es hin und wieder sehr komplex wird. Der zweite Aspekt ist die Biochemie, die ebenfalls auf fundamentalen chemischen und quantenchemischen Prinzipien beruht. All das ist beruhigend, denn wir müssen uns über Essen viel weniger Gedanken machen, als es gegenwärtig den Anschein hat.

Es gibt nur eine Handvoll elementare „Regeln":

1. Essen selbst kochen, genießen.
2. Lebensmittel selbst bei den Produzenten besorgen.
3. Die Basis der Humanernährung „roh, gekocht und fermentiert" nie vergessen.
4. Auf Vielfalt achten und sich nicht aus falschen Gründen in der Nahrungsauswahl auf Dauer einschränken.
5. Selten oder gar keine Lebensmittel essen, für die exzessiv Werbung gemacht wird.

Gerade für den letzten Punkt gibt es viele gute Gründe, die sich natürlich auf molekularer Ebene erklären lassen.

Das bedeutet aber im Klartext: Der Millionen Jahre lang bestehende Speiseplan des *Homo sapiens* war nicht der schlechteste, ganz im Gegenteil. Intuitiv wussten die Menschen, was ihnen guttat und bis heute guttut. Von jedem etwas, von nichts zu viel! Diese uralte Binsenweisheit gilt bis heute. Trotz vielen neuen Erkenntnissen auf der einen Seite und pseudowissenschaftlichen Ungenauigkeiten auf der anderen Seite, bleibt dies die einzig wahre Ernährungsformel, ganz egal, was künftig auf dieser Erde wächst, gedeiht oder von Lebensmitteltechnologen entwickelt wird.

Die ideologiefreie Sicht und der molekulare Blick auf die Lebensmittel und das Innere des Menschen bestätigen dies auf eindrucksvolle, wenngleich banale Weise. Genau so muss auch Abb. 4.2 gelesen werden: Es gibt weder gute noch schlechte Lebensmittel, schon gar nicht solche, die aus der Natur stammen. Essen wir, solange wir uns gesund fühlen, abwechslungsreich und von allem, ohne Blick durch ideologische Brillen. Dann bleiben wir weitgehend auf der sicheren Seite, wie die letzten 4,7 Mio. Jahre auf vielfältige Art und Weise gezeigt haben.

Literatur

1. Johnston, B. C., Zeraatkar, D., Han, M. A., Vernooij, R. W., Valli, C., El Dib, R., Marshall, C., Stover, P. J., Fairwheather-Taitt, S., Wójcik, G., Bhatia, F., de Souza, R., Brotons, C., Meerpohl, J. J., Patel, C. J., Djulbegovic, B., Alonso-Coello, P., Bala, M. M., & Guyatt, G. H. (2019). Unprocessed red meat and processed meat consumption: Dietary guideline recommendations from the nutritional recommendations (NutriRECS) consortium. *Annals of Internal Medicine*. Unprocessed red meat and processed meat consumption: dietary guideline recommendations from the Nutritional Recommendations (NutriRECS) Consortium. Annals of internal medicine, 171(10), 756-764. https://doi.org/10.7326/m19-1621
2. Djulbegovic, B., & Guyatt, G. H. (2017). Progress in evidence-based medicine: A quarter century on. *The Lancet, 390*(10092), 415–423.
3. Benjamin, D. J., et al. (2018). Redefine statistical significance. *Nature Human Behaviour, 2*(1), 6. https://doi.org/10.1038/s41562-017-0189-z.
4. Ioannidis, J. P. (2013). Implausible results in human nutrition research. *British Medical Journal BMJ, 347*, f6698. https://doi.org/10.1136/bmj.f6698
5. Zhao, Y., Singh, G., & Naumova, E. (2019). Joint association of multiple dietary components on cardiovascular disease risk: A machine learning approach (OR06-02-19). Zhao, Y., Singh, G., & Naumova, E. (2019). Joint association of multiple dietary components on cardiovascular disease risk: A machine learning approach (OR06-02-19). Current Develop-

ments in Nutrition, 3(Supplement_1), nzz039-OR06. https://doi.org/10.1093/cdn/nzz039. OR06-02-19.

6. Yu, Z., Chen, Y., Zhao, W., Li, J., Liu, J., & Chen, F. (2018). Identification and molecular docking study of novel angiotensin-converting enzyme inhibitory peptides from *Salmo salar* using in silico methods. *Journal of the Science of Food and Agriculture, 98*(10), 3907–3914.

7. Mooney, S. J., & Pejaver, V. (2018). Big data in public health: Terminology, machine learning, and privacy. *Annual Review of Public Health, 39*, 95–112.

8. Varzakas, T., Kandylis, P., Dimitrellou, D., Salamoura, C., Zakynthinos, G., & Proestos, C. (2018). Innovative and fortified food: Probiotics, prebiotics, gmos, and superfood. In M. E. Ali & N. N. Ahmad Nizar (Hrsg.), *Preparation and processing of religious and cultural foods* (S. 67–129). Woodhead.

9. Aluko, R. (2012). *Bioactive peptides. Functional Foods and Nutraceuticals* (S. 37–61). Springer.

10. Odagima, C. H., Kimura, Y., Adachi, S., Matsuno, R., & Yokogoshi, H. (1995). Effects of a peptide mixture with a high Fischer's ratio on serum and cerebral cortex amino acid levels and on cerebral cortex monoamine levels, compared with an amino acid mixture with a high Fischer's ratio. *Bioscience, Biotechnology, and Biochemistry, 59*(4), 731–734.

11. Prahl, H. W., & Setzwein, M. (2013). *Soziologie der Ernährung.* Springer.

12. Ploeger, A., Hirschfelder, G., & Schönberger, G. (Hrsg.). (2011). *Die Zukunft auf dem Tisch: Analysen, Trends und Perspektiven der Ernährung von morgen.* Springer.

13. Lemke, H. (2014). *Politik des Essens: Wovon die Welt von morgen lebt.* transcript.

14. Sharma, S., Singh, R., & Rana, S. (2011). Bioactive peptides: A review. *International Journal Bioautomation, 15*(4), 223–250.

15. Ryan, J. T., Ross, R. P., Bolton, D., Fitzgerald, G. F., & Stanton, C. (2011). Bioactive peptides from muscle sources: Meat and fish. *Nutrients, 3*(9), 765–791.

16. Rutherfurd-Markwick, K. J. (2012). Food proteins as a source of bioactive peptides with diverse functions. *British Journal of Nutrition, 108*(S2), S149–S157.

17. Singh, B. P., Vij, S., & Hati, S. (2014). Functional significance of bioactive peptides derived from soybean. *Peptides, 54*, 171–179.

18. Marcone, S., Belton, O., & Fitzgerald, D. J. (2017). Milk-derived bioactive peptides and their health promoting effects: A potential role in atherosclerosis. *British Journal of Clinical Pharmacology, 83*(1), 152–162.

19. Bhat, Z. F., Kumar, S., & Bhat, H. F. (2015). Bioactive peptides of animal origin: A review. *Journal of Food Science and Technology, 52*(9), 5377–5392.

20. Liao, W., Fan, H., Liu, P., & Wu, J. (2019). Identification of angiotensin converting enzyme 2 (ACE2) up-regulating peptides from pea protein hydrolysate. *Journal of Functional Foods, 60*, 103395.

21. Segura-Campos, M., Chel-Guerrero, L., Betancur-Ancona, D., & Hernandez-Escalante, V. M. (2011). Bioavailability of bioactive peptides. *Food Reviews International, 27*(3), 213–226.

22. Fu, Y., Young, J. F., & Therkildsen, M. (2017). Bioactive peptides in beef: Endogenous generation through postmortem aging. *Meat Science, 123*, 134–142.

23. Atef, M., & Ojagh, S. M. (2017). Health benefits and food applications of bioactive compounds from fish byproducts: A review. *Journal of functional foods, 35*, 673–681

24. López Expósito, I., Miralles, B., Amigo, L., & Hernández-Ledesma, B. (2017). Health effects of cheese components with a focus on bioactive peptides. In J. Frias, C. Martinez-Villaluenga, & E. Penas (Hrsg.), *Fermented foods in health and disease prevention* (S. 239–273). Academic.

25. Rubin, R. (2020). Backlash over meat dietary recommendations raises questions about corporate ties to nutrition scientists. *JAMA, 323*(5), 401–404. https://doi.org/10.1001/jama.2019.21441

26. Maretzke, F., Lorkowski, S., & Egert, S. (2020a). Egg intake and cardiometabolic diseases: An update. Part 1. *Ernährungs Umschau, 67*(1), 11–17.

27. Maretzke, F., Lorkowski, S., & Egert, S. (2020b). Egg intake and cardiometabolic diseases: An update. Part 2. *Ernährungs Umschau, 67*(2), 26–31.

28. Dehghan, M., et al. (2020). Association of egg intake with blood lipids, cardiovascular disease, and mortality in 177,000 people in 50 countries. *The American Journal of Clinical Nutrition, 111*, 795–803.
29. Xiao, N., Zhao, Y., Yao, Y., Wu, N., Xu, M., Du, H., & Tu, Y. (2020). Biological activities of egg yolk lipids: A review. *Journal of Agricultural and Food Chemistry, 68*(7), 1948–1957.

Stichwortverzeichnis

Printed in the United States
by Baker & Taylor Publisher Services